AF401347

BIBLIOTHÈQUE DES PROFESSIONS
COMMERCIALES, INDUSTRIELLES ET AGRICOLES

GUIDE

DE

L'OUVRIER MÉCANICIEN

PAR

J.-A. ORTOLAN

Mécanicien en chef de la flotte,
Officier de la Légion d'honneur et de l'Instruction publique.

AVEC LA COLLABORATION

DE

MM. BONNEFOY, COCHEZ, DINÉE, GIBERT, GUIPONT, JUHEL
Anciens élèves des Écoles d'arts et métiers.

★★★

PRINCIPES ET PRATIQUE DE LA MACHINE A VAPEUR

CHAUDIÈRES A VAPEUR.
COMBUSTIBLES INDUSTRIELS. — MOTEURS A VAPEUR.
AVEC **25** PLANCHES

3ᵉ édition revue et notablement augmentée

Arts
et métiers.

—

Série G

n° 26

—

chaque volume se vend séparément

PARIS

J. HETZEL ET Cⁱᵉ, ÉDITEURS

18, RUE JACOB, 18

GUIDE

DE

L'OUVRIER MÉCANICIEN

---

* * *

PRINCIPES ET PRATIQUE DE LA MACHINE A VAPEUR

CHAUDIÈRES A VAPEUR
COMBUSTIBLES INDUSTRIELS — MOTEURS A VAPEUR

Avec 25 planches

GUIDE DE L'OUVRIER MÉCANICIEN

EN 3 VOLUMES ACCOMPAGNÉS DE TABLEAUX ET PLANCHES

Chaque volume forme un tout complet.

★ **Mécanique élémentaire**, précédée de l'Arithmétique et de la Géométrie pratiques. 1 volume accompagné de 11 planches.

★★ **Mécanique de l'Atelier.** — Transmissions des mouvements. — Machines à air. — Pompes. — Machines hydrauliques. 1 volumé accompagné de 26 planches.

★★★ **Principes et pratique de la machine à vapeur.** — Formation et utilisation de la vapeur. — Combustibles industriels. — Moteurs à vapeur. 1 volume accompagné de 25 planches.

Chaque volume forme un tout complet et se vend séparément.

OUVRAGES DU MÊME AUTEUR

Traité élémentaire des Machines à vapeur marines pour l'examen des capitaines au long cours.

Traité élémentaire des Machines à vapeur marines pour l'examen des maîtres au cabotage.

Code de l'Acheteur et du Vendeur d'appareils à vapeur.

Cours de Machines à vapeur professé à l'École navale.

Cours de Machines à vapeur pour les examens des mécaniciens.

Guide pratique du dessin linéaire.

Les Moteurs à vapeur à l'Exposition universelle de 1867.

Le Mémorial du mécanicien d'usine et de navigation.

Mémoire sur les huiles d'éclairage et les huiles végétales employées à graisser les mouvements.

Mémoire sur les huiles minérales employées à lubrifier les mouvements des machines.

Notice sur le graissage dans la vapeur et les graisseurs automoteurs.

Paris. — Imp. E. Capiomont et Cie, rue des Poitevins, 6.

BIBLIOTHÈQUE DES PROFESSIONS
COMMERCIALES, INDUSTRIELLES ET AGRICOLES

GUIDE

DE

L'OUVRIER MÉCANICIEN

PAR

J. A. ORTOLAN

Mécanicien en chef de la flotte,
Officier de la Légion d'honneur et de l'Instruction publique.

AVEC LA COLLABORATION

de MM. BONNEFOY, COCHEZ, DINÉE, GIBERT, GUIPONT, JUHEL
Anciens élèves des Écoles d'arts et métiers

★ ★ ★

PRINCIPES ET PRATIQUE DE LA MACHINE A VAPEUR

CHAUDIÈRES A VAPEUR
COMBUSTIBLES INDUSTRIELS. — MOTEURS A VAPEUR

Avec 25 planches

3e ÉDITION REVUE ET NOTABLEMENT AUGMENTÉE

Arts
et métiers.

—

Série G
n° 26.

—

Chaque volume se vend séparément.

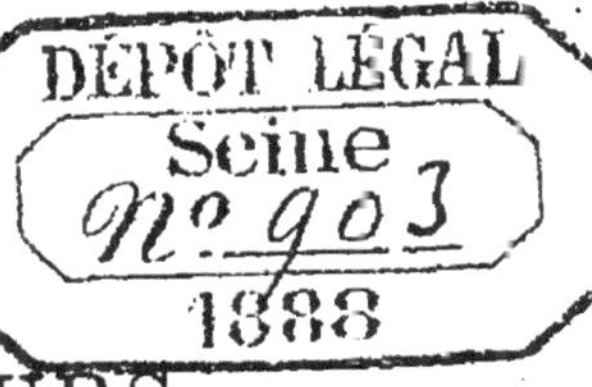

PARIS

J. HETZEL ET Cie, ÉDITEURS
18, RUE JACOB 18

—

PRÉFACE

DE LA PREMIÈRE ÉDITION

C'est dans une pensée philanthropique que je m'étais rencontré avec les honorables collaborateurs dont les noms figurent au titre de ce livre, pour leur proposer et leur faire accepter la rédaction de quelques-unes des parties spéciales dont il se compose. Des circonstances imprévues ont modifié mes premières intentions; mais j'ai tenu à conserver le travail de chacun d'eux, au plus grand bénéfice de la valeur générale de l'œuvre commune.

MM. Bonnefoy, Cochet, Dinée, Gibert, Guipon, Juhel sont élèves des écoles d'Arts et Métiers; leur collaboration ne peut être que profitable à l'*Ouvrier Mécanicien*. J'ai résisté à leur désir en mettant leur nom sous le titre de l'ouvrage et sous celui des parties qu'ils ont traitées : leur réserve, à ce sujet, m'exposait à un reproche et faisait perdre à la publication le bénéfice d'une propagande justifiée par la provenance de ces messieurs et par la notoriété qu'ils ont acquise dans leur profession.

Si l'œuvre commune est bonne et utile, ce sera justice de reporter une part du mérite à l'initiative intelligente et aux encouragements effectifs de l'éditeur : la publication de la *Bibliothèque des professions industrielles et agricoles* marquera un progrès réel, dans l'histoire du développement de l'instruction professionnelle, dans les arts et métiers qui sont une des premières bases de la prospérité d'une nation.

J. A. O.

A LA MÉMOIRE
DE MON PÈRE
ANTOINE-PHILIPPE ORTOLAN

Il y a trente ans que je quittais pour aller bien loin de la maison paternelle chercher le sillon où je pourrais semer ce que tes paroles et ton exemple avaient mis en moi : la loyauté, l'amour du travail, le courage dans la lutte. Va, mon enfant, me disais-tu en me pressant la main une dernière fois, quoi qu'il t'arrive, quand tu le pourras, sois utile aux autres.

Bien souvent j'ai essayé de remplir ce devoir ; mes humbles efforts ont-ils toujours été stériles ? Peut-être non, si j'accepte pour réponse à mon doute les encouragements bienveillants qui ont accueilli mes modestes travaux.

Ce livre que je dédie à ta mémoire, mon bon père, s'adresse aux nombreux enfants de l'atelier, ouvriers intelligents et laborieux, qui ont besoin tout d'abord de l'*exemple* d'application, ou qui ont oublié les *principes* de l'arithmétique et de la géométrie élémentaires. Si quelques-uns, parmi eux, y trouvent l'aide efficace que j'ai trouvée à mon début dans les publications de ce genre, j'aurai rendu à ta mémoire l'hommage filial ambitionné par la touchante bonté de ton cœur : j'aurai été utile aux autres.

J. A. ORTOLAN.

Paris, 2 juillet 1869.

AVIS IMPORTANT

Cette nouvelle édition du *Guide de l'Ouvrier méca-nicien* est divisée en trois volumes. Chacun d'eux contient deux ou plusieurs parties distinctes et comprend les Planches qui s'y rapportent.

★ **Mécanique élémentaire**, précédée de l'Arithmétique et de la Géométrie pratiques. 1 volume accompagné de 11 planches.

★★ **Mécanique de l'Atelier.** — Transformation des mouvements. — Machines à air. — Pompes. — Machines hydrauliques. 1 volume accompagné de 26 planches.

★★★ **Principes et pratique de la machine à vapeur.** — Formation et utilisation de la vapeur. — Combustibles industriels. — Moteurs à vapeur. 1 volume accompagné de 25 planches.

L'ensemble des 3 volumes forme l'ouvrage qui justifie complètement le titre

Guide de l'ouvrier mécanicien

C'est un recueil de faits résumés sous la forme de calculs arithmétiques, accessibles à toutes les personnes qui savent faire les quatre premières règles.

Nous ne saurions trop recommander aux ouvriers

qui ne sont pas familiarisés avec les annotations et les signes en usage dans les mathématiques élémentaires, de ne pas croire qu'il y a pour eux quelque difficulté à comprendre les formules écrites dans ce livre et à s'en servir : les calculs qu'elles résument sous une forme très élémentaire sont suivis d'un ou de plusieurs exemples d'application, ce qui dispense le plus souvent d'avoir recours à la traduction en langage usuel des opérations indiquées.

Dans le 2me et le 3me volume, les parties du texte imprimées en petits caractères traitent le côté plus théorique que pratique des questions, ou contiennent l'exposé des principes et leur définition. On peut se dispenser de les étudier, si l'on ne veut trouver dans l'*Ouvrier mécanicien* que le secours d'un formulaire pour l'application immédiate.

Les parties du texte imprimées en caractères plus forts, contiennent les indications simples et précises sur le plus grand nombre des cas d'application de la mécanique aux professions industrielles. Ces indications proviennent de l'expérience des ingénieurs et des constructeurs en renom et de celle des auteurs du livre.

Les renvois aux numéros des paragraphes sont indiqués comme d'habitude par le signe §, soit dans le texte, soit sur les planches qui suivent : ainsi (§ 120), signifie *voyez le paragraphe* 120.

Dans chacune des parties traitées, les principales formules sont suivies d'un numéro d'ordre de cette forme..... (n° 4)..... (n° 10), etc., qui est un repère pour retrouver sans peine la formule qui précède ou qui suit, quand la clarté des indications l'exige.

GUIDE PRATIQUE

DE

L'OUVRIER MÉCANICIEN

SIXIÈME PARTIE
PAR M. ORTOLAN

FORMATION ET UTILISATION DE LA VAPEUR
CHAUDIÈRES A VAPEUR

Dans un traité de machines à vapeur si élémentaire qu'il soit, il convient de rappeler les dates principales de l'invention de cet appareil merveilleux et le nom des inventeurs dont le génie ou le travail persistant, ont créé avec la machine à feu le moyen le plus puissant de civilisation et ont diminué la peine du plus dur labeur, tout en améliorant la position de la famille de l'ouvrier.

En 1690, Denis Papin, physicien français, né à Blois, a exposé le premier, qu'en introduisant de la vapeur d'eau dans un cylindre, sous un piston mobile, sa force élastique comme l'est celle de l'air, ferait monter cet organe en haut du cylindre ; et qu'en suite si on refroidissait la vapeur, elle se condenserait en laissant un vide ou une pression inférieure à celle de l'air. Celui-ci agirait alors sur le piston et le ferait descendre au bas du cylindre.

Le principe fondamental de la machine à vapeur était ainsi découvert.

Plus tard, l'invention du mécanisme qui transporte et transforme le mouvement de va-et-vient d'un piston, jusqu'à un arbre moteur qui tourne, a complété la découverte.

En 1705, Thomas Newcomen, serrurier, et Cawlay, savetier, prirent en Angleterre une patente pour une machine où se trouvaient le cylindre et le piston de Papin.

En 1769 à 1786, James Watt, né à Greenvek en Ecosse inventa la machine à Condenseur séparée du cylindre. Les machines à rotation continue d'un arbre de transmission de travail, la distribution de la vapeur dans le cylindre par un tiroir, le régulateur de l'ouverture du registre de la vapeur etc., etc. On ne peut pas dire que James Watt inventa la machine à vapeur, puisqu'elle avait été inventée près d'un siècle avant lui par Papin, mais il la porta à un degré de perfectionnement qui est à peine dépassé aujourd'hui.

La production de la vapeur, l'utilisation de la force qui provient de ce nouvel agent mécanique, l'établissement des appareils nécessaires pour atteindre aux meilleurs résultats, exigent, pour être compris, la connaissance au moins succincte de certains phénomènes physiques. Ils peuvent être expliqués sans le secours de la démonstration mathématique et seulement en vue de rendre la pratique immédiate, intelligente et éclairée. Dans cette intention, nous allons rappeler quelques propriétés de l'air atmosphérique, de la chaleur, et la mesure et la transmission de cette dernière.

594. *L'air atmosphérique.* — L'air est un corps gazeux ; il entoure la surface de la terre en lui formant une enveloppe concentrique d'une hauteur de 40 à 50 kilomètres, qu'on nomme l'*atmosphère terrestre.*

Un litre d'air, pris dans les circonstances habituelles de température (10° environ) et près de la surface de la terre, pèse à peu près $1^{gr},3$, environ 770 fois moins que l'eau distillée ; ce poids diminue à mesure qu'on s'élève au-dessus de la surface de la terre, de telle sorte qu'un litre d'air pris à une hauteur de 3000 mètres environ ne pèse plus que la moitié, c'est-à-dire $0^{gr},65$.

595. *Pression atmosphérique.* — Une colonne d'air ayant la hauteur de l'atmosphère (40 à 50000 mètres), et pour base une surface de 1 centimètre carré, pèse $1^{kg},033$. Tout corps qui se trouve en contact avec l'air atmosphérique supporte ce poids par chaque unité de sa surface (centimètre carré) ; il est donc pressé par un poids total, égal à autant de fois $1^{kg},033$ que sa surface contient de centimètres carrés.

Que le corps soit placé en plein air ou qu'il soit renfermé dans une chambre communiquant avec l'air extérieur, il restera toujours soumis à une même pression, parce que dans l'air, comme dans les gaz et dans tous les liquides, la pression, en un point quelconque, se transmet dans tous les sens (§ 456).

La *pression atmosphérique* est donc l'effet exercé par l'atmosphère sur tous les corps en contact avec lui ; elle ne doit pas être confondue avec la pesanteur de l'air considéré comme un corps isolé.

596. *Vide.* — On dit que le vide est fait dans un espace hermétiquement fermé (boîte, tube, récipient, etc.), lorsque cet espace **ne** contient aucun corps gazeux produisant une pression. Dans les machines à vapeur, le baromètre dont la chambre supérieure communique avec le condenseur indique l'état du *vide* dans cette partie ; c'est ainsi que l'on appelle la pression existante dans cette région de la machine à vapeur, parce que, dans les plus mauvaises conditions, cette pression est toujours inférieure de moitié à celle de l'atmosphère.

597. *Vide dans les machines à vapeur.* — On opère le vide, soit au moyen d'une pompe (§ 506), soit en introduisant dans le vase que l'on veut purger d'air un jet de vapeur à une pression plus élevée que celle de l'atmosphère ; cette vapeur chasse l'air et les gaz contenus dans le vase ; elle est liquéfiée par refroidissement et enlevée au moyen d'une pompe. Ce dernier mode est employé dans les machines à vapeur.

DE LA CHALEUR.

598. *Calorique.* — La *chaleur*, cette sensation que nous éprouvons à l'approche d'un corps chaud, tel que la flamme d'une bougie et d'un foyer, est due à la présence dans ce corps d'une quantité plus ou moins grande de *calorique*. La manière la plus simple de se rendre compte du calorique est de le considérer comme un fluide excessivement subtil, sans pesanteur, et pénétrant dans tous les corps, ainsi que l'eau pénètre une éponge. Les mots *chaleur* et *calorique* s'emploient continuellement l'un pour l'autre.

599. *Transmission de la chaleur.* — La chaleur se transmet par *contact* lorsque les corps se touchent ; par *rayonnement*, lorsqu'ils sont éloignés.

Lorsque deux corps sont en présence, ou en contact, ou mélangés comme deux liquides, le calorique contenu dans ces corps tend continuellement à se mettre en équilibre, c'est-à-dire que le moins chaud s'échauffe aux dépens du plus chaud, jusqu'à ce que tous les deux deviennent également chauds. Or, deux corps sont également chauds, non parce qu'ils contiennent la même *quantité de calorique* ou de chaleur, mais parce que la chaleur dont ils sont pénétrés, quelle qu'en soit la quantité, a une intensité égale, une *tension* égale. Deux corps également chauds peuvent donc contenir des quantités de chaleur fort différentes. Cette importante distinction entre la *quantité* et l'*intensité* de la chaleur contenue dans un corps ne doit être jamais perdue de vue. Les corps sont plus ou moins bons *conducteurs* du calorique, suivant qu'ils transmettent plus ou moins promptement dans leur masse la chaleur appliquée à l'une quelconque de leurs parties. Cette propriété, qui distingue tous les métaux, est notamment utilisée dans les chaudières à vapeur.

600. *Dilatation et contraction des corps.* — **La** *dilatation* est le nom donné à l'augmentation de volume des corps pénétrés par la chaleur qui, en s'introduisant dans leur intérieur, en écarte les molécules.

Le *retrait* ou *contraction* est le contraire de la dilatation. Il a lieu lorsque, par un motif quelconque, la chaleur sort d'un corps; alors les molécules de ce corps, que la chaleur tenait écartées, se rapprochent au fur et à mesure que la chaleur s'écoule du corps, et le volume de ce dernier diminue.

Ces deux effets, dilatation et retrait, sont particulièrement sensibles dans les métaux, et leur action est d'une puissance considérable : si un obstacle inébranlable s'oppose au retrait d'une barre de fer chauffée, puis soumise au refroidissement, la barre elle-même se rompra. Cette puissance est quelquefois utilisée dans la construction des machines.

Un autre effet de la chaleur est le changement d'état qu'elle fait subir aux corps lorsqu'elle y est accumulée en certaine quantité ; ainsi l'eau chauffée passe de l'état liquide à l'état gazeux, et le plomb de l'état solide à l'état liquide.

601. *Température. Thermomètre.* — L'intensité de la chaleur contenue dans un corps s'appelle la *température* de ce corps.

La température est mesurée au moyen de l'instrument appelé *thermomètre*, dont la construction est basée sur la dilatation du mercure ou de l'esprit-de-vin.

Un tube AB (*fig.* 5 *bis*, *pl.* **39**), parfaitement cylindrique, complétement purgé d'air, fermé des deux bouts et terminé par un renflement B rempli de mercure ou d'esprit-de-vin, est fixé sur une planchette P qui a été graduée de la manière suivante : le thermomètre étant plongé dans la glace fondante, le point d'élévation du mercure est marqué 0 sur la planchette; si l'on plonge ensuite l'instrument dans l'eau bouillante, la dilatation fait monter le niveau, et ce nouveau point est marqué 100 sur la planchette; divisant en 100 parties égales nommées *degrés* l'espace compris entre la glace fondante et l'eau bouillante, on a l'é-

chelle thermométrique sur laquelle on lit les variations de température indiquées par la dilatation du mercure. Pour apprécier les températures plus basses que le zéro de la glace fondante, des degrés sont
établis au-dessous de ce chiffre.

602. *Propriétés générales de la chaleur*. — Nous avons déjà dit
que l'état des corps était modifié par la chaleur ; nous pouvons donc
résumer ainsi les deux principales propriétés :

1º La chaleur dilate les corps et peut les faire passer de l'état solide à l'état liquide, et de l'état liquide à l'état gazeux.

2º Tous les corps en présence les uns des autres tendent à se mettre
en équilibre de température.

DE LA VAPEUR.

603. *Définition*. — Lorsqu'on chauffe un liquide quelconque
contenu dans un vase qui communique à l'air libre par une ouverture
située au-dessus du niveau, ce liquide diminue peu à peu et disparaît
entièrement au bout d'un certain temps. Il n'est pourtant pas anéanti,
il a seulement changé d'état et s'est transformé en gaz ou *vapeur*. La
vapeur s'est disséminée dans l'atmosphère ; en se refroidissant, elle
est revenue à son premier état liquide, et comme elle s'était très-*étendue* dans l'air, les gouttes de liquide ainsi formées sont tellement petites qu'elles sont restées en suspension dans l'atmosphère à l'état de
brouillard, ou qu'elles sont retombées à terre dans un espace tellement
grand, qu'elles y ont laissé à peine une légère trace d'humidité. Les
brouillards ne sont autre chose que de grandes masses de vapeur qui
proviennent de l'eau évaporée à la surface des mers et des rivières, et
qui se condensent sous forme de pluie extrêmement fine. Les courants
et les vents qui règnent dans l'atmosphère portent souvent ces masses
de brouillards sur des points très-éloignés de ceux où ils se sont produits.

Dans les machines à vapeur, le liquide le plus généralement employé
est l'eau, et le mot *vapeur*, pris seul, désigne toujours la *vapeur d'eau*.

604. La vapeur est élémentairement composée des mêmes corps
que l'eau qui l'a produite.

A l'état de pureté (vapeur sèche), elle est incolore, insipide et sans
odeur. Lorsqu'elle est apparente sous forme de fumée blanche ou de
brouillard, comme lorsqu'elle sort des tuyaux d'échappement des chaudières, c'est qu'elle contient des particules d'eau qu'elle a entraînées,
ou qu'elle a subi un commencement de condensation. On dit alors que
la vapeur est *vésiculeuse, globuleuse, aqueuse, mouillée* ; employée

dans l'un de ces états, elle donne un travail moindre pour une plus grande dépense de liquide et de chaleur. On acquiert la preuve que la vapeur sèche est incolore, en regardant le tube de niveau, en verre, d'une chaudière qui fonctionne ; la moitié environ de ce tube contient de l'eau visible ; l'autre moitié paraît être vide, bien qu'elle soit remplie de vapeur.

La vapeur possède une *force élastique*, provenant de ce que ses molécules tendent à se repousser sans cesse et, par suite, à occuper un plus grand espace que celui dans lequel elles sont renfermées. En serrant dans la main une balle en gomme élastique, on se rend matériellement compte de l'effet de la vapeur renfermée dans un cylindre, par exemple, et sous un piston mobile qu'elle poussera avec plus ou moins de vitesse, suivant qu'elle sera plus ou moins élastique et que le piston résistera plus ou moins.

La *pression de la vapeur* est le résultat de l'effort exercé par la vapeur sur la surface des vases qui la contiennent (chaudières, cylindres, etc.)... La *force élastique* est donc la cause, et la *pression* l'effet.

Cette pression se mesure comme la pression atmosphérique (§ 596), en appréciant la hauteur de la colonne de mercure qu'elle peut équilibrer ou tenir en suspens ; elle s'évalue en kilogrammes par centimètres carrés ; lorsque la vapeur exerce sur une surface un effort égal à $1^{kg},033$, $2^{kg},066$, $3^{kg},099$, etc.... on dit alors que sa pression est égale à 1, 2, 3 atmosphères.

605. La *calorie* est la quantité de chaleur nécessaire pour élever de 1 degré centigr. la température de 1 kilogr. d'eau. La calorie a été prise comme unité pour mesurer les quantités de chaleur absorbées ou dégagées par les corps, lorsque leur température augmente ou diminue. D'après cette définition, pour élever la température d'un kilogr. d'eau, de 1, 2, 3, 4 degrés, etc...., il faut 1, 2, 3, 4 calories. Donc, pour connaître le nombre de calories nécessaires pour élever ou pour abaisser d'un certain nombre de degrés une certaine quantité d'eau, il faut multiplier le poids de cette eau par le nombre de degrés donné.

Exemple. On demande le nombre de calories nécessaire pour élever 25 litres d'eau de la température de 12° à celle de 45°.

L'augmentation de température demandée étant 45° — 12° = 33°, et les 25 litres d'eau pesant 25 kilogr., le nombre de calories cherché sera $25 \times 33 = 825$.

Mais pour élever d'un même nombre de degrés la température d'un même poids de corps différents, il faut des quantités de chaleur différentes. Pour mesurer les quantités de chaleur absorbées ou dégagées dans les variations de température d'un corps quelconque, il est donc essentiel de connaître la chaleur spécifique de ce corps.

606. La *chaleur spécifique* d'un corps est la quantité de chaleur nécessaire pour élever de 1 degré centigr. la température de 1 kilogr. de ce corps.

Ainsi la chaleur spécifique du fer est de 0,1 de calorie, ou, en d'autres termes, 1 calorie suffit pour élever de 1 degré la température de 10 kilogr. de ce métal. Une calorie suffit également pour élever de 1 degré la température de 4 kilogr. d'air.

En résumé, pour connaître le nombre de calories absorbées ou dégagées pendant l'élévation ou pendant l'abaissement de la température d'un corps, il faut d'abord multiplier le poids de ce corps exprimé en kilogrammes par la chaleur spécifique donnée par les tables, dont les chiffres ont été fournis par l'expérience, puis multiplier le produit obtenu par le nombre de degrés dont la température a varié.

Exemple. On demande le nombre de calories dégagées par l'abaissement de la température de 20 kilogr. de fer, l'abaissement étant de 55° à 15°, soit 40°.

La chaleur spécifique du fer étant 0,1, et la différence de 55° à 15° étant 40°, le nombre de calories dégagées sera $20 \times 0,1 \times 40 = 80$ calories.

Dans les mêmes circonstances, 20 kilogr. d'eau auront dégagé $20 \times 40 = 800$ calories, et 20 kilogr. d'air $20 \times 0,4 \times 40 = 320$ calories.

607. *Ébullition.* — La température de 1 kilogr. d'eau chauffée dans un vase découvert et d'une manière continue s'élève graduellement jusqu'à ce que l'eau entre en ébullition; en ce moment, le thermomètre qu'on y plonge indique 100°; mais, arrivé à ce point, le thermomètre ne monte plus; il nous fait voir, par son immobilité, que la température reste invariable pendant la vaporisation du kilogramme d'eau, malgré la chaleur évidemment reçue et absorbée par lui. Cette expérience nous démontre que la quantité de chaleur nécessaire qui peut faire passer un corps de l'état liquide à l'état gazeux, n'augmente pas l'intensité de la chaleur contenue dans ce corps ; l'excédant de chaleur dépensée, n'ayant aucune action sur le thermomètre (excédant appelé *chaleur latente*, ou chaleur de *vaporisation*), est employé entièrement pour le changement d'état du corps, qui conserve la même température pendant toute la transformation.

608. *Vaporisation.* — A toute température, l'eau se vaporise ; mais la vapeur émise n'est employée comme puissance motrice que lorsqu'elle est formée à 100° ; à cette température, sa force élastique ou sa pression est égale à celle de l'atmosphère, soit $1^{kg},033$ sur chaque centimètre carré des surfaces des corps en contact avec elle ; elle équilibre alors une colonne de mercure de $0^{mèt},76$ de hauteur sur une base de $1^{cm²}$, ou de $3^{cmt},14$ de circonférence. A 100°, l'ébullition se manifeste dans la masse liquide, et se continue jusqu'à la complète vaporisation si le vase contenant est découvert à l'air libre, ou si la vapeur s'en écoule en quantité proportionnelle à la quantité formée.

Dans un vase fermé, tel qu'une chaudière de machine, l'ébullition cesse aussitôt que la vapeur, accumulée au-dessus de l'eau, exerce sur la masse une pression égale ou supérieure à la pression de la vapeur qui se forme dans les régions chauffées directement ; ou mieux, qui se forme dans les couches du liquide en contact avec les surfaces de chauffe. Tous les liquides n'entrent pas en ébullition à la même température que l'eau :

$$
\begin{array}{ll}
\text{L'huile et le suif à} \dots\dots\dots\dots & 316^{\circ} \\
\text{L'alcool du commerce à} \dots\dots\dots & 80^{\circ} \\
\text{Le chloroforme à} \dots\dots\dots\dots & 72^{\circ} \\
\text{L'éther à} \dots\dots\dots\dots\dots & 38^{\circ}
\end{array}
$$

Le point d'ébullition pour l'eau n'est pas invariablement à 100° : il est dépendant de l'état de pureté du liquide, de la nature et de la quantité des substances étrangères qu'il contient. Les corps qui s'y trouvent à l'état de suspension, tels que le sable, la sciure de bois, etc., n'exercent aucune influence sur l'ébullition ; ceux qui s'y trouvent en dissolution ou chimiquement combinés avancent le point d'ébullition s'ils sont plus volatils que l'eau (l'éther, le chloroforme, etc., sont dans ce cas) ; ceux qui sont moins volatils que l'eau retardent son ébullition (l'huile, les essences, etc.).

$$
\begin{array}{ll}
\text{L'eau de mer bout à} \dots\dots\dots\dots & 100^{\circ},7 \\
\text{L'eau saturée de sel marin à} \dots\dots & 110^{\circ} \\
\text{L'eau saturée de soude à} \dots\dots\dots & 124^{\circ} \\
\text{L'eau saturée de chlorure de chaux à} .. & 140^{\circ}
\end{array}
$$

Le point d'ébullition est encore dépendant de la pression exercée sur la surface du liquide, et conséquemment de la variation de la pression atmosphérique, suivant les lieux et suivant l'état d'humidité de l'atmosphère.

$$
\begin{array}{ll}
\text{Au niveau de la mer, l'eau pure bout à} \dots\dots\dots & 100^{\circ} \\
\text{A Paris,} \quad — \quad — \quad \text{à} \dots\dots\dots & 99^{\circ},8 \\
\text{Sur le mont Blanc (à } 4930^{\text{m}} \text{ au-dessus du niveau de la} \\
\text{mer), à} \dots\dots\dots\dots\dots\dots\dots & 85^{\circ}
\end{array}
$$

Dans un vase fermé et ne contenant pas d'air, l'ébullition est très-avancée ; dans une chaudière qui fournit de la vapeur à 3 ou 5 atmosphères, elle est très-retardée.

609. *Chaleur latente et chaleur totale de vaporisation.* — La quantité de chaleur nécessaire pour vaporiser complétement 1 kilogr. d'eau à la température de 100° a été trouvée suffisante pour élever de 1 degré la température de 537 kilogr. d'eau ; il faut donc 537 calories pour vaporiser 1 kilogr. d'eau à la température de 100°. Si ce kilogramme d'eau était à 12°, par exemple, avant d'être chauffé, il aura fallu d'abord dépenser 100° — 12°, ou 88° plus 537 calories pour le vaporiser, en somme 625 calories, § 605.

Dans cet exemple, 537 calories est la *chaleur latente de vaporisation*, et 625 calories la *chaleur totale de vaporisation*.

La chaleur totale de vaporisation augmente avec la température de la vapeur, mais dans de très-faibles proportions, tandis que la chaleur latente ne change presque pas.

Les machines employées dans l'industrie ou dans la navigation fonctionnent sous une pression de 1 à 7 atmosphères, d'où l'on peut prendre pour la pratique la chaleur totale de vaporisation comme étant constante, et ne variant qu'entre les limites de 637 à 655.

610. *Composition de la vapeur.* — La vapeur est élémentairement composée des mêmes corps que l'eau qui l'a produite : soit pour 100 parties en poids, 89 parties d'hydrogène et 11 parties d'oxygène.

A l'état de pureté (vapeur sèche), elle est incolore, insipide et sans odeur. Lorsqu'elle est apparente sous forme de fumée blanche ou de brouillard, elle contient des particules d'eau qu'elle a entraînées, ou bien elle a subi un commencement de condensation. On dit alors que la vapeur est *vésiculeuse, globuleuse, aqueuse, mouillée*, etc. Employée dans l'un de ces états, elle fournit un travail moindre pour une plus grande dépense de chaleur et par conséquent de combustible.

La température de la vapeur est constamment égale à celle de l'eau qui l'a formée, si l'eau et la vapeur restent en contact.

611. *Vapeur à l'air libre et en vase clos.* — A l'air libre, la température de l'eau ou de la vapeur ne dépasse jamais 100°, le point de l'ébullition ; de même que la pression de la vapeur ne dépasse jamais 1^{atm}, quelle que soit la quantité de chaleur fournie au liquide ; toute nouvelle chaleur ajoutée est dépensée à continuer ou à activer la vaporisation.

Dans un vase hermétiquement fermé ou duquel il ne s'échappe qu'une quantité de vapeur bien plus faible que la quantité produite dans un même temps, la température et la pression augmentent rapidement sous l'influence de la chaleur ajoutée.

612. *Relation entre la température et la pression de la vapeur.* — Les variations de pression sont directement liées aux variations de température, mais non dans un rapport constant. Exemple :

A 100°, la pression est de............ 1 atmosph.

A 130°, elle est de...... 2   —

A 200°, elle est de 15   —

On ne connaît pas la loi qui exprime la relation entre les tensions de la vapeur et les températures correspondantes ; ce n'est qu'expérimentalement que l'on a établi les tables qui y sont relatives.

Parmi toutes les formules empiriques proposées pour relier ensemble les résultats fournis par l'observation, la formule la plus simple qui donne assez exactement pour la pratique la pression, et celle qui donne la température sont les suivantes, d'Arago et Dulong,

T, température en degrés centigrades :

N, pression exprimée en atmosphères :

$$T = 100 + \frac{\sqrt[5]{N - 1}}{0,007153}, \qquad \text{(n° 1)}$$

$$N = (0,007153T + 0,2847)^5. \qquad \text{(n° 2)}$$

Les nombres de la table des pressions et des températures ont un degré d'exactitude un peu plus rigoureux que celui auquel on atteint avec la formule ci-dessus (voir § 615 *ter*).

613. L'augmentation de la pression, quand la température augmente, n'est pas la même pour la vapeur en contact avec le liquide que pour la vapeur isolée. Lorsqu'il y a contact de l'eau et de la vapeur, si l'on continue à chauffer l'eau déjà portée à 100° et que la dépense de vapeur soit nulle ou moindre que la production, il suffit d'augmenter la température sensible d'un peu moins de 1/3 pour obtenir une pression double et de l'augmenter du double pour obtenir une pression 15 fois plus grande. Exemples :

à T température = 100°,   P pression =   1 atmosph.
à T   —   = 130°,   P   —   = 2   —
à T   —   = 200°,   P   —   = 15   —

Ce serait une grave erreur de conclure de la comparaison de ces chiffres, que le 1/3 en plus de dépense de chaleur et, par suite, de combustible donne une pression double, ou que le double de dépense de chaleur donne une pression 15 fois plus grande ; les faits et la théorie démontrent qu'une même quantité de chaleur ne peut produire qu'une même quantité de travail, quelle que soit la pression de la vapeur employée. (Exemple ci-après, § 624.)

Lorsque la vapeur est chauffée étant isolée du liquide générateur, et que, dans le vase qui la contient, son volume ne peut pas s'augmenter, l'augmentation de sa pression s'exprime par la formule :

$$P' = P.(1 + 0,00367t), \qquad (n° 3)$$

dans laquelle P est la pression avant le surchauffement; P', la nouvelle pression après le surchauffement; t, la température en plus que lui a donnée le surchauffement; et 0,00367, une quantité constante qui représente le coefficient de dilatation pour chaque degré de température ajouté. (C'est le coefficient de dilatation des gaz permanents.)

Exemple. 1^{kg} de vapeur est isolé de l'eau de génération; elle est contenue dans un vase résistant qui s'oppose à sa dilatation; sa température est 100°, et comme elle n'est pas encore surchauffée, sa pression est de 1^{atm}. Le vase est chauffé jusqu'à ce que la vapeur qu'il contient atteigne 130°; le volume de la vapeur restant invariable, que deviendra sa pression P' ?

$$P' = 1^{atm}.(1 + 0,00367 \times 130) = 1^{atm},477.$$

De combien faudra-t-il augmenter la température d'une vapeur prise à 100° de température initiale, ce qui lui donne 1^{atm} de pression P, pour la porter par surchauffement à la pression P' $= 3^{atm}$?

Du n° 3, on tire:

$$t = \frac{P' - P}{0,00367 \cdot P} = \frac{3 - 1}{0,00367 \times 1} = 545°. \qquad (n° 4)$$

La comparaison des chiffres du tableau ci-dessous fait ressortir la différence de pression entre deux vapeurs de même température, l'une étant en contact avec le liquide et l'autre en ayant été isolée pour subir un surchauffement :

| TEMPÉRATURE | | PRESSION | |
| DE LA VAPEUR CHAUFFÉE ÉTANT | | DE LA VAPEUR CHAUFFÉE ÉTANT | |
en contact avec LE LIQUIDE.	séparée DU LIQUIDE et portée de 100° à	en contact avec LE LIQUIDE.	séparée DU LIQUIDE.
100°	»	1^{atm}	»
130°	130°	2,67	1^{atm},1101
200°	200°	15,38	1 ,367

Les formules n° 3 et n° 4 sont celles des gaz permanents. Dans la pratique, on admet qu'elles sont applicables aux vapeurs séparées de l'eau de formation.

614. *Chaleur totale de vaporisation.* — Pour transformer 1^{kg} d'eau prise à 0° de température en vapeur à 100°, il faut dépenser *premièrement* 537 calories, ce qui constitue la chaleur *latente* ou chaleur de vaporisation : le thermomètre ne l'accuse pas ; *secondement*, 100 calories, ou chaleur sensible indiquée par le thermomètre, en somme 637 calories.

La chaleur latente de la vapeur augmente avec sa température sensible, mais dans de très-faibles proportions.

D'après M. Regnault, cette augmentation est donnée par la formule :

$$C = 606,5 + 0,305T ; \qquad (n° 5)$$

C chaleur totale de la vapeur ;

T température sensible de la vapeur, d'après les tables ou d'après la formule d'Arago et Dulong (n° 1).

Il est utile de rappeler ici ce qui a été dit au § 609 : les machines à vapeur employées dans l'industrie ou dans la navigation fonctionnant sous une pression de 1 à 7 atmosphères, on peut admettre, sans erreur sensible pour la pratique, que la chaleur totale de vaporisation est constamment de 637 calories, parce qu'elle ne varie qu'entre les limites de 637 et 655.

615. *Densité de la vapeur* (§ 265). — La densité de la vapeur d'eau à la pression atmosphérique égale 0,0005883, environ les 0,454 de la densité de l'air. En prenant le mètre cube pour unité de volume, le poids de la vapeur à 1 atmosphère est donc de 0^{kg},5883. La densité D augmente avec la pression, mais non pas absolument dans le même rapport :

A 1 atmosphère................ D = 0,0005883
A 2 atmosphères............... D = 0,001115

(*Voir* la table, page 455).

616. *Densité de la vapeur saturée* (§ 620). — La densité D de la vapeur saturée est donnée par la formule :

$$D = \frac{0,0008043579.P}{1 + (0,00367.T)}, \qquad (n° 6)$$

dans laquelle P est la pression de la vapeur en atmosphères, et T la température correspondant à cette pression. Pour les besoins de la pratique, la densité de la vapeur est toujours ramenée au poids du mètre cube; il suffit pour cela d'avancer la virgule du nombre constant 0,00367 (n° 6) de trois rangs vers la droite, puisque le mètre cube contient 1000 décimètres cubes et que la densité se dit du rapport entre le poids d'un décimètre cube d'eau au poids d'un décimètre cube du corps apprécié (voir la table, page 455).

617. Dans maintes circonstances de la pratique, il est nécessaire de connaître le poids total de la vapeur qui a travaillé, dans le cylindre d'une machine, à pousser le piston ; on peut dès lors, connaissant la puissance effective développée par l'appareil, déduire par comparaison quel est son rendement et apprécier quelle est la puissance vaporisatrice de la chaudière.

Poids de la vapeur saturée (§ 620). Le poids Q_v de la vapeur saturée est sensiblement égal au poids de l'eau de formation ; il varie comme la pression, mais non pas d'une manière exactement proportionnelle (voir la table, page 455). Comme pour tous les corps, il est le produit de V . D (le volume V par la densité D, § 264).

Les tables calculées du poids de la vapeur ou dressées d'après les expériences ne s'étendent pas à toutes les pressions, et particulièrement aux fractions de l'unité; on y supplée par la formule empirique suivante, dite *formule d'Indret :*

$$Q_v = 0,66p + 90 \text{ grammes,} \qquad (n° 7)$$

p étant exprimé en mètres de mercure, et Q_v en kilogrammes.

Exemple numérique de la dépense de vapeur. — Quel est le poids Q_v de vapeur ou d'eau dépensé dans une heure par une machine qui fonctionne dans les conditions suivantes :

D, diamètre du cylindre...................... $= 0^{mt},20$
C, course du piston ou longueur du chemin qu'il
    parcourt dans une allée ou dans une venue. $= 0^{mt},40$
h, hauteur de chaque liberté de cylindre....... $= 0^{mt},01$

On appelle liberté de cylindre ou espace neutre, l'espace que laisse le piston à fin de course entre lui et l'extrémité du cylindre de laquelle il est le plus rapproché; chaque coup de piston donne $2h$.

N, nombre de coups de piston par minute............ 100
    Le coup de piston comprend une allée et une venue de cet organe dans le cylindre et par conséquent.. $N = 2C$

P, pression absolue de la vapeur à la fin de la course du piston... $4^{\text{atm.}}$

q, poids en kilogrammes de $1^{\text{mᵗ³}}$ de vapeur à P pression.. $= 2^{\text{kg}},1082$

V, volume de vapeur en mètres cubes, dépensé par heure. $= \dfrac{\pi D^2}{4} \times (2C + 2h).N \times 60$

$$Q_v = V.q = \frac{\pi.D^2}{4} \cdot 2(C + 2h).N.60.q. \qquad \text{(n° 8)}$$

et numériquement

$$Q_v = \frac{3,1416\,(0,20)^2}{4} \cdot 2 \cdot (0^m,40 + 0,02)\,100 \cdot 60 \cdot 2^{\text{kg}},1082 =$$

325^{kg} de vapeur ou 325 litres d'eau.

618. *Volume relatif de la vapeur.* — Le volume relatif de la vapeur se dit du rapport entre le volume de cette vapeur et le volume de l'eau qui l'a produite. Pour la vapeur saturée, il est donné par la formule :

$$V = \frac{1 + (0,09367T)}{0,8043579.P}. \qquad \text{(n° 9)}$$

T température ; P pression en atmosphères. (Voir la table page 569.)

619. *Quantité d'eau dépensée pour produire la force d'un cheval-vapeur.* — L'eau et la vapeur ne sont qu'un même corps à différents états ; il s'ensuit en principe général, qu'un poids d'eau produit un poids égal de vapeur sèche. On peut donc déterminer à l'avance quel sera le poids Q_e d'eau à vaporiser dans un temps donné t_m exprimé en heures et en fractions décimales de l'heure, pour alimenter de vapeur une machine dont on connaît la puissance effective F_e en chevaux-vapeur. Il est admis qu'un cheval-vapeur dépense 30^{lt} ou 30^{kg} d'eau vaporisée par heure (1). Ce poids de liquide sera égal au

---

(1) Ce nombre ne se rapporte qu'aux machines à basse pression. On dit dans ce cas : Une puissance en chevaux de trente litres. En réalité la consommation varie entre 15 et 22 litres.

poids Q_v du volume de vapeur dépensé dans le temps t_m. On aura donc d'une manière générale

$$Q_e = Q_v.$$

et dans le cas particulier proposé :

$$Q_e = 30.F_c.\,t_m. \qquad\qquad (\text{n}^\circ\ 10)$$

Si l'on veut calculer la consommation totale de l'eau, à la consommation directe ainsi obtenue, il faut ajouter les consommations accidentelles dues :

1° A la quantité d'eau entraînée dans les cylindres par la vapeur elle-même, quantité qui n'est pas moindre des 0,2 de celle de l'eau vaporisée dans les meilleures chaudières ;

2° A la perte accidentelle d'eau et de vapeur par les joints et les fissures ;

3° A la condensation dans les conduits, dans les cylindres, dans les coudes des tuyaux et dans les passages étranglés ;

4° A la quantité d'eau à extraire du générateur pour éviter les incrustations calcaires ou les dépôts salins. (§ 631).

620. *Vapeur saturée.* — Lorsque, dans une chaudière, la vapeur a atteint une pression et une densité qui correspondent à la température déterminée par l'expérience pour cette pression et cette densité (soit comme exemple : Pression, 1 atmosphère ; densité, 0,0005833 ; température, 100°), il y a équilibre entre ces quantités, et on dit alors que l'espace est saturé de vapeur à telle ou telle pression, ou encore que la vapeur est en saturation. Dans ce cas, et pourvu qu'il n'y ait pas augmentation ou diminution de chaleur totale, la densité et la pression de la vapeur, et la température de l'eau et de la vapeur restent stationnaires ; la vaporisation cesse et l'équilibre est parfaitement établi entre toutes ces quantités.

La vapeur peut être saturée, étant en contact ou étant isolée du liquide générateur.

621. La vapeur saturée en contact avec l'eau de formation ne se comporte pas comme les gaz permanents, dont la pression est en raison inverse du volume occupé par une même quantité de gaz. Il se passe alors le phénomène suivant : si l'espace où la vapeur est renfermée diminue, la température restant la même, une certaine quantité de vapeur se liquéfie, et le volume qui reste ne change pas de pression, la saturation ne cesse pas ; si l'espace augmente toujours sans qu'il y ait changement de température, la vaporisation reprend et fournit une nouvelle quantité de vapeur saturée, qui conserve la même pression et qui remplit l'espace au fur et à mesure que ce dernier s'agrandit.

La spontanéité de vaporisation est si grande dans cette circonstance, qu'on peut dire que l'équilibre n'a pas été rompu entre les divers éléments qui constituent la vapeur saturée. Si la chaleur fournie par les foyers est moindre que la chaleur dépensée, par conséquent si la température baisse, la pression de la vapeur diminue, *et l'espace reste encore saturé, mais d'une vapeur ayant une pression plus faible.*

Si, au contraire, la chaleur fournie est plus grande que la chaleur dépensée, la température, la densité et la pression de la vapeur augmentent, et la saturation a encore lieu, mais à une température plus élevée.

622. *Causes des irrégularités de pression dans une chaudière.* — Des faits exposés aux paragaphes précédents il résulte, pour la pratique, que les irrégularités de pression dans une chaudière dépendent :

1° De l'irrégularité de la chauffe, soit parce que la combustion est momentanément retardée par un manque de tirage ou par l'introduction dans le foyer d'une trop grande quantité d'air froid ou de combustible frais, soit parce que les tubes et les chaudières sont obstrués par la suie ou par les cendres, soit encore parce que le vide entre les barreaux de la grille est rempli en partie par les résidus de la combustion, et que la quantité d'air nécessaire pour produire une bonne combustion ne peut pénétrer dans la masse du combustible ;

2° D'une dépense de vapeur accidentellement plus grande que la production, soit par suite de l'accélération subite de la marche de la machine, soit par suite des fuites qui se déclarent dans la chaudière ou dans les tuyaux de conduite de vapeur ;

3° D'une perte de chaleur par des extractions trop abondantes et trop rapprochées ;

4° D'un refroidissement brusque dans la masse liquide, occasionné par une trop forte alimentation d'eau.

Dans les quatre circonstances précédentes, il y a abaissement de la pression normale, sous laquelle une machine travaille.

Il y a accroissement de cette pression :

1° Si l'on active la chauffe sans diminuer proportionnellement la dépense de vapeur en diminuant la vitesse de la machine, et si l'on diminue cette vitesse en laissant au feu toute son intensité ;

2° Si l'on abaisse notablement le niveau de l'eau dans la chaudière ;

3° Si la machine étant stoppée, les soupapes de sûreté ne laissent pas sortir de la chaudière une quantité de vapeur égale à la quantité consommée par la machine pendant la marche ;

4° Si une surface de chauffe exposée à nu à l'action du feu, et recouverte par l'eau après avoir été surchauffée, occasionne la production immédiate d'une grande quantité de vapeur.

Cette dernière circonstance peut déterminer l'explosion de l'appareil générateur.

Au début, lorsqu'on surchauffe la vapeur séparée de la chaudière, l'eau entraînée se vaporise, et pendant un certain temps elle conserve la vapeur surchauffée dans l'état de saturation.

623. *Vapeur désaturée*. — La vapeur est désaturée lorsqu'entre sa densité, sa température et sa pression, il n'existe pas les mêmes relations que celles qui ont été données par l'expérience ou par les formules établies d'après l'expérience (voir la table, page 455).

Soit pour exemple :

	Température.	Densité.	Pression.
Vapeur saturée............	152°,26	0,002584	5^{atm}
Vapeur désaturée portée à..	200°	0,002584	$5^{atm},5875$

Dans cet exemple, à un volume de vapeur saturée à 5 atmosphères de pression correspondant à 152°,26 de température et le poids à $2^{kg},584$ par mètre cube, on a ajouté 47°,74 de température après avoir isolé la vapeur du liquide de formation, et on a empêché l'augmentation du volume pendant et après cette addition de chaleur ; le poids est donc resté le même ; la température a été portée à 200°, et la pression est devenue $5^{atm},5875$, c'est-à-dire qu'elle s'est accrue de $\frac{1}{11}$ environ. Si le même volume de vapeur en contact avec le liquide de formation (vapeur saturée) avait été porté à 200°, sa pression serait devenue près de 3 fois plus grande, et son poids environ 3 fois plus grand aussi ($7^{kg},317$). Dans tous les cas semblables, on dit préférablement que la vapeur est surchauffée.

La vapeur surchauffée ou désaturée se comporte autrement que la vapeur saturée, et la formule d'Arago et Dulong (n° 1), qui donne la relation entre la pression et la température, ne lui est pas applicable. Les formules relatives aux gaz permanents lui conviennent. Pour les variations de pression et de température, voir la formule n° 4 (§ 613).

La variation du volume V est donnée par l'expression :

$$V = V' \; \frac{1 + 0,00367t.p'}{1 + 0,00367t'.p}. \qquad \text{(n° 11)}$$

La variation de la densité D est donnée par la formule :

$$D = D' \; \frac{1 + 0,00367.t'.p}{1 + 0,00367.t.p'}. \qquad \text{(n° 12)}$$

624. *Exemples de la proportionnalité entre la chaleur dépensée et le travail obtenu.* — En oubliant les principes fondamentaux exposés ci-dessus, on tomberait dans de grandes erreurs résultant de l'anomalie apparente qui frappe les yeux lorsqu'on compare superficiellement les résultats obtenus. En effet, par l'exemple donné plus haut (§ 623), on voit que pour un accroissement de température sensible de 47°,74, la pression de la vapeur désaturée n'a été augmentée que de 1/11 environ, tandis que la vapeur saturée aurait acquis pour le même accroissement de température une pression 3 fois plus grande. D'autre part, en comparant les nombres du tableau des pressions relativement aux températures, on pourrait admettre, que dans la pratique il y a une très-grande économie à employer les hautes pressions, puisqu'à 100° on aurait 1 atm. de pression ; à 120°, 2 atm. ; à 198°,80 15 atm. ; c'est-à-dire, que 1/5 de température sensible en plus donnerait une pression 15 fois plus grande, etc.

Mais on ne sera pas étonné de cette anomalie apparente en se rappelant : 1° que la température d'un corps indique seurement l'intensité de la chaleur contenue dans ce corps, quelle qu'en soit d'ailleurs la quantité retenue à l'état latent ; 2° que des quantités égales de chaleur ne peuvent produire que des quantités égales de travail ; 3° que la quantité de force produite par la vapeur est proportionnelle au point d'eau vaporisée sous quelque pression que ce soit.

Exemple. Prenons d'abord 1^{mt3} de vapeur saturée à 200° ; à l'aide des tables ou des formules précédentes, nous aurons les valeurs suivantes :

V, le volume.......................... $= 1000^{dcmt3}$

D, la densité.......................... $= \quad 0,007134$

P, la pression en atmosphères $15^{atm},380$

en k^{os}.......................... $= 15^{kg},887$

T, la température sensible............. $= 200°$

Q, le poids de l'eau vaporisée $= V.D$..... $= 7^{kg},134$

C, la chaleur totale dépensée $= Q(606,5 +$

$0,305\ T)$......................... $= 4762^{cal.}$

Prenons ensuite un volume V' de vapeur saturée à 100° égal à V ; isolons cette vapeur du liquide générateur et portons sa température à 200° sans changer son volume ; nous obtiendrons une vapeur désaturée dans les conditions suivantes :

V', le volume........................ $= 1000^{dcmt3}$

D', la densité, restée la même que quand la

pression était à 100°................ $= \quad 0,0005883$

P', la pression en kilogrammes (d'après la

loi de la dilatation des gaz, formule

(n° 3) ci-avant)..................... $= 1^{kg},412$

T', la température sensible de la vapeur

surchauffée........................ $= 200°$

Q', le poids de l'eau vaporisée $= V'D'$.... $= 0^{kg},5883$

S', la chaleur spécifique de la vapeur par

rapport à celle de l'eau (1)............ $= 0°,847$

---

(1) C'est la quantité de chaleur nécessaire pour élever de 1° la tem-

C′, la chaleur totale du volume V′ de vapeur désaturée, donnée par la somme des produits suivants :

1° chaleur dépensée pour vaporiser Q′ à 100° =
Q′ × 637 . . . . = 374$^{cal.}$

2° chaleur dépensée pour surchauffer de 100° le volume V′ de la vapeur dont la pression est déjà de 1 atm. et dont le poids est Q′ (0,5883 × 0,847 × 100°) . . . . = 50$^{cal.}$

$$\text{donc } C' \ldots \ldots \ldots \ldots \ldots = 424^{cal.}$$

En comparant les résultats de ces deux opérations, on trouve qu'il existe à très-peu près la relation P : P′ : : C : C′, et numériquement :

$$\frac{15^{kg},887}{1^{kg},412} = 11,25 \quad \text{et} \quad \frac{4762^{cal.}}{424^{cal.}} = 11,23.$$

Donc la température sensible étant égale dans les deux cas, la vapeur saturée a donné une pression 11,25 de fois plus grande que la vapeur surchauffée, mais elle a occasionné une dépense de chaleur près de 11,25 de fois plus grande. La chaleur dépensée est donc, d'une manière générale, à très-peu près proportionnelle au travail obtenu, quelle que soit la pression de la vapeur employée. Il y a lieu de reconnaître un avantage en faveur des pressions élevées, employées avec détente et condensation.

Au résumé, la vapeur ne sert qu'à transporter la chaleur, du foyer dans le cylindre de la machine, et plus elle est dense (§ 265), plus elle peut contenir de chaleur sous un même volume. De là, l'avantage des hautes pressions au point de vue de la réduction du volume des machines à feu.

625. La *pression absolue* dans la chaudière est celle que mesure le manomètre dont le point de départ est 0 ; c'est

---

pérature de 1^{kg} de vapeur. Les auteurs ne s'accordent pas sur sa valeur numérique : d'après Delaroche et Bérard, elle est de 0,847 ; d'après Regnault, de 0,4803.

celle qui est exercée par la vapeur à l'intérieur de la chaudière sans en retrancher la pression atmosphérique, qui agit à l'extérieur dans le sens opposé.

626. La *pression effective dans la chaudière* est mesurée par le manomètre dont le point de départ est 1. C'est celle qui tend effectivement à déchirer les tôles du dedans au dehors ; elle est évidemment égale à la pression absolue — 1, si l'on compte par atmosphères, et — 76 si l'on compte par centimètres de mercure.

627. Sur le piston d'une machine, la pression absolue est toujours plus faible que dans la chaudière, à cause des pertes de chaleur dans les tuyaux de conduite et des condensations dans les espaces étroits. La pression effective est égale à la pression absolue, moins la pression de résistance, soit au condenseur, soit à l'air libre.

628. *Vitesse de formation et d'écoulement de la vapeur.* — Dans une machine bien réglée, la vitesse de formation de la vapeur à la chaudière est aussi rapide que la dépense. La vitesse d'écoulement est de 584 mètres par seconde, dans le vide. Désignant par V la vitesse de la vapeur en mètres par seconde ; par P, la pression de la vapeur en kilogrammes, par mètre carré de surface ; par p, la pression en kilogrammes par mètre carré qui s'oppose à la sortie ou à l'écoulement ; par Q, le poids du mètre cube de la vapeur, on a :

$$V = \sqrt{11,772 \cdot \frac{P - p}{Q}} \dots \qquad (n° 13)$$

629. *Qualification de la pression de la vapeur.* — Basse pression : le manomètre varie entre $0^{mt},15$ et $0^{mt},50$ de mercure (Pression effective, § 626) ;

Moyenne pression : Le manomètre varie entre $0^{mt},40$ et $1^{mt},50$ de mercure. (Pression effective), soit $2^{atm},5$ de pression effective ;

Haute pression : de $2^{atm},5$ à 7 atm. de pression effective. On emploie très-rarement les moteurs à vapeur travaillant au-dessus de cette dernière pression.

630. *Travail d'un poids de vapeur.* — L'intensité d'une force peut être représentée par la longueur d'une ligne; s'il est convenu, par exemple, qu'une longueur de 1 mètre représente l'effort de 1^{kg}, la longueur de 3 mètres représentera un effort de 3^{kg}. Si l'on représente de la même manière la longueur du chemin parcouru par le corps poussé par la force appréciée, c'est-à-dire si chaque mètre parcouru est représenté par une ligne de 1 mètre de longueur, et qu'on place perpendiculairement à l'extrémité l'une de l'autre la ligne qui repré-sente l'intensité de l'effort, et celle qui mesure le chemin parcouru (*fig.*4, *pl.* **38**), on formera les deux côtés d'un rectangle A, dont la surface exprimera le travail. En effet, $3^{kg} \times 3^{mt} = 9^{klmt}$, et 3^{mt} de longueur $\times$ par 3^{mt} de largeur $= 9^{mt2}$, nombre qui exprime bien la surface du rectangle A.

D'après la définition du travail mécanique (§ 287), il est évident que, pour que la surface exprime ce travail comme il vient d'être dit, il faut que l'unité choisie pour mesurer l'intensité de la force et celle qui doit mesurer le chemin parcouru, soient d'un ordre corres-pondant (§ 2); c'est-à-dire que, si le *centimètre* représente le kilo-gramme, la longueur du chemin de 1 mètre, parcourue par le corps, sera également représentée par 1 centimètre. Dans ce cas, autant de fois le rectangle contiendra de centimètres carrés, autant de fois un travail de 1 kilogrammètre aura été accompli.

Soit AB′ l'intensité de la pression absolue P sous le piston (*fig.* 2), et supposons qu'elle ait été constante pendant toute la durée de la course de celui-ci (de A en B); soit A, A′ l'intensité de la résistance due à la pression qui agit sur le piston, c'est-à-dire la contre-pres-sion; le travail utile, développé pendant une course entière, sera (AB′ — AA′) $\times$ AB. Ou bien encore, AA′ $\times$ AB, représenterait le travail résistant, et A′B′ $\times$ AB représenterait le travail utile.

Soient encore, d'une manière différente, P, la pression en kilogrammes sous le piston, et p la contre-pression sur cet organe; la pression effec-tive sera P — p, et le travail effectif sera $(P - p) \times C$, expression équivalente à (AB′ — AA′) $\times$ AB.

631. *Poids et volume de vapeur à dépenser pour produire un travail donné,* désignant par

V le volume en mètres cubes de vapeur à dépenser par heure.
Q le poids en kilogrammes

P la pression absolue en atmosphères dans le cylindre (§ 625)
= 4 atm.

p, la pression de résistance due à la vapeur évacuée dans le
condenseur égale à $0^{atm},06$, ce qui équivaut à 715^{mmt} de
vide au condenseur (§ 596).

d, le poids de 1^{mt3} de vapeur à P pression (voir la Table,
page 455) = $2^{kg},119$.

T le travail en kilogrammètres à produire dans une seconde
de temps est égal à 1 cheval-vapeur.

On aura successivement :

$$T = 75^{klmt} \times 3600 \text{ secondes} = 270000^{klmt} \text{ par heure.}$$

$$P = 4 \text{ atm.} \times 10330^{klmt} = 41320^{klmt} \text{ par mètre carré de surface.}$$

$$p = 0^{atm},06 \times 10330^{kg} = 620^{kg} \qquad id.$$

$$V = \frac{T}{P-p} = \frac{270000}{41320 - 620} = 6^{mt3},634 \text{ par heure.} \qquad (n^o 14)$$

$$Q = V\, d = \frac{270000 \times 2^{kg},119}{41320 - 620} = 14^{kg} \text{ par heure.}$$

La vapeur ayant le même poids que l'eau qui l'a produite,
il faudra donc dépenser par heure 14^{kg} ou 14^{lt} d'eau, pour
produire le travail de 1 cheval-vapeur. A cette quantité, il
faudra ajouter le liquide entraîné par la vapeur, de la chaudière au cylindre ; les pertes, par la condensation dans les
tuyaux de conduite, par les fuites, par les extractions périodiques pour empêcher les dépôts calcaires dans le générateur, etc. : au résumé, on compte, au maximum, une dépense
d'eau de 28 à 30^{kg} par heure et par force de cheval. L'emploi
des surchauffeurs de vapeur, dans les conditions indiquées
ci-après, et l'emploi de la détente font descendre la consommation à 12^{kg}. Pour le calcul des chaudières, on prend de 12
à 25^{kg} d'eau consommée par cheval, suivant qu'on veut employer la vapeur à moyenne ou à haute pression.

632. *De la détente de la vapeur et de son emploi.* — Lorsque
dans le cylindre d'une machine, la vapeur est introduite pendant toute la course du piston, sa pression finale est sensible-

ment égale à la pression initiale ; on dit alors que la vapeur agit par *affluence*. Lorsque la vapeur n'est introduite que pendant une fraction de la course du piston, à la fin de la course, la pression initiale a diminué à peu près proportionnellement à l'augmentation du volume introduit (loi de Mariotte, § 451). On dit dans ce cas que la vapeur agit par *détente*, par *expansion*.

Dans un cylindre C (*fig.* 3, *pl.* **38**), la vapeur a été introduite pendant $\frac{1}{7}$ de la course du piston, et sa tension initiale était représentée par la longueur bc ; lorsque le piston est arrivé au point b' à une distance ab' double de ab, la pression, représentée par $b'c'$, a diminué dans la même proportion que la longueur $b'c'$, par rapport à la longueur bc, c'est-à-dire un peu moins que la moitié de la pression initiale. Si, au lieu d'introduire de la vapeur dans le cylindre, on avait introduit un gaz permanent, en prenant les précautions convenables pour que sa température restât constante, les tensions successives auraient été représentées par les longueurs $b'e'$, $b'e'$ moindres que $b'c'$, b'', c'', etc. Ces longueurs auraient décru en raison inverse de l'augmentation de volume du gaz, suivant la loi de Mariotte.

La courbe $CC^{I}, C^{II}, \ldots C^{VI}$, etc., qui a pour abscisses les lignes $b'c'$, $b''c''$, qui représentent les pressions successives de la vapeur, se confond, presque vers son origine, avec la courbe $e'e''\ldots e^{VI}$ résultant de l'application de la loi de Mariotte ; puis elle se maintient constamment au-dessus, en s'éloignant de plus en plus à mesure que le volume augmente.

633. La haute pression employée en détente est plus favorable que la moyenne pression, et celle-ci est plus favorable que la basse pression, parce que la chaleur constitutive de la vapeur augmente avec la chaleur totale, bien que cette augmentation soit très-faible.

Dans le cas de la vapeur à 6 atmosphères se détendant du double de son volume, la chaleur rendue libre = 7calories,733 ; dans le cas de la vapeur à 2 atmosphères se détendant également du double de son volume, la chaleur rendue libre = 6calories,29 ; le volume de la vapeur détendue aurait donc été moins surchauffé avec la moyenne pression qu'avec la haute pression. On pourrait pousser plus loin que 3 atmosphères la détente de la vapeur à 6 atmosphères, et, par exemple, en rendant son volume 4 fois plus grand, conserver dans le cylindre une pression finale de $\frac{6}{4}$ d'atmosphère = 1atm,50 ; le bénéfice serait alors plus grand avec le même volume de vapeur, et son évacuation pourrait avoir lieu directement dans l'atmosphère ; tandis qu'on ne pourrait détendre la vapeur à 2 atmosphères que du triple de son volume, afin de lui conserver assez de pression pour qu'elle pût s'évacuer au dehors du cylindre, dans un milieu moins résistant que la force de pression à la sortie $\left(\dfrac{2^{\text{atm}}}{3} = 0^{\text{atm}},66\right)$. Soit, par exemple, dans le condenseur d'une machine à vapeur. La limite du bénéfice que peut procurer la détente est d'autant plus étendue, que la pression de la vapeur est plus élevée. Ceci ressort encore avec évidence de la forme de la courbe représentée (*fig.* 3, *pl.* **38**) : plus la fraction de détente est grande, plus l'ordonnée de la pression de la vapeur grandit, par rapport à l'ordonnée de la pression d'un gaz permanent, qui se détendrait dans les mêmes proportions de volume que la vapeur.

634. L'emploi de la détente dans le cylindre procure un bénéfice réel, c'est-à-dire que c'est là un moyen de mieux utiliser la chaleur, que de faire affluer la vapeur pendant toute la durée de la course du piston, et de l'évacuer ensuite, soit dans un condenseur, soit dans l'atmosphère.

EXEMPLE. Dans un cylindre D (*fig.* 1, *pl.* **38**), faisons affluer la vapeur pendant toute la course *ac* du piston ; la dépense de vapeur, de même que le travail obtenu pendant une demi-course *ab* ou *bc*, étant représentés par 1, nous aurons pour la course entière à pleine vapeur :

$$\text{Dépense} \dots \dots \left\{ \begin{array}{l} \text{de } a \text{ en } b = 1 \\ \text{de } b \text{ en } c = 1 \end{array} \right\} = 2.$$

$$\text{Travail} \dots \dots \left\{ \begin{array}{l} \text{de } a \text{ en } b = 1 \\ \text{de } b \text{ en } c = 1 \end{array} \right\} = 2.$$

Dans le cylindre D', de mêmes dimensions que le cylindre D, n'introduisons la vapeur que pendant la première demi-course *a'b'* ; de *b* en C', le piston marchera sous l'action de la détente, et, lorsqu'il sera arrivé à son point mort C', le volume de la vapeur introduite sera devenu double ; la pression finale sera, dans ce cas, moitié moindre que la pression initiale, et, par suite, le travail obtenu de *b'* en C' sera au moins égal à la moitié du travail obtenu, pendant l'affluence de la vapeur de *a'* en *b'* ; nous aurons alors :

$$\text{Dépense} \dots \dots \left\{ \begin{array}{l} \text{de } a' \text{ en } b' = 1 \\ \text{de } b' \text{ en C'} = 0 \end{array} \right\} = 1.$$

$$\text{Travail} \dots \dots \left\{ \begin{array}{l} \text{de } a' \text{ en } b' = 1 \\ \text{de } b' \text{ en C'} = 0,5 \end{array} \right\} = 1,5.$$

Ainsi, avec la vapeur agissant par affluence, nous avons obtenu travail 2, pour dépense 2, tandis qu'en faisant usage de la détente, 1 dépense nous a donné 1,5 travail.

Dans cet exemple, on a supposé que la pression sur le piston, pen dant toute la période de détente, était constamment égale à la pression finale ; mais les choses ne se passent pas ainsi réellement : avant d'arriver à la pression finale, et au fur et à mesure que le volume de la vapeur augmente, la vapeur introduite passe par des phases de dépressions successives, dont la somme doit fournir un travail total un peu plus grand que celui qui a été apprécié dans le dernier exemple. La moyenne des ordonnées $bc, b'c', b''c''$ (*fig. 3, pl.* **38**), qui représentent différentes pressions de la vapeur en détente, donne la pression moyenne qui a agi sur le piston pendant toute la course, en rapportant la longueur de chacune de ces lignes à une mesure de convention.

635. *Problèmes sur l'application de la détente.*— Soient 1 la course du piston ; f, la fraction décimale de la course du piston où la détente commence; P, la pression initiale; p, la pression finale. La proportion $1 : f :: P : p$ est vraie d'après la loi de Mariotte, et donne le moyen très-facile de trouver un des trois derniers termes qui serait inconnu.

1° Trouver la fraction de course f, lorsque $p = 1^{atm},20$ et P $= 6$ atmosphères.

$$ f = \frac{p}{P} = \frac{1^{atm},20}{6^{atm}} = 0,20 \text{ de la course du piston.} \quad (n° 15) $$

2° Trouver la pression finale p, lorsque P $= 6$ atmosphères et $f = 0^{atm},20$.

$$ p = f \cdot P = 0,2 \times 6 = 1^{atm},20. \quad (n° 16) $$

3° Trouver la pression initiale P, lorsque $f = 0^{atm},20$ et $p = 1^{atm},20$.

$$ P = \frac{p}{f} = \frac{1,20}{\text{·},20} = 6^{atm}. \quad (n° 17) $$

636. *Limite pratique de la détente.* — La table ci-après est très-utile dans la pratique, lorsqu'il s'agit de calculer le travail de la vapeur d'eau aux diverses détentes. On y voit que le travail devient double quand la détente commence aux 0,33 ou 1/3 de la course du piston, c'est-à-dire lorsque $\frac{C}{c}$

Rapport du travail de la vapeur avec ou sans détente.

Point de la course totale du piston auquel la détente commence.	Valeur de $\frac{C}{c}$.	Travail dû à la détente seule, le travail à pleine vapeur étant 1.	Travail total, le trav. à pleine vapeur étant 1.	Rapport du travail total avec la détente ou travail total sans détente, pendant la course compl.
1	2	3	4	5
0.01	100.000	4.6052	5.6052	0.056
0.02	50.000	3.9120	4.9120	0.098
0.03	33.333	3.5066	4.5806	0.135
0.04	25.000	3.2189	4.2189	0.179
0.05	20.000	2.9958	3.9958	0.200
0.06	16.666	2.8134	3.8134	0.229
0.07	14.285	2.6703	3.6703	0.257
0.08	12.500	2.5277	3.5257	0.282
0.09	11.111	2.4080	3.4080	0.307
0.10	10.000	2.3036	3.3036	0.330
0.11	9.999	2.2073	3.2073	0.353
0.12	8.333	2.1203	3.1303	0.374
0.13	7.692	2.0400	3.0400	0.389
0.14	7.143	1.9671	2.9661	0.415
0.15	6.666	1.8971	2.8971	0.435
0.16	6.250	1.8326	2.8326	0.453
0.17	5.882	1.7720	2.7720	0.471
0.18	5.555	1.7148	2.7148	0.489
0.19	5.263	1.6607	2.6607	0.506
0.20	5.000	1.6094	2.6094	0.522
0.21	4.762	1.5607	2.5607	0.538
0.22	4.545	1.5207	2.5207	0.555
0.23	4.347	1.4697	2.4697	0.569
0.24	4.166	1.4271	3.4271	0.583
0.25	4.000	1.3863	2.3863	0.597
0.26	3.846	1.3471	2.3471	0.610
0.27	3.703	1.3003	2.3093	0.624
0.28	3.571	1.2730	2.2730	0.636
0.29	3.448	1.2378	2.2378	0.649
0.30	3.333	1.2040	2.2042	0.661
0.31	3.225	1.1712	2.1912	0.673
0.32	3.125	1.1394	2.1394	0.685
0.33	3.0303	1.1087	2.1087	0.696
0.34	2.941	1.0788	2.0788	0.707
0.35	2.857	1.0498	2.0498	0.717
0.36	2.777	1.0217	2.0217	0.729
0.37	2.702	0.9943	1.9943	0.738
0.38	2.631	0.9676	1.9676	0.748
0.39	2.564	0.9416	1.9416	0.757
0.40	2.500	0.9163	1.9163	0.757
0.41	2.439	0.8917	1.8910	0.776
0.42	2.3809	0.8674	1.8674	0.781
0.43	2.325	0.8440	1.8440	0.793
0.44	2.272	0.8209	1.8209	0.801
0.45	2.222	0.7985	1.7985	0.810
0.46	2.173	0.7765	1.7765	0.817
0.47	2.127	0.7750	1.7550	0.825
0.48	2.083	0.7340	1.7340	0.832
0.49	2.0408	0.7133	1.7133	0.840
0.50	2.000	0.6932	1.6932	0.846

Point de la course totale du piston auquel la détente commence.	Valeur de $\frac{C}{c}$.	Travail dû à la détente seule, le travail à pleine vapeur étant 1.	Travail total, le trav. à pleine vapeur étant 1.	Rapport du travail total avec la détente au travail total sans détente, pendant la course compl.
1	2	3	4	5
0.51	1.9607	0.6733	1.6733	0.854
0.52	1.923	0.6539	1.6539	0.860
0.53	1.8867	0.6348	1.6348	0.866
0.54	1.8518	0.6162	1.6162	0.873
0.55	1.818	0.5978	1.5978	0.879
0.56	1.7857	0.5798	1.5798	0.885
0.57	1.754	0.5621	1.5621	0.890
0.58	1.724	0.5447	1.5447	0.896
0.59	1.695	0.5276	1.5276	0.901
0.60	1.666	0.5103	1.5108	0.906
0.61	1.639	0.4948	1.4943	0.912
0.62	1.6129	0.4780	1.4780	0.916
0.63	1.587	0.4620	1.4820	0.921
0.64	1.564	0.4467	1.4467	0.925
0.65	1.538	0.4300	1.4300	0.9299
0.66	1.515	0.4155	1.4155	0.9342
0.67	1.4925	0.4012	1.4012	0.9388
0.68	1.4705	0.3853	1.3853	0.9420
0.69	1.449	0.3718	1.3718	0.9465
0.70	1.4285	0.3563	1.3563	0.9494
0.71	1.4084	0.3424	1.3424	0.9531
0.72	1.3883	0.3284	1.3284	0.9564
0.73	1.3698	0.3147	1.3147	0.9597
0.74	1.3513	0.3011	1.3011	0.9628
0.75	1.333	0.2877	1.2877	0.9658
0.76	1.3157	0.2723	1.2723	0.9669
0.77	1.2985	0.2614	1.2614	0.9713
0.78	1.282	0.2466	1.2466	0.9723
0.79	1.2458	0.2357	1.2357	0.9762
0.80	1.250	0.2231	1.2231	0.9785
0.81	1.2341	0.2107	1.2107	0.9807
0.82	1.2195	0.1984	1.1984	0.9827
0.83	1.2048	0.1863	1.1863	0.9846
0.84	1.1904	0.1743	1.1743	0.9864
0.85	1.176	0.1625	1.1625	0.9881
0.86	1.1627	0.1507	1.1507	0.9896
0.87	1.149	0.1392	1.1392	0.9911
0.88	1.136	0.1278	1.1278	0.9925
0.89	1.1206	0.1164	1.1164	0.9936
0.90	1.111	0.1054	1.1054	0.9949
0.91	1.0989	0.0943	1.0943	0.9959
0.92	1.0869	0.0833	1.0833	0.9966
0.93	1.0752	0.0725	1.0725	0.9974
0.94	1.0638	0.0618	1.0618	0.9981
0.95	1.0526	0.0513	1.0513	0.9987
0.96	1.0416	0.0408	1.0408	0.9992
0.97	1.0300	0.0307	1.0307	0.9998
0.98	1.0274	0.0202	1.0202	0.9998
0.99	1.0101	0.0110	1.0110	1.0000
1.00	1.000	0.0011	1.0010	1.0000

$= 3,33$; qu'il devient triple lorsqu'elle commence aux 0,13 ou 1/8 environ $\left(\dfrac{C}{c} = 7,692\right)$. Ces avantages ne sont pas aussi grands dans la pratique qu'il le paraît, et le meilleur emploi de la détente est de la faire commencer aux 0,20 ou aux 0,15 de la course du piston avec la vapeur à haute pression, et aux 0,40 ou 0,50 avec la vapeur à moyenne pression; à une fraction moindre, la régularité de la marche de la machine n'est obtenue qu'en employant des volants très-lourds (§ 347) ou en augmentant la vitesse du piston.

CONDENSATION DE LA VAPEUR.

637. La propriété que possède la vapeur de se condenser, de revenir à l'état liquide, est d'un emploi général dans les machines à feu, lorsqu'on dispose d'une quantité d'eau suffisante pour opérer la condensation en mélangeant la vapeur avec de l'eau.

638. *Chaleur abandonnée par la condensation.* — En se vaporisant, 1^{kg} d'eau absorbe : 1° 550 unités de chaleur qui restent à l'état latent; 2° une certaine quantité de chaleur qui reste sensible, et qui varie suivant la pression de la vapeur formée : en se condensant, la vapeur qui provient de ce kilogramme d'eau abandonne les 550° de chaleur de formation, et une quantité plus ou moins grande de chaleur sensible, suivant que l'eau provenant de la condensation est plus ou moins chaude (1).

639. La condensation fournit un moyen facile d'établir le vide d'air dans un récipient métallique. Les deux robinets A, R (*fig.* 5, *pl.* **38**), sont ouverts; la vapeur arrive de A en C, elle chasse par R l'air contenu en C; dès qu'elle sort avec abondance par cette même ouverture, les deux robi-

---

(1) Bien que les expériences de **M.** Regnault aient établi que le calorique de vaporisation était de 537, on se sert encore dans l'application du nombre 550.

-nels sont fermés, et si l'on condense la vapeur qui est restée dans le récipient, en y introduisant une certaine quantité d'eau froide, ou en refroidissant par un courant d'eau les surfaces extérieures, on obtiendra sinon un vide parfait, au moins suffisant pour atteindre le résultat que l'on se propose en employant cette méthode. La petite quantité de vapeur qu'émet l'eau, même aux températures les plus voisines de la congélation, ne permet pas de dire que le vide obtenu par la condensation est un vide parfait, de même que si le refroidissement a lieu par une injection intérieure, l'eau introduite dégage une partie de l'air qu'elle contient en dissolution $\left(\frac{1}{20}\text{ de son volume environ}\right)$, et celui-ci remplit le vase d'une pression appréciable.

640. *Mesure du vide relatif dans un condenseur.* — Le moyen ordinaire de mesurer l'intensité du vide dans un condenseur, consiste à mettre un baromètre spécial b (*fig.* 5, *pl.* **38**) en communication avec ce récipient. L'intérieur du tube barométrique en verre communique avec C par la tubulure t munie d'un robinet ; si le vide est parfait, le mercure contenu dans la cuvette b ouverte à l'air libre, s'élève dans le tube à une hauteur de $0^{mt},76$; si le vide n'est pas parfait, elle s'élève à une hauteur qui mesure la différence entre le vide parfait et la pression qui reste au condenseur. Supposons que le niveau du mercure dans le tube en verre indique 60, la tension de résistance sera $\frac{60}{76}$ de 1 atmosphère, et la pression en kilogrammes, dans le condenseur, sera $\frac{16}{76}$ de $1^{kg},033$ par centimètre carré de surface, soit $0^{kg},022^{gr}$.

641. *Condensation par pression.* — La condensation s'opère par pression, par contact, ou par mélange ou injection.

En comprimant la vapeur dans un cylindre, au moyen d'un piston mobile à frottement étanche contre la paroi intérieure du cylindre, la liquéfaction a lieu progressivement. Cette méthode n'est jamais employée dans les machines motrices, le travail à dépenser pour comprimer la vapeur étant plus grand que celui qui proviendrait de l'emploi de la condensation.

642. *Condensation lente par contact.* — On condense par contact en refroidissant les surfaces extérieures de l'appareil condensateur. Si l'opération doit être lente, on se contente du refroidissement qui résulte de l'exposition des surfaces extérieures à l'air. On sait par expérience que la condensation de la vapeur à 100° par heure et par mètre carré de surface, en contact avec l'air à 15°, a lieu dans les limites suivantes :

Vase en fonte de fer d'une épaisseur de 5 à 6^{mmt}...... 1^{kg},80
    — en tôle de fer de 2 à 3^{mmt}........................ 1^{kg},820
    — en cuivre de 2 à 3^{mmt}..... .... 1^{kg},400
    — en fer-blanc............................ .... 1^{kg},070

Ces nombres expriment la valeur de a dans les formules suivantes et pour chaque nature de métal, en prenant l'air refroidissant à 15°.

Appelons t, température de la vapeur à 100°.
     t',   —   d'une nouvelle vapeur à condenser.
     t'',   —   du produit de la condensation.
     Q, quantité de chaleur à disperser par heure, pour obtenir t''.
     q, quantité de chaleur que pourra disperser par heure 1^{mt2} de surface du métal employé.
     P, poids de vapeur à t', à condenser dans une heure.
     S, surface totale de l'appareil condensateur.

Nous aurons :

$$Q = P \times (550 + t' - t''), \qquad \text{(n° 18)}$$

$$q = a \times (550 + t), \qquad \text{(n° 19)}$$

$$S = \frac{Q}{q} = \frac{P \cdot (550 + t' - t'')}{a \cdot (550 + t)}. \qquad \text{(n° 20)}$$

Si la température de l'air ambiant était moindre ou plus grande que 15°, le pouvoir dispersant de la chaleur a augmenterait ou diminuerait dans le rapport de 100° — 15° à 100° — x°

Exemple

Si la température de l'air est de 15°, on obtient 100° — 15° ou 85°, et
$$a = 1^{kg},800.$$

— — — 10°, — 100° — 10° ou 90°, et
$$a = 1^{kg},80 \cdot \frac{90}{85} = 1^{kg},905$$

— — — 30°, $a =$ 100° — 30° ou 70°, et
$$a = 1^{kg},80 \cdot \frac{70}{85} = 1^{kg},482.$$

Exemple. Pour condenser, dans une heure, 100^{kg} de vapeur formée à 120°, la température de l'air ambiant étant de 15°, quelle sera la surface totale S d'un appareil en cuivre? La quantité de *chaleur à disperser* sera de $100 \times 550 + 120 — 40$, et comme 1^{mt2} de cuivre condense $1^{kg},40$ de vapeur à 100°, on disperse, par heure, $1,40 \times 550 + 100$ calories ; la surface demandée sera :

$$S = \frac{100 \times 550 + 120 — 40}{1,40 \times 550 + 100} = 53^{mt2},854.$$

643. *Condensation prompte par contact.* — Dans tous les cas où la condensation par contact doit être prompte, on refroidit la surface extérieure de l'appareil par le contact de l'eau. On sait que, par ce moyen, 1^{mt2} de cuivre, ayant de 2 à 3^{mmt} d'épaisseur, condense, par heure, 107^{kg} de vapeur à 100°, l'eau refroidissante étant portée de 20 à 30°. Par un calcul analogue au précédent, on résoudrait toutes les questions posées dans chaque cas particulier.—Exemple : Désignons par

a', pouvoir condensant de 1^{mt2} de cuivre, pour une augmentation de 10° de la température de l'eau refroidissante..... $= 107^{kg}$
t, température de la vapeur à 1 atm..... .... $= 100°$
t' — à condenser....... ..... $= 120°$
t'', température de l'eau provenant de la condensation.... $= 40°$
t_0, — refroidissante au moment où elle doit être renvoyée....................... ..... $= 25°$
t_1, température de l'eau refroidissante au moment de son contact avec les surfaces à refroidir............. ..... $= 15°$
550, chaleur latente de vaporisation.
P, poids de vapeur à t' température... .... $= 100^{kg}$
Q, quantité de chaleur à enlever à P, pour obtenir t''.
Q', quantité d'eau refroidissante portée de t_1 à t_0 après la condensation de P.
S, surface totale du condensateur en mètres carrés.

$$Q = P.(550 + t' - t'') \; ; \; Q' = \frac{Q}{t_0 - t_2} \; ; \; \text{et } S = \frac{Q}{a'.(550 + t)} \; ; \; (n° 21)$$

mettant en nombres :

$$Q = 100.(550 + 120 - 40) = 63000 \text{ calories.}$$

$$Q' = \frac{100.(550 + 120 - 40)}{25 - 15} = \frac{63000}{10} = 6300 \text{ kil.}$$

$$S = \frac{100.(550 + 120 - 40)}{107.(550 - 100)} = 0^{mt2},9058.$$

Il faudra donc enlever toutes les heures 6300ᵏ d'eau de la cuve qui contient le condensateur, et en introduire une quantité égale, si l'on veut continuer l'opération en vue du résultat indiqué ci-dessus

Au lieu de laisser tout le volume d'eau dans la cuve, jusqu'à ce qu'on ait atteint la température après laquelle il faut l'évacuer, il est préférable de laisser s'écouler continuellement, en dehors de ce récipient, la partie supérieure du volume de l'eau qui se trouve très-chaude, tandis que celle du bas est presque froide ; de cette façon, la petite quantité d'eau qui s'écoule entraîne une quantité considérable de chaleur, la température moyenne n'est pas plus élevée, et la quantité d'eau dépensée est bien moindre. C'est ainsi, du reste, que l'on opère dans l'application.

644. *Moyen d'augmenter les surfaces refroidissantes dans un petit espace.* — Plus le volume de vapeur à condenser est divisé, plus la condensation est active, ce qui revient à l'augmentation des surfaces refroidissantes. Pour cela, on emploie le serpentin de Glumber (*fig. 6, pl. 38*).

Le tube S, roulé en hélice, est logé dans la cuve CC, la vapeur s'y introduit par V, et l'eau distillée en sort par E ; l'eau refroidissante, emmenée par un courant continu ou par une pompe qui refoule en D, entoure le serpentin ; les couches supérieures les plus échauffées tombent au dehors par le tuyau de trop-plein *t*.

645. *Condensation par mélange.* — En injectant de l'eau divisée en pluie ou en minces filets dans une masse de vapeur à condenser, la liquéfaction de celle-ci est immédiate, mais les produits de la condensation sont formés du mélange de la vapeur condensée et de l'eau condensatrice. C'est le système employé dans les condenseurs des machines marines, sauf dans quelques cas particuliers où il faut produire de l'eau douce, pour alimenter l'appareil évaporatoire.

Déterminer le poids d'eau Q, en kilogrammes, nécessaire à la condensation par mélange d'un poids donné de vapeur, dans les conditions suivantes :

Q', poids de vapeur à condenser $= 1^{kg}$.

T, température sensible de la vapeur $= 112°,5$, correspondant à $1^{atm},5$ de pression absolue.

t, température du mélange après l'opération $= 35°$.

t', température de l'eau d'injection $= 12°$.

On aura :

$$Q = \frac{Q'.(550 + T - t)}{t - t'} = \frac{1.(550 + 112,5 - 35)}{35 - 12} = 27^{kg}.$$

En moyenne, la condensation dans les machines à vapeur exige de 25 à 30^{lt} d'eau par heure, par chaque kilogramme de vapeur à condenser, le résultat de la condensation étant de l'eau à la température de 30 à 40°.

645 (*bis*). Les condenseurs à surface des machines motrices à vapeur (§ 744), exigent des conditions différentes de celles qui sont indiquées aux paragraphes 642 à 644, relativement à la quantité d'eau refroidissante qui circule dans les tubes autour desquels se trouve la vapeur à condenser. Il faut environ, 2 fois 1/2 plus d'eau de circulation, qu'il ne faut d'eau à mélanger avec la vapeur pour obtenir le même résultat. La formule du paragraphe précédent, appliquée à la condensation par contact devient donc :

$$Q = \frac{Q'(550 + T - t)}{t - t'} \times 2,5.$$

645 (*ter.*). La table ci-contre donne les relations entre la température le volume et le poids de la vapeur saturée (§ 620). Les pressions et les quantités de chaleur, d'après Regnault et les volumes et les poids d'après la formule empirique de M. Risbec, basée sur ce fait, que à son point de saturation, la vapeur s'éloigne beaucoup de l'état de gaz parfait et que, par suite, les lois de Mariotte et de Gay-Lussac ne lui sont pas étroitement applicables.

$$\text{Colonne } 5. \quad - \quad W = \left(\frac{47,0628}{P.}\right)(273 + T) - \frac{1,42778}{P^{0,36}} + 0,06$$

$$\text{Colonne } 6. \quad - \quad Q = \frac{1}{W.}$$

$$\text{Colonne } 7. \quad - \quad L = 606,5 + 0,305 \, t. \quad \text{(Regnault).}$$

$$\text{Colonne } 8. \quad - \quad L' = \frac{L}{W.}$$

Colonne 4. — La pression est exprimée en kilogrammes par mètre carré. Elle sera exprimée en kilogrammes, par centimètre carré en divisant le nombre visé par 10.000. C'est à-dire en reculant la virgule de 4 rangs vers la droite : à 100° de température (page 570), la pression par centimètre carré est de 1 k. 033 grammes et de 10.330 kil. par mètre carré.

VAPEUR D'EAU

Température de la vapeur.	Pression exprimée en			Volume de un kilog. de vapeur en mèt. cubes.	Poids du mètre cube de vapeur en kil.	Quantité de chal. exprimée en calories		
	Atmosphères.	Hauteur de mercure millimét.	Kilogr. par mèt. carré de surface			A fournir à 1 k. d'eau à 0º pour avoir 1 k. de vapeur à temp. t.	A fournir à un mèt. cube de vpr	Convertie en travail méc. externe par la tranform. de 1 k. d'eau à 0º, en vap. à la tempér. t.
t.	N.	H.	P.	W.	Q.	L.	L'.	
(1)	(2)	(3)	(4)	(5)	(6)	(7)	(8)	(9)
		m. m.		m. c.	kil.	cal.	cal.	cal.
40º	0,072	54,7	713,7	19,60879	0,051	618,70	31,55	34,23
41	0,076	57,7	785,0	18,64531	0,053	619,00	33,19	34,53
42	0,080	60,8	826,4	17,73911	0,056	619,31	34,91	34,64
43	0,084	63,8	867,7	16,88202	0,059	619,61	36,70	34,74
44	0,089	67,6	919,3	16,07020	0,062	619,92	38,57	34,85
45	0,093	70,6	960,6	15,30471	0,065	620,22	40,52	34,94
46	0,098	74,4	1012,3	14,58151	0,068	620,53	42,55	35,04
46,21	0,100	76,0	1033,0	14,43744	0,069	620,59	42,98	35,06
47	0,104	79,0	1074,3	13,89545	0,071	620,83	44,68	35,15
48	0,109	82,8	1125,9	13,24730	0,075	621,14	46,88	35,25
49	0,115	87,4	1187,9	12,63260	0,079	621,44	49,19	35,35
50	0,121	91,9	1249,9	12,05181	0,082	621,75	51,59	35,46
51	0,127	96,5	1297,2	11,50104	0,086	622,05	54,00	35,55
52	0,133	101,0	1393,8	10,97941	0,091	622,36	56,68	35,66
53	0,140	106,4	1446,2	10,48484	0,095	622,66	59,39	35,75
54	0,147	111,7	1518,5	10,01555	0,099	622,97	62,20	35,86
55	0,154	117,0	1590,8	9,58303	0,104	623,27	65,03	35,95
56	0,162	123,1	1673,4	9,16183	0,109	623,58	68,06	36,06
57	0,170	129,2	1756,1	8,74680	0,114	623,88	71,33	36,15
58	0,178	135,2	1838,7	8,36573	0,119	624,19	74,61	36,26
59	0,186	141,3	1920,3	8,00470	0,125	624,49	78,02	36,35
60	0,196	148,9	2024,6	7,66078	0,130	624,80	81,56	36,46
60,46	0,200	152,0	2066,0	7,49934	0,133	624,90	83,33	36,50
61	0,205	155,8	2117,6	7,33455	0,136	625,10	85,23	36,55
62	0,214	162,6	2210,6	7,02395	0,142	625,41	89,05	36,65
63	0,224	170,2	2313,9	6,72856	0,148	625,71	92,99	36,75
64	0,235	178,6	2427,5	6,44714	0,155	626,02	97.10	36,85
65	0,245	186,2	2530,8	6,17967	0,161	626.32	101,36	36,94
66	0,257	195,3	2654,8	5,92500	0,168	626,63	105,92	37,05
67	0,268	203,6	2768,4	5,68246	0,174	626,93	110,33	37,14
68	0,281	213,5	2902,7	5,45137	0,183	627,24	115,06	37,24
69	0,294	223,4	3037,0	5,23140	0,191	627,54	119,96	37,33
69,49	0,300	228,0	3099,0	5,11057	0,195	627,69	122,73	37,38
70	0,306	232,5	3160,9	5,02148	0,199	627,85	125,04	37,43

| Température de la vapeur. t. | Pression exprimée en | | | Volume de un kilog. de vapeur en mèt. cubes. W. | Poids du mètre cube de vapeur en kil. Q. | Quantité de chal. exprimée en calories | | |
| | Atmosphères. N. | Hauteur de mercure millimèt. H. | Kilogr. par mèt. carré de surface P. | | | A fournir à 1 k. d'eau à 0º pour avoir 1 k. de vapeur à temp. t. L. | A fournir à un mètre cube de vapeur L'. | Convertie en travail méc. externe par la transform. de 1 k. d'eau à 0º, en vap. à la tempér. t. |
(1)	(2)	(3)	(4)	(5)	(6)	(7)	(8)	(9)
		m. m.		m. c.	kil.	cal.	cal.	cal.
71o	0,316	240,1	3264,2	4,82133	0,207	628.15	130,29	37,52
72	0,354	253,8	3450,2	4,63048	0,215	628,46	135,73	37,62
73	0,348	264,4	3594,8	4,44843	0,224	628,76	141.35	37,71
74	0,363	275,8	3749,7	4,27460	0,233	629,07	147,18	37,81
75	0,379	288,0	3915,0	4,10874	0,243	629,37	153,20	37,91
76	0,395	300,2	4080,3	3,93032	0,253	629,68	159,41	38,00
76,25	0,400	304,0	4132,0	3,91250	0,255	629,75	160,72	38,03
77	0,412	313,1	4255,9	3,79901	0,263	629,98	165,82	38,09
78	0,430	326,8	4441,9	3,65347	0,273	630,29	172,54	38,19
79	0,448	340,4	4627,8	3,51638	0,284	630,59	179.34	38,28
80	0,466	354,1	4813,7	3,38424	0,295	630,90	186,43	38,38
81	0,485	368,6	5010,0	3,25799	0,307	631,20	193,79	38,47
81,71	0,500	380,0	5165,0	3,15616	0,317	631,42	200,07	38,54
82	0,505	383,8	5216,6	3,13726	0,318	631,51	209,13	38,56
83	0,526	399,7	5433,5	3,02163	0,331	631,81	217,14	38,65
84	0,547	415,7	5650,5	2,91105	0,343	632,12	225,46	38,75
85	0,569	432,7	5877,7	2,80517	0,356	632,42	234,08	38,84
86	0,592	449,9	6115,3	2,70378	0,369	632,73	237,92	38,93
86,32	0,600	456,0	6198,0	2,66434	0,375	632,82	242,91	38,96
87	0,616	468,1	6363,2	2,60670	0,383	633,03	253,03	39,02
88	0,640	486,4	6611,2	2,51363	0,397	633,34	261,40	39,11
89	0,665	505,4	6869,4	2,42452	0,412	633,64	271,03	39,20
90	0,691	525,1	7138,0	2,33905	0,427	633,95	276,23	39,29
90,32	0,700	532,0	7231,0	2,29608	0,435	634,04	281,01	39,38
91	0,718	545,6	7416,9	2,25715	0,445	634,25	291,34	39,47
92	0,745	566,2	7695,8	2,17856	0,459	634,56	301,88	39,56
93	0,774	588,2	7995,4	2,10319	0,475	634,86	311,49	39,59
93,88	0,800	608,0	8264,0	2,03955	0,490	635.13	312,89	39,65
94	0,803	610,2	8294,9	2,03087	0,492	635,17	324,05	39,74
95	0,833	633,0	8604,8	1,96147	0,509	635,47	324,05	39,74
96	0,865	657,4	8935,4	1,89485	0,527	635,78	335,68	39,83
97	0,897	681,7	9266,0	1,83086	0,546	636,08	347,58	39,91
97,08	0,900	684,0	9297,0	1,81266	0,552	636,10	351,04	39,92
98	0,930	706,8	9606,9	1,76941	0,565	636,39	359,74	40,00
99	0,964	732,7	9958,1	1,71036	0,584	636,69	372,33	40,08
100	1,000	760,0	10330,0	1,65362	0,604	637,00	385,35	40,15
101	1,036	787,6	10701,8	1,59915	0,625	637,30	398,56	40,26

| Température de la vapeur. t. | Atmosphères. N. | Pression exprimée en | | Volume de un kilog. de vapeur en mèt. cubes W. | Poids du mètre cube de vapeur en kilog. Q. | Quant. de chal. exprim. en ca ories | | |
| | | Hauteur de mercure millimèt. H. | Kilogr. par mèt. carré de surface P. | | | A fournir à 1 k. d'eau à 0° p. avoir 1 k. de vap. à temp. t. L. | A fournir à un mètre cube de vapeur. L' | Convertie en travail méc. externe par la transform. de 1 k. d'eau à 0° en vap. à la tempér. t. |
(1)	(2)	(3)	(4)	(5)	(6)	(7)	(8)	(9)
		m. m.		m. c.	kil.	cal.	cal.	cal.
102c	1,073	815,4	11084,0	1,54678	0,646	637,61	412,42	40,35
102,68	1,100	836,0	11363,0	1,51254	0,661	637,81	421,82	40,40
103	1,112	845,1	11486,9	1,49643	0,668	637,91	426,41	40,43
104	1,151	874,7	11889,8	1,44801	0,690	638,22	440,75	40,52
105	1,192	905,9	12313,3	1,40145	0,713	638,52	455,76	40,60
105,17	1,200	912,0	12396,0	1,38147	0,724	638,57	462,39	40,62
106	1,234	938,8	12747,2	1,35665	0,737	638,83	471,11	40,69
107	1,277	970,5	13191,4	1,31353	0,761	639,13	486,77	40,77
107,5	1,300	988,0	13421,0	1,29274	0,769	639,28	492,86	40,81
108	1,321	1003,9	13645,9	1,27203	0,786	639,44	502,70	40,86
109	1,367	1038,9	14121,1	1,23208	0,811	639,74	519,26	40,94
109,68	1,400	1064,0	14454,0	1,20821	0,827	639,95	529,75	41,00
110	1,415	1075,4	14616,9	1,19361	0,838	640,05	536,50	41,02
111	1,463	1111,8	15112,7	1,15657	0,865	640,35	553,93	41,10
111,74	1,500	1140,0	15487,0	1,13218	0,883	640,56	565,88	41,17
112	1,512	1149,2	15618,9	1,12089	0,892	640,66	572,01	41,19
113	1,563	1187,8	16145,7	1,08651	0,920	640,96	590,20	41,27
113,69	1,600	1216,0	16520,0	1,06563	0,938	641,17	602,04	41,33
114	1,616	1228,1	16693,2	1,05336	0,949	641,27	608,99	41,35
115	1,670	1269,2	17251,1	1,02142	0,979	641,57	628,11	41,43
115,54	1,700	1292,0	17553,0	1,01267	0,987	641,73	634,12	41,48
116	1,725	1311,0	17819,2	0,99063	1,010	641,88	647,95	41,52
117	1,783	1354,3	18408,0	0,96094	1,041	642,18	668,31	41,59
117,30	1,800	1368,0	18586,0	0,95235	1,050	642,27	674,65	41,62
118	1,840	1398,4	19007,2	0,93229	1,072	642,49	689,15	41,68
118,99	1,900	1444,0	19619,0	0,90495	1,105	642,79	711,05	41,75
119	1,901	1444,0	19627,0	0,90467	1,106	642,79	711,06	41,75
120	1,962	1491,0	20267,4	0,87801	1,138	643,10	732,45	41,84
120,60	2,000	1520,0	20660,0	0,86259	1,160	643,28	746,26	41,88
121	2,025	1539,0	20918,2	0,85230	1,173	643,40	754,89	41,91
122	2,090	1588,4	21589,7	0,87747	1,209	643,71	777,92	41,99
122,15	2,100	1596,0	21693,0	0,82388	1,213	643,75	782,20	42,00
123	2,156	1638,5	22271,4	0,80351	1,245	644,01	801,49	42,07
123,64	2,200	1672,0	22726,0	0,78870	1,269	644,21	817,52	42,12
124	2,225	1691,0	22984,2	0,78036	1,282	644,32	825,67	42,15
125	2,294	1743,4	23697,0	0,75801	1,319	644,62	850,41	42,22
125,07	2,300	1748,0	23759,0	0,75650	1,322	644,64	852,70	42,23
126	2,366	1798,1	24440,7	0,73641	1,358	644,93	875,68	42,30

Température de la vapeur t.	Pression exprimée en			Volume de un kilog. de vapeur en mèt. cubes W.	Poids du mètre cube de vapeur en kilog. Q.	Quant. de chal. exprim. en calories		Convertie en travail méc. externe par la transform. de 1 k.d'eau à 0° en vap. à la temp, t.
	Atmos-phéres N	Hauteur de mercure millimèt. H.	Kilogr. par mèt. carré de surface P.			A fournir à 1 k. d'eau à 0° p. avoir 1 k. de vap. à temp. t. L.	A fournir à un mètre cube de vapeur L'	
(1)	(2)	(3)	(4)	)5)	(6)	(7)	(8)	(9)
		m.m.		m.c.	kil.	cal.	cal.	cal.
126,46	2,400	1824,0	24792,0	0,72682	1,375	645,07	888,25	42,35
127	2,439	1853,6	25194,8	0,71556	1,398	645,23	901,71	42,38
127,80	2,500	1900,0	25825,0	0,69994	1,430	645,47	923,43	42,44
128,	2,515	1911,4	25979,9	0,69541	1,438	645,54	928,28	42,46
129	2,592	1969,9	26775,3	0,67594	1,479	645,84	955,48	42,53
129,10	2.600	1976,0	26858,0	0,67405	1,483	645,87	958,27	42,54
130	2,671	2029,9	27591,4	0,65711	1,521	646,15	983,48	42,61
130,35	2,700	2052,0	27891,0	0,65075	1,536	646,15	994,08	42,63
131	2,752	2091,5	28428,1	0,63892	1,565	646,45	1013,24	42,68
131,57	2.800	2128,0	28924,0	0,62889	1,589	646,62	1029,66	42,73
132	2,835	2154,6	29285,5	0,62132	1,609	646,76	1040,94	42,76
132,76	2,900	2204,0	29957,0	0,60839	1.644	646,99	1065,77	42,81
133	3,920	2219,2	30163,6	0,60430	1,654	647,06	1070,75	42,83
133,91	3,000	2280,0	30990,0	0,59389	1,684	647,34	1091,70	42,90
134	3,007	2285,3	31062,3	0,58784	1,701	647,37	1101,26	42,91
135	3,097	2353,7	31992,0	0,57192	1.748	647,67	1132,44	42,98
135,03	3,100	2356,0	32023,0	0,56871	1,760	647,84	1140,56	42,98
136	3,188	2422,8	32932,0	0,55650	1,796	647,98	1164,38	43,06
136,12	3,200	2432,0	33056,0	0,55472	1,846	648,01	1169,69	43,07
137	3,281	2491,5	33892,7	0,54159	1,862	648,28	1196,99	43,13
137,19	3,300	2508,0	34089,0	0,53695	1,897	648,34	1209,59	43,14
138	3,377	2566,0	34884,4	0,52716	1,913	648,59	1230,34	43,20
138,23	3,400	2584,0	35122,0	0,52275	1,987	648,66	1242,64	43,22
139	3,475	2641,0	35896,7	0,51319	1,992	648,89	1289,55	43,27
139,24	3,500	2660,0	36155,0	0,50235	2,001	648,96	1292,74	43,29
140	3.576	2717,7	36940,0	0,49966	2,001	649,20	1299,28	43,35
140,23	3,600	2736,0	37188,0	0,49465	2,021	649,27	1316,33	43,36
141	3,678	2795,2	37993,7	0,48656	2,055	649,50	1334,88	43,42
141.21	3,700	2812,0	38221,0	0,48390	2,066	649,56	1344,84	43,43
142	3,783	2875,2	39078,3	0,47387	2,110	649,81	1371,28	43,49
142,15	3,800	2888,0	39254,0	0,47207	2,117	649,85	1376,82	43,50
143	3,890	2956.4	40183,7	0,46158	2,166	650,11	1408,44	43,56
143,08	3,900	2964,0	40287,0	0,46055	2,171	650,13	1413,30	43,56
144	4,000	3040,0	41320,0	0,44967	2,224	650,42	1446,43	43,63
144,89	4,100	3116,0	42353,0	0,43940	2,275	650,69	1482,20	43,69
145	4,112	3125,1	42476,9	0,43813	2,282	650,72	1485,22	43,70
145,76	4,200	3192,0	43386,0	0,42964	2,327	650,95	1517,46	43,76
146	4,227	3213,5	43664,0	0,42696	2,342	651,03	1524,80	43,77

| Température de la vapeur. t. (1) | Pression exprimée en | | | Volume de en kilog. de vapeur en mèt. cubes. W. (5) | Poids du mètre cube de vapeur en kilog. Q. (6) | Quantité de chal. exprimée en calories | | |
	Atmosphères. N. (2)	Hauteur de mercure millimèt. H. (3)	Kilgor. par mèt. carré de surface. P. (4)			A fournir à 1 k. d'eau à 0° p. avoir 1 k. de vap. à temp. t. L. (7)	A fournir à un mètre cube de vapeur. L'. (8)	Convertie en travail méc. externe par la tranform. de 1 k.d'eau à 0° en v: p. à la tempér. t. (9)
		m. m.		m. c.	kil.	cal.	cal.	cal.
146,62	4,300	3268,0	44419,0	0,42024	2,379	651,21	1550,50	43,81
147	4,344	3301,4	44873,5	0,41612	2,403	651.33	1565,24	43,84
147,46	4,400	3344,0	45452,0	0,41119	2,432	651,47	1585,08	43,86
148	4,464	3392,6	46113,1	0,40564	2,465	651,64	1606,56	43,91
148,29	4,500	3420,0	46545,0	0,40266	2,483	651,72	1621,19	43,93
149	4,587	3486,1	47383,7	0,39542	2,529	651,91	1649,72	43,98
149,10	4,600	3496,0	47578,0	0,39444	2,535	651,97	1654,61	43,98
149,90	4,700	3572,0	48551,0	0,38643	2,587	652,21	1692,15	44,04
150	4,712	3581,1	48674,9	0,38553	2,594	652,25	1694.82	44,05
150,60	4,800	3648,0	49584,0	0,37892	2,639	652,46	1726,08	44,10
151	4,840	3678,4	49997,2	0,37595	2,660	652,55	1735,73	44,11
151,46	4,900	3724,0	50617,0	0,37168	2,691	652,69	1759,27	44,15
152	4,970	3777,7	51340,1	0,36666	2,727	652,86	1783,77	44,19
152,22	5,000	3800,0	51650,0	0,36468	2,742	652,92	1793,73	44,20
153	5,104	3879,0	52724,3	0,35764	2,796	653,16	1826,30	44,25
154	5,240	3982,4	54129,2	0,34889	2,866	653,47	1872,99	44,32
154,07	5,250	3990,0	54232,5	0,34830	2,871	653,49	1877,84	44,33
155	5,379	4088,0	55565,0	0,34041	2,937	553,77	1920,53	44,38
155,85	5,500	4180,0	56855,0	0,33341	2,999	654,03	1964,05	44,44
156	5,521	4195,9	57031,9	0,33217	3,011	654,08	1969,11	44,46
157	5,666	4306,1	58529,9	0,32417	3,085	654,38	2018,63	44,52
157,56	5,750	4370,0	59437,5	0,31982	3,126	654,55	2051,87	44,56
158	5,815	4419,4	60068,0	0,31640	3,160	654,69	2069,18	44,59
159	5,966	4534,1	61628,7	0,30902	3,236	654,99	2120,73	44,65
159,22	6,000	4560,0	61980,0	0,30720	3,255	655,06	2127,23	44,66
160	6,121	4651,9	63229,9	0,30156	3,316	655,30	2173,32	44,72
160,32	6,250	4750,0	64562,5	0,29568	3,382	655,55	2222,22	44,77
161	6,278	4771,3	64851,7	0,29446	3,396	655,60	2226,53	44,78
162	6,438	4892,8	66504,5	0,28744	3,479	655,91	2281,66	44,85
162,37	6,500	4940,0	67145,0	0,28506	3,508	656,02	2301,82	44,87
163	6,602	5017,5	68088,6	0,28074	3,562	656,21	2337,38	44,91
163,88	6,750	5130,0	69727,5	0,27502	3,636	656,48	2387,20	44,97
164	6,769	5144,4	69923,7	0,27427	3,646	656,52	2393,73	44,98
165	6,945	5278,2	71741,8	0,26795	3,732	656,82	2451,47	45,04
165,31	7,000	5320,0	72310,0	0,26602	3,759	656,91	2469,58	45,06
166	7,114	5406,6	73487,6	0,26171	3,821	657,13	2510,23	45,10
167	7,291	5541,2	75316,0	0,25581	3,909	657,43	2570,11	45,16
168	7,472	5678,7	77185,7	0,24993	4,001	657,74	2631,17	45,23

| Température de la vapeur. t. (1) | Pression exprimée en | | | Volume de un kilog. de vapeur en mèt. cubes. W. (5) | Poids du mètre cube de vapeur en kilog. Q. (6) | uantité de chal. exprimée en calorie | | |
	Atmosphères. N. (2)	Hauteur de mercure millimèt. H. (3)	Kilogr. par mèt. carré de surface. P. (4)			A fournir à 1 k. d'eau à 0° p. avoir 1 k. de vap. à temp. t. L. (7)	A fournir à un mètre cube de vapeur. L' (8)	Convertie en travail méc. externe par la transform. de 1 k. d'eau 0°, en vap. à la tempér. t. (9)
		m. m.		m. c.	kil.	cal.	cal.	cal.
168,15	7,500	5700,0	77475,0	0,24912	4,014	657,78	2641,68	45,24
169	7,656	5818,5	79086,4	0,24431	4,093	658,04	2693,37	45,29
170	7,844	5961,4	81028,5	0,23883	4,187	658,35	2757,09	45,35
170,81	8,000	6080,	82640,0	0,23448	4,266	658,59	2814,48	45,40
171	8,035	6106,6	83001,5	0,23346	4,284	658,65	2821,27	45,41
172	8,230	6254,8	85015,9	0,22826	4,382	658,96	2886,88	45,48
173	8,429	6406,0	87071,5	0,22319	4,482	659,26	2954,25	45,53
173,35	8,500	6460,0	87805,0	0,22146	4,516	659,37	2983,62	45,56
174	8,632	6560,3	89168,5	0,21826	4,582	659,57	3021,94	45,60
175	8,838	6716,8	91296,5	0,21347	4,686	659,87	3091,18	45,65
175,77	9,000	6840,0	92770,0	0,20988	4,766	660,10	3158,37	45,70
176	9,049	6877,2	93476,1	0,20881	4,789	660,18	3161,63	45,72
177	9,263	7039,8	95686,7	0,20427	4,897	660,48	3233,39	45,77
178	9,481	7205,5	97938,7	0,19985	5,005	660,79	3306,42	45,81
178 08	9,500	7220,0	98135,0	0,19950	5,012	660,81	3325,67	45,84
179	9,703	7374,2	100230,9	0,19555	5,115	661,09	3380,69	45,89
180	9,929	7546,0	102566,5	0,19137	5,227	661,40	3351,62	45,96
180,31	10,000	7600,0	103300,0	0,19010	5,260	661,49	3479,42	45,97
181	10,159	7720,8	104942,4	0,18729	5,341	661,70	3533,05	46,01
182	10,394	7899,4	107370,0	0,18331	5,455	662,01	3611,42	46,07
183	10,632	8080,3	109828,5	0,17945	5,574	662,31	3691,36	46,13
184	10,875	8265,0	112338,7	0,17569	5,694	662,62	3771,52	46,19
184,50	11,000	8360,0	113630,0	0,17386	5,753	662,77	3825,25	46,21
185	11,123	8453,4	114900,5	0,17202	5,813	662,92	3853,76	46,24
186	11,374	8644,2	117493,4	0,16845	5,938	663,28	3937,25	46,30
187	11,630	8838,8	120137,9	0,16497	6,064	663,53	4022,15	46,35
188	11,889	9035,6	122813,3	0,16157	6,191	663,84	4108,68	46,42
188,41	12,000	9120,0	123960,0	0,16022	6,242	663,96	4149,75	46,44
189	12,155	9237,8	122561,1	0,15827	6,321	664,14	4196,27	46,47
190	12,425	9443,0	128350,2	0,15504	6,451	664,45	4285,66	46,53
191	12,698	9650,4	131170,3	0,15190	6,583	664,75	4263,98	46,58
192	12,976	9861,7	134042,1	0,14884	6,720	665,06	4468,28	46,64
192,08	13,000	9880,0	134290,0	0,14861	6,729	665,08	4493,78	46,65
193	13,260	10077,6	136975,8	0,14585	6,858	665,36	4561,96	46,69
194	13,548	10296,4	139950,8	0,14295	6,997	665,67	4656,66	46,75
195	13,763	10459,8	142171,7	0,14010	7,137	665,97	4753,56	46,80
195,53	14,000	10640,0	144620,0	0,13864	7,215	666,13	4827,02	46,84

Tempé-rature de la vapeur *t.* (1)	Pression exprimée en			Volume de un kilog. de vapeur en mèt. cubes. W. (5)	Poids du mètre cube de vapeur en kilog. Q. (6)	Quantité de chal.exprimée en calories		
	Atmos-phères. N. (2)	Hauteur de mercure millimèt. H. (3)	Kilogr. par mèt. carré de surface. P. (4)			A fournir à 1 k. d'eau à 0° p. avoir 1 k. de vapeur à temp. *t.* L. (7)	A fournir à un mètre cube de vapeur. L'. (8)	Convertie en travail méc. externe par la transform. de 1 k. d'eau à 0°, en vap. à la tempé. *t.* (9)
		m. m.		m. c.	kil.	cal.	cal.	cal.
196	14,139	10745,6	146055,8	0,13733	7,283	666,28	4851,67	46,86
197	14,440	10974,4	149165,2	0,13463	7,429	666,58	4951,23	46,91
198	14,749	11209,2	152357,1	0,13203	7,575	666,89	5051,04	46,97
198,80	15,000	11400,0	154950,0	0,12994	7,698	667,13	5171,55	47,01
199	15,062	11447,1	155590,4	0,12942	7,727	667,19	5172,01	47,02
200	15,380	11688,8	158875,4	0,12691	7,880	667,50	5259,63	47,08
201	15,703	11931,2	162211,9	0,12446	8,038	667,80	5365,61	47,13
201,90	16,000	12160,0	165280,0	0,12231	8,176	668,07	5475,98	47,18
202	16,031	12183,5	165600,2	0,12207	8,196	668,11	5476,31	47,19
203	16,364	12436,6	169040,1	0,11974	8,354	668,41	5582,22	47,24
204	16,703	12694,2	172541,9	0,11747	8,517	668.72	5692,68	47,29
204,86	17,000	12920,0	175610,0	0,11556	8,658	668,98	5817,21	47,33
205	17,019	12934,4	175806,2	0,11525	8,680	669,02	5817,56	47,34
206	17,396	13220,9	179700,6	0,11309	8,849	669,33	5918,56	47,40
207	17,751	13490,7	183367,8	0,11098	9,017	669,63	6033,83	47,45
207,69	18,000	13680,0	185940,0	0,10956	9,132	669,84	6145.32	47,49
208	18,111	13764,3	187086,6	0,10892	9,182	669,94	6150,75	47,51
209	18,477	14042,5	190867,4	0,10691	9,354	670,24	6269,24	47,56
210	18,818	14324,4	194699,8	0,10494	9,532	670,55	6389,84	47,61
210,40	19,000	14440,0	196270,0	0,10417	9,606	670,67	6448,85	47,63
211	19,225	14611,0	198794,2	0,10302	9,708	670,85	6511,89	47,66
212	19,608	14902,1	202550,6	0,10114	9,891	671,16	6635,94	47,72
213	19 996	15196,9	206558,6	0,09929	10,080	671,46	6762,66	47,77
213,01	20,000	15200,0	206600,0	0,09927	10,080	671,46	6772,30	47,77

CHAUDIÈRES A VAPEUR

(Voir annexe B, Les principes de la combustion, § 752.)

Définition. — Qualifications. — Fonctionnement de l'ensemble.

646. L'appareil dans lequel on produit la vapeur pour les besoins industriels se nomme indifféremment générateur de vapeur, chaudière à vapeur ou appareil évaporatoire. Il comprend quatre parties principales :

1° Le *corps de chaudière proprement dit* formant l'ensemble indivisible qui contient l'eau et la vapeur et comprenant ou ne comprend pas le foyer et les courants de flamme, suivant le système. Dans le premier cas, on dit que la chaudière est à foyer intérieur ; dans le second cas, qu'elle est à foyer extérieur. Les machines de grande puissance sont presque toujours alimentées de vapeur par deux ou plusieurs corps de chaudière qui n'ont de communication intérieure que par le conduit de vapeur à la machine et par une cheminée qui leur est commune.

EXEMPLE : *Fig.* 10 et 11, *pl.* **40**. Un corps de chaudière cylindrique horizontale, à bouilleurs, à foyer extérieur.

Fig. 39 du texte. Un corps de chaudière cylindrique verticale, à tubes, à foyer intérieur.

Fig. 17, 18 et 19, *pl.* **41**. Deux corps de chaudière cylindrique à tubes horizontaux, à foyer intérieur et à flamme directe ayant la cheminée H commune.

Fig. 21 et 22, *pl.* **42**. Deux corps de chaudière représentés l'un en élévation et l'autre en coupe verticale. Chaudière dite à faces planes, tubulaire, à retour de flamme et à foyers intérieurs. L'ensemble forme l'appareil évaporatoire d'un bateau à vapeur.

Quelquefois on donne le nom de corps de chaudière à la partie la plus volumineuse de l'appareil ; ainsi on dira le corps de chaudière B (*pl.* **40**) et les bouilleurs *b, b*.

2° Le *foyer* extérieur ou intérieur, comme il est dit plus haut, où se produit la combustion ; il comprend le fourneau F, l'autel A, la grille G, le cendrier C (1).

3° Les *carneaux* ou courants de flamme, ou galeries, ou conduits, ou tubes, etc. : Parties que parcourent la flamme et les gaz chauds depuis l'autel A, jusqu'à la cheminée H.

4° La *cheminée* H qui, des carneaux, donne issue dans l'atmosphère aux gaz et à la fumée.

647. Les chaudières sont dites à basse, moyenne ou haute pression d'après l'intensité de la pression de la vapeur qu'elles fournissent (§ 629). Leur qualification désigne aussi leur forme

---

(1) Les mêmes lettres désignent les mêmes détails des chaudières sur les dessins des planches 39, 40, 41 et 42.

ou leur arrangement intérieur : on dit, par exemple, qu'une chaudière est cylindrique, horizontale, à foyer extérieur et à bouilleurs (*pl.* **40**, *fig.* 10). Pour comprendre facilement les différentes dispositions adoptées, il faut d'abord connaître en détail un type quelconque, car, quels que soient la forme et l'arrangement qui caractérisent une chaudière, elle comprend toujours des surfaces chauffées, un réservoir d'eau, un réservoir de vapeur ; des accessoires pour mesurer la pression de la vapeur et la limiter, pour l'alimentation d'eau, pour le nettoyage intérieur. La description qui suit répond à cette obligation.

648. Les figures 10 et 11 *pl.* **40**, représentent une chaudière à haute pression dite à bouilleurs. Le fourneau F, dans lequel se fait la combustion du charbon, se compose de barreaux de grille G, espacés de 1 à 2^{cmt} l'un de l'autre, pour permettre à l'air, qui contient l'un des premiers éléments de la combustion (le gaz oxygène, § 676), de pénétrer dans la masse du combustible en ignition ; c'est par le vide de la grille que tombent dans le cendrier C les produits solides de la combustion, cendres, scories, etc. L'ouverture du cendrier doit être assez grande et assez libre pour que l'air arrive abondamment sous la grille. Les barreaux de grille sont soutenus par la *sole s*, qui forme une plate-forme pleine à l'entrée du fourneau et par un support *s′* placé dans le fond. L'autel A est un massif en briques réfractaires surmontant la grille et destiné à empêcher le charbon de se répandre dans la galerie ou *carneau* R ; sa forme est généralement celle d'un plan incliné afin de faciliter la direction de la flamme suivant la longueur du carneau. Dans les carneaux R, R formés par le corps de chaudière et par le massif en maçonnerie MC dans lequel il est contenu, passent la flamme au départ du fourneau, les gaz chauds et la fumée ; les carneaux aboutissent à la *cheminée* H. — *pf* est la porte du fourneau ; il y a souvent une porte au cendrier C, laquelle permet de diminuer l'arrivée de l'air dans le fourneau, lorsqu'on veut ralentir le feu. On place quelquefois un *registre g* (*pl.* **39**) dans la cheminée ;

c'est une espèce de vanne ou de papillon, pouvant fermer plus ou moins le conduit.

Toutes les parties de la chaudière touchées par la flamme sont dites les *surfaces de chauffe directe;* dans l'exemple, on compte comme surface de chauffe directe la partie extérieure des deux bouilleurs *b,b* et un tiers de la surface du grand bouilleur B. Les parties touchées par les gaz de la combustion notablement refroidis, telles que les surfaces situées près de la naissance de la cheminée, sont dites surfaces de *chauffe indirecte.*

L'eau à vaporiser est contenue dans les bouilleurs *b, b* et dans le grand bouilleur B, où son niveau s'élève jusqu'aux deux tiers environ du diamètre vertical. Les petits bouilleurs communiquent avec le grand par quatre tubulures ou manchons de jonction *e, e;* l'ensemble de ces capacités occupées par le liquide se nomme le *coffre à eau* ou le *réservoir d'eau.* L'eau arrive dans la chaudière par le tuyau *tl* dont une extrémité aboutit au fond du grand bouilleur et l'autre à la pompe alimentaire mue par la machine et à la pompe à bras. Par le tuyau *ex* muni d'un robinet, on pratique l'*extraction* dans la chaudière lorsqu'elle est sous vapeur, c'est-à-dire qu'on en chasse par la pression de la vapeur une certaine quantité d'eau dont le courant entraîne en partie les dépôts terreux ou calcaires accumulés dans les bouilleurs. Par ce même tuyau, on vide complétement la chaudière à froid. La hauteur de l'eau dans le grand bouilleur est indiquée constamment par le tube niveleur *n* en verre, et à la volonté du chauffeur par les robinets de jauge *j,j;* si le niveau du liquide est descendu accidentellement à la limite extrême qu'il ne doit pas découvrir sans qu'il y ait danger d'explosion de la chaudière, par le sifflet d'alarme *sf:* la vapeur s'échappe avec bruit et attire l'attention du chauffeur. A ces trois indicateurs différents du niveau de l'eau, on adjoint quelquefois un *flotteur fl (pl.* **39**) qui par le degré de l'inclinaison des bras du levier, à l'extérieur, marque la position du niveau. La multiplicité des indicateurs du niveau de l'eau fait comprendre combien il est important, pour la sécurité, de veiller à ce détail du fonctionnement d'une chaudière.

La partie V, comprise entre le niveau de l eau et le ciel du grand bouilleur, est le *coffre à vapeur* ; sur quelques chaudières il y a une partie annexée V', dite *réservoir de vapeur* ; on appelle indifféremment l'ensemble ou l'une de ces parties le coffre ou le réservoir ou la chambre à vapeur. Sur le réservoir V' prend le tuyau de *prise de vapeur pv*, destiné à conduire la vapeur dans la boîte à tiroir de la machine. Une soupape d'arrêt K permet, au besoin, d'isoler ou de mettre en communication deux corps de chaudière devant fournir ensemble ou séparément la vapeur à la machine. Par la *soupape de sûreté* S, chargée d'un poids P, la vapeur s'évacue au dehors de la chaudière lorsque sa pression dépasse celle pour laquelle le générateur a été essayé. L'intensité de la pression de la vapeur est indiquée d'une manière permanente par le *manomètre m* dont les indications guident le chauffeur pou ralentir ou pour pousser le feu. Sur les chaudières à faces planes (*pl.* **42**), on place une soupape *a*, dite *atmosphérique*, qui s'ouvre en sens contraire de la soupape de sûreté, c'est-à-dire du dehors au dedans de la chaudière ; elle a pour but de s'ouvrir, afin de laisser la pression atmosphérique pénétrer dans l'appareil, lorsque la pression de la vapeur est moindre que celle de l'air. On se propose ainsi d'éviter l'*écrasement* d'une chaudière dont la forme est peu résistante et qui n'est consolidée que contre la pression intérieure.

On peut pénétrer à l'intérieur du grand bouilleur B, par le *trou d'homme th* qui est fermé au moyen d'un *autoclave* ou plaque de fer, que la pression de la vapeur tend à faire appliquer contre les bords de l'ouverture du trou, du dedans au dehors de la chaudière ; des boulons et des pattes aident la fermeture dans ce sens. Chacun des bouilleurs *b* est fermé à la partie de l'avant par un autoclave *v*, dont l'enlèvement permet de pénétrer dans le bouilleur, si son diamètre est suffisamment grand, ou, dans le cas contraire, de le nettoyer à l'aide de râteaux et de balais.

649. *Légende descriptive se rapportant aux différents types de chaudières, pl.* **39, 40, 41, 42.**

3.

A. Autel. Il limite la longueur de la grille et rejette la flamme dans les carneaux.

a, Soupape atmosphérique. Elle s'ouvre de dehors en dedans pour laisser l'air pénétrer dans la chaudière, lorsque la pression qui y existe est inférieure à celle de l'atmosphère ; ainsi est évitée la déformation de la chaudière par écrasement.

B. *Fig.* 7 et 10. Grand bouilleur contenant une partie de l'eau et toute la vapeur formée, dans le cas où il n'y a pas d'annexe ou coffre de vapeur V' comme dans la figure 7.

b,b. Petits bouilleurs (*fig.* 7 et 10) contenant une partie de l'eau ; ils sont touchés par la flamme ou les gaz chauds sur toute leur surface extérieure.

C. Cendrier. Il s'étend de l'entrée au-dessous de la grille jusqu'à l'autel.

E. Coffre à eau ou réservoir qui contient le liquide soumis à la vaporisation.

ex. Tuyau d'extraction muni d'un robinet. C'est par ce tuyau qu'on chasse au dehors de la chaudière, périodiquement, une certaine quantité d'eau, afin de diminuer la quantité de matières terreuses ou calcaires laissées par l'eau dépensée en vapeur. Le remplacement de l'eau extraite qui est chargée de ces matières par une eau moins chargée, se fait assez vite pour éviter un trop grand abaissement de niveau.

et. Entretoises pour consolider les surfaces de la chaudière qui sont très-rapprochées.

e. Manchon de communication des petits bouilleurs avec le grand bouilleur.

F. Fourneau où se fait la combustion.

fl. Flotteur qui indique au dehors la hauteur de l'eau dans la chaudière.

G. Grille formée de barreaux mobiles ou fixes espacés de 10 à 20 millimètres.

g. Registre de la cheminée, destiné à rétrécir l'ouverture par laquelle se fait l'écoulement de la fumée et des gaz chauds, lorsqu'on veut ralentir l'intensité du feu.

H. Cheminée en tôle de fer ou en maçonnerie.

j, j. Robinets de jauge que le chauffeur consulte à volonté pour s'assurer approximativement de la hauteur de l'eau dans la chaudière.

K. Soupape d'arrêt isolant au besoin la chaudière de la machine ou deux chaudières l'une de l'autre.

L. Robinet et tuyau qui dirigent l'eau d'alimentation au-dessous de la région supérieure de l'eau contenue dans le grand bouilleur (*pl.* **39**).

MC. Massif en maçonnerie dont les dispositions intérieures forment le fourneau et les carneaux.

m. Manomètre. (Indicateur de la pression.)

n. Tube en verre, dit tube de niveau d'eau.

P. Poids de charge des soupapes de sûreté.

Pe, Pe. Plaques où sont rivés les tubes, dites plaques de tête des tubes.

p. Porte des cendriers.

pf. Porte des fourneaux.

pv. Prise de vapeur ou pipe; conduit qui aboutit à la machine.

R. Carneaux ou courants de flamme.

Rf. Boîte à feu.

Rm. Boîte à fumée.

S. Soupape de sûreté chargée d'un poids calculé de telle sorte, qu'elle s'ouvre pour laisser évacuer la vapeur, quand la pression de celle-ci dépasse la limite prévue.

s, s'. Sole et support de la grille.

sf. Sifflet d'alarme qui s'ouvre et fonctionne lorsque le niveau de l'eau ayant trop baissé, le flotteur 1 à l'intérieur de la chaudière est déjaugé et entraîne alors le contre-poids 2 à monter.

T. Tubes entourés d'eau, et parcourus à l'intérieur par la fumée et les gaz chauds.

t. Tirants de consolidation des tôles très-éloignées les unes des autres.

th. Trou d'homme ou de passage à l'intérieur de la chaudière.

ll, L. Tuyau d'alimentation communiquant avec la pompe qui envoie l'eau à la chaudière.

V, V'. Coffre et réservoir de vapeur.

v. Portes de vidange ou de nettoyage, dites aussi *autoclaves.*

DES DIVERS SYSTÈMES DE CHAUDIÈRES.

650. *Chaudières à bouilleurs.* — La description est donnée aux §§ 648, 649, et la planche **39,** *fig.* 7, représente en coupe longitudinale une chaudière de ce système dont la disposition d'ensemble est la même que celle figurée planche **40.** La chaudière à bouilleurs est depuis longtemps en usage ; la forme cylindrique de ses parties contenantes lui donne une très-grande solidité. Elle est plus volumineuse et plus encombrante que la chaudière à tubes et à foyer intérieur (§ 653, *pl.* **41,** *fig.* 17, 18 et 19) et que celle dite verticale à tubes (*fig.* 39 du texte). Mais elle convient beaucoup mieux que ces dernières pour de grandes puissances.

651. *Chaudière cylindrique à foyer intérieur, tubulaire et à flamme directe.* — Le volume d'une chaudière cylindrique à un seul bouilleur étant donné pour une puissance de machine déterminée, trouver une disposition telle, que ce volume soit beaucoup moindre. Tel est le problème posé dans quelques cas de l'établissement d'un générateur de vapeur : par exemple, pour les machines locomotives, locomobiles ou de bateaux. La chaudière tubulaire répond à l'obligation. Dans ce système, les carneaux ou courants de flamme sont formés par des tubes d'un diamètre qui varie de 50 à 80^{mmt} et d'une longueur de 1 à 3^{mt}. Les figures 17, 18, 19, *pl.* **41,** représentent trois vues d'une chaudière cylindrique tubulaire dite à flamme directe, parce que la flamme continue la direction qu'elle a à sa sortie du fourneau ; en effet, elle passe dans la boîte à feu R*f*, dans les tubes T, dans la boîte à fumée R*m*, les gaz chauds et la suie s'écoulent par la cheminée H. [Voir la légende explicative générale (§ 649) pour la désignation des autres lettres.]

652. Pour une même puissance productive de vapeur, la diminution du volume de la chaudière tubulaire, comparée à la chaudière cylindrique à un seul courant de flamme, peut être démontrée de la manière suivante :

Appelons **D** le diamètre d'un cylindre, *l* sa longueur; supposons qu'il forme un conduit de flamme intérieur, et cherchons le rapport de sa surface à la somme de la surface de plusieurs cylindres d'un plus petit diamètre *d* ; supposons également que chaque petit cylindre est un conduit de flamme, et que la somme de leurs sections est égale à la section du cylindre unique. En désignant par x le nombre indéterminé de ces petits cylindres ou tubes, nous aurons pour première relation :

$$\frac{\pi \times D^2}{4} = \frac{\pi \times d^2}{4} \times x \, ;$$

d'où

$$d = \frac{D}{\sqrt{x}} \cdot \qquad\qquad (n^o\ 22)$$

Appelons S, la surface totale des petits tubes, il viendra :

$$S = \pi \times d \times l \times x = \pi \times D \times l \times \sqrt{x}.$$

Ce qui fait voir que cette surface est égale à la surface du conduit unique multipliée par la racine carrée du nombre de petits tubes. Si par exemple, on s'arrête à un diamètre de petits tubes, tel, qu'il faille 100 tubes pour représenter par la somme de leur section celle d'un grand tube proposé, ces 100 tubes présenteront une surface 10 fois plus grande que le conduit unique. La distance du centre d'un tube aux tubes voisins devant être égale au diamètre de ces conduits, il s'ensuit qu'en prenant de petits tubes de 70^{mmt} de diamètre (ce qui paraît convenir le mieux à l'application), une chaudière tubulaire présente sous le même volume qu'une chaudière cylindrique, une puissance calorifique environ trois fois plus grande.

653. *Chaudière à foyer intérieur, à tubes, et à retour de flamme.* — Dans ce genre de chaudière tubulaire, les tubes formant les conduits des gaz chauds et de la fumée sont placés parallèlement et sur les côtés ou au-dessus du fourneau ; ils communiquent à la boîte à feu qui fait suite à l'autel, et à la boite à fumée qui se trouve sur le devant de la chaudière autour du fourneau. Par cette disposition, on diminue la longueur de la chaudière et on augmente son diamètre. L'usage de ces générateurs n'a donné aucun bénéfice sur ceux à flamme directe ; la préférence qu'on peut leur accorder n'est donc qu'une question d'emplacement plus commode dans certains cas.

La fig. 36 du texte représente en coupe longitudinale une chaudière tubulaire à retour de flamme, système Chevalier de Lyon, disposée de telle sorte qu'en défaisant le joint AB, on peut sortir le foyer et les tubes pour opérer des répara-

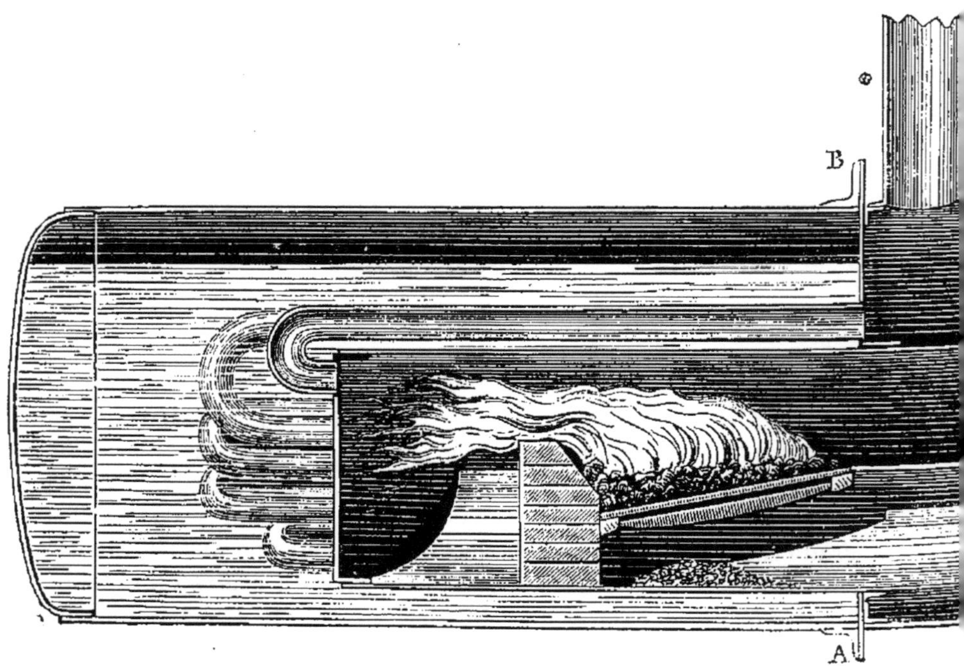

Fig. 36.

tions ou un nettoyage complet, toutes choses qui sont alors infiniment plus faciles à faire que dans les générateurs dont ces parties ne sont pas amovibles. La courbure des tubes, du côté de la boîte à feu, est favorable à la solidité de la rivure, parce qu'ils peuvent obéir à la dilatation sans forcer sur la rivure.

654. *Chaudière cylindrique verticale à bouilleurs.* — La disposition de ce système est représentée fig. 36 et 37 du texte : A, grand autoclave du haut de la chaudière ; — B, autoclaves des bouilleurs ; — C, autoclave du bas ; — D, prise de va-

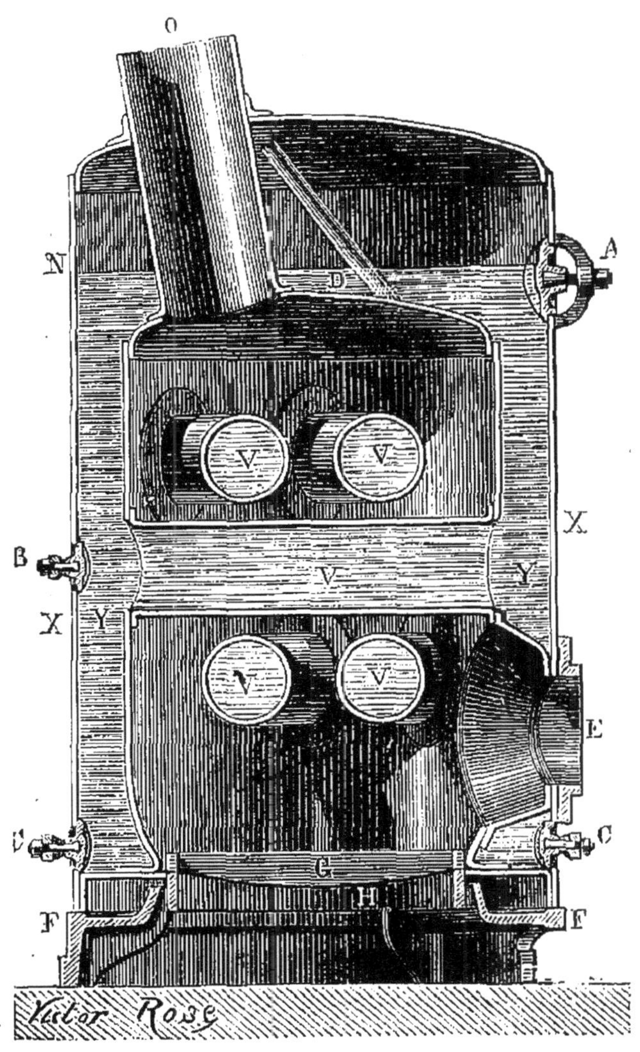

Fig. 37.

peur à la partie haute où elle est le plus sèche ; — E, cadre et porte du foyer ; — F, socle de la chaudière, formant le cendrier ; — G, grille ; — H, support de la grille ; — N, niveau de l'eau dans la chaudière ; — O, cheminée ; — V, V, bouilleurs remplis d'eau et en communication avec la chambre à eau circulaire Y; X, corps de la chaudière.

L'usage de cette chaudière est très-répandu. Il ne s'explique pas par l'économie de combustible qui est négative comparée à la consommation des machines à longs bouilleurs horizontaux et à foyer extérieur (§ 650), mais par la commodité de transport et de mise en place. Pour une force supérieure à 10_{chx}, les avantages sont avec l'emploi du système à tubes directs

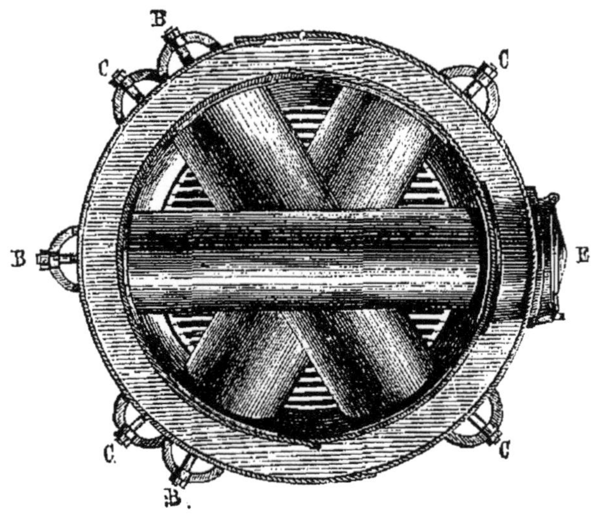

Fig. 38.

ou indirects et surtout à foyer extérieur et à grands bouilleurs. Quoi qu'il en soit, MM. Hermann et Lachapelle, qui construisent ces générateurs, ont introduit dans la pratique un type de moteur à vapeur très-commode, d'un entretien facile et dont la conduite peut être confiée à un chauffeur d'une intelligence moyenne.

655. *Chaudière cylindrique verticale, tubulaire et à foyer intérieur (fig. 39 et 40 du texte).* — Cette chaudière, comme celle décrite au paragraphe précédent, convient peu à des machines d'une force au-dessus de 10 chevaux. Sous un faible volume elle représente une grande étendue de surface de chauffe. Du foyer F, la flamme et les gaz chauffants passent à l'intérieur des tubes T, T, et vont en V' où prend naissance la cheminée.

Dans le coffre à vapeur V, la vapeur est tenue sèche, par la partie haute des tubes qui le traversent. Une chambre circulaire R, formée autour du corps de la chaudière par une tôle mince, est remplie de sable ou d'un corps quelconque iso-

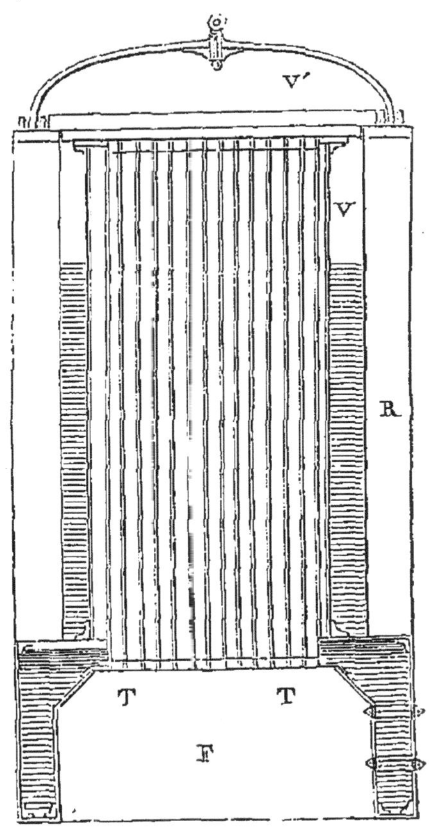

Fig. 39.

lant de la chaleur. Les deux grands inconvénients de ce système sont la détérioration rapide de la partie des tubes que ne touche pas l'eau et celle de la plaque du bas, où sont rivés les tubes. Cette partie reçoit le coup de feu le plus énergique, la vapeur s'y forme en abondance et les dépôts calcaires ou séléniteux que dépose l'eau vaporisée, s'y accumulent très promptement ; il s'ensuit le surchauffement du métal et le désserrage des rivures des tubes.

656. *Chaudières dites inexplosibles.* — Les appareils appelés ainsi par leur inventeur, ne sont pas moins susceptibles de faire explosion, de se déchirer par suite d'un excès de pression de la vapeur ou de l'état d'usure de leurs parties, mais comme elles contiennent beaucoup moins d'eau que les autres, les explosions y sont excessivement rares et beaucoup moins désastreuses. La dépense de combustible n'est pas moindre dans ces systèmes. La durée est peut-être mieux assurée, mais la conduite demande un peu plus de surveillance au point de vue de la régularité de la production de vapeur ; en

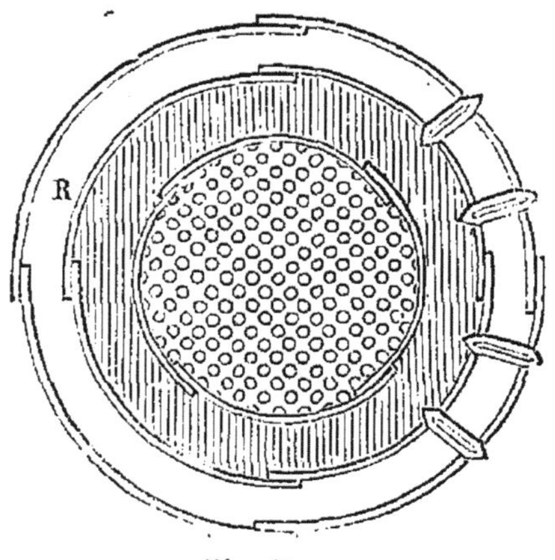

Fig. 40.

effet les abaissements ou les montées de pression sont d'autant plus brusques avec le ralentissement ou la poussée du feu, que le volume d'eau chauffée est plus petit.

657. L'un des types les plus remarquables de chaudières dites inexplosibles est celui qui porte le nom de l'inventeur Belleville. (Voir § 750.)

Une série de tubes générateurs a, a (*fig.* 41 et 42 du texte) sont disposés au-dessus du foyer ; des coudes ou raccords de communication b,b, les retiennent les uns aux autres. Chaque série est en communication avec le collecteur inférieur c où aboutit l'alimentation, et avec le collecteur supérieur d où se déverse la vapeur. Pour chaque tube il y a un bouchon de nettoyage à vis i. Un cylindre-niveau e, disposé à l'extérieur soit longitudinalement, soit verticalement (*fig.* 42), est en communication avec le collecteur supérieur d et avec le collecteur inférieur c. La pompe alimentaire envoie l'eau dans ce récipient, où la hauteur du liquide est réglée par un flotteur mettant en mouvement le robinet d'admission et de trop-plein.

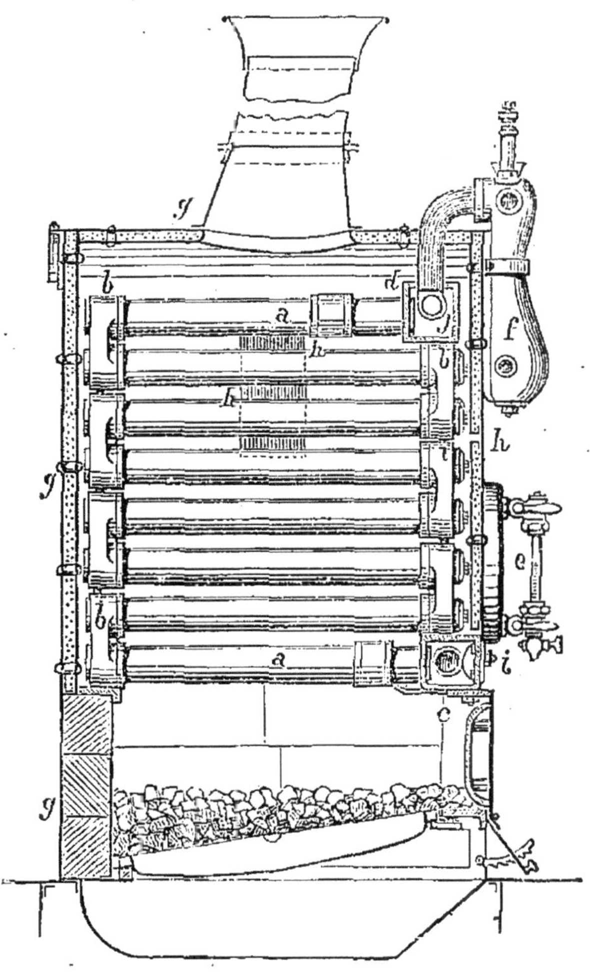

Fig. 41.

La vapeur passe du collecteur d dans l'épurateur f qui y communique en j. C'est sur ce dernier que sont placés les soupapes de sûreté, le manomètre et le conduit de vapeur à la chaudière.

Dans une enveloppe gg, formée de tôle, de briques et de sable est logé le générateur ; le foyer est établi dans la partie inférieure de cette enveloppe. La figure 42 donne la vue extérieure de l'ensemble.

Une longue durée en service, si l'eau d'alimentation est très pure, une montée en vapeur presque immédiate (10 à

Fig. 42.

15 minutes) et une très grande sécurité contre les explosions caractérisent le générateur Belleville.

658. La chaudière représentée (*fig.* 7 bis *pl.* **39**), de l'invention de MM. Maulde et Wibart, est dite inexplosible par les inventeurs, mais elle l'est à de moindres titres que la chau-

dière Belleville. La sécurité de son emploi vient particulièrement de ce que nul obstacle n'est rencontré par la vapeur,
qui, formée sur les parties directement chauffées, se dirige
dans le coffre à vapeur V. Sa disposition d'ailleurs est fort
simple et l'ensemble présente beaucoup de solidité. Du foyer
F, la flamme et les gaz se dirigent dans la cheminée H, après
avoir léché le bouilleur vertical B, et les parois cylindriques
des lames d'eau ; L, L, sont des réservoirs d'eau chaude pour
l'alimentation. La machine se trouve fixée sur une colonne ou
bâti G, qui entoure la chaudière, ce qui fait de ces appareils
un système de locomobile ou de machine fixe très-commode.

659. *Chaudière à face plane, à foyer intérieur, tubulaire, à
retour de flamme (pl. 42).* — Cette chaudière est presque exclusivement en usage pour la navigation maritime. Après
avoir pénétré dans la boîte à feu R, la flamme *retourne* dans
la direction du fourneau F, pour passer dans les tubes T ; les
gaz chauds et la fumée passent de la boîte à fumée R', dans
le conduit D, appelé *culotte* de la cheminée, d'où elle arrive
dans la cheminée H. Les boîtes à fumée sont fermées à l'air
extérieur par les portes *d*. Les lettres *et, et', k,* marquent les
différents systèmes d'entretoise, que l'on emploie pour la
consolidation des lames d'eau.

660. L'eau de mer qui est le liquide employé pour l'alimentation de la chaudière marine, contenant en dissolution une
bien plus grande quantité de sels de différentes natures qui
ne se vaporisent pas, que l'eau douce n'en contient, il est indispensable de chasser dehors du générateur une certaine
quantité d'eau chargée de ces sels, et de la remplacer par
une même quantité moins chargée. On dit faire l'*extraction*
à la main, chasser l'eau de la chaudière en ouvrant le robinet
placé sur le conduit *ex* qui débouche en dehors du navire.
L'extraction continue ex' peut rester ouverte pendant le fonctionnement de la chaudière, à condition de laisser également
ouvert à un certain degré, le robinet d'alimentation L : c'est
le moyen en usage, pour maintenir le degré de salure de

l'eau au point qui convient à l'économie de combustible et à l'entretien de la chaudière. Le faible diamètre du tuyau de l'extraction continue à la hauteur à laquelle il prend l'eau dans la chaudière font que celle-ci ne pourrait pas se vider par là, et qu'elle se viderait assez lentement même, si la prise d'eau était située au bas de la chaudière comme l'est l'extraction *à la main Ex.* (Voir pour la valeur des autres lettres la légende générale (§ 669.)

661. *Chaudières à faces planes, à foyer intérieur, à tubes horizontaux et verticaux.* — Ce système donne un bon rende-

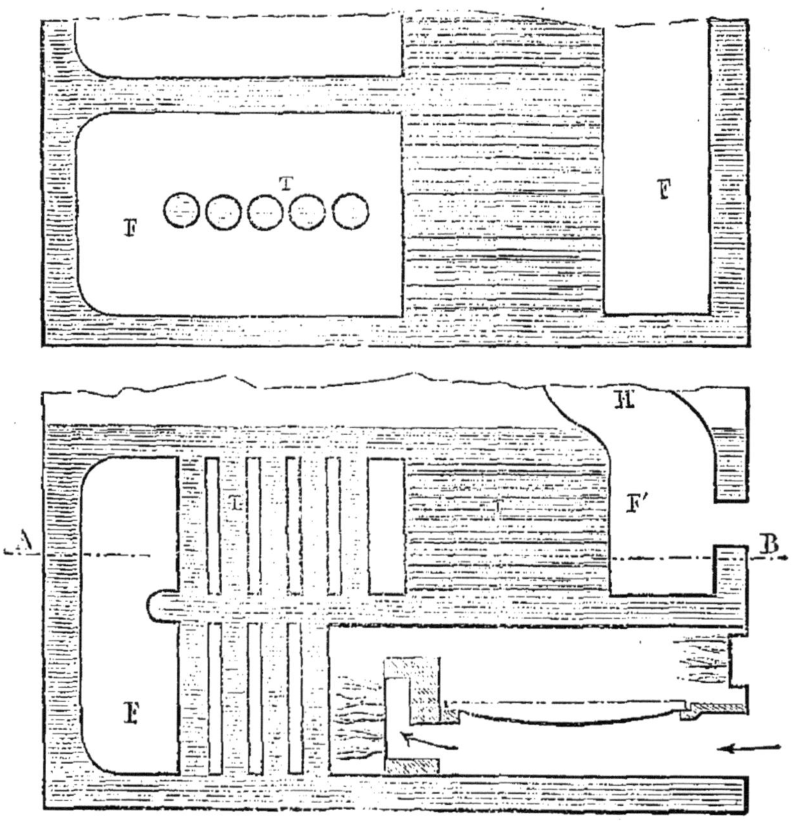

Fig. 43.

ment, et présente une solidité relativement grande ; la figure 43 du texte en est un croquis d'ensemble. La flamme passe du foyer dans la chambre de combustion F, après avoir léché les tubes verticaux T, pleins d'eau et communiquant directement avec la masse de liquide que contient l'appareil ; elle pénètre ensuite dans les tubes horizontaux T', qui sont entourés d'eau, et la fumée s'écoule par la cheminée H, après avoir passé dans la boîte à fumée F'. Une porte placée sur cette boîte comme dans la chaudière décrite au paragraphe

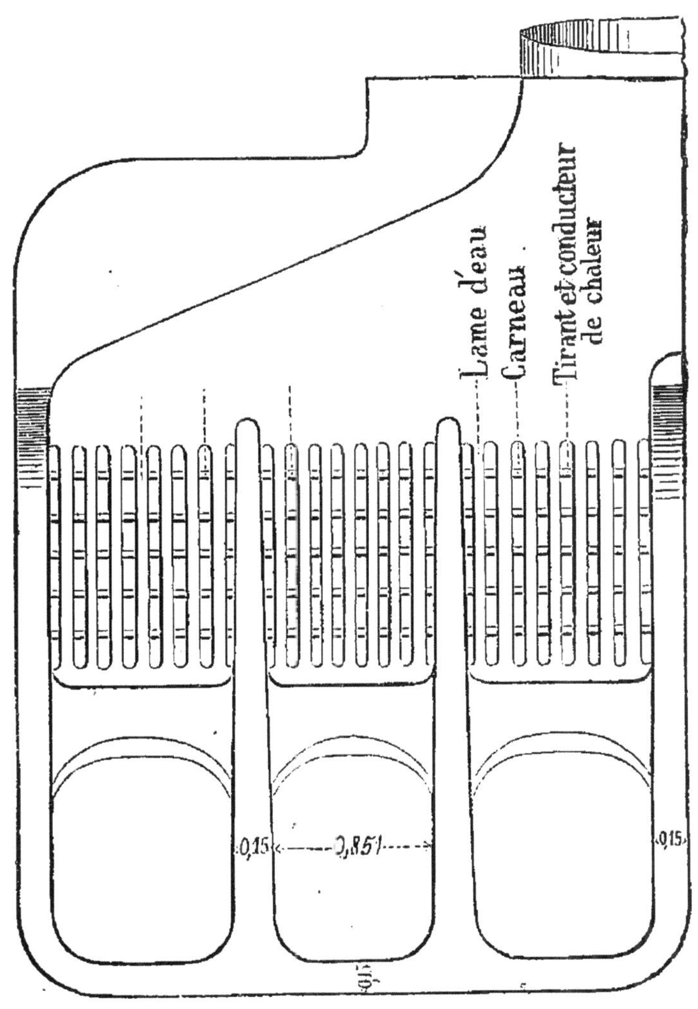

Fig. 44.

précédent, permet de faire le ramonage de l'intérieur des tubes horizontaux. Les tubes verticaux sont des protecteurs abondants de vapeur ; ils consolident en même temps les surfaces prolongées, qui forment le fond et le ciel de la boîte de combustion F.

L'autel, percé de petits trous, laisse passer des jets d'air, qui, se mêlant à la flamme à la sortie de la grille, activent la combustion en y apportant de l'oxygène ; les trous percés sur la porte du fourneau remplissent le même but.

662. *Chaudière à lames d'eau (fig. 44 du texte).* — Les tubes, du système de chaudière tubulaire à retour de flamme, sont remplacés ici par des carneaux très-étroits, séparés par des lames d'eau également étroites. Les entretroises qui sont dans les carneaux, font l'office de puissants conducteurs de la chaleur : la flamme vient les frapper, la chaleur s'y arrête pour ainsi dire et se transmet très-vite au liquide, dans les lames d'eau, parce que cette transmission se fait dans le sens des fibres du métal du boulon formant entretoise. La chaudière à lames d'eau est d'un très-bon emploi pour la navigation. Les chiffres portés sur la figure 44 marquent les dimensions en mètres du corps de chaudière pouvant fournir une puissance de 300 chevaux-vapeur.

663. *Chaudières des locomotives.* — Elles sont tubulaires à flamme directe à foyer intérieur. La section de la partie contenant les tubes, est cylindrique ; celle du foyer et de la boîte à feu est rectangulaire et consolidée par de nombreux tirants et entretoises. La figure 45 du texte représente le canevas d'un générateur de cette catégorie, la figure 46 en fait voir les principales dispositions spéciales.

Les flammes et les gaz chauds, produits par le combustible en ignition sur la grille *i*, passent dans les tubes horizontaux, entourés d'eau, et s'écoulent en partie, au dehors, par la cheminée *j*. La vapeur occupe l'espace *ge'eg* et le petit dôme qui surmonte la partie de l'avant de la chaudière ; elle descend par le tube évasé, dans la chambre *ll*, où se trouve une soupape, dont la fermeture ou l'ouverture, au gré du mécanicien, l'envoie dans la machine ou supprime la communication pour arrêter le fonctionnement des pistons. C'est par le tuyau

M, que se fait le courant de vapeur, entre le coffre à vapeur et les tiroirs de la machine. L'évacuation, après le travail dans les cylindres, a lieu dans la cheminée, par le tuyau ver-

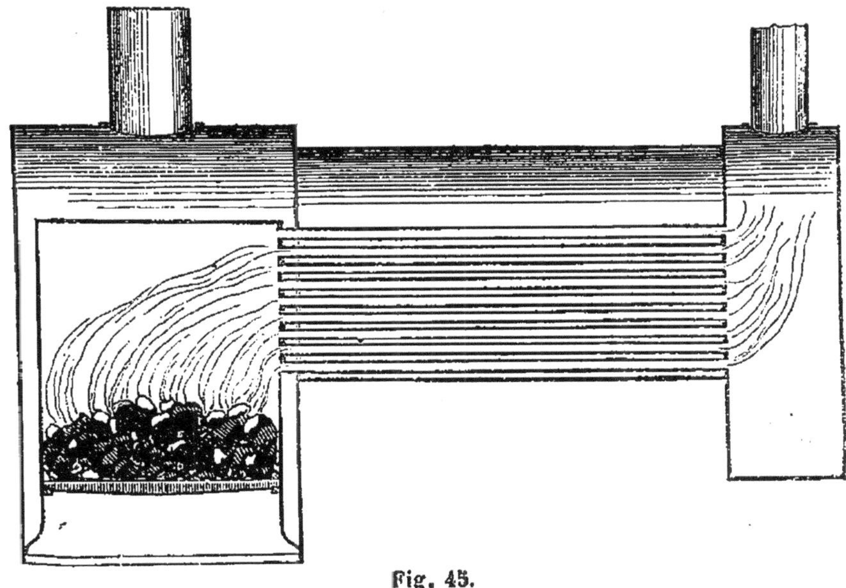

Fig. 45.

tical, courbe, dont l'axe de l'orifice est celui de la cheminée même. Ainsi on obtient un tirage forcé dans le foyer.

664. *Chaudière des locomobiles.* — La figure 20 (*pl.* **41**) représente une locomobile, dont la chaudière est entièrement disposée comme celle d'une locomotive. C'est le système qui convient le mieux, pour les machines à vapeur affectées aux travaux agricoles, ou susceptibles d'être déplacées fréquemment et de parcourir de longues distances. La chaudière verticale (§ 654 et 655) est préférablement employée dans les autres cas.

665. *Chaudières à foyer ou à tubes amovibles.* — Par les extractions (§ 659 et 660), on ne peut complétement éviter les dépôts salins, calcaires ou terreux, que laissent les eaux de mer ou les eaux douces vaporisées dans les chaudières à vapeur. Il est donc indispensable d'enlever, de temps en temps, ces dépôts qui sont fortement adhérents sur les surfaces de chauffe

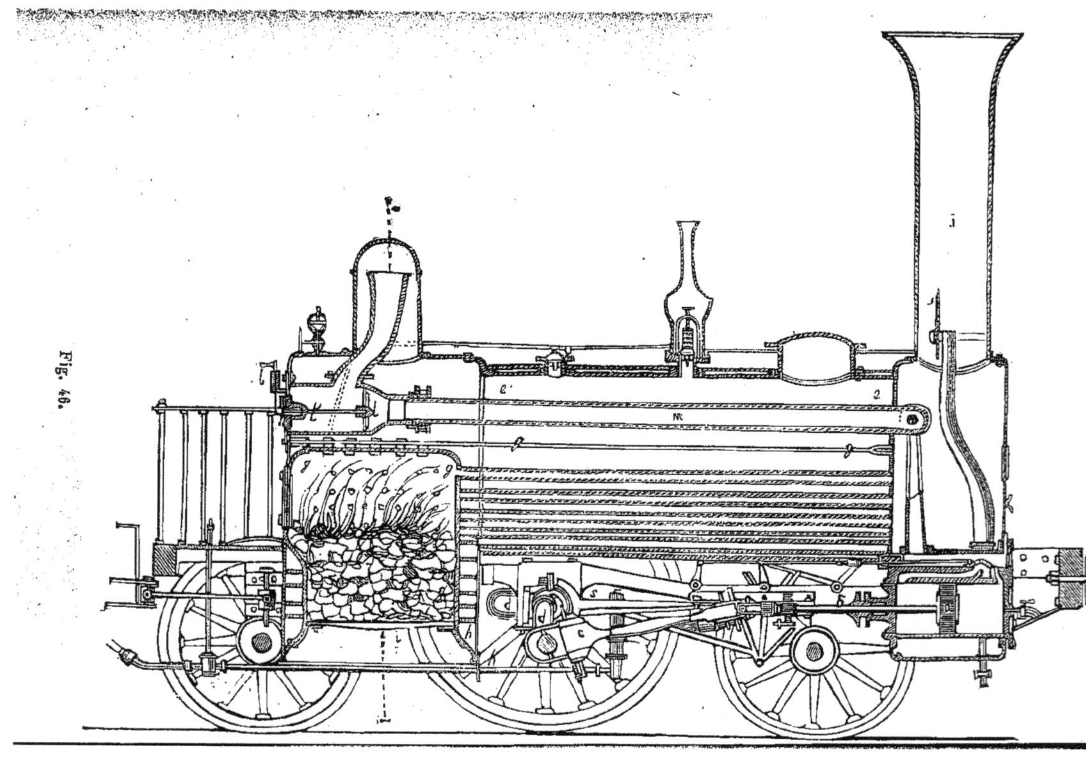

Fig. 46.

intérieures. Dans ce but, on a inventé des foyers de chaudière démontables, exemple, figure 36 du texte ; la chaudière Farcot, celle de Thomas et Laurens, comme celle de Chevalier sont répandues dans l'industrie.

Pour les générateurs du système tubulaire, l'amovibilité des tubes est préférable à celle du foyer, parce que la solidité de l'ensemble du générateur est mieux assurée, tout en laissant une facilité suffisante aux opérations de nettoyage intérieur.

Voir § 748, la description des nouveaux types de chaudière (1887)

RÉSISTANCE DES TOLES DES RIVETS ET DE L'ENVELOPPE DES CHAUDIÈRES.

Voir § 748. Les dimensions admises par la nouvelle pratique. Annexe A.

666. *Nature du métal des chaudières*. — On a construit des chaudières en fonte de fer et même en fonte de cuivre, mais sans succès ; outre que leur résistance était insuffisamment assurée, elles étaient très-lourdes, leur paroi devant être très-épaisse et elles présentaient des difficultés de construction insurmontables, lorsque leurs dimensions d'ensemble devaient avoir une certaine grandeur pour alimenter de vapeur une machine de grande puissance. La tôle de cuivre rouge est employée quelquefois ; les avantages qu'elle présente consistent : 1° en un travail de confection facile ; 2° en une plus longue durée de service, ce métal étant moins oxydable que le fer ; 3° en une meilleure utilisation de la chaleur produite par le combustible, le cuivre étant meilleur conducteur du calorique que le fer ; 4° en une moins grande perte sur le prix de revient, après que la chaudière est hors de service, parce qu'elle est beaucoup moins usée par l'oxydation, et parce que la valeur du vieux cuivre, proportionnellement au prix du cuivre neuf, est bien plus élevée que la valeur du vieux fer, comparée à ce que coûte le fer neuf. Les inconvénients sont de présenter moins de résistance à la déformation et à la rupture, que les chaudières en tôle de fer; d'avoir des fuites abondantes aux coutures de jonction par suite de la plus grande dilatation et de la plus grande contraction aux mêmes températures que le fer, et de se brûler promptement à une température bien moins élevée que celle de ce dernier métal. Actuellement, on ne fait plus de chaudières en cuivre que pour des machines de faible puissance, et pour des pressions peu élevées, mais ce métal est quelquefois employé dans certaines parties du fourneau des locomotives. Les tubes des chaudières dites tubulaires sont généralement en laiton, d'une épaisseur de 2 à 3^{mmt}, et d'un diamètre de 30 à 90^{mmt}.

La tôle de fer et la tôle d'acier sont aujourd'hui presque exclusivement en usage pour la construction des chaudières de toutes dimensions.

662. *Épaisseur des tôles.* — L'épaisseur exagérée de la tôle des foyers est une cause de la prompte détérioration du métal, la chaleur ne la traverse pas assez vite, elle le brûle en peu de temps. C'est ce qui arrive aux tôles qui ont plus de 14^{mmt} d'épaisseur.

L'ordonnance du 22 mai 1843 prescrivait de déterminer l'épaisseur à donner aux tôles des chaudières cylindriques, par la formule :

$$E = 1,8 . D . (n - 1) + 3, \qquad (n^\circ\ 23)$$

dans laquelle E exprimait l'épaisseur en millimètres, D le diamètre du cylindre formé par le corps de la chaudière, n la tension absolue de la vapeur en atmosphère dans la chaudière (§ 625).

Le décret du 25 janvier 1865, qui a abrogé l'ordonnance précitée, ne prescrit aucune obligation de ce genre. L'exécution

des générateurs de vapeur, la nature et la qualité des métaux
employés, leur épaisseur, tout cela est laissé désormais à
l'appréciation du constructeur, sous sa responsabilité· Il suffit
que la chaudière construite puisse supporter une pression
d'essai double de celle qu'elle devra supporter en service, et
qui sera limitée par la charge de la soupape de sûreté. Quoi
qu'il en soit, il n'a pas paru prudent au plus grand nombre
des constructeurs, et aux plus habiles, de ne pas tenir compte
de l'expérience et de risquer de tomber dans l'exagération
contraire à celle que les règlements antérieurs à ceux de
1865 avaient en quelque sorte immobilisée. Dans cette intention, ils continuent à faire usage de la formule ci-dessus, avec
un coefficient de correction qui est 0,70, c'est-à-dire en diminuant le résultat du 1/4 environ.

Il convient donc de déterminer la valeur de l'épaisseur E
de la tôle par la mise en nombre de la formule empirique :

$$E = [1,8 D.(n-1) + 3].0,70 \text{ ou } E = 1.26 \times D.(n-1) + 2,1. \text{ (n° 24)}$$

Cette expression fait voir qu'il n'est pas nécessaire d'augmenter l'épaisseur E de la tôle, pour donner à la chaudière
une plus grande résistance ; il suffit de diminuer le diamètre
D, presque proportionnellement à l'augmentation de la pression n.

Exemple I. Quelle sera l'épaisseur E en millimètres de la tôle
d'une chaudière cylindrique ayant D diamètre = $0^{mt},95$, et
devant fournir de la vapeur à n, pression de 4 atmosphères.
La formule n° 24 donne :

$$E = 1,26 \times 0^{mt},95 \times 2 + 2,1 = 5^{mmt},69.$$

Limite de la pression à produire. — En conservant les mêmes
annotations que dans la formule n° 23, on a pour la valeur
de n (nombre d'atmosphères)

$$n = \frac{E - 2,1}{1,26. D} + 1 \ldots \qquad \text{(n° 25)}$$

Exemple II. Quelle sera la pression absolue n en atmosphères que fournira avec sécurité une chaudière cylindrique dont le diamètre $D = 0^{mt},95$, et l'épaisseur de la tôle $E = 5^{mmt},95$?

$$n = \frac{5,95 - 2,1}{1,26 \times 0,95} + 1 = 4^{atm}.$$

668. *Numéro du timbre à apposer à la chaudière.* — L'ordon-nance de 1843 prescrivait de fixer sur la chaudière un timbre portant le chiffre de la pression absolue (§ 625) que ne devait pas dépasser la vapeur dans la chaudière ; le décret de 1865 porte que le timbre n'indiquera que la pression effective (§ 626). Dans ce cas, la quantité 1 doit disparaître des formules n° 24 et n° 25.

EXEMPLE III. Quelle sera l'épaisseur E de la tôle d'une chau-dière cylindrique qui a un diamètre $D = 0^{mt},95$, et qui doit contenir de la vapeur à une pression n de 3 atmosphères effectives ?

$$E = (1,26 \times D \times n) + 2. \qquad (n° 26)$$

Mettant en nombres.

$$E = (1,26 \times 0^{mt},95 \times 3) + 2,1 = 5^{mmt},69.$$

Pour cette même chaudière, connaissant le diamètre D et l'épaisseur de la tôle E, quelle sera la pression effective n en atmosphères ?

$$n = \frac{E - 2,1}{1,26 \times D} \quad \text{et en nombres} \quad E = \frac{5^{mmt},69 - 2,1}{1,26 \times 0^{mt},95} = 3^{atm}.$$

Pour cette même chaudière, quel sera le diamètre D en centimètres, connaissant la pression effective n en atmo-sphères qu'elle doit contenir, et l'épaisseur de la tôle E en millimètres ?

$$D = \frac{E - 2,1}{1,26 \times n} \quad \text{et en nombres} \quad D = \frac{5^{mmt},69 - 2,1}{1,26 \times 3} = 0^{mt},95$$

669. *Épaisseur des tôles des chaudières à faces planes (pl.* **42**). — Aucune règle présentée par une formule n'est applicable à celle question des chaudières à faces planes, qui d'ailleurs ne doivent pas être employées à produire la vapeur au delà de 2 atmosphères effectives ; l'expérience a fixé les épaisseurs comme il suit :

Foyer, boîtes à feu et à fumée............. 11^{mmt}
Plaques de tube........................ 16
Enveloppe extérieure et conduit de fumée.. 10
Fond de la chaudière................... 14
Tirants en fer carré de 40^{mmt} de côté.

670. *Modes de réunion des tôles.* — Assemblage dit à clin ou par croisement, ou par superposition (*pl.* **40**, *fig.* 12), le plus généralement appliqué, bien que présentant un peu moins de solidité que le suivant, mais moins coûteux de main-d'œuvre.

Assemblage bout à bout avec cache-joint (*fig.* 13) adopté pour les parties qui doivent présenter une surface plane, c'est-à-dire sans relief des rivures.

Assemblage avec cornière (*fig.* 14 *bis*) pour obtenir les formes voulues du corps de la chaudière et de quelques-unes de ses parties. Il n'exige pas comme le suivant des tôles de qualité supérieure et une habileté spéciale de l'ouvrier, mais il rend la chaudière plus lourde. Il n'est pas appliqué avantageusement aux parties de l'appareil générateur touchées par la flamme, en raison des épaisseurs de métal qu'il réunit sur une petite étendue (double rang de rivets, épaisseur de l'angle de la cornière) (§ 667). L'oxydation s'y produit plus tôt, elle y est plus abondante dans le cas d'humidité permanente.

Assemblage par courbure et croisement des tôles (*fig.* 14), préférable au précédent. Il exige des tôles de première qualité en fer dit *nerveux*, qui puissent être martelées et courbées sans se gercer (1).

---

(1) Afin de rendre parfaitement étanches les coutures de jonction des tôles, lorsque le serrage par les rivets n'a pas suffi, on *mate* la tôle aux parties qui fuient; c'est-à-dire qu'à l'aide d'un matoir en acier

671. *Rivets.* — Les rivets sont en fer à *grain* de première qualité, qui ne se fendille et ne se gerce pas par l'écrasement quand on façonne la rivure, comme le ferait le fer nerveux. Les dimensions adoptées sont les suivantes :

Diamètre du corps du rivet, égal à l'épaisseur des deux ôles à réunir.

Diamètre de la tête du rivet, deux fois celui du corps.

Intervalle de l'axe d'un rivet à l'autre, ou du centre d'un trou de rivet au centre du trou voisin, 2 fois 1/2 le diamètre de la tête.

Distance *e* du centre du trou d'un rivet au bord de la tôle, ou au bord de la pince *d* (*fig.* 12, *pl.* **40**), 2 fois 1/2 l'épaisseur des tôles réunies. Ce qui donne pour le croisement des tôles, c'est-à-dire pour la largeur *l*, 5 fois l'épaisseur E.

672. Quelques constructeurs appliquent la formule ci-dessous pour déterminer la largeur du croisement des tôles.

$$l = \frac{0.52 \times T \times d^2}{T' \times E'} + d. \qquad (\text{n}^\circ\ 27)$$

l, largeur du croisement des tôles, en centimètres.

d, diamètre du rivet en centimètres.

E′, épaisseur en centimètres des tôles réunies.

T′, résistance de la tôle à la traction ; elle est exprimée par le nombre constant 3000, qui se rapporte, d'après les expériences, à l'effort qu'il faudrait faire pour rompre, en le tirant, un barreau de tôle ayant 1 centimètre carré de section.

---

on ramène les bords de la tôle qui font lèvre, sur la tôle de dessous. Ce travail, fréquemment répété ou exécuté par un ouvrier inhabile, est la cause fréquente de déchirures à la ligne de jonction des tôles : le choc du matoir comprime, écrase la fibre de la tôle du dessous, quelquefois même il la casse sans que le mal soit apparent. Dans tous les cas, sur la partie matée, le métal est devenu aigre, cassant, susceptible de s'oxyder promptement et plus profondément. C'est à cette cause qu'est dû quelquefois le déchirement des tôles ayant donné lieu à l'explosion de la chaudière, après une réparation qui a ainsi préparé le mal au lieu de le prévenir.

T, résistance du rivet au cisaillement ; elle est exprimée par le nombre constant 4000.

Exemple. Quel sera le croisement des tôles ayant chacune 6 millimètres d'épaisseur E. — Dans ce cas, le diamètre du rivet sera de $1^{cmt},2$ (§ 671), et on aura :

$$l = \frac{0,52 \times 4000 \times 1,44}{3000 \times 0^{cmt},6} + 1,2 = 2^{cmt},86^{mmt}.$$

En appliquant la règle du n° 27, on aurait pour la valeur de l dans cet exemple :

$$l = E \times 5 \quad \text{ou} \quad 0,6 \times 5 = 3^{cmt}.$$

Les trous des rivets 1, 2, percés dans la tôle, aux bords bb', dont la ligne de limite est perpendiculaire au sens du laminage de la tôle (*pl.* **40**, *fig.* 15), doivent se trouver à une plus grande distance du bord que les trous 3, 4, percés près de la ligne de limite bd, parallèle aux fibres du métal. La résistance de la tôle à la traction étant généralement d'un cinquième plus faible quand l'effort s'exerce perpendiculairement aux fibres, c'est-à-dire suivant les flèches AB, que lorsqu'il s'exerce dans le sens des fibres, c'est-à-dire suivant les flèches CD, il convient de percer les trous 1, 2, à une distance du bord de la tôle 0,20 de fois plus grande que la distance des trous 3, 4, au bord qu'ils avoisinent. — Ainsi, si les trous 3, 4 sont placés, d'après les données du paragraphe précédent, à 3 centimètres du bord, les trous 1, 2 le seront à une distance de $3 \times 1,20 = 3^{cmt},6^{mmt}$.

D'après les expériences, la résistance à la traction de la tôle rivée est diminuée de moitié à la jonction, s'il n'y a qu'un rang de rivets, et elle n'est diminuée que d'un tiers s'il y a deux rangs.

673. Le rivet à tête ronde (*fig.* 12), obtenu avec la bouterolle ou avec la machine à river, est moins solide que celui à tête conique (*fig.* 13) façonnée au marteau. Le rivetage à tête noyée (*fig.* 13) est supérieur aux deux autres.

Lorsque les trous sont percés au poinçon, leur forme est tronc-conique, par l'effet de l'outil ; le diamètre le plus grand est du côté où la tôle appuyait sur la matrice. Deux tôles ainsi percées et superposées, pour être rivées l'une à l'autre, peuvent être placées de manière à ce que les trous se correspondent suivant l'une des trois manières indiquées (*fig.* 16). Évidemment, la meilleure disposition est celle de la correspondance A, obtenue en superposant les tôles par le côté où le poinçon est entré : l'écrasement du rivet, lorsqu'on le travaille pour faire la rivure, fait remplir les trous, et les grands diamètres qui se trouvent aux deux orifices forment une fraisure favorable à l'action de retrait du rivet, par rapport au rapprochement des tôles.

674. *Résistance de la chaudière cylindrique.* — Afin d'étendre, autant que possible la surface de chauffe de ces chaudières, et d'augmenter la résistance à la pression intérieure, on leur donne une grande longueur et un petit diamètre ; la longueur est ordinairement égale à 5 fois le diamètre.

Avec une même épaisseur de métal, la résistance du bouilleur cylindrique, en un seul point de sa circonférence, est en raison inverse de son diamètre ou de son rayon.

Soit un tuyau cylindrique (*fig.* A, *pl.* **39**) dont la rupture est supposée s'effectuer suivant *ab*, c'est-à-dire suivant deux génératrices passant par les deux limites du même diamètre *ab* ; supposons en outre la rupture due à l'effet des résultantes égales et opposées F, F' des forces normales qui agissent à la surface intérieure du cylindre. Dans un liquide ou dans un fluide, la pression se transmettant dans tous les sens, on peut supposer que la partie *nn* s'est solidifiée, et alors la pression sur le plan *ab* sera égale à celle exercée sur la surface circulaire *nFn* du cylindre ; l'action des forces intérieures sur les demi-circonférences F et F' ne sera pas changée. Appelons maintenant P la pression effective par unité de surface qui agit à l'intérieur du cylindre, D le diamètre de celui-ci, E l'épaisseur du métal, T sa résistance par centimètre carré de section, et prenons l'unité de longueur pour la longueur du cylindre ; entre la pression intérieure totale et la résistance du cylindre à la rupture suivant *ab*, on pourra établir la relation suivante :

$$2.E.T.1 = P.D.1,$$

d'où

$$E = \frac{PD}{2T}, \quad \text{et} \quad P = \frac{2TE}{D}.$$

En substituant le rayon R au diamètre D, il viendra :

$$P = \frac{TE}{R}. \qquad (n^o\ 28)$$

Cette dernière expression fait voir que la pression **P**, qui tend à déchirer le cylindre suivant deux génératrices diamétralement opposées, est égale au coefficient T de la résistance du métal, multiplié par l'épaisseur du métal E, ce produit divisé par R, rayon du cylindre. Elle fait voir, en outre, que la pression **P**, sous laquelle le cylindre résistera sans se rompre, sera d'autant plus grande que le rayon R du cylindre sera plus petit, l'épaisseur du métal E restant la même, ainsi que sa résistance T' à la rupture, par centimètre carré.

La valeur de T' est moyennement de 3000 kilogrammes.

675. *Résistance des chaudières à faces planes.* — La pression qui agit à l'intérieur d'un vase à faces planes, dont l'ensemble forme un cube, tend à faire prendre à ce vase la forme sphérique. Si le vase a la forme d'un parallélipipède rectangle, les côtés tendent à prendre la forme cylindrique, et les fonds celle d'une demi-sphère. Plus les surfaces sont grandes, moins grande sera la pression qui déterminera le commencement du changement de forme. Mais en cédant à la poussée intérieure, la tôle formant les côtés ne *travaille* pas également dans toutes ses parties. Celles qui sont le plus éloignées des appuis formés par le cadre se courbent davantage, les fibres du métal s'altèrent, et la rupture se produit sous une pression bien inférieure à celle qui déchirerait la tôle de même épaisseur d'une chaudière cylindrique. La consolidation des faces planes des chaudières est donc indispensable. Les moyens en usage sont de placer des tirants *t, t'* et des entretoises *e, e* entre les faces opposées, et de placer des armatures *m, m* (*fig.* 18, *pl.* **42**) sur les parties exposées à une grande chaleur.

L'obligation de donner des surfaces planes à la forme d'ensemble des chaudières, ne se rencontre que dans l'application de la vapeur à la navigation. Exemple : la chaudière marine figurée *pl.* **43**. Les formes du navire et le peu d'espace dont on dispose en sont la cause. Autant que possible, on arrondit les angles de raccordement des surfaces, et on donne à celles-ci une courbure qui, en les rapprochant de la forme cylindrique, augmente sensiblement leur résistance.

On peut citer comme résultat d'expérience un vase cylindrique à fond demi-sphérique, en tôle de 12^{mmt}, d'un diamètre de 25^{cmt} et d'une longueur de 1^{mt}, qui a résisté à une pression 6 fois plus grande que celle qui a déchiré un vase de forme parallélipipédique en tôle de 12^{mmt} également, ayant pour *section* un carré de $22^{cmt},155$ de côté et 1^{mt} de longueur, ce qui lui donnait la même longueur et le même volume que ceux du cylindre.

COMBUSTION ET CHAUFFAGE.

Voir § 752 les indications développées sur la combustion et les combustibles. Annexe B.

676. On ne peut apprécier utilement les *différentes combinaisons* que les constructeurs ont adoptées dans la disposition des foyers des chaudières, sans connaître au moins sommairement les principes de la combustion et ceux d'un bon chauffage.

La combustion et le chauffage sont deux opérations distinctes, pour ainsi dire, bien que la seconde dépende uniquement de la *première*. Pour chauffer, il faut d'abord élever les corps chauffants à une température plus haute que celle des corps à chauffer, résultat obtenu par la combustion. Il faut ensuite mettre et maintenir les corps en combustion, ou les corps chauffants qui proviennent de la combustion, en contact ou en présence des corps à chauffer; c'est le chauffage proprement dit.

Dans la pratique industrielle, la combustion se produit lorsqu'on met en contact l'oxygène de l'air atmosphérique avec l'hydrogène et le carbone que contiennent les corps appelés combustibles (bois, houille, etc.), et qu'on porte l'ensemble à la haute température qui convient. Pour produire le phénomène il faut donc un combustible contenant du carbone et de l'hydrogène, de l'air qui contient l'oxygène, et une grande chaleur. Celle-ci est donnée par l'approche ou le contact d'un corps qui brûle, ou par les gaz très-chauds d'une combustion précédente, ou par le frottement, ou par le rayonnement de la chaleur solaire concentrée à l'aide de miroirs convexes.

Plus le *tissu* d'un combustible est compacte, moins facilement s'allume ce combustible, parce que ses parties élémentaires se séparant moins promptement, s'échauffent moins vite ; ce qui explique pourquoi le chanvre, le papier, les copeaux de bois s'allument plus facilement que le bois en morceaux volumineux, pourquoi celui-ci s'allume plus facilement que la houille, etc.

677. *Quantité d'air nécessaire à la combustion.* — Un kilogramme de carbone, à brûler, exige théoriquement $2^{kg},5$ d'oxygène. Or celui-ci est contenu dans l'air pour 1/5 de son poids seulement ; donc il faudra $2,5 \times 5 = 12^{kg},5$ d'air pour brûler un kilogramme de carbone. Mais cet air n'étant pas complétement utilisé dans les foyers, on est dans l'usage d'augmenter l'admission des deux tiers, soit 20^{kg}, sauf à modérer l'appel en rétrécissant les passages ou les conduits par des portes mobiles ou des registres. Si maintenant nous admettons que la houille contient en carbone 0,70 de son poids, pour brûler 1^{kg} de combustible il faudra $20^{kg} \times 0,70 = 14^{kg}$ d'air, et comme le poids de 1^{mt3} d'air est de $1^{kg},300$, il sera nécessaire de faire arriver dans le fourneau $1^{kg},300 \times 14 = 18^{mt3}$ d'air environ pour chaque kilogramme de charbon à brûler. Telles seraient les conditions à remplir dans un appareil parfait ; mais, dans la pratique journalière, il n'est pas encore possible d'y atteindre, et l'on dispose les choses de manière qu'il puisse arriver dans le fourneau de 32 à 36^{mt3} d'air dans le temps que l'on veut mettre à brûler 1^{kg} de houille.

678. *Tirage dans les fourneaux.* — La quantité d'air qui arrive dans le fourneau dépend : 1° de la section d'ouverture du cendrier, 2° de l'écartement des barreaux de grille, 3° de l'intensité du tirage de la cheminée.

Le tirage est naturel ou artificiel et forcé.

Le tirage naturel est produit dans les foyers par la différence de température entre l'air extérieur et les gaz chauds provenant de la combustion, arrivés dans la cheminée. Ces gaz étant plus légers que l'air tendent à s'élever, et ils sont d'autant plus légers que leur température est plus élevée ; il faut donc disposer les courants de flamme et les carneaux d'une chaudière, de telle sorte que les gaz ne se refroidissent pas trop en restant trop longtemps en contact avec les parties de la chaudière qui forment les surfaces de chauffe ; pour cela, l'étendue de ces surfaces doit rester dans de certaines limites. Si la température des gaz à évacuer par la cheminée est inférieure à 130° lorsqu'ils sont arrivés dans ce conduit, le tirage naturel est insuffisant ; si elle est au-dessus de 200°, la chaleur ainsi emportée au dehors des foyers est trop grande, l'utilisation du combustible est mauvaise.

679. *Tirage artificiel ou tirage forcé.* — Le tirage artificiel ou tirage forcé est obtenu, soit par un jet de vapeur dans la cheminée, ou à l'aide d'un ventilateur (§ 436) chassant l'air dans les foyers par le cendrier, ou aspirant l'air dans la cheminée ; il permet de régler l'intensité du courant dans les carneaux, suivant les nécessités du moment, et il peut n'être employé qu'en cas d'insuffisance du tirage naturel.

Le tirage forcé par un jet de vapeur n'a d'effet utile qu'à la pression de 3 atmosphères. Pour les chaudières à moyenne pression, le ventilateur est donc préférable au tirage naturel. On emploie aussi, et pour éviter le bruit que fait le ventilateur en fonctionnant, les machines soufflantes à piston (§ 431).

Par le tirage forcé, soit au moyen d'un jet de vapeur, soit à l'aide de machines soufflantes injectant l'air dans les cendriers ou l'aspirant par la cheminée, on peut brûler sur chaque unité de surface de grille, trois et quatre fois plus de charbon qu'avec le tirage naturel ; le volume et le poids des chaudières peuvent donc être notablement diminués.

Le travail dépensé par la machine soufflante ; les gaz combustibles non brûlés, de même que les portions de combustible infiniment divisées, qui sont les uns et les autres chassés au dehors par un courant violent ; le refroidissement des surfaces de chauffe par la quantité d'air frais qui entre dans le fourneau à la suite de l'aspiration ou de l'insufflation mécanique, sont évidemment des causes de perte de chaleur.

680. La ventilation est plus économique que le jet de vapeur. M. Claudel (*Formules et renseignements pratiques*), cite l'exemple d'une chaudière dans laquelle un ventilateur absorbant l'effet de 6 chevaux, suffit en une heure à la combustion de 1000^{kg} de houille, dont 1/4, c'est-à-dire 250^{kg}, aurait été absorbé par le tirage à vapeur, si on s'en était servi à l'exclusion de l'autre ; dans ce cas, 6 chevaux en remplacent de

50 à 60, en comptant qu'un cheval-vapeur consomme 5^{kg} de charbon par heure, ce qui est un chiffre exagéré (§ 684).

Des expériences faites avec le tirage du ventilateur aspirant, ont démontré que le tirage avait non-seulement accru la puissance d'évaporation de la chaudière par heure, dans le rapport de 703 à 1112, mais encore que chaque kilogramme de charbon avait augmenté son effet utile dans la proportion de 7 à 9.

681. *Foyers extérieurs et foyers intérieurs.* — Un principe général confirmé par la pratique, est que la combustion souffre toujours du contact d'une surface métallique sans cesse refroidie par l'eau que contient le vase dont fait partie cette surface. Les différents éléments dont la combinaison donne lieu à la production de la chaleur lumineuse, ne se combinent qu'autant qu'ils sont élevés à une haute température, et la combustion est d'autant plus parfaite que cette température est élevée. Si la chambre de combustion, le fourneau, laisse échapper par contact ou par rayonnement une trop grande quantité de chaleur au profit du corps environnant, la température y est abaissée et la combustion des corps combustibles est incomplète. On admet même qu'il faut, pour que le charbon brûle avec toute l'activité nécessaire à un grand effet utile, que les foyers puissent arriver à la même température que le combustible embrasé. Les fourneaux garnis de briques se rapprochent le plus de cette condition, ils sont généralement extérieurs à la chaudière, comme le représentent les figures 7, 10 (*pl.* **39, 40**). Les carneaux sont formés en partie par la maçonnerie, et en partie par les surfaces de chauffe du générateur.

Les fourneaux intérieurs à la chaudière (*fig.* 18 et 19, *pl.* **41**) ne sont pas dans les conditions les meilleures, d'après les explications précédentes. Les chaudières où ils sont établis compensent un peu leur infériorité sous ce rapport, par une plus grande étendue des surfaces de chauffe sous un moindre volume de l'appareil.

682. *Foyers à combustion lente, foyers à combustion active et à combustion forcée.* — La méthode la plus économique de brûler le combustible est la combustion lente, celle que l'on obtient avec un tirage naturel ne donnant à l'écoulement des gaz par la cheminée, qu'une vitesse de $1^{mt},50$ par seconde de temps, et une température de 120 à 150° à ces gaz. L'intensité de la chaleur produite sur une surface donnée de la grille est alors moins grande qu'avec la combustion active, ce qui oblige à donner une plus grande surface de grille au fourneau disposé pour ce genre de combustion. On y brûle de 20 à 25^{kg} de houille par heure et par mètre carré de surface de grille.

683. La combustion active est celle que l'on obtient en attisant fréquemment le feu dans le fourneau à l'aide des outils de chauffe et en disposant la chambre de combustion, les carneaux et la cheminée de manière à obtenir un tirage assez énergique, dont la vitesse soit de 2 à 3^{mt} par seconde de temps, et la température dans la cheminée de 150 à 300°, c'est le cas des chaudières de bateaux à vapeur. Cette méthode paraît être la moins économique des trois méthodes employées; en l'employant, on brûle de 60 à 90^{kg} de charbon par mètre carré de surface de grille et par heure. La combustion forcée est obtenue en déterminant un tirage forcé dans le foyer, par un moyen mécanique : avec son aide on peut brûler sur une même étendue de surface de grille, trois fois plus de combustible qu'on n'en peut brûler avec la combustion active, et cinq fois plus qu'avec la combustion lente. La vitesse d'écoulement des gaz par la cheminée varie de 5 à 8^{mt} par seconde de temps. La température de ces gaz est de 300 à 450°. Malgré les apparences, la combustion forcée utilise très-bien le combustible. Elle est forcément employée dans les chaudières des locomotives et les machines à très-haute pression, en raison des limites de poids et d'encombrement qui sont imposées.

Voir § 772. Les principes de la combustion et les combustibles.

Consommation d'eau et de charbon par force de cheval, et dimensions des parties des chaudières affectées à la formation et à l'emmagasinement de la vapeur, à l'emmagasinement de l'eau. (Voir pour complément, § 748.)

684. *Consommation d'eau et de charbon.* — Dans les chaudières fixes et locomobiles fonctionnant dans de très-bonnes conditions, on vaporise 12^{lt} ou 12^{kg} d'eau par heure et par force de cheval (§ 289). La vaporisation de 1^{kg} d'eau prise à 0° de température absorbe 637 calories (§ 614) ; en supposant que la température de l'eau d'alimentation prise au dehors, soit de 10°, un cheval-vapeur coûte donc par heure (637 — 10) $\times$ 12 = 7524 calories. 1^{kg} de charbon de terre de qualité moyenne développe 7500 calories dans des expériences de laboratoire, mais dans les foyers des chaudières à vapeur, le liquide soumis à la vaporisation ne reçoit que 3600 calories pour ce même poids de houille consommé. Une combustion incomplète, le rayonnement de la chaleur au dehors des foyers, l'écoulement des gaz et de la fumée entraînant dans l'atmosphère, par la cheminée, une portion notable de la chaleur produite dans le fourneau, telles sont les principales causes de cette différence. Ainsi donc, puisque 1 cheval-vapeur dépense 7524 calories, et que 1^{kg} de houille n'en donne pour ce travail que 3600, le cheval-vapeur brûle par heure $\frac{7524}{3600} = 2^{kg}$ de houille, en nombre rond.

Avec les différents systèmes de chaudière et de machines, l'écart varie de 1^{kg} jusqu'à 5^{kg} ; au-dessus de 2^{kg} le rendement est mauvais, au-dessous de $1^{kg},200$ il est très-bon.

685. *Calcul des dimensions des foyers et des coffres à eau et à vapeur.* — Parmi les différentes méthodes de calcul dont on peut faire usage pour la solution de ces diverses questions, la plus logique, sinon la plus simple, est de prendre pour base la quantité de charbon à brûler sur la grille, par heure, pour produire la quantité de vapeur voulue, en comptant une consommation de 3^{kg} de charbon par heure pour un cheval-vapeur.

Ce chiffre de consommation est plus élevé que la moyenne, il est vrai (§ 684), mais les résultats qu'on en déduit dans le calcul des parties du foyer, se rapprochent le plus de ceux que l'expérience a fait adopter dans les générateurs de vapeur les mieux réussis.

CALCUL D'UNE CHAUDIÈRE DE DIX CHEVAUX.

686. Soit à déterminer les dimensions d'une chaudière à bouilleurs, pour une puissance de 10 chevaux avec tirage ordinaire. Dans ce dernier cas, on part de l'hypothèse, vérifiée d'ailleurs par la pratique, que la quantité de charbon qui sera brûlée utilement par mètre carré de la surface de grille et par heure, est de 70^{kg}.

Poids du charbon consommé par heure :

Poids du charbon consommé par cheval $\times$ par la force de la machine $= 3 \times 10 = 30^{kg}$ (maximum), comme il est dit plus haut

Surface de la grille en mètres carrés :

$$\frac{\text{Poids du charbon consommé par heure}}{\text{Poids du charbon brûlé par mètre carré de grille}} = \frac{30}{70} = 0^{mq},43.$$

Longueur de la grille :

$$\text{Racine carrée de } \frac{\text{Surface de la grille}}{\text{Surface de la grille} \times 0,35} = \sqrt{\frac{0,43}{0,43 \times 0,35}} = 1^{mt},11.$$

Largeur de la grille :

Racine carrée de la surface de la grille $\times$ 0,35 $=$

$$\sqrt{0,43 \times 0,35} = 0^{mt},39,$$

c'est-à-dire que la largeur est les 0,39 de la longueur. Dans aucun cas, la longueur ne doit dépasser 3 mètres.

Vide entre chaque barreau de grille :

1/4 de la largeur d'un barreau, ce qui évidemment donne à la grille 3/4 de plein et 1/4 de vide.

Hauteur entre la grille et le ciel du fourneau :

$$\text{de } 0^{\text{mt}},30 \text{ à } 0^{\text{mt}},35.$$

Pour des chaudières d'une puissance au-dessus de 40 chevaux, cette hauteur est portée à $0^{\text{mt}},40$, mais jamais plus.

Hauteur de l'autel au-dessus de la grille :

$$\text{de } 0^{\text{mt}},11 \text{ à } 0^{\text{mt}},16.$$

Ouverture du cendrier :

Surface de la grille $\times 0,90 = 0^{\text{mt2}},43 \times 0,90 = 0^{\text{mt2}},38.$

Surface de chauffe totale :

30 fois la surface de grille $= 0^{\text{mt2}},43 \times 30 = 13$ mèt. carrés,

ou bien

le poids du charbon à consommer par heure $\times 0,43 = 30 \times 0,43 = 13.$

Surface de la section des carneaux :

$$\frac{\text{Poids du charbon consommé par heure}}{300} = \frac{30}{300} = 0^{\text{mt2}},10,$$

ou encore

$$\frac{\text{la surface de la grille}}{4} = \frac{43}{4} = 0^{\text{mt2}},1075.$$

Surface de la section de la cheminée :

égale celle des carneaux $= 10^{\text{mt2}}.$

Hauteur de la cheminée :

de 8 à 10 mètres en brique, de 6 à 8 mètres en tôle.

Volume de la chambre de vapeur en litres ou décimètres cubes :

Poids du combustible brûlé par heure $\times 8 = 30 \times 8 = 240$ litres, soit le double de la quantité d'eau à vaporiser par heure.

Volume de la chambre à eau :

$$\text{Volume de vapeur} \times 3 = 240 \times 3 = 720 \text{ litres.}$$

Ce volume est d'ailleurs imposé par la surface de chauffe que doit présenter la chaudière. Il peut varier depuis 10^{lt} jusqu'à 100^{lt} par force de cheval, sans que le rendement de la chaudière en soit sensiblement affecté. La règle ci-dessus donne une contenance moyenne qui est de 72^{lt} d'eau par force de cheval.

687. *Calcul d'une chaudière de locomobile.* — Les chaudières des locomobiles sont à tirage forcé par l'évacuation de la vapeur du cylindre dans la cheminée. C'est là une obligation résultant de l'impossibilité de donner une grande hauteur à la cheminée et un grand volume à la chaudière. On doit pouvoir brûler 85^{kg} de houille au minimum, par mètre carré de surface de grille, au lieu de 70 comme dans les chaudières fixes ; la consommation par heure, et par force de cheval, est comptée au maximum, comme pour ces dernières, de 3^{kg}. Le système tubulaire convient le mieux (§§ 653 et 654).

EXEMPLE. Soit proposé de déterminer les dimensions principales d'une chaudière de locomobile, d'une force de 5 chevaux.

Poids du charbon consommé par heure :

$$\text{Puissance de la machine} \times 3 = 5 \times 3 = 15 \text{ kil.}$$

Surface de la grille :

$$\frac{\text{Poids du charbon consommé par heure}}{85} = \frac{15}{85} = 0^{mt2},17.$$

Surface de chauffe totale :

$$\text{Surface de la grille} \times 30 = 0^{mt2},17 \times 30 = 5^{mt},10.$$

Nombre de tubes :

$$\frac{\text{Poids du charbon consommé par heure}}{700 \times \pi \times \text{rayon d'un tube élevé au carré}} = \frac{15}{700 \times 3,14 \times 0,025^2}$$
$$= 10.$$

Les tubes qui sont de meilleur emploi ont de 25 à 30^{mmt} de rayon, les premiers sont pris dans l'exemple ci-dessus. Leur longueur ne doit pas dépasser 3^{mt} : il est préférable de ne leur donner que $2^{mt},50$

Surface de chauffe représentée par les tubes :

$\pi \times 2 \times$ rayon d'un tube $\times$ longueur d'un tube $\times$ nombre de tubes

$$= 3,14 \times 2 \times 0,025 \times 2^m,50 \times 10 = 3^{mt2},90.$$

La surface de chauffe totale mesurant $5^{mt2},10$, il resterait donc $1^{mt2},20$ pour le ciel du fourneau, et les boîtes à feu et à fumée. Ces dimensions d'ailleurs peuvent être augmentées sans inconvénients, de manière à satisfaire à l'arrangement qu'on se propose d'établir à l'intérieur, ou à la forme extérieure à donner à la chaudière.

Section de la cheminée :

$$\frac{\text{Poids du charbon à brûler}}{600} = \frac{15}{600} = 0^{mt2},0250^{mmt2}, \text{ soit 6 centimètres de diamètre.}$$

688. *Données numériques pour déterminer les dimensions d'une chaudière marine.* — La puissance des machines à vapeur de bateau, est dite nominale ou effective (voir ci-après la question *Force des machines à vapeur*). Le calcul d'une chaudière dans l'un ou l'autre cas considéré, peut être basé sur les données suivantes :

	Puissance nominale.	Puissance effective.
Surface de grille.........	$0^{mt},06$	0,002
— de chauffe......	$1^{mt},56$	0,522
Volume d'eau...........	126 lit	42 lit
— de vapeur.......	120	40
Tubes : section, les 0,156 de la surface de grille.		
Longueur.........................		2^{mt}
Diamètre intérieur...................		$0^{mt},70$
Section d'ouverture des cendriers, les 0,220 de la surface de grille.		
— de la cheminée, les 0,140 de la surface de grille.		

5.

> Longueur de la grille, au maximum....... $2^{mt},50$
> Largeur   —   de.......... $0^{mt},70$ à $0^{mt},80$
> Nombre de foyers : 1 pour 60 ou 80^{chx}, avec 60 ou 80 tubes ayant les dimensions ci-dessus.

Les chaudières de mer desservant des machines qui n'emploient pas les condenseurs à surface, ne peuvent pas produire de la vapeur à une pression supérieure à 2 atmosphères, effective, parce que l'eau de mer contient en moyenne 30 grammes de différents sels qui se précipitent dès que la température dépasse celle qui correspond aux pressions plus élevées. (Voir § 744 et § 799.)

689. *Dimensions principales d'une chaudière de locomotive.* — Pour la construction des générateurs de cette catégorie, on peut prendre pour base la consommation d'eau vaporisée par tonne transportée à 1^{kmt}, ce qu'on appelle la *tonne kilométrique* ; elle est moyennement de $1^{kg},08$; mais la quantité d'eau réellement dépensée est 0,45 de fois plus grande, en raison du liquide entraîné par la vapeur (§ 619).

Poids de coke P à dépenser par heure :

$$P = \frac{\text{Le poids d'eau à vaporiser par heure}}{8}.$$

Surface G de la grille en mètres carrés :

$$G = \frac{\text{Le poids d'eau à vaporiser par heure}}{280}.$$

Cette dimension de la grille correspond à une combustion de 280^{kg} de coke par heure et par mètre carré, avec l'emploi du tirage forcé par l'évacuation de la vapeur dans la cheminée.

Surface de chauffe totale S, en mètres carrés :

$$S = \frac{\text{Le poids d'eau à vaporiser par heure}}{3,800}$$

Ce qui correspond à une consommation de $3^{kg},300$ de combustible par mètre carré de surface de chauffe et à une étendue de cette dernière 73 fois plus grande que la surface d

grille, ou $\frac{280}{3,800} = 73$.

Section totale des tubes, S′ :

$$S' = \frac{\text{Le poids d'eau à vaporiser par heure}}{2000}.$$

Nombre de tubes n, en prenant à volonté le rayon r d'un tube. (On fait ce rayon égal, habituellement, à 2 centimètres.)

$$n = \frac{\text{Le poids d'eau à vaporiser par heure}}{200 \times 3,14 \times \text{le rayon du tube élevé au carré}}.$$

Longueur d'un tube l,

$$l = \text{rayon du tube} \times 242,$$

en donnant $0^{mt},02$ de rayon au tube, $l = 4^{mt},84$, qui est la longueur moyenne des chaudières, plus celle de la boîte à feu et de la boîte à fumée.

Diamètre extérieur de la chaudière, D :

D = $1^{mt},25$ à $1^{mt},30$, de manière à donner une chambre ou réservoir de vapeur, y compris le dôme, égal à 2 fois le volume que représente le poids d'eau à vaporiser par heure.

Diamètre de la cheminée, d :

$$d = \text{la racine carrée de } \frac{\text{poids d'eau à vaporiser par heure}}{2800 \times 3,14}.$$

690. *Réchauffeurs de l'eau d'alimentation et surchauffeurs de la vapeur.* — Les gaz chauds et la fumée ont une température de 350 à 400°, lorsqu'ils arrivent à la base de la cheminée ; une température de 120 à 150° est suffisante pour l'appel de l'air frais dans le fourneau, c'est-à-dire pour un bon tirage ; c'est donc en pure perte qu'on laisserait évacuer ainsi dans l'atmosphère une partie des produits gazeux de la combustion. Il convient de faire passer ces gaz autour de réservoirs contenant l'eau d'alimentation, avant son introduction dans la chaudière, et autour de réservoirs à circuits traversés par la vapeur, avant l'arrivée de celle-ci aux machines. Une partie de la chaleur des gaz évacués est alors absorbée par l'eau et par la vapeur, au profit du rendement de la chaudière.

La disposition des réchauffeurs de l'eau et leur emplacement ne sont pas assujettis à des règles fixes ; toutefois, les gaz ne doivent les rencontrer qu'après avoir touché les surfaces de chauffe de la chaudière. La pratique a fait connaître que pour les hautes pressions, et donnant une étendue de surface touchée par les gaz, égale à 24 fois la surface de la grille, on portait à 40° de température l'eau d'alimentation prise au dehors à 10°.

Aux surchauffeurs ou sécheurs de la vapeur, il suffit de donner 9 fois la surface de la grille, ou 1/2 fois la surface de chauffe totale. La vapeur qui les traverse, gagne alors 7 p. 100 de température, sa pression au départ de la chaudière étant de 4 atmosphères ; elle ne doit pas dépasser 240° de température sensible, sinon les surfaces frottantes des pistons, des tiroirs, et les garnitures des presse-étoupes se détériorent.

Dans les chaudières à moyenne pression, et particulièrement dans les chaudières de bateaux, on ne donne à la surface du surchauffeur que 2 fois l'étendue de la surface de la grille.

Au résumé, l'emploi simultané du réchauffeur de l'eau et du sécheur de la vapeur procure un bénéfice de 20 p. 100. Mais dans aucun cas, la chaleur qu'ils prennent aux gaz évacués des carneaux de la chaudière, ne doit abaisser la température de ces gaz au-dessous de 130°.

ACCESSOIRES DES CHAUDIÈRES.

691. *Alimentation d'eau.* — Dans le fonctionnement des chaudières, une surveillance rigoureuse et continue du niveau de l'eau est indispensable : un niveau trop élevé fait baisser la pression de la vapeur et donne lieu à des entraînements du liquide dans le cylindre de la machine ; la rupture de ce récipient ou du piston moteur peut en être la conséquence. Un niveau descendu au-dessous des parties touchées par la flamme et les gaz très-chauds, expose les parties découvertes à être brûlées, à devenir rouge de feu ; alors leur résistance diminuant dans une très-grande proportion, elles se déchirent sous la pression de la vapeur ; ou bien, lorsque l'eau les recouvre de nouveau, une vaporisation instantanée et très-abondante se produit, et l'explosion de la chaudière peut en être la suite.

Parmi les différents systèmes de pompe alimentaire en usage, celui dit à piston plongeur est préférable (p. 350, *fig.* 46, *pl.* **29**).

La quantité d'eau qu'une pompe à cette destination doit pouvoir débiter dans un temps donné, doit être égale au double de celle consommée par la chaudière dans le même temps. Au moyen d'un système de soupapes ou de clapets, l'eau refoulée retourne toute ou en partie au réservoir où elle est puisée, si on étrangle ou si on ferme la communication avec la chaudière. (Voir § 750 *bis* les pompes pour haute pression.)

602. *Injecteur Giffard.* — Cet appareil d'alimentation, qui porte le nom de l'inventeur, remplace la pompe alimentaire, ou, ce qui vaut mieux, lui est annexé. La figure 47 du texte réunit d'une façon très-compréhensible la manière dont il fonctionne : un courant de vapeur arrivant par A et débouchant sous forme de jet continu dans le tuyau B, entraîne avec lui l'air qui se trouve en *cc* ; la pression atmosphérique qui agit sur le liquide dans lequel l'appareil est plongé, fait monter ce liquide dans le tuyau B, où il reçoit le choc, la *poussée* de la vapeur ; celle-ci se condense et sort de l'appareil par B', avec l'eau ainsi refoulée.

Les injecteurs installés comme l'indique la figure 47 sont employés quelquefois aux lieu et place des pompes dans les épuisements. Ceux en usage pour l'alimentation des chaudières, sont moins simples ; un des systèmes le plus en faveur est l'injecteur Turck, représenté figure 48 du texte. La vapeur arrive par le tuyau *t* dans le conduit V, et s'échappe dans le conduit D par l'ouverture de la buse T, dont on aug-

mente ou diminue à volonté la section libre en remontant ou
en descendant la broche pleine *aa*; cette dernière manœuvre est faite à l'aide de la manivelle *n*. L'eau attirée par le

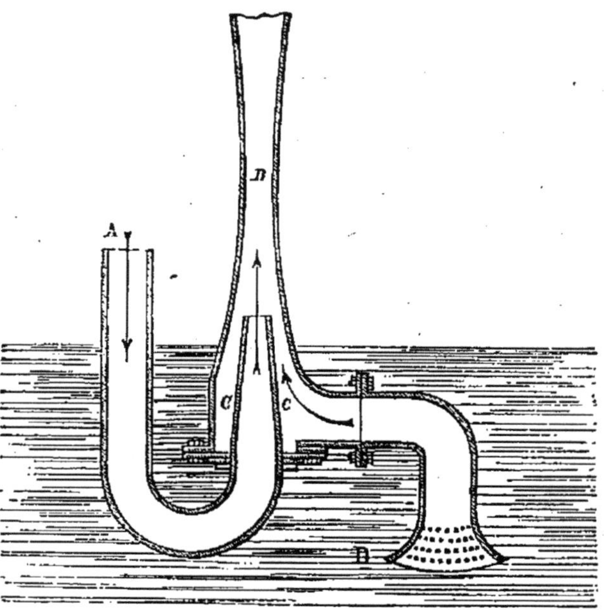

Fig. 47.

vide, ou plutôt par le déplacement d'air qui se fait à l'extrémité de la buse, arrive par le conduit E; son passage de E
en D est agrandi ou diminué à volonté par suite de l'élévation
ou de la descente d'un tube RR, contenant à frottement
étanche le premier tube terminé par la buse T ; le tube RR est
terminé lui-même par un tronc de cône; par la manœuvre
de la manivelle *m* qui fait tourner le pignon P, le mouvement
voulu est donné au tube RR. Les autres parties de l'appareil,
sauf la soupape de refoulement F, sont fixes. Un trou de regard, placé entre D et O, permet de vérifier la marche de l'appareil ; le refoulement à la chaudière a lieu par H. Au résumé, par la manivelle *n* on règle l'arrivée de la vapeur, par
la manivelle *m* on règle l'arrivée de l'eau.

693. *Tube de niveau, ou niveaux d'eau et robinets de jauge.*—
(Voir la légende p.579.) Les tubes de niveau *n* (*pl.* **39, 40, 42**)

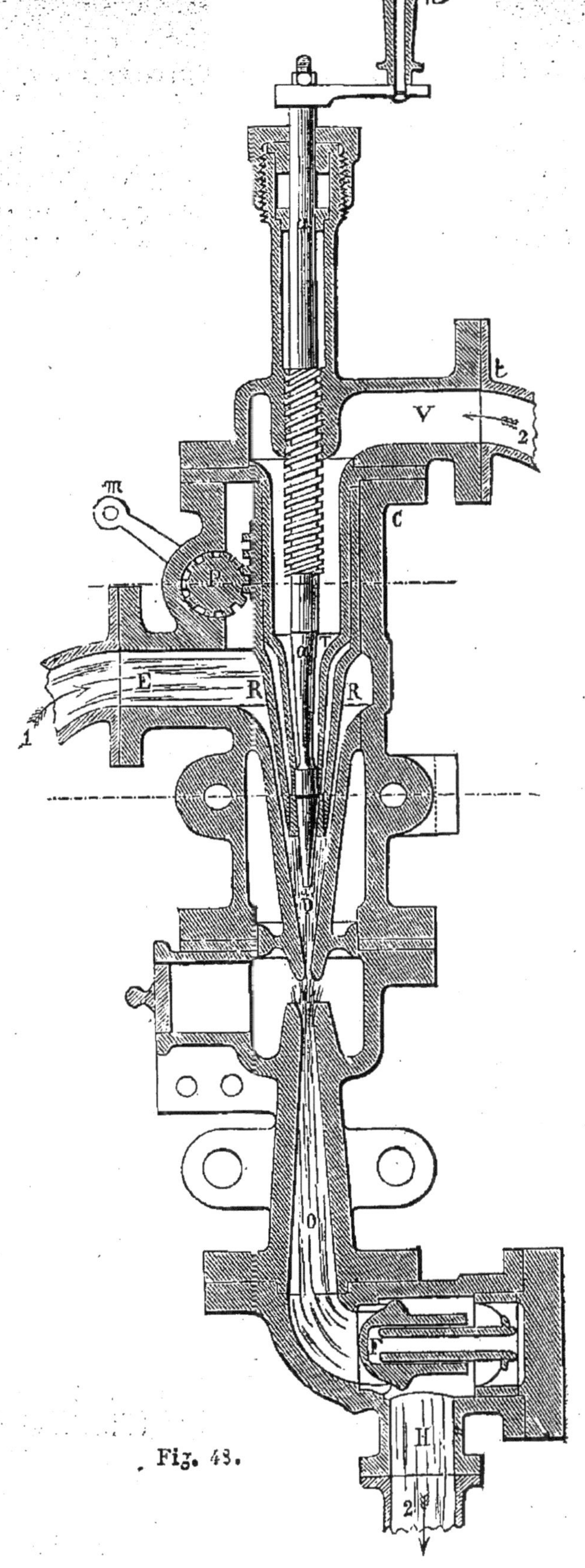

Fig. 43.

sont en verre épais ou en cristal tenus à presse-étoupe dans deux garnitures ou boîtes en bronze mises en communication, celle du haut avec la vapeur, celle du bas avec l'eau ; un robinet placé intermédiairemeut entre chacune d'elles et la chaudière, permet d'établir ou d'interrompre à volonté la communication entre le tube et la chaudière. Un troisième robinet faisant suite directement à la boîte inférieure, est destiné à purger l'instrument en laissant sortir au dehors l'eau du tube pressée par la vapeur de haut en bas. Pour établir convenablement un tube de niveau, il faut : 1° éviter autant que possible de fixer directement les garnitures sur le bouilleur ou sur la face des chaudières, les déformations causées par la dilatation et le retrait de ces parties déplacent sensiblement l'axe des boîtes et font ainsi casser le tube ; il est préférable de fixer les garnitures sur une colonne creuse, en bronze, mise en communication par deux tubulures avec la chaudière. 2° Diriger la prise d'eau dans le bas de la chaudière, celle de vapeur dans le haut, afin de soustraire l'eau du tube aux perturbations produites par des ébullitions momentanées (*pl.* **40**). 3° Donner au tube le moins de longueur possible, afin qu'il soit moins susceptible de se casser, et poser les garnitures de telle sorte que le milieu de la hauteur du tube corresponde au niveau moyen de l'eau dans la chaudière. (Voir § 700 Indicateurs magnétiques du niveau.)

Les robinets de jauge (*pl.* **40**) doivent être placés sur une ligne oblique à la verticale, l'un au-dessous de l'autre ; on en met ordinairement trois ; le plus haut communique avec la vapeur, l'intermédiaire avec la ligne du niveau moyen de l'eau dans la chaudière , le plus bas correspond à la zone la plus basse que peut atteindre l'eau dans la chaudière, sans faire courir le risque de brûler la tôle dont un des côtés est touché par la flamme ou par les gaz très-chauds.

694. *Flotteurs et sifflets d'alarme.* — A l'une des extrémités d'un levier *fl* (*pl.* **39**, *fig.* 7) agit un flotteur qui s'élève ou s'abaisse avec le niveau de l'eau dans la chaudière ; à l'autre extrémité, un contre-poids établit l'équilibre, et l'inclinaison du bras où il est fixé indique la hauteur du liquide dans la chaudière. Le calcul du volume d'eau déplacé par le flotteur et par suite son action sur le levier est facile à calculer en se reportant aux §§ 461 et 462. Pour l'application, il suffit de placer à l'extérieur le poids capable de retenir le levier dans la position horizontale, lorsque le niveau de l'eau est à la hauteur moyenne.

Le sifflet d'alarme *sf* (*fig.* 7) fonctionne lorsque le contrepoids 2 est entraîné par l'action du poids 1 ; celui-ci, étant plus lourd que l'eau, s'y enfonce entièrement, mais il est retenu à une certaine distance du niveau normal par le contrepoids extérieur ; si le niveau baisse jusqu'à découvrir en partie le poids 2, l'effort qu'exerce ce dernier sur la tige qui ferme le sifflet augmente, et la vapeur sort avec bruit par *sf* (§ 461). Comme pour le flotteur, on trouve sans difficultés la valeur du contre-poids 2 par tâtonnement. (Voir § 700, *Système de sifflet d'alarme avec un flotteur à emplois multiples.*)

695. *Manomètres.* —Le manomètre à mercure, à air libre, à une seule branche (*fig.* 49 du texte), est le plus simple et le plus exact des instruments de ce genre : par un tuyau T', la vapeur arrive dans la cuvette fermée à l'air extérieur et presse sur le niveau N du mercure qu'elle contient ; celui-ci s'élève alors dans le tube en verre T ouvert à l'air libre, et la hauteur de colonne de mercure, indiquée en centimètres sur l'échelle E, mesure la pression de la vapeur (§ 604). La fragilité du tube en verre et la grande hauteur qu'il doit avoir pour des pressions de 3 à 6 atmosphères (de 2^m à 10^m), rendent impossible l'application de ce manomètre aux usages industriels.

Le *manomètre à mercure*, à deux branches et à air libre (*fig.* 50 du texte), aussi exact que le précédent, exige une hauteur moitié moins grande pour la même pression que ce dernier, et présente une grande solidité. La branche *a* communique avec la vapeur, la branche *a'* avec l'air libre ; un petit flotteur, surmonté d'une tige indicatrice *d*, monte et descend avec le niveau en a', et l'extrémité de sa tige marque la pression sur l'échelle e graduée en demi-centimètres pour exprimer des pressions de 1 centimètre. En effet, si le niveau du mercure en a descend de 1 à 2, il s'élève de cette même

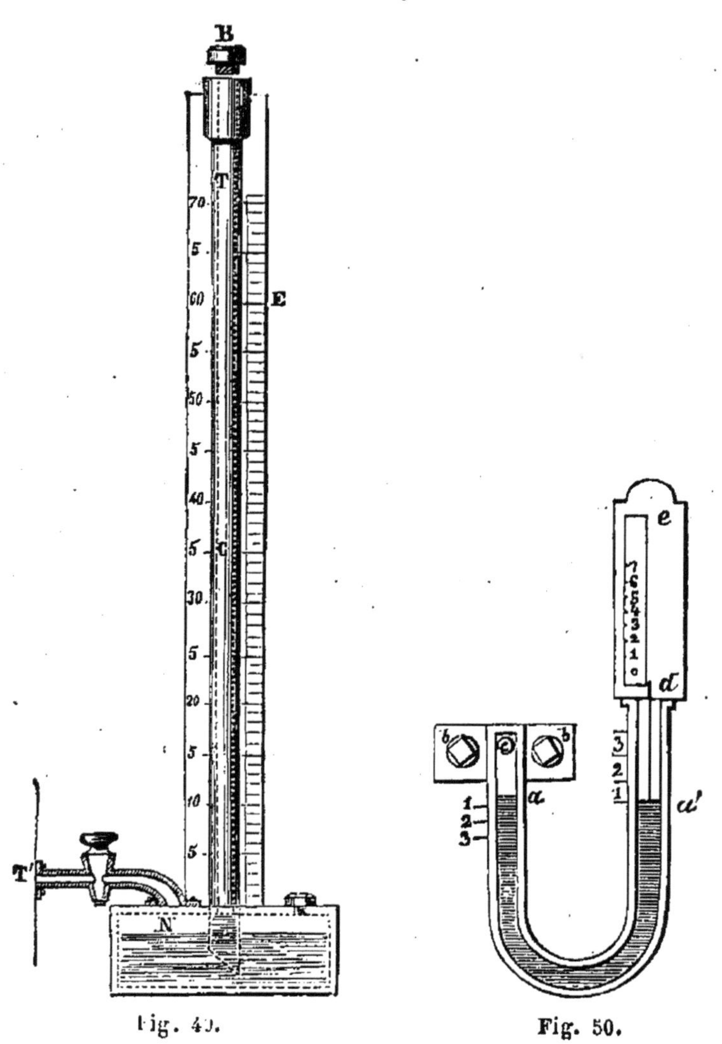

Fig. 49.

Fig. 50.

quantité dans la colonne a' : la différence entre les deux niveaux devient alors 1,2 d'abaissement en a, plus 1,2 d'élévation en a' ou 2 fois 1,2. Ce manomètre est en usage dans les machines de navigation, qui n'emploient la vapeur qu'à 2 atmosphères de pression effective (§ 626).

Le *manomètre à air comprimé* est semblable en tout à celui
à air libre à une seule branche, sauf que le haut du tube est
hermétiquement fermé soit par le verre soudé, soit par l'addition d'un bouchon B, comme le représente la figure 49
du texte. L'air enfermé entre le haut du tube et le niveau du mercure se comprime de plus en plus à mesure
que la pression de la vapeur agissant sur le niveau N
dans la cuvette, pousse le mercure à monter dans le tube.
L'air comprimé oppose donc une résistance croissante à l'élévation de la colonne de mercure, et par l'application de la
loi de Mariotte sur la compression des gaz (§ 451), on gradue
l'instrument (§ 459). Avec un tube de $0^m,30$ de hauteur, on

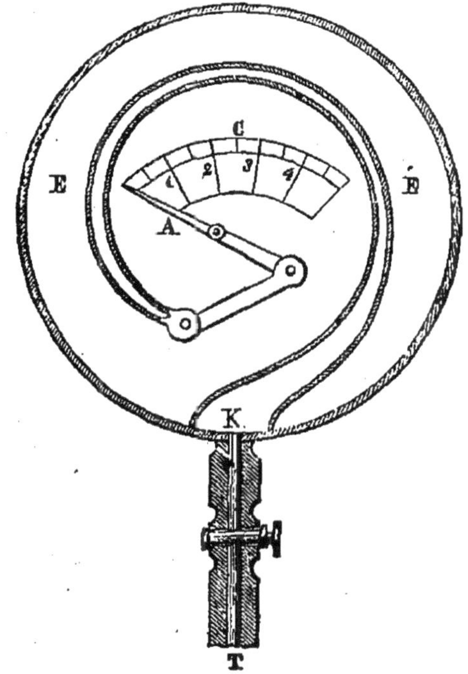

Fig. 51.

peut mesurer jusqu'à 8 atmosphères de pression effective. Ce
manomètre, outre qu'il ne donne pas des indications exactes,
est exposé à l'étamage intérieur du tube par le mercure dont
le niveau n'est plus alors visible ; on en fait usage pour me-

surer les grands efforts de pression donnés par les presses
hydrauliques.

Le *manomètre métallique* (*fig.* 51 du texte) est presque exclusivement en usage actuellement : par la tubulure T, la vapeur entre dans le tube courbe, méplat et fermé K, qui
n'est fixé à la boîte EE′ que par la partie du bas K ; elle exerce
une pression totale plus grande contre la paroi de la courbe

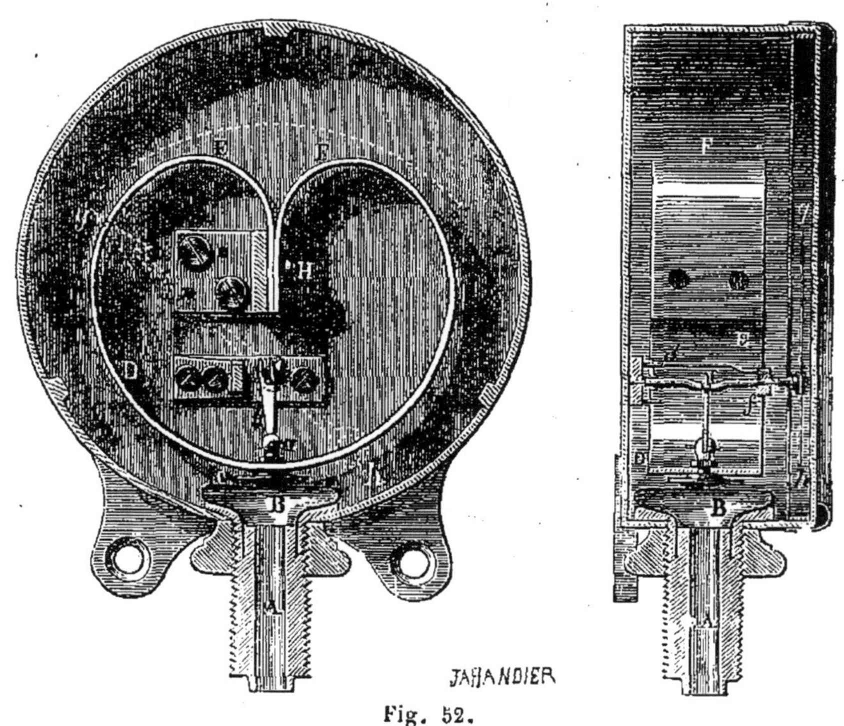

Fig. 52.

enveloppante que contre la paroi de la courbe enveloppée,
parce que la première a évidemment une plus grande surface
que la seconde ; le tube tend ainsi à se redresser en entraînant l'aiguille A ; celle-ci peut osciller autour d'un petit tourillon fixé sur la boîte EE′ et indiquer l'intensité de la pression sur un cadran gradué pour des pressions en centimètres
de mercure ou en atmosphères. La section du tube courbe
est méplate ou elliptique, la pression de la vapeur tend à lui
faire prendre la forme cylindrique, et cet effet s'ajoute au
premier pour rendre l'instrument très-sensible. Il est préfé-

rable de laisser le tuyau courbe rempli d'eau que vide (§456), afin d'éviter les effets de la dilatation et de la contraction que produirait la vapeur plus ou moins chaude introduite dans l'instrument. A la longue, le tube courbe perd de son élasticité, il est prudent de le soumettre de temps en temps à un essai comparatif avec un manomètre étalon à mercure.

Le manomètre métallique, dit manomètre Ducomet, représenté figure 52 du texte, est aussi exact que le précédent et présente plus de durée à l'emploi. La vapeur s'introduit par le conduit A dans une capsule métallique B à parois très-minces ; la partie supérieure de celle-ci, pressée par la vapeur, tend à prendre la forme convexe et presse alors le ressort en acier DEFG, par l'intermédiaire du bouton C ; sur le bouton est articulée une petite bielle *b* qui agit sur un vilebrequin *c*, et ce dernier porte l'aiguille *hg*, dont le déplacement sur un cadran indique l'intensité de la pression qui comprime le grand ressort fixé en H sur la boîte contenant l'instrument ; quand la pression baisse, l'aiguille est rappelée par un fil d'acier *d*, qui se contourne, entraîné par le vilebrequin lorsque la pression monte. L'usage de cet instrument se généralise beaucoup dans l'industrie.

697. Les soupapes de sûreté des chaudières ont des formes et comportent des installations de différents genres, dont les figures 25, 26, 28, 30 et 31, pl. **13**, sont des exemples.

Soupape à tige (fig. 28). — Le disque S est assis sur le siége S'S', dont la vue en plan est présentée figure 29 ; la zone de portage du siége *jj*, ainsi que celle de contact de la soupape, ne doit pas dépasser en largeur 1/30e du diamètre intérieur du disque, afin qu'il y ait moins d'incertitude dans la mesure réelle de la surface de la soupape en contact avec la vapeur et de celle exposée à la pression de l'air. Par la tige inférieure *n*, la soupape est guidée dans la douille centrale au siége ; les croisillons KK', S" relient ces deux parties l'une à l'autre. La charge est produite au moyen d'un poids *r* agissant par un levier de deuxième genre (§ 29) AoR sur la tige supérieure *m*.

Soupape à ailettes (*fig.* 26). — La tige directrice de la soupape (*fig.* 28) est remplacée ici par des ailettes, *e, e, e*, marchant à frottement doux dans la partie cylindrique surmontée du siége SS. Le disque de la soupape *ss* a son portage plat, ce qui est préférable au portage incliné, comme dans la soupape figure 28. Un talon *a*, faisant corps avec le levier de charge L, P, limite la hauteur de levée de la soupape. Cette hauteur doit être égale à la *moitié du rayon du disque* qui ferme l'orifice, afin que toute la vapeur passant par cet orifice puisse se dégager par les côtés.

Soupape à charge directe et à surfaces différentes (*fig.* 30). — La vapeur pousse à faire monter le piston *p* ; celui-ci fait alors lever le disque recourbé *i, s, s, i* chargé d'un poids direct P, et appuyé sur le siége de portage *ii*. La partie *aa, bb*, est fixe et fait joint mobile et étanche avec l'intérieur du disque recourbé *ss* ; la vapeur qui s'échappe suivant la direction des flèches 2, 3 — 2, 3 n'agit donc jamais sous le grand disque ; la surface du piston *p* est la seule sur laquelle s'exerce l'effort de soulèvement, et comme elle est très-petite, il suffit d'un poids très-faible pour la charger, même à de grandes pressions, tandis que l'ouverture d'évacuation en *ii* est très-grande.

Soupape en usage pour les chaudières marines (*fig.* 31). — Le disque de fermeture est formé par le fond d'un cylindre creux DD et porte au milieu une tige inférieure et une tige supérieure T ; celle-ci est traversée par le levier de charge qui vient appuyer sur une olive allongée 1, en acier ; le petit galet qui se trouve au-dessus du levier, tourne sur un axe fixé à l'extrémité de la tige et sert de point de portage au levier de charge lorsqu'on le soulève, à l'intention d'ouvrir la soupape. Le contre-poids est un cylindre *cc*, dans lequel sont placés des rondelles de plomb P' ; par un mécanisme à levier, on le soulève en agissant au-dessous de la tige *g*. Des rondelles de plomb P, placées dans le cylindre-soupape, complètent le poids formant la charge totale de l'appareil. Par le tuyau *i*, s'écoule au dehors de la boîte la vapeur condensée, dont l'accumulation pourrait devenir une surcharge de la soupape.

Soupape à ressort ou à balance (*fig.* 25). — Sur la tige *d* de la soupape S, appuie un levier C chargé par la compression d'un ressort RR contenu dans l'étui *ee* ; une tige à té en *f*, et à vis en *b*, monte en comprimant le ressort RR lorsqu'on serre la roue à manette a formant l'écrou de la vis ; l'effort exercé sur le levier c, peut donc être gradué à volonté par la manœuvre de la roue à manette. Ce système n'est en usage que sur les chaudières de locomotive où le mécanicien a toujours sous la main le mécanisme d'accroissement et de diminution de la charge ; l'inconvénient qui le caractérise est d'augmenter la résistance de levée de la soupape au fur et à mesure que cette dernière se lève, par suite de laisser la soupape ouverte pendant un temps très-court.

Par l'orifice d'une soupape de sûreté doit pouvoir s'écouler toute la vapeur que peut produire la chaudière à la tension maxima, sous l'influence du feu le plus actif. L'expérience a fait voir que cette condition était remplie en calculant le diamètre D de l'orifice, par la formule suivante, n° 25, dans laquelle D est exprimé en centimètres ; s la surface de chauffe de la chaudière, y compris les parties des parois formant les carneaux ou courants de flamme et de fumée, est exprimée en mètres carrés ; et K représente le nombre de kilogrammes indiqué par le timbre de la chaudière.

Sous l'empire de l'ordonnance de 1843, le timbre à apposer sur les chaudières portait le chiffre indiquant en atmosphères la pression *absolue* que la vapeur ne devait pas dépasser (§ 625) ; la formule pour calculer le diamètre de la soupape de sûreté était celle-ci :

$$D = 2,6 \sqrt{\frac{S}{n - 0,412}}. \qquad (\text{n}^\circ\ 29)$$

dans laquelle n exprimait le nombre d'atmosphères de la pression absolue ; les autres lettres désignaient les mêmes éléments que dans la formule plus haut. Le décret du 25 janvier 1865, qui a abrogé l'ordonnance précitée, prescrit d'apposer un timbre indiquant en kilogrammes la pression *effective* la plus grande que doit supporter le générateur (§ 626). C'est pour ramener l'ancienne formule aux prescriptions nouvelles, que n est remplacé par $\left(\frac{K}{1,033} + 1\right)$.

$$D = 2,6 \sqrt{\frac{s \times 1,033}{K + 0,6074}} \qquad (\text{n}^\bullet\ 30)$$

EXEMPLE. Une chaudière a S surface de chauffe $= 10^{\text{mt}}$.
La pression effective maxima, ou la marque du timbre K $= 5^{\text{kg}},165$.

---

(1) Voir, § 831, le décret de 1880.

Ce qui correspond à 5 atmosphères de pression effective ou à **6 at**mosphères de pression absolue (§ 625).

D, le diamètre de la soupape en centimètres, sera :

$$D = 2,6 \sqrt{\frac{10 \times 1,033}{5,165 + 0,6074}} = 4^{cmt},654$$

Ordre des opérations indiquées :

1° Multiplier 10 par 1,033 = 10,33.

2° A 5,165 ajouter 0,6074 = 5,7724.

3° Diviser le résultat 1° par le résultat 2° ; soit $\frac{10,33}{5,7724} = 1,79$.

4° Extraire la racine carrée du résultat de l'opération 3°, ce qui donne 1,337 racine carrée de 1,79 (§ 45).

5° Multiplier la racine carrée obtenue par 2,6, soit 1,79 × 2,6 = 4,654.

Les ailettes de la soupape (*fig*. 26) ou les croisillons de la douille ne doivent pas présenter une section plus grande que les 0,14 de la surface de la soupape, afin de ne pas présenter un trop grand obstacle à la sortie de la vapeur.

Calcul de la charge d'une soupape. — Déterminer le poids P, en kilogrammes, d'une soupape dans les conditions suivantes :

D, diamètre... = 5 cent.

K, le timbre de la chaudière marqué à..... = $5^{kg},165$

Soit 5 atm. de pression effective (§ 626).

p, le poids de la soupape...................... = 2^{kg}.

La formule générale est $P = \left(\frac{\pi}{4} . D^2 . K.\right) - p \dots$ (n° 31)

On aura pour l'exemple ci-dessus $P = \left(\frac{3,14}{4} \times 5 \times 5 \times 5,165\right) - 2^{kg} = 99^{kg},388$.

Règle : Multiplier le nombre exprimant les centimètres carrés de surface de la soupape mesurée sur le petit diamètre, par la pression effective exprimée en kilogrammes, qui doit la faire ouvrir ; retrancher de ce résultat le poids propre de la soupape.

La soupape représentée **figure 30**, planche **43**, est chargée directement par le poids P; son diamètre est celui du dessous du petit piston p.

Déterminer le diamètre D, connaissant le poids P et le timbre K. On déduit de la formule nº 30

$$D = \sqrt{\frac{P + p}{K \cdot 0,785}},$$

et en nombres, dans l'exemple :

$$D = \sqrt{\frac{99,388 + 2}{5,165 \times 0,785}} = 5^{cmt}.$$

Déterminer le timbre K, connaissant le poids P et le diamètre D. De la formule nº 30, on tire :

$$K = \frac{P + p}{0,785 \times D^2},$$

et en nombres, dans l'exemple :

$$K = \frac{99,388 + 2}{0,785 \times 5 \times 5} = 5^{kg},165.$$

698. Charger par l'intermédiaire d'un levier de deuxième genre (§ 296). Charger avec un levier portant un poids, la soupape S (*fig.* 8, *pl.* **39**) dans les conditions suivantes :

D, diamètre de la soupape............................. $= 5^{cm}$
R, timbre de la chaudière marqué à............ $5^{kg},165$
p, poids de la soupape.............................. $= 2^{kg}$
p', action exercée par le levier seul sur la soupape (1)................................... $0^{kg},388$

L, longueur en centimètres du grand bras du levier $l + L$, mesurée du centre de rotation ou de la charnière au point de suspension du poids P. $= 0^{mt}, 40$
l, longueur du petit bras du levier l............ $= 0^{mt}, 10$
P, poids cherché, exprimé en kilogrammes.

La formule générale est :

---

(1) Avec le crochet d'un peson ou d'une romaine, on prend le levier non encore chargé au point précis qui appuie sur la soupape, et l'effort qu'il faut faire alors pour le soulever, marqué en kilogrammes sur l'instrument, est la charge sur la soupape due à l'action du levier.

$$P = \frac{\pi \times D^2 \times K \times l}{L} - (p + p') \qquad \text{(n}^o\ 32)$$

Mettant en nombres avec les quantités données dans l'exemple, il vient :

$$P = \frac{3,14 \times 5 \times 5 \times 5,16 \times 0,10}{0,40} - (2 + 0,388) = 24^{kg},720.$$

Règle générale : Multiplier le nombre exprimant en centimètres carrés la surface de la soupape, par celui porté sur le timbre ; retrancher du résultat de cette opération, le poids de la soupape ajouté à celui de l'action du-levier ; multiplier le nouveau produit par le quotient de la division de la longueur du petit bras de levier par la longueur du grand bras. Ce dernier produit exprime la valeur du contre-poids.

Vérification pratique de la charge de la soupape (fig. 9, pl. 39). — Après avoir déterminé par la formule ci-dessus, n° 27, le poids dont la soupape S doit être chargée, on prend la tige avec le crochet d'un peson ou d'un dynamomètre N (§ 271), et on soulève le tout ; le nombre de kilogrammes indiqué par l'instrument doit être exactement le même que celui trouvé par la formule n° 26 du poids direct. On a par ce moyen une indication très-exacte, parce que le poids des leviers, les frottements des tiges et ceux des articulations sont des efforts de résistance que le dynamomètre accuse en même temps que l'effort dû au poids P.

On peut charger très-exactement la soupape, en se bornant à calculer sa surface en centimètres carrés, connaissant son diamètre (§ 225), à multiplier le nombre exprimant cette surface par le nombre indiqué par le timbre de la chaudière, et sans tenir compte du levier dans ce calcul ; en plaçant à son extrémité une succession de poids, jusqu'à ce que la soupape S se ferme, étant d'abord maintenue un peu levée par le dynamomètre fixé par l'anneau N. — A défaut d'un dynamomètre, une balance à fléau *b* peut servir pour les deux opérations (*fig.* 8, *pl.* **39**). A l'extrémité d'un des bras du fléau, on suspend l'extrémité du levier *l* L, auquel on fait entraîner la soupape S, et on fait équilibre à l'action exercée par cet ensemble en plaçant la quotité de poids voulue sur l'autre bras du fléau ; on a ainsi l'effort de fermeture exercé par le levier, la soupape et la résistance des frottements. On place ensuite directement, sur la soupape, le poids calculé qui doit la charger (n° 26), moins le poids trouvé par la première pesée ci-dessus indiquée. Le levier lL est alors attaché à une extrémité du fléau de la balance et le poids Q, qui, placé à l'autre extrémité, fait équilibre à la soupape ainsi chargée et attachée au levier par sa tige, est exactement celui qu'il faut placer à l'extrémité de lL, c'est-à-dire en P. Le poids placé sur la soupape pour cette opération ne doit évidemment pas y rester après.

699. *Charge par des ressorts*. — Le procédé le plus exact et le plus simple consiste à charger le ressort avec des poids successifs, aussi faibles que possible, et à marquer sur le cylindre ee (*fig.* 24, *pl.* **43**) chacune des divisions déterminées par l'addition des poids. Si le ressort doit être placé directement sur la soupape, on calcule avec la formule n° 26 quelle est la charge totale correspondant à la pression que devra avoir la vapeur pour soulever la soupape et on comprime le ressort sur celle-ci, jusqu'à la division obtenue précédemment et correspondant à la charge ainsi déterminée.

Si la charge se fait par l'intermédiaire d'un levier, comme dans l'instillation (*fig.* 24 et 25), on procède comme il suit :

1° Attacher la soupape S au levier et au point précis du portage d; attacher le volant a au levier C dans la position respective de ces pièces, lorsque le ressort R est entièrement détendu ; saisir avec le crochet d'un peson l'extrémité de la tige taraudée b et soulever ainsi la soupape sensiblement ; l'effort accusé par le peson, pour faire cette manœuvre, exprimera en kilogrammes la pression totale dont la soupape sera chargée, lorsqu'on comprimera le ressort de la quantité indiquée dans le cas actuel par la montée du té f. Soit K, kilogrammes indiqués, $= 103^{kg},305$, et S, surface de la soupape en contact avec la vapeur, $= 20$ centimètres carrés, et 4 centimètres la hauteur de la montée de f ou h, compression du ressort ; on aura à ce point h de la graduation de l'échelle un nombre n d'atmosphères de pression effective, répondant à la levée de la soupape, qui sera $n = \dfrac{K}{S} = \dfrac{103,305}{20} = 5$ atm.

Pour la graduation g de l'échelle en quarts d'atmosphère, on aura :

$$g = \frac{h}{n \times 4} = \frac{4}{5 \times 4} = 0^{cmt.},2^{mm}.$$

Ainsi donc, dans cet exemple, si le ressort R est construit de manière à se comprimer de la même quantité pour chaque addition d'un même poids, chaque graduation de 2^{mm} sur l'échelle indiquera une pression de 1/4 d'atmosphère sur la soupape.

700. L'appareil représenté (*fig.* 27, pl. **43**) réunit l'ensemble des installations dont le fonctionnement assure la sécurité contre les dangers de l'explosion des chaudières. Le flotteur A, en montant et descendant avec le niveau n dans la chaudière, fait fermer ou fait ouvrir le robinet C par lequel le conduit de l'alimentation D est ou rétabli ou interrompu avec la chaudière ; un bouton M, fixé à la tige du flotteur, peut se mouvoir dans la coulisse EB fixée au levier F du robinet C ; il est facile de comprendre que la coulisse, assujettie à tourner autour de l'axe du robinet, imprimera à celui-ci un mouvement de rotation lorsqu'elle sera sollicitée à descendre ou à monter par suite de l'abaissement ou de l'élévation du flotteur A.

Un doigt ou taquet H vient toucher le bras P du levier POK et fait ouvrir le sifflet d'alarme S', si le niveau n descend trop bas ; la descente du flotteur avec sa tige explique la manœuvre du levier.

Un aimant T, fixé à la tige du flotteur et appuyé sur une plaque de cuivre, agit sur une aiguille en fer I, placée devant la plaque, du côté visible de l'extérieur ; les déplacements du niveau de l'eau n sont ainsi indiqués.

Un manomètre métallique m (§ 695) est placé au sommet de la plaque indicatrice du niveau de l'eau. Une soupape de sûreté S à levier (§ 699) complète l'appareil qui porte le nom de l'inventeur Lethuillier-Pinel.

701. La perte de chaleur par rayonnement est pour un mètre carré de surface d'une chaudière en fonction, de 1200 calories par heure (§ 605) ; pour 10 mètres carrés, elle sera de

12000, et comme un kilogramme de charbon fournit pratiquement 4000 calories, on aura perdu par heure $\frac{12}{4} = 3^{kg}$ de charbon. Envelopper les surfaces extérieures des chaudières avec des corps isolants de la chaleur est donc une précaution très-utile à prendre. Les chaudières à bouilleurs sont ordinairement logées dans un massif en maçonnerie, et, par ce fait, elles sont défendues contre le refroidissement extérieur (§ 599). Celles d'un autre système doivent être enveloppées de sable, de feutre ou de briques réfractaires. On fait usage dans l'industrie d'un enduit isolant directement appliqué sur la tôle, et dont les effets sont très-appréciés; il porte le nom de *Plastique-Pimont*.

702. L'épreuve des chaudières avant leur mise en service est prescrite par le décret du 25 janvier 1865[1] dans les conditions ci-après, spécifiant trois catégories :

Première catégorie. — Si la pression effective de la vapeur dans le service (§ 626) doit être inférieure à 1/2 kilogramme par centimètre carré de surface, soit 0,48 d'atmosphère, on procède à l'épreuve en surchargeant la soupape de $0^{kg},500$ par chaque centimètre carré de sa surface, et en refoulant de l'eau dans la chaudière au moyen d'une pompe (§ 456), jusqu'à ce que la pression ainsi obtenue fasse ouvrir la soupape surchargée. Cette pression doit être maintenue pendant le temps nécessaire à l'examen de toutes les parties du générateur.

Désignant par S, la surface de la soupape en centimètres carrés.

n, le nombre d'atmosphères effectives que la vapeur ne doit pas dépasser.

p, le poids propre de la vapeur.

P, le poids à placer directement sur la soupape pour satisfaire à l'épreuve.

On a $P = S \times (n \times 1^{k},033 + 0,500) - p.$ (n° 33)

---

[1] Ce décret est abrogé par celui de 1880. (Voir § 831.)

Pour la charge P', au moyen d'un levier, on aura

$$P' = [S \times (n \times 1,033 + 0,500) - (p + p')] \times \frac{l}{L}, \qquad (n° \ 34)$$

p' désignant l'action du levier sur la soupape (§ 698), l la longueur du petit bras, et L celle du grand bras.

La mise en nombres de cette formule doit se faire suivant l'ordre indiqué au paragraphe 5, page 9, qui est ainsi désigné :

1° Ajouter $1^k,033$ à $0^k,500$; — 2° multiplier le nombre d'atmosphères que représente n par le total obtenu 1° ; — 3° multiplier le produit obtenu 2° par la surface S en centimètres carrés de la soupape ; 4° ajouter le poids propre de la soupape p à celui de l'action du levier p' ; — 5° retrancher le total de l'addition 4° du produit des opérations précédentes ; — 6° diviser la longueur l du petit bras du levier par celle du grand bras L ; — et 7° enfin multiplier le quotient de cette division par le résultat de toutes les opérations précédentes : le produit sera la valeur du poids à placer à l'extrémité du levier.

Deuxième catégorie. — Si la pression effective de la vapeur ne doit pas dépasser dans le service 6 kilogrammes par centimètre carré, soit $5^{atm},8$, ou bien ne pas être inférieure à $0^{kg},500$, soit $0^{atm},48$, l'épreuve est faite au double de la pression effective, c'est-à-dire qu'on augmente du double le poids de charge de la soupape de sûreté (§ 697), et qu'on agit dans la chaudière par pression hydraulique jusqu'à la levée de la soupape ainsi surchargée.

Troisième catégorie. — Si la pression effective dépasse 6 kilogrammes par centimètre carré, soit $5^{atm},8$, la surcharge d'épreuve est de 6 kilogrammes par centimètre carré de surface de la soupape de sûreté. Le poids direct P et le poids P' agissant par l'intermédiaire d'un levier sont déterminés par les formules ci-avant, n° 31 et n° 32, dans lesquelles il suffit de remplacer dans cette dernière la valeur $0^{kg},500$ par la valeur 6^{kg} (1).

---

(1) Consulter le décret du 1er mai 1880 sur les formalités à remplir pour établir à fonctionnement une chaudière destinée à produire de la vapeur. Ce décret est inséré au *Bulletin des lois.* (§ 831.)

703. La puissance de vaporisation d'une chaudière dépend de la grandeur de la surface de la grille, de celle de la surface de chauffe et du mode de tirage de l'air dans les foyers.

Désignant par P, la puissance vaporisatrice en chevaux-vapeur.

F, la surface de chauffe en mètres carrés ;

G, la surface de la grille en mètres carrés ;

Pour une chaudière à basse pression et à tirage naturel, on a :

$$P = \frac{F}{1,40} \text{ ou } P = \frac{G}{0,047}. \qquad \text{(n° 35)}$$

Pour une chaudière à moyenne ou haute pression, à tirage naturel :

$$P = \frac{F}{1,30} \text{ ou } P = \frac{G}{0,043}. \qquad \text{(n° 36)}$$

Avec un tirage forcé $P = \frac{F}{0,90} \text{ ou } P = \frac{G}{0,03}. \qquad \text{(n° 37)}$

Les règles ci-dessus sont applicables aux générateurs de vapeur dont les proportions sont établies suivant les relations indiquées au § 686, c'est-à-dire qui ont une surface de chauffe de 25 à 30 fois plus grande que la surface de la grille. Ce qui est le cas des chaudières fixes.

SEPTIÈME PARTIE

MACHINES MOTRICES A VAPEUR — A GAZ
A AIR CHAUFFÉ, ETC.

703¹. La main-d'œuvre pour fabriquer aujourd'hui (1887) les choses les plus usuelles comme les plus voisines de l'art industriel est relativement très bon marché; il s'ensuit que le bien-être a notablement augmenté dans toutes les classes de la population d'un état civilisé. Les plus pénibles travaux, les plus rebutants ont été rachetés, en partie, de leur servitude naturelle par les moyens mécaniques éfficaces et puissante. C'est presque uniquement à la machine à vapeur que sont dus ces merveilleux résultats; c'est au progrès incessant de son application qu'il convient de reporter les conséquences les plus favorables à l'amélioration du sort des classes ouvrières. Aussi, le moteur à vapeur est visé par le chercheur d'inventions utiles. Rien ne peut mieux préciser les grands progrès qu'il a subis depuis vingt ans à peine, qu'en comparant ces nombres : il y a un quart de siècle, la force motrice d'un cheval vapeur exigeait la dépense de 3 à 4 kilogrammes de houille par heure; aujourd'hui, les machines nouvelles ne consomment que de 900 grammes à 1 kil. 200 suivant leur force effective, le système de leur installation et l'élévation de la pression de la vapeur qu'elles emploient.

Les chaudières n'ont pas été aussi grandement améliorée

que la machine elle même, bien qu'elles utilisent mieux le combustible qu'autrefois. Sous le rapport de leur résistance à l'effort de la vapeur qu'elles contiennent, après qu'elle a été formée par la chaleur émanée du combustible brûlé, les progrès ont été de premier ordre : c'est ainsi qu'on produit aujourd'hui de la vapeur à la pression très élevée de 12 et même de 15 atmosphères correspondant à un effort de 12 à 16 kilogrammes par centimètre carré de la surface en contact avec cette vapeur, avec plus de sécurité qu'on la produisait jadis à 4 et 6 atmosphères dans les chaudières des ateliers et des usines. C'est principalement au système multitubulaire et à faible volume d'eau, dont le générateur inexplosible Belleville est le type le plus ancien et le plus complet, au point de vue des qualités essentielles, qu'est due la sécurité et la durée des générateurs de la force motrice due à la vapeur d'eau.

La conduite intelligente des machines et des chaudières et leur entretien bien compris sont les compléments indispensables à ces puissants moyens de production de force ; s'ils font défaut, il y a d'abord perte d'argent et perte de temps, et en plus, il y a les risques permanents d'accidents graves. Or, un bon chauffeur et un bon mécanicien doit connaître le *pourquoi* et le *comment* des faits qu'il a à surveiller dans les attributions de son emploi. Sous le prétexte qu'il a acquis une longue pratique sans avoir eu, dans son service ni avaries, ni accidents, ce qui est souvent dû à un bon hasard, il ne doit pas ignorer, ce qu'on nomme souvent *dédaigneusement* la théorie, lorsque la prétendue théorie n'est que l'exposé très clair et très succinct des premiers principes de la machine à vapeur. C'est dans le cadre de la pratique intelligente que sont renfermées les notions sur la combustion, sur le chauffage et la conduite du moteur à feu annexée aux descriptions des mécanismes traitées dans les paragraphes qui suivent ici immédiatement.

704. Les figures 32 et 33, *pl.* **44**, représentent le canevas d'une machine à vapeur du type le plus simple. Le mouvement de tiroir ou du distributeur de la vapeur est supposé donné avec la main. Par le conduit **F** (*fig.* 32), la vapeur pénètre dans la boîte à tiroir J. Le *tiroir* formé de deux pistons *p'*, *p'*, est en ce moment placé de telle sorte, que la vapeur s'introduit dans le cylindre C par l'orifice *o*, et pousse le piston P de droite à gauche, dans le sens de la flèche ; par sa tige T et par la bielle G, le piston, en marchant dans le sens indiqué, fait tourner de droite à gauche la manivelle M et l'arbre moteur A, sur lequel elle est fixée. Lorsque le piston sera arrivé au fond du cylindre à gauche, c'est-à-dire à son point mort du bas limité à l'arête en dedans de l'orifice *o'* le tiroir *pp'*, poussé alors vers la gauche comme l'indique la figure 33, mettra l'orifice du fond *o'* en communication avec la vapeur que contient la boîte à tiroir J et qui vient de la chaudière ; tandis que l'orifice *o* sera mis en communication avec l'air libre, où la vapeur qui a poussé le piston de droite à gauche s'évacuera, afin de ne pas présenter de résistance au mouvement rétrograde du piston. Le mouvement des organes et la direction de la vapeur se feront alors comme le montre la figure 33, et en continuant le mouvement alternatif du tiroir, on obtiendra le mouvement continu de l'arbre moteur. La machine s'arrêtera ou sera *stoppée*, suivant l'expression en usage, si le mouvement du tiroir est arrêté, car la distribution alternative de la force produite par la vapeur sur les deux faces du piston P, n'aura plus lieu. Le volant V a pour effet de régulariser le mouvement de l'arbre moteur, en empruntant à la machine une certaine quantité de force au moment où le piston étant à moitié course, son action est au maximum, et en restituant une partie de cet emprunt, lorsque le piston est à l'une de ses extrémités de course ou à l'un de ses *points morts* (§ 345).

Dans toutes les machines, le tiroir est mû par la machine elle-même, de telle sorte que le mouvement général se continue après qu'il a été déterminé par le premier déplacement du tiroir fait, à la main, et par le mécanisme dit de *mise en train.*

705. Expressions et termes spéciaux aux machines a vapeur. — Les expressions peu habituelles, même dans les ateliers, et qui se rapportent spécialement à la machine à vapeur, sont succinctement résumées ci-après :

Admission. — Se dit de l'arrivée de la vapeur dans le cylindre ; on la compte habituellement en fonction de la course du piston. Les machines à haute pression ont une admission de 0,40, ce qui signifie que la vapeur arrive de la chaudière sans le cylindre, pendant les 0,40 de la course du piston ; les 0,60 qui restent à faire pour accomplir la course entière, sont fournis par l'action de la vapeur déjà introduite, agissant alors par détente ou expansion (§ 632).

Angle d'avance, angle de recouvrement, angle de calage. (Voir § 712.) — Se disent de certains points de la régulation du tiroir de vapeur, d'après lesquels l'angle fait par le rayon d'excentrique qui conduit le tiroir, et par le rayon de la manivelle motrice, permet au tiroir d'ouvrir à la vapeur d'admission avant la fin de la course du piston (*fig.* 40, *pl.* **49**). a'' est l'angle de recouvrement, a l'angle d'avance et $a''' + a' + a$ l'anglede calage.

Avance à l'évacuation. — Se dit de la fraction de la course du piston à laquelle commence à sortir du cylindre, la vapeur qui a poussé le piston ; elle a pour but de diminuer la force d'inertie qu'aura le piston en arrivant à l'extrémité de sa course et de diminuer la résistance qu'éprouverait cet organe à revenir sur lui-même, s'il rencontrait la vapeur de l'admission précédente.

Avance à l'admission. — Se dit de la fraction de la course du piston pendant laquelle la vapeur est admise en sens contraire du mouvement du piston, afin de diminuer la force d'inertie de cet organe lorsqu'il devra prendre un mouvement rétrograde (§ 268). Dans les machines à moyenne pression, l'avance est de 0,02 au plus de la course du piston ; dans celles à haute pression, elle est quelquefois nulle.

Bâche a (pl. **47**). — Récipient généralement ouvert à l'air libre par sa partie supérieure, destiné à recevoir l'eau provenant de la condensation, et refoulée par la pompe à air P.

Cette eau est rejetée au dehors en passant par le tuyau E.

Bâti b (pl. 47). — Charpente en fonte de fer servant de point d'appui aux différentes parties fixes ou mobiles de la machine.

Boîte à tiroir J (pl. 46). — Compartiment qui reçoit la vapeur venant de la chaudière, avant que le tiroir T la distribue dans le cylindre.

Boîte de détente b' (pl. 45). — Compartiment où séjourne la vapeur venant de la chaudière, avant d'être admise dans la boîte à tiroir *b*, d'où elle est distribuée au cylindre par le tiroir X.

Condensation (voir § 708). *Condenseur.* — Capacité C_2 *(pl. 47)*, où se fait la condensation de la vapeur évacuée du cylindre, après qu'elle a poussé le piston.

Course du piston. — Elle est mesurée par la plus grande longueur que parcourt l'organe dans le cylindre, et cette longueur est évidemment égale au diamètre de la circonférence décrite par la manivelle ; donc, le rayon de la manivelle est la moitié de la course du piston, et il faut deux courses de piston pour faire un *coup de piston* ou *une révolution* de manivelle.

Cylindre à vapeur C (pl. de 44 à 48). — Dans le cylindre se meut le piston, à frottement doux et étanche ; il porte une partie plane et lisse FF (*fig.* 43, *pl.* 50), dite *glace du cylindre* ou *plaque de friction,* sur laquelle marche le tiroir de distribution de vapeur *t* (*fig.* 42, 43 et 45) ; sur la glace sont pratiquées les ouvertures A, A' qui communiquent l'une avec le haut, l'autre avec le bas du cylindre par les conduits D, D (*fig.* 43). Ces ouvertures sont dites les *orifices du cylindre.* L'ouverture B est le *conduit à l'évacuation ;* elle fait communiquer le haut ou le bas du cylindre, suivant la position du tiroir, avec l'extérieur par le tuyau E. La figure 46 montre un cylindre et un tiroir suivant une coupe longitudinale : *o* et *o'* sont les orifices du cylindre ; *o''* est le conduit d'évacuation.

Détente fixe. — Se dit de la fraction de la course du piston qui a lieu après que le tiroir de vapeur a supprimé l'arrivée de celle-ci dans le cylindre. Elle varie entre les 0,40 et les 0,50 de la course du piston dans les machines à moyenne pression (§ 629) et entre les 0,50 et les 0,80 dans celles à haute pression. Une fois établie, on ne peut la changer qu'en démontant le tiroir de vapeur.

Détente variable. — Se dit de la détente que l'on peut augmenter ou diminuer dans le cylindre par la disposition du mécanisme extérieur, tel par exemple qu'en changeant l'angle que fait le rayon conducteur de la tringle xf (*pl.* **45**) sur la roue dentée n, avec le rayon de l'excentrique E (§ 713). (Voir les cames de détente variable, § 352.)

Espaces morts. — On nomme ainsi tous les conduits et les espaces qui se remplissent de vapeur, depuis l'orifice du conduit au cylindre, à partir de la glace du cylindre jusqu'au piston arrivé à sa fin de course. Ainsi, l'espace mort sur l'avant du piston (*fig.* 38, *pl.* **49**) comprend le conduit o et la chambre cylindrique comprise entre la face de l'avant du piston et le dessous du couvercle de droite du cylindre. On fait ces espaces aussi petits que possibles, pour économiser la vapeur. On leur donne également le nom d'*espaces neutres.*

Évacuation. — Se dit de la sortie de la vapeur du cylindre, après que cette vapeur a fait marcher le piston dans un sens. L'évacuation se fait à l'air libre dans les machines sans condensation, et dans un condenseur dans celles à condensation.

Glace du cylindre. — Partie enclavée par la boîte à tiroir J (*fig.* 35, *pl.* **46**). (Voir *Cylindre à vapeur.*)

Injection. —Jet d'eau introduit dans le condenseur par le conduit j, et gradué par le robinet que fait mouvoir la tringle m''. L'eau ainsi mêlée à la vapeur produit la condensation de cette dernière (*pl.* **47**).

Manivelle motrice ou de l'arbre moteur AM (*pl.* **47**). —Celle qui étant fixée sur l'arbre moteur A, reçoit le mouvement par le mécanisme qui du piston P aboutit à elle.

Liberté de piston ou liberté de cylindre. —C'est l'espace compris entre la face du piston à bout de course et le fond du cylindre le plus rapproché. Cet espace est nécessaire pour permettre de faire arriver de la vapeur sur le piston, afin de déterminer le retour du mouvement de cet organe. La liberté de piston est moyennement de 6^{mm} ; elle fait partie des espaces morts. (Voir ce mot.)

Plaque de fondation (*pl.* **47**). — Table en fonte de fer, sur laquelle le cylindre C, les bâtis, les supports de palier, etc., sont retenus solidement. La plaque de fondation est scellée sur une plate-forme en pierre, ou dans un massif en maçonnerie.

Point mort. — Le piston est au point mort quand il est à une des deux extrémités de sa course ; en ce moment, la manivelle, la tige et la bielle sont sur une même droite. Le piston P, dans le canevas de mouvement représenté *pl.* **49**, *fig.* 38, est au point mort de l'avant, et la force, appliquée sur le piston même, ne ferait pas dépasser ce point ; le volant est ici indispensable (§ 347).

Nombre de coups de piston dans un temps déterminé. — On le compte habituellement par minute, sur la machine ; on le réduit en secondes ensuite pour calculer la force de la machine (§ 723). Deux courses font un coup de piston. (Voir *Course du piston.*)

Pompe à eau froide. — C'est celle qui amène l'eau nécessaire à la condensation, dans un réservoir ou récipient d'où elle se rend au condenseur. Le tuyau t_1 serait dans l'exemple *pl.* **47**, celui d'aspiration, et le tuyau t_2 celui de refoulement.

Pompe à air C_1 (*pl.* **47**). — Elle prend l'eau et l'air du condenseur C_2 et les rejette au dehors ; son piston P porte un clapet circulaire qui s'ouvre pendant la période de refoulement, et se ferme pendant celle d'aspiration. L'eau et l'air passent par la bâche et le tuyau de trop-plein E.

Pompe alimentaire L (*pl.* **47**). — Elle prend l'eau à la bâche par le tuyau j' et l'envoie à la chaudière pour y maintenir le niveau. Une soupape chargée par un levier et un poids, se lève et laisse évacuer le trop-plein de la pompe, lorsque la chaudière prend moins d'eau que la pompe n'en débite.

Piston à vapeur P, (*pl.* **45**). — C'est un disque formé du

corps du piston, dans lequel est solidement retenue la tige K,
et de deux ou plusieurs bagues ou *garnitures métalliques* logées dans son pourtour ; leur élasticité permet que le piston
fasse un joint étanche contre la paroi du cylindre.

Régulateur RNN (*pl.* **45**).—Mécanisme destiné à agir sur la
valve de vapeur *a* pour régulariser la marche de la machine,
en laissant introduire un poids de vapeur plus ou moins grand
dans le cylindre, suivant que la pression de celle-ci est plus
ou moins grande. (Voir § 715.)

Tiroir de détente P' (*pl.* **45**). — C'est l'organe qui, en supprimant l'arrivée de la vapeur dans la boîte à tiroir *b*, la
supprime par le fait dans le cylindre C, quelle que soit la régulation du mouvement du tiroir de distribution X. On peut
sans rien démonter et de l'extérieur faire varier la période
d'ouverture et de fermeture du tiroir de détente, par rapport
à la course du piston ; le mécanisme porte alors le nom de
détente variable.

Tiroir de distribution de vapeur T (*pl.* **46**). — C'est l'organe
essentiel du mouvement de la machine ; son jeu règle l'arrivée de la vapeur nouvelle dans le cylindre et la sortie
de celle qui a poussé le piston dans une course. (Voir le § 711.)

Trop-plein de la bâche ou *tuyau de décharge* E (*pl.* **47**). —
Tuyau par lequel l'eau de la condensation refoulée par la
pompe à air dans la bâche *a* s'évacue au dehors.

Traverse du piston ou *té du piston, dd* (*pl.* **46**). — Bras fixé à
la tige, et sur lequel vient s'articuler la grande bielle B ;
c'est généralement dans la traverse que passent les guides *g,g*
de la tige du piston.

Valve ou *registre a* (*pl.* **45**). — Obturateur mobile placé entre le tuyau de vapeur C_1 et la boîte à détente *b'* ou la boîte à
tiroir *b*, dans les machines qui n'ont pas de détente variable.
Par l'ouverture et la fermeture de la valve, on augmente ou
l'on modère l'allure de la machine, soit qu'on manœuvre cette
valve à la main, soit que le régulateur NRN la fasse mouvoir,
pour maintenir la vitesse acquise et réglée.

Vide au condenseur ou *contre-pression sur le piston.* — Se dit
de la raréfaction des gaz et des vapeurs contenus dans le con-

denseur, produite par l'injection et par l'aspiration de la pompe à air. (Voir le § 369.)

706. *Parcours de la vapeur et mouvement des organes dans une machine sans condensation, à détente variable et à bielles pendantes (pl. 45).* — La machine est établie sur la plaque de fondation P_1P_1. — Les colonnes C' supportent le cylindre à vapeur C. — Sur le bâti B_1, sont installés les arbres de mouvement des tiroirs X et P et le cadre des glissières G. — L'arbre moteur A est supporté par le palier P_2; le palier P_3 supporte la roue dentée n du mouvement de détente variable dont P est le tiroir (§ 713).

La vapeur arrive dans la machine par le tuyau C_1; elle pénètre dans la boîte de détente fixe b', après avoir passé par le registre a dont le plus ou moins d'ouverture en règle la quantité à dépenser dans le cylindre, suivant qu'on veut augmenter ou diminuer la vitesse du mouvement de la machine ; de la boîte à détente b' elle arrive dans la boîte à tiroir b, après que le tiroir de détente P a découvert l'orifice 7. En supposant la machine en mouvement et observée au moment où les différentes pièces mobiles sont dans la position représentée sur la *pl.* **45,** on voit d'abord que le tiroir de détente variable P, ayant fermé le conduit 7, il n'y a plus d'arrivée de vapeur dans la boîte à tiroir b, et comme le piston P est au milieu de sa course, il est évident que la détente variable est réglée aux 0,50 de la course du piston (§ 635). On voit également que le tiroir de distribution X ayant découvert en grand le conduit 4 à la vapeur d'admission, cette vapeur contenue dans la boîte à tiroir b a pénétré dans le cylindre *sur* le piston C et que celui-ci doit descendre; à ce même moment, vu la position du tiroir, le dessous du piston est en communication avec l'évacuation de la vapeur par le conduit 5; donc, la vapeur qui avait fait monter le piston P a dû s'évacuer au dehors du cylindre, dans l'atmosphère, la machine n'ayant pas de condenseur.

Le mouvement de va-et-vient du piston ou mouvement rectiligne alternatif est transmis à l'arbre moteur A, par l'intermédiaire de la tige K, de deux bielles pendantes b articulées à chacune des extrémités de la traverse *d* du piston et de deux manivelles M, fixées sur l'arbre moteur (1).

La tige du piston est guidée entre les glissières G par deux roulettes *g* mobiles sur chacune des extrémités de la traverse *d*. Sur l'arbre moteur A, est fixé le chariot d'excentrique E, destiné à donner le mouvement au tiroir X par l'intermédiaire de la tringle *z*, du levier coudé *koq*, de deux bielles *i* articulées à la traverse *d'* de la tige *t* du tiroir. (Voir *Excentrique*, § 348.) Le tiroir P de la détente variable reçoit son mouvement de l'arbre moteur A ; une roue dentée *m* est fixée sur cet arbre, elle engrène avec le pignon *n* sur lequel est articulée la tringle *x* dont l'extrémité s'enclanche sur les leviers coudés *f*, *o*, *e* ; deux bielles *j*, articulées à l'extrémité des bras *e* et à l'extrémité des traverses *d'*, font mouvoir la tige *t'* du tiroir P. Pour arrêter le mouvement de ce tiroir, c'est-à-dire pour que la machine fonctionne sans autre détente que celle donnée par le tiroir de distribution X, il suffit de déclancher la tringle *x* du bras *f*. Pour changer la période de détente, on procède comme il est dit au § 713. Le fonctionnement du régulateur LNN est décrit au § 715.

La machine à bielle directe, dite également à bielle en l'air (*pl.* **46**), est sans condensation, comme la précédente, et elle n'a pas de détente fixe. **A**, arbre moteur. — B, grande bielle. — *b*, tringle du régulateur. — C, cylindre à vapeur.— — *dd*, traverse de la tige du piston. — E, entablement supportant les paliers de l'arbre moteur. — *e*, excentrique qui donne le mouvement au tiroir T. — *e'*, excentrique qui donne le mouvement à pompe alimentaire P'. — F, tuyau d'arrivée de la vapeur dans la machine. — *f*, tuyau de refoulement de la pompe alimentaire, aboutissant à la chaudière. — *g*,*g*, guides de la tige du piston par la traverse *dd*.— *h*, *h'*, roues d'angle donnant le mouvement au régulateur. — *i*, tige du tiroir. — J, boîte à tiroir. — K, tige du piston à vapeur. —

---

(1) La machine dont il s'agit étant figurée suivant une coupe verticale par l'axe du cylindre, on ne peut voir qu'une bielle pendante, une manivelle, un cadre de la glissière et la moitié du mécanisme d'entraînement des tiroirs du côté du levier.

M, manivelle motrice. — *n*, support des guides *g*, *g* de la tige du piston. — N, N, colonnes supportant l'entablement E. — P, piston à vapeur. — P', piston plongeur de la pompe alimentaire. — P_1, plaque de fondation. — Q, régulateur à force. centrifuge. — R, pompe alimentaire. — S, support du régulateur. — T, tiroir de distribution de la vapeur. — *t*, boîte à clapets de la pompe alimentaire. — *t'*, *t''*, conduits de vapeur du cylindre. — V, volant. — *x*, palier de l'arbre moteur. — *z*, bielle du tiroir. — *z'*, bielle de la pompe alimentaire. — 3, évacuation de la vapeur.

707. *Machine à condensation, à balancier en l'air (pl. 47)*. — Dans les machines à condensation, la vapeur est évacuée dans un condenseur C_2, au lieu d'être rejetée soit dans l'atmosphère directement, soit en passant par la cheminée de la chaudière afin d'augmenter le tirage dans les foyers (§ 679). En supposant la machine en mouvement et observée au moment où les organes mobiles sont dans la position représentée sur la *pl. 47*, on voit que le tiroir de distribution X a découvert le conduit 1 du côté de la boîte à tiroir J, remplie de la vapeur venue de la chaudière par le tuyau *t*; par suite, l'admission se fait dans le cylindre C, sur le piston P, et cet organe est alors poussé à descendre ; la vapeur qui l'a fait monter précédemment, passe alors dans le conduit 2, à l'intérieur du tiroir X, dans le conduit 3 où aboutit le tuyau d'évacuation *tt'*, et arrive par là au condenseur C_2. Dans le condenseur C_2, une injection d'eau froide amenée par le tuyau *j* et réglée par le *robinet d'injection* que peut faire manœuvrer la tringle *m''*, rencontre la vapeur évacuée, la condense, et dès lors le vide s'établit dans le condenseur (§ 639). L'eau provenant de l'injection et de la vapeur condensée est enlevée par la *pompe à air* C_1, dont le piston P porte ou des clapets s'ouvrant de bas en haut, ou un disque mobile comme le représente la figure de la *pl. 47*.

Au bas du cylindre de la pompe à air, il y a aussi des clapets dits *clapets de pied*, qui s'ouvrent en dedans de cette pompe, lorsque le piston monte et fait *aspiration* au condenseur, et qui se ferment lorsque le piston, en descendant, refoule l'eau venue du condenseur, et la fait passer u-dessus de lui pour être ensuite rejetée au dehors par le tuyau E de la bâche *a*; entre le corps de pompe et la bâche, sur le plateau qui les sépare, sont placés les *clapets de tête* qui s'ouvrent du côté de ce dernier récipient; ils ont pour emploi d'empêcher l'eau montée dans la bâche pendant l'ascension du piston, de revenir sur le piston pendant la descente de cet organe.

Le mouvement de l'ensemble, dans la machine dont il est question, se produit ainsi : sur la tige T du piston est articulée la *menotte* ou petite bielle E articulée également à l'extrémité du balancier B, sur le tourillon m; le balancier en oscillant sur le tourillon central A' par le fait du mouvement vertical de va-et-vient du piston P, donne un mouvement circulaire continu à l'arbre moteur A par l'intermédiaire de la grande bielle G et de la manivelle M; la bielle est articulée en m_1 sur le balancier et par son autre extrémité sur la manivelle. Le piston de la pompe à air P prend son mouvement en K, sur le balancier, par la menotte E' et la tige T_1. La tige du tiroir X porte une traverse d sur laquelle et de chaque côté, une bielle i vient s'articuler et se prolonge jusqu'au levier coudé a', dont le bras r porte le bouton d'enclanchement destiné à recevoir la bielle d de l'excentrique e (§ 348); l'excentrique, fixé sur l'arbre moteur, donne ainsi le mouvement au tiroir X.

La pompe alimentaire L est mise en fonction par la bielle T_2, en même temps que cette bielle fait marcher le piston de la grande pompe d'épuisement, dont les tuyaux d'aspiration t_1 et de refoulement t_2 indiquent la position.

La tige du piston à vapeur T est guidée par le parallélogramme articulé $nghq$ (voir § 365).

708. *Condenseur; injection.* — L'emploi d'un condenseur permet l'usage de la vapeur à basse pression (§ 629), et procure une économie que l'on peut calculer en prenant pour éléments de ce calcul : 1° la résistance due à la vapeur évacuée au condenseur et qui n'est habituellement que de 15/76 à 20/76 d'atmosphère (§ 595), tandis qu'elle est au moins d'une atmosphère dans la machine sans condensation ; 2° le travail absorbé par la pompe à air qui enlève l'eau et l'air du condenseur, travail évalué en moyenne à 1/5 de celui développé par la machine ; 3° la température de l'eau d'alimentation prise dans la bâche, et qui est communément de 55° à 65°, c'est-à-dire de 45° à 50° plus élevée que celle de l'eau prise dans un réservoir ou dans un puits d'approvisionnement. Le premier et le dernier élément apportent un bénéfice, que le deuxième diminue.

La capacité du condenseur n'a rien de bien absolu ; elle varie de 1/5 à 1/8 du volume du cylindre. On doit le placer en contre-bas de ce dernier et l'en éloigner suffisamment pour que la vapeur qui travaille sur le piston ne soit pas refroidie, par exemple, par une cloison commune à ces deux récipients.

L'injection d'eau froide doit être assez abondante pour maintenir la température du condenseur entre 45° et 55°. La quantité d'eau à injecter est calculée par la formule du § 645. La surface du cercle qui a pour diamètre le tuyau d'injection, est calculée sur 1 centimètre carré par force de cheval de la machine à moyenne pression, et $1^{cmq},2$ pour celles à haute pression (§ 629). Il faut, pour atteindre à de bonnes conditions, que la hauteur de l'eau mesurée entre la surface du réservoir contenant l'eau à injecter, et le centre de l'orifice de l'arrivée de l'eau dans le condenseur, soit comprise entre 3 et 4 mètres ; pour des hauteurs moindres ou plus grandes, la section du tuyau augmentera ou diminuera proportionnellement :

Soient D, le diamètre du tuyau d'injection en centimètres, F, la puissance de la machine en chevaux vapeur $= 10$ chevaux, on aura :

$$D = \sqrt{\frac{F}{0,785}} = \text{racine carrée de } \frac{10}{0,785} = 3^{cmt},56.$$

L'intensité du vide dans le condenseur et la pression de résistance qui en résulte, sont indiquées par les baromètres spéciaux décrits pages 309 et 471, et calculées comme il est dit

§ 640. Dans les machines bien réglées, le vide au condenseur se tient entre 65 et 70 centimètres.

Les clapets de pied on clapets d'aspiration, ceux dont l'ouverture établit la communication avec le fond de la pompe à air et le condenseur, doivent être placés, autant que possible, en contre-bas du fond de ce dernier, ou tout au moins très-peu au-dessus de ce fond afin d'être soulevés facilement par le poids de l'eau contenue dans ce récipient; par la même raison, on les fait très-légers; ceux en caoutchouc conviennent parfaitement.

La surface de l'ouverture laissée libre par le soulèvement de tous les clapets de pied, doit être de 10 centimètres carrés par force de cheval, si la pompe à air est à simple effet, et de 5 centimètres carrés, si elle est à double effet (§ 502).

Voir § 744. *Condenseurs à surface.*

709. La pompe à air C^1 (*pl.* **47**) est destinée à enlever du condenseur l'eau résultant de l'injection et de la vapeur condensée et l'air qui y apporte l'eau injectée (§ 460).

Son volume doit être calculé de manière qu'à chaque coup de piston le liquide et le gaz introduits dans le condenseur soient enlevés, après une révolution complète de la manivelle motrice de la machine. Cette condition est remplie en établissant les choses de telle sorte que, dans le même temps, le volume engendré par le piston d'une pompe à air à simple effet soit 1/6 de celui engendré par le piston à vapeur, et 1/12 si la pompe est à double effet.

Dans aucun cas, on ne doit donner plus de 2^{mt} de vitesse par seconde au piston de la pompe à air, sinon les gaz et l'eau mis en mouvement n'ont pas le temps de passer par les orifices d'aspiration ou d'évacuation.

Désignant par D, le diamètre du piston à vapeur ;

          C, la course   d°

          N, le nombre de coups du piston à vapeur par minute (un coup de piston comprend toujours une allée et une venue dans le cylindre);

Désignant par d, le diamètre du piston de la pompe à air à simple effet ;

c, la course   d°

n, le nombre de coups de piston par minute, de la pompe,

on a :

$$d = \mathrm{D}.\sqrt{\frac{\mathrm{C}.\mathrm{N}}{6.\,c.\,n}}\ ;\quad c = \frac{\mathrm{D}^2.\,\mathrm{C}.\,\mathrm{N}}{6.\,d^2.\,n}\ ;\quad n = \frac{\mathrm{D}^2.\,\mathrm{C}.\,\mathrm{N}}{d^2.\,c.\,6}.$$

Dans le cas d'une pompe à air à double effet, il faudrait remplacer le nombre 6 dans les formules ci-dessus, par le nombre 12.

Les clapets du piston de la pompe à air à simple effet doivent présenter une même ouverture que ceux du condenseur ou clapets de pied.

La bâche a (*pl.* **47**) est le récipient dans lequel la pompe à air envoie l'eau qui s'évacue au dehors par le tuyau de trop-plein ou d'évacuation E. Son volume est plutôt subordonné à l'espace dont on peut disposer qu'à toute autre considération ; seulement il faut éviter de placer la décharge E à une hauteur plus grande que 1^{mt}, afin d'éviter de laisser une charge d'eau sur les *clapets de tête*. Ces clapets font communiquer le haut du corps de la pompe à air avec le fond de la bâche ; l'ouverture qu'ils laissent libre en se soulevant peut être un peu moins grande que celle des clapets de pied.

Voir le paragraphe 744. *Condenseur à surface.*

710. *Description d'une machine horizontale à bielle directe sans condensation* (*pl.* **48**).—Ce système de machine est en faveur, plus en raison de la facilité qu'il présente pour être placé dans un espace restreint, que par les avantages qu'il donne sur le système à cylindre vertical (§ 706). A, pompe alimentaire mue par un excentrique placé sur l'arbre moteur et dont la tige est a.—B, grande bielle ; son pied est articulé sur le coulisseau G guidé par la glissière rr ; sa tête porte une articulation à palier B′ sur la manivelle motrice M. — Le cylindre à vapeur C, fixé sur la plaque de fondation FF, porte la boîte à tiroir T sur le côté ; le tiroir reçoit son mouvement de l'arbre moteur par l'intermédiaire de l'excentrique fixe n dont t est la bielle. E et e sont les presse-étoupe de la tige du piston et de la tige du tiroir. —V, volant fixé sur l'arbre moteur. — L'ensemble est fixé sur un massif de maçonnerie P, et ce qui est préférable sur une pierre de base ou de béton aggloméré. (Voir §§ 725 à 740, pour la valeur comparative de ce système avec les autres systèmes en usage.)

711. *Tiroirs de distribution de vapeur dans le cylindre.* — Le tiroir de distribution de vapeur est généralement du système dit en coquille (*fig.* 42 et 45, *pl.* **50**). Il comprend la barette de l'avant *eabf*, celle de l'arrière *cghd*, la coquille *abcd* et la tige *t*. Étant appliqué sur la glace du cylindre, comme il est indiqué par la figure 45, les barrettes font un joint étanche sur cette glace, et elles mettent les orifices *o, o'* du cylindre en communication tantôt avec la boîte à tiroir où est contenue la vapeur venue de la chaudière, tantôt avec l'intérieur de la coquille qui communique avec l'évacuation *o''*; c'est le mouvement de va-et-vient que lui donne l'excentrique (§ 348) qui détermine ses différents effets. Dans les machines verticales dont le tiroir a une petite surface, on assure son application constante sur la glace du cylindre au moyen d'un ressort placé entre le dos de la coquille et le dessous du couvercle de la boîte à tiroir : Exemple, le tiroir X (*pl.* **47**). S'il a une grande surface, la pression totale qu'il reçoit de la vapeur est très-grande, la manœuvre à la main est très-pénible, et son frottement exagéré sur la glace du cylindre est une perte de force, en même temps qu'une occasion de détérioration et d'usure des parties frottantes ; dans ce cas, on isole du contact de la vapeur une certaine étendue de la surface du dos du tiroir, au moyen d'une installation dite *compensateur*.

Dans les machines dont le cylindre a beaucoup de hauteur, on emploie préférablement le tiroir long en D, représenté figures 50 et 51 (*pl.* **50**). Il se compose de deux parties à section semi-circulaire (*fig.* 51), dont la surface plane *ab* et *a'b'*, forment les barrettes ; ces parties sont fixées sur la même tige. La boîte à tiroir, dans ce cas, porte une installation qui permet de faire un joint étanche autour et sur le dessus de chacune des parties du tiroir, afin d'isoler la vapeur à admettre, de celle à évacuer.

On distingue sur un tiroir les *arêtes d'admission ef* et *gh* (celles que touche la vapeur qui va au cylindre), et les *arêtes l'évacuation ab* et *cd* (celles que touche la vapeur qui sort du cylindre). On les distingue encore par la qualification d'arêtes extérieures et d'arêtes intérieures. Les tiroirs en coquille font l'admission par les arêtes extérieures et l'évacuation par les intérieures ; le contraire a lieu avec un tiroir en D.

Recouvrements du tiroir. — Si, un tiroir étant placé exactement à moitié de sa course, ses barettes n'excèdent d'aucun côté les orifices du cylindre, il est dit sans recouvrement ; dans le cas contraire, il a du recouvrement. Le tiroir représenté figure 49 (*pl.* **50**) a un recouvrement mesuré par *ab* du côté de l'admission de droite, et un recouvrement *a'b'* du côté de l'admission de gauche ; il est *arête pour arête* en *d* et *d'*, c'est-à-dire à l'évacuation. Le tiroir (*fig.* 48) a un découvrement à l'admission pour l'orifice de *o* ; un recouvrement *de* pour ce même orifice à l'évacuation ; un découvrement *d'c'* à l'évacuation pour l'orifice de *o'*, et il est arête pour arête à l'admission pour ce même orifice. Ce dernier exemple est d'une mauvaise application dans une machine ; la règle est d'installer un tiroir comme le représente la figure 49.

Le recouvrement du côté de l'admission a pour effet de donner de la détente fixe (§ 712), en laissant l'orifice du cylindre moins grandement et moins longtemps ouvert à la vapeur qui pénètre dans le cylindre. Ce recouvrement n'empêche pas de donner de l'avance à l'admission, car celle-ci est obtenue par *l'angle de calage*. (Voir ci-après, p. 555.)

La suspension du tiroir se dit de la position à laquelle est arrêté le tiroir par rapport aux orifices du cylindre, lorsqu'il est à moitié de sa course. La suspension de cet organe de distribution est bonne, lorsque, arrivé au point milieu de sa course, il recouvre d'une même quantité les deux orifices du cylindre, ou qu'il se trouve avec eux arête pour arête des deux côtés, suivant qu'il est avec ou sans recouvrement. Exemple figure 49.

712. *Établissement de la régulation du tiroir.* — Pour obtenir une distribution de vapeur qui soit économique, et qui donne au piston un mouvement régulier autant que possible, il faut :

1° Que l'affluence de vapeur dans le cylindre n'ait lieu que pendant une fraction déterminée de la course du piston : *période d'admission*;

2° Que la vapeur introduite produise une certaine quantité de travail par expansion : *période de détente fixe*;

3° Que l'évacuation de la vapeur, introduite dans le cylindre, commence avant la fin de la course du piston : *période d'avance à l'évacuation*;

4° Qu'une certaine quantité de vapeur s'introduise sur le piston, en sens contraire de son mouvement, c'est-à-dire qu'un instant avant l'arrivée du piston à l'un de ses points morts, l'orifice d'introduction de ce côté soit déjà découvert d'une petite quantité, pour donner passage à la vapeur qui doit donner le mouvement rétrograde : *période d'avance à l'admission.*

Le but de l'avance à l'admission est d'amortir la vitesse du piston arrivant à fin de course, et de lui permettre de rétrograder sans choc et sans arrêt sensible sous l'action de la vapeur avancée ; cet effet est aidé par l'avance à la condensation et par le jeu de la bielle et de la manivelle (§ 345).

L'avance à l'admission commence aux environs des 0,98 de la course du piston, c'est-à-dire que celui-ci a encore les 0,02 de sa course à parcourir, avant d'arriver au point mort vers lequel il marche; on peut dire également que l'avance a lieu pendant les 0,02 de la course totale du piston. Lorsque le piston arrive à son point mort, l'orifice d'admission est déjà ouvert d'une quantité égale, moyennement aux 0,30 du maximum d'ouverture dans les machines à moyenne pression, et de 0,10 dans celles à haute pression.

Dans les machines verticales, le poids propre du piston augmentant la résistance générale lorsque cet organe monte dans le cylindre, on augmente un peu l'avance à l'admission du bas.

Le but de l'avance à l'évacuation est de rendre nulle, autant que possible, la pression de la vapeur dans le sens au mouvement du piston, afin de laisser cet organe achever sa course sous l'action de la force d'inertie des pièces qui sont en mouvement, et de diminuer, autant que possible, la résistance qu'exercerait la vapeur à évacuer, en séjournant dans le cylindre, pendant le mouvement que doit reprendre le piston.

Dans les machines puissantes qui introduisent pendant les 0,75 ou 0,80 de la course du piston, l'avance à l'évacuation commence entre les 0,90 et 0,95 de cette course, c'est-à-dire lorsqu'il reste à parcourir au piston un chemin compris entre les 0,10 et les 0,05 de sa course pour arriver au point mort vers lequel il marche ; quand il arrive à ce point mort, l'orifice d'évacuation est déjà ouvert d'une quantité égale, moyennement aux 0,20 de son maximum d'ouverture.

La compression ou refoulement est l'effet qui se produit dans le cylindre, lorsque l'orifice par lequel l'évacuation vient d'avoir lieu se trouve complétement fermé par la plaque ou barrette du tiroir. La durée de cette fermeture est très-courte, mais il n'est pas moins vrai que, pendant toute sa période, le peu de vapeur restée dans le cylindre, du côté du piston opposé à celui qui reçoit la poussée par l'admission, diminue de volume au fur et à mesure que le piston marche, et qu'elle crée ainsi une contre-pression sans résultats utiles. Il est donc nécessaire de diminuer le plus possible la période de compression.

Tiroir sans avance et sans recouvrement. — Soit une machine horizontale (*fig.* 38, *pl.* **49**) dont le tiroir est conduit par un excentrique fixé sur l'arbre A′ et dont le rayon est *m* (§ 348) ; l'arbre A′ reçoit le mouvement de l'arbre moteur A par les deux roues dentées de même diamètre R, R′ fixées sur ces arbres ; prenons le piston P à la fin de sa course en avant, autrement dit au point mort du haut ; la manivelle M sera également à son point mort, son axe se confondra avec les axes de la grande bielle B et de la tige K ; le tiroir sera à moitié de sa course, et comme il est réglé sans avance et qu'il n'a pas de recouvrement, ses barrettes *b*, *b′* seront arête pour arête avec les orifices des conduits *o*, *o′* du cylindre. Dans cette position, le rayon *m* de l'excentrique qui conduit le tiroir sera, comme celui-ci, à moitié course, c'est-à-dire vertical, en négligeant l'obliquité des bielles (§ 345). Maintenant, si le piston P marche dans le sens de la flèche 1 et que la manivelle M dépasse son point mort par la force d'inertie ou par l'action d'un volant, les deux roues R, R' tourneront dans la direction des flèches 2, 3, et la position relative des axes prolongés M, M' et *m*. *m'* restera la même pendant toute la durée du mouvement. Afin de grouper les éléments de la démonstration, reportons la position de l'axe MM' en A'M'', nous trouverons que le rayon de la manivelle fait avec celui de l'excentrique *m* un angle *a*; c'est cet angle que l'on appelle *angle de calage* : l'angle de calage est donc celui que font entre eux le rayon de la manivelle de l'arbre moteur et le rayon de l'excentrique.

Tiroir avec avance, sans recouvrement. — La figure 39 représente un tiroir donnant de l'avance à l'introduction, puisqu'il a ouvert l'orifice *o* à la vapeur, de la quantité 1, 2, lorsque le piston était au haut de sa course. Dans cette position, le rayon d'excentrique se trouve en *m'* au lieu de se trouver en *m* comme sur la figure 38, et l'angle *a'* compris entre les rayons *m* et *m'* est l'*angle d'avance*. Donc, l'angle d'avance est celui qui est compris entre le rayon de l'excentrique déterminé au moment où, le piston étant au point mort, le tiroir est arête pour arête à l'admission, et le rayon du même excentrique déterminé quand le piston est au même point mort quelque mouvement qu'ait fait le tiroir. Dans l'exemple, l'angle de calage s'est augmenté de l'angle d'avance et est devenu $a + a'$ ou a''.

Il est utile de remarquer sur la figure 39, qu'en même temps que le tiroir a donné l'avance 1, 2 à l'admission, il a donné une même avance 3, 4 à l'évacuation. Donc, si l'on s'était proposé de régler le tiroir de telle sorte qu'il pût donner de l'avance à l'admission, sans rien changer à l'évacuation, il aurait fallu ajouter sur les barrettes du tiroir, du côté de l'évacuation, une bande de métal de même hauteur que la hauteur de l'avance à l'admission.

Tiroir avec avance et recouvrement. — Prenons le tiroir (*fig.* 38) et augmentons ses barrettes du côté de l'admission, c'est-à-dire donnons un recouvrement *r* (*fig.* 40) à chacune des barrettes; lorsqu'il sera à moitié course, le rayon de l'excentrique étant alors *mm*, les orifices *o* et *o'* seront débordés par les barrettes de toute la hauteur du recouvrement; donc l'admission ne pourra avoir lieu qu'à la condition de faire reculer le tiroir de tout le chemin mesuré par la hauteur du recouvrement; c'est, en effet, ce que l'on a obtenu sur la figure 40. Pour cela, on a fait passer le rayon d'excentrique de *m* en *m'*; l'angle *a''* que font les deux rayons *m*, *m'* est ce que nous appellerons l'*angle de recouvrement*. Le tiroir ainsi réglé ne donnerait pas d'avance à l'admission; pour obtenir cet effet, il faudrait le faire reculer, pour qu'il découvrît l'orifice *o'* de toute la grandeur que l'on veut donner à l'avance à l'introduction, et de la position T, par exemple, le faire passer à la position T' figurée en pointillé sur la figure 40. Pour arriver à cette nouvelle position du tiroir on aura dû faire passer le rayon d'excentrique de m' en m'', et l'angle a sera alors l'angle d'avance. L'angle de calage sera devenu a''' et comprendra, dans ce cas, l'angle de recouvrement a'' et l'angle d'avance a.

Resumé des principes de la régulation des tiroirs. — D'après les indications qui précèdent, les principes généraux sur lesquels on s'appuie pour régler un tiroir sont les suivants.

1° Pendant la durée d'une course du piston, il se produit, par ordre de succession :

La période d'admission ;
—   de détente fixe ;
—   d'avance à l'évacuation ;
—   d'avance à l'admission ;
—   de compression.

2° Le tiroir est à moitié course, lorsque le rayon de son excentrique fait un angle droit avec l'axe de la bielle d'excentrique, abstraction faite de l'obliquité de cette dernière ; il est à l'un de ses points morts, lorsque le rayon et l'axe sont sur la même droite.

3° Plus les bielles sont courtes, plus les différences de la régulation sur les deux orifices du cylindre sont grandes.

4° L'augmentation du recouvrement du côté de l'admission diminue la période d'admission et augmente celle de la détente fixe, sans rien changer du côté de l'évacuation.

5° Toute augmentation ou diminution de l'angle de calage augmente ou diminue plus ou moins l'avance à l'admission et à l'évacuation, et ces effets se produisent également sur l'un et l'autre orifice ;

6° L'augmentation du recouvrement du côté de l'évacuation diminue l'avance à l'évacuation : le contraire se produit par l'augmentation du recouvrement négatif ou *découvrement*.

7° L'augmentation ou la diminution de la course du tiroir augmente ou diminue également sur les deux orifices les différentes périodes de la régulation.

8° L'allongement de la tige du tiroir produit dans le cylindre du côté de l'orifice du haut les effets suivants : augmentation de l'avance à l'admission, diminution de la période de détente fixe ; diminution de l'avance à l'évacuation et de la durée de l'évacuation, augmentation de la période de compression du côté de l'orifice du bas. Le même allongement produit sur l'orifice du bas des effets contraires à ceux par celui du haut.

9° Le racourcissement de la tige du piston produit sur les orifices des effets contraires à ceux de l'allongement.

10° Les changements de position sur la tige du tiroir de l'une des barrettes du tiroir, la diminution ou l'augmentation de hauteur de l'une des barettes, n'apportent aucun changement aux effets produits par l'autre barrette.

Vérification pratique du tiroir. — Sur une planchette AB

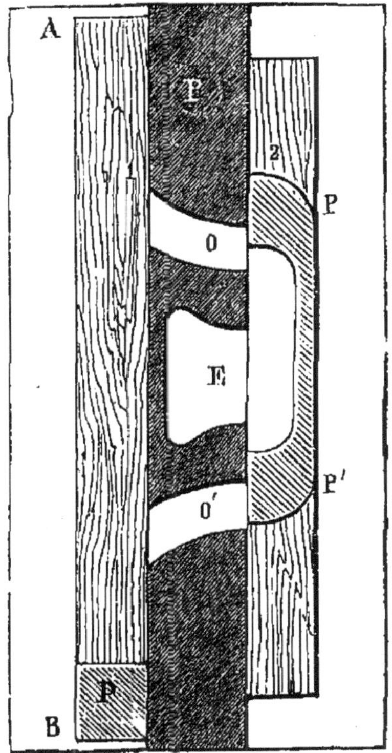

Fig. 53.

(*fig.* 53 du texte), de 0^m, 20 de largeur environ, et d'une longueur au moins égale à la hauteur du cylindre, on trace une large bande noire R, où sont marqués en blanc les orifices o et o' du cylindre, et le conduit E d'évacuation ; sur la règle 1, que l'on appuie simplement sur le côté de la bande noire, on marque une épaisseur P égale à l'épaisseur du piston; sur la règle 2, que l'on appuie de l'autre côté de la bande noire R, sont portées en grandeur naturelle les hauteurs des barrettes P, P' du tiroir et leur distance respective; on a ainsi, par ces deux règles et par cette ligne R, une espèce de coupe du cylindre, du piston et du tiroir. En faisant marcher la règle 1 dans le sens du mouvement du piston et la règle 2 dans le sens du mouvement du tiroir, et de la même quantité dont marche en même temps chacun de ces organes, on a sous les yeux les différents degrés d'ouverture ou de fermeture des orifices du cylindre indiqués sur le trait noir R. Mais, pour bien apprécier ces degrés d'ouverture, il faut, lorsque la machine est bien réglée, mettre le piston au bas de sa course, découvrir la boîte à tiroir, mesurer la quantité dont l'orifice est ouvert à la vapeur ; ouvrir de cette quantité le même orifice marqué sur la bande noire R, et prendre un repère de ce point, qui servira plus tard pour constater quel a été le dérangement du tiroir.

Le côté pratique de cette vérification consiste en ce que, si le tiroir de la machine est dérangé, et qu'on ait eu le soin de s'en rendre compte par un repère fixe, marqué sur un point des bâtis et sur la tige du tiroir lorsque la régulation était bonne, on porte ce dérangement sur la règle 2 du tiroir, on place ensuite la règle 1 du piston à la position qui correspond au point de la course où ce dernier organe est rendu dans la machine au moment de la vérification, et en manœuvrant les règles comme il vient d'être dit plus haut, on a sous les yeux les changements survenus à l'admission ou à l'évacuation pendant une course entière du piston.

Mécanisme d'entraînement des tiroirs. — Les systèmes les plus en usage sont : 1° L'excentrique fixe (§ 348) sur les machines qui ne sont pas assujetties à un renversement de marche, c'est-à-dire dont le mouvement de l'arbre moteur ne doit jamais être obtenu que dans le même sens. Le chariot *e* (*pl.* **47**) est alors claveté sur A, dans la position déterminée par la régulation que l'on veut donner au tiroir (voir p. 554);

2° L'excentrique à calage variable (§ 348, p. 200), sur les machines dont la direction de la marche de l'arbre moteur doit varier de sens : machines de bateau et de locomobiles spéciales, etc.

3° La coulisse circulaire ou coulisse de *Stephenson* (§ 349), sur les machines à changement prompt de la direction de la marche : locomotives, bateaux à vapeur rapides, locomobiles de treuil, etc.

Il est nécessaire d'installer à déclanchement le mouvement du tiroir, sur les machines d'une force supérieure à 4 chevaux ; exemple : le bouton et l'encoche *r* du bout de la bielle d'excentrique *d* (*pl.* **47**).

Exemple des effets du déplacement du secteur. — En suivant avec attention le tracé géométrique des figures 45 et 47 (*pl.* **50**) on se rend compte des effets que produisent sur le tiroir les différents déplacements du système. La figure 45 fait voir que le secteur étant déplacé de sa position moyenne S par le mouvement de l'arbre moteur *a* qui a porté le rayon du premier excentrique *o* en o_1 et celui du second excentrique de *o′* en o_2, de manière à leur faire faire un angle droit avec leur position primitive, la coulisse a passé de la position *dd* à celle $d_1 d_2$ ou de S en S′ ; son point milieu est alors venu de *m* en *m′*, le tiroir a marché en avant, de cette quantité, c'est-à-dire qu'il a passé de la position *t* à celle *t′* figurée au-dessus. Mais comme *mm′* ou *ab* (le chemin parcouru) n'est pas plus grand que le recouvrement *v* du tiroir à l'admission de la vapeur, la distribution ne s'est point faite dans le cylindre et la machine n'a pas continué sa marche.

C'est ainsi que les choses se passent quand on stope une machine dont le tiroir est commandé par le secteur de Stéphenson. En effet, bien que par les leviers de manœuvre à la main, on amène vivement la tige du tiroir sur le point milieu du secteur, la machine ne s'arrête pas instantanément, la force d'inertie (§ 268) l'entraîne jusqu'à lui faire faire encore un ou deux tours complets sans vapeur, et le secteur se meut alors comme l'indique l'épure pour la position prise comme exemple. En changeant les positions des rayons d'excentricité pour chaque point de la circonférence entière, on aurait l'épure du mouvement complet, et l'on trouverait, en somme, que le plus grand déplacement du tiroir, après qu'on a placé le centre du secteur en regard de la tige du tiroir, a été mm'.

La figure 47 représente l'épure du mouvement de tout le système, lorsque, le secteur étant à la position S, on le fait passer à la position S' pour marcher en arrière, et à la position S″ pour marcher en avant,

A l'aide du levier abc et de la bielle de suspension g, si l'on élève le secteur qui au repos se trouvait en S, il prendra la position S'; les leviers viendront en $a'b'c'$, la bielle de suspension viendra en g', la bielle d'excentrique t viendra en t_1 et la bielle t' en t_2; l'extrémité d du coulisseau se trouvera en d_1, l'extrémité d' en d_2. La tige du tiroir aura reculé de la quantité Sd_2 et celui-ci passera de la position T à la position T' ouvrant à la vapeur l'orifice o (dessus du piston); la machine partira alors en arrière et l'excentrique c' commandera le tiroir par sa bielle t' venue en t_2.

Si le secteur est baissé de la position S' ou de S jusqu'à la position S″, la tige du tiroir marchera en avant jusqu'en a'' et celui-ci prendra la position T″ ouvrant à la vapeur l'orifice o' (dessous du piston). La machine partira alors en avant et l'excentrique c commandera le tiroir par sa bielle t venue en t''. Les changements de position que subiront les autres parties du mécanisme, seront facilement suivis sur la figure 47 à l'aide des lignes pointillées de la même manière, et par les indices qui affectent les lettres de repère.

713. *Tiroirs et obturateurs de détente; leur mécanisme.* — La détente variable (§ 705) est obtenue par des tiroirs ou des registres à papillon ou des soupapes placées entre le registre de vapeur a et le tiroir de vapeur X (*pl.* **45**). Le tiroir est l'obturateur le plus communément en usage et le plus régulier dans son fonctionnement. Le mécanisme qui fait mouvoir les tiroirs, doit permettre de faire varier la durée de l'introduction de la vapeur dans la boîte à tiroir du cylindre, sans qu'il soit nécessaire d'arrêter la marche de la machine pendant plus de quelques instants. Sur la machine verticale (*pl.* **45**), le pignon n conduit le tiroir de détente P', comme il a été expliqué au paragraphe 706. Si, par exemple, on veut régler la détente variable pour une introduction jusqu'aux 0,50 de la course du piston, on fait arriver le piston P à cette fraction de sa course en manœuvrant le volant V, après avoir déclanché la bielle x, on place le tiroir de détente P' de manière que son arête du haut ou du bas effleure l'orifice 7 en haut bas, suivant que le piston avait un mouvement ascensionnel ou descendant; on démonte le pignon *n* par son arbre 1 et on le remonte en le faisant engrener avec la roue *m* dans la position qui permet de faire enclancher la bielle *x* avec le bouton du levier *f*. On voit, en somme, que l'opération consiste à obtenir avec l'axe de la manivelle motrice M et la droite qui joint le centre de l'articulation de la bielle *x* sur le pignon, un angle correspondant à la fermeture de l'orifice 7, au moment de l'arrivée du piston au point de sa course où la détente doit commencer.

Lorsque l'obturateur de détente variable est une soupape ou un papillon, on emploie habituellement le mécanisme à cames (§ 351).

La figure 54 du texte représente l'installation d'un tiroir de détente à barrettes amovibles : le tiroir de distribution de vapeur est traversé par deux conduits A, A qui mettent les conduits de vapeur du cylindre en communication avec la vapeur contenue dans la boîte à tiroir T ; le tiroir de détente est

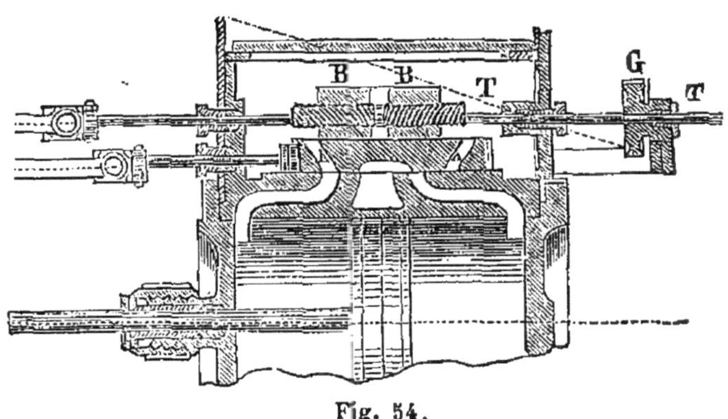

Fig. 54.

formé de deux plaques B, B, que l'on peut à volonté écarter ou éloigner l'une de l'autre, en tournant la petite roue G fixée sur la tige T'. Cette tige porte une vis à droite et une vis à gauche sur les parties qui passent dans les plaques (§ 358), et ces dernières, étant ainsi plus ou moins rapprochées des orifices du tiroir, interrompent plus ou moins longtemps, pendant une course, la communication entre la boîte à vapeur et le cylindre, quelle que soit, du reste, la régulation du tiroir. La coulisse de Stephenson (p. 559) fait varier la détente, très-promptement.

714. *Détente dans un cylindre à part. Système Woolf.* — La détente opérée dans le même cylindre où s'est faite l'admission de la vapeur venue directement de la chaudière, refroidit les parois de ce récipient et occasionne ainsi des pertes de force appréciables; il se produit, en outre, des irrégularités de pression plus grandes que si la détente a lieu dans un cylindre à part. Ces considérations ont remis en faveur la machine de Woolf dont l'application avait été faite pour la première fois il y a environ trente ans.

La vapeur venant de la chaudière est conduite par un tuyau t (*fig.* 55 du texte), dans la boîte à tiroir d ; le tiroir r la distribue au cylindre de pleine vapeur C, comme dans une machine du système ordinaire. L'évacuation se fait du cylindre C dans le cylindre de détente C'; la vapeur évacuée de C passe pour arriver en C' à l'intérieur du tiroir r dans les conduits o et x, et dans la boîte à tiroir b où se meut le tiroir en coquille r' qui la distribue dans le cylindre C'; du cylindre C' elle est évacuée dans un condenseur ou dans l'atmosphère en passant par l'intérieur de la coquille et dans le conduit o'.

Si le mécanisme qui donne le mouvement aux tiroirs les fait marcher dans le même sens par rapport l'un à l'autre, c'est-à-dire s'ils montent et descendent ensemble et en même temps (dans la machine figurée ci-dessus les choses se passent ainsi), les deux pistons montent et descendent également en même temps, et comme ils ont la même course, ils agissent ensemble pour vaincre une résistance et produire un travail.

L'arrangement des cylindres et des tiroirs représenté figure 55 fait supposer que les deux tiges des pistons aboutissent à une même longueur du bras d'un balancier, c'est-à-dire qu'aux extrémités d'une traverse fixée à un bras de balancier sont attachées les bielles qui partent des tiges des pistons ; ce balancier serait donc, dans ce cas, perpendiculaire au plan vertical des cylindres, figuré ici et passant par l'axe des tiroirs. Si l'on dispose les choses de telle sorte, que l'axe longitudinal du balancier Au soit situé au-dessus des deux tiges, la course de chacun des pistons P, P' devra être égale à la corde de l'arc décrit par le point d'attache de la bielle sur le balancier, c'est-à-dire que la course de P sera à celle de P' comme la corde de l'arc D est à la corde de l'arc D'.

Dans le cylindre C la vapeur, avons-nous dit, arrive de la chaudière et agit par affluence pendant la course entière ou presque entière du piston, et s'évacue ensuite dans le cylindre de détente C'; la
surface de celui-ci est double de celle du premier, et comme les courses

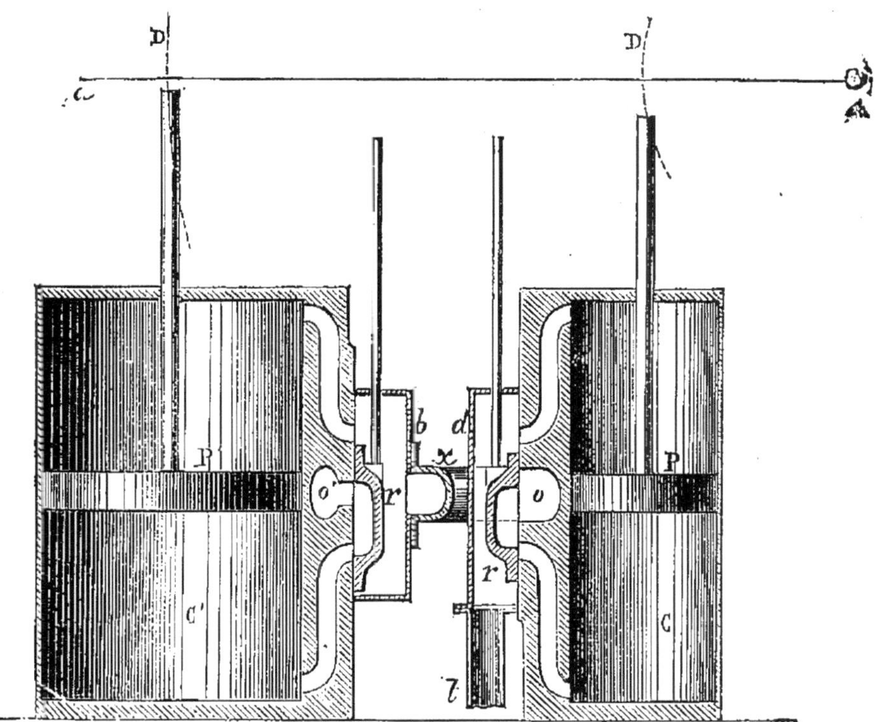

Fig. 55.

des pistons sont égales, la vapeur évacuée vient travailler en se détendant dans un espace double du premier : sa pression finale est alors
moitié moins grande que celle qui a poussé le petit piston (§ 635).
Mais comme le grand piston a une surface double de celle du petit, la
pression effective totale sur chacun d'eux devra être égale, si la contre-
pression est la même (§ 704). Il n'en est pas ainsi dans la pratique, ce
qui sera compris avec un exemple. Par supposition faisons :

$$S. \text{ Surface du piston à pleine vapeur} = 100^{cmt2}$$
$$s. \quad — \quad — \quad \text{à détente} \quad = 200^{cmt2}$$

Les deux pistons ayant la même course, le volume V du cylindre à
pleine vapeur sera 1, et celui V' du cylindre à détente sera $V' = \dfrac{s}{S} = 2$.

P. Pression absolue de la vapeur sur le petit piston par centimètre carré de surface = 4 atmosphères et en kilogrammes $4^{kg},132$.

P'. Pression absolue de la vapeur par centimètre carré de surface du grand piston = $4^{kg},132 \times 0,58 = 2^{kg},395$.

Le rapport $\dfrac{V}{V'}$ étant 0,50, P' serait égal à $P \times 0,50$, si l'on ne tenait pas compte de ce fait, que, dans le cylindre de détente, les dépressions sont successives, et que, par suite, la pression moyenne agissant sur le grand piston doit être plus élevée que ne l'indique le nombre exprimant le rapport du volume à pleine vapeur au volume de détente. Les dépressions successives, pour une augmentation du double du volume de la vapeur, donnent une moyenne de 0,58 de la pression initiale (voir la table page 469); P' est donc égal, comme il est écrit ci-dessus, à $P \times 0,58$.

P_r. Pression de résistance sur le petit piston par centimètre carré = P', puisque l'évacuation se fait d'abord du petit cylindre dans le grand.

P'_r. Pression de résistance sur le grand piston = $1^{atm},5 = 1^{kg},600$ en nombre rond. L'évacuation ayant lieu du grand cylindre dans l'atmosphère, il faut conserver à la vapeur détendue une pression suffisante pour son évacuation dans ce milieu résistant.

Avec les données qui sont fournies par le plus grand nombre des cas de la pratique, il viendra :

P_e, Pression effective sur un piston à pleine vapeur. $P_e. = (P - P') \times S = (4,132 - 2,395) \times 100 = 183^{kg},700$

P'_e Pression effective sur le piston de détente. $P'_e. = (P' - P'_r)s = (2,395 - 1,600) \times 200 = 159^{kg}.$

La pression totale serait donc, dans ce cas, plus forte de 24^{kg} sur le piston à pleine vapeur, et l'effort de poussée de celui-ci serait plus grand de 0,15 environ que celui du piston à détente. La régularité du travail fourni par une machine de ce système est beaucoup moins affectée par cette différence de la poussée des pistons que dans les machines où la détente s'opère dans le même cylindre qui reçoit directement la vapeur de la chaudière.

Si les pressions employées sont élevées (de 4 à 5 atm.), il y a économie avec le système de Woolf; dans le cas contraire, la détente dans le cylindre d'admission est préférable.

Dans quelques cas, et particulièrement dans celui des machines de navigation, l'appareil moteur comprend habituellement deux cylindres à vapeur, afin de régulariser le mouvement de l'arbre moteur, résultat qu'on obtient avec une seule machine et un volant (§ 347) quand on dispose d'un espace suffisant pour placer ce dernier appareil ; une machine agit sur des manivelles placées à angle droit sur l'arbre, par rapport aux manivelles de l'autre machine : ainsi, un piston

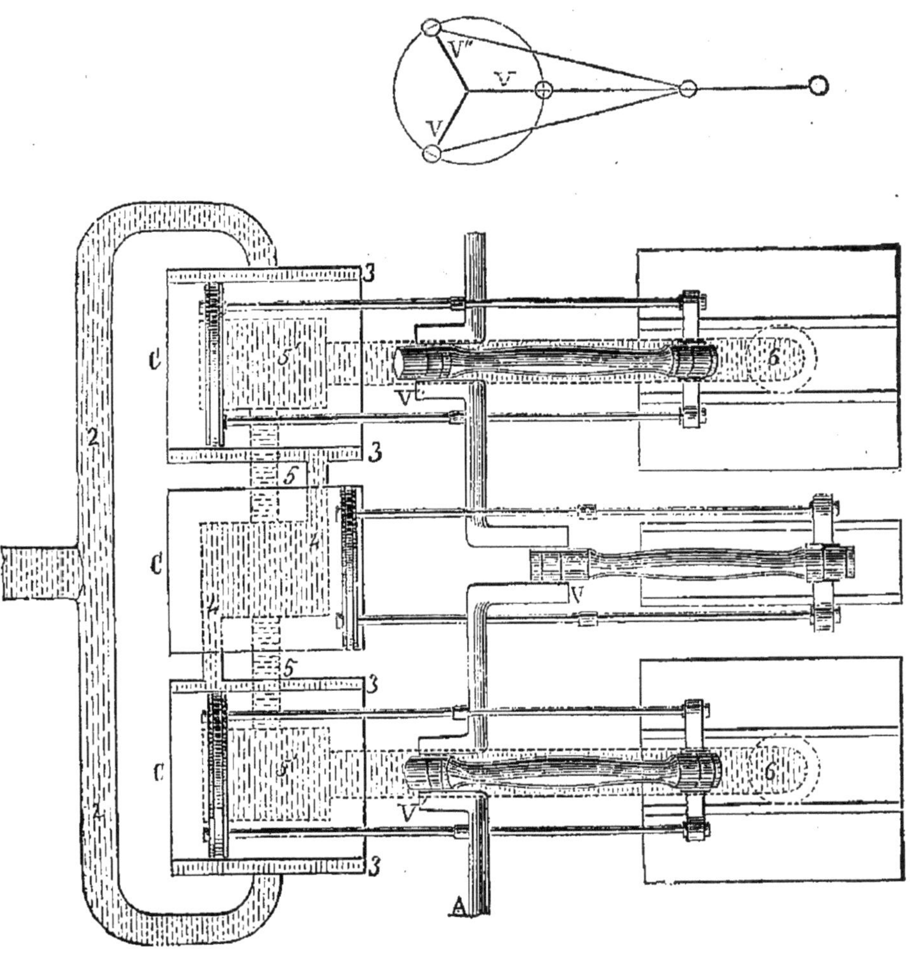

Fig. 56.

est à moitié de sa course lorsque l'autre est à une de ses extrémités. Une plus grande régularité de la rotation de l'arbre est obtenue en employant trois cylindres, soit que la détente se fasse également dans les trois, soit qu'elle se fasse

III   8

dans deux seulement, comme la figure 56 du texte en donne un exemple :

De la chaudière, la vapeur, arrivant dans le tuyau 1, suit les directions 2, 2 ; pénètre dans la chemise circulaire 3, 3, qui entoure les deux cylindres de détente c, c, passe de là dans la boîte à tiroir 4, 4 du cylindre à vapeur affluente c' ; le tiroir de ce cylindre la distribue au-dessus et au-dessous du piston et l'évacue par les conduits 5, 5 dans les boîtes 5', 5' des cylindres de détente ; dans ces cylindres, elle travaille avec une pression évidemment moitié moins élevée que dans le cylindre c', puisque le volume de ce dernier est égal seulement à celui de chacun des deux cylindres extrêmes. Après avoir travaillé à nouveau dans ces deux derniers récipients, la vapeur est évacuée aux condenseurs par les grands conduits 6, 6.

La position respective des manivelles de l'arbre moteur A, est indiquée sur la circonférence en haut : V manivelle du cylindre du milieu faisant un angle de 135° avec chacune des manivelles V', V'' des cylindres extrêmes ; ces dernières font entre elles un angle de 90°.

715. *Régulateurs.* — Malgré l'action du volant (§ 720) le régime d'une machine à vapeur ne peut être maintenu à une vitesse invariable; les régulateurs en établissant une communication entre l'arbre moteur et la valve qui peut augmenter ou diminuer le passage de la vapeur dans la boîte à tiroir, agissent efficacement sous l'action des variations de vitesse que *commence* à prendre l'arbre moteur. La machine imprime un mouvement de rotation à l'arbre L (*pl.* **45**) par l'intermédiaire d'une corde sans fin à boyau y, passant dans la gorge d'une poulie fixée sur l'arbre moteur A et sur une poulie h appartenant au régulateur ; les bras l, l, qui portent les boules N, N, sont articulés à la partie du haut sur une petite traverse qui tourne avec l'arbre L et vers le quart de leur longueur sur des bras l', l' articulés à leur tour sur un manchon R fou sur l'arbre vertical ; le levier rvs est commandé par le manchon R ; une tringle d, en prise avec le bras s, vient faire mouvoir le registre a par l'intermédiaire de la tige verticale c. D'après les lois de la force centrifuge (§ 293), plus grande sera la vitesse de rotation de L, ou de la machine, plus grand sera l'écartement des boules N, N ; et comme leur écartement fera forcément monter le manchon R, et par suite le bras r du levier rvs, il s'ensuivra le rappel de la tringle d vers la droite et l'étranglement du conduit C_1 par le registre a. La diminution de la vitesse fera rapprocher les boules, descendre le manchon, pousser le levier d vers la droite et ouvrir plus en grand le registre a. Le volant à force centrifuge ramènera donc la vitesse de la machine à une allure déterminée, dès qu'elle aura commencé à marcher ou plus vite ou plus lentement. En arrêtant la tringle d à l'un des trous du bras de levier s, on règle par tâtonnement la course qu'il convient de donner à cette tringle pour que le registre soit suffisamment ouvert lorsque la vitesse déterminée pour la machine a produit l'écartement des boules du régulateur.

Soient P, le poids d'une boule N ;

d, la distance du bras de levier l entre le centre de la boule et celui de l'articulation sur la traverse du haut ;

d', la longueur du bras l'.

R, la résistance qu'oppose le manchon fou R, à être déplacé, tout le système étant en place. Cette résistance est facilement mesurée à l'aide d'un peson ou d'un dynamomètre agissant à l'extrémité du levier r ;

n, le nombre prévu de tours par minute de l'arbre L: quand la machine a atteint l'allure de régime, il varie de 25 à 40 ;

n', le nombre de tours par minute qu'il faut donner à l'arbre L, pour produire une force centrifuge capable de faire monter sensiblement la douille R ;

a, l'angle formé par le bras ll et l'axe de l'arbre L, quand le nombre de tours n est atteint.

$$\text{On a :} \qquad n = \frac{60}{2\pi} \cdot \sqrt{\frac{P}{d.\,\text{cos.}\,a}}, \text{ et } P = R\,\frac{\dfrac{d'}{d}}{\left(\dfrac{n'}{n}\right)^2 - 1}.$$

CALCUL DE LA PUISSANCE DES MACHINES ET DES DIMENSIONS DES PIÈCES PRINCIPALES.

716. Dans un projet de machine à vapeur, on suppose d'abord que toutes les principales dimensions sont connues et on pose la formule n° 38 ci-après, qui donne la puissance de cette machine ; de cette formule on tire alors les quantités inconnues que l'on cherche. Il est à remarquer que deux machines peuvent avoir la même puissance, bien qu'ayant des dimensions partielles différentes, telles que la course du piston, le diamètre du cylindre, un mouvement de rotation de l'arbre plus ou moins accéléré, et qu'elles emploient la vapeur à une pression différente. Dans la pratique, lorsqu'on se propose d'établir un moteur à vapeur il faut, d'après l'emploi auquel il est destiné, se donner quatre des cinq quantités suivantes et déterminer la cinquième, l'inconnue, par le calcul.

1° La pression de la vapeur à l'arrivée dans le cylindre ou à la chaudière ;

2° Le diamètre du cylindre ;

3° La longueur de la course du piston ;

4° Le nombre de révolutions par minute que devra faire l'arbre moteur ;

5° La puissance de la machine en chevaux-vapeur.

Quatre quelconques de ces quantités sont imposées ou laissées au choix, dans certaines limites, par le résultat particulier à atteindre : exemple, une pompe doit élever 4500 litres d'eau par minute à 10 mètres de hauteur, à partir du niveau du puits ; elle exigera théoriquement une force de $\dfrac{4500 \times 10}{75 \times 60} = 10^{chx}$ (§ 290) et en réalité, 1/5 en plus à cause des résistances nuisibles (§ 496), soit 12 chevaux ; l'arbre moteur de la machine devra faire 30 tours par minute pour satisfaire au nombre de coups de piston de la pompe ; par une raison quelconque on veut employer la vapeur à 4 atmosphères avec détente à moitié course du piston ; par les résultats d'expérience, on sait qu'il y a certains avantages à donner une course de piston entre $0^m,90$ et $1^m,10$ à une machine comprise entre 10 et 16 chevaux de force (voir 'e Tableau, ci-après) ; il reste à déterminer rigoureusement la quantité inconnue, qui est dans ce cas le diamètre du pistons

En appliquant un raisonnement semblable dans d'autre

circonstances, on arrive toujours à l'obligation de calculer la valeur *très-exacte* de la quantité complétement inconnue. Les formules très-simples et les exemples ci-après en fournissent le moyen.

717. *Calcul de la force d'une machine à basse, moyenne ou haute pression, sans détente et avec ou sans condensation.* — Les ettres qui figurent dans les formules ci-après désignent :

C, la course du piston en mètres ;

D, le diamètre du piston en mètres ;

F, la force de la machine en chevaux-vapeur ;

N, le nombre de révolutions de l'arbre, par minute, ou le nombre de doubles coups de piston ;

P, la pression absolue de la vapeur à la chaudière (§ 625), exprimée en atmosphères ; c'est-à-dire la pression indiquée par le manomètre moins 1 atm., si cet indicateur marque 0 au repos, et le nombre total d'atmosphères qu'il indique, si son point de départ est marqué 1 atm.

p, la contre-pression en atmosphères qui s'oppose au mouvement du piston ; elle est égale à 1^{atm},6 si la vapeur s'évacue dans l'air, parce que celui-ci oppose alors une résistance de 1 atm. et qu'il faut laisser à la vapeur à évacuer 0^{atm},6 de pression en plus, afin que sa vitesse de sortie du cylindre soit suffisamment prompte. On la fait égale à 0^{atm},79 dans le cas d'une machine à condensation, supposant un vide de 60^{cmt} de mercure au condenseur (§ 639) ;

P′, la pression effective (§ 626) qui a agi sur le piston, exprimée en atmosphères : elle est égale à $P - p$:

V, le volume en mètres cubes de la vapeur à employer par minute à la pression effective P′, pour produire le travail représenté par la puissance F.

On a (1) : $F = D^2 \times 1{,}442343 \times C \times n \times (P - p).$ (n° 38)

---

(1) Les formules du n° 38 au n° 44 proviennent de la simplification des expressions suivantes :

$$V = \frac{F \times 75 \times 60}{10330 \times (P - p) \times 0{,}40} \quad \text{et} \quad F = \frac{\frac{1}{4}\pi . D^2 . 2 . C . N . (P - p) . 10330}{75 \times 60} 0{,}60$$

8.

La force de la machine = le diamètre du cylindre élevé au carré $\times$ 1,442343 $\times$ par la course du piston $\times$ le nombre de révolutions de l'arbre moteur par minute $\times$ (la pression à la chaudière — la contre-pression exprimées en atmosphères).

$$D = \sqrt{\dfrac{F}{1,442343 \times C \times n \times (P - p)}} \qquad \text{(n° 39)}$$

Que l'on lit :

$$\text{Diamètre du piston} \left\{ = \text{racine carrée de } \dfrac{\text{La force de la machine}}{1,442343 \times \text{course du piston} \times \text{nombre de révol. de l'arbre par minute} \times (\text{la pression à la chaudière — la contre-pression exprimées en atmosphères}).} \right.$$

Cette dernière formule est appliquée aux machines sans détente. Pour les machines à détente, on a :

$$F = \dfrac{\frac{1}{4} . \pi . D^2 . 2 . C . N \left[\left(\dfrac{P . T}{\frac{C}{c}} \right) - p \right]}{75 . 60} . \, 0,60.$$

Les quantités exprimées numériquement ici et qui ont donné par simplification les égalités du n° 38 au n° 44 ont pour origine :

$\frac{1}{4} \pi D^2$, expression de la surface de base d'un cylindre.

10330, pression en kilogrammes de la vapeur à 1^{atm}, sur une surface de 1 centimètre carré.

75, nombre de kilogrammètres à produire par seconde de temps, pour la force d'un cheval-vapeur.

60, nombre de secondes dans une minute de temps.

0,60, coefficient de rendement d'une machine à vapeur en bon état, en tenant compte des résistances nuisibles et des différences de pression entre la chaudière et le cylindre, au moment de l'arrivée de la vapeur dans ce dernier.

0,40, nombre décimal, facteur au dénominateur de la première formule ci-dessus, par suite de l'introduction du coefficient 0,60 dans les deux dernières.

Les lettres désignent les mêmes éléments du calcul que dans les n°° de 38 à 44.

Si l'on est conduit à procéder par le volume V de vapeur à
dépenser, on a : $D = \sqrt{\dfrac{V}{1,5708 \times C \times n}}$ (n° 40)

$$V = \frac{F \times 4500}{4132 \times (P - p)}$$ (n° 41)

que l'on lit :

Volume de vapeur $= \dfrac{\text{Force de la machine} \times 4500}{4132 \times (\text{La pression au manomètre} - \text{la contre-pression exprimées en atmosphères})}$.

$$C = \frac{V}{1,5708 \times D^2 \times n}.$$

ou bien

$$C = \frac{F}{1,442343 \times D^2 \times n \times (P - p)}$$ (n° 42).

que l'on lit :

Course du piston $= \dfrac{\text{La force de la machine}}{1,442343 \times \text{diamètre du piston élevé au carré} \times \text{nombre de révolutions de l'arbre par minute} \times (\text{pression au manomètre} - \text{contre-pression exprimées en atmosphères})}$.

$$n = \frac{V}{1,5708 \times D^2 \times C},$$

ou bien

$$n = \frac{F}{1,442343 \times D^2 \times C \times (P - p)}$$ (n° 43)

que l'on lit :

Le nombre de révolutions par minute $= \dfrac{\text{La force de la machine}}{1,442343 \times \text{le diamètre du piston, élevé au carré} \times \text{la course du piston} \times (\text{la pression au manomètre} - \text{la contre-pression exprimées en atmosphères})}$.

$$P = \frac{F \times 4500}{V \times 4132} + p,$$

ou bien

$$P = \frac{F}{1,442343 \times C \times n \times D^2} + p$$ (n° 44)

que l'on lit :

$$\text{La pression à la chaudière} = \frac{\text{La force de la machine}}{1{,}442343 \times \text{la course du piston} \times \text{le nombre de révolutions de l'arbre par minute} \times \text{le diamètre du piston, élevé au carré.}}$$

Ajouter au résultat de ces dernières opérations la pression en atmosphères qui s'oppose au mouvement du piston.

EXEMPLE. Trouver successivement la force, la pression et les dimensions principales d'une machine dans les conditions suivantes en les supposant successivement inconnues : la force $F = 10^{chx}$; la pression employée $P = 4^{atm}$; la contre-pression $p = 1^{atm},6$ l'évacuation se faisant à l'air libre ; le nombre de révolutions n de l'arbre par minute, ou le nombre de doubles coups de piston $= 50$; la course C du piston $= 0^m,50$; le diamètre D du cylindre $= 0^{mt},34$; le volume de vapeur $V = 4^{mt\,3},538$.

La force F, d'après la formule n° 33, est :

$$F = 0^{mt},34 \times 0^{mt},34 \times 1{,}442343 \times 50 \times 0^{mt},50 \times (4^{atm} - 1^{atm},6) = 10^{chx}.$$

Volume V de vapeur, d'après la formule n° 41 :

$$V = \frac{10^{chx} \times 1{,}08906}{4^{atm} - 1^{atm},6} = 4^{mt\,3},538$$

Diamètre D du cylindre, d'après la formule n° 39

$$D = \sqrt{\frac{10^{chx}}{1{,}442343 \times 0^{mt},50 \times 50 \times (4^{atm} - 1^{atm},6)}} = 0^{mt},34$$

La course C du piston, d'après la formule n° 42 :

$$C = \frac{10^{chx}}{1{,}442343 \times 0^m,34^2 \times 50 \times (4^{atm} - 1^{atm},6)} = 0^{mt},50.$$

Le nombre de révolutions de l'arbre par minute, d'après la formule n° 43 :

$$n = \frac{10^{chx}}{1,442343 \times 0^m,34^2 \times 0^m,50 \times (4^{at} - 1^{at},6)} - 50$$

La pression effective P en atmosphères à son arrivée au cylindre,

$$P = \frac{10^{ch}}{1,442343 \times 0^{mt},50 \times 50 \times 0^{mt},34^2} + 1^{atm},6 = 3^{atm},4$$

d'après la formule n° 44.

718. *Calcul de la force d'une machine à détente.* — Les calculs des machines de cette catégorie sont les mêmes que ceux donnés ci-avant n°ˢ 38 à 44, après qu'on a déterminé numériquement la pression moyenne P'' qui a agi dans le cylindre pendant toute la durée de la course du piston, et qu'on l'a substituée à la pression P. Cette pression moyenne s'obtient de la manière suivante et en désignant par :

P', la pression absolue de la vapeur, en atmosphères (§ 625) qui agit pendant l'admission ou celle au manomètre, comme dans le cas d'une machine sans détente (§ 716);

P'', la pression effective (§ 626) moyenne, en atmosphères, ou la pression cherchée;

p, la pression de résistance ou contre-pression, en atmosphères;

C, la course du piston, exprimée par 100 centièmes;

c, la fraction de la course où commence la détente, exprimée en centièmes de la course entière C;

$\dfrac{C}{c}$ rapport de la course entière à la course sans détente : il est donné par les nombres de la colonne 2 (table, p. 469), en regard des nombres de la colonne 1 qui donne les différentes valeurs de c);

T, le travail total pendant la course entière (introduction et détente), le travail à pleine vapeur pendant la course entière étant supposé égal à 1. Les différentes valeurs de T sont données par les nombres de la colonne 4 (table p. 469), en regard des nombres indiquant les points de la course entière où commence la détente, colonne 1.

On a :

$$P'' = \frac{P' \times T}{\dfrac{C}{c}} \qquad (n° 45)$$

que l'on substitue à l'expression (P—p) dans les formules n°ˢ 38 à 44 des machines sans détente.

Exemple I. Quelle est la pression effective P'' dans une machine où la détente commence aux 0,33 de la course du piston. La pression pendant l'admission étant de P' = 5ᵃᵗᵐ, et la contre-pression p = 1ᵃᵗᵐ,6. Dans ce cas, la valeur de T donnée par la table, page 469, est de 2,1087, nombre placé dans la colonne 4 sur le même rang horizontal que 0,33 de la colonne 1 ; mettant en nombres la formule n° 40, il vient :

$$P'' = \frac{5 \times 2,1087}{\dfrac{100}{33}} - 1,6 = 1^{atm},88.$$

Exemple II. Quelle est la force F d'une machine à haute pression, à détente, sans condensation, établie dans les conditions suivantes :
D, le diamètre du cylindre = 0ᵐᵗ,35.
C, la course entière du piston = 0ᵐᵗ,86.
c, la fraction de la course à laquelle commence la détente = 0,33 de la course entière.

$\dfrac{C}{c}$ égale dans ce cas 3,33 (colonne 2 de la table, page 469).

n, le nombre de révolutions de l'arbre par minute = 42.
P', la pression absolue de la vapeur pendant la durée de l'admission, ou pression à la chaudière = 5ᵃᵗᵐ.
p, la contre-pression = 1ᵃᵗᵐ,6.
P'' la pression effective moyenne qui a agi pendant toute la durée de la course : quantité à chercher d'abord, pour la substituer à P — p, dans la formule n° 38.
T est égal dans ce cas à 2,1087, d'après la table, page 469.
On a d'abord, d'après la formule n° 45 :

$$P'' = \frac{5^{atm} \times 2,1087}{3,33} - 1^{atm},6 = 1^{atm},56.$$

On a ensuite d'après la formule n° 38 :

$$F = 1,442343 \times D^2 \times C \times n \times P''.$$

$$F = 1,442343 \times \overline{0^m,35}^2 \times 0^{mt},86 \times 42 \times 1^{atm},56 = 11^{chx},62.$$

Le volume de vapeur à employer, le diamètre du cylindre seront

calculés de la même manière que pour une machine sans détente
(§ 716), toujours après avoir *remplacé la valeur de* P — *p par celle
de* P″ déterminée comme il est indiqué au n° 45 ci-avant.

Par l'emploi du frein de Prony (§ 723) on a un résultat plus exact
que par les formules, pour mesurer la force des machines ; mais cet
instrument n'est pas applicable aux appareils de grande puissance, et
particulièrement à ceux des bâtiments à vapeur, en raison de l'espace
restreint où la machine est établie.

719. *Calcul de la puissance d'une machine à deux cylindres,
du système* Woolf *(§ 714) ou à deux cylindres, dont un de détente.*

Quelle est la puissance développée par une machine de
Woolf dans les conditions suivantes :

C, course de chacun des pistons....................... $1^{mt},10$

D, diamètre du grand cylindre ou de détente...... $0^{mt},50$

d, — petit — ou de pleine vapeur. $0^{mt},25$

F, force de la machine en chevaux-vapeur (à déterminer).

F′, force développée dans le petit cylindre (à déterminer).

F″, — — — grand — (à déterminer).

n, nombre de révolutions de l'arbre moteur, par minute... 30

P, pression absolue (§ 625) en atmosphères indiquée
au manomètre le plus rapproché du petit cylindre. 5^{atm}

p, contre-pression dans le petit cylindre en atmosphères (à déterminer).

P′, pression absolue (§ 625), moyenne dans le cylindre de détente ; elle est égale à la contre-pression
p, puisque le petit cylindre évacue dans le grand.

$p′$, contre-pression dans le cylindre de détente ; la
vapeur s'évacuant de ce cylindre dans un conden-
seur (§ 707), $p′ =$.................................... $0^{atm},2$

V, volume en mètres cubes du cylindre de détente
(à déterminer).

v, — — — à pleine va-
peur (à déterminer).

1re *opération*. — Trouver le volume V du cylindre de détente :

$$V = 0.7854 \times D^2 \times C = 0,7854 \times \overline{0,50}^2 \times 1^{mt},10 = 0^{mt3},216.$$

2e *opération*. — Trouver le volume v du petit cylindre :

$$v = 0,7854 \times d^2 \times C = 0,7854 \times \overline{0,25}^2 \times 1^m,10 = 0^{mt3},054.$$

3e *opération*. — Trouver le rapport du volume de la vapeur après la détente, au volume avant la détente $= \dfrac{V}{v} = \dfrac{0^{mt3},216}{0^{mt3},054}$

$= 4$; donc, le volume de la vapeur admise dans le petit cylindre devient 4 fois plus grand dans le grand cylindre, ce qui correspond à une admission à pleine vapeur de 1/4 de la course du piston, ou des 0,25, si la machine est supposée à détente dans un seul cylindre (§ 718).

4e *opération*. — Déterminer la contre-pression p, dans le petit cylindre :

$$p = \left\{ \frac{P \times \text{le nombre de la colonne 3 qui correspond à la valeur de } \dfrac{V}{v} \text{ (colonne 2)}}{\dfrac{V}{v}} \right.$$

$$p = \frac{5^{atm} \times 1,38863}{4} = 1^{atm},732.$$

5e *opération*. — Déterminer la force F′ produite dans le petit cylindre :

$$F' = 1,442343 \times d^2 \times C \times n \times (P-p), \qquad (n° 46)$$

$$= 1,442343 \times \overline{0,25}^2 \times 1^{atm},10 \times 30 \times (5-1^{atm},732) = 9^{chx},721$$

6e *opération*. — Déterminer la force F″ produite dans le grand cylindre :

$$F'' = 1,442343 \times D^2 \times C \times n \times (P'-p') \qquad (n° 47)$$

$$= 1,442343 \times \overline{0,50}^2 \times 1^{mt},10 \times 30 \times (1^{atm},732 - 0^{atm},20)$$
$$= 18^{chx},207$$

7° *opération.* — Déterminer la force totale F :

$$F = F' + F'' = 9^{ch},721 + 18^{ch},207 = 28^{ch}. \qquad (n° 43)$$

De cette même machine on connaît toutes les dimensions principales, sauf le diamètre D du cylindre de détente ; on trouvera cet inconnu, en mettant en nombres la formule :

$$D = \sqrt{\frac{F,-1,442343 \times d^2 \times C \times n \times (P-p)}{1,442343 \times C \times n \times (p-p')}} = 0^{mt},50. \qquad (n° 44)$$

Si l'on était obligé de donner au piston de détente une course C' plus grande ou plus petite que la course C du piston à pleine vapeur (§ 714), il est évident que le diamètre du cylindre de détente serait alors plus grand ou plus petit, si la machine devait développer la même puissance.

Soit la même machine dont les dimensions sont données page 573, la force étant obtenue par la formule n° 43 et le diamètre du cylindre de détente obtenu par la formule n° 44 ; au lieu d'une course C de $1^{mt},10$, le piston de détente ne doit avoir qu'une course C' $= 0^{mt},825$, quel sera son diamètre D' ?

$$D' = \sqrt{\frac{F-1,442343 \times d^2 \times C \times n \times (P-p)}{1,442343 \times C \times n \times (p-p')}} \times \frac{1}{\sqrt{\dfrac{C'}{C}}} = 0^{mt},577. (n° 45)$$

Ce qui revient à effectuer les opérations suivantes :

1° Calculer le diamètre du cylindre avec la formule n° 44, c'est-à-dire comme si les deux pistons devaient avoir la même course, soit $1^{mt},10$;

2° Diviser le nombre 1 par la racine carrée du rapport de la course C' à donner au grand piston, à la course C du petit piston :

Soit

$$\frac{1}{\sqrt{\dfrac{C'}{C}}} = \frac{1}{\sqrt{\dfrac{0,825}{1^m,10}}} = \frac{1}{\sqrt{0,75}} = 1,154.$$

3° Multiplier le diamètre D obtenu avec la formule n° 44, par le résultat de l'opération 2°, soit $0^m,50 \times 1,154 = 0^m,577$

qui est la valeur de D' ou le diamètre du piston de détente dans le cas actuel. (Voir § 826, les calculs simplifiés.)

720. *Calcul de la puissance des machines de navigation.* On considère, dans les machines de cette catégorie, la *force nominale* qui ne se rapporte qu'au classement de convention consacré par l'habitude, et la force *effective développée sur les pistons*, ou puissance *indiquée*, au lieu de la force développée sur l'arbre moteur comme dans le cas des machines fixes. La force nominale est égale à $1/4$ de .a puissance indiquée. Sauf de très-rares exceptions, quelques machines de faible puissance et placées à bord des bâtiments de rivière, par exemple, une machine de navigation, comprend deux cylindres à vapeur de même volume, quelquefois trois et même quatre. L'impossibilité de placer dans le bâtiment un volant sur l'arbre moteur et la nécessité de donner à la manivelle motrice un mouvement régulier (§ 345) obligent à adopter cette disposition. La diminution du poids de chacune des pièces du mouvement, conséquence de la division de la puissance totale en plusieurs machines motrices, ajoute un bénéfice de rendement à celui dû à la régularité de la marche de la manivelle.

Soit proposé de calculer la force d'une machine marine dans les conditions suivantes :

A, nombre de cylindres $= 3$;

D, diamètre de chacun des cylindres $= 1^{mt},60$;

C, course de chacun des pistons $= 0^{mt},85$;

n, nombre de révolutions par minute de l'arbre moteur $= 65$;

P, pression absolue (§ 625) en centimètres de mercure indiquée par le manomètre le plus rapproché du cylindre ; elle est exprimée par le nombre qu'indique l'aiguille de l'instrument, plus 76. Soit dans le cas actuel $136 + 76 = 212$;

p, pression effective (§ 626) moyenne en centimètres de mercure qui a agi sur les trois pistons pendant la durée de la course de chacun d'eux ; elle est égale à $\dfrac{p'\,p''\,p'''}{A} = 83^{cmt}$;

p', pression effective moyenne, qui a agi sur le piston de pleine admission $= 75^{cent}.50$;

p'', pression effective sur le premier piston de détente $= 75^{cent}.45$;

p''', pression effective sur le second piston de détente $= 80^{cent}.$

p_0, contre-pression de résistance en centimètres de mercure, indiquée par le baromètre ou indicateur du condenseur (§ 448) $= 18^{cent}.$

F, force indiquée de la machine ;

F', force nominale.

La formule générale est $F = \dfrac{A \times D^2 \times C \times n \times p}{21,075.}$ (n° 46)

Mettant en nombres, il vient :

$$F = \frac{3 \times \overline{1,60}^{2.} \times 0^{m},85 \times 83}{21,075} = 1550^{chx}.$$

La force nominale $F' = \frac{F}{4} = \frac{1550}{4}$ 390^{chx}.

Dans ces machines moins que dans celles à un seul cylindre, la valeur de la pression moyenne qui a agi dans un cylindre ne peut être obtenue exactement sans employer l'indicateur dynamométrique (§ 722) ; on la détermine, approximativement, de la manière suivante :

Désignant par C, la course du piston en mètres ;

          c, la fraction de la course pendant laquelle l'admission a lieu ;

—   P, la pression en centimètres de mercure indiquée par le manomètre le plus rapproché du cylindre où la vapeur de la chaudière s'admet directement ;

— p', la pression effective moyenne en centimètres de mercure qui a agi dans le cylindre qui admet directement la vapeur de la chaudière ;

— p'' la pression effective moyenne en centimètres de mercure, qui a agi dans un cylindre de détente (système Woolf, § 719) ;

— p''' d°

— p, la contre-pression de résistance en centimètres de mercure ;

—   V, le volume en mètres cubes du cylindre à pleine vapeur ;

—   W, le volume réuni des deux cylindres de détente ;
    (Voir la table, page 469, pour les autres indications spécifiées dans le cas actuel.)

$$p' = \frac{(P \times \text{ le nombre de la colonne 5 qui correspond à la valeur de } c \text{ marquée dans la colonne 1}) \times \text{ le nombre de la colonne 3 qui exprime la valeur de } \dfrac{W}{V}}{\dfrac{W}{V}}$$

$$p'' = \frac{p' \times (\text{le nombre de la colonne 4 qui correspond à la valeur de } c \text{ marquée colonne 1}}{\dfrac{C}{c}} - v_0),$$

$p''' = $ (même formule que pour p'').

721. *Calcul de la puissance des locomotives.* —Le chemin parcouru par une locomotive pour un tour de roue est sensiblement égal à la circonférence développée de l'une de ses roues motrices, s'il n'y a pas de patinage, c'est à-dire si la roue ne glisse pas sur le rail sans avancer. Par conséquent, plus le diamètre de la roue sera grand, plus la vitesse du train sera grande avec le même nombre de coups de piston de la machine ; mais aussi, en vertu du principe de mécanique que « tout ce qu'on gagne en vitesse on le perd en effort exercé » (§ 288), la puissance de traction de la locomotive sera diminuée proportionnellement.

Soit v, vitesse de la locomotive en mètres par seconde ;

D, diamètre des roues motrices ;

n, nombre de tours de roue par seconde, ou nombre de doubles coups de piston dans le même temps.

On a :
$$v = n.\mathrm{D}.\pi \; ; \; \mathrm{D} = \frac{\mathrm{V}}{n.\pi} \; ; \; n = \frac{\mathrm{V}}{\mathrm{D}.\pi}$$

On évalue en kilogrammes la puissance adhérente des roues des locomotives en la comparant au poids qui charge ces dernières. Dans les meilleures conditions elle est égale à $1/4$ du poids énoncé.

Appelant p, le poids de la locomotive sur les deux roues motrices, A, la puissance adhérente, on a $\mathrm{A} = \frac{p}{4}$; et si l'on fait $p = 12000^{\mathrm{kil}}$ (le poids de la locomotive étant moyennement de 24000 à 30000^{kg}),

$$\mathrm{A} = \frac{12000}{4} = 3000^{\mathrm{kil}}$$

de puissance adhérente de la machine sur les rails ; si dans ce cas la résistance du train à la traction était $= \mathrm{A}$, évidemment les roues tourneraient sans avancer. La formule empirique ci-dessous, dite formule de Harding, est employée pour calculer la résistance d'un convoi sur un chemin de niveau. En rampe, la résistance augmente ou diminue de 1^{kil} par tonne remorquée et par millimètre de pente.

$$\mathrm{R} = 2,72 + (0,094. \, \mathrm{V}) + \frac{0,00484. \, \mathrm{S.} \, \mathrm{V}^2}{\mathrm{P}}. \qquad (\text{n}° \; 47)$$

R, la résistance en kilogrammes par chaque tonne de poids du train.

P, le poids en tonnes du train.

V, la vitesse du train en kilomètres, à l'heure.

S, section en mètres carrés de la face que présente le train à la direction du mouvement ; elle varie de 5^{m2} à 14^{m2}.

2,72, coefficient de frottement des véhicules.

0,94, résistance due au choc, secousses et vibrations de la voie.

0,00484 résistance due au vent.

Quelle est la puissance F, en chevaux-vapeur, développée par une locomotive dans les conditions suivantes :

Le poids total du train P = 100 tonnes ; la vitesse v par seconde = 20^{m}, d'où V = 72 kilomètres ; la surface S de section = 5^{m2} ; la résistance R par tonne, à la traction, est, d'après la formule n° 47 ci-dessus = 10^{k},73.

$$F = \frac{R \times P \times v}{75} = \frac{10,73 \times 100 \times 20}{75} = 286^{chx.}$$

Les machines locomotives, comme les machines marines, ont deux cylindres à vapeur ; le diamètre D de chacun d'eux est :

$$D = 0,0416. \sqrt{f} ; \qquad\qquad (n° 48)$$

f, étant la surface de chauffe en mètres carrés de la chaudière.

La course C du piston est 1,57 $\times$ D, en mètres.

Le nombre n de révolutions de l'arbre moteur par minute, ou celui des roues motrices, varie de 200 à 400 et la pression moyenne dans le cylindre de 2 à 5 atmosphères.

722. *Indicateur dynamométrique.* — Cet instrument permet d'obtenir très-approximativement la pression moyenne qui a agi dans le cylindre pendant une course du piston et rend ainsi plus faciles et plus exacts les calculs de la puissance développée par les machines, dont les différentes formules sont données ci-avant du n° 39 au n° 47.

La figure 57 du texte représente un indicateur Garnier, en coupe longitudinale par l'axe de son cylindre, et en élévation de la partie qui porte le papier où une courbe fermée est tracée par l'instrument.

Par la partie filetée du bas, il est vissé sur une monture que des tuyaux de conduite munis de robinets permettent de mettre alternativement en communication avec le dessus et le dessous du piston de la machine ; les robinets R, R' servent à purger l'instrument de l'eau qui peut s'y accumuler accidentellement. Le petit piston P, ajusté à frottement doux dans le cylindre y, est en communication par sa partie supérieure avec l'air libre et par la partie inférieure avec le cylindre de la machine; donc, ce qui se passe dans ce dernier au sujet de l'augmentation ou de la diminution de la pression de la vapeur, se passe également dans le cylindre de l'instrument ; tant que cette pression reste supérieure à la pression atmosphérique, le piston P est poussé à monter; sa tige, dans ce mouvement, comprime le ressort supérieur B fixé en e sans agir sur le ressort B' fixé en e'.

La résistance de compression de B est établie sur une échelle qui

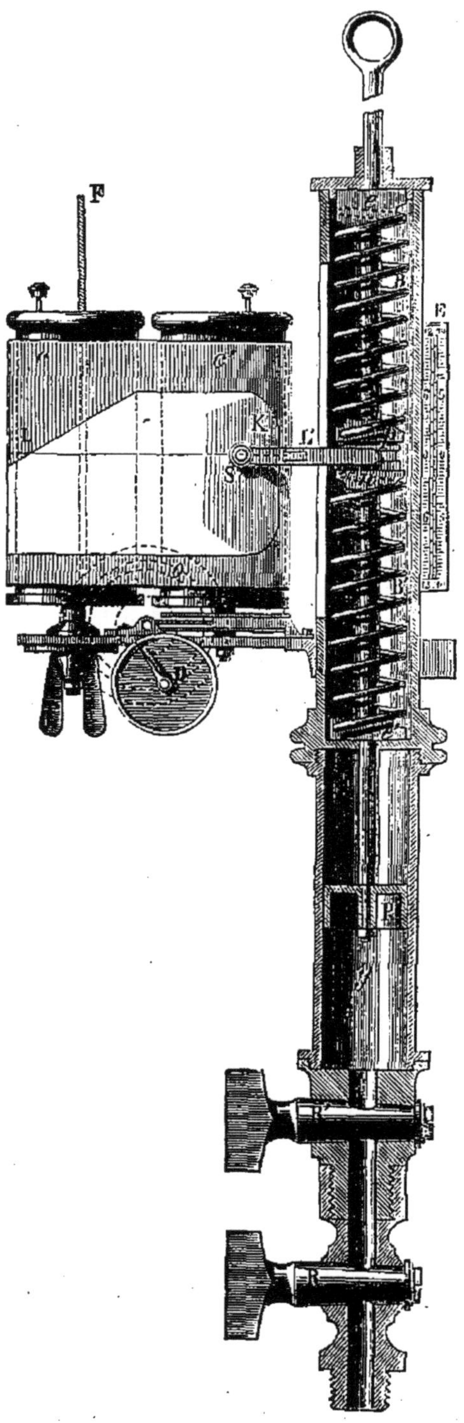

Fig. 57.

varie de 1 à 6 centimètres par atmosphère, c'est-à-dire que, selon la force de la vapeur employée dans la machine, on place dans l'indicateur des ressorts B, B' qui se compriment de 1, ou 2, ou 3, ou 6 centimètres pour un effort de 1 atm. par centimètres carrés de surface de P. Dès que la pression de la vapeur agissant en y devient inférieure à celle de l'air libre, le piston P descend en comprimant cette fois le ressort inférieur B'; un bras L' fixé à la tige du piston porte en S un crayon traceur appuyé sur une bande de papier enroulée autour des tambours c, c'. On comprend que par ces dispositions on obtient sur la bande de papier une ligne verticale dont la hauteur, rapportée sur l'échelle E, mesure l'intensité de la pression de la vapeur au-dessus de l'atmosphère et mesure sa chute au-dessous de ce terme de comparaison. Pendant que le crayon se meut ainsi alternativement de bas en haut et de haut en bas, la bande de papier se meut horizontalement devant lui, et, au lieu d'une ligne verticale, on obtient une courbe fermée OLK. Le mouvement est donné à la bande de papier par les deux tambours sur lesquels elle est enroulée : le petit cordon F est enroulé sur la poulie O, et vient s'attacher à la traverse de la tige du piston de la machine; le tambour c' solidaire du mouvement de la poulie par l'intermédiaire d'une corde à boyau enroulée sur l'arbre de la poulie et autour de la base du tambour, tourne de gauche à droite quand le piston de la machine agit à tirer le cordon F; le tambour c' entraîne alors dans son même mouvement de rotation le tambour c auquel il est relié par la bande de papier KL ; lorsque le cordon F est lâché au lieu d'être tiré par la machine, le tambour c tourne de droite à gauche sous l'action d'un ressort d'horlogerie placé à l'intérieur, entraînant à son tour le tambour c' par la bande de papier.

La figure 59 du texte représente une courbe d'indicateur ou *diagramme* tracé par l'instrument placé sur une machine à moyenne pression, à condensation. La ligne horizontale FC, dite *ligne atmosphérique*, est tracée en faisant mouvoir la bande de papier seulement, avant de mettre l'instrument en communication avec le cylindre de la machine et après avoir mis les deux faces du piston P en contact avec l'air libre par la manœuvre des deux robinets R, R'; il est alors évident, que les différentes distances verticales mm, $m_1m_1, \ldots m_7m_7$, etc., mesureront les différentes pressions de la vapeur au-dessus de la pression atmosphérique, et que les pressions inférieures à cette dernière seront mesurées sur les distances verticales mn, $m_1n_1, \ldots m_7n_7$.

En résumé, les indications fournies par un diagramme sont les suivantes :

1° La longueur de la ligne FC limitée par les deux verticales AB et CD menées tangentes à l'extrémité de la courbe et perpendiculaires à FC, représente, à une échelle réduite, la course du piston de la machine sur laquelle on opère; au point de tangence du côté de AB, le

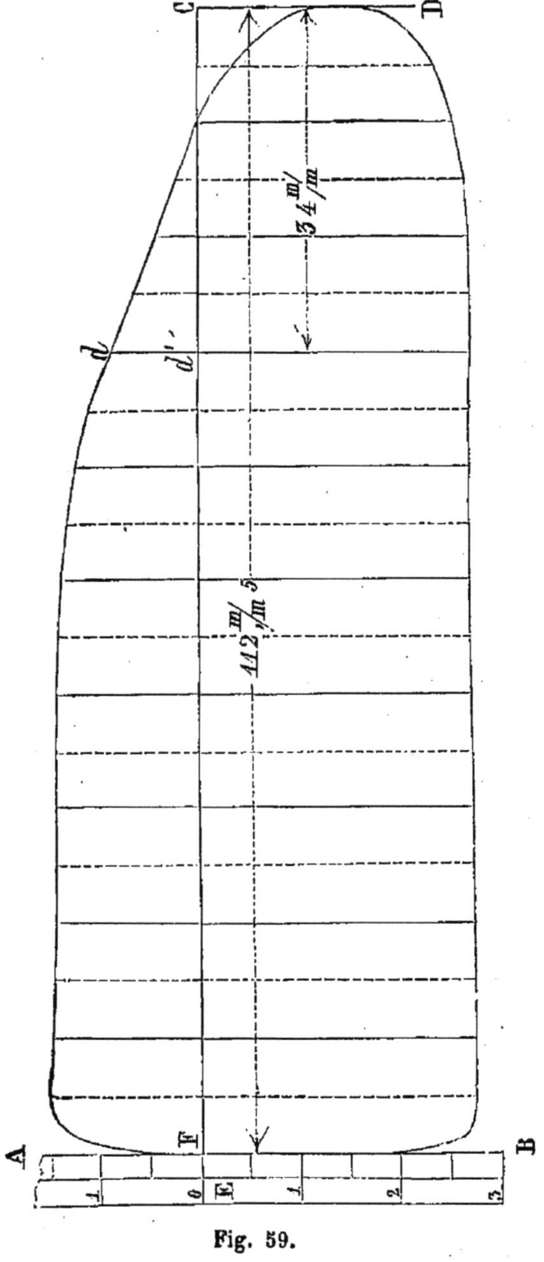

Fig. 59.

piston est à fin de course, prêt à recevoir la vapeur qui doit le faire
rétrograder; au point de tangence de CD, il est rendu à la fin de

course opposée; donc, pendant que le crayon de l'instrument trace la
partie de la courbe FKD; la vapeur pousse le piston de la machine par

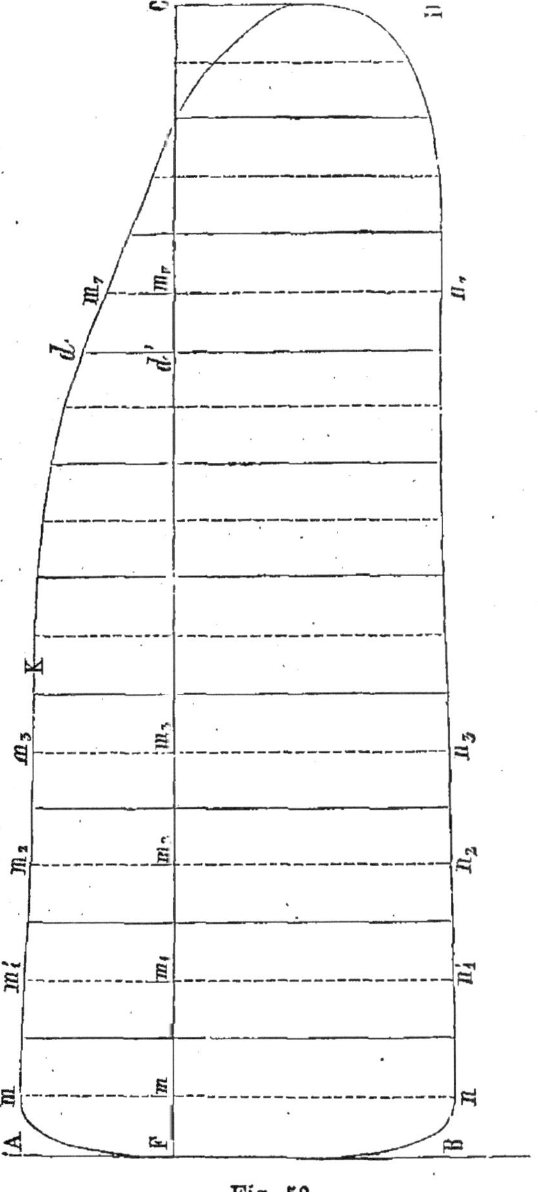

Fig. 59.

le côté qui est en communication avec l'instrument, et, pendant qu'il
trace la partie DBF, le même côté est en communication avec le

θ.

condenseur, ou avec l'atmosphère si la machine est sans condensation.

2° Après avoir divisé en 10 parties égales la ligne EC et mené des perpendiculaires par les points de division, on a par le fait divisé la course entière du piston en autant de parties égales et chacune des lignes pointillées mn, m_1n_1 et menées par le milieu de chaque division, mesure la *pression effective* qui a agi pendant chaque dixième de la course du piston.

3° La partie mm, m_1m_1, etc. des ordonnées, comprise entre la ligne atmosphérique FC et le dessus de la courbe, mesure la pression absolue de la vapeur qui pousse le piston en y ajoutant la pression atmosphérique. Les ordonnées situées au dessous de la ligne asmosphérique et avant le point de tangence de CD qui marque la fin de course, mesurent la pression effective, en retranchant de la pression atmosphérique celle accusée par leur longueur entre le dessus de la courbe et le dessous de la ligne FC.

4° La partie mn, m_1n_1, etc., comprise entre la ligne atmosphérique FC et le dessous de la courbe, mesure l'intensité du vide (§ 640) qui se produit du côté du piston ouvert à l'évacuation après l'avoir été à l'admission.

5° La contre-pression est mesurée par la différence entre la pression que représente chacune des lignes mn, m_1n_1, etc., etc., et la pression atmosphérique.

EXEMPLE. — 1° Quelle est la pression effective moyenne qui a agi pendant toute la durée de la course du piston dans le cylindre d'une machine à condensation qui a fourni la courbe (*fig.* 58) du texte ; les ressorts donnaient une compression de 30 millimètres pour une atmosphère.

La somme des 10 ordonnées donne $353^{mll},4$. Ce qui fait $\dfrac{353,4}{10}$ = $35^{mll},34$; l'échelle de compression étant de 30^{mm} pour 1 atmosphère, on aura pour pression moyenne $\dfrac{35,34}{30}$ = $1^{atm},178$; en centimètres de mercure $1,178 \times 76 = 89,52$; et en kilogrammes par centimètre carré de surface $= 1,178 \times 1^{kg},033 = 1^{kg},216$.

2° Quelle est la pression absolue de la vapeur quand le piston n'a plus à parcourir que les 0,30 environ de sa course ? la course entière étant représentée sur la courbe par $112^{mll},5$ il sera arrivé au point d'. Soit à 34^{mll} avant la fin de course ; en d' la hauteur de la partie $d'd$ de l'ordonnée de la pression est de 9^{mll}. La pression absolue cherchée sera donc $\dfrac{9}{30} + 1 = 1^{atm},3$.

Avec les données fournies par les courbes d'indicateur, on peut encore facilement déterminer le volume et le poids de la vapeur dépensés

pour un coup de piston, apprécier la régularité de la distribution et
de l'évacuation de la vapeur dans le cylindre, etc., etc. L'étude et
l'usage de cet instrument sont donc d'un très-grand intérêt pour les
constructeurs, les conducteurs et les propriétaires des machines à feu,
et des machines motrices quelconques dont l'agent moteur est un gaz
agissant en vertu de son élasticité.

Les indicateurs les plus en usage actuellement sont ceux de P. Garnier, à un seul tambour et à un seul cylindre, et ceux de Richard (1).

723. *Mesure de la puissance des machines motrices avec le
frein de Prony.* — Cette installation se compose de deux traverses de bois dur 1, 2 (*fig.* 60 du texte), embrassant la cir-

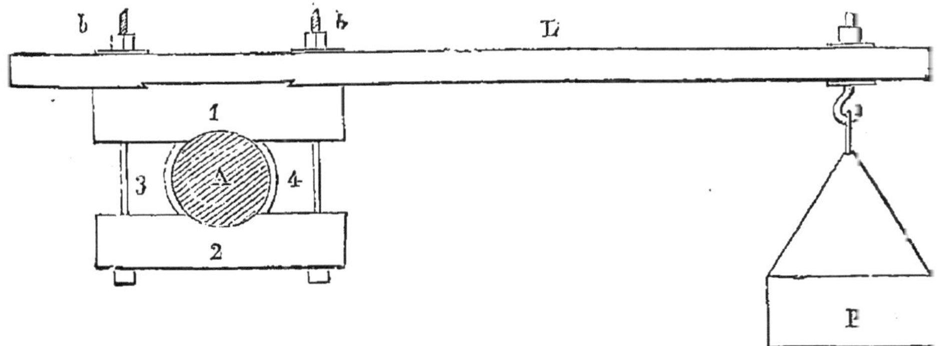

Fig. 60.

conférence de l'arbre moteur A de la machine et serrées à
volonté par les boulons 3, 4 portant les écrous *b*, *b*; à la traverse supérieure 1 est fixé un bras du levier L, chargé d'un
poids P. On se propose, par l'emploi du frein, de remplacer le
travail utile que ferait la machine marchant à son allure normale, par un frottement produit sur l'arbre, capable d'absorber cette même quantité de travail. On arrive à ce résultat
en procédant de la manière suivante :

1º Avant de serrer le frein autour de l'arbre et de placer
le poids P, le suspendre par son centre de gravité (§ 282) de
manière que sa pesanteur ne se fasse pas sentir sur l'arbre.

____

(1) Voir § 828, la description de ce dernier indicateur.

2° Déterminer la valeur du poids P, correspondant à l'
force nominale de la machine à essayer :

Désignant par F cette force en chevaux-va-
peur...................................... $= 10^{\text{ch}}$

n, le nombre de révolutions de l'arbre A, par
minute.................................... $= 20$

l, la longueur du levier L à partir du centre de
l'arbre A, au point de suspension des poids P. $= 3^{\text{mt}}$

$$(\text{n}^\circ\ 49) \qquad P = \frac{F \times 4500}{2\pi \times l \times n} = \frac{10 \times 4500}{2 \times 3,14 \times 3 \times 20} = 119^{\text{k}},4.$$

3° Placer le poids P, et par un obstacle fixe retenir le levier
L. horizontal.

4° Ouvrir doucement et graduellement le registre de vapeur de la machine et serrer au fur et à mesure les mâchoires 1, 2 sur l'arbre par les écrous bb, jusqu'à ce que la vitesse de rotation de l'arbre soit arrivée au nombre prévu
pour l'allure de la machine et avec la pression de la vapeur,
également prévue.

5° Dès que la vitesse de régime est ainsi obtenue, laisser
quelques centimètres de liberté au levier L en remontant le
point fixe qui le retient horizontal; si ce levier se soulève
alors sensiblement au-dessus de l'horizontale et s'y maintient, la puissance de la machine est bien celle pour laquelle
elle a été livrée; si le levier tend à dépasser l'horizontale et
à tourner avec l'arbre, la machine développe réellement une
puissance plus grande que la puissance prévue; on ajoute
alors des poids dans le plateau jusqu'à ce que le levier L
reste horizontal. Si, au contraire, le levier tend à tomber, la
force réelle de la machine est moins grande que la force prévue; on diminue, dans ce cas, le poids primitif P, jusqu'à ce
que le levier se maintienne horizontal. Dans les deux cas la
force réelle F est déterminée en mettant en nombre la formule :

$$F = \frac{2\pi \times l \times n \times P}{4500.} \qquad\qquad (\text{n}^\circ\ 50)$$

Reprenant l'exemple ci-dessus : en supposant que la machine de 10^{ch}, dont le poids pour l'essai était calculé égal à 119^k,4, n'ait pu tourner à l'allure normale qu'en réduisant ce poids à 100^{kil}, sa force réelle n'aurait été que de :

$$F = \frac{2 \times 3,14 \times 3 \times 20 \times 100}{4500} = 8^{chx},37.$$

Observation essentielle. — Afin que la pression exercée sur les parties frottantes du frein ne produise pas une usure rapide et trop énergique, il convient de leur donner une certaine étendue en largeur, et d'agrandir le diamètre de la partie de l'arbre où se fait le travail de résistance, au moyen d'une poulie en fonte fixée sur l'arbre et embrassée par les mâchoires du frein.

Pour 6^{chx} et 20 tours par minute, diamètre de la
    bague.................................... 16^{cmt}
15 à 20^{chx}, 15 à 30 tours par minute........... 30 à 40
40 à 70^{chx}, quel que soit le nombre de tours.... 65 à 70

Au delà de 70^{chx}, le frein de Prony présente de grandes difficultés pour l'application, et les résultats ne sont pas plus exacts que ceux obtenus par la mise en nombre des formules précédentes (du n° 39 au n° 43), surtout si la pression moyenne dans les cylindres est obtenue avec l'indicateur dynamométrique (§ 722).

Pendant l'expérience, il est indispensable d'arroser constamment les parties frottantes du frein avec de l'eau savonneuse, au moyen d'une petite pompe à main ou d'un entonnoir.

724. Dimension des organes principaux. — Le diamètre du cylindre à vapeur pour les différents cas de l'application est donné aux § 716 à 721.

Le diamètre du cylindre et la course du piston doivent être dans un rapport tel, que la surface extérieure de ce dernier présente le moins d'étendue possible à l'action du refroidissement par rayonnement. Les deux tables ci-après contiennent des exemples pris sur les machines sorties des ateliers en renom; elles guideront le constructeur en établissant les limites extrêmes qu'il ne paraît pas convenable de dépasser, au point de vue d'un bon rendement du moteur.

Machines à moyenne pression à détente pendant les 0,66 de la course, avec condensation et à 1atm,8 de pression à la chaudière, ou 136 centimètres de mercure, et 1k,860 marqués au timbre; — et Machines à haute pression à détente pendant les 0,66 de la course, sans condensation, et à 5 atmosphères de pression à la chaudière, ou 5k,165 marqués au timbre.

FORCE DES MACHINES en CHEVAUX-VAPEUR.	DIAMÈTRE DU CYLINDRE en mètres.		COURSE DU PISTON en mètres.		VITESSE DU PISTON par SECONDE en mètres.		NOMBRE DE RÉVOLUTIONS de l'arbre PAR MINUTE.	
	Moyenne pression.	Haute pression.	Moyenne pression.	Haute pression.	Moyenne pression.	Haute pression.	Moyenne pression.	Haute pression.
1		0,128		0,343		0,750		65,8
2		0,167		0,439		0,850		58,1
3		0,192		0,501		0,891		53,3
4		0,217		0 560		0,940		50,4
6	0,291	0,251	0,733	0,645	1,12	1,000	45,8	46,5
8	0,324	0,282	0,807	0,719	1,15	1,069	42,7	44,5
10	0,351	0,307	0,867	0,767	1,19	1,099	41,2	42,9
12	0,373	0,328	0,914	0,813	1,21	1,130	39,2	41,7
14	0,393	0,347	0,951	0,857	1,23	1,160	38,8	40,6
16	0,411	0,366	0,990	0,893	1,25	1 190	37,8	40,0
18	0,430	0,383	1,032	0,931	1,28	1,217	37,2	39,2
20	0,450	0,400	1,075	0,968	1,31	1,245	3,46	38,5
24	0,480	0,428	1,142	1,027	1,34	1,278	35,2	37,3
28	0,513	0,450	1,210	1,075	1,37	1,310	33,7	36,5
32	0,541	0,477	1,260	1,130	1,43	1,341	33,9	35,6
36	0,567	0,500	1,315	1,170	1,46	1,372	33,3	35,1
40	0,593	0,526	1,364	1,226	1,49	1,401	32,8	34,3
45	0,616	0,553	1,404	1,277	1,50	1,431	32,0	33,6
50	0,643	0,580	1,453	1,334	1,50	1,459	31,0	32,8
55	0,672	0,602	1,505	1,379	1,50	1,487	30,0	32,4
60	0,700	0,628	1,547	1,426	1,50	1,493	29,2	31,4
65	0,730	0,647	1,606	1,456	1,50	1,500	28,0	30,9
70	0,754	0,670	1,657	1,487	1,50	1,500	26,9	30,2
75	0,782	0,693	1,691	1,531	1,50	1,500	26,5	29,3
80	0,801	0,715	1,730	1,573	1,50	1,500	26,0	28,6
85	0,830	0,736	1,776	1,612	1,50	1,500	25,3	27,9
90	0,852	0,757	1,815	1,643	1,50	1,500	24,8	27,4
95	0,877	0,776	1,841	1,676	1,50	1,500	24,4	26,9
100	0,900	0,795	1,881	1,710	1,50	1,500	23,9	26,5
110	0,945	0,828	1,928	1,764	1,50	1,500	23,3	25,3
120	0,989	0,862	1,978	1,810	1,50	1,500	22,7	24,8
130	1,025	0,893	2,019	1,866	1,50	1,500	22,3	24,1
140	1,062	0,928	2,060	1,930	1,50	1,500	21,8	23,3

Machines à vapeur système Woolf. Le grand cylindre ayant un volume double du petit cylindre, la course des pistons étant la même. — Condensation. — Pression d'admission, 4 atmosphères.

FORCE en CHEVAUX.	DIAMÈTRE du PETIT PISTON en mètres.	DIAMÈTRE du GRAND PISTON en mètres.	COURSE des DEUX PISTONS en mètres.	NOMBRE DE RÉVOLUTIONS de l'arbre PAR MINUTE.
4	0,135	0,286	0,75	36
5	0,150	0,320	0,75	36
6	0,164	0,350	0,75	36
8	0,181	0,382	0,90	33,3
10	0,200	0,423	0,90	33,3
12	0,217	0,458	0,90	33,3
16	0,242	0,518	1,80	30
20	0,258	0,545	1,10	30
30	0,298	0,630	1,20	28,75
40	0,324	0,697	1,30	28
50	0,355	0,750	1,40	26,8
60	0,388	0,821	1,50	25
75	0,426	0,900	1,60	24,4
80	0,440	0,920	1,70	22,9
90	0,467	0,986	1,70	22,9
100	0,492	1,040	1,80	21,8

Liberté du cylindre (p. 643), elle est de 5 à 8$^{mm t}$ à chacune des positions extrêmes du piston.

Espaces neutres ou espaces morts. Leur volume varie entre 0,05 et 0,08 du volume engendré par le piston pendant une course.

Épaisseur du métal du cylindre (fonte douce), il est de 0,028 à 0,036 du diamètre du cylindre pour les moyennes pressions, et de 0,036 à 0,04 pour les hautes pressions. Quelques constructeurs emploient la formule de Trégold qui peut être ainsi résumée :

$$E = \frac{P \times 0,00772 \times D^2}{D - 5,5} + 1^{c\dot{u}.t}$$

E, épaisseur du métal en centimètres ;
D, diamètre du cylindre en centimètres ;

P, pression effective (§ 626) en atmosphère, au cylindre.

Lumières ou orifices du cylindre. — Pour la basse pression, la machine ne dépassant pas 40 révolutions de la manivelle par minute, chaque orifice a pour surface les 0,05 de celle du piston.

Pour les moyennes et les hautes pressions, on se rapproche des dimensions suivantes, en désignant par s la surface de chaque orifice, et par S celle du piston.

Moyenne pression, de 40 à 80 tours par minute $s = S \times 0,03$

Haute pression, de 80 à 150.............. $s = S \times 0,015$

—   —   au-dessus de 150 tours...... $s = S \times 0,01$

La hauteur de chacun des orifices est généralement égale aux 0,072 du diamètre du cylindre.

La largeur de chacun des orifices est proportionnelle au diamètre D du cylindre, dans les limites suivantes :

Basses pressions, petite vitesse des pistons...... $D \times 0,4$

Hautes   —   moyenne   —   ..... $D \times 0,3$

—   —   grande   —   ..... $D \times 0,15$

—   —   très-grande   —   ..... $D \times 0,11$

Piston à vapeur. — Le diamètre du corps du piston doit être de 2^{mmt} environ, moins grand que celui du cylindre, afin que le frottement se fasse exclusivement par la garniture métallique. Son poids doit être aussi faible que possible dans le but de diminuer la perte de travail utile absorbé par son inertie (§ 268), sa hauteur en centimètres h, est calculée par la formule suivante en désignant par D le *diamètre du cylindre en* centimètres : $h = 4 \times (1 + D \times 0,01)$.

Tige du piston. — Désignant par d le diamètre de la tige ; D, le diamètre du piston ; P, la pression absolue de la vapeur dans le cylindre, en atmosphères (§ 625) ; p, la contre-pression, on a :

$$d = \text{racine carrée de } [D^2 \times 0,00811 \times (P\text{-}p)].$$

S'il y a deux tiges, on donne à chacune d'elles la moitié de la surface de la section d'une tige unique. Si la tige est en acier, il suffit de lui donner les 0,6 du diamètre de la tige unique en fer.

Quelques constructeurs donnent à la tige du piston 0,1 du diamètre du cylindre dans les machines à moyenne pression et les 0,15 dans celles à haute pression.

Bielle en fer forgé. — Désignant par D, le diamètre du piston en mètres; d, celui de la bielle au milieu de la longueur en millimètres; d', celui de chacune de ses extrémités; L, la longueur de la manivelle en millimètres, de centre en centre; P, la pression effective (§ 626) en atmosphères dans le cylindre; p la contre-pression, on a :

$$d' = \text{racine carrée de } (D^2 \times 0,7854 \times (P - p) \times 10330) + 5^{mmt}$$

$$d = d' \times \text{racine carrée de } \left(\frac{30 + \dfrac{L}{d'}}{30} \right).$$

La longueur de la bielle varie entre 4 et 6 fois le rayon de la manivelle, mesuré du centre de l'arbre à celui du tourillon.

Manivelle en fer de l'arbre moteur. — Désignant par D, le diamètre du piston en mètres; d, le diamètre du bouton ou tourillon de la manivelle en mètres; l, la longueur du tourillon; P, la pression effective totale, en kilogrammes, exercée sur le piston, on a :

$d = $ racine cubique de $(3 \times 81,138 \times D^2 \times P)$.

$l = 1,25 \times d.$

Le diamètre extérieur de la partie emmanchée sur l'arbre est égal à $1,9 \times$ le diamètre de la portée de l'arbre.

Le diamètre extérieur de l'œil de la manivelle, égale $2 \times$ le diamètre d du bouton.

La longueur de l'œil $= 1,235 \times$ le diamètre d du bouton.

L'épaisseur du corps de la manivelle, mesurée dans le sens de la longueur de l'arbre sur lequel elle est emmanchée $= 0,70 \times$ le diamètre du tourillon de la manivelle.

La largeur du corps de la manivelle mesurée suivant la face de l'arbre sur lequel elle est emmanchée $= 1,8 \times$ le diamètre du tourillon de la manivelle.

Pour les manivelles en fonte de fer, on augmente de 0,2 les épaisseurs et les dimensions ci-dessus.

Arbre moteur. — Désignant par D, le diamètre de cet arbre, en centimètres, par F la force en chevaux-vapeur de la machine, soit comme exemple 10^{chx}, et par n le nombre de révolutions de l'arbre par minute, soit 25; on a :

$$D = 12 \times \text{racine cubique de } \frac{P}{n} = 12. \sqrt[3]{\frac{10}{25}} = 8^{cent}.83$$

Si l'arbre est en fonte de fer, on multiplie le résultat ci-dessus par 1,6; c'est-à-dire que le diamètre sera 0,6 de fois plus grand que si cette pièce est en fer forgé.

L'arbre de transmission, celui qui est dans le prolongement de l'arbre moteur et qui transmet le mouvement aux différentes parties du manége, n'a habituellement que les 0,8 du diamètre de l'arbre moteur.

Volant d'une machine à vapeur. — La vitesse, à la circonférence moyenne d'un volant, doit rester entre 6 et 10 mètres par seconde. La circonférence moyenne se mesure du centre de l'arbre au milieu de la jante.

Soit D, le diamètre en mètres d'un volant d'une machine dont l'arbre fait 30 révolutions par minute et $V = 6^{mt}$ la vitesse en mètres, par seconde, qu'on veut donner au volant, on a

$$D = \frac{V \times 60}{\pi \times n} = \frac{6^{mt} \times 60}{3,14 \times 30} = 3^{mt}.82.$$

Pour le poids P, en kilogrammes, de la jante du volant, on a, en désignant par F, la force de la machine en chevaux-vapeur, soit 10^{chx} ; par n, le nombre de révolutions de l'arbre par minute $= 30$ et par V, la vitesse qu'on veut obtenir à la circonférence moyenne du volant, soit 6^{mt} :

$$P = \frac{140000 \times F}{n \times V^2} = \frac{140000 \times 10}{30 \times 6 \times 6} = 1296^{kg}.$$

La largeur de la jante $= 0,50 \times$ la hauteur; celle-ci varie entre 15 et 30^{cmt} pour les machines de 4 à 10^{chx} et de 30 à 50^{cmt}, pour celles de 10 à 100^{chx}.

Coussinets de l'arbre moteur. — On suppose que, pendant le mouvement, 1/3 seulement de la surface totale des deux coussinets d'un palier supporte la pression due au poids de l'arbre et des manivelles, à la poussée de la vapeur sur les pistons et transportée en partie sur l'arbre par la bielle et la manivelle, etc. L'expérience indique qu'il ne faut pas charger au delà de 70^{kil} chaque centimètre carré que contient le tiers de la surface totale des deux coussinets.

Désignant par D′ le diamètre du piston à vapeur en centimètres ;

d, le diamètre du tourillon de l'arbre ;

P, la pression effective en atmosphères sur le piston ;

P′, le poids de l'arbre et des manivelles en kilogrammes;

P″, le poids dû à la bielle sur l'arbre, c'est-à-dire son poids total $\times$ 0,50.

On suppose d'abord que l'arbre est supporté par un palier unique; la longueur L des coussinets de ce palier sera :

$$L = \frac{(P \times D \times 1,033) + P' + P''}{73 \times d}.$$

On divise ensuite le nombre représentant la valeur de L ainsi obtenue, par 2 ou 3, ou 4, suivant qu'on veut faire appuyer l'arbre moteur sur 2, 3 ou 4 paliers. Le quotient donne la longueur de chaque palier.

Coussinets de l'arbre de transmission. — Désignant par D, le diamètre de l'arbre en mètres ; par d, celui du tourillon ou de la portée de l'arbre; L, la longueur de l'arbre en mètres; n, le nombre de paliers sur lesquels on veut faire appuyer l'arbre, et l la longueur de chaque palier, on a :

$$l = \frac{D^2 \times L \times 83,6}{d \times n}.$$

Balancier en fonte de fer. — Habituellement, on détermine les dimensions de cette pièce d'après celles du bouton de la manivelle de l'arbre moteur ; celles-ci sont calculées d'après le travail à transmettre du piston à l'arbre, en tenant compte numériquement de la pression exercée sur le piston et de la vitesse de rotation. Désignant par d, le diamètre du bouton de la manivelle ; par R, le rayon de la manivelle et par e, l'épaisseur de la nervure longitudinale du milieu de la hauteur du balancier, on a :

Longueur totale du balancier...... $= 6 \times R$

Hauteur au centre................ $= R$

— aux extrémités........... $= 0,33 \times R$

e, épaisseur de la nervure principale $= \dfrac{9}{4} \times R \times \left(\dfrac{d}{R}\right)^2$

Largeur horizontale de chaque nervure du contour................ $= 2 \times e$

Épaisseur de cette nervure........ $= e$

Diamètre du tourillon d'oscillation. $= 1,27 \times d$

— des tourillons extrêmes... $= 0,7 \times d$

Dimensions des boulons et des écrous. — Désignant par P, la pression ou le poids en kilogrammes que doit supporter le boulon ; par d, le diamètre en centimètres du boulon à l'intérieur du filet, c'est-à-dire moins la hauteur du filet on a :

$$d = \text{racine carrée de } \frac{P}{80}.$$

Le diamètre étant connu, les dimensions des autres parties sont données par les deux tables suivantes :

Dimensions des boulons, harpons, goupilles, etc., pour les machines.

Ces pièces sont au premier rang de celles qui, par leur emploi courant dans la mécanique, devraient partout être fabriquées suivant des types consacrés. Tous les industriels le demandent même pour des organes plus importants, tels que les engrenages ; et faute de pouvoir s'entendre, chacun conserve ses types n'offrant avec ceux des autres que d'insignifiantes différences. Voici deux tableaux des dimensions de boulons, harpons, etc. Le premier a été dressé par M. Benoît Duportail, après une étude théorique et pratique des types adoptés sur les chemins de fer et dans les grands ateliers. Nous souhaitons qu'il fasse loi.

TABLEAU DES BOULONS, HARPONS, ÉCROUS, CLEFS, PLATINES ET GOUPILLES,
Par M. Benoît Duportail. (Extrait du *Technologiste*.)

TIGES des boulons et harpons.		LONGUEUR DU TARAUDAGE				ÉCROUS et TÊTES des boulons a 3 pans.		CLEFS A FOURCHETTE.			PLATINES POUR LE BOIS.			GOUPILLES.	
		pour 1 écrou		pour 2 écrous											
Diamètre	Pas.	sans goupille.	avec goupille.	sans goupille.	avec goupille.	Épaisseur.	Largeur.	Ouverture.	Épaisseur.	Longueur théorique.	Côté.	Diamètre du trou.	Épaisseur.	Diamètre	Longueur.
mil.	mil.	mil.	mil.	mil.	mil.	mil.	mil.	mil.	mil.	mil.	mil.	mil.	mil.	mil.	mil.
6	1	12	16	18	21	6	14	15	8	5	24	7	2	2	18
7	1	14	19	21	26	7	14	15	8	8	28	8	2	2	18
8	1	15	20	25	30	8	14	15	8	10	32	9	2	2	18
10	1	20	25	30	35	10	19	20	12	20	40	11	2.5	2	18
12	1.5	25	30	35	40	12	19	20	12	31	48	13	3	2.5	23
15	1.5	30	35	45	50	15	24	25	15	75	60	16	4	3	27
18	2	35	45	55	65	18	28.5	30	18	»	72	20	4.5	3.5	32
20	2	40	50	60	70	20	33.5	35	20	156	80	22	5	4	36
23	2.5	45	55	70	80	23	38.5	40	25	»	92	25	5	4.5	40
25	2.5	50	60	75	85	25	44	45	28	312	100	27	6	5	45
28	3	55	65	85	95	28	44	45	28	»	112	30	7	5.5	45
30	3	60	75	90	105	30	49	50	30	500	120	32	8	6	55
35	3.5	70	85	105	120	35	54	55	35	875	140	37	9	7	65
40	4	80	95	120	135	40	59	60	40	1.250	160	42	10	8	72
45	4.5	90	110	135	155	45	68	70	45	»	180	47	11	9	80
50	5	100	120	150	170	50	73	75	50	2.500	200	52	12.5	10	90

Gros boulons de 55 à 200 millimètres.

(Par M. Cavé.)

Le tableau précédent ne contenant que les boulons de 50 millimètres au plus, nous avons, pour les dimensions supérieures, choisi les types de M. Cavé, le plus ancien constructeur français, et qui, par imitation, se trouvent les plus répandus.

DIAMÈTRE des tiges à l'extérieur des filets.	PAS fileté.	ÉPAISSEUR des têtes des boulons.	ÉPAISSEUR des écrous.	CIRCONFÉRENCE inscrite des écrous hexagonaux.	CIRCONFÉRENCE circonscrite des écrous hexagonaux.
millim.	millim.	millim.	millim.	millim.	millim.
55	5	45	55	90	104
60	5	48	60	100	115
65	6	50	65	110	127
70	7	55	70	120	140
75	8	65	80	125	145
80	8	70	100	130	150
85	9	73	105	135	157
90	9	78	110	145	168
100	10	80	125	150	175
105	11	85	130	160	185
110	11	90	140	170	196
115	12	94	150	180	208
120	12	100	155	183	210
125	13	105	165	188	220
130	13	110	170	190	222
140	14	115	180	210	243
150	15	125	185	220	255
160	16	130	190	235	272
170	17	140	195	245	278
180	18	148	220	255	297
190	19	157	230	275	320
200	20	164	240	300	348

CALCUL DU POIDS DES PIÈCES DES MACHINES ET AUTRES.

725. Les calculs des surfaces et des volumes des corps usuels sont indiqués page 115 à 119; on obtient le poids des pièces **en multipliant** leur volume en mètres cubes, par le poids du mètre cube de la substance dont ils sont faits. La valeur de ce dernier est donnée dans le tableau ci-après, page 601. Afin de préciser la méthode à employer dans les cas habituels, nous donnons ici quelques exemples particuliers aux grandes pièces des machines. L'indication des lettres employées dans les formules littérales (§ 4) qui vont suivre est la suivante :

D, grand diamètre extérieur en mètres ;

D' grand diamètre interne en mètres

d, petit diamètre interne en mètres ;

L, longueur de la pièce, en mètres ;

l, largeur de la pièce en mètres ;

e, épaisseur de la pièce en mètres ;

P, poids en kilogrammes du mètre cube de la substance dont est fait le corps (Voir le tableau, page 703) ;

Q, poids en kilogrammes du corps, déterminé par le calcul.

Volume et poids d'un cylindre plein (tige de piston, arbre moteur, barre de métal ronde, etc.). Le volume V, en mètres cubes, est égal à $0,785 \times D^2 \times L$.

Et le poids $Q = 0,785 \times D^2 \times L \times P$.

Quel est le poids Q, d'un arbre en fer qui a $0^m,20$ de diamètre, et 3 mètres de longueur ?

$$Q = 0,785 \times 0,20 \times 0,20 \times 3 \times 7788 = 733^{kg}.$$

Poids d'un cylindre creux (corps de pompe, tuyau, tube, etc.).

$$Q = \frac{D + D'}{2} \times 3,14 \times L \times \frac{D - D'}{2} \times P.$$

Quel est le poids Q, d'un cylindre creux en fonte de fer dont le diamètre intérieur $D = 1^m,40$; le diamètre extérieur $D' = 1^m,20$, et la longueur $L = 1^m,50$?

$$Q = \frac{1,40 + 1,20}{2} \times 3,14 \times 1,50 \times \frac{1,40 - 1,20}{2} \times 7207$$
$$= 4412^{kg}.$$

Poids d'une pièce à section carrée ou rectangulaire (barre de fer plate ou carrée, feuille de tôle, pierre de fondation, etc.

$$Q = l \times e \times L \times P.$$

Quel est le poids Q, d'une barre de fer qui a pour largeur $l = 0^m,20$; pour épaisseur $e = 0,^m10$, et pour longueur $L = 2$ mètres ?

$$Q = 0,20 \times 0,10 \times 2 \times 8778 = 351^{kg},520.$$

Poids d'une bielle en fer, de forme ovoïde, à section rectangulaire : 1° poids du corps de la bielle : en supposant le grand diamètre, à la partie renflée $D = 0^m,10$; le diamètre du haut $d = 0^m,06$; la longueur comprise entre le grand diamètre et celui du haut $l = 0^m,40$; la longueur comprise entre le grand diamètre et celui du bas $l' = 0^m,30$.

On a :

$$Q = \left(\frac{D + d}{2}\right)^2 \times 0,785 \times l \times P + \left(\frac{D + d'}{2}\right)^2 \times 0,785 \times l' \times P.$$

$$Q = \left(\frac{0,10 + 0,06}{2}\right)^2 \times 0,785 \times 0,40 \times 7788 + \left(\frac{0,10 + 0,06}{2}\right)^2 \times 0,785 \times 0,30 \times 7788 = 2738^{kg}.$$

2° Ajouter au poids du corps de la bielle, celui des extrémités dont la section est généralement rectangulaire et dont le calcul se fait alors comme il est indiqué plus haut.

Poids d'une pièce tronc-conique pleine dont les bases sont parallèles et d'un diamètre peu différent l'un de l'autre.

$$Q = \left(\frac{D + d}{2}\right)^2 \times 0,785 \times L \times P.$$

Quel est le poids Q, d'un tronc de cône en bois de chêne vert, à bases parallèles, le grand diamètre $D = 0^m40$; le petit diamètre $d = 0^m,30$, et la hauteur verticale $L = 0^m,88$.

$$Q = \left(\frac{0,40 + 0,30}{2}\right)^2 \times 0,785 \times 0,80 \times 850 = 65^{kg}.$$

Si les diamètres diffèrent beaucoup, il faut calculer le volume du cône d'après les indications du § 236, et multiplier le volume par le poids P, du mètre cube de la substance dont est fait le cône ; ce poids est indiqué dans le tableau ci-après.

Poids d'une pyramide régulière ou d'un tronc de cône : calculer le volume comme il est indiqué au § 236, et le multiplier par le poids P du mètre cube de la matière dont est faite la pyramide. Ce poids est indiqué dans le tableau ci-dessous.

Poids d'une sphère pleine. $Q = \dfrac{3,14 \times D^3}{6} \times P.$

Quel est le poids Q, d'une sphère ou boulet en plomb, le diamètre $D = 0^m,40$?

$$Q = \frac{3,14 \times 0,40 \times 0,40 \times 0,40}{6} \times 11352 = 950^{kg}.$$

Poids d'une sphère creuse dont le diamètre extérieur est D, et le diamètre intérieur d.

$$Q = \left(\frac{3,15 \times D^3}{6} - \frac{3,14 \times d^3}{6}\right) \times P.$$

Poids de 1 mètre cube de différentes substances

	Valeur de P. dans les calculs de la p. 599 à la p. 601.
Gaz	
Air atmosphérique.........................	$1^{gr},299$
Acide carbonique......................	1 ,981
Oxygène...........................	1 ,433
Azote	1 ,268
Oxyde de carbone........................	1 ,243
Hydrogène carboné (gaz d'éclairage)........	0 ,722
Hydrogène..........................	0 ,688
Liquides et corps gras.	
Eau distillée........................	1000^{kil}
Eau glacée (glace).....................	930

Eau de mer..........................	1026[kil]
Esprit-de-vin à 36°.................	848
Essence de térébenthine.............	870
Huile de lin........................	941
— d'olive..........................	916
Suif...............................	942

Bois.

Aulne..............................	800
Buis de France.....................	912
— de Hollande.....................	1328
Chêne, aubier......................	540
— cœur...........................	1170
— sec............................	740
— vert...........................	850
Frêne..............................	845
Gaïac..............................	1333
Orme...............................	671
Peuplier blanc.....................	329
Sapin..............................	720

Métaux.

Acier..............................	7840
Argent fondu.......................	10047
Cuivre rouge fondu.................	8788
Étain fondu........................	7299
Fer (fonte)........................	7207
— forgé..........................	7788
Laiton.............................	8395
Mercure	13598
Or fondu...........................	15709
Platine, forgé, croui..............	23000
Plomb fondu........................	11352

Le poids de 1 décimètre cube ou de 1 litre des substances indiquées dans le tableau, est obtenu en retranchant, par une virgule, 3 chiffres au nombre indiqué en partant de la droite de ce nombre. Ainsi un litre d'eau distillée pèse 1,[k] ; un décimètre cube de plomb pèse 11,[k]352.

APPRÉCIATION DES DIVERS SYSTÈMES DE MACHINES A VAPEUR, EMPLOIS AUXQUELS ELLES CONVIENNENT.

Dans la classification des machines à vapeur, on considère :

1° L'intensité de la vapeur fournie pour la chaudière : basse, moyenne ou haute pression (§ 629).

2° L'emploi de la vapeur dans le cylindre et le moyen employé pour se débarrasser de celle qui a travaillé sur le piston : machine à détente ou sans détente, avec condensation ou sans condensation (§ 706 et § 707).

3° Le service spécial auquel est employé le moteur : machines fixes, locomobiles, de navigation et locomotives.

4° Le mécanisme de transmission de mouvement du piston à l'arbre moteur : machine à balancier, à bielle en l'air, à cylindre horizontal fixe ou oscillant, etc., etc.

726. Les machines à basse pression sont peu en usage aujourd'hui ; elles sont très-volumineuses par comparaison, en raison de la grande surface qu'il faut donner au piston, puisque la pression par centimètre carré n'est guère au-dessus de $1^{kil}400^g$, et qu'il faut forcément, pour ce résultat, condenser la vapeur après sa sortie du cylindre (§ 707). Le volume du condenseur et de la pompe à air augmentent notablement l'encombrement de ce genre de machine à feu. La détente est d'autant plus limitée, que la pression initiale de la vapeur admise est plus basse (§ 633) ; il suit, de là, que la machine à basse pression n'est pas d'un emploi économique. Elle exige en outre une grande consommation d'eau pour la condensation (§ 645), et ne peut prendre une vitesse au delà de 15 à 20 révolutions de l'arbre moteur par minute.

Le seul avantage qu'elle présente est une longue durée de service par suite de la lenteur du mouvement.

La machine à moyenne pression convient parfaitement pour les travaux où il faut donner une vitesse de rotation modérée à l'arbre moteur, de 20 à 50 révolutions par minute ; la détente, dans le cylindre, peut y être poussée jusqu'aux 0,50 de la course du piston. La condensation de la vapeur y est nécessaire sans y être indispensable, comme dans la machine à basse pression ; toutefois, sans l'emploi de ce moyen de se débarrasser de la vapeur évacuée, la machine à moyenne pression dépense plus de 3^k de charbon par heure et par force de cheval, ce qui en fait un système de moteur à feu plus coûteux que les deux autres. Elle convient particulièrement à la navigation maritime.

727. *La machine à haute pression, sans condensation et sans détente* est le moteur à feu qui dépense le plus de combustible pour un même travail à produire. On ne peut justifier la préférence dont il peut être l'objet, que dans le cas où il s'agit d'avoir une machine à vapeur d'une très-grande puissance sous le plus petit volume possible, et si la pression à la chaudière est forcément limitée de 3 à 5^{atm}.

La machine à haute pression avec détente, sans condensation, est le genre de machine à vapeur le plus en usage aujourd'hui, bien qu'il ne soit pas le plus économique sous le rapport de la consommation de vapeur, mais parce qu'il présente les avantages d'un volume et d'un poids réduits aux obligations du plus grand nombre des cas de l'application industrielle. Par la détente qu'on peut y étendre jusqu'aux 0,80 de la course du piston et y réduire jusqu'aux 0,10, la vitesse de rotation de l'arbre moteur peut être obtenue entre 15 et 500 révolutions par minute.

La machine à haute pression, avec condensation et détente dans le même cylindre, est jusqu'à ce jour le moteur à feu le plus économique, au point de vue de la consommation de vapeur pour le même travail produit. Elle est plus pesante et plus encombrante que celle à haute pression avec détente, sans condensation, et ne peut atteindre à une aussi grande vitesse de révolution de l'arbre moteur, en raison de l'emploi de la condensation. Au-dessus de 100 révolutions des manivelles par minute, la condensation dans une machine de ce genre est incomplète et présente des difficultés.

La machine à haute pression, avec condensation et détente dans un cylindre à part, autrement dit la machine de Woolf (§ 714), ne procure pas une économie marquée sur celle où la détente a lieu dans le cylindre où se fait d'abord l'admission de la vapeur de la chaudière, mais elle fonctionne avec une régularité plus grande et mieux soutenue. L'addition du cylindre de détente la rend plus lourde et plus encombrante. Elle convient moins que la machine sans condensation pou de grandes vitesses de rotation des manivelles.

728. *Machine à balancier en l'air dite de Watt* (*fig.* 51, *pl.* **51**). — L'établir dans le cas où l'axe de l'arbre moteur est situé au-dessus du sol, à une hauteur comprise entre moins 1 de la longueur de la manivelle ou entre 0 et 1 au-dessous du sol.

Longueur de la bielle, entre 4 et 6 fois le rayon de la manivelle.

Emploi de la vapeur, basse ou moyenne pression ; quelquefois haute pression, mais à très-grande détente. C'est la machine à condensation par excellence.

Vitesse de rotation de l'arbre, de 10 à 30 révolutions par minute.

Encombrement. — Système le plus encombrant et le plus pesant.

Emploi et force. — Épuisements et élévation de l'eau, machines-outils des grandes usines, etc., se conserve pendant longtemps en bon état de fonctionnement. Applicable à toutes les puissances depuis dix chevaux.

729. *Machine à balancier en bas* (*fig.* 52). — Système presque exclusivement employé pour la grande navigation par des bâtiments à roues. Mêmes indications que pour la machine à balancier en l'air.

730. *Machine à bielle en cadre* (*fig.* 53). — L'établir dans les mêmes cas que la machine à balancier en l'air, et préférablement si l'arbre moteur est à une longueur de manivelle au-dessous du sol.

10.

Longueur de la bielle, entre 4 fois 1/2 et 6 fois celle de la manivelle.

Emploi de la vapeur, moins bien disposée pour la condensation que la machine à balancier ; moyenne ou haute pression avec détente prolongée.

Vitesse de rotation de l'arbre, de 30 à 40 révolutions par minute.

Encombrement en largeur, à cause du cadre formé par les bielles.

Emploi et force, machines soufflantes, manége des usines et puissance de 5 à 40^{chx}. L'usage en était assez répandu jadis, il l'est beaucoup moins actuellement.

731. — *Machine à bielles pendantes* (*fig.* 55). — L'établir dans les mêmes cas que la machine à bielle en cadre et pour remplir les mêmes conditions de vitesse et de puissance. Elle est un peu moins encombrante que cette dernière.

732. *Machine à bielle en l'air* (*fig.* 57). — L'établir dans les cas où l'axe de l'arbre est situé à une hauteur au-dessus du sol, comprise entre 6 et 10 fois la longueur de la manivelle.

Longueur de la bielle, aussi grande que l'exige la distance entre le piston au bas de course et l'axe de l'arbre ; mais ne lui faire jamais dépasser 10 fois le rayon de la manivelle.

Emploi de la vapeur ; moyenne et haute pression, détente plus prolongée au-dessus qu'au-dessous du piston ; avec ou sans condensation.

Vitesse de rotation de l'arbre ; de 15 à 60 révolutions par minute.

Emploi et puissance ; l'emploi est justifié par les exigences de hauteur. Force de 6 à 30 chevaux.

733. *Machine à pilon* (*fig.* 54). — L'établir dans les cas où l'arbre moteur est situé au-dessous du sol, à une distance comprise entre 6 et 18 fois la longueur de la manivelle.

Longueur de la bielle ; aussi grande que possible sans qu'elle dépasse 10 fois le rayon de la manivelle.

Emploi de la vapeur; moyenne et haute pression, détente plus prolongée au-dessus qu'au-dessous du piston; avec ou sans condensation.

Vitesse de rotation de l'arbre, de 30 à 120 révolutions par minute.

Emploi et puissance. — Embarcations à vapeur; bâtiments à vapeur à hélice; puissance de 4 à 500 chevaux.

734. *Machine horizontale à bielle directe (fig.* 56). — Disposition qui s'accommode le mieux avec toutes les exigences de position de l'axe de l'arbre.

Longueur de la bielle, de 2 à 10 fois le rayon de la manivelle.

Emploi de la vapeur. — Moyenne et haute pression, sans détente ou détente très-prolongée. La condensation y est peu souvent appliquée; cependant il n'y a pas de difficultés particulières pour l'y établir.

Vitesse de rotation. — On peut donner à l'arbre toutes les vitesses, depuis les plus petites jusqu'aux plus grandes.

Emploi et puissance. — La machine horizontale est la plus répandue dans tous les cas de l'industrie, de la navigation, et de la traction sur les voies ferrées. Cette vogue s'explique par les grandes facilités d'installation qu'elle présente, comparativement aux autres systèmes. L'inconvénient qui la caractérise, est l'ovalisation du cylindre, après un temps de fonctionnement plus ou moins long, car tout le poids du piston et de ses attirails s'exerce dans la partie du bas du cylindre, tandis que la partie du haut est très-souvent écartée de la bague métallique du piston. Pour cette raison, si le choix est possible, on doit écarter la machine horizontale, pour des puissances au-dessus de 10 chevaux.

735. *Machine à cylindre oscillant* sur deux tourillons situés diamétralement au milieu de la hauteur du cylindre (*fig.* 58).

Longueur de la bielle, de 4 à 5 fois celle de la manivelle.

Emploi de la vapeur, basse et moyenne pression; utilise convenablement aussi la haute pression, mais la condensation y est moins efficace que dans les autres systèmes, en raison des fuites par les tourillons d'oscillation : ceux-ci sont creux et servent de passage à la vapeur admise ou évacuée.

Vitesse de rotation, de 30 à 100 révolutions de l'arbre moteur, par minute.

Emploi et puissance; convient particulièrement aux machines-outils à faire mouvoir directement par la machine motrice : martinets, cisailles, etc. Elle est d'un meilleur emplo' que les machines à balancier en bas, pour les bâtiments à vapeur à roues. En plaçant les tourillons d'oscillation à une hauteur commandée par la circonstance, on peut facilement l'appliquer à tous les travaux industriels. — Au-dessous de 10 chevaux, son rendement est inférieur au plus grand nombre des autres systèmes en usage. Quelques machines oscillantes de navigation développent 1,200 chevaux.

736. *Machine à bielle oscillante où à tige-bielle (fig. 59).* — L'employer dans les mêmes circonstances que la machine à bielle en l'air (§ 732).

Emploi de la vapeur; plus particulièrement la haute pression sans condensation à très-grande détente, plus prolongée au-dessous qu'au-dessus du piston. Système peu économique en raison du refroidissement de la vapeur dans le cylindre par le fourreau qui, fixé au piston, entre dans le cylindre et en sort alternativement.

La figure 35, pl. **17** est une machine à deux fourreaux en usage dans la navigation maritime.

Puissance. — La machine à bielle oscillante ne convient pas pour des puissances au-dessous de 20 chevaux.

737. *Machine à cylindre horizontal à bielle en retour (fig. 33,* pl. **17**, § 361). — Elle a les mêmes inconvénients que celle à bielle directe (§ 734), avec l'avantage en plus de pouvoir donner à la bielle une plus grande longueur dans le même espace occupé par l'ensemble de l'appareil. Ce système est adopté comme type actuel de la machine à vapeur marine de la flotte militaire.

738. *Machine rotative.* — Dans ce système de machine à vapeur, l'arbre moteur, directement lié au piston ou au cylindre, tourne sans l'intermédiaire de la bielle et de la mani-

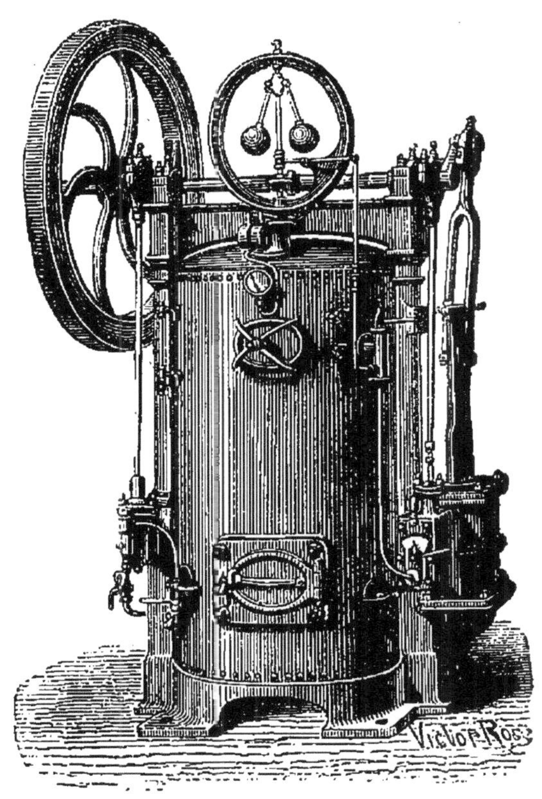

Fig. 61.

velle : la vapeur agit directement sur le piston ou le cylindre, pour lui donner un mouvement de rotation continu.—Aucun résultat satisfaisant n'a été atteint par la machine rotative. bien qu'un très grand nombre d'installations aient été soumises à l'expérience. On peut dire que les inventeurs ont dans cette voie, épuisé les promesses et accumulé les déceptions sans avoir trouvé une machine rotative *réellement pratique.*

739. *Machine adossée à sa chaudière (fig. 61 du texte).* — Ce système de machine motrice, dont la chaudière est représentée en coupe, figure 37 du texte, p. 485, a acquis dans ces derniers temps une très grande vogue, justifiée par les avantages qu'elle présente comme facilité d'établissement soit à poste fixe, soit à déplacements fréquents. La conduite de la chaudière et de la machine est également facile, et peut être faite par un chauffeur d'une habileté ordinaire. La consommation de combustible n'est pas inférieure à la moyenne accusée par les petites machines fixes. Elle convient parfaitement pour des puissances de 1 à 10 chevaux, mais pas au-dessus de ce dernier nombre.

Les systèmes de machines qui restent depuis nombre d'années dans la pratique doivent certainement ce bénéfice à quelques-unes de leurs qualités spéciales. Il convient de signaler, par suite de cette considération la machine qui peut être à volonté fixe ou locomobile connue sous le nom de système Hermann-Lachapelle, représentée figure 61 du texte.

740. *Machine locomobiles.* — Pour une force de 2 à 6 chevaux et à grande vitesse de rotation de l'arbre, la chaudière tubulaire (§ 664) et la machine horizontale sont préférables à tous les autres systèmes (voir *fig.* 20, pl. **41**). Pour une force de 6 à 10 chevaux, l'installation représentée pl. **52** convient parfaitement.

La prise de vapeur à la chaudière, FF′, aboutit à la boîte à tiroir ; l'évacuation se fait dans la cheminée H, par le tuyau E, E′ (tirage forcé, § 679). La grande bielle G est articulée dans le bas, sur le tourillon d'une bielle pendante dont l'extrémité supérieure vient prendre l'extrémité de la traverse de la tige K. — Il y a deux bielles pendantes et deux grandes bielles.

740bis. Un système de locomobile est représenté en élévation de coté par la figure 62 ci-après. Il est connu dans l'industrie et dans les exploitations agricoles sous la qualification de *locomobile inexplosible Belleville* du nom de l'in-

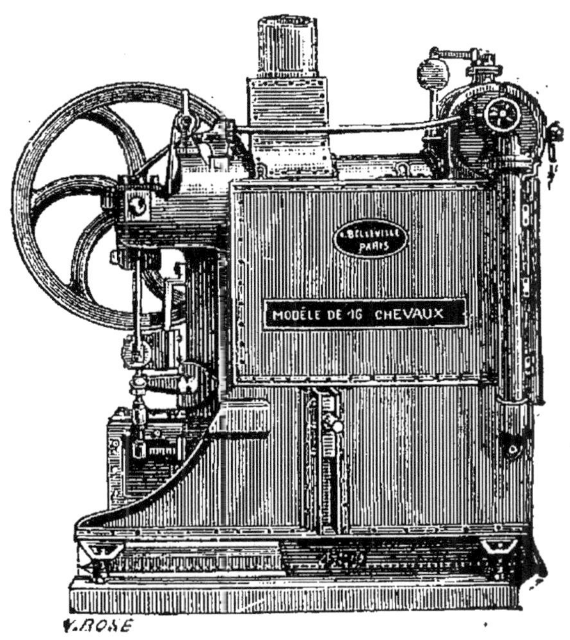

Fig. 62.

venteur. Le mécanisme constitué par un cylindre vertical et la bielle en l'air, est fixé sur un bâti situé derrière la chaudière. Celle-ci est du système multitubulaire représenté page 589 figure 41, et décrite au paragraphe 750 ci-après.

En outre de la sécurité à l'emploi, la locomobile dont il s'agit présente le grand avantage, dans beaucoup de cas de l'application, de pouvoir être démontée (chaudière et machine) par fractions dont les plus lourdes ne dépassent pas 130 kilogrammes pour les modèles de 12 chevaux de force et 100 kilogrammes pour des puissances moindres. Chacun des éléments de la chaudière (§ 750) dont la réunion forme l'ensemble d'un générateur inexplosible est très facilement démontable soit en entier soit en partie par un chauffeurmécanicien ; il est donc possible, tout au moins de réparer la partie capitale d'une chaudière sans le secours d'un atelier, considération d'une très grande importance dans un très grand nombre de circonstances.

Principaux types de moteurs à vapeur admis dans la pratique de 1869 à 1887.

741. Le système dit *Compound* du mot anglais qui signifie composé, consiste à admettre la vapeur tout d'abord dans un premier cylindre dont le volume est plus petit de moitié ou du tiers du second cylindre et de la faire évacuer ensuite dans ce second cylindre d'où elle passe au condenseur, après avoir travaillé sans détente ou avec une très petite détente dans le cylindre de première *admission* dit *cylindre de haute pression* et, après avoir travaillé en grande détente dans le grand cylindre ou *cylindre de basse pression* qui évacue au condenseur. Le bénéfice de la machine *Compound* résulte de ce que le petit cylindre étant peu refroidi après chaque évacuation de la vapeur au grand cylindre, parce que la détente y est nulle ou très petite, la chute de température de la nouvelle vapeur admise est faible et la condensation beaucoup moins abondante que s'il y avait communication avec un milieu relativement très froid, comme celui du condenseur.

Le grand cylindre communique, il est vrai, avec le condenseur, mais la chute, la différence de température y est peu élevée, puisque la vapeur venue du cylindre de haute pression s'y détend graduellement en raison de la différence de volume de ces deux récipients. En résumé, il est prouvé par des essais prolongés que les condensations que la vapeur subit dans le cylindre augmentent très nettement la consommation de vapeur. Aussi les détentes prolongées dans le même cylindre, avec la vapeur à haute pression de 4 à 10 atmosphères donnent en fait de mauvais résultats, parce qu'elles exagèrent les condensations. Ainsi s'explique la faveur dont jouissent les machines nouvelles marchant en Compound.

Un autre avantage du Compound résulte de l'emploi économique de la vapeur à très haute pression facilité par le petit cylindre, ce qui ressort des explications qui précèdent.

Chacun des pistons à haute et à basse pression agit sur le même arbre moteur par l'intermédiaire de manivelles calées à 90° ou suivant l'angle le plus favorable à l'atténuation des points morts (§ 705). C'est encore là un bénéfice donné par le principe même du Compound.

Sur la planche 53, est figurée une machine Compound actionnant deux pompes horizontales P, P (*fig.* 2) et quatre pompes verticales dont on voit deux tiges de transmission de mouvement *t*, *t'* (*fig.* 1). Cette figure représente la vue latérale de l'ensemble de l'installation dont la figure 2 est la coupe horizontale pour les cylindres à vapeur A, A', pour celle des cylindres P, P, des pompes, en même temps qu'elle représente le plan horizontal de tout l'appareil.

La légende ci-après suffira pour faire comprendre dans ses parties principales cet appareil remarquable construit par la Société Lyonnaise des constructions mécaniques, destiné aux services multiples suivants :

1° Élever 260 mètres cubes d'eau, par heure, à une hauteur de 9 mètres pour le service d'une machine à vapeur à condenseur tubulaire (§ 744). A ce travail sont affectées les quatre pompes verticales actionnées par l'arbre *o*. Le travail absorbé est de 9 à 10 chevaux.

2° Pendant les temps d'arrêt de la machine à condenseur tubulaire, élever 130 mètres cubes d'eau, par heure, à une hauteur de 60 mètres. Le travail absorbé est de 18 à 20 chevaux.

3° Refouler, dans une conduite d'eau destinée à éteindre un incendie avec un jet sous pression de 50 à 60 mètres représentant le travail effectif de 50 chevaux, au moyen des deux pompes à double effet P, P, figure 2.

Les variations de force mécanique comprises entre 9 et

50 chevaux, qui sont nécessaires pour remplir les trois conditions énoncées, exigent un moteur spécial d'une très grande élasticité de puissance tout en restant dans les conditions de rendement satisfaisantes. La machine Compound à deux cylindres facilitait la solution du problème, particulièrement parce qu'elle permettait de produire exceptionnellement une puissance cinq fois plus grande que la puissance minima, en faisant travailler les deux pistons à haute pression en même temps.

A, cylindre à haute pression.

A', cylindre à basse pression.

B, arbre moteur de la machine, actionnant les pompes à incendie PP (*fig.* 2).

b, *b'*, bielles de transmission des pistons moteurs à l'arbre moteur B.

C, arbre des pompes verticales dont les tiges *t*, *t'* (*fig.* 1) indiquent la position dans l'ensemble de l'installation.

Il reçoit son mouvement de l'arbre moteur BB par l'intermédiaire d'un pignon *m* engrénant avec la roue dentée *n*. Les circonférences limites de ces deux roues sont indiquées en ligne brisée (*fig.* 1).

f, manchon d'assemblage mobile de l'arbre moteur B, avec l'arbre à deux vilebrequins où sont articulées les bielles des pistons P, P des pompes à incendie.

g, glissière ou guide de la tige du piston de haute pression.

m°, passage d'aboutissement du réservoir intermédiaire entre le petit cylindre et le grand cylindre, rempli par la vapeur évacuée du premier au second de ces récipients. Une chemise de vapeur entoure le petit cylindre ; elle est indiquée au-dessous de la lettre *m*°.

p, volant de la machine motrice.

x, excentrique du tiroir de la détente système Meyer manœuvré au moyen de la manette *v'*, et excentrique du tiroir de distribution au petit cylindre A.

x', excentrique du tiroir du cylindre de détente.

v, tiroir remplaçant la valve d'admission habituellement en usage. Il est disposé pour permettre d'introduire la vapeur, à volonté, dans le petit cylindre et de faire communiquer l'échappement des deux cylindres avec l'air libre.

V, tuyau d'arrivée de la vapeur dans la boite à tiroir du cylindre de haute pression en passant par la chemise de ce cylindre.

Voir le moteur à vapeur de navigation système Compound représenté dans la planche 55 et décrite au paragraphe 744.

742. Les avantages de la machine Compound ordinaire, ou à deux cylindres, découlent en partie d'une chute moins grande de la température de la vapeur entre son arrivée et son évacuation dans le cylindre admetteur, et en partie, de ce que ce premier récipient n'est jamais en communication directe avec un milieu de basse température, comme elle existe au condenseur. En outre, les espaces nuisibles du cylindre unique des moteurs à un seul cylindre sont forcément plus considérables que dans le Compound. — Ces avantages s'accentuent avec le nombre de cylindres où la détente se produit successivement[1]. C'est ce qui a conduit aux machines à trois, à quatre cylindres, en employant dans les cylindres admetteurs la pression de la chaudière, poussée jusqu'à 10, 12 et même 15 atmosphères.

L figure 63 du texte représente le canevas très succinct d'un moteur à triple détente : deux petits cylindres admetteurs évacuent dans le cylindre intermédiaire et celui-ci évacue un cylindre de basse pression. La position angulaire des manivelles actionnées par les deux bielles de la machine considérée dans son entier, est mesurée par les lignes pointillées. Les flèches indiquent la direction de la vapeur.

La figure 64 donne les lignes d'axe des cylindres et des

___

(1) Voir l'exposé théorique de cette question dans l'ouvrage très remarquable de M. Bienaymé, directeur des constructions navales : *Cours de machines marines* professé à l'Ecole du génie maritime.

bielles d'une machine à quadruple détente ou à quatre cylindres, avec réservoirs intermédiaires de la vapeur pas-

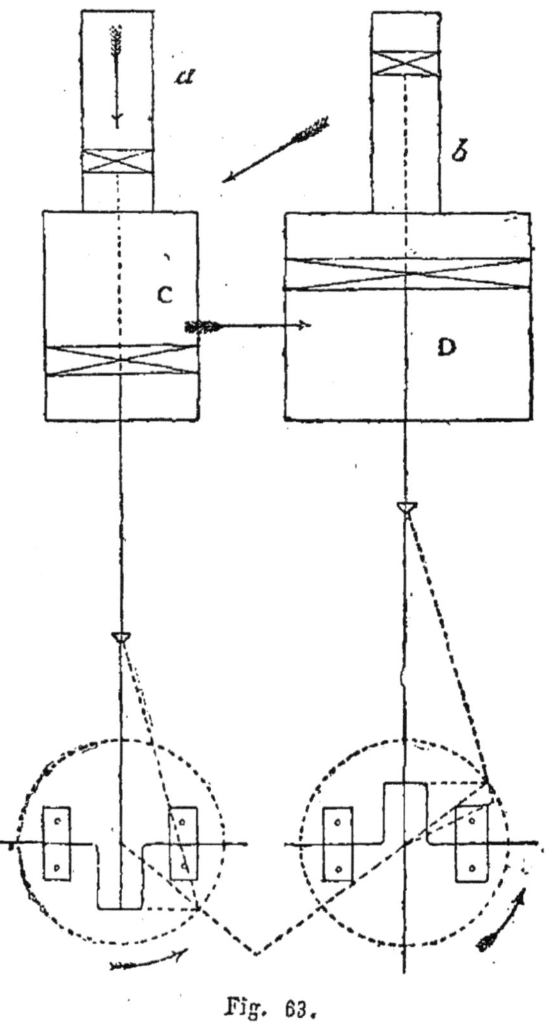

Fig. 63.

sant de l'un à l'autre cylindre. Les flèches marquent le chemin de la vapeur et les lignes pointillées indiquent l'angle formé par les manivelles.

Les figures de 5 à 8, pl. 58, représentent à une échelle très petite les courbes d'indicateur, ou diagrammes (§ 722) relevés sur une machine à quatre cylindres. Les indications numériques qui les accompagnent expriment le travail total donné par chacun des cylindres d'où l'on déduit le

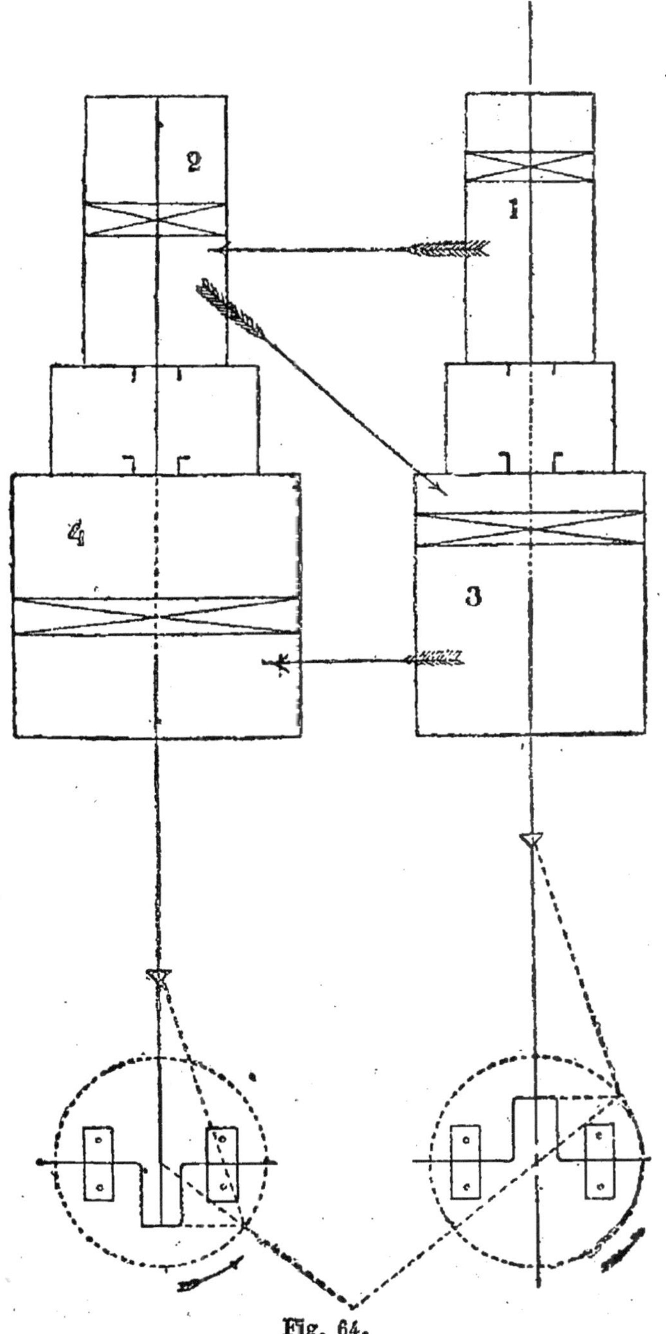

Fig. 64.

travail partiel de chacune des deux machines isolées que comprend le système. Chaque machine doit produire, très à peu près, le même nombre de chevaux-vapeur sur le piston.

Dans l'exemple :

$$1^{re} \text{ machine} \left\{ \text{cylindres} \left\{ \begin{array}{l} 1, \text{ force } 85 \text{ ch}^x \text{ diagr. } 5 \\ 3, \text{ force } 118 \text{ ch}^x \text{ diagr. } 7 \end{array} \right\} \text{total } 203 \text{ ch}^x \right.$$

$$2^{e} \text{ machine} \left\{ \text{cylindres} \left\{ \begin{array}{l} 2, \text{ force } 108 \text{ ch}^x \text{ diagr. } 6 \\ 4, \text{ force } 104 \text{ ch}^x \text{ diagr. } 8 \end{array} \right\} \text{total } 212 \text{ ch}^x \right.$$

La différence de neuf chevaux est sans importance sur la régularité de la rotation de l'arbre. C'est un résultat analogue qu'il faut obtenir avec la machine à détente successive ou à *cascade*, afin de recueillir les avantages qu'elle est capable de donner sur les appareils à un cylindre unique pour l'admission et la détente, et sur les machines du système Woolf à deux ou à trois cylindres (§ 714).

743. Les distributeurs de vapeur en forme de coquille ont été employés presque exclusivement à tous autres. Dans ces derniers temps, on est revenu aux distributeurs à soupape et aux tiroirs qui manœuvrent par *oscillation* au lieu de *glisser* sur une surface plane comme les tiroirs à coquille (§ 711). Les distributeurs oscillants Corliss, du nom de leur inventeur, sont en grande faveur et on désigne du nom de machine Corliss les machines à vapeur où ils sont établis. La pl. 54 représente en coupe verticale, suivant l'axe longitudinal du cylindre, une machine de ce système.

La vapeur arrive du générateur par le tuyau V, suit la direction des flèches pour arriver sur les distributeurs d'admission T, T'. Ces distributeurs ont la forme d'un rail dont la partie inférieure, le patin, est un arc de même diamètre que les cylindres $b\,b'$ dans lesquels ils oscillent entraînés par la tige a qui reçoit son mouvement des leviers placés à l'extérieur. Leur longueur est celle de l'orifice du cylindre qui est la plus grande possible. Dans leur mouvement d'oscillation les obturateurs ferment ou ouvrent la communication entre le petit cylindre b rempli de vapeur, et l'intérieur du grand cylindre où se meut le piston moteur P, P. Sur le dessin de la planche 54, le distributeur T a ouvert à la vapeur l'arrière du cylindre, et le distributeur T′ a fermé l'avant. L'échappement a lieu par l'oscillation des deux obturateurs E, E, affectant la forme de deux demi-cylindres creux; comme les organes de l'admission T, T′ ils oscillent avec leur tiges a; dans le dessin, E ferme au condenseur C qui est situé au-dessous du cylindre et E′ ouvre à l'échappement.

Les positions des leviers qui donnent le mouvement aux distributeurs Corliss sont indiquées en lignes brisées sur le dessin. Le moment des admissions et des échappements est réglé par un plateau à cames mis en mouvement par un régulateur à force centrifuge ou par des cames disposées verticalement. Le distributeur oscille à ouvrir sous l'action de la came et se ferme brusquement par l'action d'un petit piston actionné par l'air comprimé ou par des ressorts.

Les avantages des distributeurs Corliss sont, principalement de diminuer de beaucoup les espaces morts (§ 705), d'éviter l'étranglement de la vapeur à son passage par les orifices du cylindre, parce que les mouvements d'oscillation sont brusques et, par suite l'ouverture est pour ainsi dire instantanée. Aussi la plénitude des diagrammes relevés sur une machine Corliss (§ 722) indiquent une meilleure utilisation de la vapeur que ceux donnés par les machines à tiroir glissant.

Les distributeurs à soupape sont quelquefois employés. Ils présentent des avantages analogues à ceux des tiroirs oscillants. Ils sont en usage depuis le début des machines à vapeur sur les bateaux à vapeur de rivière en Amérique.

744. Les machines à condensation de la vapeur par le contact de celle-ci avec des surfaces métalliques constamment refroidies sont lés plus économiques, toutes choses

égales par ailleurs, parce que c'est toujours la même eau
qui revient à la chaudière après qu'elle en est sortie sous
forme de vapeur pour travailler dans les cylindres des
pistons moteurs. En effet, lorsque la vapeur est évacuée
directement du cylindre dans l'air, la contre-pression sur
le piston est fatalement un peu supérieure à la pression
atmosphérique (§ 727); on perd donc, dans ce cas, plus de
1 kilogramme de pression effective par centimètre carré de
surface du piston. Dans le cas où la vapeur est évacuée
dans un condenseur où elle est condensée par une pluie
d'eau froide (§ 717), c'est le mélange de cette eau avec celle
qui provient de la condensation qui fournit l'eau d'alimentation à la chaudière. Mais ce mélange ne comprenant en
moyenne que 1/30 d'eau de condensation ou eau distillée,
l'apport des sels divers contenus dans l'eau douce (§ 829)
détermine les dépôts calcaires et autres qui s'accumulent
dans les générateurs de vapeur dont ils diminuent la puissance vaporisatrice. Les extractions abondantes et réglées,
qu'il est indispensable de pratiquer dans les chaudières,
occasionnent des pertes de chaleur traduites finalement par
des consommations de combustible importantes. D'autre
part, les dépôts de sel ont lieu par précipitation immédiate
toutes les fois que l'eau d'alimentation est injectée dans la
masse liquide de la chaudière et lorsque la température dans
le milieu est dans les environs de 150° et dépasse ce nombre. La
conséquence de ce phénomène de l'ordre chimique est de
limiter la pression de la vapeur à employer, à 3 atmosphères
environ (voir la table, page 569). On perd donc ainsi tous les
bénéfices donnés par des pressions très élevées. En ce qui concerne les machines de navigation, le progrès dû à la condensation par contact est de la plus haute importance, parce
que l'eau de mer contient une bien plus grande quantité de
sels de différente nature que l'eau douce la plus chargée, et
parce que il devient possible de faire usage de la pression
produite à la chaudière, jusqu'à 10 et 15 atmosphères et
d'employer alors des machines peu volumineuses et d'un

poids réduit. C'est une machine marine à condenseur tubulaire ou *condenseur à surface* que représentent les 4 figures de la planche 55.

Description du dispositif particulier à la condensation par contact: la vapeur évacuée du cylindre de détente (fig. 3) passe par le conduit *cd* du bâti creux, pour entrer au condenseur tubulaire CD,CD. Celui-ci est garni d'un très grand nombre de petits tubes en laiton, dans lesquels une pompe spéciale BH' (fig. 4), dite pompe de l'eau de circulation, fait passer un courant continu d'eau froide. La vapeur qui remplit l'intervalle entre les tubes se refroidit assez vite, se condense et l'eau distillée qui en provient s'accumule à la partie basse du condenseur dans la chambre cylindrique 3,4. La pompe à air Y, à simple effet, puise l'eau ainsi obtenue, la refoule à la bâche BH, d'où part le grand tuyau dans lequel pénètre la prise d'eau *am* de la pompe d'alimentation. Une soupape de trop plein *sp* surmonte ce tuyau.

Le système de la machine figurée pL. 55, qui a été construite par la société des Constructions navales, au Havre, est ainsi qualifié à ses divers points de vue :

Machine marine verticale à pilon (§ 733).

Machine à deux cylindres Compound. (§ 741).

Machine à condenseur tubulaire.

Machine à haute pression (§ 727).

Légende par ordre alphabétique.

AA', arbre moteur.

B,B', grandes bielles.

b, tige de la pompe à air, articulée au piston *p* en passant dans le fourreau *f* fixé à ce même piston.

bl, balancier transmettant le mouvement au piston de la pompe à air.

bl', balancier transmettant le mouvement au piston de la pompe de circulation de l'eau froide dans les tubes du condenseur.

C, cylindre de basse pression ou grand cylindre.

11.

C', cylindre de haute pression ou petit cylindre.

CD, condenseur tubulaire.

cd, passage de la vapeur évacuée du cylindre C au condenseur.

c, arc denté qui engrène avec le pignon fixé sur l'arbre de la roue *mn*.

E^2, prise sur le condenseur du tuyau d'eau de la circulation de l'eau refroidissante.

E^1, tuyau de refoulement de l'eau de circulation, poussée au dehors du bâtiment par la pompe BH' (fig. 4).

ev, passage de la vapeur évacuée du petit cylindre C' au réservoir M, d'où elle passe dans la boîte à tiroir T.

ll, *l'l'*, glissières des pieds de bielle.

M, réservoir où passe la vapeur évacuée du cylindre à haute pression C', pour se rendre à la boîte à tiroir T' du cylindre de basse pression (voir la fig. 4).

m, *n*, roue à volant de mise en marche, agissant sur le secteur S'.S. par l'intermédiaire du levier *r,r'*.

N,N', manivelles de l'arbre moteur.

n, Clapet du piston de la pompe à air à simple effet. Un clapet s'ouvrant en dedans de la chambre 3,4 et dont le siège est fixé dans la partie basse du condenseur, n'est pas marqué sur la figure 3 parce que la coupe verticale représentée par cette figure ne passe pas par le clapet dont il est question; il est indispensable pour retenir dans la chambre de refoulement 3,4 l'eau qui, poussée par le piston *p* de la pompe, pendant la descente de celui-ci, fait soulever le clapet de ce même piston et passe au-dessus.

p', clapet de la bâche BH, dans laquelle l'eau de condensation est refoulée pour passer dans le grand tuyau où aboutit la prise d'eau alimentaire *am*.

o, tourillon du balancier de la pompe à air.

o', tourillon du balancier de la pompe de circulation.

P, piston du cylindre de basse pression.

P', piston du cylindre de haute pression.

PR, récipient cylindrique qui contient le cylindre de la

pompe à air Y et la chambre d'accumulation de l'eau de condensation, 3,4.

r,r', levier de manœuvre du secteur SS' qui donne le mouvement au tiroir.

SS', secteur à coulisse transmettant le mouvement au tiroir.

sp, soupape de trop-plein de la bâche pour l'évacuation, au dehors du navire, de l'eau refoulée à la bâche au cas où l'alimentation à la chaudière ne consommerait pas toute l'eau condensée à un moment donné.

T, boîte à tiroir du cylindre de détente.

T', boîte à tiroir du cylindre de haute pression.

t,t', tringles de transmission de mouvement, de l'excentrique *x* au secteur à coulisse du tiroir.

v, palier de butée contre lequel s'exerce l'effort de l'hélice qui fait marcher le bâtiment en avant ou en arrière.

x, chariot d'excentrique du mouvement du tiroir de basse pression.

x', chariot d'excentrique du tiroir de haute pression.

L, secteur qui commande le tiroir de détente du cylindre de haute pression.

1,1, tige du tiroir de détente.

2,2, tige du tiroir d'admission.

3,4, chambre de l'eau de condensation.

5,6, passage de la vapeur, formant enveloppe autour du cylindre de basse pression.

7, passage de la vapeur évacuée au condenseur et passant par la colonne creuse en *cd*.

8,9, tourillons fixés à la tête de bielle où sont articulés les balanciers *bl, bl'* dont le centre d'oscillation sont ceux des tourillons *o, o'*.

10,11, pompe alimentaire et pompe de cale.

745. La planche 61 comprend trois vues de l'installation d'un moteur à vapeur, actionnant 4 pompes à simple effet, qui aspirent l'eau d'un puits, pour l'élever dans un réservoir à 65 mètres de hauteur totale. Cette installation combinée et exécutée par M. J. Cornez, à l'usine de Péruwelz, en Belgique, est appliquée au service des eaux de la ville de Saint-Raphaël. Elle donne des résultats à noter.

Fig. 1, vue en élévation de l'extrémité de l'installation, par l'arrière du cylindre à vapeur C. Une déchirure voulue laisse voir une partie du bas du condenseur tubulaire.

Fig. 2, vue d'un ensemble par la partie latérale coupant une pompe et ses conduites ; une déchirure voulue laisse voir un bout du condenseur tubulaire.

Fig. 3, vue d'ensemble, en plan horizontal, avec des coupes partielles de la boîte à tiroir T, du condenseur D, de la plaque de pose des pompes cp, cp.

Le moteur à vapeur est à cylindre unique C, en porte à faux ; il travaille à volonté sans condensation ou à condensation par contact. Le sabot ar où est articulée la grande bielle B et où se trouve fixée la tige i du piston, marche dans la glissière C, formée par un cylindre à ouverture latérale. La tête de bielle est articulée sur un tourillon fixé au plateau PL claveté sur l'arbre de couche AA. Un pignon PN (fig. 2), fixé à l'arbre moteur, engrène avec la grande roue dentée RD qui, par un disque d, fixé à l'arbre de cette roue, donne le mouvement aux pistons plongeurs des pompes N, par l'intermédiaire d'une bielle à fourche bl (fig. 3) ; la ligne d'axe de cette bielle est marquée fig. 2 ; il y a une bielle et un disque après chaque palier pl,pl de l'arbre de la roue (fig. 3). Le rapport des diamètres entre le pignon et la roue est 3 ; les pompes marchent ainsi 3 fois moins vite que le piston de la machine.

Le condenseur D est du système tubulaire ; la vapeur évacuée du cylindre y arrive par le tuyau E sur lequel une roue à main v permet d'ouvrir à volonté la communication avec l'air libre par E', ou avec le condenseur par E''. Dans les tubes passe l'eau aspirée au puits par les pompes, la même qui doit être refoulée dans les réservoirs, à 65 mètres de hauteur ; il y a de ce fait l'économie de travail d'une pompe spéciale à la circulation de l'eau refroidissante. C'est par le conduit AS (fig, 3), l'intérieur des coquilles 5,3, le tuyau 4, que passe l'eau aspirée par les pompes placées en cp,cp. Le clapet 1 (fig. 2) se lève pendant le mouvement d'aspiration de la pompe, l'eau entre dans l'espace vide laissé par le piston, et lorsque celui-ci revient vers le fond du cylindre, l'eau refoulée fait fermer la soupape d'aspiration 1, ouvrir la soupape de refoulement 2 et la soupape de retenue R. L'eau est refoulée encore dans le récipient ou cloche L pour passer de là dans la canalisation qui aboutit au réservoir d'approvisionnement de la ville.

Le surplus de la légende explicative est donné par les lettres suivantes :

AD, tuyau d'arrivée de la vapeur dans la boîte à tiroir.

A, pompe d'alimentation aux chaudières mise en mouvement par l'excentrique x et sa bielle. C'est un même mécanisme qui donne le mouvement à la pompe à air pr (fig. 1) en agissant sur le levier lv.

D, (fig. 1), aboutissement du tuyau d'aspiration AS (fig. 3) des pompes N, placées en cp,cp. L'eau aspirée pénètre par D à l'intérieur de la coquille 5, passe dans les tubes, dans la coquille arriéré 3 et va aux pompes situées en cp,cp.

H, bâche qui reçoit l'eau provenant de la vapeur condensée envoyée par la pompe à air pr (fig. 1).

l, tuyau de refoulement des pompes, partant de la cloche L pour aboutir au réservoir situé à 65 mètres de hauteur.

N, piston plongeur d'une pompe.

t, t', tuyaux de refoulement des pompes (fig. 1); ils viennent se jointer aux tuyaux R (fig. 3).

V, volant fixé à l'arbre AA, où est claveté le pignon P N.

Dimensions des parties principales et résultats numériques :

Cylindre à vapeur, diamètre...................... 0,34
      —   course........................ 0,60
Nombre de coups de piston par minute.......... 44,46

Pression moyenne à la chaudière.................... 4^{kil},56

—   au cylindre.................... 1^k,475

Pression effective sur le piston.. ...., 1^k,475

Pompes à simple effet, nombre................... 4

— diamètre........................... 0,20

— course........................... 0,40

— rendement........................... 0,87

Quantité d'eau élevée par minute, à 74 mètres de hauteur, perte de charge comprise................ 658^{lit}

T, travail moteur sur le piston vapeur......... 16^{ch}

T', travail réalisé en mètres d'eau calculé avec la perte de charge................................ 10^{ch}82

R, rapport du travail utile au travail moteur.

$$R = \frac{T'}{T} = 0,68$$

Ces résultats ont une bonne valeur pratique.

Les données numériques relatives aux condenseurs à surface sont en moyenne, les suivantes :

Surface totale des tubes, de 20 décimètres carrés par cheval sur le piston ; on donne aussi de 3 à 2 décimètres carrés par kilogramme de vapeur à condenser. — Diamètre extérieur des tubes en laiton, de 15 à 20 millimètres; épaisseur du métal de 3/4 à 1 millimètre. — Volume de l'eau de circulation comptée à 10° de température à l'entrée et à 40° à la sortie, de 35 à 45 fois le volume de l'eau condensée. — Volume de la pompe à air donnant de 16 à 18 décimètres cubes par minute.

746. — La vapeur d'eau mélangée avec des vapeurs de différents liquides, tels que l'éther sulfurique, l'ammoniac liquide, etc., a été l'objet de longues et patientes recherches qui ont conduit à quelques applications qui n'ont pas persisté dans la pratique. Au premier examen de la question, il semble qu'il doit résulter une grande économie de combustible de l'association de vapeur d'eau et d'éther, de chloroforme ou d'ammoniac, parce que ces derniers liquides se vaporisent à une température bien moins élevée que l'eau. En effet, l'eau exige 100° de chaleur sensible et 537° de chaleur de vaporisation (§ 609), total 637 calories pour être transformée en vapeur ayant une pression de $1^k,033$ grammes, tandis que l'éther sulfurique, par exemple, se vaporise à 38° de chaleur sensible et absorbe 97 calories pour être transformé en vapeur, total 135 calories, soit un peu moins du cinquième de la dépense en ce qui se rapporte à l'eau. Mais le travail mécanique qu'on peut tirer des deux vapeurs, est sensiblement proportionnel à la quantité de chaleur qu'elles contiennent. Le seul moyen de tirer bénéfice des circonstances de leur différence de facilité de vaporisation, consiste à faire vaporiser l'éther par la chaleur qu'abandonne la vapeur d'eau en se condensant dans un condenseur analogue à celui des machines à condenseurs tubulaires (§ 744). Le mélange des deux liquides dans des proportions déterminées n'a pas donné de résultats économiques, parce que, en principe, un mélange de deux liquides qui se dissolvent donne une vapeur dont la tension est moindre que celle du liquide le plus volatil.

Les machines construites jusqu'à ce jour pour utiliser les vapeurs combinées de divers liquides, ont été remplacées peu après leur mise en service par des machines à vapeur d'eau. Ce n'est que pour mémoire qu'il en est question ici.

747. *Moteur à gaz.* — On désigne ainsi les machines motrices disposées dans l'ensemble du mécanisme comme le sont les machines à vapeur horizontales, mais dans lesquelles la vapeur d'eau est remplacée par un mélange explosif composé d'environ 1 volume de gaz d'éclairage (§ 747 *bis*) pour 7 volumes d'air atmosphérique ; le mélange, introduit par des voies différentes dans un cylindre où se meut un piston à fourreau (§ 736) sur lequel une bielle est articulée, est allumé par une étincelle électrique ou par une flamme de gaz ; l'*explosion* et la détente du gaz qui en sont la suite pousse le piston du bas, au haut du cylindre, c'est la période de course utile. La lecture du diagramme ci-dessous (fig. 65) donnera une idée précise de la succession des faits

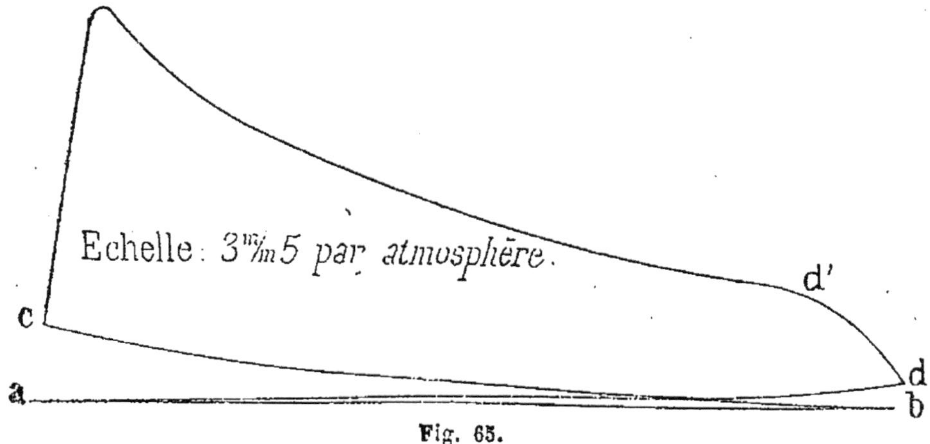

Fig. 65.

qui se produisent en correspondance de *deux* tours de manivelle de l'arbre moteur. Voir aux paragraphes 722 et 828, la lecture de diagrammes ou courbes d'indicateur.

De *a*, fin de la course arrière du piston, en *b*, fin de la course en avant, il y a aspiration du mélange explosif.

De *b* en *c*, dans le sens du retour du piston en arrière, il y a compression du mélange explosif jusqu'à la pression de 2 atmosphères environ.

De *c* en *d'*, ligne verticale et courbe horizontale qui sont tracées par le style lié au piston de l'indicateur lorsqu'il est frappé par le *choc* de l'explosion, en même temps que ce choc frappe le piston de la machine; et de *d'* en *d*, période de détente du gaz de la combustion, resté dans le cylindre. La courbe *c d* est donc décrite pendant la course utile du piston ou la course motrice.

De *d* en *a*, retour du piston vers le fond du cylindre ou période d'échappement complet des gaz détendus.

De ce qui précède, on comprend que le cycle des moteurs à gaz du système Otto, qui sont d'ailleurs les plus parfaits par leur rendement et par leur installation, comprend quatre périodes complètes, qui ont lieu pendant deux révolutions entières de la manivelle de l'arbre moteur ou pendant quatre courses du piston.

1° De *a* en *b*, piston marchant du bas de course au haut de course, sous l'impulsion de la vitesse acquise du volant (§ 347) pour aspirer dans le cylindre le mélange explosif de gaz d'éclairage, d'air atmosphérique.

2° De *b* en *c*, piston revenant au bas du cylindre en comprimant le mélange explosif jusqu'à ce qu'il soit allumé par une étincelle électrique ou une flamme de gaz.

3° De *c* en *d'* et *d*, piston poussé par l'explosion et la détente du gaz, du bas au haut de course; période de force motrice.

4° De *d* en *a*, retour du piston du haut au bas du cylindre par la vitesse acquise du volant.

La fig. 66 du texte représente l'élévation latérale d'un

Fig. 66.

moteur à gaz système Otto, à un seul cylindre. La planche 56, montre un moteur à 2 cylindres, du même inventeur, en coupe verticale et coupe horizontale, dont suit la légende succincte.

Les deux machines sont placées côte à côte (fig. 2); elles sont accouplées par leur grande bielle BB' sur l'arbre moteur AA, dont les manivelles sont calées à angle de 90° par rapport aux extrémités de course des pistons, afin de diminuer l'action des points morts (§ 705) et de régulariser autant que possible la rotation de l'arbre. Les deux machines sont identiques. Les tiroirs T, T' formés d'une plaque percée d'ouvertures pour l'admission dans les cylindres du gaz et de l'air, coulissent dans le massif de l'arrière du cylindre. Ils sont mus par l'arbre à manivelle $m\,m$, qui fait deux tours pour un tour de l'arbre moteur, ce qui est obtenu par les dimensions respectives des roues d'angle $n\,n$ et du pignon p engrénant avec la roue R. — Dans les cylindres C, C' se meuvent les pistons P, P' continués par les fourreaux H, H' et sur lesquels sont fixés les tourillons des pieds des bielles, t, t'.

Les admissions d'air et de gaz et l'échappement des gaz de la combustion ont lieu par les tuyaux, soupapes et récipients indiqués sur la fig. 1 : l'échappement se fait par une soupape située en e et par le tuyau E; l'admission de gaz et la cessation ont lieu par le jeu d'une soupape située dans le récipient marqué du mot *gaz* sur la fig. 1. La soupape est manœuvrée par un jeu de leviers que met en action un régulateur b dont le contrepoids est en forme de cloche. Par la petite cheminée h s'évacuent les gaz de la combustion des brûleurs qui allument le mélange explosif; leur flamme est réglée par les petits robinets $r'\,r''$. Un graisseur à débit constant est situé sur le milieu de la longuéur du cylindre; l'huile arrive aux deux extrémités.

L'explosion des gaz mélangés donnant lieu à un très grand développement de chaleur dont une notable partie n'est point transformée en travail (§ 318) et affecte la masse de métal qui forme les cylindres, il est indispensable de refroidir ceux-ci d'une manière pérmanente; ce résultat est obtenu par une circulation d'eau froide dans l'enveloppe 1, 2, 3, 4 de ces récipients. — Un fort volant régularise le mouvement de l'arbre. C'est sur la poulie L qu'est coiffée la courroie de transmission de mouvement au manège, à l'outil qui doit utiliser le travail disponible.

Les moteurs à gaz sont forcément à grande rotation de manivelle : de 200 à 300 tours avec les puissances de 1 à 3 chevaux et de 120 à 160 pour 6 à 8 chevaux de force. La consommation de gaz d'éclairage n'est pas moindre de un mètre cube par heure et par force de cheval par les petits moteurs. Les moteurs Otto, de nouvelle fabrication, conjugués à 2 cylindres (1887) et de 6 à 8 chevaux de force sur l'arbre n'exigent que de 650 à 700 décimètres cubes de gaz d'éclairage par cheval. Au point de vue de la dépense d'argent, comparée à celle d'une machine à vapeur, il paraît établi que celle-ci ne dépense que les 0,75 de la machine à gaz, dans les cas d'un travail continu. Un certain avantage est acquis au moteur à gaz dans les circonstances d'arrêt fréquent du fonctionnement journalier, parce qu'il ne dépense absolument rien lorsqu'il est au repos ; tandis que l'entretien de la pression de la vapeur aux chaudières et les pertes de chaleur par rayonnement soit aux générateurs, soit aux cylindres, exigent une consommation continue de combustible.

Le moteur Otto convient particulièrement dans les cas où une régularité très grande de vitesse et de puissance est très nécessaire, comme il arrive pour la production de la lumière électrique. — Les petits moteurs de 1 à 2 chevaux rendent de très grands services à la petite industrie. Ce sont véritablement des moteurs de chambre de travail.

747 *bis.* Il n'y a pas lieu de confondre les machines qui introduisent du gaz d'éclairage dans le cylindre (§ 746) avec celles qui vaporisent l'eau d'une chaudière de machine à vapeur par la combustion de ce même gaz. Le gaz d'éclairage est fabriqué en distillant de la houille dans des cornues en terre réfractaire ou en fonte de fer renfermées dans des foyers où l'on entretient une très forte chaleur en brûlant du coke, ou de la houille de basse qualité, ou du goudron minéral (§ 797). — 100 kil. de houille distillée donnent en moyenne 23 mètres cubes de gaz d'éclairage dont le poids est de $0^k,611 \times 23 = 14^k,053$. D'autre part, 1 kil. de gaz vaporise $8^k,470$ d'eau ; les $14^k,053$ vaporiseront 116 kil. d'eau et dépenseront 100 kil. de houille. Mais 100 kil. de houille brûlés dans la chaudière auraient vaporisé $100 \times 7 = 700$ lit. d'eau : le chauffage au gaz d'une chaudière à vapeur, coûte donc $\dfrac{700}{116} = 6$, soit 6 fois plus de charbon qu'en faisant usage de la houille.

ANNEXE A

GÉNÉRALITÉS SUR LES CHAUDIÈRES A VAPEUR

ADMISES DANS LA PRATIQUE DE 1869 A 1888

748. *Utilisation des chaudières et des machines à vapeur.* — L'usage des pressions de vapeur très élevées, de 5 à 10 kilogrammes et au-dessus, a été un progrès parce qu'il a permis l'emploi de détentes plus économiques pratiquées dans des cylindres successifs (§ 633). Il a fallu combiner et construire des chaudières capables de résister à des efforts considérables tout en réalisant une utilisation meilleure que celle qui était obtenue par les générateurs de faible pression.

L'utilisation de la chaudière ou sa puissance de vaporisation est exprimée par le nombre de kilogrammes de vapeur sèche qu'elle donne pour le même poids de houille de bonne qualité brûlée dans un temps d'une durée normale. Les meilleures chaudières ne rendent en moyenne que 5100 calories par kilogramme de houille (§ 685), ce qui correspond à $\dfrac{5\,100}{637} = 8$ kilogrammes de vapeur, la vaporisation de 1 kilogramme d'eau à 0° absorbant 637 calories (§ 609). Mais 1 kilogramme de houille développerait 8 000 calories si elle était brûlée sans perte; il pourrait donc produire $\dfrac{8\,000}{637} = 12$ kilogrammes de vapeur. *L'utilisation de la chaudière* est donc en moyenne, dans ce cas, de 8 kilogrammes de vapeur. Généralement on ne profite donc que du $\dfrac{8}{12}$, soit le 0,66 de la chaleur totale contenue dans la houille. Les 0,44 de perte sont la conséquence d'une combustion incomplète, du rayonnement de chaleur par les surfaces métalliques extérieures et de l'évacuation forcée, au dehors de l'appareil, des gaz chauds de la combustion qui ont encore de 300° à 400° de température (§ 678). Dans les chaudières actuelles (1887), l'utilisation est à un maximum lorsqu'avec un tirage ordinaire de 6 à 8 millimètres d'eau (§ 678 et 803) on brûle par heure et par mètre carré de grille de 45 à 60 kilogrammes de houille ; elle diminue si l'on force la combustion en *poussant les feux*, en les activant avec les outils de chauffe.

L'utilisation de la machine s'entend de la proportion de la chaleur utilisée à celle que la vapeur a apportée au cylindre. Toutes pertes comprises (parcours dans les tuyaux, étranglement des orifices, condensations dans les récipients relativement froids), la machine proprement dite n'utilise que les 0,13 de la chaleur qu'elle reçoit. Le générateur n'utilisant que les 0,66 de la chaleur que développerait le combustible brûlé sans perte, il s'ensuit que l'appareil à vapeur, dans son ensemble, n'utilise que les $0,13 \times 0,64 = 0,0832$, soit les 8 centièmes de la chaleur contenue dans la houille. La marge pour le progrès est grande tout en tenant compte des pertes fatales.

749. L'obligation d'établir la sécurité à l'emploi des

moteurs à feu devenus plus dangereux par le fait des vapeurs à une plus grande tension (§ 741) a conduit à adopter des générateurs de vapeur de dispositions et de dimensions différentes de celles qui répondaient antérieurement à des exigences moins rigoureuses (§ 666 et suivants). Quelques exemples en sont donnés aux paragraphes de 749 à 751 *bis* inclus. Dans toutes les formules du présent paragraphe, les lettres conservent les significations ci-après :

D, diamètre en mètres de l'enveloppe des chaudières cylindriques.

d, diamètre en millimètres des trous de rivets et de tirants des chaudières.

e, épaisseur du métal en millimètres.

k, coefficient déduit de la pratique, à introduire dans la formule pour tenir compte de certaines circonstances.

l, distance en mètres de l'écartement des rivets, de centre en centre.

l', distance du centre des tirants de l'un à l'autre

P, pression effective de la vapeur en kilogrammes, à la chaudière (§ 626).

R, charge à laquelle travaille, par centimètre, carré, l'enveloppe cylindrique d'une chaudière.

V, volume de l'eau contenue dans le générateur, en mètres cubes.

V', volume de vapeur contenue dans le générateur, en mètres cubes.

$$R = \frac{D.P.}{2e} \quad (N^o\ 1)$$ pour l'effort perpendiculaire aux génératrices.

$$R = \frac{D.P.}{4e} \quad (N^o\ 2)$$ pour l'effort exercé suivant les génératrices.

$$e = 1,042\ P\ D + 3^{mm}\dots\ (N^o\ 3).$$

L'ancienne pratique faisait :

$$e = 1,742\ P\ D\dots\ (N^o\ 4),$$

ce qui était évidemment exagéré et conduisait à des épaisseurs de tôle impraticables avec des valeurs de P élevées comme elles le sont actuellement jusqu'à 10 et 15 kilogrammes. Il résulte de l'expression n° 3 que pour des pressions de 10 kilogrammes on est forcé de donner à un corps de chaudière un petit diamètre afin d'éviter des épaisseurs de tôle, dont la fabrication ne saurait être garantie et qui donneraient lieu à des joints qu'il serait bien difficile de rendre étanches par le rivetage. En outre, chaque corps de chaudière serait de faible contenance, ce qui obligerait à augmenter le nombre de corps ou à leur donner une grande longueur, comme c'est le cas, des anciennes chaudières à bouilleurs (§ 650). Mais celles-ci ne sont pas pratiquables, dans beaucoup de cas, en raison de leur encombrement en longueur. Ces considérations expliquent le choix que l'on fait actuellement des générateurs multitubulaires dits inexplosibles dont un exemple est donné au paragraphe 750 et planche 59.

Pour l'enveloppe cylindrique en tôle d'acier, on fait :

$$e = 0,893\ \mathrm{P\,D} + 3^{mm}\ldots\ (\text{N}^o\ 5.)$$

Aux plaques des tubes, dans la boîte à feu et dans la boîte à fumée, on donne habituellement 20 millimètres d'épaisseur. Elles sont consolidées par les tubes dont les rivures leur font remplir l'office de tirants. Quelquefois, un certain nombre de tubes sont vissés à des écrous qui serrent sur les plaques, comme sont installés les tirants réels. (Voir pl. 59.)

Aux foyers cylindriques on fait :

$$e = \mathrm{K}\sqrt{\mathrm{P\,L\,D}} + 3^{mm}\ldots\ (\text{N}^o\ 6.)$$

L étant la longueur du foyer en mètres et K étant égal à 3,30 maximum 4.

Aux faces planes, dans les cas des chaudières marines à fond plat, on fait :

$$e = 0{,}0315 \, \text{L} \sqrt{\text{P}} + 3^{\text{mm}}\ldots \; (\text{N}^\text{o}\ 7),$$

et pour les locomotives :

$$e = 0{,}4 \, \text{L} \sqrt{\text{P}} + 3^{\text{mm}}\ldots \; (\text{N}^\text{o}\ 8).$$

Le diamètre des tirants de consolidation des surfaces planes est :

$$d = 0{,}055 \, l' \sqrt{\text{P}} + 10^{\text{mm}}\ldots \; (\text{N}^\text{o}\ 9).$$

Aux tubes des chaudières on donne :

$$e = \text{K} \, \text{D} \sqrt[3]{\text{P}}\ldots \; (\text{N}^\text{o}\ 10).$$

La valeur de K est de 0,0205 pour le tube en laiton, et de 0,0240 pour le tube en fer ayant l'un et l'autre une longueur de 2 mètres à $2^\text{m}{,}25$. Pour les locomotives dont la longueur des tubes est de 5 mètres : K = 0,0192.

L'épaisseur de la fonte de fer du cylindre de haute pression d'une machine à très haute pression est déduit de

$$e = 0{,}0038 \, \text{P} \, \text{D} + 0{,}019\ldots \; (\text{N}^\text{o}\ 11).$$

L'écartement t des trous de rivets, en millimètres, est $t = 2{,}5 \, d$ pour un seul rang de rivets, d étant le diamètre du trou et $t = 3{,}5 \, d$ pour les joints à 2 ou 3 rivets (voir § 671 pour les diamètres de rivets).

Le diamètre d' des rivets en millimètres varie entre 24 et 28 millimètres pour des pressions de 4 à 6 kilogrammes.

On fait aussi $\quad d' = 5{,}5 \sqrt{e}\ldots \; (\text{N}^\text{o}\ 12).$

Le volume V de l'eau est de $2^{\text{mc}}{,}500$ par mètre carré de grille et le volume V' de la vapeur est de $1^{\text{mc}}{,}500$, de sorte que le rapport $\dfrac{\text{V}'}{\text{V}} = 0{,}60.$

Dans ces proportions, les entrainements d'eau de la chaudière aux cylindres de la machine n'ont plus pour cause l'exiguïté du coffre à vapeur (§ 801). Cette exiguïté est un défaut très commun des générateurs de vapeur autres que ceux à circulation forcée, dont le faible volume d'eau explique la génération très active de la vapeur (voir au paragraphe 749, la chaudière multitubulaire). Le coffre à vapeur des chaudières où $\frac{V'}{V} = 0,60$ représente le volume de vapeur que dépense la machine en 20 secondes, la grille et les surfaces de chauffe ayant les dimensions suivantes : surface de grille par force de cheval indiqué sur le piston 2 décimètres carrés ; surface de chauffe totale 40 décimètres carrés, soit 20 fois plus que la grille.

La combustion de la bonne houille dans une chaudière cylindrique, comme celle qui est représentée fig. 1, pl. 59, est de 50 à 60 kilogrammes par mètre carré de grille et par heure avec un tirage moyen dans le fourneau ; elle peut atteindre 100 kilogrammes si les feux sont poussés activement au moyen des outils de chauffe, mais dans ce cas l'utilisation de la chaudière diminue notablement (§ 748).

La chaudière du type marin est disposée comme l'indiquent les figures de la planche 59.

Figure 1, vue mi-partie de face et mi-partie en coupe de cette même vue, d'un générateur du système cylindrique à fonds plats.

Figure 2, vue de la coupe longitudinale passant par l'axe d'un foyer.

La figure 3 montre la vue de face d'un corps de chaudière cylindrique appartenant à un bâtiment qui a deux corps semblables pour l'ensemble de l'appareil évaporatoire. La figure 2 est une coupe suivant l'axe du foyer.

La figure 4 représente la disposition relative des trois corps de chaudière 1, 2, 3, ayant une cheminée commune H. Le corps du centre 2 est à 3 foyers, F^1 F^2 F^3.

La légende ci-après s'applique aux trois figures.

A, autel garni de briques ; la partie située sous la boîte à feu b est percée de trous, 1, 2, pour l'admission de l'air en jets dans les gaz non encore brûlés qui arrivent du fourneau dans cette boîte.

b, boîte à feu.

C, cendrier.

c, cornières de consolidation des faces planes, sur lesquelles sont tenus les tirants, *t⁰*, *t⁰*.

d¹, *d²*, conduite des gaz et de la fumée, du corps de chaudière à la cheminée commune H.

E, enveloppe cylindrique de la chaudière.

e, entretoises de consolidation des lames d'eau, *m*.

F, foyers cylindriques.

f, boîte à fumée ; elle est formée de tôles minces simplement boulonnées sur la facade de la chaudière.

G, grille.

h, porte de visite autoclave.

H, cheminée.

M, lame d'eau inférieure.

N, ligne du niveau d'eau, au-dessus de la plus haute surface de chauffe S′.

S, S, surface de chauffe directe.

S′, surface de chauffe la plus élevée.

t t, tubes dans lesquels passent les gaz chauds et la fumée; ils sont entourés d'eau.

t⁰ t⁰, tirants de consolidation.

749 bis. Parmi les générateurs de vapeur pour machines fixes, autres que ceux dits multitubulaires et à faible volume d'eau, il y a lieu de citer la chaudière de Galloway qui n'est autre que la chaudière de Cornouailles modifiée (§ 650). Elle comprend deux foyers cylindriques ; après la grille, ils se réunissent en un seul conduit à section elliptique dans lequel sont placés verticalement des tubes coniques qui l'entretoisent énergiquement et qui augmentent beaucoup la surface de chauffe. Elle est timbrée de 4 à 6 kilogrammes et la surface de chauffe totale est environ 45 fois la surface de grille.

750. L'explosion des chaudières à vapeur est d'autant plus à craindre que l'appareil a de plus grandes surfaces planes, que dans les parties cylindriques le diamètre est plus grand et qu'enfin la pression de la vapeur est plus élevée. Toutes choses égales par ailleurs, les désastres que peut causer l'explosion sont d'autant diminués que la quantité d'eau et de vapeur que contient l'appareil est plus faible, ce qui n'a pas besoin d'être démontré. Le choix du type de chaudière entièrement composé de tubes en fer de petit diamètre, d'un petit volume d'eau, est donc entièrement justifié par ces seuls motifs.

Au paragraphe 647, la figure 41 donne la vue de l'ancienne disposition de la chaudière *inexplosible Belleville* qui a été si heureusement modifiée en 1877, qu'elle est actuellement en plein courant de la pratique pour les applications fixes, amovibles et pour la navigation. Le type de 1887 est représenté en projections obliques, planche 50. Il comprend, dans ses grosses œuvres, des éléments générateurs G contenant, les uns, l'eau à vaporiser, les autres la vapeur formée. Chaque élément est composé d'un certain nombre de tubes en fer assemblés en serpentin par suite de leur inclinaison et construits à l'aide de boîtes de raccordement, comme l'indique la figure 1 (les portes du foyer et celle de la boîte à feu sont supprimées dans cette figure). Chacun des éléments est amovible et indépendant des autres ; on peut donc les démonter, ce qui rend facile le transport, le démontage et les réparations, et d'autant mieux que les tubes sont filetés dans les boîtes de raccordement. L'ensemble des éléments générateurs est contenu dans une enveloppe en fer et en briques d'une construction simple. Le foyer est formé par la partie basse des murailles en briques. La grille K est composée de barreaux droits et de barreaux ondulés, alternés, disposition très heureuse, parce que les barreaux se contretiennent par des points de portage très rapprochés, et parce que les espaces vides, pour la circulation de l'air, le divisent en lames minces, ce qui est favorable à la combustion de la houille et ce qui empêche les mâchefers de mordre sur les barreaux et d'y adhérer ; ceux-ci sont relativement refroidis par le passage à vitesse de l'air entre les vides de la grille. L'eau d'alimentation arrive au robinet A et pénètre dans le *collecteur épurateur* C par son extrémité de droite, en passant par l'*automoteur d'alimentation* B ; elle est injectée de telle sorte que la rapide élévation de sa température, au contact de la vapeur, détermine la précipitation instantanée des sels calcaires à l'état pulvérulent (§ 741). L'eau d'alimentation étant ainsi très chauffée traverse le collecteur épurateur C dans toute sa longueur pour se rendre, par le tuyau de retour D, au *récipient déjecteur* E, où elle abandonne les dépôts calcaires précipités. L'eau se rend ensuite dans le tube collecteur d'alimentation F, d'où elle se répartit dans les éléments générateurs G, de manière à maintenir régulièrement dans chacun d'eux la hauteur normale de niveau. Cette hauteur est réglée par l'*automoteur* d'alimentation B'.

L'eau introduite dans chaque élément se vaporise en partie dans les fourches ou serpentins qui sont les plus rapprochés du feu, et la vapeur qui s'en dégage, chargée d'une plus ou moins grande proportion d'eau, circule rapidement dans les fourches supérieures où elle se sèche de plus en plus ; à la sortie de chaque élément, et lorsqu'elle est encore mêlée d'eau, elle pénètre dans le collecteur-épurateur C par une tubulure à joint conique ; cette tubulure la dirige contre une cloison circulaire C' qui, par sa forme même, imprime une action centrifuge au jet de vapeur qui la frappe ; alors la vapeur se sépare de l'eau et des autres corps étrangers qu'elle a entraînés jusque-là.

L'eau, ainsi retenue dans l'épurateur, se mêle à l'eau d'alimentation pour faire retour aux éléments générateurs, en passant dans le tuyau D ; communique avec le collecteur d'alimentation F où elle pénètre, après avoir abandonné les dépôts calcaires et les autres impuretés qu'elle peut contenir, dans le récipient déjecteur E.

A sa sortie de l'épurateur C, la vapeur essorée passe dans

le sécheur H pour se rendre ensuite à la conduite générale
de la vapeur.

La combustion de la houille est efficacement aidée par
une soufflerie d'air ou de vapeur qui est dirigée de la partie
supérieure du gueulard sur la grille, de manière à brasser
les gaz dégagés de la houille en ignition en même temps
qu'à faire pénétrer dans la masse de ces gaz l'oxygène contenu dans l'air émis (§ 756). La combustion est ainsi plus
régulière, plus complète et la fumivorité très satisfaisante.

Régulateur détendeur. — Afin de retirer de la chaudière
Belleville les avantages qu'elle présente en faisant précipiter
dans le collecteur épurateur les sels calcaires de l'eau

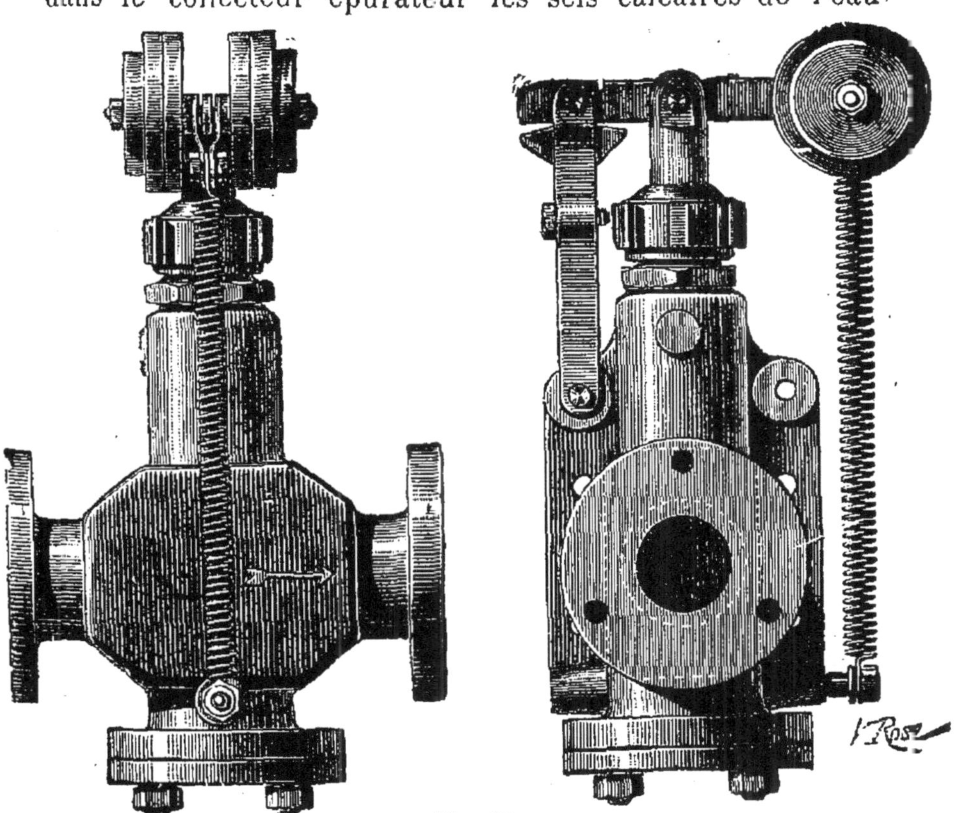

Fig. 67.

d'alimentation, il est nécessaire d'y produire la vapeur
à une haute température (§ 741), soit à une pression de 7 à 8
kilogrammes. Mais dans les cas où on ne doit employer au

cylindre admetteur de la machine qu'une vapeur initiale moins élevée, il faut faire usage d'un *détendeur de vapeur*. Celui qui est représenté fig. 67 du texte est également du système Belleville. A la tubulure à colerette, à droite, vient se boulonner le tuyau de sortie de la vapeur de l'appareil qui est placé sur la chaudière à une distance convenable de la machine ; le conduit de prise de vapeur est fixé sur l'autre colerette ; la flèche indique la direction du courant de sortie. La vapeur passe, à l'intérieur du détendeur, par une soupape équilibrée dont la levée ou l'abaissement qui influent directement sur le volume de vapeur débité pendant l'unité de temps, est commandé par un piston plongeur relié au levier de charge ; celui-ci est chargé 1° par un contrepoids qui comprend plusieurs rondelles amovibles de plomb (ce qui facilite l'augmentation et la diminution de la charge); 2° par un ressort à boudin dont l'élasticité est susceptible d'amortir les levées brusques de la soupape.

Cet appareil ingénieux peut être employé dans tous les cas où il est nécessaire d'établir des différences, soit de pression, soit de température entre deux côtés d'un conduit de vapeur.

On emploie quelquefois des régulateurs automatiques de combustion et de pression, afin d'obtenir une très grande régularité de la marche de la machine ; ils agissent sur un registre placé dans la cheminée en le fermant ou en l'ouvrant, suivant que la pression de la vapeur dans le régulateur est plus forte ou plus faible, dans les limites prévues.

Les variations de l'activité des feux sont très sensibles, sur la pression de la vapeur dans les systèmes à faible volume d'eau, cet inconvénient disparaît avec l'usage des détendeurs et des régulateurs de la combustion.

Il y a lieu d'insister sur les indications qui peuvent faire comprendre nettement les particularités du système de chaudières multitubulaires à faible contenance d'eau, parce qu'elles répondent aux exigences de la sécurité, du meilleur emploi et de l'emploi exempt des difficultés que l'on rencon-

tre habituellement pour établir un générateur de vapeur là
où il est le mieux et le plus économiquement placé. Dans
cet ordre de faits, la chaudière inexplosible Belleville décrite
ci-avant, page 741 est un des meilleurs types éprouvés par
la pratique. Voici, à son sujet quelques données utiles à
noter :

Sur un corps de chaudière de 100 chevaux de vapeur,
comptés à 20 kilogrammes de vapeur par cheval. (Les
machines nouvelles ne consomment que de 8 à 12 kil. suivant leur puissance), on trouve :

S, surface de chauffe, y compris le sécheur... $115^{mq},92$

S', surface de grille........................ $3^{mq},70$

Rapport $\dfrac{S'}{S} = 0,032$ et $\dfrac{S}{S'} = 31,4$

S, surface de grille par cheval.............. $3^{dmq},7$

V, volume de l'eau pour 100 chevaux......... $1\ 325^{lit}$

V' volume de vapeur pour 100 chevaux........ $2\ 140^{lit}$

Production moyenne du kilogramme de vapeur en service
courant, par kilogramme de houille, poids brut [1] consommé sur la grille 7 kil. 815.

A des essais officiels par le Comité des machines à l'exposition universelle de Nice [2], en 1884, la consommation par
kilogramme net de houille de Cardiff a produit 10 kil. 700
de vapeur à la pression absolue de 10 kilogrammes 900.
Toutes les précautions avaient été prises pour éviter les
pertes. On peut donc obtenir une utilisation des générateurs
Belleville en service courant, entre 10 kil. 700 et 7 kil. 815,
suivant que la chauffe sera plus ou moins bien conduite,
les pertes par refroidissement plus ou moins évitées et que

---

[1] Le poids brut est compté sans déduction du poids des escarbilles et du mâche fer retirés du foyer. Le poids net comporte
cette d'éduction.

[2] Ont dirigé les essais M. Palmary, ingénieur des Arts et Manu-
acture et M. Ortolain, vice-président du Jury des machines.

le combustible se rapprochera davantage des bonnes sortes admises dans le courant commercial.

751. Le chauffage des chaudières à vapeur par des huiles minérales lourdes. (densité de 0,96 à 0,98.), qui n'émettent des vapeurs inflammables qu'à 160° de température, a donné des résultats dont plus tard la pratique de ce système pourra faire profit, car en ce moment (1887), le prix d'achat de ces huiles est beaucoup trop élevé pour songer à des applications en grand. Les premiers essais ont été faits en Amérique en 1850 et repris en France, par M. Sainte-Claire Deville, en 1868.— Les figures de la planche 62 représentent les dispositions d'une chaudière chauffée aux huiles lourdes ; fig. 1, coupe verticale suivant l'axe de la chaudière et du foyer ; fig. 2, coupe horizontale passant par l'axe du foyer. — L'huile arrive, comme l'indiquent les flèches (fig. 1), dans un collecteur d'où elle s'écoule dans des entonnoirs *v, v,* que portent les tubes t, t ; des robinets permettent de régler l'écoulement dans les entonnoirs et par suite dans les tuyaux ou conduits qui emmènent l'huile à l'intérieur du foyer f, où elle s'enflamme, au contact d'une température suffisamment élevée préalablement dans le foyer par la combustion de matières donnant une flamme vive. La direction de la flamme de l'huile lourde est indiquée par des flèches. Par la porte P, on gradue l'arrivée de l'air devant l'autel A ; de la chambre de combustion b, la flamme et les gaz chauds passent dans les tubes T, entourés de l'eau à vaporiser. — 1 kil. d'huile ainsi brûlée donne 13 kil. 200 de vapeur ; dans les conditions de l'application analogue, 1 kil. de houille ne donne que 8 kil. de vapeur. Mais le prix du combustible liquide est encore 3 fois plus grand en France, que celui du charbon minéral. Dans certaines applications de la navigation à vapeur, l'huile lourde pourrait présenter de grands avantages par la grande diminution de poids et d'encombrement du combustible.

751 bis. *Pompes et appareils d'alimentation de l'eau*

aux chaudières. — Pendant les arrêts de la machine, les chaudières restant en pression, il y a une certaine consommation de vapeur et d'eau par les soupapes et par les joints et les robinets ; une portion de l'eau ainsi perdue doit être remplacée. L'office des pompes d'alimentation mues par la machine est alors remplacé par des pompes spéciales à vapeur dites *petits chevaux* ou par des injecteurs, tels que les Giffard (§ 692). Il y a une très grande variété de petits chevaux. Il convient de citer, parmi les meilleurs, le Belleville et le Claparède.

Pompes Thirion. — Le moteur comprend un cylindre à vapeur dont le piston porte une tige munie d'un cadre, à l'extrémité duquel est tenue la tige du piston à eau. Dans

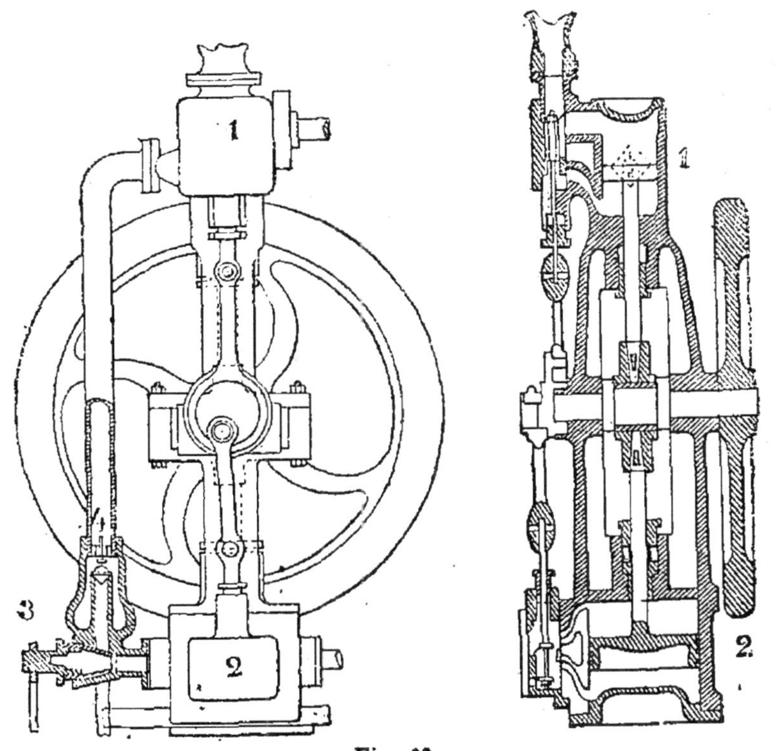

Fig. 68.

le cadre glissent avec un mouvement de va-et-vient deux coussinets qui emboîtent la manivelle d'un petit arbre, sur celui-ci est claveté le volant et le chariot d'excentrique qui donne le mouvement au tiroir de la machine. Le piston moteur et le piston à eau sont ainsi directement attelés à la même tige et placés nécessairement l'un vis-à-vis de l'autre. La pompe est à double effet et à clapets ; la garniture du piston consiste en une série de rondelles de bois enfilées sur la tige et coïncées entre deux parties en bronze. Il y a réservoir d'air sur l'aspirateur et un sur le refoulement. Le fonctionnement se fait avec un bruit de choc des clapets, supportable. Le débit est de 8 litres, 5 par force de cheval et par minute. Il y a plusieurs numéros de grandeur. — La pompe Thirion donne de très bons résultats.

Petit cheval Claparède. — La figure 68 du texte représente en coupe et en élévation l'engin de ce système très ingénieusement disposé.

Le moteur comprend le cylindre vertical, le piston et le tiroir ordinaires. Comme dans la pompe Thirion et dans la plupart des petits chevaux, sur un cadre, dans lequel est prise la soie d'un villebrequin pour donner le mouvement à l'arbre du volant et à l'excentrique du tiroir de vapeur, sont fixées la tige du piston vapeur et celle du piston eau. La pompe est constituée par le cylindre à eau 2 ; les clapets y sont remplacés par un tiroir ; on a ainsi évité le bruit des chocs des clapets. Une autre particularité très originale de la pompe Claparède, consiste en ce que l'évacuation de la vapeur se fait dans l'aspiration de la pompe (détails 3 et 4 de la vue en élévation) ; il en résulte un échauffement très économique de l'eau envoyée aux chaudières ; installation ingénieuse et d'un fonctionnement économique appréciable.

La pompe ou petit cheval alimentaire Belleville, dont l'aspect de l'ensemble est donné par la figure 69 du texte est représentée planche 57. Elle est à double effet, le cylindre à vapeur A et le cylindre à eau M sont fixés sur la même tige G. Le tiroir est mû par un levier terminé par une fourche J ; celle-ci est à cheval sur la tige commune G, et chaque fois que dans le mouvement de va-et-vient du piston le butoir I, fixé à la tige, vient frapper un côté intérieur de la fourche, celle-ci oscille jusqu'à ce que le pied du côté frappé vienne toucher la *butée* à ressort K qui limite la course ; le tiroir est ainsi déplacé dans le sens convenable.

Afin que la résistance du tiroir ne puisse pas arrêter le train du piston quand il marche à faible vitesse, on a imaginé de supprimer toute charge sur le piston à eau au moment où le piston à vapeur approche très près des points morts ; à cet effet, un robinet de décharge R, manœuvré par

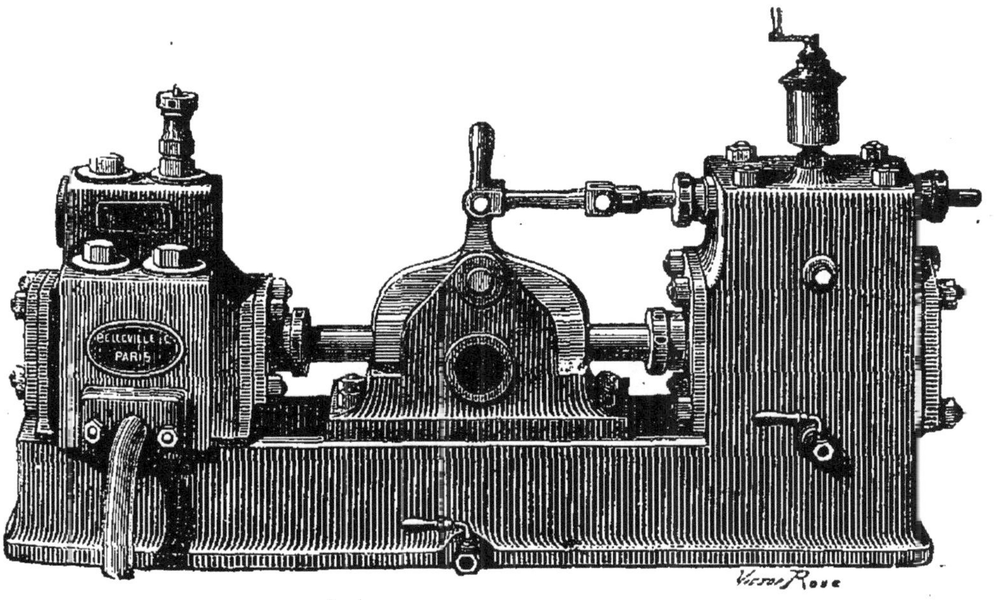

Fig. 69.

le levier courbé ou bielle S que pousse la tige du piston au moment voulu s'ouvre pour pouvoir mettre en communication le dessous du piston à eau avec l'aspiration. Le piston à vapeur n'a plus alors d'autre effort à faire que celui qui est nécessaire pour déplacer le tiroir, le passage du point mort s'opère ainsi toujours avec certitude. Quand la vitesse de la pompe devient exagérée, le choc de la fourche sur les butoirs comprime les ressorts dont la réaction renvoie le levier qui commande le tiroir dans la position qui ferme les

orifices du cylindre, la machine s'arrête alors instantanément, ainsi elle ne s'emporte jamais.

LÉGENDE DES FIGURES DE LA PLANCHE 57

A, cylindre à vapeur.
B, tiroir de vapeur.
C, arrivée de vapeur.
D, échappement de vapeur.
E, graisseur dans la vap^r (§ 822).
F, purge du cylindre.
G, tige commune du piston à
eau et à vapeur.
H, support de la fourche qui
commande la distribution de
vapeur.
I, butoir qui commande la four-
che.
J, fourche qui commande le
tiroir à vapeur.
I^1, piston à vapeur.
I^2, piston à eau.

K, butées qui limitent la course
de la fourche.
L, ressort du butées.
M, cylindre de la pompe.
N, arrivée d'eau à la pompe.
O, sortie de l'eau refoulée.
P, clapets d'aspiration.
Q, clapets de refoulement.
R, robinet de décharge d'eau
pour faciliter les passages des
points morts.
S, bielle de commande du robi-
net de décharge.
T, bâti comprenant, une caisse
récipient des eaux grasses.
U, robinet de vidange de la caisse
du bâti.

Les pompes à vapeur Belleville, ont une très grande puissance de refoulement qui permet au besoin de les utiliser
comme pompes à incendie. Leur débit en litres par heure et
par cheval est de 40 litres et leur force varie suivant les
modèles de 25 à 300 chevaux. Ce sont d'excellents auxiliaires
pour l'alimentation de tous les systèmes de chaudière donnant de la vapeur à haute pression.

Injecteurs de l'eau d'alimentation. — L'injecteur
Giffard décrit au paragraphe 519, a été l'objet de nombreuses modifications parmi lesquelles sont restées en faveur
dans la pratique, celles qui constituent l'injecteur universel
Kœrting ; il consiste en deux injecteurs réunis et combinés
dans une même coquille, de manière à produire une très
forte pression et en définitive à aspirer de l'eau à 70° de
température.

La figure 70 du texte représente en coupe verticale l'injecteur Vabe. Les trois soupapes que comporte le système

se manœuvrent simultanément par le même mécanisme qui
fait toujours marcher la tige A (arrivée de vapeur), en sens

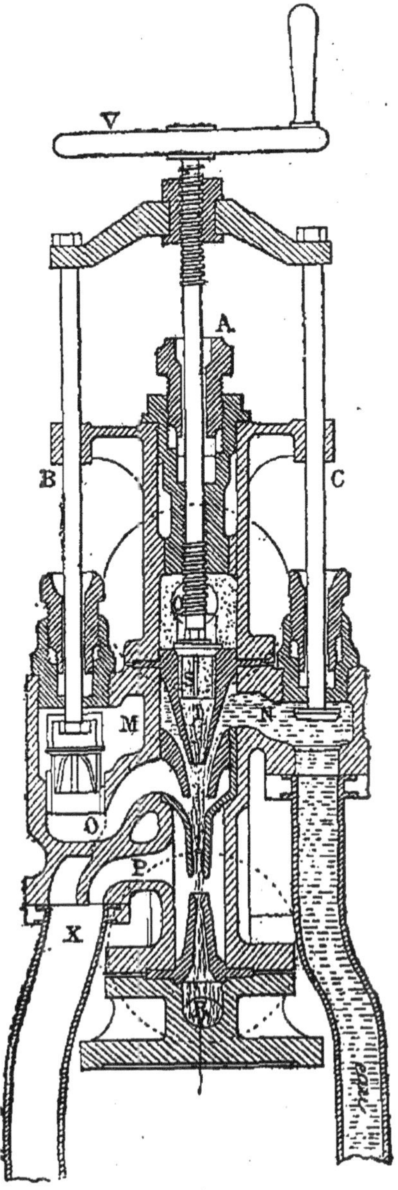

Fig. 70.

inverse des deux tiges B et C des soupapes d'eau et du trop-
plein. En tournant le volant V, à gauche, la soupape S se

lève et laisse passer la vapeur, qui vient par O, dans la tuyère T du milieu ; ce jet de vapeur produit aussitôt une aspiration énergique de l'eau d'alimentation venant par le conduit de droite ; l'eau, frappée par la vapeur passe successivement dans les trois tuyères et pénètre dans la chaudière par le refouleur R ou bien elle s'en va au collecteur X,

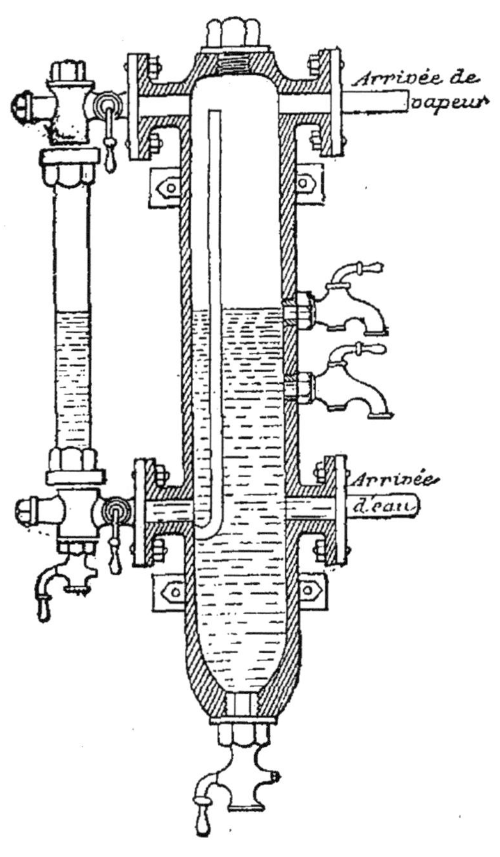

Fig. 71.

par le trop-plein P ou au dehors par l'évacuation O. Tandis que la soupape de vapeur S se lève, les deux autres s'abaissent ; mais lorsque la soupape M s'abaisse et vient reposer sur son siège et fermer le conduit d'évacuation O, il existe un certain jeu, entre sa face supérieure et la tige, qui permet encore au mécanisme conducteur de continuer son mouvement ; la soupape d'aspiration N règle alors la quantité d'eau nécessaire au fonctionnement de l'injecteur, suivant la pression de la chaudière. Il suffit de tourner le volant V pour déterminer ou pour arrêter le fonctionnement, ce qui est une manœuvre des plus simples, tandis que les injecteurs à aiguilles obligent à manœuvrer des aiguilles et des robinets.

Les oscillations de la ligne du niveau de l'eau dans la chaudière sont souvent très grandes, non seulement dans les chaudières marines, mais aussi dans les appareils fixes à cause des ébullitions accidentelles (§ 622).

La figure 71 du texte représente en coupe partielle le porte-tube séparateur de niveau d'eau système Damourette destiné à soustraire presque complètement l'eau du tube en verre aux mouvements de perturbation qui peuvent se produire dans la chaudière. Une cloison intérieure au porte-tube, établit une séparation entre l'eau qui vient de la chaudière et celle qui pénètre ensuite dans le tube en verre ; la communication n'a lieu que par quatre petits trous situés au bas de la cloison. Dans le fond du porte-tube se précipitent les dépôts calcaires, les impuretés entraînées par la vapeur ou par l'eau elle-même.

751 *ter*. La conservation extérieure de la chaudière exige que les tôles soient peintes au minium de plomb ou au minium de fer (§ 830) après les essais de résistance.

La perte de chaleur par rayonnement, si la tôle reste exposée à l'air libre, est très grande ; elle peut atteindre le 15 pour 100 de la chaleur totale utilisée lorsqu'il n'y a pas de dispersion de cette origine. On peut compter une perte moyenne de 10 pour 100 sur les générateurs placés en chambre fermée, là où les courants d'air refroidissants sont peu énergiques. On fait usage de deux sortes de revêtements extérieurs : ceux qui ne sont qu'appuyés sur les tôles, afin de permettre à volonté leur déplacement pour des travaux de réparation, et ceux qui y sont adhérents sous forme de pâte, de mastic, de composés agglutinés collés aux surfaces.

Un revêtement de feutre épais, couvert par une toile incombustible, le tout appliqué aux tôles derrière lesquelles circule l'eau ou la vapeur, est le système adopté pour les chaudières marines, avec la substitution de feuilles de zinc à la toile sur les parties chauffées à sec, telles que les bases des cheminées et les parties exposées à être souvent mouillées, telles que les régions basses, devant les fourneaux.

Les calorifuges incombustibles sont fort nombreux sous des appellations qui ne sont souvent pas justifiées. En général, ils sont composés d'un mélange de débris de laine ou de poils de lapin avec une argile plastique ou avec des poussières de liège, agglutinés au moyen de coaltar ou d'huile de lin très épaisse, ou bien encore avec un mastic composé mi-partie de fécule, mi-partie de goudron végétal (1). Les calorifuges plastiques ne restent longtemps adhérents aux surfaces qu'à la condition que celles-ci soient de peu d'étendue. Aussi prend-on la précaution d'établir sur les parois où doit être appliqué le composé isolant, un quadrillage en petites bandes de tôle ou de fer d'angle de très petit échantillon, dans lequel le mastiquage est fait avec solidité.

Le revêtement des tuyaux de conduite de vapeur a également une grande importance, mais les calorifuges, sous la forme de mastic, n'y restent pas adhérents longtemps, en raison de la courbure circonférencielle des tuyaux. Le feutre avec un revêtement cousu de toile est préférable aux plastiques pour le tuyautage.

---

(1) Parmi les calorifuges en faveur, il y a lieu de signaler celui qui est employé sur les chaudières de terre et sur celles de mer par les compagnies des Transatlantiques. C'est le calorifuge Buser, du nom de l'ingénieur qui en a formulé la composition. A des essais officiels faits à Nice en 1884, le bénéfice de chaleur donné par le récipient garni de ce composé sur celui à métal nu a été de 18 0/0.

ANNEXE B

PRINCIPES ÉLÉMENTAIRES DE LA COMBUSTION

ET DONNÉES PRATIQUES SUR LES COMBUSTIBLES INDUSTRIELS

752. L'hydrogène et le carbone isolés ou réunis se combinent très facilement avec l'oxygène lorsqu'ils sont portés à la température rouge. Cette combinaison se développe avec énergie en mettant en liberté une grande quantité de chaleur et en produisant de la lumière.

Si donc, après avoir enflammé par un moyen quelconque une portion de l'hydrogène que contient un combustible (bois, houille, graisse, etc.), on le laisse en contact avec de l'air qui fournit l'oxygène, la combustion se continuera d'elle-même, tant que le corps combustible fournira de l'hydrogène ou du carbone et tant que l'air fournira de l'oxygène.

Dans la combustion de la houille, le phénomène se produit ainsi : Premièrement, sous l'action de la chaleur il s'échappe de la houille un gaz inflammable composé d'hydrogène et de carbone qui brûle avec flamme, en produisant de la vapeur d'eau et de l'acide carbonique ou de l'oxyde de carbone.

Ce gaz du charbon contient environ, 90 parties en poids d'hydrogène protocarboné et 10 parties d'hydrogène (gaz d'éclairage). Secondement, le carbone dont s'est séparé le gaz du charbon reste dans la matière carbonée ou coke, sur la grille du foyer et à la température rouge; il se combine alors avec l'oxygène fourni par l'air qui arrive dans le foyer. Dans cette combinaison, le carbone passe soit à l'état d'oxyde de carbone, soit à celui d'acide carbonique. Si la combustion est parfaite, 1 kilog. de houille produit 18 mètres cubes de gaz chaud et 2 mètres cubes de vapeur d'eau, environ.

La première combinaison du carbone avec l'oxygène, que l'on pourrait appeler la première combustion, donne de l'oxyde de carbone ; 1 kilog. de carbone, en passant à cet état, développe 1.386 calories. La seconde combinaison donne de l'acide carbonique en développant 7.170 calories. D'autre part, 1 kilog. d'hydrogène en se combinant avec l'oxygène, donne 29.000 calories.

Il convient donc de fournir au carbone, soit directement, soit par l'intermédiaire de l'air, une quantité d'oxygène suffisante, pour faire passer tout le carbone à l'état d'acide carbonique.

Il convient également de disposer le foyer spacieusement et de telle sorte, que les deux combinaisons chimiques puissent s'y faire complètement et que la température y soit assez élevée pour maintenir la matière carbonnée à la chaleur rouge. Dans ces circonstances il ne s'échappe pas d'oxyde de carbone par la cheminée, mais seulement de l'acide carbonique et de la vapeur d'eau. Si ce dernier résultat n'est pas atteint, on perd la chaleur qui se serait développée en ne produisant dans le foyer que de l'acide carbonique car, le même poids de carbone qui passe à l'état d'acide carbonique développe environ 5 fois plus de chaleur que s'il passe à l'état d'oxyde de carbone par insuffisance de la quantité d'air introduite dans le foyer, ou bien parce que la température, dans ce milieu, n'est pas assez élevée.

753. Actuellement, avec des foyers bien établis, on ne perd, par le fait d'une combustion incomplète, que de 5 à 10 %, de la chaleur totale que peut donner le combustible, non compris la chaleur entrainée par les gaz chauds qui s'échappent par la cheminée. Cette dernière perte est une nécessité pour entretenir le tirage ; elle s'élève en moyenne à 14 %. La température des gaz chauds rejetés est de 250° à 400° à la base de la cheminée.

Si les feux sont mal conduits, la perte de chaleur totale

va du simple au double et doit être attribuée à une combustion incomplète.

En résumé, la combustion est incomplète : 1° Quand la quantité d'air introduite dans le foyer est insuffisante ou si, étant suffisante, ce gaz est mal appelé, mal distribué ; par exemple, si au lieu de traverser la masse du combustible incandescent il ne passe qu'au-dessus d'elle, et non divisé. 2° Quand l'air appelé est en excès, car à partir du poids d'air rigoureusement nécessaire pour brûler complètement un poids donné au combustible, la température du mélange gazeux décroît à peu près proportionnellement aux quantités d'air introduites dans le fourneau. 3° Si la température dans le foyer n'est pas maintenue à la chaleur rouge.

Dans ces différents cas une certaine partie de combustible échappe à la combustion et les produits auxquels on donne en général le nom de gaz non brûlés, contiennent soit de l'hydrogène libre, soit de l'oxyde de carbone, soit de l'hydrogene combiné avec du carbone, soit encore du carbone en suspension à l'état solide, accusé particulièrement par la coloration et l'abondance de la fumée.

Les produits d'une combustion complète ne sont que de l'acide carbonique, de l'azote et de la vapeur d'eau.

Les différentes variétés d'une même espèce de houille, donnent plus ou moins de fumée pendant leur combustion dans un même foyer, toutes choses égales par ailleurs ; et comme la fumée plus ou moins noire, plus ou moins épaisse est un indice d'une combustion plus ou moins mauvaise, on doit régler le tirage, l'arrivée de l'air, la sortie des gaz chauds, la hauteur de la couche de combustible, de manière à produire le moins de fumée possible.

L'absence de fumée n'est pas une preuve absolue d'une parfaite combustion, parce que l'oxyde de carbone qui est incolore et qui, comme il vient d'être dit, est le résultat d'une mauvaise combustion, peut-être entrainé au dehors par le tirage, sans que sa présence soit accusée à la vue.

754. Les générateurs de vapeur établis dans les meilleures conditions actuelles de la pratique et dans lesquels les feux sont bien conduits, donnent les résultats suivants au point de vue de l'utilisation de la houille de bonne qualité:

Chaleur développée par la combustion complète de 1 kilog. de houille.   7.500 calories.

Pertes par le tirage 20 °/₀, correspondant à   1.500 cal.

Pertes par la combustion incomplète.. 5 °/₀, correspondant à   375   »   } 2.100.

Pertes par le rayonnement............. 3 °/₀, correspondant à   225   »

Total des pertes..   28 °/₀   2.100 cal.

Nombre de calories utilisées...........   5.400 calories.

Ces 5.400 calories donnent 8 kilog 500 de vapeur, en comptant la température du liquide vaporisé à 0° et 8 kilog. 700 en la comptant à 15° qui est la température moyenne de l'eau dans nos régions.

Le calcul de la perte par le tirage est fait sans grande erreur, en supposant la température des gaz qui s'écoulent par la cheminée = 300°; le poids de l'air introduit dans le foyer, par kilogramme de houille brulée, = 20 kilogrammes; le poids de la masse gazeuse qui s'écoule, égale au poids d'air introduit et à la chaleur spécifique de cette masse = 0,25.

On trouve ainsi numériquement l'expression de la perte dont il s'agit = $20 \times 300 \times 0{,}25 = 1.500$ calories.

VOCABULAIRE

DES ÉLÉMENTS ET DES PRODUITS DIVERS DE LA COMBUSTION

755. *Acide carbonique.*—C'est un gaz à peu près sans odeur, d'une légère saveur aigrelette. Sa densité par rapport à l'air est 1,529, à 0° de température et sous une pression de

36 atm., il se liquéfie, mais à la température de + 30° il lui faut 73 atmosphères pour se liquéfier.

A l'état liquide il est également incolore et sa densité, rapportée, à celle de l'eau est alors de 0,98 sous 0° de température; à 70° il se solidifie, en formant une masse vitreuse parfaitement transparente. Un même volume d'eau dissout le même volume de gaz acide carbonique:

La dissolution rougit faiblement la teinture bleue de tournesol. L'acide carbonique est le produit constant d'une bonne combustion.

Il s'en développe de grandes quantités dans la respiration des animaux qui consiste finalement en une absortion d'oxygène et une exhalation d'acide carbonique, et dans la fermentation des matières organiques à l'air humide. On l'obtient facilement en attaquant un carbonate de chaux (pierre calcaire, craie, marbre), avec l'acide chlorydrique ou sulfurique.

Dans le phénomène de la combustion pratique, la proportion de carbone transformé en acide carbonique dans les foyers des chaudières est de 0,51 de la quantité contenue dans le combustible, les circonstances étant les plus favorables: elle est seulement 0,14, les circonstances étant les plus défavorables; l'épaisseur du combustible sur la grille par rapport à l'activité du tirage est la cause fréquente de ce dernier résultat.

756. *Air.* — Un volume d'air ne contient d'oxygène que les 0,213 de son volume, et il contient les 0,787 de son volume d'azote.

Dans un volume d'air, le volume d'azote est 3 fois 694 celui de l'oxygène. Un poids d'air ne donne d'oxygène que les 0,236 de son poids et il donne les 0,764 de son poids d'azote.

Pour avoir 1 kilog. d'oxygène il faut prendre 4 mètres cubes d'air.

Pour avoir 1 mètre cube d'oxygène, il faut prendre 4 mètres cubes 700 décimètres cubes d'air, soit 5 mètres cubes en nombre rond.

Les quantités d'air en poids et en volume nécessaires à

la combustion peuvent être ainsi déterminées théoriquement.

Q, poids de l'air en kilog, pour brûler complètement 1 kilog. du combustible désigné.

L, volume de l'air en mètres cubes pour Q^c, poids du carbone contenu dans 1 kilog. du combustible apprécié.

H, poids de l'hydrogène contenu dans un kilog. du combustible apprécié.

O, poids de l'oxygène contenu dans 1 kilog. du combustible apprécié.

$$Q = 12,2.\ C + 38,1\ (H-O, 125.\ O).\ L = \frac{Q}{1.293}$$

Pratiquement, on prend du tiers en plus au double des quantités d'air ainsi déterminées.

757. *Azote.* — Gaz incolore, sans odeur ni saveur, non liquéfiable, densité par rapport à l'air, 0,9713. L'azote existe dans la composition de l'air; mélangé avec ce dernier gaz il est neutre dans le phénomène de la combustion, et il est entrainé hors du foyer dans le courant des gaz chauds dont il fait partie. Une bougie allumée s'éteint instantanément dans l'azote, parce que l'oxygène fait défaut; par la même raison, les animaux ne peuvent pas vivre dans un espace ne contenant que de l'azote, ce qui conduit à ne pénétrer dans une capacité hermétiquement fermée depuis longtemps, qu'après s'être assuré que la flamme d'une lampe ne s'y éteint pas : l'air qui s'y trouve est alors respirable.

L'eau dissout une très petite quantité d'azote, environ les 0,025 de son volume. Le procédé le plus simple pour obtenir ce gaz, est de laisser séjourner pendant vingt quatre heures un bâton de phosphore dans une cloche pleine d'air et placée sur une cuve contenant de l'eau.

758. *Bitume: substances* ou *matières bitumineuses*, sont des qualifications de la houille; elle contient une quantité plus ou moins grande de bitume impur, solide, très combustible, d'un aspect noir et donnant lieu à une fumée très épaisse d'une odeur très caractéristique. L'anthracite ne contient que des traces de bitume. La houille grasse, collante ou molle doit ses caractères particuliers de combustion à une plus grande quantité de bitume que celle que contiennent les houilles maigres. Le bitume seul, à l'état naturel, n'est pas un combustible industriel, on en distingue plusieurs variétés :

Le naphte qui est liquide, transparent, et très inflammable. Le pétrole, qui est moins liquide que le naphte et qui donne à la distillation un liquide semblable à ce dernier. Le malthe, qui est noirâtre et d'une consistance visqueuse. L'asphalte, ou bitume solide, d'un noir foncé, ressemblant à la houille compacte à première vue, mais facile à distinguer par la cassure conchoïdale et brillante et sa fragilité. C'est avec un mastic composé de 90 % de calcaire et 10 % de bitume qu'on fabrique l'asphalte du commerce employé à la confection des trottoirs, des chaussées, etc...

759. *Carbone.* — Il affecte des états physiques très variés, à l'état pur et cristallisé, c'est le diamant ; il est alors absolument infusible aux plus hautes températures que l'on puisse produire ; mais il brûle complètement dans un courant d'oxygène en se transformant en acide carbonique et en laissant 1 dix millième de son poids de cendres. La fonte de fer liquide, à une très haute température dissout une quantité de carbone plus grande que celle qu'elle peut retenir à une température plus basse ; en se refroidissant, elle en abandonne donc une portion qui affecte des formes cristallines et qui se présente à l'état de lames noires très brillantes, c'est ce qu'on nomme le graphite. La plombagine, substance avec laquelle on fait des crayons, est du carbone naturel, à un état cristallin tout à fait différent du diamant. Les matières organiques sont des composés de carbone, d'hydrogène, d'oxygène, d'azote. Sous l'action d'une haute température, ces corps se dégagent à l'état de combinaisons volatiles et une portion de carbone reste comme résidu ou charbon dont l'aspect est aussi varié que l'est la nature de la matière organique qui a subi la combustion, par exemple le charbon de bois, le coke, le noir de fumée, le charbon animal, etc. Le charbon n'est pas du carbone pur, un des moyens les plus simples pour l'obtenir consiste à calciner dans un petit creuset fermé un morceau de sucre ou de gomme.

Le carbone brûle dans l'air et se change en un gaz qui est l'acide carbonique.

760. *Cendre.* — Résidu poudreux de la combustion des combustibles solides, infusible et de couleur variant du blanc au gris foncé. La cendre de bois contient de la silice, des oxydes de fer et de la soude, des sulfates de potasse et de soude, etc. Ces derniers sels lui donnent certaines propriétés lessivantes ou propriétés de dissoudre les corps gras et de blanchir les matières textiles. La cendre de houille donnée par la combustion dans les fourneaux industriels, étant débarrassée des matières charbonneuses et bitumineuses qui s'y trouvent mêlées est, à très peu de chose près, composée comme celle du bois. La cendre plus ou moins blanche caractérise une houille plus ou moins dure, plus ou moins bitumineuse.

La quantité en poids de cendre donnée par les bonnes houilles varie de 4 à 6 %; de 7 à 9 % par les houilles médiocres et de 10 à 12 % par les houilles de qualités inférieures.

761. *Escarbilles.* — Houilles menues incomplètement brûlées, ou coke imparfait qui tombe de la grille. Les escarbilles qui ne sont pas mélangées avec une trop grande proportion de cendres et de résidus terreux brûlent en produisant une chaleur utile, lorsqu'on les projette par petites quantités dans un fourneau dont le feu est bien vigoureux. La houille de bonne qualité et en morceaux de 2 à 3 décimètres cubes, donne, dans la pratique, 0,10 de son poids d'escarbilles correspondant à 0,12 de son volume. Ces escarbilles mêlées de cendres ne peuvent plus brûler avec profit dans les fourneaux ordinaires des chaudières actuelles. Plus le tirage est énergique, moins il y a d'escarbilles formées.

762. *Fumée.* — Elle provient généralement d'une insuffisance d'air dans le foyer. Elle se produit très abondamment sous forme de nuages noirs, et lourds en apparence lorsqu'on vient de charger du combustible frais sur la grille, alors même que ce combustible est peu fumeux par sa nature; la grille, en ce moment, se trouve presque complètement obstruée, l'air ne passe à travers le combustible qu'en quantité presque insignifiante et ce dernier éprouve alors une véritable distillation brusque en vase clos, dont les produits pyrogènes se décomposent en passant au-dessus de la partie du fond du fourneau, où la température est plus élevée. Dans cette décomposition, il se forme beaucoup de vapeur d'eau et un dépôt de charbon en particules très tenues qui est entraîné et qui, suivant son plus ou moins d'abondance, donne la fumée noire opaque, ou légère translucide, jaunâtre. L'abaissement brusque de la température du foyer quand on ouvre pour le charger ou pour toute autre cause occasionne également la formation de la fumée.

La force du tirage et la disposition d'un foyer doivent être spécialement établis pour une quantité de combustible, si l'on veut obtenir une fumivorité complète dans le courant de la pratique; car, dans la composition des différentes variétés de combustible, il se trouve, en plus ou moins grande quantité, des huiles empyreumatiques, des goudrons, des bitumes dont la combustion complète et sans gaz colorés, exige des installations et une méthode de chauffage différentes. La fumée est incombustible; il s'agit donc d'empêcher qu'elle se produise si l'on veut arriver aux résultats principaux qu'elle entrave et qui sont : l'économie de combustible, l'entretien facile de la propreté des objets avoisinant les cheminées, l'hygiène des régions habitées dans le voisinage des usines à feu.

763. *Gaz de la combustion ou gaz brûlés.* — Composés gazeux, non compris la vapeur d'eau, qui s'échappent par la cheminée pendant que le phénomène de la combustion se produit dans le foyer. On admet, au point de vue général, que dans le cas d'une très bonne combustion, la composition des gaz brûlés est, pour 100 volumes de ces gaz, de 10 volumes d'acide carbonique, 11 volumes d'oxygène et 79 volumes d'azote. Dans les circonstances les plus favorables de la pratique, on n'a pas encore pu arriver à ne pas produire de l'oxyde de carbone dont la formation diminue la production de chaleur, comparativement à la formation de l'acide carbonique. Dans les meilleurs résultats, on a constaté que les 0,14 du charbon se sont transformés en oxyde de carbone et les 0,86 en acide carbonique, et que dans les résultats très médiocres, il y a eu 0,50 du combustible transformé en oxyde de carbone et 0,50 en acide carbonique. Dans ce dernier cas, il est évident ou que l'épaisseur du combustible sur la grille est trop grande, ou bien que le tirage est insuffisant pour amener en contact avec le combustible en ignition la quantité d'oxygène nécessaire à la transformation du carbone en acide carbonique.

Dans la combustion imparfaite, par exemple lorsque le tirage diminue beaucoup, on trouve dans les gaz de la combustion de 3 à 4 % d'hydrogène bicarboné ou proto-carboné.

764. *Hydrogène; vapeur d'eau produite par la combustion.* — L'hydrogène est un gaz éminemment combustible; il brûle au contact de l'air avec une flamme très peu brillante, mais qui est très chaude. La chaleur devient surtout extrêmement intense quand on alimente la combustion avec du gaz oxygène pur. Par ce moyen, on produit la plus haute température que l'on ait encore obtenue par la combustion. C'est le principe des chalumeaux dits à flamme d'hydrogène dont une application industrielle est le soudage des feuilles de plomb ou de zinc en plein air.

Le gaz hydrogène n'entretient pas la combustion, étant lui-même un combustible.

La composition élémentaire du plus grand nombre des combustibles usuels comprend de l'hydrogène fixe ou libre, depuis une jusqu'à 6 parties en poids; la houille en contient moyennement 3,5. La plus grande teneur d'un combustible en hydrogène lui donne un plus grand pouvoir calorifique. C'est la présence de l'hydrogène et de l'oxygène qui, dans les conditions habituelles de la combustion, donne lieu à la formation d'une certaine quantité d'eau et par suite de

vapeur aqueuse. L'eau est composée de 11,13 d'hydrogène
et 88,87 d'oxygène.

La formation de la vapeur dans la combustion est évidemment une cause de perte de chaleur pour le résultat
industriel, puisque chaque kilogramme d'eau ne se vaporise qu'en absorbant et en emportant au dehors de l'appareil 637 calories (§ 609). La formation de l'eau dans le phénomène de la combustion en foyer est d'autant plus
abondante qu'il y a excès d'oxygène dans le milieu où la
combustion a lieu; à ce point de vue, une trop grande
quantité d'air appelée dans un fourneau produit un mauvais résultat, non seulement parce qu'il refroidit la chambre
de combustion, mais parce qu'il donne lieu à la formation
d'une plus grande quantité d'eau.

Le fer, à la chaleur rouge, décompose l'eau en s'empa-
rant de l'oxygène; l'hydrogène reste alors libre. Si cette
décomposition a lieu dans une chaudière dont certaines
parties exposées au feu ont été découvertes accidentellement, il peut se faire alors que l'eau d'alimentation, apportant une certaine quantité d'oxygène avec l'air qu'elle
contient en dissolution (1/20 de son volume), 2 volumes
d'hydrogène et 1 volume d'oxygène se combinent et produisent une forte détonation. C'est là une des causes admises
de l'explosion des générateurs de vapeur.

765. *Hydrogène protocarboné*. — Gaz incolore sans odeur.
Il brûle à l'air avec une flamme bleuâtre. L'eau n'en dissout
qu'une très petite quantité. Sa densité par rapport à l'air
n'est que 0,56. Sa composition comprend 4 parties d'hydrogène pour une partie de vapeur de carbone. Il se dégage
en grande quantité de la vase des eaux stagnantes (gaz des
marais). On l'obtient en chauffant dans une cornue de
verre un mélange d'acétate de soude, de chaux et de potasse
caustique.

C'est de l'hydrogène protocarboné qui se dégage en
abondance de la houille de certaines mines et qui, s'accu-
mulant dans les parties supérieures des galeries ou dans

les vides naturels formés entre les couches de houille, donne des mélanges explosifs très dangereux connus sous le nom de *grisou*. Il entre dans la composition du gaz d'éclairage.

766. *Hydrogène bicarboné* ou *gaz oléfiant*. — Gaz incolore d'une odeur empyreumatique; insoluble dans l'eau, n'entretient ni la respiration ni la combustion; sa densité par rapport à l'air est 0,98; il est formé de 14,29 parties d'hydrogène et 85,71 de vapeur de carbone. Il brûle à l'air avec une flamme brillante. On l'obtient en chauffant ensemble 1 partie en poids d'alcool et 5 ou 6 parties d'acide sulfurique concentré. Comme l'hydrogène protocarboné, il entre dans la composition du gaz d'éclairage.

767. *Mâchefer* ou *scorie*. — Matière vitreuse, fusible, incombustible, qui se forme sur la grille, en gâteaux plus ou moins épais et plus ou moins adhérents aux barreaux qu'elle attaque et détruit promptement.

Le mâchefer est formé par les substances terreuses, schisteuses, calcaires, métalliques, qui ne se volatisent pas pendant la combustion du combustible qui les contient. En obstruant les passages de l'air par la grille, il nuit considérablement à la combustion; sa présence est alors caractérisée par des plaques d'un rouge très sombre ou noir, très apparentes au-dessous de la grille vue par le cendrier.

Brûlée dans les foyers des chaudières actuellement en usage, la houille de bonne qualité produit de 2 à 4 % en poids de mâchefer; celle de qualité moyenne de 4 à 6 %; les mauvaises qualités en donnent jusqu'à 12 %.

768. *Oxygène.* — Se dissout en très petite quantité dans l'eau, environ 0,046. Ce gaz, indispensable à la combustion industrielle est contenu dans l'air en proportion de 0,21 en volume et en 0,24 en poids. La combustion d'un corps est beaucoup plus vive dans l'oxygène que dans l'air atmosphérique et produit aussi une plus grande élévation de température.

C'est l'élément essentiel de la respiration des animaux et l'un des éléments composants de l'eau. La plupart des combustibles usuels contiennent de l'oxygène à l'état fixe ou libre, ils ont, par cette raison, un pouvoir calorifique plus grand que ceux qui n'en contiennent pas.

Tous les métaux se combinent avec l'oxygène et forment un composé auquel on a donné le nom générique d'*oxyde*. La *rouille* est l'oxyde du fer. La combinaison directe d'un métal avec l'oxygène est une véritable combustion qui a lieu avec dégagement de chaleur; la température est d'autant plus élevée que cette combinaison se fait plus rapidement. L'oxyde de fer ou rouille est le composé produit par l'action de l'oxygène humide sur le métal ; l'oxygène sec ne produit pas de rouille. Lorsqu'une certaine quantité d'oxyde s'est développée à la surface d'un métal et particulièrement par l'action du feu, l'altération marche ensuite beaucoup plus rapidement. Ainsi s'explique l'abondance de la rouille à la surface des tôles intérieures d'une cheminée.

769. *Oxyde de carbone.*— Gaz incolore, inodore. Il brûle à l'air avec une flamme bleuâtre caractéristique ; l'eau n'en dissout que $\frac{1}{16}$ de son volume environ; il est sans action sur la teinture de tournesol. Sa composition est de 42,86 de carbone et 57,14 d'oxygène. Il se forme en abondance toutes les fois que la combustion du charbon dans un fourneau se fait sous l'influence d'une quantité insuffisante d'oxygène. Il arrive fréquemment que si la température est encore suffisante à l'orifice supérieur d'un fourneau où s'est formé de l'oxyde de carbone, ce gaz s'enflamme et brûle avec une flamme bleue au contact de l'air injecté ou de l'air qui entoure l'orifice de la cheminée du foyer. On l'obtient dans les laboratoires en faisant passer lentement un courant de gaz acide carbonique à travers un long tube de porcelaine ou de verre renfermant du charbon chauffé au rouge.

Au sujet de la formation de l'oxyde de carbone dans le phénomène de la combustion, il convient de se rappeler dans la pratique, que 1 kilogramme d'acide carbonique contient 0,27 de carbone, tandis que l'oxyde de carbone en contient 0,43. Donc, pour une même quantité en poids d'oxyde de carbone ou d'acide carbonique évacuée par la cheminée, on perd en carbone en évacuant l'oxyde de carbone, $\dfrac{0,43 - 0,27}{0,43} = 4$ % en plus qu'en évacuant de l'acide carbonique.

L'oxyde de carbone agit comme un poison : un animal périt par asphyxie si on le laisse séjourner pendant quelque temps dans de l'air qui renferme quelques centièmes de ce gaz.

Il cause la lourdeur de tête, le grand malaise que l'on ressent auprès d'un fourneau de charbon allumé quand les produits de cette combustion ne sont pas immédiatement entraînés au dehors de l'appartement.

770. *Pyrite* ou *bisulfure de fer*.— Matière qui se rencontre en grande abondance dans la nature, sous la forme de petits cristaux cubiques, brillants ou ternes, d'un jaune de laiton ou blancs; l'acide azotique l'attaque promptement. Le pyrite est souvent mêlé à la houille dans des proportions qui présentent des inconvénients et même des dangers : 1° dans la combustion, le soufre se dégage à l'état d'acide sulfureux qui attaque le métal; 2° les pyrites ont la propriété de s'oxyder, de s'effleurir, de se décomposer à l'air et particulièrement sous l'influence de l'humidité chaude comme celle qui existe dans les amas de combustibles au sein desquels l'eau des pluies et l'air ne circulent pas.

La décomposition se fait en dégageant une forte chaleur capable de mettre en combustion le charbon où elle se produit.

On peut reconnaître par des moyens simples et pratiques si une houille donnée contient en abondance des pyrites et des matières sulfureuses : 1° des traces jaunes comme la rouille marquent l'extérieur et l'intérieur d'un grand nombre de morceaux de charbon, ou bien encore on y trouve en abondance de nombreuses paillettes brillantes comme est la limaille de cuivre jaune. L'absence de ces deux formes de substances sulfureuses, dans une houille, n'est pas une preuve qu'elle n'est point pyriteuse, car les composés sulfureux sont quelquefois d'une couleur noire terne ; 2° quelques hectolitres de houille menue, cassée fraîchement et immergée de 1 à 2 centimètres dans une baille, donnent au liquide une teinte verdâtre après dix à douze heures d'immersion si la houille est pyriteuse ; 3° brûlée à l'air libre et à petit feu de forge, la houille pyriteuse dégage une fumée jaunâtre très épaisse d'une odeur de soufre très prononcée. La soudure de deux morceaux de fer de bonne qualité l'un à l'autre est très difficile à faire et elle est peu solide ; les amorces sont visiblement perforées par de nombreux petits trous, et sur la partie du fer qui n'est pas recouverte par le combustible incandescent, il se dépose une poussière jaunâtre.

771. *Suie.*— Conséquence immédiate de la fumée ; la suie est, pour ainsi dire de la fumée condensée. Elle se décompose en croûtes luisantes sur les parois des cheminées. Elle est composée principalement de charbon, d'huile empyreumatique et d'acide acétique. La suie de charbon de terre ne diffère pas notablement de la suie de charbon de bois. Sous l'influence de la chaleur et de la vapeur d'eau à laquelle donne naissance la combustion, les particules charbonneuses déposées par la fumée sur les parois des conduits se forment en croûtes luisantes.

Le noir de fumée proprement dit résulte particulièrement de la combustion des résines, des goudrons ou des huiles grasses, dans des vases disposés pour les recueillir.

COMBUSTIBLES USUELS

Indications générales au point de vue de la pratique.

772. Le pouvoir ou puissance calorifique absolue d'un combustible, se dit de la quantité de chaleur exprimée en calories, que peut développer 1 kilogramme de combustible, en brûlant complètement et parfaitement dans un calorimètre.

Le pouvoir rayonnant d'un combustible se dit de la quantité de chaleur émise dirèctement dans tous les sens pendant toute la durée de la combustion parfaite d'un kilogramme de combustible, abstraction faite de la chaleur enlevée par la circulation des gaz chauds qui ne transportent la chaleur que dans la direction de leur mouvement. Étant donné un poids de bois et un autre poids de houille complètement en ignition et produisant la même quantité de chaleur par leur combustion complète, la chaleur rayonnée du centre du foyer de la houille pendant l'unité de temps et à une distance déterminée sera plus grande de $1 - 0,254 = 0,746$ que celle qui aura rayonné du centre du foyer de bois.

Dans la pratique, le pouvoir rayonnant d'un combustible a une importance qui ne saurait être négligée, ne serait-ce qu'au point de vue du meilleur résultat à obtenir immédiatement, par exemple : l'intensité d'un feu de forge au charbon de terre est plus grande que celle d'un feu de même emploi au charbon de bois, toutes choses équivalentes par ailleurs.

773. *Tourbe brute* de couleur brune ou noirâtre; terne, spongieuse. La cassure est fortement marquée de filaments radiculaires.

Composition élémentaire : carbone 0,55 %; hydrogène 0,05; oxygène 0,30; cendres 0,10.

Matières composantes brutes et matières mélangées.

Matières ligneuses 0,49, substances résineuses 0,038, substances analogues à la cire 0,013, oxyde de fer, 0,004, silice 0,8, gypse 0,045, chaux et acide phosphorique, 0,027, résidus terreux 0,25.

Produits fournis par la distillation en vase clos : substance huileuse 0,08, acide pyroligneux 0,25, gaz divers 0,7, charbon de 0,24 à 0,43, sels et oxydes, 0,12, cendres de 0,15 à 0,30.

Densité moyenne très variable de 0,17 à 0,40.

La tourbe épurée et comprimée a une couleur plus foncée que la tourbe brute; la cassure est homogène et grenue.

Produits fournis par la distillation : charbon 0,48, cendres 0,6, densité moyenne de 0,75 à 1.

Le charbon de tourbe obtenu par la carbonisation en meule est d'un noir moins foncé que le charbon de bois ; la cassure est métallique comme celle de ce dernier, et la sonorité au choc est très prononcée.

Densité moyenne 0,38.

Considérations générales sur l'emploi des tourbes. — Évaporation des liquides, four à chaux.

La tourbe comprimée donne des résultats supérieurs à ceux de la tourbe brute, on l'emploie fréquemment au chauffage des chaudières d'usine, quelquefois à celle des bateaux. Le feu est lent à prendre, il exige un fort tirage et il ne doit pas être attisé comme le feu de houille. Sa flamme est blanche, plus lente que celle du bois ; peu de fumée, mais d'une odeur amoniacale prononcée ; cendres légères.

Les fourneaux doivent être disposés comme pour brûler du bois.

Lieux de provenance. — La tourbe est répandue en abondance dans les terrains du centre et de l'ouest de la France, particulièrement à Abbeville, Saumur, Essonne, Strasbourg. La Hollande et l'Allemagne en possèdent de grands gisements.

774. *Lignite pur ou bois fossile.* — Aspect du bois de provenance, mais de couleur beaucoup plus foncée.

Composition élémentaire : carbone 0,44, hydrogène 0,04, oxygène 0,025, cendres 0,15.

Produits fournis par la distillation : acide carbonique, huiles foncées à odeur très désagréable ; charbon 0,38, cendres 0,15.

Densité de 0,8 à 1.

Lignite bitumineux ou *bois bitumineux.* — Contexture fibreuse, noir ou brun très foncée. La cassure transversale est conchoïde.

Produits fournis par la distillation : matières aqueuses diverses 0,34, gazeuses 0,27, charbon fritté 0,37, cendres 2.

Densité 1,32.

Emploi des bois fossiles et des lignites bitumineux ; peu employés à cause de l'odeur forte et désagréable qu'ils donnent à la combustion.

Allumage facile. Ils brûlent avec peu de crépitation et de fumée ; la flamme est longue et jaune et très chaude.

Lieux de provenance. Le bois fossile est surtout abon- dans les environs de Bruke et le bois bitumineux dans la Hesse.

Lignite compacte. — Noir luisant ; structure schistoïde quelquefois fragmentaire. Il est presque impossible de reconnaître entièrement les lignites d'avec les houilles, il faut recourir souvent aux réactifs ou à la combustion ; car, contrairement aux houilles, les lignites compactes ne se boursouflent pas et ne collent pas sur la grille.

Composition élémentaire : carbone 0,70, hydrogène 0,05, oxygène 0,020, cendres 0,05.

Produits fournis par la distillation : Coke plus léger que celui de la houille.

Densité de 1,18 à 1,30.

Le lignite compacte est employé au lieu et place de la houille, mais moins avantageusement au point de vue de la vivacité du feu. Flamme claire, longue, peu fuligineuse ; fumée très épaisse d'une odeur fétide ; suie très abondante ; exige un tirage très fort et des grilles étroites.

Lieux de provenance : Dans le Var et les Bouches-du- Rhône les lignites compactes sont très abondants. On les exploite dans le Bas-Rhin, les Ardennes, Vevey et Lausanne, et aux environs de Gênes dans les terrains de configuration du golfe.

Lignite terreux. — Brun foncé, à cassure mate, contient : matières combustibles 0,803, argile et sable 0,066, pyrite 0,131.

Densité moyenne 1,23.

Emplois usuels. Plus restreints que ceux des lignites compacts à cause des pyrites. La fumée a une odeur très piquante ; la cendre est rougeâtre et renferme 30 % de potasse.

Lieux de provenance. Chantilly, Bousviller (Allemagne).

Lignite terne massif. — Brun foncé sans structure bien caractérisée.

Lieux de provenance : Dieppe, le Soissonnais, Westphalie.

Lignite terne friable. — Structure massive et toujours fragmentaire : contient moins de pyrites que le lignite terreux ; perd très promptement ses qualités combustibles après l'extraction. On l'emploie quelquefois à la cuisson de la chaux ou quelquefois au chauffage des chaudières. Il est abondant dans les départements de la Somme, de l'Aisne et de la Seine-Inférieure.

Lignite fibreux. — Brun clair luisant ou terne ; structure fibreuse plus ou moins serrée, la partie fibreuse noire est contournée en petites baguettes. Bon combustible dans l'espèce lignite ; il brûle avec une flamme assez claire ; les cendres sont pulvérulentes comme celles du bois.

Considérations générales sur l'emploi des lignites. — Moins inflammables que la houille et sous ce rapport se rapprochant du coke.

Les lignites demandent un tirage plus fort que pour la houille, des grilles moins larges à barreaux plus espacés. Leur plus grand défaut est de produire une fumée très épaisse et une suie qui engorge très promptement les carnaux et les cheminées. Ils altèrent le métal des chaudières, parce que, presque toujours, ils contiennent des pyrites de fer.

775. *Houille* ou *charbon de terre.* — La constitution de la houille comparée à celle des autres combustibles fossiles ou minéraux qui ont le même aspect, ne peut être établie rigoureusement que par les réactifs. Les houilles sont les meilleurs combustibles de l'industrie ; elles sont universellement employées. Les variétés en sont très nombreuses et la classification n'en est pas encore établie d'une manière simple et partout adoptée; elle est résumée dans le tableau ci-après :

CLASSIFICATION		PRO-VENANCE	DENSITÉ MOYENNE	CARACTÈRES	
Anglaise.	Française.			Physique.	De combustion.
Cannel coal.	Houilles compactes	Lancashire. Edimbourg. Rocher bleu.	1.312	Noir tirant sur le gris Grande dureté.	S'allument facilement et brûlent avec flamme vive.
Cherry coal.	Molles ou grasses à longue flamme	Newcastle. Glascow. Sunderland. Mons. Anzin.	1.266	Noir de velours, fragile, brillante, parfois éclatante.	S'embrasent facilement, brûlent avec flamme et se consument rapidement avec une forte chaleur.
Cakin coal.	Collantes ou maréchales ou grasses fondantes.	Certaines houilles de St-Etienne et de Newcastle. Durham.	1.270	Noir de velours à couleurs irrisées; brillant de la résine.	*Se brisent au feu en petits morceaux* qui s'agglutinent et brûlent avec une flamme jaune très vive; un peu de fumée et un grand dégagement de chaleur. *Durent longtemps au feu.*
Splint coal.	Esquilleuses sèches ou maigres à longue flamme.	Wyham. Charleroi. Graissessac. Généralement celle de Saint-Etienne.	1.36	Noir brun avec le brillant de la résine.	*Il faut une très grande température pour qu'elles entrent en combustion; elles brûlent lentement sans flamme mais avec une forte chaleur.*

776. Commercialement et en dehors de la provenance, on distingue la houille d'après la grosseur des échantillons :

Tout-venant, telle qu'elle sort de la mine.

Pérat, gros en roche, morceaux choisis dont la plus petite dimension en volume est plus forte que celle du poing.

Gaillette, de grosseur à peu près égale à celle du poing.

Gailleterie ou *petite gaillette* ou *gailleton roulant*, petits morceaux de 1 à 5 centimètres cubes.

Poussier, très menu (charbon et poussière).

777. La composition élémentaire de la houille, donnée par la distillation en vase clos, comprend moyennement : carbone 0,80, oxygène 0,05, hydrogène 0,05, cendres 0,05. Les matières qui y sont mélangées se résument en argile silicieux, alumine et pyrite sulfureux ; ce dernier occasionne des combustions spontanées. La cassure de la houille est ou lamelleuse ou à grains ou schistoïde (§ 770).

778. Le plus grand nombre des houilles sont fragiles et peu hygrométriques ; plongées dans l'eau, elles en absorbent de 0,10 à 0,50 de leur poids par capillarité. A la température de 100°, elles perdent de 0,01 à 0,05 de leur poids. Elles s'altèrent à l'air ; sous l'action des influences atmosphériques, elles perdent une quantité importante de leur puissance calorifique.

Si des expériences suivies n'ont pas été faites pour déterminer la proportion de cette perte, on a constaté, cependant, qu'après 6 mois d'exposition à ciel ouvert, des morceaux de houille de 500 grammes ne donnaient plus de gaz inflammable en les chauffant à 300°, température inférieure à celle de la chaleur rouge, après les avoir réduits en poussière ; tandis que des morceaux de même grosseur et de même provenance ayant subi le même degré de pulvérisation au sortir de la mine, étant placés sous une cloche en verre produisaient, 12 heures après leur extraction une flamme longue et éclatante, en approchant une allumette enflammée de la cloche soulevée pour cet essai.

Dans le choix d'une bonne houille destinée au chauffage des chaudières des machines à vapeur motrices, il importe d'être guidé par les considérations suivantes, rangées ici par ordre d'importance :

1° Assez faiblement pyriteuses pour ne pas attaquer le métal de la chaudière pendant leur combustion (voir pyrites de fer § 770) ;

2° Puissance calorifique pratique de 4.800 calories ; c'est-à-dire que 1 kilogramme de houille brûlée à feu modéré, sans tirage artificiel dans une chaudière à bouilleur, ordinaire, doit vaporiser 7 litres d'eau environ comptée à 0° de température au début : l'eau de la chaudière et plus tard l'eau d'alimentation, qui peut varier de 10° à 40°, étant T, on ramène par le calcul suivant la puissance calorifique au point de départ 0°.

$$Q = q \times \left(1 - \frac{T}{637} \right)$$

Q. Poids de l'eau vaporisée en supposant la température à 0°.

q. Poids de l'eau réellement vaporisée, la température constatée de l'eau d'alimentation de l'eau du premier niveau étant T. Si, par exemple, la quantité d'eau vaporisée par kilogramme de charbon est de 8 litres, et la température de l'eau d'alimentation de 30°, on aura, pour la vaporisation comptée à 0° de température de l'eau :

$$8 \times \left(1 - \frac{30}{637} \right) = 0,955 \times 8 = 7 \text{ lit. } 64.$$

3° Puissance de vaporisation rapportée au temps, au moins égale à 15. C'est-à-dire qu'après avoir brûlé 500 kilog. de charbon essayé, la quantité d'eau vaporisée par minute doit être de 15 litres en moyenne en comptant, comme au n° 2 l'eau à 0° de température.

Exemple : P_v, puissance de vaporation cherchée.

n, nombre de minutes écoulées pour brûler 500 kilogrammes de charbon = 200'.

q, nombre de litres d'eau vaporisée pendant le temps n = 4,000litres.

T, température de l'eau = 30°.

$$\text{P}^v = \frac{9 \times \left(1 - \frac{637}{\text{T}}\right)}{n} = \frac{4,000 \times \left(1 - \frac{30}{637}\right)}{200} = 19 \text{ litres } 0,5$$

500 kilogrammes de bonne houille donnent 22 litres d'eau vaporisée par minute.

Connaissant ce qu'une houille de bonne qualité a donné de puissance de vaporisation rapportée au temps, dans la chaudière où l'on fait l'essai d'une autre qualité de houille, on arrive à une appréciation assez exacte en comparant les deux résultats. Le rapport entre la puissance de la houille non connue et la puissance de la bonne houille, doit être, dans les cas généraux, de 0,85. Des considérations spéciales, telles que le cas où la chaudière étant très puissante par rapport à la vapeur qu'elle doit fournir, font qu'il n'est pas absolument nécessaire que le charbon ait une combustion très vive.

Le charbon employé au chauffage des chaudières marines doit pouvoir fournir, dans un moment donné, un violent coup de feu; à ce point de vue, le charbon anglais, le Newcastle, peut être pris pour type. La puissance calorifique rapportée au temps est généralement comptée à 22, en nombre rond. Si P_v est la puissance donnée par une houille essayée, il faut obtenir au moins avec un charbon destiné aux chaudières marines $\frac{P_v.}{22} = 0.8$.

4° Cohésion ou résistance à la cassure, représentée par un nombre, entre 0,40 à 0,60 et ainsi déterminé :

Dans un cylindre en tôle forte, de 1 mètre de longueur, et de 0m,92 de diamètre (à défaut, dans une barrique en bois se rapprochant de ces dimensions), sont fixées trois lames en tôle, de 20 centimètres de hauteur, s'étendant sur toute la longueur du cylindre et placées suivant la direction de trois diamètres qui divisent la circonférence en trois parties égales. Au moyen de deux tourillons et d'une manivelle, on peut lui donner un mouvement de rotation en le plaçant horizontalement par les tourillons sur deux supports fixés au sol. Par une porte latérale, à fermeture, on introduit dans l'appareil 100 morceaux de charbon, du poids moyen de 500 grammes chaque, soit 50 kilogrammes, et on fait faire 50 tours complets au cylindre, avec une vitesse d'environ 25 tours par minute ; on prend ensuite à la main dans l'appareil, tout le charbon, gros ou petit, et après l'avoir criblé doucement sur une grille horizontale, dont les mailles rectangulaires ont 3 centimètres de côté, on pèse tout ce qui passe par la grille. Le rapport du poids du charbon ainsi criblé, au poids des 50 kilogrammes expérimentés, indique la cohésion.

5° Scorie, machefer, au plus 3 0/0 en poids de la quantité de houille brûlée ; on doit pouvoir détacher à froid les machefers des barreaux de grille, sans trop de peine.

6° Cendres et escarbilles, 13 0/0 au plus, du poids du charbon consommé, le charbon d'essai ayant été criblé, comme il est indiqué au n° 4 ci-avant.

7° Abondance et coloration de la fumée : Si la fumée ne fournit pas le moyen d'apprécier la puissance de vaporisation d'un combustible, son odeur caractérise les houilles sulfureuses en excès. En principe, une houille de bonne qualité produit peu de fumée et celle-ci est grise ; les houilles qui donnent une fumée noire, abondante et qui persiste dix minutes après chaque nouvelle charge de houille sur la grille, sont ordinairement très médiocres à l'emploi dans les chaudières des machines motrices à vapeur.

8° Quantité de houille consommée par heure et par mètre carré de surface de grille dans un fourneau bien disposé, entre 80 et 100 kilogrammes, le feu étant activement poussé, le temps calme, sans aider la combustion par un tirage forcé, et le poids des morceaux de charbon étant de 500 grammes environ. Ce résultat concorde habituellement avec celui de la vaporisation par rapport au temps (n° 3) lorsque la houille est de bonne qualité.

Exemple, désignant par :

Données déduite de la vaporisation par rapport au temps.
{
P, poids du charbon brûlé en n minutes pendant l'essai........ = 960 kil.

n, durée de l'essai en minutes. = 180'

S, surface de grille, 4^{m^2}.

V, volume d'eau vaporisée.   6720 lit.
}

Déduction pour la vaporisation par mèt. carré de surface de grille et par heure.
{
P', poids du charbon brûlé par heure et par mètre carré de surface de grille.

$n' = 60$ minutes à l'heure.

V', eau vaporisée par heure et par mètre carré de surface de grille.
}

$$P' = \frac{P \times n'}{n \times S} = \frac{960 \times 60}{180 \times 4} = 80 \text{ kilogr. dans l'exemple.}$$

Le rapport $\dfrac{V'}{P'}$ doit être égal ou très rapproché de $\dfrac{V}{P}$.

9° Temps nécessaire à l'allumage complet d'un fourneau : de 35 à 50 minutes, en employant une quantité de bois d'allumage sec et léger (pin ou sapin), représentant en poids les 0,08 du poids de la houille qui garnit la grille, sur une épaisseur de 8 à 12 centimètres, suivant que la houille est grasse ou maigre. Le temps est compté du moment de la mise en feu jusqu'au moment où la vapeur commence à s'échapper par la soupape laissée ouverte, sous forme de flocons blancs.

10° Poids à l'encombrement, entre les limites de 780 à 850, c'est-à-dire qu'un hectolitre ras de charbon (100 décimètres cubes) passé au crible horizontal dont les mailles ont 3 centimètres de côté, doit peser de 78 à 85 kilogrammes, s'il s'agit d'un charbon en roches. L'encombrement du mètre cube donne un poids de 780 à 850 kilogrammes.

Désignant par p le poids de l'hectolitre, par P le poids à l'encombrement; par Q la quantité de charbon à loger exprimée en tonneaux de 1 000 kilogrammes, et par V, le volume en mètres cubes qu'occupera la quantité Q on a

$$V = \frac{Q \times 1000}{P} \text{ ou } V = \frac{Q \times 10\,000}{P}$$

$$Q = \frac{VP}{1\,000} \text{ ou } Q = \frac{Vp}{10\,000}.$$

On compte habituellement 850 kilogrammes par mètre cube pour le charbon en roches et 1 000 kilogrammes pour le tout-venant un peu gros.

779. *Essai de la houille par la vaporisation.* — L'exactitude de cet essai n'est possible à obtenir qu'en procédant par comparaison dans la même chaudière, avec le même tirage dans le foyer et en conduisant la chauffe exactement de la même manière pendant les deux essais.

Exemple : 1° Avec le charbon connu :
Hauteur du niveau de l'eau au tube en verre au moment où la tôle de la chaudière est chaude à supporter à peine au contact de la main ;
Charbon passé au crible de 4 centimètres de côté des mailles, et tamisé ensuite pour en séparer le menu.
Hauteur de la couche de charbon sur la grille pour l'allumage du feu, 10 centimètres environ.
Ne commencer à enregistrer les résultats qu'au moment où le manomètre indique la pression de régime de la chaudière où l'on fait l'essai. A ce moment, bien préciser les indications suivantes :
État du feu dans le fourneau et épaisseur de la charge de combustible : feu vif, ou modéré ou bas ; grille bien garnie, ou moyennement garnie ou peu garnie.
Pression. — Pression au manomètre de la chaudière, hauteur de l'eau dans le réservoir ou la bâche dans laquelle puisera la pompe d'alimentation pendant la durée de l'essai.
Dépense uniforme de la vapeur formée, soit par la soupape de sûreté, soulevée de manière à ce que la pression au manomètre de la chaudière soit voisine de la pression de régime de la machine, soit par le fonctionnement de la machine.
Entretien du feu, à couche uniforme de 10 à 12 centimètres de charbon.

Constatation du tirage dans la boîte à fumée, au moyen d'un manomètre à eau, qui donne la *dépression* dans cette boîte, c'est-à-dire l'intensité du tirage, il est moyennement de 3 millimètres d'eau.

Durée de l'essai : 4 heures, sans décrasser la grille.

Après 4 heures de chauffe, arrêter l'essai, en ayant soin de laisser le feu sur la grille, dans le même état qu'au moment où l'essai a été commencé; si besoin est, prolonger un peu la durée de l'essai afin de se rapprocher le plus possible de cet état et afin de terminer avec la même pression qu'au début. Noter la hauteur de l'eau au réservoir où puisait la pompe alimentaire, afin d'en déduire le plus exactement possible la quantité d'eau vaporisée.

Résumé numérique :

n, durée de l'essai...................... = 4 heures.
Q, quantité d'eau vaporisée............. = 1600 litres.
q, quantité de houille consommée....... = 230 kilogr.
p, puissance de vaporisation de 1 kilogr.
    de houille............... .... = 7 litr. 1|2.

$$p = \frac{Q}{q} = 7 \text{ litres d'eau.}$$

Deuxième essai, avec la houille nouvelle :

n', durée de l'essai........ .... = 4 h. 15′
Q', quantité d'eau vaporisée............. = 1580 litres.
q', quantité de houille consommée....... = 250 kilogr.
p', puissance de vaporisation.

$$p' = \frac{Q'}{q'} = 6^k,320.$$

Le rapport de p' à p devra être celui du prix d'achat des deux houilles, si l'on ne tient pas compte du temps qu'exige la houille nouvelle pour produire la même quantité de vapeur que la houille de comparaison; soit, 20 francs la tonne, le prix de cette dernière; le prix de la nouvelle houille serait déduit de l'expression

$$\frac{p'}{p} \times 20. = \frac{6,320}{7} \times 20 = 18,06.$$

Soit 18 fr. 06 la tonne.

Si l'on fait entrer la puissance de vaporisation par rapport au temps, le prix de la nouvelle houille deviendrait, en exprimant le temps en minutes

$$\frac{n}{n'} \times 18,06 = \frac{240}{255} \times 18,06. = 16,98.$$

Soit, 17 francs la tonne au lieu de 20 francs.

Un des éléments essentiels pour obtenir deux essais bien comparables, est la même intensité du tirage dans le foyer. Avec le tirage naturel, c'est un bien grand hasard de rencontrer le même vent ou le même calme de l'atmosphère au moment de chacun des essais. Il faut avoir recours à un ventilateur qui souffle de l'air sous la grille ou dans le foyer; on règle le nombre de tours par minute, le même pour les deux circonstances.

780. *Essai par incinération*(1). — Cette méthode d'essai est moins exacte pour la pratique que celle par la vaporisation, avec un poids donné de combustible; mais elle exige la réunion de circonstances bien moins nombreuses et de moyens bien plus simples. On l'emploi pour des achats sur le carreau de la mine ou pour ceux qui proviennent d'un chargement de bâteau. Le matériel nécessaire comprend un fourneau à moufle, n° 4, qu'on trouve chez tous les marchands de produits chimiques; deux creusets en platine avec couvercle; deux capsules de même métal; une spatule en fer; un tamis fin, en soie; un mortier en fonte de fer et une balance ou trébuchet de laboratoire.

On prend un échantillon du poids de 2 ou 3 kilogrammes dans le tas de houille; il doit avoir l'aspect et la contexture de l'ensemble des morceaux qui forment la masse de combustible; après l'avoir pulvérisé et passé au tamis de soie, on l'étend sur un marbre ou sur une glace, en très mince couche et on en prend le poids de 5 grammes pour l'essai. On chauffe le fourneau à blanc avec du coke; on y introduit

---

(1) Il est pratiqué avec beaucoup d'habileté et d'exactitude à la Compagnie générale des Transatlantiques par M. Buser, l'ingénieur qui en a publié les détails au Bulletin du Cercle des mécaniciens français à Marseille.

le creuset en platine, sans couvercle, dans lequel on a mis les 5 grammes de poussière de charbon; les gaz combustibles s'enflamment et quand la flamme a cessé on couvre le creuset et on laisse se former complètement le coke, produit par l'incinération, pendant cinq minutes environ; on retire le creuset du fourneau, on enlève le culot de coke qui s'y est formé, on en détermine le poids en tenant compte de la tare du creuset, faite préalablement.

Exemple : Les 5 grammes de charbon soumis à l'incinération ont donné $4^g,5$ de coke, il s'ensuit que 100 grammes auraient donnés $\dfrac{4,5 \times 100}{5} = 90$ grammes de coke, en déduisant de ce poids le poids qui représente les cendres, on aura le poids du carbone contenu dans 100 grammes de la houille essayée. Pour cela, on pulvérise et on passe au tamis de soie 2 grammes du coke obtenu par la première incinération; on les introduit sur une capsule en platine, dans le fourneau qui est chauffé assez fortement; on retire après deux heures environ et l'on pèse les cendres laissées par la combustion complète des 2 grammes de coke; soit, $0^g,10$ centigrammes le poids de ces résidus. La proportion de cendres ou de matières incombustibles contenue dans la houille essayée, sera de 5 0/0 dans ce cas particulier; en effet, $\dfrac{0,10}{2} = 0,05$. Si donc, 100 grammes de coke donnent 5 grammes de cendres, les 90 grammes de coke produits par l'incinération de 5 grammes de charbon donneront $\dfrac{5 \times 90}{100} = 4^g,5$ de cendres.

Retranchant $4^g,5$ des 90 grammes de coke brut qu'aurait fourni l'incinération de 100 grammes de houille, il restera $84^g,5$ de carbone pour 100 grammes de combustible essayé, c'est une proportion très bonne. (Voir le tableau page 796.)

Les matières volatiles, contenues dans la houille essayée, forment un poids qui est le complément de 100, après l'addition des poids du carbone et des cendres. Dans l'exemple, le résumé numérique de l'essai serait ainsi exprimé :

$$
\begin{aligned}
&\text{Carbone} \ldots \ldots \ldots \ldots \ldots \ldots \quad 84,5 \\
&\text{Cendres} \ldots \ldots \ldots \ldots \ldots \ldots \quad 5,\text{»} \\
&\text{Partie volatile} \ldots \ldots \ldots \ldots \quad 10,5 \\
&\hspace{3cm}\text{TOTAL} \ldots \ldots \ldots \quad 100,0
\end{aligned}
$$

781. *L'anthracite*, au premier coup d'œil, ressemble à la houille maigre ; quelques variétés sont employées sous cette dénomination. En France, l'administration des mines considère comme anthracite tous les combustibles minéraux, quel que soit le gisement, qui ne donnent pas de coke par la distillation en vase clos, ni des matières huileuses et aqueuses en notable quantité et dont le résidu fixe, à la distillation, abstraction faite des cendres, s'élève au moins à 85 %. Généralement, l'anthracite frais caractérisé est d'un noir moins opaque et plus métallique que la houille, et un peu sonore au choc ; sa contexture est lamelleuse, serrée ou compacte ; sa cohésion est très grande. Il existe cependant des anthracites qui sont menus et friables, leur aspect décèle leurs qualités inférieures.

La composition élémentaire moyenne de ce combustible comprend : carbone 0,90, hydrogène 0,03, oxygène 0,03, cendres 0,04, argile, oxyde de fer, matières terreuses 0,2, pyrite de fer en très faible quantité dans les anthracites parfaitement caractérisés, tandis que les anthracites de basses qualités et d'aspect terreux sont excessivement pyriteux. Les produits de la distillation sont des traces d'huile et d'acide carbonique et quelques matières amoniacales. Le coke est pulvérulent et en petites quantités ; les cendres sont blanches et peu abondantes.

La densité varie de 1,31 à 2,0.

Les variétés d'anthracite les mieux connues sont :

1° L'anthracite compacte vitreux, homogène à la cassure, rendant un son métallique par le choc, très difficile à allumer, flamme très chaude. Cette variété est très abondante en Amérique, et très employée sous la dénomination d'anthracite de Pensylvanie ; 2° L'anthracite friable, à texture grenue, tachant les doigts et s'égrenant sous le choc ; 3° L'an-

thracite écailleux, divisible en larges écailles solides
dont la surface est inégalement ondulée et éclatante ; tache
moins les doigts que la variété précédente ; 4° L'anthracite
feuilleté, très divisible par feuillets larges et onduleux ;
moins résistant que l'anthracite écailleux ; 5° L'anthracite
globuleux, formé de fragments sphériques ; on le rencontre
particulièrement en Norvège.

Emploi de l'anthracite. — Hormis en Amérique, où ce
combustible est très abondant, il est beaucoup moins
employé que la houille, bien que son pouvoir calorifique
soit plus grand (voir page 796).

Les défauts qui expliquent son exclusion relative sont :
la grande difficulté de l'allumage ; la nécessité d'entretenir
sa combustion par un tirage très énergique ; l'extinction du
feu, dès que la température dans le foyer s'abaisse notablement ; l'obligation de donner de grandes dimensions aux
foyers et aux surfaces de chauffe, ce qui augmente le prix
de revient et l'encombrement des chaudières. Ces défauts
relatifs proviennent en grande partie de ce que ce combustible, contenant infiniment peu de carbone volatil, de
bitume et d'huile, il ne peut entrer en combustion qu'à
une très haute température. D'autre part, sa grande teneur
en carbone, sous un petit volume, exige une plus grande
quantité d'oxygène que la houille bitumineuse et il s'échauffe
difficilement. L'atténuation de ces inconvénients consiste :
1° à allumer le fourneau chargé avec moitié d'anthracite et
moitié de houille grasse ; 2° à casser ce combustible en
fragments assez petits, comme la grosseur d'une noix par
exemple, afin qu'il présente plus de surface en contact avec
l'oxygène de l'air appelé par le tirage dans le foyer ; 3° en
le brûlant en grandes masses d'une faible hauteur (6 à
7 centimètres), moitié moindre environ que pour la houille,
afin de maintenir une haute température dans le fourneau ;
4° en activant le tirage par une injection forcée d'air dans
la cheminée, préférablement à l'insufflation au-dessous de
la grille ou dans le foyer même.

Le feu d'anthracite bien actif donne une flamme blanche,

très courte et très chaude. La fumée est grise et légère au moment de la charge de la grille et nulle après. Cendres blanches et un peu abondantes ; très peu de livres.

782. *Agglomérés de houille* ou *briquettes*, combustible fabriqué avec du menu charbon de diverses qualités, des lignites, des anthracites purs et un corps agglutinant, goudron, résine, etc.

La fabrication comprend trois opérations :

Première opération. — Choix et épuration du menu du charbon : le mélange en parties égales de houille maigre et de houille demi-grasse donne de très bons résultats. Les menus employés proviennent de l'extraction et du transbordement des masses en roches plus ou moins volumineuses, tout ce qui passe par la grille de 3 à 5 centimètres de maille convient à la fabrication des agglomérés. Les menus sont séparés du poussier à l'aide d'un cylindre creux qui les reçoit et qui, mu en rotation sur un arbre incliné les fait passer par des claires-voies successives, à mailles graduellement grandes. Un lavage mécanique épure et débarrasse les deux produits du vannage, des matières terreuses, sulfureuses ou calcaires. Le gailletin roulant (menu d'un volume appréciable) est ensuite soumis au broyage entre deux cylindres dont l'un est canelé et l'autre uni. On obtient ainsi du charbon en grains.

Deuxième opération. — Agglutination du charbon en grains et du poussier au moyen de goudron de gaz, ou de brai gras, ou de brai sec, ou bien d'encollages gélatineux, mucilagineux, résineux, additionnés de matières comburantes hydrogénées ou carbonées. L'agglutination avec 8 % de brai sec, les houilles broyées se composant de 0,75 de la qualité dite maigre et de 0,25 de celle dite demi-grasse, donne des produits très appréciés à l'emploi. Généralement, les briquettes fabriquées dans ces conditions ne se ramollissent pas à la chaleur de 50° ; elles conservent une bonne cohésion si on la leur a donnée au moulage ; elles brûlent avec une flamme vive et intense en produisant peu de fumée d'un gris uniforme. Le mélange se fait dans des cuves au contact d'une quantité mesurée de vapeur d'eau surchauffée de 200 à 300°.

Troisième opération. — Compression et moulage à l'aide de machines à vapeur et de presses hydrauliques disposées pour faire subir à chaque briquette d'un poids moyen de 8 kilogrammes, une pression de 40 à 50 kilogrammes par centimètre carré de surface. A une degré de compression moindre que 40 kilogrammes, toutes choses égales d'ailleurs, la briquette perd beaucoup de ses qualités. Ci-après, un extrait des marchés passés entre la marine de l'État et les fournisseurs de briquettes :

« Les briquettes doivent être dures, sonores, homogènes, peu hygrométriques, à peu près dépourvues d'odeur. Elles seront fabriquées avec des menus de première qualité et lavés avec soin. Leur poids sera de 9 à 10 kilogrammes et ne devra pas excéder cette dernière limite. En aucun cas, le menu résultant des brisures ne pourra dépasser 5 %. La densité moyenne des charbons mélangés ne devra pas être inférieure à 1,19.

« Les briquettes devront s'allumer facilement et brûler avec une flamme intense et claire, sans se désagréger au feu, et en ne produisant qu'une fumée grise et légère. Elles ne devront pas être inférieures, sous le rapport de la quantité d'eau vaporisée par kilogramme de combustible, aux charbons admis par l'administration à concourir à cette fourniture et la proportion de cendres résultant de leur combustion ne devra pas excéder 9 %. »

Comparativement aux charbons en roches de même provenance que les menus compris dans la composition des briquettes, celles-ci doivent être préférées pour les raisons suivantes :

Allumage plus prompt. Chauffage méthodique plus facile. Production de vapeur un peu plus aboudante et plus uniforme. Encombrement moins grand pour la même quantité de chaleur à produire. Combustion spontanée dans un amas de combustible, beaucoup moins probable et corrodation du métal des chaudières par les pyrites et les gaz sulfureux, moins active et même nulle si le lavage des menus a été parfaitement fait.

Pour les circonstances où il s'agit avant tout de produire un coup de feu, vivement et d'une certaine durée, on fait usage de briquettes creuses.

783. *Coke.* — Le coke de four est obtenu par la calcination en tas de la houille lavée, dans des fours où la calcination a lieu par la combustion des produits gazeux qui se dégagent de la masse charbonneuse par suite de l'élévation de température que cette combustion elle-même détermine. Il est plus particulièrement employé dans la métallurgie.

Le coke de gaz est celui que l'on retire des cornues des usines à gaz où la houille a été carbonisée en vase clos pour en extraire les composés gazeux et liquides. Préparé à une température moins élevée que le coke de four il est généralement moins agglutiné, moins poreux et il brûle moins bien.

MOYENNE DE LA COMPOSITION DU COKE

Coke.	Carbone.	Hydrogène Oxygène Azote.	Cendres.	Poids de l'hectolitre.
De four..........	84	4	12	De 40 à 45 k.
D'usine à gaz.....	58	16	26	De 30 à 35 k.

Les houilles exposées à l'air pendant longtemps perdent une partie du principe gras qui détermine la formation du coke lors de la combustion.

A égalité de poids, le pouvoir calorifique du coke est les 0,88 de celui de la houille et pour la même dépense d'argent on obtient à 4 % près la même quantité de travail avec le coke qu'avec la houille.

Le coke s'allume moins vite que la houille et s'éteint plus

facilement; il ne produit ni flamme ni fumée et il fournit une température plus régulière que la houille.

La calcination a expulsé de la houille transformée en coke, le soufre et les pyrites qu'elle contenait; à ce point de vue, ce combustible a une très grande importance pour la métallurgie et pour la conservation du métal des appareils où il est brûlé.

Avec le coke, le feu n'est jamais engorgé comme avec la houille collante et comme il peut brûler sous une grande épaisseur, il permet de mettre plus de combustible dans un foyer d'une grandeur déterminée pour obtenir dans un même espace ou dans un même temps, une plus grande émission de chaleur.

A égalité de pouvoir calorique, il est d'un prix plus élevé que la houille, dans le rapport de 4 à 6 %.

Une bonne qualité de coke se distingue par les propriétés suivantes : gros morceau de 8 à 15 centimètres cubes (de une à deux fois la grosseur du poing), sec, sonore à la cassure, plutôt terne que luisant, d'une apparence métallique comme la cassure de l'acier; il brûle peu à peu avec une chaleur uniforme au lieu de donner un coup de feu vif au début et de diminuer ensuite d'activité en prenant dans le foyer l'apparence d'un amas de terre rougie; il ne donne pas dans le cendrier des résidus poudreux, abondants, et des mâchefers collant sur la grille.

Le coke, contrairement à la houille nouvellement extraite, gagne un peu à ne pas être employé aussitôt après sa fabrication; mais il ne convient pas de le conserver pendant plus de six mois, sinon, il perd notablement de sa puissance calorifique.

784. *Bois.* — Le bois est formé : 1° de la cellulose qui constitue la charpente solide du végétal ; 2° d'une matière incrustante de composition variable avec les différentes essences de bois ; 3° de matières étrangères qui, dans la combustion, donnent naissance aux cendres.

COMPOSITION ÉLÉMENTAIRE DE QUELQUES VARIÉTÉS DE BOIS DESSÉCHÉ (BAER)

	Carbone.	Hydrogène.	Oxygène.	Cendres.
Hêtre 2ᵉ qualité....	0.483	0.060	0.450	0.005
Hêtre blanc.......	0.481	0.061	0.449	0.008
Chêne............	0.489	0.059	0.431	0.002
Pin jaune........	0.506	0.063	0.426	0.005
Pin flotté vieux.....	0.499	0.051	0.434	0.006
Peuplier..........	0.430	0.063	0.498	»

Considéré comme combustible, le bois ayant une année de coupe, contient sur 100 kilogrammes, abstraction faite des résines, de gommes, etc. :

Carbone........................	38,48
Hydrogène...................	3,94
Oxygène......................	31,58
Eau mélangée...............	25 »
Cendres......................	1 »
	100 »

Lorsqu'il est vert, l'eau peut s'élever de 0,36 à 0,50 de son poids. Lorsqu'il est parfaitement desséché, il absorbe de nouveau l'humidité atmosphérique, mais dans de faibles proportions.

Le bois brûle avec une fumée rare peu colorée et non moins persistante ; mais sa combustion donne naissance à des produits empyreumatiques et à une grande quantité de vapeur d'eau qui, en absorbant pour sa formation une partie de la chaleur produite diminue la quantité de chaleur utilisable. La combustion du bois pour le chauffage des chaudières à vapeur exige des foyers longs et vastes, et au moins deux fois plus haut que ceux destinés à l'usage de la houille ; l'accès de l'air n'a pas besoin d'être facilité autant que pour le combustible minéral ; aussi donne-t-on aux cendriers une section 1/3 moins grande pour la même surface de grille.

Les bois qui brûlent avec flamme sont les plus avantageux pour la production de la vapeur. Cette production par la combustion d'un poids donné de sycomore étant représentée par 1, elle sera, dans la même chaudière pour le même poids d'une autre essence représentée par les nombres suivants :

Sycomore	1 »	Bouleau	0.68
Pin sylvestre	0.89	Sapin	0.63
Hêtre et frêne	0.87	Acacia	0.59
Charme	0.85	Tilleul	0.55
Alizier	0.82	Tremble	0.51
Chêne rouvre nu	0.75	Aulne	0.40
Mélèze et orme	0.72	Saule	0.40
Chêne blanc nu	0.70	Peuplier d'Italie	0.39

Comme résultat d'une longue pratique, Tom Richard signale que 1 kilogramme de bon bois à brûler a donné 3 kil. 500 de vapeur et qu'à l'usine de Bacalan, d'après M. Lefebvre, on consommait, par heure, 9 kil. 500 de bois de pin maritime vieux et résineux dans la chaudière d'une machine de 12 chevaux ; la consommation de houille dans la même chaudière était de 8 kil. 200 pour produire le même travail. Il est probable que la machine ne développait alors que la moitié environ de sa puissance normale.

RÉSULTAT DE LA COMBUSTION DES BOIS. — POIDS.

1	Pouvoir calorifique ou chaleur produite par 1 kil. de combustible aux essais du laboratoire.	Poids à l'encombrement du stère ou du mètre cube.	Poids de l'eau en kil. vaporisée dans la pratique par la combustion de		Rapport de la quantité d'eau vaporisée par le bois à celle vaporisée par la houille	
			1 kil. du combustible	1 stère ou mètre cube.	en poids	en volume à l'encombrement.
	2	3	4	5	6	7
	calor.	kilog.	kilog.	kilog.		
Houille (type de compar.)	8000	900	3,556	7700,00	1,000	1,000
Acajou	3312	424	4,128	1750,.7	0,482	0,227
Aulne en quartiers	3151	283	3,925	1110,77	0,458	0,145
Bouleau en gros rondins	3220	400	4,013	1605,20	0,409	0,208
Bourdenne (écorcé)	3059	»	»	»	»	»
Charme	2875	398	3,583	1426,63	0,418	0,185
Chêne (coupé depuis un an en bûches fendues)	2875	375	3,583	985,32	0,418	0,129
— (sec)	3300	»	»	»	»	»
— (séché à l'air)	2925	»	»	»	»	»
— (en copeaux)	2550	»	»	»	»	»
Érable	3013	»	»	»	»	»
Ébène	3427	560	2,271	2391,76	0,496	0,310
Hêtre (en gros rondins refendus)	3151	375	3,925	147,187	0,458	0,191
— (fortement desséché dans un poêle)	3630	»	»	»	»	»
Lilas (vert)	2070	»	»	»	»	»
— (desséché)	3381	»	»	»	»	»
Liége (écorce du chêne)	4531	120	5,647	677,64	0,660	0,088
Pin (bois de quartier)	3151	206	3,925	904,90	0,458	0,117
Sapin (en gros bois)	3335	320	4,157	1330,24	0,485	0,172
— (bien séché à l'air)	3376	»	»	»	»	»

795. *Charbon de bois.* — Produit de la calcination du bois en meule ou en vase clos. A 200° le bois ne se carbonise pas ; à 250° on n'obtient qu'un charbon fumeux autrement dit des brûlots ; à 300° on forme le charbon roux employé à la fabrication de la poudre de chasse ; à 350 on a le charbon noir. Brûle lentement, sans fumée, lorsqu'il est bien carbonisé et se recouvre d'une cendre blanche qui, lorsqu'elle n'est pas emportée par le tirage, rend moins active l'action de l'air sur la surface en ignition et ralentit ainsi la combustion. Sa composition élémentaire est moyennement de : carbone 0,79, hydrogène et oxygène 0,14, cendres 0,07. La puissance calorifique varie de 6.000 à 7.000 calories et son pouvoir rayonnant est égal à environ la moitié de la chaleur totale qu'il développe. A poids égaux, les effets calorifiques des divers charbons sont peu différents ; les différences sont en faveur du bois tendre. A volumes égaux, les effets calorifiques pour la pratique peuvent être mesurés par comparaison comme suit, le pouvoir calorifique du charbon de

Chêne étant......	1	» on a
Frêne...........	0,858	
Hêtre...........	0,689	
Orme...........	0,654	
Pin............	0,627	
Bouleau.........	0,600	
Châtaignier.......	0,574	
Peuplier.....	0,346	

Lorsque le charbon commence à brûler étant exposé au contact de l'air, il donne du gaz acide carbonique et du gaz hydrogène carboné. Il ne fournit que de l'acide carbonique lorsqu'il est bien enflammé.

Le mètre cube de charbon de bois dur pèse de 210 à 220 kilogrammes et celui du bois tendre de 180 à 200 kilogrammes. Le premier développe plus de chaleur à volume égal que le charbon de bois tendre, à peu près proportionnellement à la densité des bois dont ils proviennent, car leur pouvoir calorique n'est pas différent.

Le charbon obtenu par la distillation en vase clos est léger, friable, il brûle facilement, mais il n'a pas la même valeur que le charbon cuit en meules pour donner la température très élevée nécessaire pour la plupart des opérations métallurgiques; c'est le charbon de bois dur qu'il convient aussi d'employer dans ces opérations. Il ne convient pas au chauffage des chaudières à vapeur parce qu'il se consomme trop vite.

Le charbon possède la propriété d'absorber un très grand nombre de substances et de purifier l'eau en absorbant et solidifiant les gaz putrides.

796. *Gaz des hauts fourneaux.*— Une partie des gaz chauds qui s'échappent de la cuve où l'on soumet le minerai à une très haute température pour la fabrication des métaux bruts, ou encore une partie des gaz qui s'échappent des fourneaux à fabriquer le coke, peut être conduite dans des fours à travailler le fer ou sous des chaudières à vapeur, sans troubler le fonctionnement du fourneau où ils sont formés. La composition de ces gaz est extrêmement variable quand le haut fourneau fonctionne au charbon de bois ou au coke et lorsque les gaz sont pris au gueulard ou au-dessus de la cuve.

	Fourneau au charbon de bois.	Fourneau au coke.
Vapeur d'eau	$0^l,117$	$0^l,$ »
Acide carbonique	$0,125$	$0,00625$
Hydrogène protocarboné	$0,036$	$0,143$
Oxyde de carbone	$0,156$	$0,34345$
Azote	$0,566$	$0,636$

La densité des gaz des hauts fourneaux est comptée moyennement à 1,645 par rapport à celle de l'air. On obtient par mètre cube de gaz brûlé de 1.000 à 1.200 calories. On peut enlever d'un haut fourneau la moitié de la totalité du gaz sans nuire à l'opération à laquelle il est affecté.

797. Hydrocarbures et Goudrons. — Les hydrocarbures sont des composés de carbone et d'hydrogène; ils se présentent sous la forme solide, liquide ou gazeuse. A l'état solide ils sont de formation naturelle, on les rencontre en abondance dans les voisinages de la mer Caspienne sous forme de masse molle d'un aspect gras : la naphtaline, l'asphalte à l'état natif ; à l'état liquide ils proviennent soit de la distillation de combustibles végétaux : l'essence de térébenthine, l'esprit de bois, soit de la distillation des combustibles minéraux : le goudron, l'huile de schiste, et ils proviennent principalement de la formation naturelle dans certains terrains d'Amérique et de Russie, à des profondeurs depuis 10 jusqu'à 120 mètres, d'un liquide inflammable bien connu sous le nom d'huile de pétrole ou huile de pierre. A l'état gazeux, ils sont formés par des combustibles minéraux brûlant dans des conditions anormales ou plus exactement ce sont des vapeurs inflammables émises par des hydrocarbures liquides, sous l'influence d'une certaine température.

Le goudron végétal est produit par la distillation des bois de pin, de sapin et autres essences molles, son odeur empyreumatique est très caractéristique et impossible à confondre avec l'odeur du goudron minéral ou coaltar provenant de la houille lorsqu'elle est distillée pour fabriquer le gaz d'éclairage. On utilise le goudron minéral comme combustible, en le faisant couler en minces filets à l'entrée d'un four, dans lequel sont placées les cornues chargées de houille à distiller et en l'allumant au contact d'un bec de gaz brûlant en permanence pour cet effet. D'après des applications de durée il suffirait de 550 grammes de goudron pour produire le même effet que 1 kil. de coke dans un four de distillation de la houille pour fabriquer le gaz d'éclairage.

L'huile minérale lourde employée au chauffage des chaudières (§ 751) est un hydrocarbure d'une densité de + 0,96. Elle provient des déchets de fabrication des huiles lampantes, connues plus particulièrement sous le nom d'*huile de pétrole,* *huiles minérales à graisser* dont *l'oléonaphte* de Russie est le type le mieux connu et le plus apprécié. La puissance calorifique des huiles lourdes pour le chauffage des chaudières est estimée à 12 000 calories (il n'y a encore rien de bien acquis à ce sujet), avec une perte d'environ 10 pour 100 à la combustion, tandis que la perte de la houille est estimée entre 20 pour 100 et 30 pour 100. *Voir le tableau de la composition et du pouvoir calorifique des combustibles* ci-après :

15.

COMPOSITION ET POUVOIR CALORIFIQUE, DÉDUITS DE LA COMBUSTION COMPLÈTE DE 1 KILOG. DE COMBUSTIBLE.

(Les pouvoirs calorifiques sont exprimés en calories et les volumes en mètres cubes.)

Pour les corps de la série A, les moyennes ont été obtenues expérimentalement dans les meilleures conditions de la pratique, en ce qui concerne la vaporisation (colonne 6).

En ce qui concerne le pouvoir calorifique déduit de la composition (colonne 5), les résultats ont été calculés en comptant le pouvoir calorifique de l'Hydrogène, égal moyennement à 29.000 calories, et celui du Carbone à 8.000 calories (d'après Tresca).

Pour les corps de la série B, les résultats (colonne 5) ont été calculés en comptant le pouvoir calorifique de l'Hydrogène, égal à 34.462 et celui du Carbone à 8.080 (d'après Péclet).

	Composition élémentaire sur 100 parties en poids.				Pouvoir calorifique déduit			D'après la théorie — Poids nécessaire à la combustion de 1 k. de combustible A et B.		Volume correspondant au poids d'air p.	Volume des gaz brûlés ramenés à 0°.	Dans la pratique.		Pour obtenir même quantité de chaleur, la sommation de houille étant 1, dans la pratique la consomm. de combust. désigné sera :		
SÉRIE A — Données numériques d'après Tresca.	Carbone.	Hydrogène.	Oxygène.	Cendres.	de la composition.	de la vaporisation dans les bonnes condit. de la pratique.		d'oxyg.	d'air p.			volume d'air.	Poids d'air.	en poids.	en volume complet.	en vol. à l'encombrement.
	1	2	3	4	5	6	7	8	9	10	11	12	13	14	15	16
		kil.			cal.	cal.	lit.	kil.	kil.							»
Hydrogène	»	1.00	»	»	29000	»	»	8.00	23.97	26.26	29.68	»	»	»	»	»
Gaz d'éclairage	0.62	0.21	0.17	»	10000	8281	13	2.64	11.22	8.51	11.03	10	13.20	0.61	9.07	»
Carbone pur	1.00	»	»	»	8080	»	»	2.66	11.30	8.59	8.59	»	»	»	»	1.00
Houille de bonne qualité	0.85	0.05	0.15	0.05	8000	5096	8.000	2.66	11.29	8.72	8.75	18	22.71	1.00	1.00	0.88
Anthracite	0.90	0.03	0.03	0.04	7500	5207	8.300	2.64	11.21	8.67	8.50	22	28.43	0.97	0.90	2.25
Coke	0.85	0.05	»	0.10	7000	4777	7.600	2.26	9.69	7.50	7.30	20	25.84	1.06	»	2.95
Lignite	0.70	0.05	0.20	0.05	6500	3312	5.200	2.26	9.69	7.50	7.26	15	19.38	1.53	1.61	1.66
Charbons de bois	0.80	»	0.13	0.07	6000	4613	7.400	1.86	7.90	6.11	6.01	12	15.31	1.10	3.19 / 5.74	4.51 / 5.22
Tourbe carbonisée	0.82	»	»	0.18	5000	4459	7.000	2.18	9.25	7.15	7.04	14	18.11	1.14	»	»
Tourbe ordinaire	0.55	0.05	0.30	0.10	5000	3185	5.000	1.86	7.90	6.11	6.37	12	15.51	1.60	5.48	»
Tourbe à 0,20 d'eau	»	0.04	0.50	0.07	4000	2548	4.000	1.49	6.32	4.89	5.09	10	12.92	2.00	»	»
Bois sec	0.48	0.06	0.45	0.01	4000	2675	4.200	1.75	7.43	5.74	5.57	12	15.50	1.90	2.90 / 4.56	4.57 / 5.95
Bois à 0,20 d'eau	0.40	0.05	0.54	0.01	3000	2500	4.000	1.40	5.94	4.59	4.48	9	11.64	2.03	»	»
Oxyde de carbone	0.43	»	0.57	»	1030 (1)	»	»	0.57	2.42	1.87	2.22	»	»	»	»	»
Gaz des hauts fourneaux	0.06	0.02	0.92	»	900	560	0.880	0.23	0.99	0.76	1.89	1.20	1.56	9.10	»	»
SÉRIE B. Données numériques d'après Favre et Silberman.																
							lit.									
Cire	0.82	0.14	0.04	»	11186	10496	16.47							0.51	0.70	»
Essence de térébenthine	0.88	0.12	»	»	10946	10852	17.03							0.50	0.75	»
Huile d'olive	0.77	0.14	0.09	»	10435	»	»							»	»	»
Suif	0.79	0.12	0.09	»	10035	»	»							»	»	»
Ether sulfurique	0.65	0.13	0.22	»	8950	9027	14.17							0.60	1.09	»
Alcool à 42°	0.50	0.13	0.34	»	7235	7184	11.27							0.75	1.23	»
Soufre	»	«	»	»	»	2240	3.51							2.43	1.58	»

(1) La quantité d'oxyde de carbone qui contiendrait 1 kilog. de carbone, dégagerait 2.402 calories pendant sa combustion, mais un kilog. de ce gaz ne donne que 1.030 calories, d'après les expériences de MM. Favre et Silberman.

ANNEXE C

MISE EN SERVICE ET CONDUITE DES CHAUDIÈRES

798. Le décret du 1er mai 1880 (§ 831) prescrit les obligations à remplir avant de mettre en service un générateur de vapeur ; aux paragraphes de 813 à 816 sont mentionnées les précautions à prendre pour les mécaniciens soigneux et entendus pour éviter les explosions, les usures prématurées et les détériorations prévues à courte échéance. La sécurité contre les explosions doit, avant tout, préoccuper le constructeur et le mécanicien conducteur, et lorsque le choix du système est permis, il ne faut pas hésiter à préférer à tous les autres types de chaudière, celui que la théorie et la pratique ont sanctionné irréfutablement. Ce qui a été précisé à ce sujet au paragraphe 748 et notamment au paragraphe 750 est à rappeler ici, et toutes les fois que la question de sécurité dans la formation et l'emmagasinement de la vapeur d'eau se présente en vue de l'application.

799. L'eau, en se vaporisant, laisse dans la chaudière les sels qu'elle contient, soit en dissolution, soit en suspension. C'est ainsi que le volume d'eau qui reste dans l'appareil est chargé de plus en plus des sels abandonnés, et lorsque arrive l'état de *saturation* du liquide par ces sels, c'est-à-dire lorsqu'ils sont trop abondants pour qu'il y ait encore dissolution, ils se précipitent sur les surfaces chauffées, et ensuite au fond des chaudières en formant des croûtes, des dépôts solides, volumineux, plus ou moins adhérents à la tôle. Les dépôts calcaires sont très mauvais conducteurs de la chaleur ; ils diminuent la puissance vaporisatrice des chaudières, et ils occasionnent des *coups de feu* aux tôles de fourneaux touchés par la flamme lorsqu'ils ont une épaisseur de 15 à 20 millimètres, tout comme si la tôle était chauffée sans être recouverte par l'eau. Les moyens en usage pour atténuer la précipitation des dépôts calcaires est de pratiquer des *extractions* aux chaudières de temps à autre, c'est-à-dire d'en chasser une certaine quantité d'eau surchargée de sels, en ouvrant un robinet de chasse placé au fond de la chaudière ; l'excès de la pression de la vapeur sur celle de l'atmosphère, auquel s'ajoute la pression due à la hauteur de la colonne d'eau chasse, au dehors, l'eau dont on doit pratiquer ensuite le remplacement par l'alimentation nouvelle moins chargée. La perte de charbon occasionnée par l'extraction est moyennement de 2 0/0 avec les eaux qui contiennent de 12 à 25 centigrammes de résidus fixes. Elle est de 2 0/0 à 4 0/0 avec les eaux plus chargées, et elle varie entre 9 0/0 et 14 0/0 en employant l'eau de mer qui ne contient pas moins de 30 à 35 grammes de différents sels. Le sel marin ou chlorure de sodium qui s'y trouve dans la proportion de 25 grammes par litre, ne se dépose jamais dans la chaudière marine, parce que les extractions sont pratiquées en vue de ce résultat.

Un moyen très pratique pour bien régler les extractions, mais qui est malheureusement peu employé, consiste à maintenir le degré de *concentration* de l'eau de la chaudière à un chiffre déterminé par une expérience faite préalablement par un chimiste sur la nature de l'eau dont on alimente la chaudière. Ce degré est donné par un *saturomètre* ou *aéromètre pèse-sel*, instrument en verre ou en métal qu'on plonge dans un petit vase cylindrique rempli de l'eau de la chaudière ; c'est entre 1° et 2° qu'il doit arrêter son immersion (chiffres marqués sur sa tige) pour que les dépôts ne se produisent pas. On pratique les extractions nécessaires à ce résultat.

La précipitation des sels de chaux et autres se fait brusquement lorsque l'eau est chauffée à plus de 130°. C'est ce qui explique la préférence que l'on accorde de plus en plus aux systèmes de chaudières disposées pour réunir les sels ainsi précipités dans un déjecteur spécial, d'où ils sont évacués directement et très facilement par la manœuvre à la main d'un simple robinet. (§ 750.)

Les moteurs à vapeur à condenseurs à surfaces ou à condensation par contact ne sont pas exposés aux inconvénients des dépôts calcaires dans les chaudières, parce que c'est toujours la même eau qui part de la chaudière et y revient à l'état d'eau distillée (§ 744). L'eau distillée, en effet, ne contient aucun sel, de même l'eau provenant de la glace fondue. Les eaux potables de qualité très bonne, et celles qui sont suffisamment bonnes, contiennent en d ssolution :

Carbonate de chaux..... centigrammes de	4	à	11
Chlorure de sodium, sel marin id.	0,4	à	1,5
Sulfates divers........... id.	0,3	à	2,5
Silices ou Silicates........ id.	2,0	à	5,0
	de 6,7	à	20,0

En somme, ces eaux, dites de source, contiennent de 7 centigrammes à 20 centigrammes de sels divers, tandis que la plupart des eaux d'alimentation des chaudières sont des eaux de puits et des eaux de rivière qui sont plus chargées.

800. Les désincrustants des chaudières, dits aussi anti-calcaires, sont des poudres ou des liquides que l'on introduit dans les appareils, soit avant la mise en feu, soit par l'eau d'alimentation. Leur action ne peut absolument pas empêcher la précipitation des sels lorsque l'eau en travai de vaporisation en est saturée. Mais elle peut empêcher ou diminuer la formation d'une croûte adhérente sur les surfaces intérieures de la chaudière. On fait usage successivement ou en les associant, des matières suivantes. Le *carbonate de soude*, soit seul, soit dissous dans un liquide comprenant des acides chlorhydrique ou sulfurique. Si ce désincrustement est quelquefois efficace contre les dépôts de carbonate de chaux, il devient dangereux si l'eau contient beaucoup de sulfate de chaux, parce qu'il hâte beaucoup la précipitation de ce sel. En outre, les acides qui lui sont associés attaquent la tôle des chaudières. Le *tanin* empêche l'adhérence des dépôts, dans une certaine mesure, en formant une espèce d'enveloppe onctueuse aux sels calcaires qui se précipitent et restent à l'état boueux. Mais cette substance de pharmacie, pourrait-on dire, est d'un prix fort élevé. Le *vieux cuir* que l'on a cherché à substituer au tanin. Mais il en faut de très grandes quantités pour produire un bon effet. La *fécule*, sous la forme de pommes de terre ou de farine, et la *gélatine* à l'état brut, forment avec les produits calcaires une boue épaisse non adhérente. Mais leur action n'est pas constante sur la même nature d'eau, à la chaudière. En outre, les extractions et les nettoyages intérieurs restent avec toute leur exigence. Le *varech* n'a été *à la mode* que fort peu de temps, malgré des essais réussis. L'*argile pure*, aussi bien que les fécules, ont une action désincrustante et de la même manière, mais il arrive souvent qu'elle se dépose en masse sur quelques points de la chaudière et y forme une pâte résistante. La *potasse caustique*, associée à la fécule et au tanin, est un désincrustant efficace, mais son emploi n'est pas sans inconvénients pour la conservation des têtes des rivets, entre lesquelles il s'arrête, si la composition n'est pas dosée prudemment. Un très grand nombre d'autres anticalcaires ont été mis en pratique plus ou moins longtemps. Aucun d'eux n'a été efficace pour toutes les qualités d'eau, il suffit même d'une très légère variation de la proportion des sels dans l'eau de même provenance, pour annuler ou très fortement amoindrir l'action désincrustante du même produit employé d'habitude. Dans tous les cas, les extractions d'eau et les nettoyages mécaniques sont indispensables.

La présence dans la chaudière de lames de zinc suspendues dans la région occupée par l'eau est d'un excellent effet pour retarder l'oxydation désastreuse des tôles et des tirants, parce que le zinc garde *à son profit* le courant électrique qui se forme dans le générateur et qui prend au zinc ce qu'il prendrait au fer. Dans ces circonstances, le zinc joue un peu le rôle d'anticalcaire.

801. Faire le plein de la chaudière s'entend d'y mettre la quantité d'eau nécessaire pour y établir le premier niveau, soit par l'apport d'un courant ou réservoir situé à hauteur, soit au moyen d'une pompe. Pendant l'opération, la soupape de sûreté, ou tout au moins les robinets de jauge, doivent rester ouverts, afin de donner issue à l'air contenu dans la chaudière. Sinon, il se comprimerait et augmenterait de plus en plus sa résistance à la surface du niveau de l'eau montante. Il convient de tenir compte de l'augmentation de volume que subit l'eau en augmentant de température jusqu'à 100°; elle est de $\frac{1}{21}$ et jamais au delà ; la hauteur de l'eau doit être de 6 centimètres, au moins, sur la plus haute surface de chauffe directe de la chaudière ; soit, comme exemple, la surface S de la chaudière représentée, planche 59.

Dans les circonstances où les feux ayant été éteints, on les rallume quelques heures après sans qu'il soit nécessaire de remonter le niveau à la chaudière, il est prudent de faire baisser ce niveau de 5 à 7 centimètres pour le remonter aussitôt au point voulu, afin *d'aérer* un peu le volume total du liquide qui va être chauffé. En effet, on a constaté que l'eau qui reste dans la chaudière sans produire de la vapeur après en avoir produit en abondance, ne contient plus d'air et peut donner lieu, dans cet état, à une explosion ou à des entraînements dans la machine, si on la chauffe peu d'heures après. (§ 814.)

Charge du fourneau pour l'allumage. — Nettoyer complètement la grille et particulièrement les extrémités du portage des barreaux, afin d'éviter que ceux-ci ne se tordent quand la première chaleur les dilatera en longueur. — Garnir d'une couche de houille de 12 à 15 centimètres de hauteur toute la grille et particulièrement le fond, contre l'autel, sinon, l'air froid qui passera par là dans la chambre de combustion retardera beaucoup l'allumage.

802. *Allumage des feux.* — Placer des morceaux de bois faciles à prendre feu et des copeaux ou des étoupes grasses sur la tôle ou devanture du foyer, et les recouvrir de morceaux de charbon choisis, de la demi-grosseur du poing ; étrangler l'ouverture de la porte du cendrier, momentané-

.ment; fermer celle du fourneau et, ouvrir à moitié, au moins, le registre de la cheminée, suivant l'énergie du tirage qui se produit ; au cas ou celui-ci est long à s'établir, jeter des chiffons allumés ou des copeaux ou du bois flambant derrière l'autel, pour commencer à dilater l'air dans les conduits que les gaz chauds doivent parcourir avant d'arriver à la cheminée ; au besoin, jeter dans le fourneau même une ou deux pelletées de houille trempée dans un corps liquide très combustible, coaltar, vieille huile de graissage, etc., etc. — Pousser le charbon allumé dans toute l'étendue de la grille et petit à petit ; — ouvrir la soupape de sûreté ou les robinets de jauge supérieurs, pour laisser évacuer de la chaudière l'air chauffé qui s'est dilaté et dont la pression pourrait induire en erreur en faisant parler les manomètres bien avant la formation de la vapeur.

Toutes les fois que la dépense de vapeur est plus grande que la formation dans un même temps, il se produit à la chaudière une *ébullition* dans la masse d'eau chauffée, et un mélange de vapeur et d'eau se projette au dehors de la chaudière par les ouvertures qu'il rencontre, soit la soupape de sûreté, soit le registre de vapeur qui règle le débit aux cylindres de la machine. Dans ce dernier cas, l'eau entraînée peut causer la rupture du cylindre, de ses fonds et celle du piston. Ces avaries se sont souvent produites, autant par la faute du mécanicien-conducteur que par suite des défauts inhérents à la chaudière mal construite, tels que l'insuffisance du volume du coffre à vapeur dans les systèmes à grand volume d'eau (§ 749). C'est pourquoi il faut éviter, pendant l'allumage des feux, les causes de fausse indication de la pression de la vapeur.

803. *Conduite des feux.* — La conduite des feux doit être modifiée suivant la qualité de la houille employée, et également il faut modifier l'écartement entre eux des barreaux de grille. Cet écartement est en moyenne de 18 millimètres. Les charbons gras et collants exigent une plus grande liberté de grille que les charbons maigres et les houilles compactes parce qu'ils s'agglutinent et forment des gâteaux adhérénts qui obstruent les passages étroits de l'arrivée de l'air dans le fourneau. On doit maintenir la hauteur de la couche de combustible entre 16 et 18 centimètres.— Les charbons maigres sont convenablement aidés pour la combustion s'ils brûlent à petite couche de 10 à 12 centimètres sur une grille ayant de 18 à 12 centimètres de jour entre barreaux; ils s'effritent facilement à la chaleur du foyer, il convient donc de ne pas les tourmenter avec les outils de chauffe au risque de faire tomber les menus incandescents dans le cendrier. — Avec 15 millimètres d'écartement des barreaux et une hauteur de charge de 15 centimètres, la houille compacte brûle avec profit.

En résumé, quelle que soit la qualité du charbon employé, il convient de tenir bon compte des indications suivantes :

1° Ne rien négliger pour faire arriver l'air dans la masse de combustible enflammé en passant par les jours de la grille;

2° Ne pas laisser des parties de la grille découvertes : sur la grille, maintenir une couche régulière et de hauteur égale, sauf les cas d'un tirage forcé ou très énergique qui oblige à tenir un volume de charbon un peu plus grand à l'entrée du fourneau, parce que l'appel d'air, par l'entrée du cendrier et ensuite par le commencement de la grille, est alors très grand et fait coucher la flamme ; ceci n'est pas favorable à la bonne utilisation du charbon.

3° Dégager fréquemment l'entre-deux des barreaux par le cendrier, au moyen du crochet ; et autant que possible maintenir le dessous de la grille, vue par le cendrier, dans une lueur claire, ce qui indique une bonne combustion dans le fourneau. Les taches noires marquent les points où les mâchefers obstruent le passage de l'air, où le charbon brûle mal, où il est consumé sans profit.

4° Entretenir le fourneau par petites charges fréquentes avec des morceaux de charbon gros, au plus, comme le poing et préférablement de grosseur moitié moindre. Si la chauffe se fait avec du menu et que le tirage soit très énergique, mouiller légèrement afin d'éviter l'entraînement hors du fourneau ;

5° Ne jamais laisser des escarbilles ou du charbon mal brûlé s'accumuler dans le cendrier, ce qui, en plaçant la grille entre deux feux, fait tordre ou fléchir les barreaux. Dans les cendriers des chaudières à foyer en maçonnerie, entretenir une couche d'eau dans cette partie du foyer, ce qui produit un très bon résultat par beaucoup de raisons. (Voir la chaudière à bouilleurs, planche 40, et la chaudière inexplosible, planche 60.)

7° Décrasser la grille, dès que la flamme du charbon allumé devient courte et le cendrier rouge sombre ; faire l'opération en deux fois par moitié de la surface en longueur, s'il n'y a qu'un seul foyer à la chaudière ; s'il y en a deux, activer le feu dans le fourneau voisin de celui à décrasser et baisser préalablement la hauteur du niveau de l'eau autant qu'il est prudent, afin d'avoir à chauffer momentanément un volume d'eau plus faible.

8° Autant qu'il est possible, ne pas ouvrir et ne pas laisser ouverte longtemps la porte du fourneau, afin d'éviter l'admission en excès de l'air dans le fourneau ; il y a alors abaissement de tirage, refroidissement de la chambre de combustion et formation de fumée noire.

804. Le ramonage des tubes est une opération qu'il ne faut jamais renvoyer à plus tard, même lorsqu'elle paraît être nécessaire pendant que la chaudière est en pression. En effet, la suie et le fraisil entraînés par le tirage sont de très mauvais conducteurs de la chaleur, et la section libre du tube étant diminuée par leur accumulation, le tirage s'affaiblit au détriment d'une bonne combustion du charbon. Si la chaudière est sous vapeur, le ramonage est pratiqué avec un jet de vapeur au moyen d'une lance tenue à l'extrémité d'un petit manche ou tuyau en caoutchouc.

805. Un barreau de grille manquant laisse un vide par lequel tombe dans le cendrier une quantité toujours trop grande de charbon allumé, et par lequel passe en trop grande abondance l'air appelé par le tirage. C'est une petite avarie au point de vue de la difficulté de la réparer : sur la longueur d'une lance de chauffage, on attache le barreau destiné à remplacer celui qui est tombé, avec quelques tours de fil de fer où à défaut avec de la ficelle imbibée d'eau ; on le porte ainsi dans le fourneau allumé à la place qu'il doit occuper, et lorsque le fil de fer est brûlé on sort la lance du fourneau sans difficulté.

806. Une fuite d'eau à la chaudière en travail n'exige pas une atténuation ou une réparation provisoire si elle n'occasionne pas l'abaissement irrémédiable du niveau de sécurité de l'eau dans le générateur : elle constitue une extraction permanente, et à ce titre elle maintient le degré de concentration de l'eau par rapport aux sels (§ 799) au chiffre rapproché d'un bon résultat à atteindre. — Au cas où il serait nécessaire d'aveugler la fuite de vapeur, on devrait éviter avec soin de frapper fort sur la tôle, car la vibration peut déterminer des fissures, des déchirures aux parties affaiblies de la chaudière. — Les fuites de vapeur, lorsqu'elles restent dans une certaine limite, ont des inconvénients un peu moindres que les fuites d'eau au point de vue de la sécurité ; mais leur sifflement est fort gênant et la brume fournie par la vapeur qui se condense à l'air libre, rend pénible le service de chauffe ou celui de la conduite de la machine. En plaçant des étoupes, des vieux tissus mouillés et en grande masse sur la fuite même, la vapeur qui s'en échappe se condense en partie et ainsi sont diminués le sifflement et le brouillard. Il convient, dans tous es cas, de s'assurer si une fuite, quelque petite qu'elle soit, n'est pas susceptible de s'agrandir ; c'est par une petite fissure que souvent a commencé la déchirure dont une explosion a été la dernière conséquence.

807. L'entretien du niveau de l'eau à la hauteur de sécurité est la plus grande responsabilité du chauffeur vis-à-vis de tous et de lui-même. La négligence de ce point capital de son service est, neuf fois sur dix, la cause d'un coup de feu à la tôle du fourneau, ou la cause d'une explosion. Sur chaque chaudière, les accessoires se rapportant à l'alimentation sont disposés avec des détails que le chauffeur doit connaître complètement. Les tuyaux allant ou venant à la chaudière pour le parcours de l'eau d'alimentation prennent une température qui, au simple toucher du tuyau, donne une indication immédiate et précieuse sur le fonctionnement de l'alimentation, dans le cas où il y a doute sur le fonctionnement des robinets de jauge et des tubes de niveau.

Sous l'influence de certaines eaux saumâtres ou accidentellement chargées de corps gras, il se produit dans le volume d'eau de la chaudière chauffée des perturbations, des bouillonnements, des projections d'eau dans la région de la vapeur ; les indications sur l'état réel de la hauteur du niveau sont alors impossibles à préciser. Un pareil état de choses a lieu encore lorsque la dépense de la vapeur étant plus grande que la formation dans le même temps, la surface de l'eau se trouve dans un milieu sans résistance, dans un espace vide pour ainsi dire qui ne s'oppose pas au bouillonnement provoqué par les globules de vapeur qui montent de la région basse en contact avec les surfaces de chauffe. Un mélange d'eau et de vapeur s'échappe alors par l'issue qu'il trouve, soit la soupape de sûreté, soit le conduit aux cylindres de la machine. Un chauffage trop vivement poussé par un chauffeur ignorant ou malhabile produit aussi des ébullitions, des projections d'eau et de vapeurs mêlées. — Quelle que soit la cause de ces perturbations, le moyen le plus efficace de les faire cesser est d'augmenter la pression à la surface de l'eau en diminuant la dépense de vapeur ou en l'arrêtant complètement ; ou bien encore, en refroidissant l'eau de la chaudière par l'abondance momentanée de l'alimentation ou par l'ouverture des portes des foyers et des portes des boîtes à tube qui laissent alors arriver avec affluence de l'air froid dans les tubes et les courants de flamme.

808. Dans les chaudières des moteurs à condenseur à surface (§ 744) s'accumulent les matières qui ont servi à lubrifier le cylindre et tous les organes qui se meuvent dans la vapeur, puisque c'est toujours la même eau partie de la chaudière qui y revient. Si les lubrifiants employés sont alors des corps gras, ceux-ci se sont décomposés par le battage dans le cylindre et sous l'influence de la haute température qui s'y trouve, en acide gras et en glycérine. Les acides gras restent soit en suspension, soit en émulsion dans l'eau de la chaudière dont ils attaquent la tôle pour former des savons de fer qui se précipitent au fond de l'appareil. Les produits légers de cette décomposition des corps gras gagnent la surface de l'eau, s'y accumulent et ils viennent alors salir les tubes en verre des indicateurs permanents du niveau ; un robinet placé à la hauteur convenable est destiné à des extractions de surface pour évacuer les huiles noires qui empêchent de voir la hauteur de l'eau dans le tube.

809. Les huiles minérales ont remplacé les huiles grasses, les graisses animales pour la lubrification des pièces qui se meuvent dans la vapeur, parce que ces huiles sont neutres, c'est-à-dire qu'elles ne contiennent pas des acides, soit à l'état libre, soit à l'état constitutif (§ 830). Leur accumulation dans la chaudière n'a donc aucun autre inconvénient que former les dépôts de surface ; il est facile de l'éviter par des extractions dans la région haute, ainsi qu'il est indiqué plus haut.

810. Lorsque plusieurs corps de chaudière, qui sont en communication par le coffre à vapeur, fonctionnent alternativement avec l'obligation de ne pas interrompre le débit de vapeur exigé par la marche de la machine, le nouveau corps à mettre en pression ne doit être mis en communication avec le nouveau corps supprimé et avec la machine elle-même, qu'au moment où la pression est égale aux deux manomètres, et lorsque l'eau de la nouvelle chaudière est presque aussi chaude dans le bas que dans le haut. Sans ces deux précautions, il est à craindre qu'il y ait ébullition et projection d'eau au cylindre de la machine pour les raisons indiquées au paragraphe 807. En quelque circonstance que l'on allume les feux pour mettre la chaudière en pression, la masse d'eau située dans la région supérieure, à partir du ciel du fourneau, fournit de la vapeur bien avant que la région inférieure soit arrivée à la température de 100°. Ce fait s'explique facilement par le peu de conductibilité de la chaleur que possède l'eau. C'est la vapeur fournie par le contact immédiat de l'eau avec la tôle des surfaces directes de chauffe qui, en traversant la masse d'eau supérieure pour venir à la surface, chauffe promptement cette masse. L'*ébullition* de l'eau à ciel ouvert est la démonstration de ce phénomène.

811. Dans le cas où la chaudière doit rester sous pression pendant quelques heures sans dépenser de vapeur, mais avec l'obligation d'entretenir les feux, de manière que la production puisse reprendre sans trop de retard, il est imprudent de laisser l'eau du générateur dans un état complet d'immobilité ; en effet une très grande quantité de chaleur pourrait s'additionner dans l'eau sans qu'il y eût émission de vapeur nouvelle à la surface, et, au moment où l'eau ainsi surchauffée serait mise en mouvement par une cause quelconque, une vaporisation instantanée et d'une abondance infinie se produirait ; une explosion serait la conséquence de cet état de choses (§ 814). Il y a plusieurs exemples qu'un phénomène de cette nature a occasionné une terrible catastrophe, au moment même où une soupape de vapeur, un simple robinet a été ouvert à la chaudière. Il faut donc laisser à la chaudière, sur les feux d'attente, un écoulement continu d'eau et de vapeur quelque petits qu'ils soient, et les augmenter *graduellement* pendant un instant avant de remettre le feu en activité.

812. L'extinction des feux ne doit jamais être pratiquée dans la chaudière même, par un jet d'eau sur le combustible encore allumé ; la rupture des barreaux de grille et des fendillements aux tôles frappées par l'eau d'extinction se produiraient à la suite de la contraction, du retrait des parties brusquement refroidies. Lorsqu'il n'y a pas nécessité pressante à éteindre le feu dans un fourneau, il suffit de le laisser s'éteindre petit à petit en diminuant graduellement l'arrivée de l'air par la porte du cendrier.

813. Après l'extinction des feux, la fermeture du registre de la cheminée est une imprudence, parce qu'il peut s'accumuler dans les courants de flamme, dans les parties basses du foyer, des gaz explosibles provenant de la combustion anormale du charbon resté allumé derrière l'autel. Ces gaz s'allument lorsqu'on remet la chaudière en feu ; ils restent dans les conduits parce qu'ils sont plus lourds que l'air dès que leur température s'abaisse. Des détonations, et aussi des déformations partielles des tôles, vers l'autel, se sont produites plusieurs fois dans des chaudières où les feux avaient été éteints depuis plusieurs jours, au moment où ils étaient allumés de nouveau.

814. *Explosion des chaudières à vapeur.* — Les causes de ces terribles accidents ne sont pas toutes connues et l'incertitude est encore grande sur celles que l'on connaît le mieux. Quoi qu'il en soit, et au seul point de vue des précautions à prendre pour les éviter, on peut admettre qu'elles proviennent d'une de ces trois conditions dans les faits :

1° Insuffisance de résistance de quelques parties de la chaudière à la pression habituelle de la vapeur, soit parce que l'appareil est mal construit, mal disposé pour la circulation de l'eau dans les régions où les tôles sont très activement chauffées, soit parce que le métal est de mauvaise qualité, soit encore parce que l'usure, par l'oxydation ou par des frottements répétés, en a diminué notablement l'épaisseur. Dans cette recherche se range naturellement l'immobilité accidentelle de la soupape de sûreté lorsque la tension de la vapeur atteint le maximum prévu, et encore lorsque l'ouverture dont est capable la soupape est insuffisante pour l'évacuation de l'excès de vapeur.

2° Dépôts très épais sur les tôles touchées d'un côté par la flamme ou les gaz très chauds de la combustion ; il y a alors isolement du métal de l'eau qui, lorsqu'il n'y a pas isolement, prend la chaleur, et empêche ainsi le métal de s'échauffer jusqu'à la température du rouge naissant. La chaudière reçoit alors ce qu'on nomme un *coup de feu* dont la suite est presque toujours une déchirure.

3° La dépense brusque de toute la vapeur emmagasinée, par une issue quelconque, déchirure, soupape de sûreté, registre de la machine ouverts brusquement. Dans ce cas, l'eau en travail de vaporisation se change en torrents de vapeur qui se répandent au dehors de la chaudière comme l'eau gazeuse renfermée dans une bouteille se répand au dehors lorsque le bouchon part. Le contre-coup produit par une secousse de cette nature est capable de déterminer des déchirures dans les tôles les moins résistantes du générateur.

4° L'immobilité absolue de l'eau qui, ayant déjà servi et qui, par suite, étant purgée d'air se surchauffe sans émettre de vapeur et se vaporise ensuite instantanément. Cette circonstance est expliquée au paragraphe 812.

5° La mise à découvert des surfaces de chauffe par l'abaissement du niveau de l'eau à la suite d'une fuite abondante ou d'une négligence de surveillance de l'état du niveau et de la manière dont fonctionnent les indicateurs, tels que les tubes du niveau, les robinets de jauge, les manomètres, les robinets d'arrivée de l'eau d'alimentation. Dans cette circonstance, le métal découvert se surchauffe promptement, devient rouge, et si l'eau vient le toucher de nouveau elle se vaporise instantanément à une pression très élevée, ou bien elle se décompose en donnant naissance à des gaz susceptibles de faire explosion.

Le chimiste Boutigny a constaté par expérience les phénomènes qui se produisent dans une chaudière où l'eau vient recouvrir les surfaces métalliques rougies au contact direct du feu : « Si l'alimentation est négligée pour une « cause quelconque et que la chaudière vienne à rougir, « l'eau qu'on y introduira alors possèdera des qualités nou- « velles : *elle* ne mouillera pas les parois de la chaudière, « elle ne pourra pas s'échauffer au delà de 98°, ne donnera

« que très peu de vapeur, et le manomètre indiquera
« l'abaissement subit de la pression. Mais si l'on introduit
« tout à coup une grande masse d'eau froide l'eau se
« réduira instantanément en vapeur et sa tension pourra
« être de mille atmosphères ».

L'abaissement excessif du niveau de l'eau et la remise en
marche de l'alimentation lorsqu'il a totalement disparu
des tubes et des robinets de jauge sont les causes les plus
fréquentes de l'explosion des chaudières. Les précautions à
prendre, en ce qui concerne le chauffeur, pour éviter ces
terribles phénomènes, sont tout naturellement indiquées
par l'exposé des causes qui les produisent; elles peuvent
être résumées comme il suit :

Ne jamais laisser les dépôts calcaires ou vaseux s'accumuler à hauteur sensible dans la chaudière, et pour cela
pratiquer des extractions bien réglées lorsqu'elle est sous
vapeur et enlever les croûtes épaisses par le piquage en
temps voulu;

Ne jamais ouvrir *brusquement* une issue à la vapeur
emmagasinée, soit par la soupape de sûreté soit par le
registre de vapeur ;

Ne pas laisser l'eau dormir dans la chaudière, les feux
étant allumés ou simplement entretenus, sans qu'il y ait un
petit écoulement d'eau ou de vapeur par un robinet, une
soupape. Ceci dans le cas où la dépense de vapeur par la
machine est totalement interrompue;

Veiller sans ralentissement de l'attention au bon fonctionnement des indicateurs, du niveau de l'eau et des
manomètres de pression.

Au cas où le niveau de l'eau n'est plus apparent, tomber
le feu, arrêter l'alimentation si elle fonctionne, laisser la
vapeur se dépenser par la machine et ne pas toucher à la
soupape de sûreté. Laisser la chaudière se refroidir.

En ce qui concerne la disposition intérieure de la chaudière elle-même, en vue de la sécurité qu'elle présente à
l'emploi, on ne peut que prendre les indications qui
résultent d'une pratique de longue durée. Dans cet ordre
d'idées il faut reconnaître que le système de générateur

qu'on peut qualifier *d'inexplosible* en raison de la rareté surprenante, pour le public incompétent, des accidents de vapeur qu'on leur attribue, a depuis longtemps justifié son titre. C'est le système tubulaire à faible volume d'eau et de vapeur. (Voir au paragraphe 750.)

815. Les soins à prendre des chaudières qui restent en chômage pendant longtemps ont pour but de les préserver de l'usure par la rouille abondante qui attaque le fer exposé à l'humidité. Pour les parties extérieures, la préservation de l'oxydation est facile ; elle est assurée, si le revêtement qu'elle a reçu pour éviter la perte de chaleur par rayonnement est adhérent à la tôle, tels sont les mastics calorifuges, composés d'argile, de feutre en brins menus agglutinés avec du coaltar, ou composés de peinture très épaisse. Si elle n'est pas habillée, l'application d'une couche de coaltar, après avoir bien séché la tôle, est une garantie suffisante. Pour la partie intérieure occupée par l'eau et la vapeur, il est indispensable de pratiquer l'assèchement complet au moyen de réchauds chargés de charbons de bois allumés et de fermer ensuite hermétiquement toutes les issues par lesquelles l'air pourrait pénétrer dans la chaudière. Les dépôts calcaires adhérents à la tôle forment un préservatif de l'oxydation. On peut donc ne pas les enlever de la chaudière destinée à un long chômage; mais le chauffage extérieur est nécessaire quand même. Quant aux surfaces des courants de flamme qui sont facilement accessibles, on les bouchonne avec de l'huile minérale de graissage (§ 830.)

816. Dans le cas des cheminées en tôle, on ne peut compter sur aucun moyen efficace de préserver l'intérieur de l'attaque de la rouille, en dehors de la peinture au minium de plomb ou de fer, ce qui n'est pas praticable avec des cheminées de petit diamètre. On peut arriver à une préservation suffisante, s'il est possible de fermer hermétiquement le haut de la cheminée et sa partie basse.

817. L'essai de résistance des chaudières prescrit par le décret de mai 1880 a lieu à froid, au moyen d'une pompe, il est fait sous la direction des agents des Mines ou des Ponts et Chaussées. Quelque précaution que l'on prenne, il en résulte une grande fatigue de toutes les parties relativement faibles de l'appareil et particulièrement parce que l'essai est fait à froid. On pourrait le pratiquer à chaud en remplissant complètement d'eau la chaudière comme pour l'essai à froid et en y allumant le feu pour chauffer jusqu'à ce que la dilatation du liquide ait indiqué au manomètre la pression de l'essai visé. L'eau en effet se dilate sous l'action de la chaleur et l'augmentation totale de son volume est de $\frac{1}{22}$ en passant de 0° à 100° ; ce qui est bien plus que suffisant pour produire la pression d'essai d'un générateur de vapeur.

818. La puissance de vaporisation d'une chaudière ne peut être déterminée *exactement* par le calcul. Pour dresser le projet de construction d'un générateur capable de fournir un poids donné de vapeur, on procède par analogie avec les différents systèmes connus (voir aux paragraphes 650 et suite). Pour des chaudières cylindriques du type représenté planche 58 et pour celles dont le rapport R de la surface de chauffe à la surface de grille est entre 25 et 70, et qui est destinée à brûler un poids Q de 40 kilog. à 160 kilog. de houille par heure et par mètre carré de grille, on détermine approximativement sa puissance de vaporisation P, par la formule

$$P = 0,0138 \, (713 - Q) \, [1 + 0,004 \, (R - 25)].$$

La puissance de vaporisation exprime ici le nombre de kilos d'eau vaporisés par kilog. de charbon brûlé sur la grille.

Lorsque l'achat d'une chaudière est subordonné à la puissance de vaporisation, il n'y a pas d'autre moyen de vérifier si les conditions sont remplies que de faire un essai en prenant les précautions suivantes :

1° Convenir que, pendant l'essai, le tirage mesuré dans la boîte à fumée ou dans le foyer même restera entre deux limites, soit entre 4 et 6 millimètres d'eau mesurés au manomètre à eau [1].

2° Peser avec soin le charbon dont les morceaux seront passés au crible à mailles de 3 centimètres de coté. De la qualité du charbon pour les essais dont il est question, il sera convenu d'avance. On choisit habituellement la qualité qui fera l'approvisionnement, sauf à faire un essai de vérification avec le charbon de première marque tel que le Cardiff, la briquette d'Anzin, les flénus compactes, etc.

3° Mesurer l'approvisionnement d'eau pour toute la durée de l'essai dans un réservoir en comptant de 15 à 20 litres par cheval-vapeur et par heure, la chaudière étant prévue pour fournir à une machine de force déterminée. Faire puiser exclusivement dans le réservoir l'eau nécessaire à l'alimentation à compter du moment où l'essai commence. Tenir compte de la température de l'eau, et la ramener par le calcul à 10°, en vue de la quantité en plus ou en moins de combustible dépensé, suivant que l'eau est au-dessous ou au-dessus de cette température.

4° Commencer l'essai en alimentant avec l'eau mesurée, au moment même de mettre du charbon pesé dans le fourneau et noter exactement si le feu est vif, modéré ou lent ; noter en même temps la hauteur du charbon sur la grille et celle du niveau de l'eau au tube en verre.

5° Évacuer la vapeur, au dehors dans l'air par la soupape de sûreté laissée ouverte ; éviter avec le plus grand soin les projections d'eau, les entraînements par la vapeur. La quantité de chaleur pour vaporiser à 1 atmosphère de pression, 1 kilog. d'eau prise à 0° est de 637 calories (§ 609), tandis que pour porter à 100° le même poids d'eau, il ne faut que 100 calories. L'exactitude des résultats de l'essai exige donc

---

(1) C'est avec un petit manomètre à eau, à deux branches qu'on fait cette constatation : une des deux branches est mise en communication avec l'intérieur de la boîte à fumée ou du foyer ; la *dépression* qui s'y produit alors, par le fait du tirage établi dans ces régions de la chaudière, fait monter l'eau dans la branche qui y est en communication et la fait baisser d'autant dans l'autre branche placée sur une plaque graduée pour des millimètres de déplacement.

16.

qu'il ne sorte que de la vapeur de la chaudière ou tout au moins de la vapeur n'entraînant que de 4 à 6 pour 100 de l'eau réellement vaporisée. C'est un point capital dans la conduite de l'essai. Pour en avoir la vérification permanente, il suffit de laisser ouvert un robinet de vapeur ; celle-ci est d'autant plus incolore qu'elle est sèche et son sifflement est plus ou moins aigu avec le degré de siccité. D'ailleurs, le meilleur moyen d'éviter les entraînements d'eau pendant la durée de l'essai, c'est de conduire la chauffe très régulièrement, de maintenir à la même hauteur le niveau de l'eau et de n'augmenter ni ne diminuer les ouvertures par lesquelles la vapeur s'évacue de la chaudière. Un moyen efficace employé par la marine aux esssais des machines qui ont des chaudières neuves, afin d'éviter les projections d'eau, est de mettre de l'huile à la surface de l'eau après le niveau établi, et dans la proportion de 2 litres par heure d'essai et par force de cheval que représente la chaudière. Il y a là une contradiction de fait apparente, car il est constaté que les eaux grasses provoquent les ébullitions. Mais dans le cas d'un essai de chaudière, le corps gras n'est pas mélangé à l'eau, il reste à sa surface.

Régler l'alimentation et la combustion sur la grille, de manière à ce que le niveau soit au même point qu'au commencement de l'opération et que le feu, sur la grille, soit dans le même état d'intensité.

La déduction de la quantité d'eau et de charbon qui restent, de la quantité qui en existait au début de l'essai, donneront les chiffres des consommations totales qui seront comparées. Les essais conduits comme il vient d'être indiqué, ont un degré d'exactitude suffisant pour la pratique courante.

ANNEXE D

ESSAI DES MACHINES

819. Une machine doit être essayée au point de vue de la consommation de combustible qu'elle exige par heure et par force indiquée sur le piston (§ 828) en développant sa puissance normale, et au point de vue de la plus grande force dont elle est susceptible sans qu'il se produise des trépidations, des déformations dangereuses, des chocs et des échauffements dans les mouvements.

Il est nécessaire de préciser tout d'abord si les essais de puissance auront lieu au frein de Prony (§ 723) ou à l'indicateur dynamométrique (§ 820); dans le dernier cas, il convient également d'être d'accord sur la formule que l'on emploiera pour le calcul final. Au paragraphe 717, formule n° 38, se trouve exposé le calcul de la force des machines suivant une méthode en usage dans la marine. Cette formule, qui est d'ailleurs très correcte, ne donne très exactement que la force sur le piston de la machine, ou *puissance indiquée*. La puissance disponible sur l'arbre moteur est déduite de l'essai avec le frein de Pony, elle se déduit avec assez d'exactitude de la puissance indiquée sur le piston en diminuant celle-ci dans une certaine proportion (§ 827).

Actuellement, on procède aux essais de puissance des machines de plus de 10 chevaux en calculant les diagrammes ou courbes relevés au cylindre. Il est donc de première nécessité pour un expérimentateur de bien connaître l'instrument qu'il emploie; les paragraphes de 820 à 825, ci-après, traitent de ce sujet.

820. — *Indicateur dynamométrique et diagrammes ou courbes qu'il fournit.* — On ne peut obtenir très exactement la valeur de la pression moyenne P et celle de la contre-pression P' qu'au moyen de courbes tracées par l'*indicateur* dynamométrique en communication avec le cylindre de la machine.

L'indicateur (fig. 1, pl. 58), dit du système Richard, est particulièrement employé sur les machines à pression élevée et à grande vitesse de rotation des manivelles. On le visse par la partie inférieure *e*, soit directement sur le couvercle du cylindre, soit sur une boîte *b* où aboutissent deux tuyaux munis de robinets, qui servent à mettre à volonté l'instrument en communication avec le dessous ou le dessus du piston de la machine. Ce qui se passe dans le cylindre de cette dernière par rapport à la vapeur, se passe également dans le cylindre d de l'indicateur. Le piston P monte sous l'action de la vapeur dont la pression est alors mesurée par le degré de compression que subit le ressort R ; de même, ce piston descend lorsque la pression atmosphérique, avec laquelle il est en contact permanent par la partie supérieure, est prépondérante sur la pression de la vapeur. Un mécanisme de pantographe, composé des leviers 1, 2, 3, est mis en mouvement par la tige du piston P et un style ou crayon fixé en o monte et descend avec le piston, mais dans une proportion qui résulte du rapport entre eux des bras du levier 1. La surface du piston, la résistance du ressort R à l'extension et à la compression, les bras du levier sont établis de telle sorte qu'une élévation et qu'un abaissement du piston de $10^m/_m$, par exemple, mesure l'effort de 1 atmosphère. Suivant que les pressions employées dans les cylindres de la machine sont plus ou moins élevées, on garnit l'indicateur de ressorts plus ou moins résistants : $15^m/_m$ ou $20^m/_m$ ou $10^m/_m$ pour 1 atmosphère.

En même temps que le stylet o se meut verticalement comme il vient d'être dit, le tambour T, sur lequel est enroulée une bande de papier, tourne autour d'un arbre fixe a, alternativement de droite à gauche, lorsque le piston de la machine pendant une course tire par sa tige sur le cordon n qui y est attaché, et de gauche à droite lorsque le piston, pendant la course rétrograde, mollit le cordon n ; alors, un ressort placé dans le tambour donne le mouvement rotatif à ce dernier. De là deux mouvements : va-et-vient vertical du stylet et circulaire alternatif du tambour ; il en résulte une courbe fermée C, tracée sur la bande de papier après chaque coup de piston ou chaque tour de manivelle.

821. — *Lecture d'une courbe d'indicateur.* Fig. 3, pl. 58. — Les lignes pointillées ou brisées sont tracées à la main après avoir obtenu la courbe.

$a\ a$, ligne atmosphérique, tracée par le stylet de l'indicateur après avoir mis les deux faces du piston de l'instrument en communication avec l'atmosphère.

bb, *b'b'*, tangentes aux deux extrémités de la courbe et perpendiculaires à la ligne atmosphérique sur laquelle elles déterminent les points *o* et *o'* qui marquent sur cette ligne la course entière, en réduction, du piston de la machine.

cd, portion de l'ordonnée de la courbe qui mesure, au point *d* de la course, la pression de la vapeur supérieure à la pression atmosphérique pendant la descente du piston de la machine.

de, portion de l'ordonnée qui mesure la pression moindre que l'atmosphère.

ef, portion de l'ordonnée qui mesure la contre-pression dans le cylindre au moment où le piston de la machine, en remontant, est arrivé au point *d* de la course. (On admet que les deux courbes dessus et dessous sont identiques).

ec, ordonnée de la pression effective sur le piston au point *d* de la course.

fc, ligne de la pression absolue à ce même point, en sorte que chacune des ordonnées menées comme *ce*, à l'intérieur de la courbe, représente la pression effective au point apprécié. De même les ordonnées extérieures comme *ef* représentent la contre-pression.

bb', ligne du vide parfait. Si, par exemple, l'échelle de l'instrument est de $10^m/_m$ pour 1 atmosphère et que la pression barométrique, le jour de l'observation, soit de $760^m/_m$ de mercure, la ligne du vide sera située à $10^m/_m$ au-dessous et parallèlement à la ligne atmosphérique *aa;* si la pression barométrique est de $740^m/_m$, la distance de la ligne du vide sera $\dfrac{740 \times 10}{760} = 9^m/_m$ 73 au-dessous de la ligne atmosphérique.

q, point très approché du commencement de l'avance à l'admission, de telle sorte que sa projection sur *o*, *o'*, ou sur *bb'* donne la fraction de course du piston $\dfrac{b\,h}{bb'}$ où commence l'admission anticipée.

i, point de la courbe très approché où la détente commence; sa projection en j donne la distance jo' qui représente la fraction de la course entière oo', pendant laquelle la vapeur se détend et jo la fraction de la même course, pendant laquelle la vapeur est admise. $\dfrac{jo'}{oo'}$ = période de détente et $\dfrac{jo}{oo'}$ = période d'admission.

822. — Le poids de vapeur sèche dépensé pour un coup de piston de la machine, et par suite du poids d'eau qui a fourni ce poids de vapeur est calculé ainsi : mener 10 lignes comme cf, équidistantes de o à j (fig. 3, § 821); en prendre la moyenne arithmétique; diviser cette moyenne par la grandeur en millimètres qui, d'après le ressort employé correspond à 1 atmosphère ; le quotient exprime la pression absolue moyenne de la vapeur admise avant la détente : soit une ordonnée moyenne de $26^m/_m$ et un ressort de $20^m/_m$ pour 1 atmosphère $\dfrac{20}{26}$ = $1^{atm}3$ pour la pression absolue de la vapeur pendant l'admission. Le poids de 1 mètre cube de vapeur à cette pression est de 0^k769 (p. 569). Mesurer le volume du cylindre, en mètres cubes, en prenant pour sa hauteur la fraction de course oj qui représente la période d'admission (oo' étant la course entière) et multiplier ce volume par le poids du mètre cube de la vapeur qui l'a rempli (table, page 569).

823. Calcul de la pression effective moyenne (§ 626), en kilogrammes par centimètre carré de surface du piston, et calcul de la contre-pression moyenne. Exemple fig. 4, pl. 58, courbes d'une machine à condensation.

Échelle du ressort de l'indicateur, $E = 15 ^m/_m$ pour 1^{atm}, — Hauteur barométrique au moment de l'opération $B = 734^m/_m$. — Faire tracer alternativement par l'instrument chacune des courbes AV (avant) et AR (arrière) du piston sur la même ligne atmosphérique $a\,a$, les différencier après coup par la couleur du trait ou par un pointillé; tracer la ligne du vide absolu $b\,b''$ à une distance de la

ligne atmosphérique détermineé par $\dfrac{B \times E}{760} = \dfrac{734 \times 15}{760}$
$= 14\,{}^\text{m}/_\text{m}\,5$; mener les deux tangentes $b\,b$, $b'\,b''$ aux extrémités des courbes et perpendiculaires à la ligne atmosphérique; diviser en 10 parties la distance oo' qui représente sur la figure la course entière du'piston; mener par chaque point de division les ordonnées, 1, 2.....9, 10 observer dans la division en dix parties de la course o, o', que chacune des ordonnées extrêmes 1 et 10, soit à une distance de la tangente $b\,b$ ou $b\,b''$ moitié moins grande que celle qui sépare les autres ordonnées l'une de l'autre (ceci, afin qu'il soit tenu compte, aussi exactement que possible, des pressions au commencement et à la fin de la course du piston). Pour la pression effective, mesurer en millimètres la longueur des ordonnées limitées dans chacune des courbes, et en prendre la moyenne arithmétique ; cette dernière exprimera la flexion moyenne du ressort de l'instrument pendant une révolution de la manivelle. Pour la contre-pression, mesurer la portion des ordonnées 1, 2... 9, 10 comprise entre la ligne du vide bb'' et le dessous de chacune des courbes ; dans l'exemple, figure 4, on a :

	Ordonnées de la pression effective.		Ordonnées de la contre-pression.	
	Courbe AV.	Courbe AR.	Courbe AV.	Courbe AR.
1	20.5	6	5	6
2	21.5	11	4	5
3	21	14.5	4	4
4	20.5	16	4	4
5	19.5	18.5	4	4
6	18	19.5	4	3
7	16.5	20.5	5	3
8	14	21	5	4
9	11.5	20.5	6	5
10	7	19	7	7
	170	167	48	45

Traduire en pression effective moyenne $P - P'$ la flexion

et la compression moyenne en milim., du ressort de l'instrument, flexions indiquées sur les courbes par la portion intérieure des ordonnées : $P - P' = \dfrac{L.\ 1{,}033}{n \times l}$

$= \dfrac{(170 + 167) \times 1{,}033}{20 \times 14{,}5} = 1^k 200$ dans l'exemple. L, longueur en millimètres de toutes les ordonnées ; l, flexion ou compression du ressort, en millimètres pour 1^{atm} ; n, nombre des ordonnées mesurées dont la somme des longueurs donne L. Les portions des ordonnées extérieures à la courbe se rapportent à la contre-pression P' ; elles donnent dans l'exemple $P' = \dfrac{48 \times 45 \times 1{,}033}{20 \times 14{,}5} = 0^k 334$; ce qui accuse que le fonctionnement des parties de la machine relatives à la condensation et au vide est médiocre car, dans une machine où l'utilisation de la vapeur est bonne, P' doit rester entre $0^k 250$ et $0^k 150$ au cylindre.

824. *Courbe d'un seul côté du piston d'une machine sans condensation* (fig. 2, pl. 58). Pour calculer la pression moyenne $P - P'$, diviser la courbe obtenue comme il est dit ci-avant au sujet des courbes des machines à condensation (§ 823), *Application :* échelle du ressort de l'instrument. $E = 10^m/_m$ pour 1^{atm} ; hauteur barométrique du jour $B = 760^m/_m$; porter au-dessous de la ligne atmosphérique $a\ a'$, à une distance $\dfrac{B.\ E}{760} = \dfrac{760 \times 10}{760} = 10^m/_m$ la ligne $b\ b''$ du vide absolu ; faire la somme de la longueur des portions d'ordonnées comprises dans la courbe ; elle est de $236^m/_m$; le nombre des ordonnées étant de 10, on a pour la valeur de la pression effective $P - P' = \dfrac{236 \times 1\ 033}{10 \times 10}$

$= 2^k 437$. Pour déterminer la contre-pression P' directement sur la courbe, faire la somme des portions d'ordonnées situées au-dessous de la courbe jusqu'à la ligne $b\ b''$ du vide absolu, elle est de $150^m/_m$ dans l'exemple ; on a $P' = \dfrac{150 \times 1\ 033}{10 \times 10} = 1^k 549 = 1^{atm} 49$; soit un excès de

0,49 d'atmosphère sur la résistance de l'air que conserve la vapeur à l'échappement ; la partie des ordonnées située entre le dessous de la courbe et la ligne atmosphérique $a\,a'$ représente cet excès.

825. *La pression moyenne absolue* P, pendant un tour de manivelle ou une double course du piston est exprimée par

$$P = \frac{L'.\,1\,033}{n.l} = \frac{430 \times 1\,033}{20 \times 14,5} = 1^{k}533 \text{ dans l'exemple,}$$

planche 58, fig. 4 ; L', longueur en millimètres de toutes les ordonnées mesurées depuis le haut de la courbe jusqu'à la ligne $b\,b'$ du vide absolu ; l, flexion ou compression du ressort, en millimètres, pour 1^{atm} ; n, nombre des ordonnées mesurées dont la somme des longueurs donne L'. — En résumé, la somme de la pression effective et de la contre-pression exprime la pression absolue.

Le vide du cylindre ou au condenseur se dit de la différence entre la pression barométrique supposée de 76 centimètres de mercure et la contre-pression dans ces récipients, également exprimée en centimètres ; si elle est exprimée en kilogrammes, on a pour la valeur du vide : $(1,033 - c^t$ pr. en $k°) \times 0,00735$. Ce qui, dans l'exemple du § 823 où la contre-pression est de 0^k331, donne 51 centimètres de vide au cylindre.

Lorsque, dans la mesure de la contre-pression sur la courbe, on n'a pas tenu compte de la pression barométrique du jour, il faut rectifier comme il suit le chiffre du vide : Si la pression du jour est inférieure à $760^m/_m$, ajouter la différence au vide calculé ; si elle est plus élevée que $760^m/_m$, retrancher la différence du vide calculé. Ne pas faire ces corrections aux indications directes du vide aux condenseurs par les instruments à mercure dits baromètres de condenseurs, et par les indicateurs du vide, dits métalliques.

826. Parmi les nouvelles formules appliquées à déterminer la puissance en chevaux-vapeur effectifs sur l'arbre, celle de Volkers est appréciée comme étant suffisamment exacte. Et voici les éléments :

Fe. Puissance effective en chevaux-vapeur de 75 kilogrammètres.

D. Diamètre du cylindre en centimètres.

C. Course du piston en mètres.

f. Coefficient dû aux frottements.

f_0. Frottement à déduire de l'effort direct de la vapeur.

H. Profondeur, en centimètres, des puits dans lequel la
machine puise l'eau de condensation.

N. Nombre de coups de piston par minute.

P. Pression moyenne effective en kilogrammes sur le
piston par centimètres carrés ; elle est déterminée par le
diagramme d'indicateur (§ 823).

Q. Poids en kilogrammes du volant de la machine.

$$\text{Fe} = \frac{S\,C\,N}{30} \cdot \frac{P - f^0}{75\,(1 + 0,13)} \quad (n^o\ 1)$$

Valeur de f_0

$$f_0 = \frac{2,788}{D} + 0,048\ \frac{P}{D^2} \quad \text{Machines sans condensation.}$$

$$f_0 = \frac{2,788}{D} + 0,048\ \frac{P}{D^2} + 0,035 + 0,000021\ H.$$

Dans la formule du n° 1, la constatation de la valeur de
P, pression moyenne effective, doit être faite par l'indicateur dynamométrique décrit au paragraphe 820. A défaut
de cet instrument, on peut déterminer approximativement
la pression moyenne de la manière suivante, expliquée par
un exemple.

P_i, pression initiale de la vapeur ou pression pendant la période d'admission.................... $= \ 5^k$

(Elle est donnée par le manomètre le plus voisin
du cylindre.)

P_a, pression moyenne absolue pendant la course
entière du piston, c'est-à-dire dont on n'a pas retranché la contre-pression .... $= \ 2^k640$

P, pression moyenne effective pendant la course
entière, c'est-à-dire dont on a retranché la contre-
pression : $- P_a - p$; dans l'exemple .... $= \ 2^k583$

r, rapport de la pression moyenne pendant la détente, à la pression initiale P_i. Ce rapport est donné
à la table du paragraphe 635, colonne 5, par le
nombre qui correspond (colonne 1) à la fraction C
de la course du piston pendant laquelle il y a introduction. Dans l'exemple le rapport r........... $=$ 0^k522

p, contre-pression déduite de l'indicateur du vide
au condenseur (§ 640); soit dans l'exemple..... $=$ 0^k022

C, fraction de la course entière du piston pendant
laquelle a lieu l'introduction; dans l'exemple... $=$ 0^k020
ce qui ferait 0,80 de détente.

$$P = (P_i \times r) - p = (5^k \times 0{,}522) - 0^k022 = 2^k588... \ (n^o\ 2).$$

La formule n° 1 peut donc être appliquée sans le secours
d'un diagramme ou courbe d'indicateur donnant la valeur
de la pression moyenne effective pendant toute la course
du piston.

La formule n° 46 appliquée au calcul de la puissance des
machines de navigation, donnée au paragraphe 720 est très
simple, mais elle ne donne que la *puissance indiquée* sur le
piston. La puissance disponible sur l'arbre moteur n'est pas
un élément d'appréciation aussi important pour les machines marines que pour les moteurs fixes, et c'est uniquc-
ment la puissance indiquée qui sert de base au calcul se
rapportant soit à la construction, soit à l'essai de force
(§ 716 à 721).

La formule du n° 46, page 678, doit être ainsi modifiée,
en écrivant les transformations successives :

F', puissance effective sur les pistons de même diamètre ;

A, nombre de cylindres égaux ;

D, diamètre commun des cylindres en mètres ;

C, course des pistons en mètres ;

N, nombre de révolutions de la manivelle par minute ;

P, pression effective en kilogrammes par centimètre
carré du piston, donnée par un diagramme d'indicateur
(§ 823) ou par la formule n° 2 ci-avant.

$$\text{Surface du piston en centimètres carrés} = \frac{\pi\,D^2\,10000}{4.}$$

Pression totale effective sur les pistons $= \dfrac{A\,\pi\,D^2\,10000\,P}{4.}$

Travail en kilogrammètres par seconde de temps

$$= \frac{A\,\pi\,D^2\,10000\,2\,C\,N\,P}{4 \times 60.}$$

Travail en chevaux-vapeur de 75 kilogrammètres sur les pistons

$$F' = \frac{A,3,1416\,D^2\,10000.\,2\,C\,N\,P}{4 \times 60 \times 75} = \frac{5236\,A\,D^2\,C\,N\,P}{1500.}$$

égalité obtenue en opérant sur les quantités constantes, pour diviser ensuite le produit du numérateur et celui du dénominateur, chacun par le nombre 12. Divisant ensuite les deux termes par 5236, il vient pour expression des quantités constantes $\dfrac{1}{0,28647} = 3,4907$.

La formule ainsi simplifiée est :

$$F' = A\,D^2\,C\,N\,P \times 3,4907\ldots \ (n^o\ 3).$$

L'expression de la puissance nette F sur l'arbre du volant ou puissance disponible sur l'arbre moteur est

$$F = (A\,D^2\,C\,N\,P \times 3,4907) \times k\ldots \ (n^o\ 4).$$

k étant un coefficient variable avec la puissance et avec le système de la machine. Voir le tableau page 827.

827. — Les formules du paragraphe 826, n° 3 et n° 4 ne donnent que le travail développé sur les pistons, mais une partie de ce travail est consommé en résistances passives, frottement, force d'inertie, pompes de servitude. Dans une machine bien construite et bien entretenue, le rapport du travail disponible sur l'arbre du volant au travail sur le piston, augmente avec la puissance de la machine et diminue avec le nombre de cylindres à vapeur ; sous ces deux influences, il varie de 0,48 à 0,85. Les résultats obtenus simultanément avec le frein de Prony (§ 723) et l'indicateur dynamométrique (§ 826) ont permis de dresser le tableau ci-après :

RAPPORT DU TRAVAIL DISPONIBLE SUR L'ARBRE MOTEUR, AU TRAVAIL MESURÉ SUR LE PISTON, OU VALEUR DU COEFFICIENT k.

Dans la formule du paragraphe 826, n° 7, la puissance est exprimée en chevaux effectifs de 75^k ^{et}.

Puissance de la machine.	VALEURS DE k. Machines à 1 cylindre (A)		Puissance de la machine.	VALEURS DE k. Machines à 1 cylindre (A)	
	sans condensation	avec condensation		sans condensation	avec condensation
1	0.48	»	35	0.79	0.72
2	0.55	»	40	0.80	0.73
3	0.60	»	45	0 81	0.74
4	0.63	»	50	0.82	»
5	0.66	0.60	60	0 83	0.76
6	0.67	0.61	75	0.84	0.77
8	0.69	0.63	90	0.84	»
10	0.70	0.64	100	0.85	»
12	0.72	0.65	110	»	0.79
15	0.73	0.66	140	»	0 80
18	0.74	0 68	180	»	0.81
20	0.75	0.68	200	0.85	0.81
25	0.77	0.70	(B)	»	»
30	0.78	0.71			

A. Pour les machines à 2 cylindres, la valeur de k ci-dessus doit être diminuée de 1 dixième; soit pour 5 chevaux, $k = 0,56$ au lieu de 0,66.

B. Les essais au frein de Prony sont limités, jusqu'à ce jour, à des puissances de 200 chevaux, mais par déduction des résultats obtenus dans quelques cas particuliers et d'après le travail des pompes commandées par des machines très puissantes, on peut admettre qu'à celles-ci convenait le coefficient $k = 0,85$, sans la condensation, et 0,82 avec la condensation.

828. L'essai de puissance n'a pour but que de constater la plus grande résistance dont la machine est susceptible sans qu'il se produise des ébranlements dangereux aux pièces fixes, et des chocs ou des échauffements dans les mouvements. Un moteur a satisfait à cet essai, lorsqu'il développe sur le piston, pendant deux heures au moins, une puissance indiquée, un quart au moins plus grande que la puissance de régime, la vapeur à la chaudière étant maintenue au chiffre du timbre ; c'est ce qu'on nomme la marche à soupape dansante. On peut constater, pendant cet essai, la consommation de combustible, mais comme le plus souvent les feux sont poussés vivement pendant l'expérience, afin de maintenir le maximum de pression à la chaudière exigée par l'augmentation de la puissance, l'utilisation du charbon diminue.

Mettre de l'huile sur l'eau, dans la chaudière, afin d'éviter la projection d'eau de la chaudière au cylindre (§ 817).

Afin de dépasser la puissance normale, ou diminuer, ou bien supprimer complètement la détente obtenue dans le cylindre au moyen du tiroir de détente ; toutes les demi-heures, relever les observations suivantes, les porter sur un état dressé à cet effet :

1° Pression à la chaudière ;

2° Nombre de coups de piston par minute, comptés directement ou relevés au compteur permanent ;

3° Tracer une courbe d'indicateur.

Peser le charbon avant de commencer l'essai, si l'on doit tenir compte de la consommation et mesurer tous les quarts d'heure le tirage du foyer (§ 803).

Ralentir l'allure de marche, s'il se produit des ébranlements ou des températures anormales sur les pièces en mouvement. Il n'est pas nécessaire d'indiquer ici les moyens de procéder, pour résumer les résultats d'un essai de cette nature ; ils se présentent tout naturellement à l'esprit de l'expérimentateur.

829. Pour les esssais de consommation, il convient de se placer, autant que possible, dans les conditions de la marche de régime, relativement au nombre de tours de l'arbre moteur par minute, le manège, ou l'outil à actionner étant en plein rapport, comme il le sera journellement. Les dispositions à prendre doivent concourir aux résultats suivants :

1° Chauffer avec la même quantité de houille que celle qui sera employée habituellement ;

2° Passer la houille au crible de deux centimètres à trois centimètres de côté des mailles, en peser la quantité pour une marche de six heures environ ;

3° N'employer le charbon pesé qu'après que les feux sont en pleine activité, la pression très voisine de la levée des soupapes de sûreté, et l'ouverture des différents registres et robinets d'admission de vapeur à la machine réglée définitivement, ainsi que la détente variable ;

4° Mesurer et noter l'intensité du tirage dans le fourneau, l'y maintenir, autant que possible, entre 4 et 6 millimètres d'eau (page 815) ;

5° Tenir la grille aussi dégagée que possible, à l'aide du crochet passé entre les barreaux, par le cendrier, et ne la décrasser que partiellement et vivement toutes les deux heures, si le charbon employé crasse beaucoup ;

6° Relever une courbe d'indicateur toutes les demi-heures et compter directement le nombre de tours de manivelle ou de coups de piston par minute, au moment où le diagramme est tracé.

7° Noter le vide au condenseur, et la pression à la chaudière au moment même de relever la courbe ;

8° Terminer l'essai après cinq ou six heures de marche, en laissant le fourneau dans le même état qu'au moment où l'expérience a commencé, c'est-à-dire, laisser la même hauteur de couche de charbon sur la grille et l'activité des feux aussi grande.

Après l'essai, le résultat obtenu, relativement à la consommation de houille par heure et par force de cheval indiquée, est calculé comme l'indique l'exemple suivant ; on calcule d'abord chacun des diagrammes obtenus, comme il est indiqué au paragraphe 826 avec la formule du n° 3. On additionne les puissances que donne ce calcul.

Désignant par

C La consommation totale de houille pendant l'essai = 1146^k

c, La consommation par heure et par cheval indiqué;

n, La durée de l'essai en heures et fraction décimale de l'heure = 6^h

n_1 Le nombre de diagrammes relevés =   12

P_1 Puissance donnée par l'addition des puissances résultant du calcul des diagrammes = 2400^{chx}

$$c = \frac{C.n_1}{n.P_1} = \frac{1146 \times 12}{6 \times 2400} = 0^k,955^{gr}$$

ANNEXE E

CHOIX DES MATIÈRES DE CONSOMMATION.

830. Les matières usuelles pour le service d'entretien du moteur à vapeur, et celles qui sont de consommation continue pendant la marche, sauf le combustible, doivent faire le sujet d'un choix judicieux. C'est encore à la pratique de longue durée qu'il faut demander des renseignements sur leur valeur absolue; quant à leur valeur comparative, ce n'est, le plus souvent, qu'une question de choix d'un vendeur plus ou moins recommandé par suite de ses relations personnelles.

Voici quelques indications d'une certaine importance, sur les principales matières dont il s'agit, classées par ordre alphabétique.

Blanc de céruse pour les joints. Le maniement de cette substance, qui est un oxyde de plomb, est dangereux pour la santé des ouvriers qui généralement négligent d'en débarrasser complètement leurs mains avant de prendre leurs repas. Le blanc de zinc, complètement inoffensif, doit lui être substitué. Les falsifications dont il peut être l'objet, se réduisent à y mêler de la craie. On constate la fraude en délayant quelques grammes de la substance dans de l'eau. en décantant ensuite et en faisant évaporer après, l'eau de décantation : la craie mélangée reste dans la capsule sous forme de croûte très friable et très légère.

Caoutchouc pour clapets de condenseur. Les corps gras acides attaquent plus ou moins promptement le caoutchouc, et moins il est dense, moins il résiste. — Les clapets lourds sont un composé d'oxyde de plomb ou de zinc et de gutta-percha. Ceux qui ont la marque C. G. T, Usine de Saint-Denis, sont très résistants à l'usage. Les clapets doivent être lavés à la potasse délayée dans de l'eau chaude, aussi souvent qu'il est possible, pour les débarrasser des corps gras qui y sont adhérents.

Huiles pour lubrifier les pistons. Dans les machines à condenseur à surface (§ 744), les corps gras employés, huiles ou graisses figées, ne doivent pas se décomposer et ainsi donner lieu à la formation d'acides gras, et de stéarines, margarines et autres produits qui se solidifient en se refroidissant sur les tubes du condenseur. Les acides s'accumulent dans la chaudière, attaquent les tôles et les rivets ; les produits figés s'accumulent sur les surfaces refroidissantes du condenseur dont ils diminuent l'énergie de condensation. L'emploi des huiles minérales lourdes obvie à ces inconvénients parce qu'elles sont neutres, qu'elles ne se dédoublent pas. L'état neutre d'une huile est constaté en ajoutant à un échantillon d'huile placé dans une petite fiole la valeur de son dixième environ d'une solution de bicarbonate de soude ; après avoir agité le mélange, l'eau se sépare de l'huile sans que celle-ci reste louche et blanchâtre si l'huile est neutre ; tandis qu'il y a formation de savon blanc, plus ou moins pâteux, si l'huile contient des acides libres. — Les *hydrocarbures* ou huiles minérales qui se figent à — 0°, ou qui émettent des vapeurs inflammables à + 140°, et celles dont la densité est moindre que 0,90 doivent être écartées de l'emploi pour le graissage des pistons. Les oléonaphtes de Russie, sont les meilleurs hydrocarbures pour la lubrification des pièces qui se meuvent dans la vapeur. La marque adoptée par les grandes compagnies de navigation est A. A. F. n° 0 pour les machines d'une puissance moyenne de 10 chevaux au minimum, et pour les puissances les plus grandes, exemple : les machines marines, qui développent jusqu'à 8 000 chevaux indiqués.

Huile pour le graissage des mouvements extérieurs. Le meilleur lubrifiant pour ces mouvements, serait l'huile d'olive neutre, mais, son prix élevé ne s'accorde pas avec les obligations d'économie dans la consommation des moteurs et des mécanismes d'un manège mécanique.

Les huiles végétales ou animales ne doivent pas avoir plus de 6 à 7 degrés d'acidité, sinon elles cambouisent abondamment, et elles attaquent le métal des mouvements. En outre, leur acidité s'accroît toujours et une portion plus ou moins grande d'un approvisionnement important s'oxyde au point de n'avoir plus qu'une valeur lubrifiante très faible. L'association d'huile végétale et d'huile lourde minérale, lorsqu'elle ne dépasse pas 7° d'acidité, donne un lubrifiant qui convient parfaitement aux mouvements les plus exposés aux échauffements, soit par suite d'une forte charge sur l'unité de surface (de 40 à 60 kil. par centimètre carré de portage des coussinets), soit par suite de la grande vitesse de déplacement (vitesse angulaire ou vitesse de va-et-vient). Le *compound lubrifiant* en usage en Angleterre et le Compound A. André employé en France et portant la marque A. A. F. types D. et F., sont des composés de très bonne valeur à l'emploi.

Minium. — Pour la confection des joints de tuyautage de vapeur et pour la peinture des objets en fer exposés à s'oxyder, le minium de plomb est d'un excellent emploi. Mais il a les mêmes inconvénients quand on le manie, que le blanc de céruse, puisqu'il est également un oxyde de plomb. Le minium de fer supplée le minium de plomb dans toutes les applications, avec un succès suffisant, pour lui être préféré au double point de vue de l'inocuité de son emploi et d'un prix d'achat moins élevé.

Torons et cartons d'amiante. — La cherté relative de ces objets dont l'amiante forme la base de la fabrication est le seul argument contre son emploi. La garniture d'un presse-étoupe en torons d'amiante mêlé à des brins de chanvre résiste à l'action des acides gras et à celle de la vapeur à haute température. En outre, elle conserve pendant très longtemps son élasticité. La marque *John-Bell* est la première en Angleterre. En France, les cartons et les torons d'amiante sont d'aussi bonne résistance que ceux de fabrication anglaise.

Les mécaniciens-conducteurs de machines prennent une excellente précaution lorsqu'ils notent les qualités et les défauts à l'emploi des matières, des substances qu'ils ont l'occasion d'expérimenter. Il ne faut pas oublier, qu'en fait de moteurs à vapeur, les accessoires dans leur ensemble, ne sont rien moins qu'une *moitié* du principal, en considérant l'économie dans la dépense d'argent journalière qu'exige leur fonctionnement, et la détérioration des mouvements.

ANNEXE F

Décret relatif aux *Appareils à vapeur* **autres que ceux qui sont placés à bord des bateaux.**

RAPPORT AU PRÉSIDENT DE LA RÉPUBLIQUE

831. Lorsqu'en 1865, le gouvernement revisa le règlement auquel étaient soumises, depuis plus de vingt ans, les machines et chaudières à vapeur autres que celles placées à bord des bateaux, il se proposait de supprimer une partie de la tutelle administrative qui n'était plus en harmonie avec les progrès de la construction de ces appareils, le développement de leur emploi et l'instruction technique des ouvriers chargés de leur fonctionnement. Son but fut de dégager l'industrie d'entraves devenues inutiles, dans toute la mesure compatible avec les exigences de la sécurité publique. Mais cette mesure ne pouvait être que préjugée ; il appartenait à l'expérience seule de la fixer ; et c'est ce qui explique le besoin de reviser à son tour le décret du 25 janvier 1865 et de le remplacer par le nouveau règlement que je viens soumettre à votre haute sanction.

En effet, une enquête qui a été ouverte, à l'expiration de la période décennale, auprès de tous les ingénieurs chargés de la surveillance des appareils à vapeur, a montré l'utilité d'assujettir à des prescriptions administratives les récipients de vapeur, qui en sont complètement exonérés depuis 1865, et d'apporter en outre quelques modifications de détail aux dispositions en vigueur concernant les chaudières proprement dites. Les résultats de cette enquête ont été communiqués à la commission centrale des machines à vapeur et au Conseil d'État qui se sont appliqués à concilier dans une sage mesure les nécessités de la sécurité publique avec les exigences de l'industrie.

Rien n'a été changé aux conditions essentielles de l'épreuve des chaudières neuves ; mais le renouvellement de cette épreuve pourra être exigé dans d'autres cas que ceux de réparation notable, seuls admis par le décret de 1865, et ne devra jamais être retardé de plus de dix ans.

Antérieurement à ce décret, les ingénieurs pouvaient provoquer la réforme des chaudières qu'un long service ou une détérioration accidentelle leur faisait regarder comme dangereuses. La commission centrale des machines à vapeur, sans doute préoccupée du rôle amoindri attribué à l'administration depuis 1865, avait exprimé le vœu que la faculté d'interdire l'usage d'un générateur réputé dangereux lui fût restituée. Le Conseil d'État n'a point été favorable à ce retour partiel à un régime abandonné ; j'ai pensé avec lui qu'une telle mesure, rarement applicable dans la pratique, ne serait pas suffisamment motivée par des faits qu'aurait révélé l'application du décret de 1865.

Le renouvellement obligatoire de l'épreuve tous les dix

ans donnera d'ailleurs un nouveau gage à la sécurité publique.

En raison de cette innovation, il a paru convenable d'admettre des motifs de dispense quant aux épreuves réglementaires à exécuter entre temps à la suite des réparations, des déplacements ou des chômages prolongés des chaudières, et de tenir compte, à cet effet, de l'existence des associations de propriétaires d'appareils à vapeur, qui se sont formées depuis quelques années.

Ces associations, employant et rémunérant un personnel spécial, ont en vue d'assurer le meilleur fonctionnement possible des appareils, notamment en procédant à des visites intérieures et extérieures des générateurs de vapeur, en les examinant au double point de vue de la sécurité et de la réalisation d'économies de combustible. Il convient d'encourager ces pratiques salutaires et d'appeler les institutions de ce genre à prêter leur concours à l'administration. Déjà le gouvernement vient de reconnaître l'utilité publique de l'association des propriétaires d'appareils à vapeur du nord de la France. Je me propose, en portant le nouveau règlement à la connaissance des préfets et des ingénieurs des mines, de donner des instructions pour que, dans les régions industrielles où fonctionnent de telles associations, la surveillance officielle tienne compte, dans une juste mesure, des constatations faites par le personnel exerçant la surveillance officieuse dont il s'agit. Le renouvellement de l'épreuve réglementaire pourra, en conséquence, ne pas être exigé avant l'expiration de la période décennale, lorsque des renseignements authentiques sur l'époque et les résultats de la dernière visite intérieure et extérieure d'une chaudière constitueront des présomptions suffisantes en faveur de son bon état ; et les ingénieurs des mines seront autorisés à considérer, à cet égard, comme probants les certificats délivrés aux membres des associations de propriétaires d'appareils à vapeur par celles de ces associations que le ministre aura désignées.

Le classement des chaudières à demeure continuera à comprendre trois catégories, sous le rapport des conditions d'emplacement, ainsi que le prescrit le décret de 1865. La détermination de ces catégories aura lieu d'après une nouvelle base de calcul, que la commission centrale des machines à vapeur a considérée comme plus rationnelle que la base actuelle, mais qui s'en écarte peu, et dont l'effet est de réduire légèrement, au point de vue du classement, l'importance de la pression maximum sous laquelle une chaudière est appelée à fonctionner, comparativement à son volume.

Les conditions d'emplacement demeureront à très peu près les mêmes qu'aujourd'hui pour les chaudières de la première catégorie, qu'il est permis d'établir à 10 mètres de distance d'une maison d'habitation sans aucune disposition particulière.

Les chaudières de la deuxième catégorie ne peuvent être placées dans l'intérieur des ateliers que lorsque ceux-ci ne font pas partie d'une maison d'habitation. Il n'y aura plus d'exception pour les maisons réservées aux manufacturiers, à leurs familles, à leurs employés, ouvriers et serviteurs, comme l'admettait le décret de 1865. Le nouveau règlement supprime avec raison, sur ce point, une tolérance contraire à la sécurité publique.

Les chaudières de la troisième catégorie continueront à pouvoir être établies dans une maison quelconque.

La faculté précédemment reconnue aux tiers de renoncer à se prévaloir des conditions règlementaires cessera d'exister; il a paru à la commission centrale des machines à vapeur et au Conseil d'État qu'elles ne pouvaient pas cesser d'être obligatoires, et je partage complètement cet avis.

De même, l'exécution de la disposition relative à la non-production de fumée par les foyers de chaudières à vapeur a paru au Conseil d'État de nature à donner lieu à des incertitudes de la part de l'administration et aussi de l'autorité judiciaire. J'ai considéré avec lui que les inconvénients de la fumée ne sont pas particuliers à l'emploi d'un appareil à vapeur, et ne touchent en rien à la sécurité, objet essentiel du décret dont il s'agit. Les contestations auxquelles la production de la fumée donnerait lieu appartiendront donc exclusivement au domaine judiciaire, qu'il s'agisse d'un foyer d'appareil à vapeur ou de tout autre foyer.

La plus importante innovation du nouveau règlement est, sans contredit, l'assujettissement des récipients de vapeur d'une certaine capacité à quelques mesures de sûreté. Omis dans l'ordonnance de 1843, ils avaient été assimilés aux générateurs en vertu d'une circulaire ministérielle de 1845, puis volontairement omis encore dans le décret de 1865. De nombreux accidents sont venus démontrer la nécessité de subordonner l'emploi de ces appareils à l'exécution de certaines prescriptions. En conséquence, la commission centrale des machines à vapeur et le Conseil d'État ont été d'avis que les récipients d'un volume supérieur à 100 litres fussent soumis à l'épreuve officielle, munis dans certains cas d'une soupape de sûreté et assujettis à la déclaration. Un délai de six mois sera accordé pour l'exécution de ces mesures.

Elles seront applicables, non seulement aux cylindres sécheurs, chaudières à double fond et appareils divers employés dans l'industrie, mais encore aux machines locomotives sans foyer et aux autres réservoirs dans lesquels est emmagasinée de l'eau à haute température, pour dégager de la vapeur ou de la chaleur.

Enfin, le décret de 1865 n'avait point reproduit la disposition de l'ordonnance de 1843, aux termes de laquelle l'administration avait la faculté de dispenser les chaudières présentant un mode particulier de construction, de l'application d'une partie des mesures de sûreté réglementaires pour les soumettre à des conditions spéciales.

Il se bornait à prévoir des cas de dispense, en ce qui touche le niveau du plan d'eau dans les générateurs dont la forme ou la faible dimension semblait exclure toute crainte de danger. Dorénavant, le ministre, après instruction locale et sur l'avis de la commission centrale des machines à vapeur, pourra accorder toute dispense qui ne paraîtra pas de nature à entraîner des inconvénients.

Décret du 1er mai 1880.

Article premier. Sont soumis aux formalités et aux mesures prescrites par le présent règlement : 1° les générateurs de vapeur, autres que ceux qui sont placés à bord des bateaux; 2° les récipients définis ci-après (titre V).

TITRE Ier

MESURES DE SURETÉ RELATIVES AUX CHAUDIÈRES PLACÉES
A DEMEURE

Art. 2. Aucune chaudière neuve ne peut être mise en service qu'après avoir subi l'épreuve réglementaire ci-après définie. Cette épreuve doit être faite chez le constructeur et sur sa demande.

Toute chaudière venant de l'étranger est éprouvée, avant sa mise en service, sur le point du territoire français désigné par le destinataire dans sa demande.

Art. 3. Le renouvellement de l'épreuve peut être exigé de celui qui fait usage d'une chaudière :

1° Lorsque la chaudière, ayant déjà servi, est l'objet d'une nouvelle installation ;

2° Lorsqu'elle a subi une réparation notable;

3° Lorsqu'elle est remise en service après un chômage prolongé.

A cet effet, l'intéressé devra informer l'ingénieur des mines de ces diverses circonstances. En particulier, si l'épreuve exige la démolition du massif du fourneau ou l'enlèvement de l'enveloppe de la chaudière et un chômage plus ou moins prolongé, cette épreuve pourra ne point être exigée, lorsque des renseignements authentiques sur l'époque et les résultats de la dernière visite, intérieure et extérieure, constitueront une présomption suffisante en faveur du bon état de la chaudière. Pourront être notamment considérés comme renseignements probants les certificats délivrés aux membres des associations de propriétaires d'appareils à vapeur par celle de ces associations que le ministre aura désignée.

Le renouvellement de l'épreuve est exigible également lorsque, à raison des conditions dans lesquelles une chaudière fonctionne, il y a lieu par l'ingénieur des mines d'en suspecter la solidité.

Dans tous les cas, lorsque celui qui fait usage d'une chaudière contestera la nécessité d'une nouvelle épreuve, il sera, après une instruction où celui-ci sera entendu, statué par le préfet.

En aucun cas, l'intervalle entre deux épreuves consécutives n'est supérieur à dix années. Avant l'expiration de ce délai, celui qui fait usage d'une chaudière à vapeur doit lui-même demander le renouvellement de l'épreuve.

Art. 4. L'épreuve consiste à soumettre la chaudière à une pression hydraulique supérieure à la pression effective qui ne doit point être dépassée dans le service. Cette pression d'épreuve sera maintenue pendant le temps nécessaire à l'examen de la chaudière dont toutes les parties doivent pouvoir être visitées.

La surcharge d'épreuve par centimètre quarré est égale à la pression effective, sans jamais être inférieure à un demi-kilogramme ni supérieure à 6 kilogrammes.

L'épreuve est faite sous la direction de l'ingénieur des mines et en sa présence, ou, en cas d'empêchement, en présence du garde-mine opérant d'après ses instructions.

Elle n'est pas exigée pour l'ensemble d'une chaudière dont les diverses parties, éprouvées séparément, ne doivent être réunies que par des tuyaux placés sur tout leur parcours, en dehors du foyer et des conduits de flamme, et dont les joints peuvent être facilement démontés.

Le chef de l'établissement où se fait l'épreuve fournit la main-d'œuvre et les appareils nécessaires à l'opération.

Art. 5. Après qu'une chaudière ou partie de chaudière a été éprouvée avec succès, il y est apposé un timbre, indiquant, en kilogrammes par centimètre quarré, la pression effective que la vapeur ne doit pas dépasser.

Les timbres sont poinçonnés et reçoivent trois nombres indiquant le jour, le mois et l'année de l'épreuve.

Un de ces timbres est placé de manière à être toujours apparent après la mise en place de la chaudière.

Art. 6. Chaque chaudière est munie de deux soupapes de sûreté, chargées de manière à laisser la vapeur s'écouler dès que sa pression effective atteint la limite maximum indiquée par le timbre réglementaire.

L'orifice de chacune des soupapes doit suffire à maintenir, celle-ci étant au besoin convenablement déchargée ou soulevée et quelle que soit l'activité du feu, la vapeur dans la chaudière à un degré de pression qui n'excède, pour aucun cas, la limite ci-dessus.

Le constructeur est libre de répartir, s'il le préfère, la section totale d'écoulement nécessaire des deux soupapes réglementaires entre un plus grand nombre de soupapes.

Art. 7. Toute chaudière est munie d'un manomètre en bon état placé en vue du chauffeur et gradué de manière à indiquer, en kilogrammes, la pression effective de la vapeur dans la chaudière.

Une marque très apparente indique sur l'échelle du manomètre la limite que la pression effective ne doit point dépasser.

La chaudière est munie d'un ajutage terminé par une bride de $0^m,04$ de diamètre et $0^m,005$ d'épaisseur, disposée pour recevoir le manomètre vérificateur.

Art. 8. Chaque chaudière est munie d'un appareil de retenue, soupape ou clapets, fonctionnant automatiquement et placé au point d'insertion du tuyau d'alimentation qui lui est propre.

Art. 9. Chaque chaudière est munie d'une soupape ou d'un robinet d'arrêt de vapeur, placé autant que possible, à l'origine du tuyau de conduite de vapeur, sur la chaudière même.

Art. 10. Toute paroi en contact par une de ses faces avec la flamme, doit être baignée par l'eau sur sa face opposée.

Le niveau de l'eau doit être maintenu, dans chaque chaudière, à une hauteur de marche telle qu'il soit, en toute circonstance, à $0^m,06$ au moins au-dessus du plan pour lequel la condition précédente cesserait d'être remplie. La position limite sera indiquée, d'une manière très apparente, au voisinage du tube de niveau mentionné à l'article suivant.

Les prescriptions énoncées au présent article ne s'appliquent point :

1° Aux surchauffeurs de vapeur distincts de la chaudière ;

2° A des surfaces relativement peu étendues et placées de manière à ne jamais rougir, même lorsque le feu est poussé à son maximum d'activité, telles que les tubes ou parties de cheminées qui traversent le réservoir de vapeur, en envoyant directement à la cheminée principale les produits de la combustion.

Art. 11. Chaque chaudière est munie de deux appareils indicateurs du niveau de l'eau, indépendants l'un de l'autre, et placés en vue de l'ouvrier chargé de l'alimentation.

L'un de ces deux indicateurs est un tube en verre, disposé de manière à pouvoir être facilement nettoyé et remplacé au besoin.

Pour les chaudières verticales de grande hauteur, le tube en verre est remplacé par un appareil disposé de manière à reporter, en vue de l'ouvrier chargé de l'alimentation, l'indication du niveau de l'eau dans la chaudière.

TITRE II

ÉTABLISSEMENT DES CHAUDIÈRES A VAPEUR PLACÉES A DEMEURE

Art. 12. Toute chaudière à vapeur destinée à être employée à demeure ne peut être mise en service qu'après une déclaration adressée, par celui qui fait usage du générateur, au préfet du département. Cette déclaration est enregistrée à sa date. Il en est donné acte. Elle est communiquée sans délai à l'ingénieur en chef des mines.

Art. 13. La déclaration fait connaître avec précision :

1. Le nom et le domicile du vendeur de la chaudière ou l'origine de celle-ci ;

2. La commune et le lieu où elle est établie ;

3. La forme, la capacité et la surface de chauffe ;

4. Le numéro du timbre réglementaire ;

5. Un numéro distinctif de la chaudière, si l'établissement en possède plusieurs ;

6. Enfin, le genre d'industrie et l'usage auquel elle est destinée.

Art. 14. Les chaudières sont divisées en trois catégories.

Cette classification est basée sur le produit de la multiplication du nombre exprimant en mètres cubes la capacité totale de la chaudière (avec ses bouilleurs et ses réchauffeurs alimentaires, mais sans y comprendre les surchauffeurs de vapeur) par le nombre exprimant, en degrés centigrades, l'excès de la température de l'eau correspondant à la pression indiquée par le timbre réglementaire sur la température de 100 degrés, conformément à la table annexée au présent décret.

Si plusieurs chaudières doivent fonctionner ensemble dans un même emplacement, et si elles ont entre elles une communication quelconque, directe ou indirecte, on prend, pour former le produit, comme il vient d'être dit, la somme des capacités de ces chaudières.

Les chaudières sont de la première catégorie quand le produit est plus grand que 200 ; de la deuxième, quand le produit n'excède pas 200, mais surpasse 50 ; de la troisième si le produit n'excède pas 50.

Art. 15. Les chaudières comprises dans la première catégorie doivent être établies en dehors de toute maison d'habitation et de tout atelier surmonté d'étages. N'est pas considéré comme un étage, au-dessus de l'emplacement d'une chaudière, une construction dans laquelle ne se fait aucun travail nécessitant la présence d'un personnel à poste fixe.

Art. 16. Il est interdit de placer une chaudière de première catégorie à moins de 3 mètres d'une maison d'habitation.

Lorsqu'une chaudière de première catégorie est placée à moins de 10 mètres d'une maison d'habitation, elle en est séparée par un mur de défense.

Ce mur, en bonne et solide maçonnerie, est construit de manière à défiler la maison par rapport à tout point de la chaudière distant de moins de 10 mètres, sans toutefois que sa hauteur dépasse de 1 mètre la partie la plus élevée de la chaudière. Son épaisseur est égale au tiers au moins de sa hauteur, sans que cette épaisseur puisse être inférieure à 1 mètre en couronne. Il est séparé du mur de la maison voisine par un intervalle libre de 30 centimètres de largeur au moins.

L'établissement d'une chaudière de première catégorie à la distance de 10 mètres au plus d'une maison d'habitation n'est assujetti à aucune condition particulière.

Les distances de 3 mètres et de 10 mètres fixées ci-dessus, sont réduites respectivement à 1^m50 et à 2 mètres, lorsque la chaudière est enterrée de façon que la partie supérieure de ladite chaudière se trouve à 1 mètre en contre-bas du sol du côté de la maison voisine.

Art. 17. Les chaudières comprises dans la deuxième catégorie peuvent être placées dans l'intérieur de tout atelier, pourvu que l'atelier ne fasse pas partie d'une maison d'habitation.

Les foyers sont séparés des murs des maisons voisines par un intervalle libre de 1 mètre au moins.

Art. 18. Les chaudières de troisième catégorie peuvent être établies dans un atelier quelconque, même lorsqu'il fait partie d'une maison d'habitation.

Les foyers sont séparés des murs des maisons voisines par un intervalle libre de 0^m50 au moins.

Art. 19. Les conditions d'emplacement prescrites pour les chaudières à demeure, par les précédents articles, ne sont pas applicables aux chaudières pour l'établissement desquelles il aura été satisfait au décret du 25 janvier 1865, antérieurement à la promulgation du présent règlement.

Art. 20, si postérieurement à l'établissement d'une chaudière, un terrain contigu vient à être affecté à la construction d'une maison d'habitation, celui qui fait usage de la chaudière devra se conformer aux mesures prescrites par les articles 16, 17 et 18, comme si la maison eût été construite avant l'établissement de la chaudière.

Art. 21. Indépendamment des mesures générales de sûreté prescrites au titre Ier de la déclaration prévue par les articles 12 et 13, les chaudières à vapeur fonctionnant dans l'intérieur des mines sont soumises aux conditions que pourra prescrire le préfet, suivant les cas et sur le rapport de l'ingénieur des mines.

TITRE III

CHAUDIÈRES LOCOMOBILES

Art. 22. Sont considérées comme locomobiles les chaudières à vapeur qui peuvent être transportées facilement d'un lieu dans un autre, n'exigent aucune construction pour fonctionner sur un point donné, et ne sont employées que d'une manière temporaire à chaque station.

Art. 23. Les dispositions des articles 2 à 11 inclusivement du présent décret sont applicables aux chaudières locomobiles.

Art. 24. Chaque chaudière porte une plaque sur laquelle sont gravés, en caractères très apparents, le nom et le domicile du propriétaire et un numéro d'ordre, si ce propriétaire possède plusieurs chaudières locomobiles.

Art. 25. Elle est l'objet de la déclaration prescrite par les articles 12 et 13. Cette déclaration est adressée au préfet du département où est le domicile du propriétaire.

L'ouvrier chargé de la conduite devra représenter à toute réquisition le récépissé de cette déclaration.

TITRE IV

CHAUDIÈRES DES MACHINES LOCOMOTIVES

Art. 26. Les machines à vapeur locomotives sont celles qui, sur terre, travaillent en même temps qu'elles se déplacent par leur propre force, telles que les machines des chemins de fer et des tramways, les machines routières, les rouleaux compresseurs, etc.

Art. 27. Les dispositions des articles 2 à 8 inclusivement et celles des articles 11 et 24 sont applicables aux chaudières des machines locomotives.

Art. 28. Les disposions de l'article 25, paragraphe 1er, s'appliquent également à ces chaudières.

Art. 29. La circulation des machines locomotives a lieu dans les conditions déterminées par des règlements spéciaux.

TITRE V

RÉCIPIENTS

Art. 30. Sont soumis aux dispositions suivantes les récipients de formes diverses; d'une capacité de plus de 100 litres, au moyen desquels les matières à élaborer sont chauffées, non directement à feu nu, mais par de la vapeur empruntée à un générateur distinct, lorsque leur communication avec l'atmosphère n'est point établie par des moyens excluant toute pression effective nettement appréciable.

Art. 31. Ces récipients sont assujettis à la déclaration prescrite par les articles 12 et 13.

Ils sont soumis à l'épreuve, conformément aux articles 2, 3, 4 et 5. Toutefois, la surcharge d'épreuve sera, dans tous les cas, égale à la moitié de la pression du maximum à laquelle l'appareil doit fonctionner, sans que cette surcharge puisse excéder 4 kilogrammes par centimètre carré.

Art. 32. Ces récipients sont munis d'une soupape de sûreté réglée pour la pression indiquée par le timbre, à moins que cette pression ne soit égale ou supérieure à celle fixée pour la chaudière alimentaire.

L'orifice de cette soupape, convenablement déchargée ou soulevée au besoin, doit suffire à maintenir, pour tous les cas, la vapeur dans le récipient à un degré de pression qui n'excède pas la limite du timbre.

Elle peut être placée, soit sur le récipient lui-même, soit sur le tuyau d'arrivée de la vapeur, entre le robinet et le récipient.

Art. 33. Les dispositions des articles 30, 31 et 32 s'appliquent également aux réservoirs dans lesquels de l'eau à haute température est emmagasinée, pour fournir ensuite un dégagement de vapeur ou de chaleur, quel qu'en soit l'usage.

Art. 34. Un délai de six mois, à partir de la promulgation du présent décret, est accordé pour l'exécution des quatre articles qui précèdent.

TITRE VI

DISPOSITIONS GÉNÉRALES

Art. 35. Le ministre peut, sur le rapport des ingénieurs des mines, l'avis du préfet et celui de la commission centrale des machines à vapeur, accorder dispense de tout ou partie des prescriptions du présent décret, dans tous les cas où, à raison de la forme, soit de la faible dimension des appareils, soit de la disposition spéciale des pièces contenant de la vapeur, il serait reconnu que la dispense ne peut pas avoir d'inconvénient.

Art. 36. Ceux qui font usage de générateurs ou de récipients à vapeur veilleront à ce que ces appareils soient entretenus constamment en bon état de service.

A cet effet, ils tiendront la main à ce que des visites complètes, tant à l'intérieur qu'à l'extérieur, soient faites à des intervalles rapprochés pour constater l'état des appareils et assurer l'exécution, en temps utile, des réparations ou remplacements nécessaires.

Ils devront informer les ingénieurs des réparations notables faites aux chaudières et aux récipients, en vue de l'exécution des articles 3 (1°, 2° et 3°) et 31, § 2.

Art 37. Les contraventions au présent règlement sont constatées, poursuivies et réprimées conformément aux lois.

Art. 38. En cas d'accident ayant occasionné la mort cu

des blessures, le chef de l'établissement doit prévenir immédiatement l'autorité chargée de la police locale et l'ingénieur des mines chargé de la surveillance. L'ingénieur se rend sur les lieux, dans le plus bref délai, pour visiter les appareils, en constater l'état et rechercher les causes de l'accident. Il rédige sur le tout :

1° Un rapport qu'il adresse au procureur de la République et dont une expédition est transmise à l'ingénieur en chef, qui fait parvenir son avis à un magistrat;

2° Un rapport qui est adressé au préfet, par l'intermédiaire et avec l'avis de l'ingénieur en chef.

En cas d'accident n'ayant occasionné ni mort, ni blessures, l'ingénieur des mines seul est prévenu, il rédige un rapport qu'il envoie par l'intermédiaire et avec l'avis de l'ingénieur en chef, au préfet.

En cas d'explosion, les constructions ne doivent point être réparées et les fragments de l'appareil rompu ne doivent point être déplacés ou dénaturés avant la constatation de l'état des lieux par l'ingénieur.

Art. 39. Par exception, le ministre pourra confier la surveillance des appareils à vapeur aux ingénieurs ordinaires et aux conducteurs des ponts et chaussées, sous les ordres de l'ingénieur en chef des mines de la circonscription.

Art. 40. Les appareils à vapeur qui dépendent des services spéciaux de l'État sont surveillés par les fonctionnaires et agents de ces services.

Art. 41. Les attributions conférées aux préfets des départements par le présent décret sont exercées par le préfet de police dans toute l'étendue de son ressort.

Art. 42. Est rapporté le décret du 25 janvier 1865.

Art. 43. Le ministre des travaux publics est chargé du présent décret qui sera inséré au *Journal officiel* et au *Bulletin des lois.*

Fait à Paris, le 30 avril 1880.

———

Table donnant la température (en degrés centigrades) de l'eau correspondant à une pression donnée (en kilogrammes effectifs).

VALEURS CORRESPONDANTES

de la pression effective en kilogrammes	de la température en degrés centigrades	de la pression effective en kilogrammes	de la température en degrés centigrades
0.5	111	10.5	185
1.0	120	11.0	187
1.5	127	11.5	189
2.0	133	12.0	191
2.5	138	12.5	193
3.0	143	13.0	194
3.5	147	13.5	196
4.0	151	14.0	197
4.5	155	14.5	199
5.0	158	15.0	200
5.5	161	15.5	202
6.0	164	16.0	203
6.5	167	16.5	205
7.0	170	17.0	206
7.5	173	17.5	208
8.0	175	18.0	209
8.5	177	18.5	210
9.0	179	19.0	211
9.5	181	19.5	213
10.0	183	20.0	214

FIN DU TROISIÈME VOLUME.

TABLE DES MATIÈRES

DU TROISIÈME VOLUME

SIXIÈME PARTIE

FORMATION DE LA VAPEUR. CHAUDIÈRES.

DE LA CHALEUR.

DE LA VAPEUR.

COMBUSTION ET CHAUFFAGE.

CONSOMMATION D'EAU ET DE COMBUSTIBLE. DIMENSIONS CALCULÉES POUR UNE CHAUDIÈRE DE 50 CHEVAUX.

DONNÉES SUR L'ÉTABLISSSEMENT DES DÉTAILS DES CHAUDIÈRES.

SEPTIÈME PARTIE

MACHINES MOTRICES A VAPEUR, A GAZ, ETC.

CALCUL DE LA PUISSANCE ET DIMENSIONS DES PIÈCES PRINCIPALES DES MACHINES A VAPEUR.

APPRÉCIATION DES DIVERS SYSTÈMES DE MACHINES.

PRINCIPAUX TYPES DE MACHINES A VAPEUR
ADMIS DANS LA PRATIQUE DE 1869 A 1887

ANNEXE A
GÉNÉRALITÉS SUR LES NOUVELLES CHAUDIÈRES A VAPEUR.

ANNEXE B

PRINCIPES ÉLÉMENTAIRES DE LA COMBUSTION.

ANNEXE C

ESSAIS ET MISE EN SERVICE DES CHAUDIÈRES.

ANNEXE D, E et F

ESSAIS DES MACHINES. — MATIÈRES EMPLOYÉES. — DÉCRET.

FIN DE LA TABLE DES MATIÈRES.

TABLE EXPLICATIVE
DES PLANCHES
DU TROISIÈME VOLUME

CHAUDIÈRES ET MACHINES A VAPEUR

ÉLÉMENTS THÉORIQUES.

CHAUDIÈRES A VAPEUR.

FIN.

Paris. — Imp. E. Capiomont et Cie, rue des Poitevins, 6.

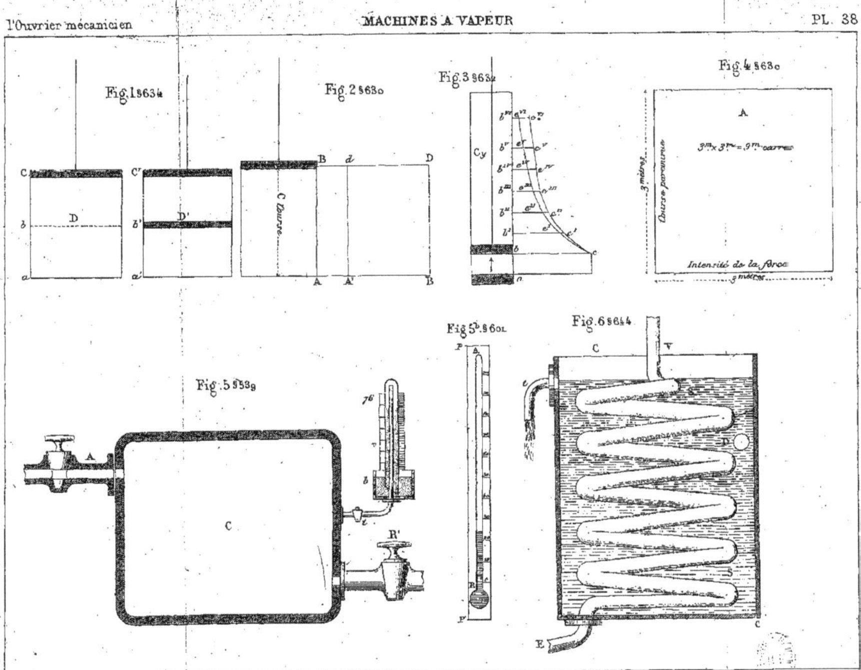

Fig.1 §634
Fig.2 §630
Fig.3 §634
Fig.4 §630
Fig.5 §539
Fig.5b §601
Fig.6 §644

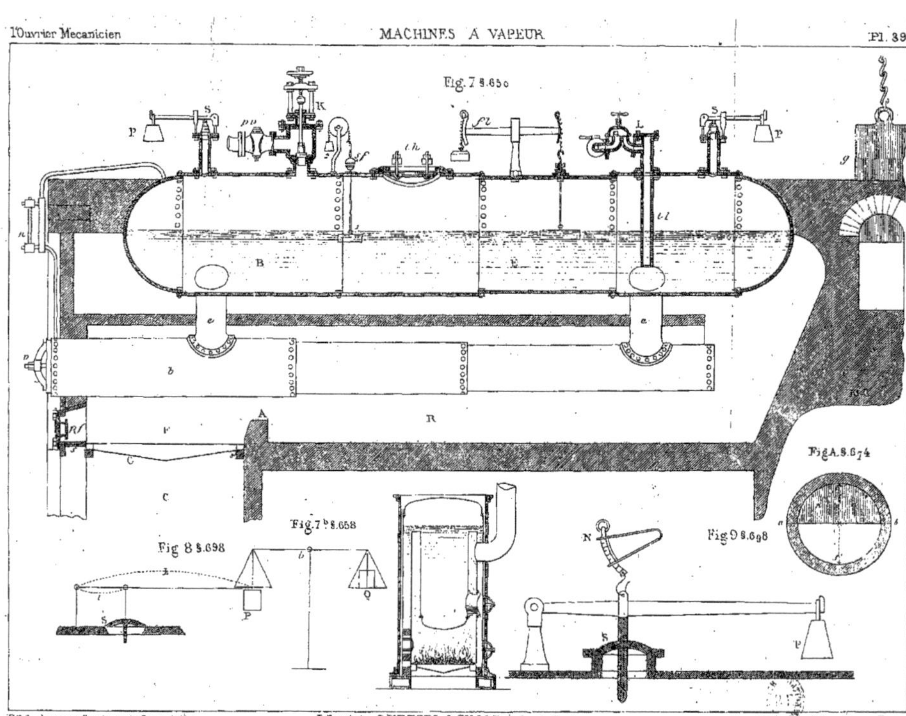

Fig. 7 §.650
Fig. 7ᵇ §.653
Fig A §.674
Fig 8 §.698
Fig 9 §.698

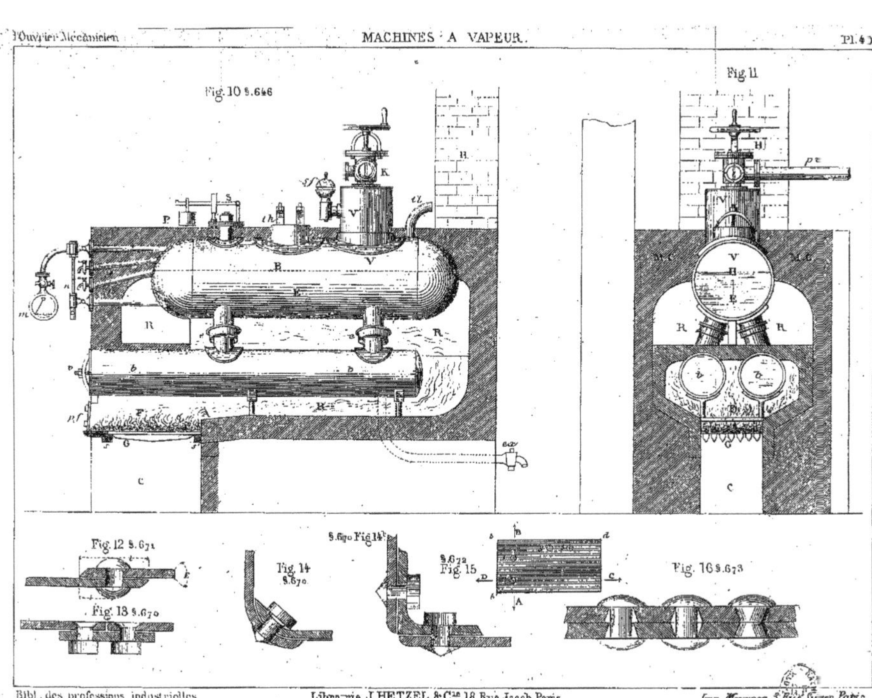
Fig. 10 §.646
Fig. 11
Fig. 12 §.671
Fig. 13 §.670
Fig. 14 §.670
§.690 Fig 14
§.672 Fig. 15
Fig. 16 §.673

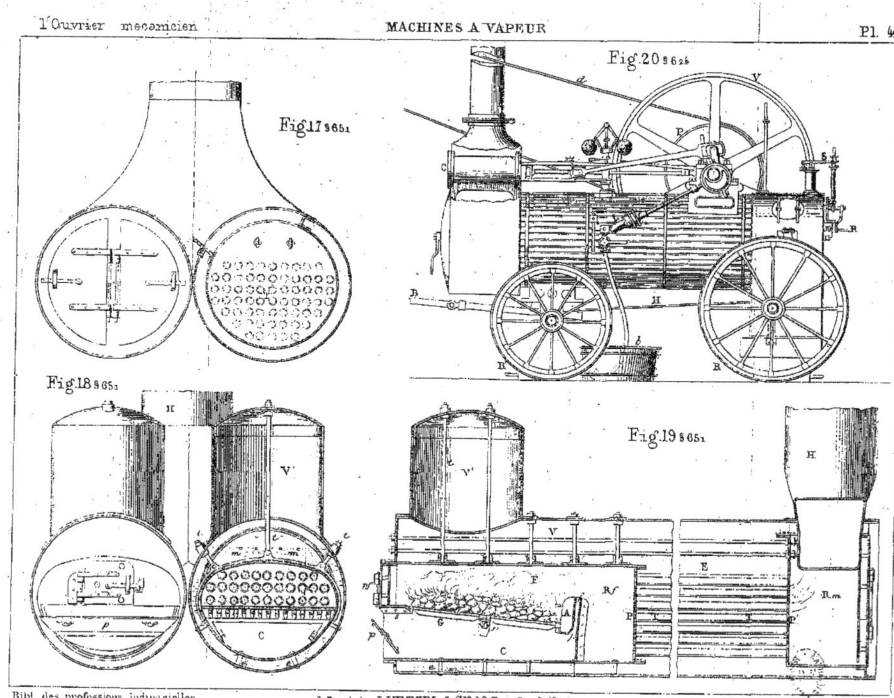
Fig.17 §651
Fig.20 §626
Fig.18 §651
Fig.19 §651

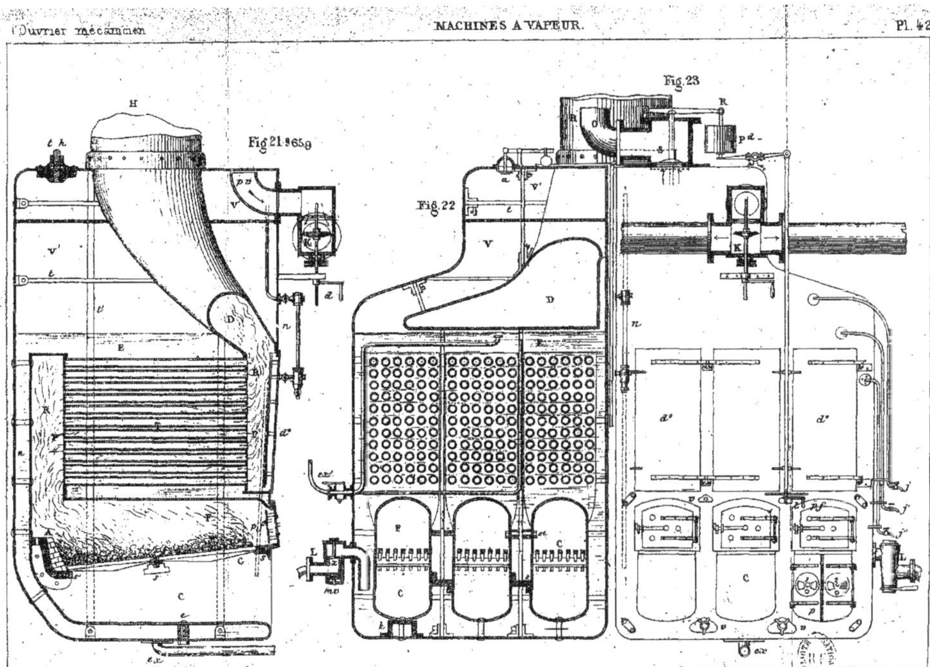
Fig. 21 465.9
Fig. 22
Fig. 23

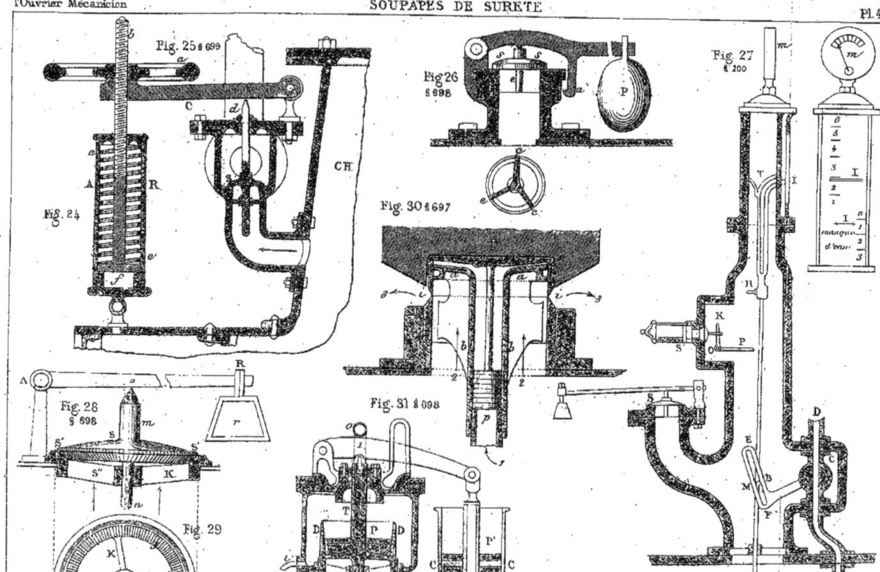
Fig. 25 § 699
Fig. 24
Fig. 26 § 698
Fig. 27 § 700
Fig. 30 § 697
Fig. 28 § 698
Fig. 29
Fig. 31 § 698
A
R
C
CH
P
manque d'eau

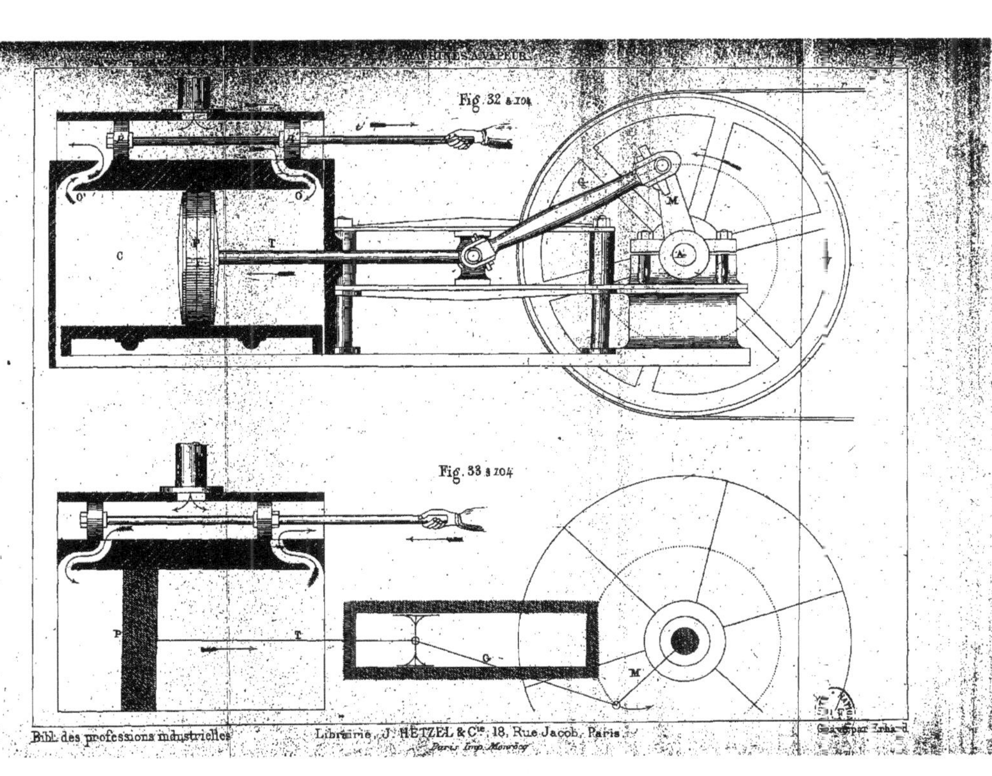
Fig. 32 à 104
Fig. 33 à 104
O'
O'
C
P
T
M
A
P
T
G
M

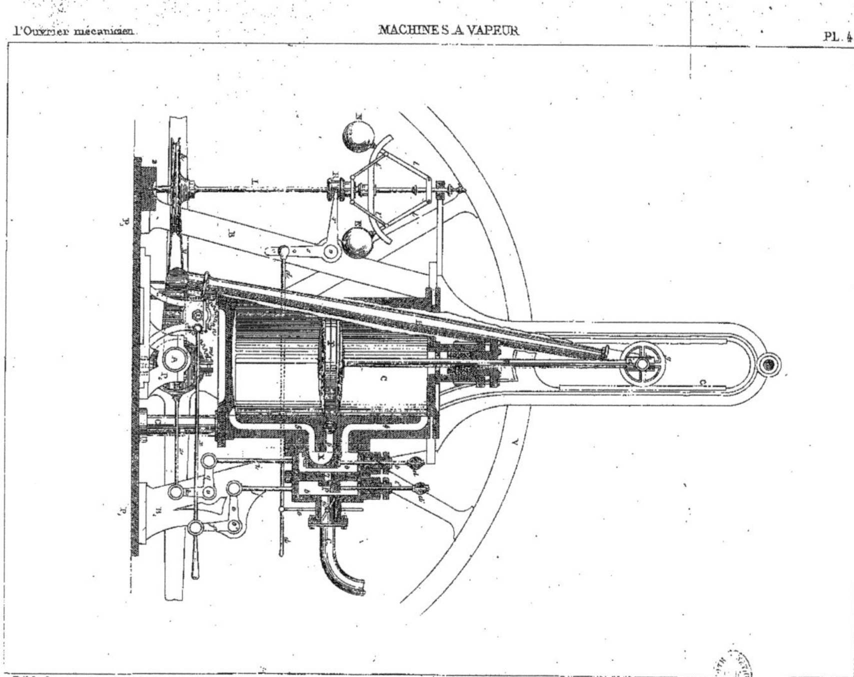

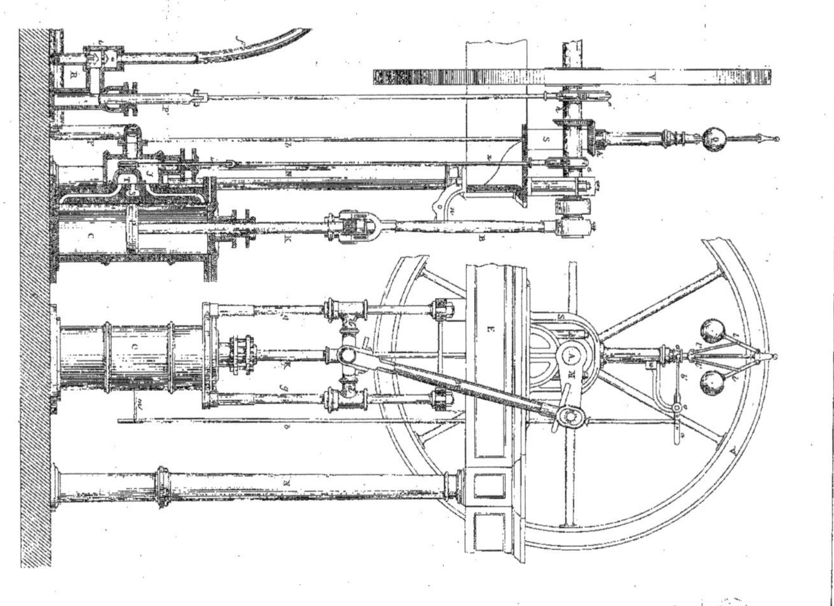

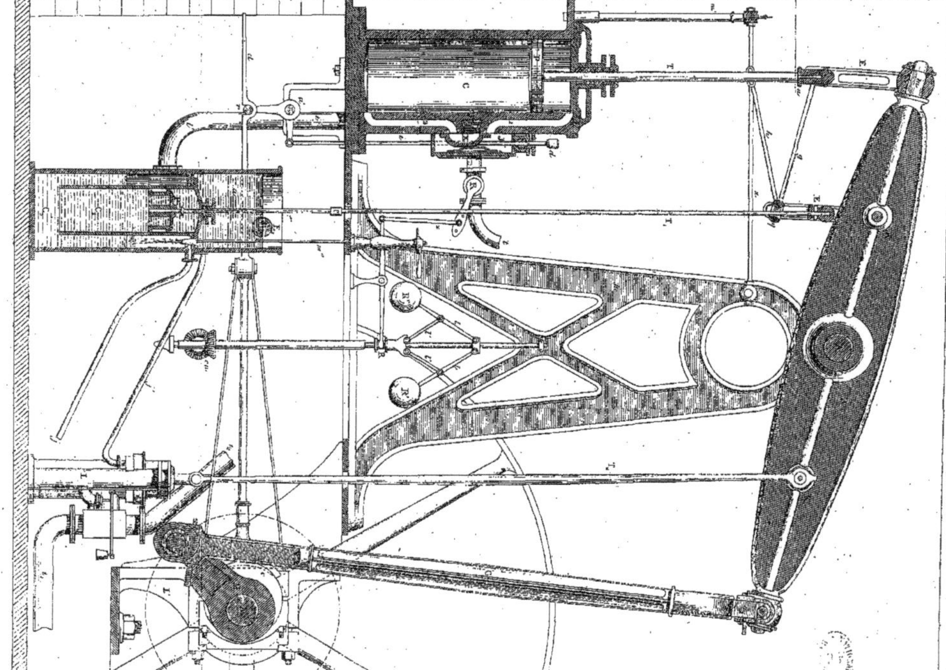

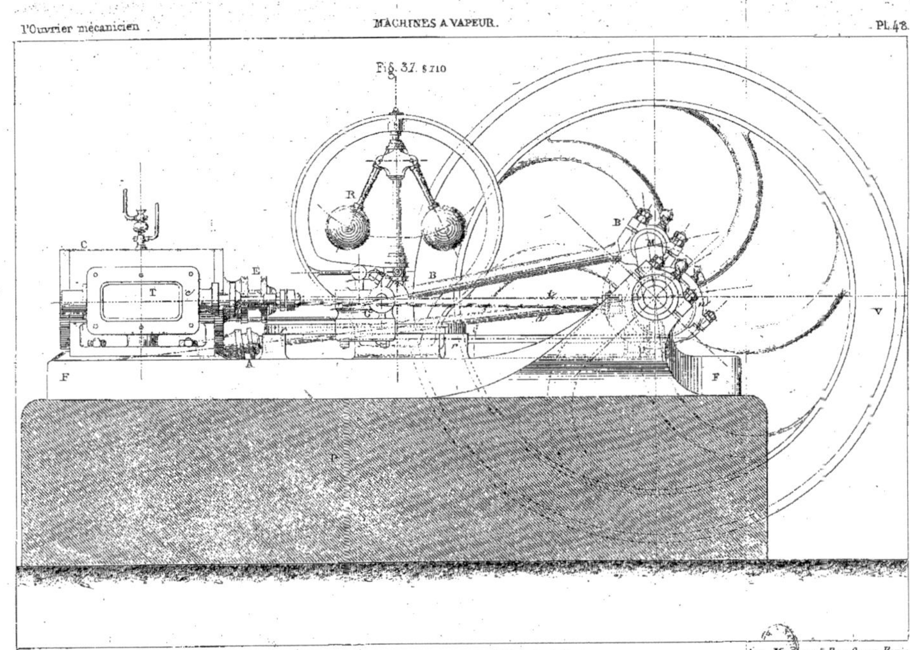

Fig. 37. §710
R
B
B'
C
E
T
A
F
F
V
P

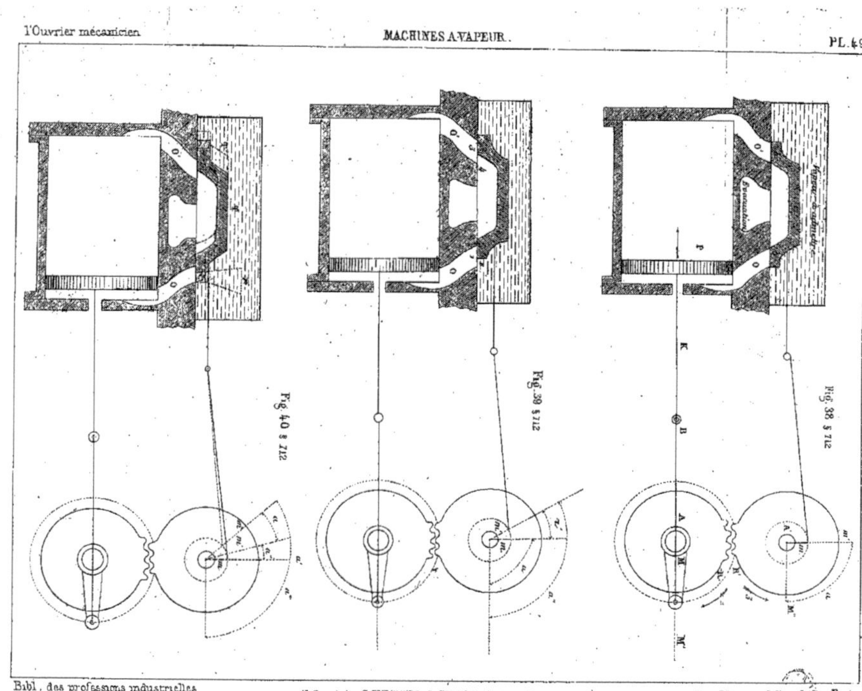

Fig. 40 § 712
Fig. 39 § 712
Fig. 38 § 712

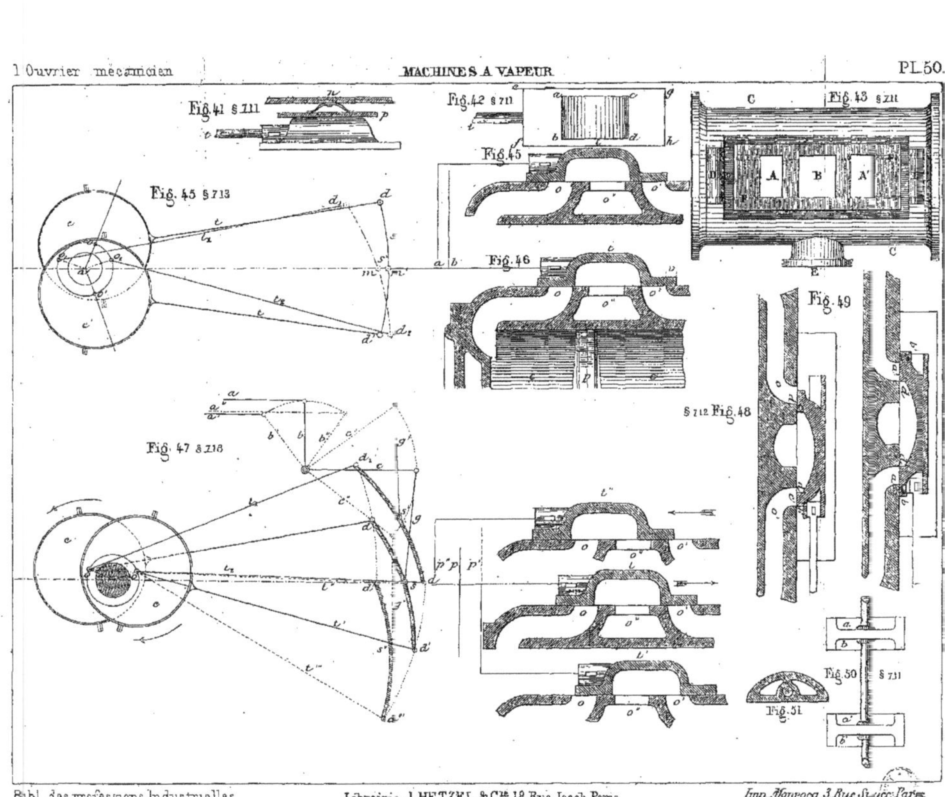

Fig.41 §711
Fig.42 §711
Fig.43 §711
Fig.45 §713
Fig.45
Fig.46
Fig.49
§712 Fig.48
Fig.47 §713
Fig.50 §711
Fig.51
A B A'

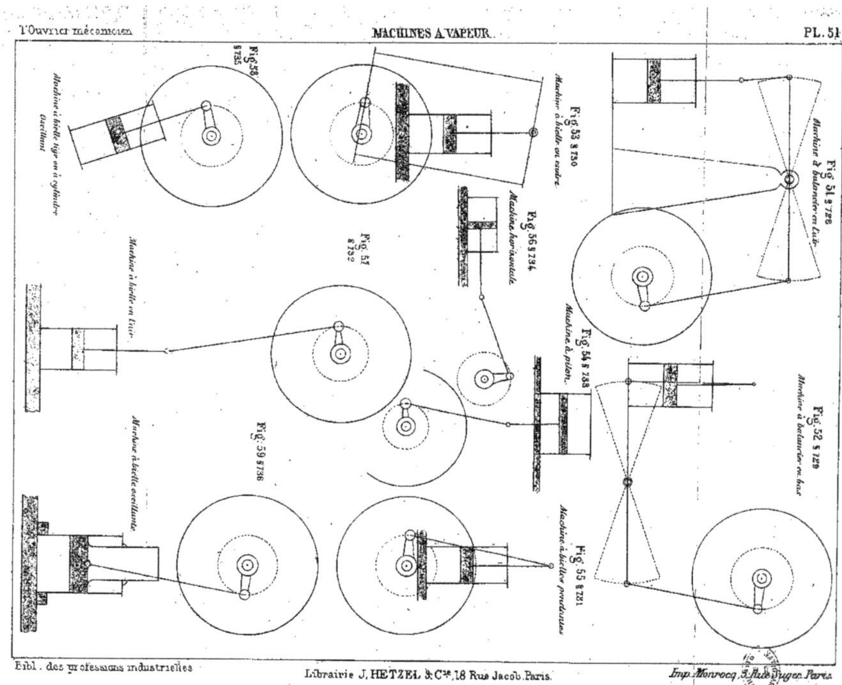

Fig. 58 §735
Machine à bielle tige ou à cylindre oscillant
Fig. 53 §730
Machine à bielle ou cadre
Fig. 51 §728
Machine à balancier en l'air
Fig. 56 §734
Machine horizontale
Fig. 51 §732
Machine à bielle en l'air
Fig. 54 §733
Machine à piston
Fig. 52 §729
Machine à balancier en bas
Fig. 59 §736
Machine à bielle oscillante
Fig. 55 §731
Machine à bielles pendantes

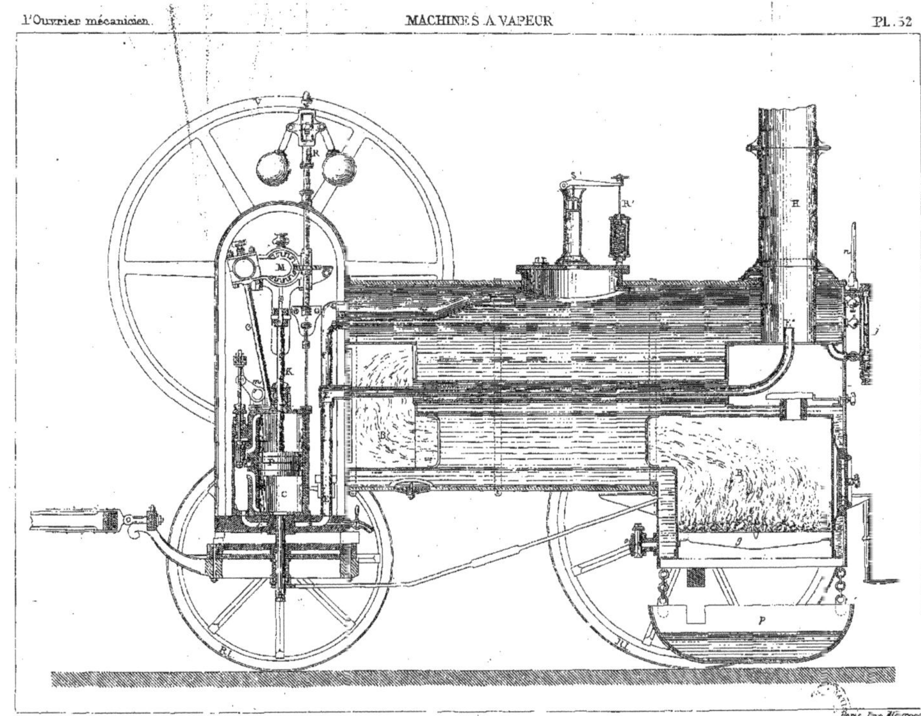

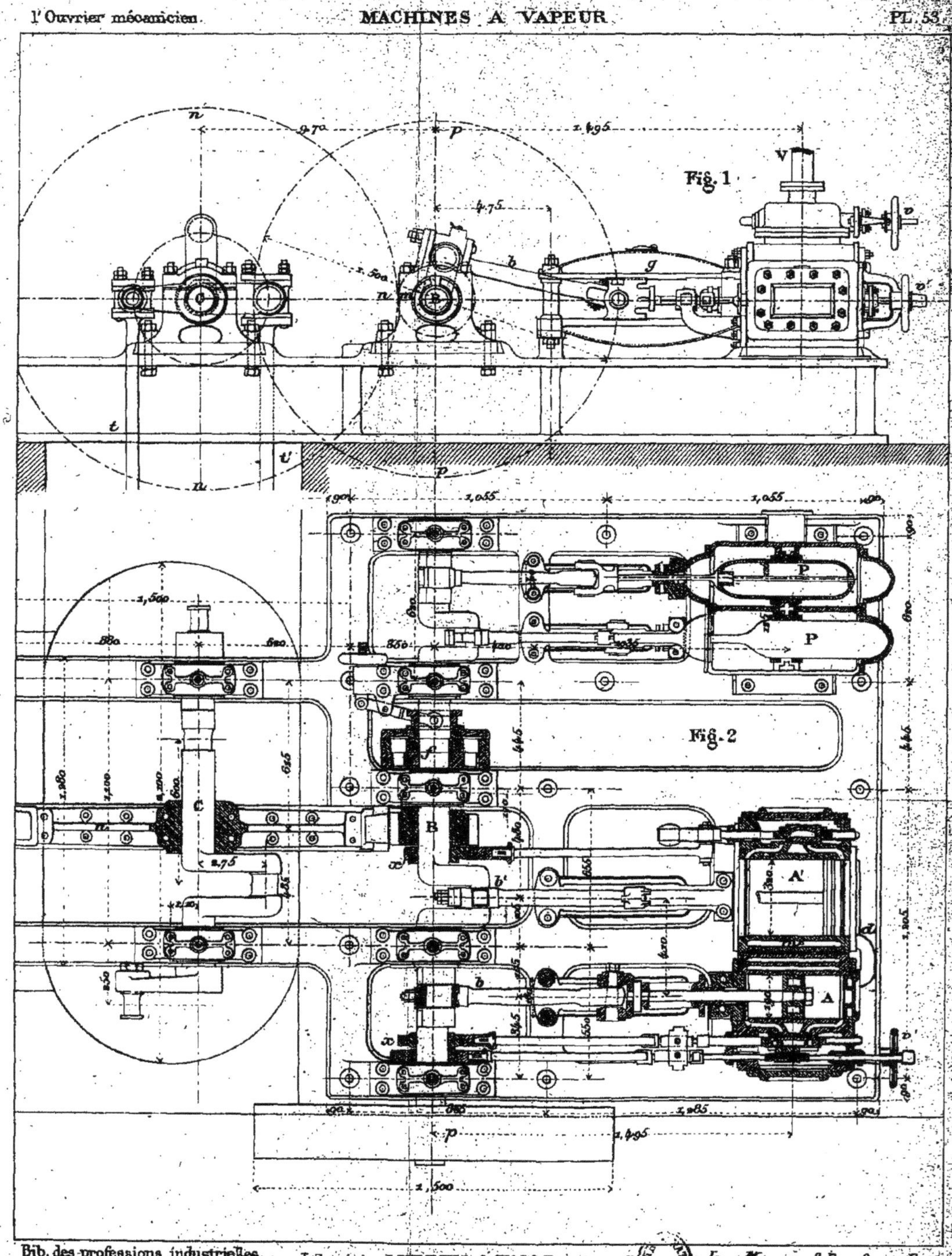

Fig. 1
Fig. 2

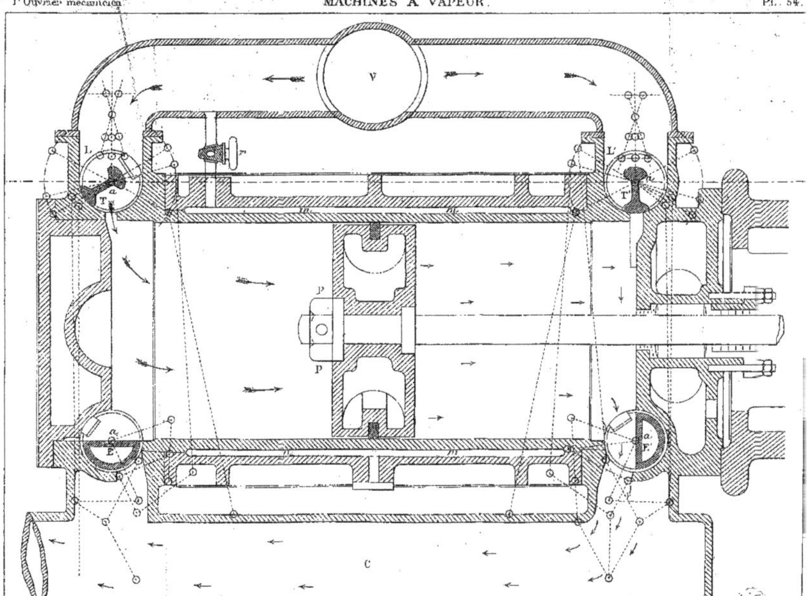

V
P
P
L
T
L'
T'
E
F
C

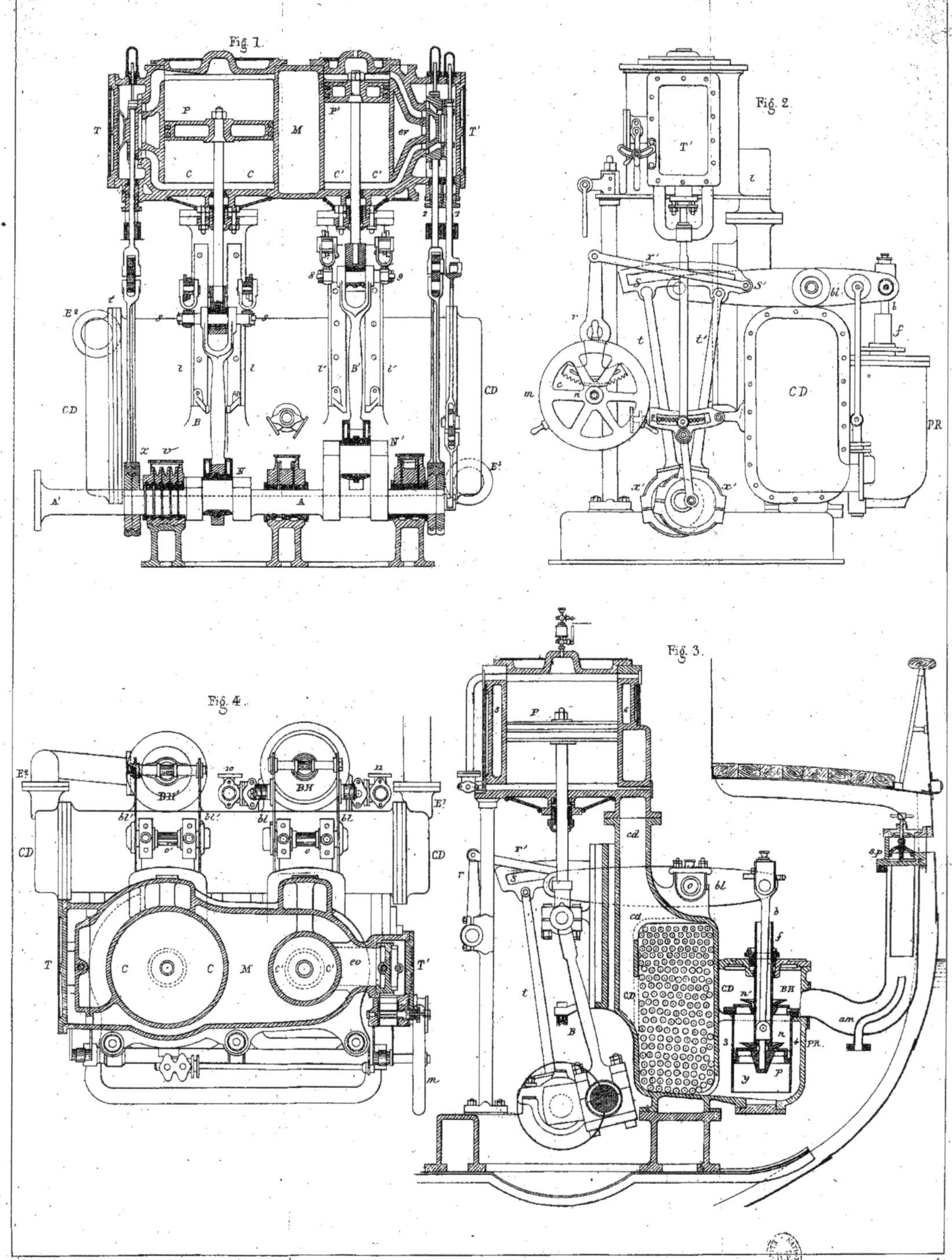
Fig. 1.
Fig. 2.
Fig. 3.
Fig. 4.

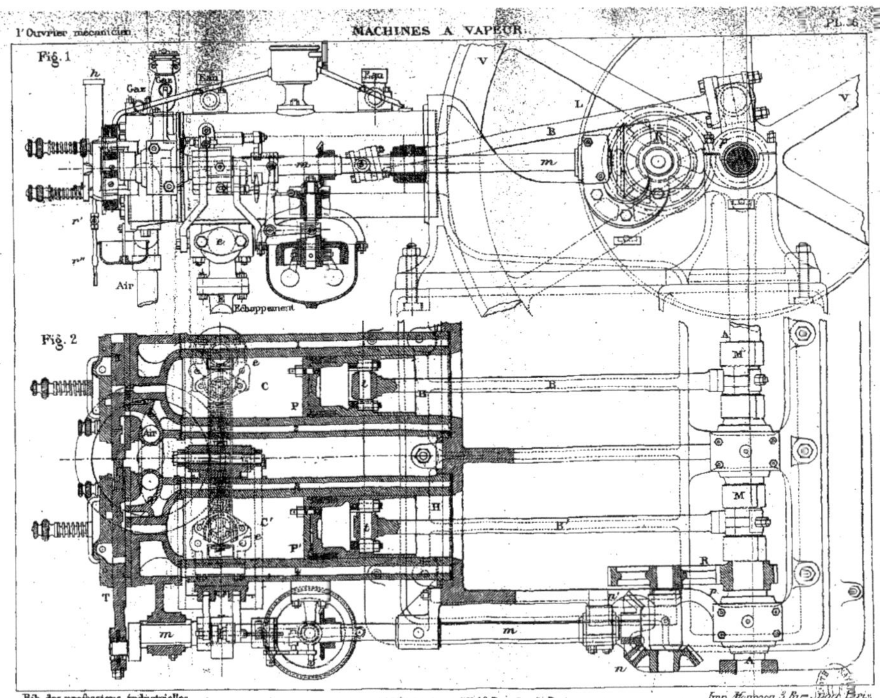

Librairie J. HETZEL & Cie. 18 Rue Jacob. Paris.

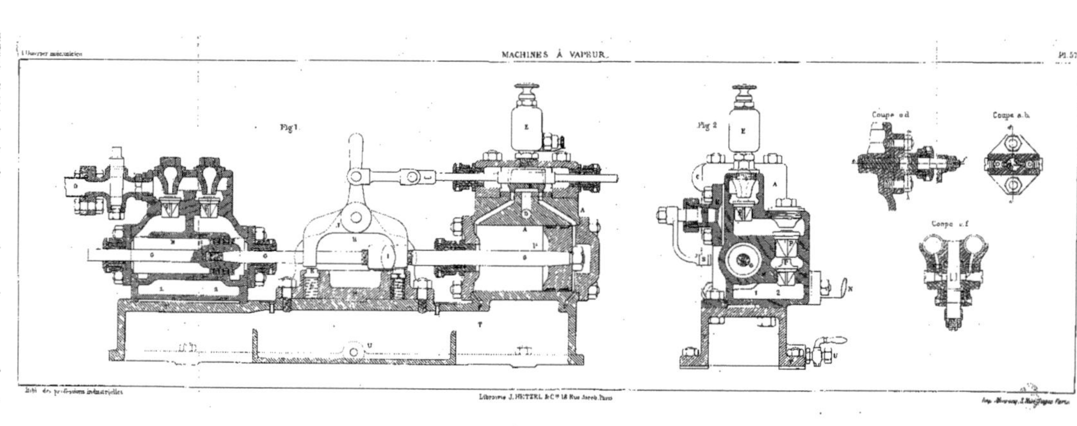

Fig 1
Fig 2
Coupe c d
Coupe e h
Coupe e f

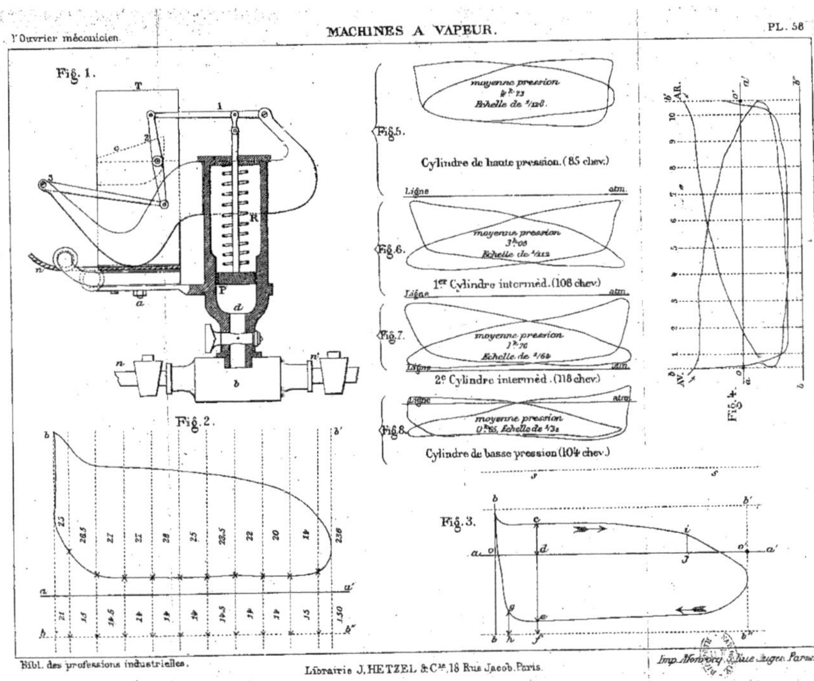
Fig. 1.
Fig. 2.
Fig. 3.
Fig. 4.
Fig. 5.
Fig. 6.
Fig. 7.
Fig. 8.
Fig. 9.
moyenne pression
Echelle de
Cylindre de haute pression. (85 chev.)
Ligne
atm
moyenne pression
Echelle de
1er Cylindre interméd. (106 chev.)
Ligne
atm
moyenne pression
Echelle de
2e Cylindre interméd. (118 chev.)
Ligne
atm
moyenne pression
Echelle de
Cylindre de basse pression (104 chev.)

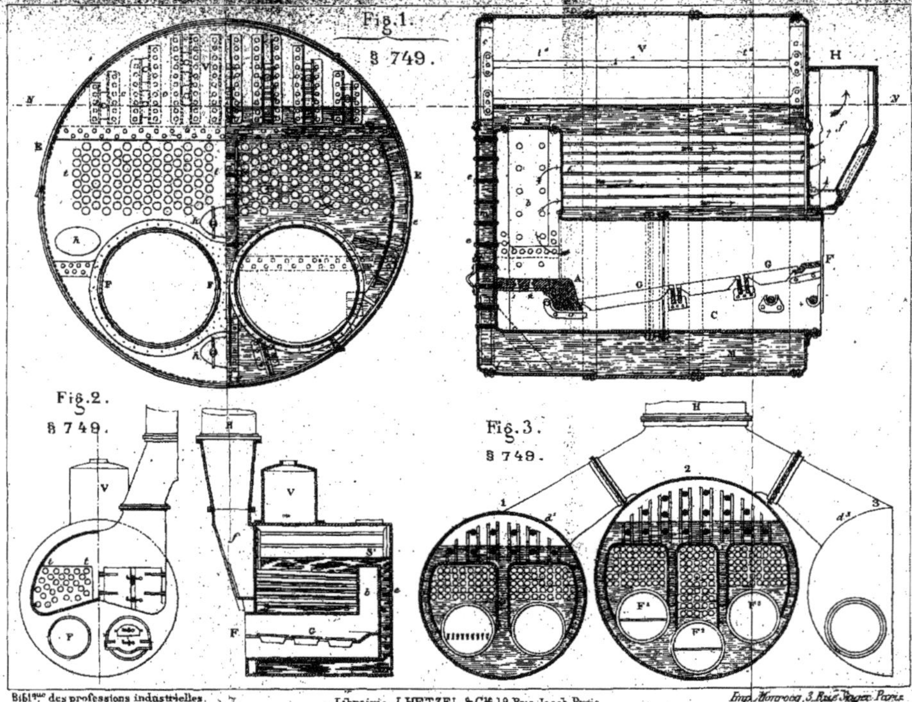

Fig.1.

§ 749.

Fig.2.
§ 749.

Fig.3.
§ 749.

au 20ᵐᵉ d'éxécution

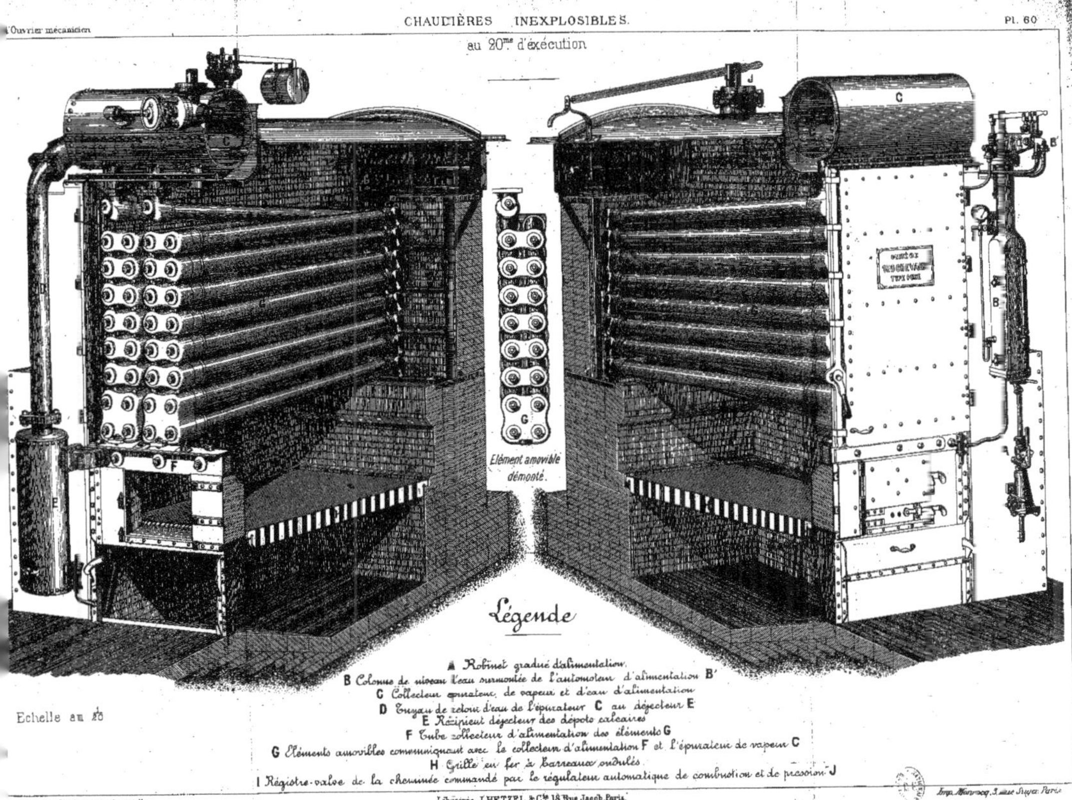

Légende

A Robinet gradué d'alimentation.

B Colonne de niveau l'eau surmontée de l'automoteur d'alimentation B'

C Collecteur épurateur de vapeur et d'eau d'alimentation

D Tuyau de retour d'eau de l'épurateur C au déjecteur E

E Récipient déjecteur des dépôts calcaires

F Tube collecteur d'alimentation des éléments G

G Éléments amovibles communiquant avec le collecteur d'alimentation F et l'épurateur de vapeur C

H Grille en fer à barreaux ondulés

I Régistre-valve de la cheminée commandé par le régulateur automatique de combustion et de pression J

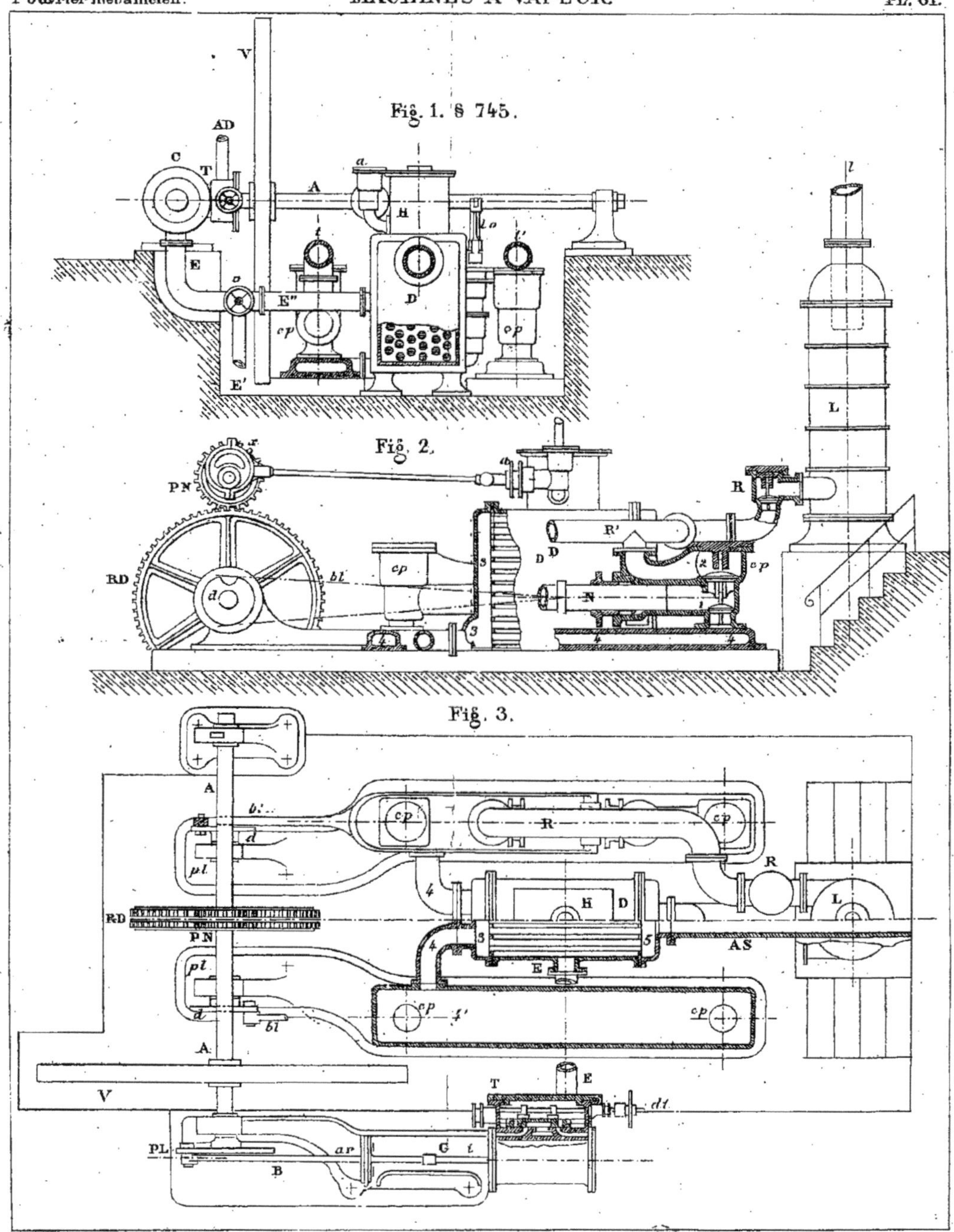
Fig. 1. § 745.
V
AD
C
T
A
a
H
t
Lo
l'
E
o
E"
cp
D
cp
E'
l
Fig. 2.
ar
a
PN
R'
D D
2
R
cp
RD
bl
cp
S
N
d
i
3
L
Fig. 3.
A
b'
cp
R
cp
d
R
pl
4
H D
L
RD
PN
3
5
pt
4
E
AS
d
cp
f'
cp
bl
A
V
T
E
d1
PL
ar
G
t
B

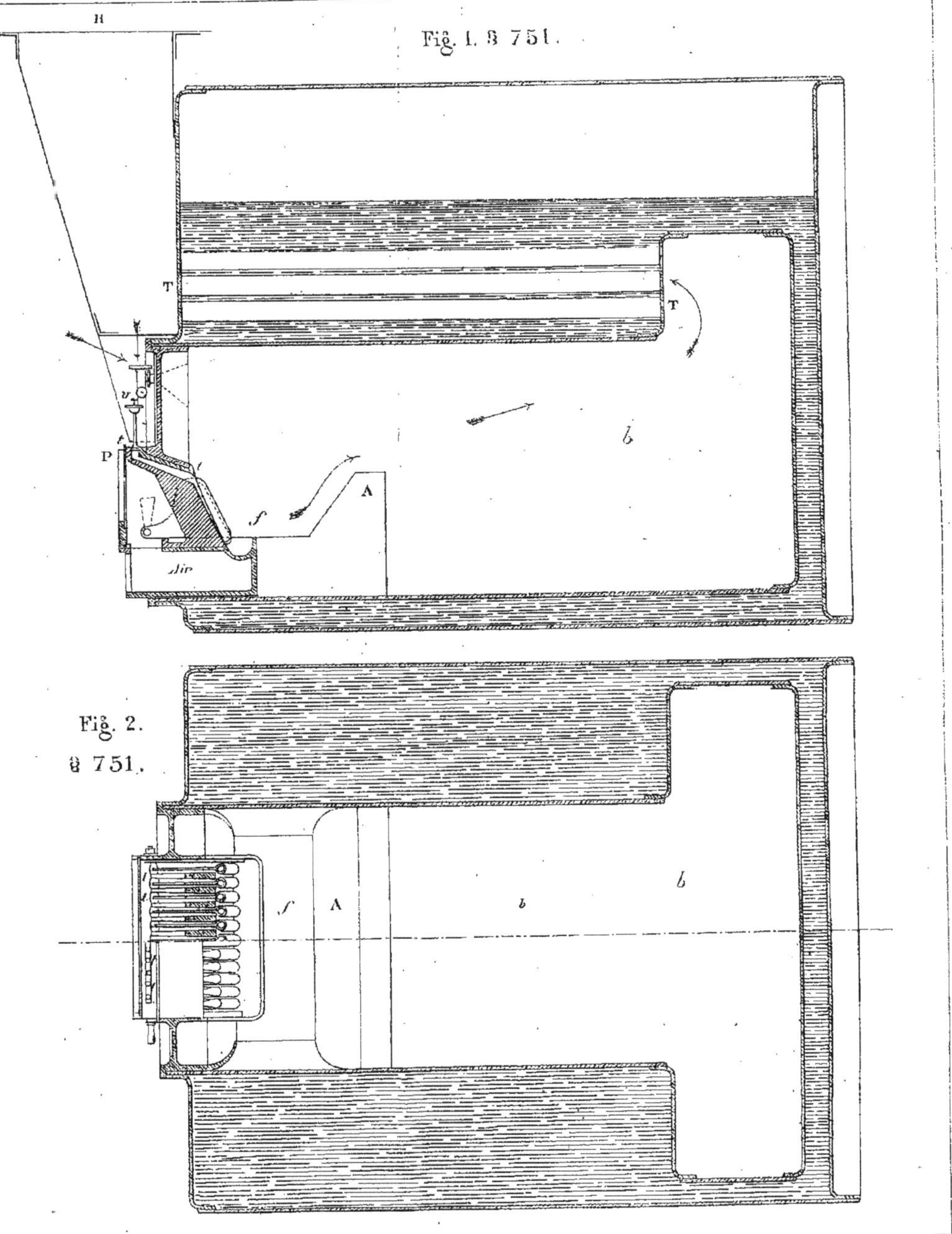
H
Fig. 1. § 751.
T
T
P
A
b
f
Air
Fig. 2.
§ 751.
f
A
b
b

ENSEIGNEMENT PROFESSIONNEL

BIBLIOTHÈQUE

DES

PROFESSIONS

INDUSTRIELLES, COMMERCIALES et AGRICOLES

PARIS

J. HETZEL ET Cie, ÉDITEURS

18, RUE JACOB, 18

CATALOGUE **D.-P.**

Bibliothèque des Professions industrielles, commerciales et agricoles

Le premier mérite des volumes qui composent cette ENCYCLO-PÉDIE c'est d'être accessibles par la forme, par le fond et par le prix, aux personnes qui ont le plus souvent besoin d'indications pratiques sur la profession dont elles font l'apprentissage, ou dans laquelle elles veulent devenir plus intelligemment habiles.

A ces personnes, dont le nombre est très grand, il faut des *guides pratiques exacts*, d'un format commode, d'un prix modéré rédigés avec clarté et méthode, comme est clair et méthodique l'enseignement direct du professeur à l'élève ou celui du maître à l'apprenti. Telle a été la pensée qui a présidé à la publication de la *Bibliothèque des professions industrielles, commerciales et agricoles.*

Elle se compose de *onze séries*, qui se subdivisent comme suit :

A. Sciences exactes. — B. Sciences d'observation. — C. Art de l'Ingénieur. — D. Mines et Métallurgie. — E. Professions commerciales. — F. Professions militaires et maritimes. — G. Arts et métiers, Professions industrielles. — H. Agriculture, Jardinage, etc. — I. Economie domestique, Comptabilité, Législation, Mélanges. — J. Fonctions politiques et administratives, Emplois de l'Etat, Départementaux et Communaux, Services publics. — K. Beaux-arts, Décoration, Arts graphiques.

Les volumes de cette collection sont publiés dans le format grand in-18, la plupart d'entre eux sont illustrés de gravures qui viennent mieux faire comprendre le texte ; des atlas renferment les dessins qui exigent d'être représentés à grandes échelles et avec plus de détails.

L'ENVOI est fait franco pour toute demande dépassant 15 francs et accompagnée de son montant en billets de banque, timbres-poste, mandats-poste, chèques ou mandats à vue sur Paris, coupons de valeur (déduction faite de l'impôt de 5 0/0).

Le prix du port est de 30 centimes pour les volumes de 3 francs et au-dessous ; 40 centimes pour les volumes de 4 francs ; 50 centimes pour les volumes de 5 et 6 francs ; — 60 centimes pour les volumes au-dessus de ce prix.

NOTA. — Les ouvrages marqués d'un ※ ont été choisis par le ministère de l'Instruction publique pour faire partie des catalogues des bibliothèques publiques scolaires. Le deuxième＊, plus petit, désigne les ouvrages choisis pour être distribués en prix.

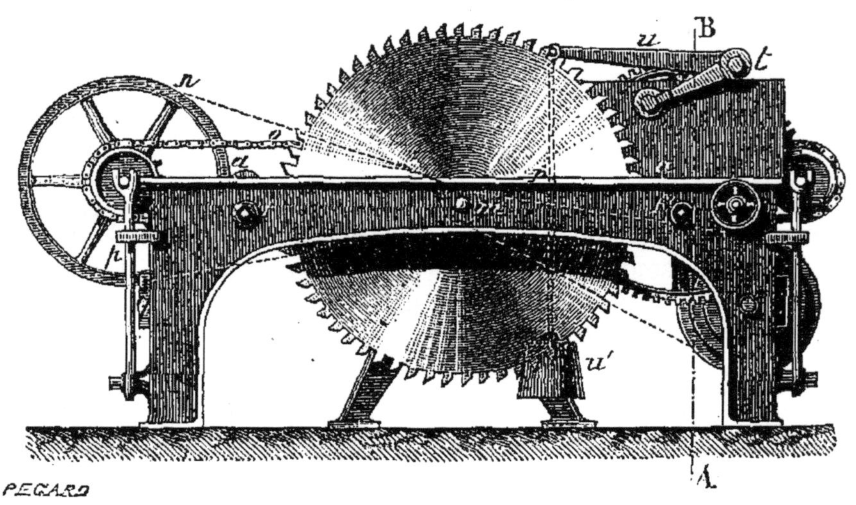

Figure spécimen du *Guide pratique de l'ouvrier mécanicien*. (Voir page 44.)

BIBLIOTHÈQUE

DES

PROFESSIONS INDUSTRIELLES

COMMERCIALES ET AGRICOLES

Parmi les bibliothèques spéciales, techniques plutôt, qui tiennent ou commencent à tenir une si grande place dans la librairie contemporaine, il faut citer au premier rang la *Bibliothèque des Professions industrielles, commerciales et agricoles*, mise en vente par la librairie Hetzel, et qui comprend déjà 121 ouvrages formant 128 volumes. Le champ est vaste de toutes les connaissances exigées, ou qui devraient l'être, par ceux, — et le nombre en est de plus en plus considérable, — qui se destinent à l'industrie, au commerce ou à l'agriculture. Autrefois, il n'y a pas longtemps encore, la seule science à peu près reconnue était la routine. En tout, partout, dans les grandes comme dans les petites exploitations, on tenait à ne pas s'éloigner des habitudes et des traditions transmises. Cela faisait, en quelque sorte, partie de l'héritage.

Depuis quelques années, nous commençons, en France, à nous affranchir de ces méthodes arriérées. C'était bon de s'enfermer dans sa coquille quand les communications étaient difficiles, quand on se suffisait, pour ainsi dire, chacun chez soi, et quand on n'avait qu'un médiocre intérêt à suivre les progrès de l'industrie, par exemple, puisque la production répondait à la consommation. Aujourd'hui, ce n'est plus tout à fait cela ; c'est à qui fera le mieux, et, en même temps, fera le plus vite. La rapidité des transports, la rapidité des demandes qui peuvent être transmises, le même jour, d'un bout du monde à l'autre, ont provoqué une concurrence presque sans limites, et c'est tant pis pour ceux qui, s'en tenant aux vieux moyens, n'ont à leur service qu'un outillage inférieur. N'en pourrait-on dire autant pour l'agriculture, si complètement transformée depuis quelques années ? et même pour le commerce, dont les relations, au lieu d'être limitées, confinées dans un certain rayon, sont aujourd'hui universelles ?

Quoi de plus naturel que d'étudier les conditions nouvelles auxquelles sont soumises les industries diverses, les transactions commerciales, les exploitations agricoles ? Et en même temps, quoi de plus curieux, pour cette partie du public éclairé et qui aime d'autant plus à s'instruire, que l'étude rendue claire et facile, de ces trois choses qui sont les bases mêmes de la fortune d'un pays ? Les spécialistes n'ont qu'à choisir, dans les rayons de cette bibliothèque, pour trouver aussitôt ce qui les concerne et les intéresse. Autant de branches de la science, autant de traités particuliers, composés et écrits par les savants les plus autorisés et les professeurs les plus compétents.

La collection comprend onze séries consacrées à des ouvrages spéciaux, mais réunis tous, cependant, par un lien commun. Ainsi, il y a une série pour les sciences exactes, une autre pour les sciences d'observation. Dans la troisième, se trouve traité, sous ses différents aspects, l'art de l'ingénieur ; la quatrième s'occupe des mines et de la métallurgie. Ici sont étudiées les machines motrices ; là les professions militaires et maritimes. Plus loin, sous la rubrique Arts et Métiers, sont passées en revue les professions industrielles ; puis enfin l'agriculture, le jardinage et tout ce qui s'y rattache, l'étude des eaux, des bois et forêts, et enfin l'économie domestique. On voit tout ce qui peut tenir de traités particuliers dans cette nomenclature générale. Chacun a son volume, accompagné de dessins explicatifs et de figures, quand il est nécessaire, pour les mieux mettre à la portée du public.

Il est aisé de comprendre qu'une telle collection ne peut pas être exactement limitée, par la raison bien simple qu'elle doit se tenir à la hauteur du mouvement, c'est-à-dire du progrès, et tenir compte des inventions nouvelles qui, sans bouleverser de fond en comble les systèmes adoptés, les transforment en partie, ou tout au moins les modifient. Telle qu'elle est, on peut la considérer déjà comme supérieure à tout ce qui existe dans le même ordre d'idées. Le cadre général est plus vaste et peut s'élargir encore ; quant aux traités particuliers, comment n'offriraient-ils pas toutes les garanties désirables, grâce aux noms des spécialistes qui les ont rédigés? La physique, la chimie, les sciences naturelles, d'un côté, la géométrie, l'algèbre, de l'autre, sont enseignées de la façon la plus claire, et, ce qu'il ne faut pas oublier, par des moyens mis à la portée des gens du monde désireux d'acquérir des connaissances au moins superficielles sur toutes choses.

Ce qui caractérise notre époque est un immense besoin de savoir. On veut au moins des notions sur toutes choses. Comment les propriétaires, par exemple, pourraient-ils se rendre compte des engagements imposés à leurs fermiers, s'ils n'étaient, eux-mêmes, au fait des exigences de l'agriculture ? Et il en est partout ainsi.

Cette bibliothèque répond donc à un besoin réel, à un moment où la machine remplace de plus en plus les bras et où le mécanicien fait des progrès constants. Rien de plus clair et de plus complet n'a été fait jusqu'à ce jour, ni de plus réellement utile. C'est l'encyclopédie du dix-neuvième siècle, qui se recommande aussi bien par la variété des sujets que par la valeur propre de chacun d'eux, où l'on trouve, en même temps que les vues d'ensemble, les guides pratiques de toutes les industries en exploitation et de toutes les professions et métiers. Nous ne saurions trop la recommander aux gens du monde curieux de notions générales, ainsi qu'aux personnes désireuses d'apprendre ou d'approfondir une spécialité.

Gravure spécimen du *Manuel pratique de Jardinage*. (Voir page 40.)

LISTE DES OUVRAGES

PAR ORDRE DE SÉRIE

SÉRIE A

SCIENCES EXACTES

SÉRIE B

SCIENCES D'OBSERVATION

CHIMIE — PHYSIQUE — ÉLECTRICITÉ

SÉRIE C

ART DE L'INGÉNIEUR

PONTS ET CHAUSSÉES — CHEMINS DE FER — CONSTRUCTIONS CIVILES

SÉRIE D

MINES ET MÉTALLURGIE

GÉOLOGIE — HISTOIRE NATURELLE

SÉRIE E

PROFESSIONS COMMERCIALES

SÉRIE F

PROFESSIONS MILITAIRES ET MARITIMES

SÉRIE G

ARTS ET MÉTIERS

PROFESSIONS INDUSTRIELLES

SÉRIE H

AGRICULTURE

JARDINAGE. — HORTICULTURE. — EAUX ET FORÊTS.
CULTURES INDUSTRIELLES. — ANIMAUX DOMESTIQUES. — APICULTURE.
PISCICULTURE.

SÉRIE I

ÉCONOMIE DOMESTIQUE

COMPTABILITÉ. — LÉGISLATION. — MÉLANGES

SÉRIE J

FONCTIONS POLITIQUES & ADMINISTRATIVES

EMPLOIS DE L'ÉTAT, DÉPARTEMENTAUX, COMMUNAUX SERVICES PUBLICS

SÉRIE K

BEAUX-ARTS — DÉCORATIONS ARTS GRAPHIQUES

Le cartonnage toile de chaque volume se paye 0,50 c. en plus des prix indiqués.

TABLE DES MATIÈRES

BIBLIOTHÈQUE DES PROFESSIONS

INDUSTRIELLES, COMMERCIALES ET AGRICOLES

————

Collection de volumes grand in-18

————

BIBLIOGRAPHIE RAISONNÉE

A

————

ACCLIMATATION DES ANIMAUX DOMES-TIQUES (*Guide pratique de l'*), étude des animaux destinés à l'acclimatation, la naturalisation et la domestication : Animaux domestiques, méthodes de perfectionnement, mammifères, oiseaux, poissons, insectes, précédée de considérations sur les climats et de l'Exposé des classifications d'histoire naturelle, etc., par le docteur LUNEL, 1 volume avec figures dans le texte. . . . . 3 fr.

M. le docteur Lunel a résumé les notions concernant l'acclimatation disséminées dans un grand nombre d'ouvrages volumineux. Ce livre sera consulté avec fruit par toutes les personnes qu'intéresse la grande question de l'acclimatation. Il peut être considéré comme un guide sûr dans les jardins d'acclimatation où sont réunies toutes les races d'animaux indigènes et étrangères, et il donne d'une manière concise et substantielle les notions usuelles nécessaires pour l'étude des animaux destinés à l'acclimatation, la naturalisation et la domestication.

ACIDES (Voir Chimie, page 23, et Potasses, page 54).

ACIER (*Guide pratique de l'emploi de l'*), ses propriétés, avec une introduction et des notes de Ed. GRATEAU, ingénieur civil des mines, par J.-B.-J. DESSOYE, ancien manufacturier, 1 volume. . . . . 4 fr.

Ce livre constitue une véritable monographie de l'acier. M. Dessoye prend l'art de fabriquer l'acier à son origine et nous montre ses progrès. Il signale la nature et les propriétés natives de l'acier, en indique les différents modes d'élaboration et termine son guide par une étude sur l'emploi de l'acier dans les manipulations qu'on lui fait subir. Comme le fait remarquer M. Grateau dans sa savante introduction, ce livre s'adresse à tous ceux qui sont appelés à acheter et à consommer de l'acier d'une qualité quelconque, sous toute forme, et il devra être consulté par tous les praticiens.

Extrait de la table. — Considérations préliminaires. — Etudes historiques sur la fabrication de l'acier. — Etudes générales sur l'existence des propriétés natives. — Etudes sur l'emploi de l'acier, considéré dans ses propriétés caractéristiques. — De l'emploi de l'acier considéré dans les manipulations qu'on lui fait subir.

ACIER (*Traité de l'*), théorie métallurgique, travail pratique, propriétés et usages, par H.-C. LANDRIN fils, ingénieur civil, 1 volume, avec figures. . . . . 4 fr.

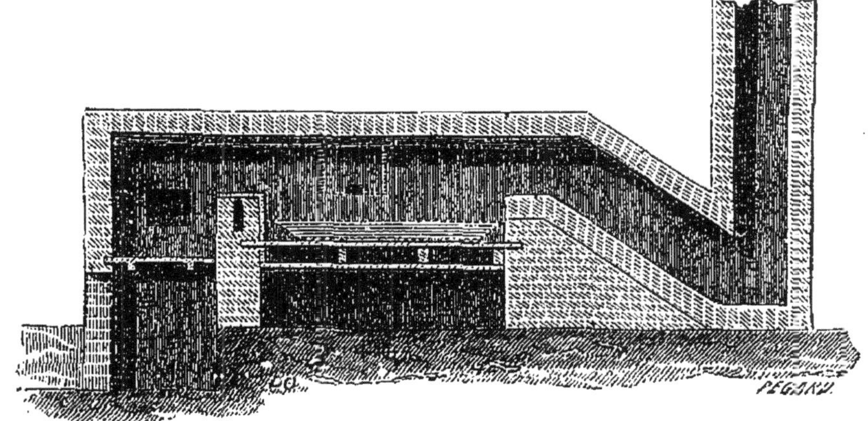

Figure spécimen du *Traité de l'acier.*

Les deux ouvrages de MM. Landrin et Dessoye se complètent l'un par l'autre. Ils donnent au complet la fabrication et l'emploi de l'acier. Nous avons dit, on parlant de celui de M. Dessoye, en quoi consistait son étude ; nous allons, par un extrait de la table des matières du livre de M. Landrin, indiquer er quoi il complète le précédent. — Histoire de l'acier, sa découverte, sa métallurgie dans l'antiquité et dans les différentes contrées. — De la chaleur, de l'oxygène, du soufre, de la chaux, des minerais de fer, des combustibles. — De l'acier et de sa théorie. — Théorie de Réaumur, docimasie. — Métallurgie, acide naturel, acier de fonte, acier puddlé, acier cimenté, acier de fusion, acier du Woctz.

Nouveaux procédés : Procédé Chenot, procédé Bessemer, procédé Taylor, procédé Uchatuis, acier damassé. *Etoffes* : Travail de l'acier, raffinage, soudure, recuit à la forge, trempe, recuit à la trempe, écrouissage. *Propriétés de l'acier:* Des limes, du fil d'acier, des aiguilles, tôle d'acier, des scies.

AGENT VOYER (Voir Ponts et Chaussées, page 53).

AGRICULTURE GÉNÉRALE (*Guide pratique d'*), par A. GOBIN, 1 vol. — **En réimpression. —**

ALGÈBRE (*Principes d'*), par Paul LEPRINCE, ingénieur, ancien élève de l'Ecole d'arts et métiers de Châlons-sur-Marne, 1 volume avec figures . . . . . 4 fr.

Un ouvrage de ce genre n'a pas encore été publié. Il indique les moyens les plus prompts et les plus simples à employer pour parvenir à la solution des problèmes. Il ne comprend que la marche pratique à suivre en algèbre pour arriver aux formules appliquées dans l'industrie en général.

ALLIAGES MÉTALLIQUES (*Guide pratique des*), par A. GUETTIER, ingénieur, directeur de fonderies, etc. 1 volume . . . . 3 fr.

Après avoir donné quelques explications préliminaires sur les propriétés physiques et chimiques des métaux et des alliages, l'auteur examine au point de vue des alliages entre eux les métaux spécialement industriels, c'est-à-dire d'un usage vulgaire très répandu (cuivre, étain, zinc, plomb, fer, fonte, acier). Il donne ensuite quelques indications générales sur les métaux appartenant aux autres industries, mais n'occupant qu'une place secondaire (bismuth, antimoine, nickel, arsenic, mercure), et sur des métaux riches appartenant aux arts ou aux industries de luxe (or, argent, aluminium, platine) ; enfin, il envisage les métaux d'un usage industriel restreint, au point de vue possible de leur association avec les alliages présentant quelque intérêt dans les arts industriels.

ALUMINIUM et MÉTAUX ALCALINS (*Guide pratique de la recherche, de l'extraction et de la fabrication de l'*). Recherches techniques sur leurs propriétés, leurs procédés d'extraction et leurs usages, par Charles et Alexandre TISSIER, chimistes-manufacturiers. 1 volume, 1 planche et figures dans le texte . . . . 3 fr.

Les notions sur l'aluminium se trouvaient disséminées dans des recueils nombreux publiés en France et à l'étranger. Les auteurs de ce guide ont eu l'idée de faire de ces notions éparses un tout homogène dans lequel, après avoir retracé l'historique de la préparation des métaux alcalins, ils esquissent l'histoire de la préparation de l'aluminium. Des chapitres spéciaux sont consacrés à la fabrication industrielle et aux propriétés physiques et chimiques de ce nouveau métal, qui a conquis très rapidement une grande place dans l'industrie.

AMIDONNIER (Voir Féculier et Amidonnier, p. 34).

ANIMAUX (Voir Habitations des Animaux, page 37).

ANIMAUX DOMESTIQUES (Voir Acclimatation des Animaux domestiques, page 13).

ARCHITECTURE (*Introduction à l'étude de l'*), par Viollet-le-Duc. — **En préparation.** —

ARCHITECTURE NAVALE (*Guide pratique d'*) à l'usage des capitaines de la marine du commerce, appelés à surveiller les constructions et les réparations de leurs navires, par Gustave Bousquet, capitaine au long cours, ingénieur, 1 volume avec figures dans le texte . . . . 2 fr.

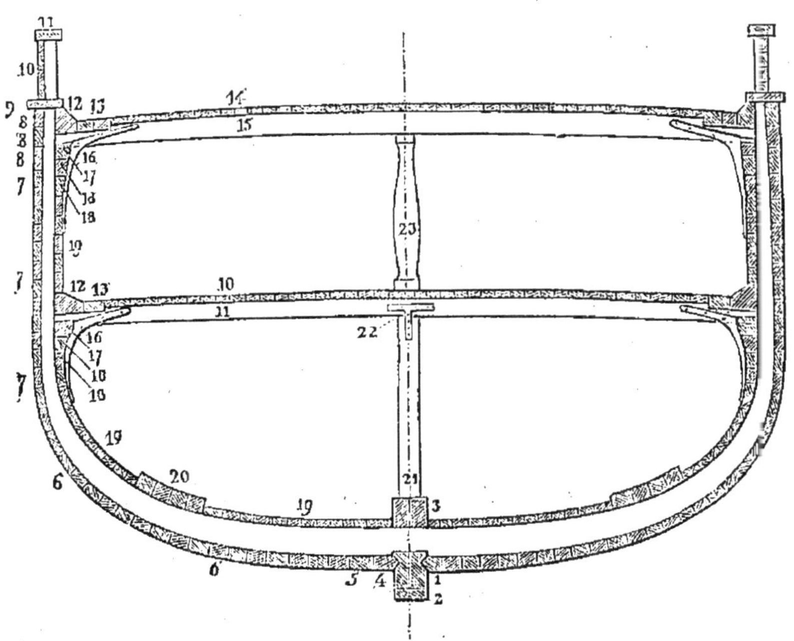

Figure spécimen du *Guide pratique d'architecture navale.*

Dans la *première partie*, l'auteur traite de la connaissance des cales, c'est-à-dire l'endroit où doit être réparé le navire. — Droit et tour d'une pièce. — Écarts. — Quille. — L'étrave. — L'étambot. — L'assemblage des couples, etc.

Dans la *deuxième partie*, nous avons les revêtements intérieurs. — La lisse. — Les carlingues. — Les livets. — Bauquières. — Barrots. — Épontilles, etc.

Puis les revêtements extérieurs. Précintes, bordées, bois étuvés, chevillage, clous, calfatage, panneaux ou écoutilles, etc.

Cet abrégé très sommaire des matières contenues dans ce volume suffira pour faire comprendre que sa lecture ne peut être que très profitable.

ASTRONOMIE (*Manuel pratique de l'*), par Camille
Flammarion. *L'art d'observer le ciel et de se servir des
instruments d'optique.* 1 volume. — **En préparation.** —

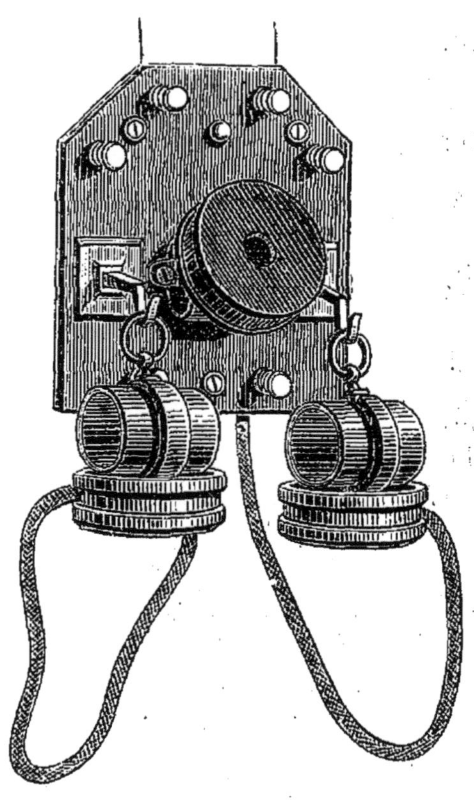

Figure spécimen de l'*Ingénieur électricien*. (Voir page 31.)

B

BEAUX-ARTS (*Introduction à l'étude des*). 1 volume.
— En préparation. —

BERGERIES (voir Habitation des animaux, page 37).

BETTERAVE (*Traité pratique de la culture et de l'alcoolisation de la*). Résumé complet des meilleurs travaux faits jusqu'à ce jour sur la betterave et son alcoolisation, renfermant toutes les notions nécessaires au cultivateur et au distillateur, ainsi que l'examen des méthodes de pulpation, de macération, de fermentation et de distillation employées aujourd'hui. 3ᵉ édition corrigée et considérablement augmentée, par N. BASSET. 1 volume avec figures dans le texte. . . . . 3 fr.

Avant de donner au public cette nouvelle édition, l'auteur avait étudié à fond les principales questions relatives à la culture, à la distillation de la betterave, afin d'apporter son contingent à la grande question de la transformation agricole, par les données que l'expérience lui a fournies. Il a voulu mettre sous les yeux des agriculteurs et des distillateurs les faits techniques, scientifiques et pratiques, dans la plus grande simplicité d'expression. Il examine avec impartialité les différents systèmes : Champenois, Kessler, Dubrunfaut, etc.

BIÈRE (Voir Brasseur, page 20).

BIJOUTIER (*Guide pratique du*). Application de l'harmonie des couleurs dans la juxtaposition des pierres précieuses, des émaux et de l'or de couleur, par L. MOREAU, bijoutier et dessinateur. 1 volume avec 2 planches coloriées . . . . 2 fr.

Ce petit livre est une protestation hardie contre l'esprit de routine. L'auteur a réuni les données fournies par la science sur l'harmonie et le contraste des couleurs, et comparant ces données aux observations faites dans la pratique du métier, il a formé une théorie applicable à la bijouterie.

BOIS EN FORÊTS (*Carbonisation des*), par E. DROMART, ingénieur civil, 1 volume avec figures et 1 planche . . . . 4 fr.

Extrait de la table des matières : Bois. — Charbon de bois. — Carbonisation des meules en forêts. — Carbonisation des bois à goudron. — Appareils à vases clos. — Appareils à vapeur surchauffée. — Carbonisation des bois durs, des tiges de bruyère. — Analyse des charbons.

BOIS (*Guide théorique et pratique de Cubage et d'Estimation des*) à l'usage des propriétaires, régisseurs, marchands de bois, gardes forestiers, etc., etc., par Alexis FROCHOT, sous-inspecteur des forêts, etc. 2e édition. 1 volume, tableaux et 14 figures et 1 planche graphique donnant les tarifs de cubage des arbres sur pied et des arbres abattus. . . . . 4 fr.

Figure spécimen du *Guide de cubage et d'estimation des bois.*

Extrait de la table des matières. — **Cubage des bois abattus.** Bois en grume, bois ronds, bois méplats, bois équarris, bois de feu ; exécution des calculs de cubage. — **Cubage des bois sur pied.** — Mesures des hauteurs : 1o au dentromètre ; 2o à vue d'œil ; 3o mesure des diamètres. — Cubage des résineux. — **Estimation des bois sur pied en matière,** bois de charpente, étais, perches de mines, poteaux télégraphiques, sciage, traverses de chemins de fer, bois de fente, bois de feu, écorces, frais de transport et d'exploitation. — Estimation en argent. — **Estimation des forêts en fonds et superficie.** — Exposé de la méthode, bois susceptibles de revenus égaux et périodiques, bois donnant des revenus inégaux. — Procédés de calculs à employer. — Applications, tarifs linéaires, renseignements bibliographiques.

BOTANIQUE (* *Traité pratique et élémentaire de*) appliquée à la culture des plantes, par Léon LEROLLE, ancien élève de l'Ecole d'agriculture de Grand-Jouan, membre de la Société d'horticulture de Marseille, 1 volume, 108 figures dans le texte. 4 fr.

Extrait de la table : De la germination des graines, choix et conservation des graines. — De la végétation des plantes, des bourgeons. — Phénomènes souterrains, phénomènes aériens, phénomènes anatomiques de la végétation. — Nutrition des végétaux, nature des substances absorbées par les racines, sécrétion, transpiration. — Agents essentiels de la végétation. — De la reproduction des plantes, du périanthe, des etamines, du pistil, des ovules. — Floraison. — Fécondation. — Fructification. — Granification.

BRASSEUR (*Guide du*) ou *l'Art de faire de la Bière,* par G.-J. MULDER, professeur à l'Université d'Utrecht. Traité élémentaire théorique et pratique. La bière, sa composition chimique, sa fabrication, son emploi comme boisson, traduit de l'allemand et annoté par L.-F. Dubief, chimiste, nouvelle édition revue et corrigée, par M. Ch. BAYE. 1 vol. . . . . 4 fr.

M. Mulder a tâché d'analyser tous les écrits qui ont été publiés sur ce sujet pour en tirer la quintessence en y apportant de son propre fond. C'est un travai l consciencieusement écrit, fruit de laborieuses études dont le brasseur pourra faire son profit.

BRIS ET NAUFRAGES (*Nouveau code des*), ou sûreté et sauvetage maritime, publié avec l'autorisation du ministre de la Marine et des Colonies, par J. TARTARA, commissaire ordonnateur de la marine en Algérie, 1 volume . . . . 4 fr.

C

CAFÉIER ET CACAOYER (Voir Cultures exotiques, page 28).

CAISSIER (*Manuel du*). Traité théorique et pratique des PAYEMENTS et RECETTES. — **En préparation.** —

CALCULS ET COMPTES FAITS à l'usage des industriels en général et spécialement des mécaniciens, charpentiers, serruriers, chaudronniers, toiseurs, arpenteurs, vérificateurs, etc. Troisième édition complètement refondue des calculs faits de A. LENOIR, par Joseph VINOT. 1 volume et tableaux . . . . 4 fr.

Son objet est d'éviter aux chefs d'atelier une foule de calculs souvent assez difficiles à résoudre; enfin c'est un aide-mémoire qui est appelé à rendre de grands services par le temps qu'il fait économiser. Il se divise comme suit: 1º Arithmétique. — 2º Conversion — 3º Physique. — 4º Mécanique. — 5º Frottements, résistances. — 6º Cubage des métaux. — 7º Cubage des bois. — 8º Tables commerciales.

CALLIGRAPHIE. Cours d'écriture avec 32 planches, par L. BAUDE, 1 vol. . . . . 4 fr.

SOMMAIRE : Objets et instruments nécessaires pour écrire. — Formes et variante de l'écriture anglaise. — De la manière de tenir la plume. — Principes généraux de l'écriture anglaise. — Des différentes grosseurs d'écriture. — Majuscules. — Minuscules. — Chiffres. — De l'expédiée ou cursive anglaise. — Des écritures fortes : Bâtarde, Coulée, Ronde et Gothique. — *De l'emploi dans l'écriture des accents, de la ponctuation et autres signes.*

CANARDS (Voir Oies et Canards, page 48).

CANNE A SUCRE (Voir Cultures exotiques, page 28).

CARBONISATION DES BOIS (Voir Bois, page 18).

CARTON (Voir Papier et Carton, page 50).

CENDRES (Voir Potasses, page 54).

CHALEUR (*Théorie mécanique de la*), traduit de l'allemand par F. FOLIE, professeur à l'École industrielle, et répétiteur à l'École des mines de Liège, par R. CLAUSIUS, professeur à l'Université de Wurtzbourg. 2 vol. à 4 fr., 8 fr.

CHARCUTERIE PRATIQUE (*La)*, par Marc BERTHOUD, ancien charcutier, ex-président de la corporation des charcutiers de Genève. 2ᵉ édition. 1 volume avec 74 figures. . . . . 4 fr.

EXTRAIT DE LA TABLE DES MATIÈRES. — *1re partie :* Le porc, différentes races, élevage, engraissement, maladies, transports. — Locaux, appareils, ustensiles. — Condiments, accessoires. — Abatage du porc, utilisation des différentes parties du porc, salaison, désalaison. — Premières manipulations. — *2e partie :* Charcuterie proprement dite : Andouilles, andouillettes, boudins, saucisses, saucissons, jambons, petites pièces chaudes et froides. — Grosses pièces froides. — Sauces, accessoires. — Cochon de lait, sanglier. — Pâtisserie. — Terrines. — Décoration. — Conservation des viandes, conserves. — *3º partie :* Charcuterie allemande : saucisses, produits divers.

CHARPENTIER ✳ (*Le livre de poche du*), application pratique à l'usage des CHANTIERS, des ÉLÈVES DES ÉCOLES PROFESSIONNELLES, etc., par J.-F. MERLY, charpentier, entrepreneur de travaux publics, membre de la

Société industrielle d'Angers, etc. Collection de 140 ÉPURES. 1 vol. 287 pages de texte et planches en regard. . .   4 fr.

M. Merly n'est pas un savant qui doit s'efforcer d'oublier la technologie de l'école pour parler le langage ordinaire de la plupart de ses auditeurs ; M. Merly est, au contraire, un ouvrier, un homme pratique, qui a cherché à se faire comprendre par les compagnons de travail auxquels il s'adressait, et qui est arrivé à des démonstrations si claires, à des explications si naturelles, que les théoriciens eux-mêmes ont bientôt eu à s'inspirer de ses travaux. Rien de plus net que ses dessins, rien de plus simple que ses préceptes : c'est en quelque sorte en se jouant qu'il arrive aux épures les plus compliquées. — C'est le résumé des cours faits par M. Merly à ses compagnons charpentiers.

CHASSEUR MÉDECIN (*Le*), ou traité complet sur les maladies du chien, par M. Francis CLATER, vétérinaire anglais, traduit de l'anglais sur la 27e édition. 3e édition française, corrigée et augmentée, par M. Mariot-Didieux. 1 volume. . . . . 2 fr.

Le succès que ce livre a eu en Angleterre (vingt-sept éditions) dispense de tout commentaire. Le guide que nous avons placé dans notre Bibliothèque en est la troisième édition française. M. Mariot-Didieux, le savant vétérinaire, en acceptant la revision de cette édition, s'est attaché à supprimer dans le texte original des formules trop compliquées, à en simplifier d'autres et en ajouter de nouvelles. Ainsi entièrement refondu, l'ouvrage est véritablement un traité complet sur les maladies du chien, traité auquel un chapitre sur l'art de mégisser les peaux pour en faire des tapis sert de complément.

CHAUFFEUR (*Manuel du*), guide pratique à l'usage des mécaniciens, des chauffeurs et des propriétaires de machines à vapeur ; exposé des connaissances nécessaires, suivi de conseils afin d'éviter les explosions des chaudières à vapeur, par JAUNEZ, ingénieur civil. 2e édition. 1 volume. 37 figures dans le texte et planches . . . . 2 fr.

Cet ouvrage est spécialement destiné aux chauffeurs, comme l'indique son titre. Les bons chauffeurs pour l'industrie privée sont rares et, par conséquent, recherchés. Les personnes qui ont des machines à vapeur ne sont que trop souvent obligées d'employer pour chauffeurs des hommes qui manquent non seulement des connaissances indispensables pour remplir un tel emploi, mais quelquefois même de la moindre instruction pratique. Dans de telles circonstances, il y a évidemment danger, et c'est pourquoi nous avons publié cet ouvrage, afin qu'il soit mis dans les mains de tous les ouvriers qui, sans savoir le premier mot de la théorie de la chaleur ni de la mécanique, seront à même, après l'avoir lu attentivement, de conduire une machine à vapeur. Cet ouvrage doit être dans leurs mains comme un catéchisme qui viendra leur apprendre leur métier.

Extrait de la table des matières : — Pression de l'air. — Baromètre. — Compression de l'air. — Pompes. — Du calorique. — Thermomètre. — Quantité d'eau nécessaire à la condensation de l'eau. — De la vapeur d'eau. — Des moyens pour connaître la force de la vapeur. — Manomètre. — Soupapes de sûreté. — Conduite du feu. — Chaudière. — Giffard. — Incrustations et dépôts dans les chaudières. — Des soins et de l'entretien des machines à vapeur. — Résumé des moyens ayant pour but d'éviter les explosions. — Mise en marche des machines à vapeur. — Renseignements généraux, etc.

CHEMINS DE FER (*Traité de l'exploitation des*), ouvrage composé de deux parties, précédé d'une préface de M. Jules FAVRE, par Victor EMION.

PREMIÈRE PARTIE. — **VOYAGEURS ET BAGAGES**. . 4 fr.
DEUXIÈME PARTIE. — **MARCHANDISES**. . . . . . 4 fr.

Aujourd'hui que tout le monde voyage, le manuel de M. V. Emion est devenu un guide indispensable. Il fait connaître à chacun ses droits et ses devoirs vis-à-vis des compagnies : il prend le voyageur chez lui, le mène à la gare, le suit à son départ, pendant sa route, à son arrivée, et le ramène à son domicile ; il prévoit toutes les difficultés, toutes les contestations, et en donne la solution fondée sur la loi, les règlements, la jurisprudence et l'équité.

Dans la seconde partie, M. Emion traite avec beaucoup de détails l'organisation du service des marchandises, les tarifs, les formalités exigées pour la remise des marchandises en gare, l'expédition, la livraison, enfin tout ce qui concerne les actions à intenter aux compagnies, soit pour avaries, soit pour retard, perte, négligence, etc.

CHEMINS DE FER (*Album des*), résumé graphique du cours professé à l'Ecole centrale des arts et manufactures. 4e édition, par G. CORNET, répétiteur à l'École centrale des arts et manufactures de Paris. 1 vol. texte et 74 planches gravées sur acier . . . . 10 fr.

CHEVAL (*Élevage et dressage du*), par de SOURDEVAL. 1 vol. — **En préparation**. — .

CHIMIE (*Introduction à l'étude de la*), contenant les principes généraux de cette science, les proportions chimiques, la théorie atomique, le rapport des poids atomiques avec le volume des corps. l'isomorphisme, les usages des poids atomatiques et des formules chimiques, les combinaisons isomériques des corps catalyptiques, etc., accompagnée de considérations détaillées sur les acides, les bases et les sels, traduit de l'allemand par Ch. GÉRHARDT, augmentée d'une table alphabétique des matières présentant les définitions techniques et les relations des corps, par J. LIEBIG. 1 volume . . . . 3 fr.

L'accueil favorable que cette traduction a rencontré en France rappelle le succès obtenu en Allemagne par l'édition originale de l'illustre savant, considéré à juste titre comme l'un des princes de la chimie moderne.

CHIMIE (*Éléments de*), par le Dr SACC, professeur à l'Académie de Neuchâtel (Suisse), membre correspondant de la Société nationale de l'agriculture, professeur à Genève, etc. 2 volumes.

PREMIÈRE PARTIE. — **CHIMIE MINÉRALE** ou synthétique. 1 vol . . . . 3 fr. »

SECONDE PARTIE. — **CHIMIE ORGANIQUE** ou asynthétique. 1 vol. . . . . 3 fr. »

Ce petit traité, comme le dit l'auteur, n'a qu'une ambition, celle de faire aimer cette admirable science, d'en exposer aussi brièvement que possible le champ immense de manière à la rendre abordable à *tous*. C'est la première tentative d'une *chimie naturelle* et pure. L'auteur, laissant de côté tous les systèmes, aborde donc une voie qui doit devenir féconde.

CHIMIE GÉNÉRALE ÉLÉMENTAIRE, d'après les principes modernes, avec les principales applications à la médecine, aux arts industriels et à la pyrotechnie, comprenant l'analyse chimique qualitative et quantitative. Ouvrage publié avec l'approbation de M. le ministre de la Marine et des Colonies, par Frédéric HÉTET, professeur de chimie aux écoles de la marine, pharmacien en chef, officier de la Légion d'honneur, membre de plusieurs sociétés savantes. 2 volumes avec 174 figures dans le texte . . . . 10 fr.

SOMMAIRE DES PRINCIPAUX CHAPITRES. — Nomenclature chimique. — Notation chimique. — Lois des combinaisons. — Théorie atomique. — Acides. — Sels. — Éléments monoatomiques. — Série du chlore. — Série du brome. — Série de l'iode. — Fluor. — Série du cyanogène. — Métalloïdes diatomiques. — Série de l'oxygène. — Protoxyde d'hydrogène. — Eau. — Eaux potables. — Série du soufre. — Métalloïdes triatomiques. — Série du bore. — Métalloïdes tripentatomiques. — Série de l'azote. — Combinaisons de l'azote avec l'hydrogène. — Composés oxygénés de l'azote. — Agents explosifs modernes. — Analyse de l'acide azotique. — Série du phosphore. — Combinaisons oxygénées du phosphore. Série de l'arsenic. — Série de l'antimoine. — Bismuth. — Uranium. — Tableau résumé des azotoïdes. — Métalloïdes tétratomiques. — Série du silicium. — Série du carbone. — Gaz d'éclairage. — Combinaisons avec l'oxygène. — Sulfure de carbone. — Feux liquides de guerre. — Dosage du carbone. — Analyse des gaz et des mélanges gazeux. — Série de l'étain. — Généralités sur les métaux. — Métaux positifs. — Première classe. — Monoatomiques. — Potassium. — Poudres. — Alcalimétrie. — Sodium. — Fabrication de la soude. — Lithium. — Analyse spectrale. — Rubidium. — Césium. — Thallium. — Argent. — Alliages d'argent. — Azotate d'argent. — Réaction des sels d'argent. — Dosage de l'argent. — Métaux de la deuxième classe ou diatomique. — Calcium. — Oxydes de calcium. — Usages de la chaux. — Sulfures de calcium. — Plâtre. — Cuisson du plâtre. — Phosphates calciques. — Carbonate de calcium. — Baryum. — Strontium. — Magnésium. — Oxyde de magnésium. — Zinc. — Oxyde de zinc. — Cadmium. — Cuivre. — Laitons. — Bronzes. — Oxyde de cuivre. — Acétate de cuivre. — Réactions des sels de cuivre. — Mercure. — Chlorure de mercure. — Iodure de mercure. — Sulfate de mercure. — Fulminate de mercure. — Plomb. — Oxyde de plomb. — Minium. — Céruse. — Cobalt. — Nickel. — Chrome. — Manganèse. — Oxydes de manganèse. — Bioxyde de manganèse. — Fer. — Préparation de l'acier. — Usages du fer et de l'acier. — Propriété du fer et de l'acier. — Combinaisons du fer. — Analyse des combinaisons du fer. — Analyses des fontes et aciers. — Métaux triatomiques. — Or. — Dorure. — Métaux tétratomiques. — Molybdène. — Platine. — Amorces à fil de platine. — Osmium. — Iridium. — Palladium. — Aluminium. — Aluns. — Kaolins. — Argiles. — Mortiers. — Ciments. — Poteries. — Bétons. — Action de l'eau de mer. — Mastics. — Photographie.

CHIMIE INORGANIQUE appliquée à l'agriculture (Voir Sciences physiques, page 57).

CHIMIE ORGANIQUE appliquée à l'agriculture (Voir Sciences physiques, page 57).

CHIMISTE-AGRICULTEUR (*Manuel du*), par A.-F. POURIAU. 1 volume avec 148 figures dans le texte, et de nombreux tableaux, suivi d'un appendice. . . 6 fr.

Ce volume forme en quelque sorte le complément de la *Chimie organique* et de la *Chimie inorganique*. Il fait connaître les diverses manipulations qui sont décrites avec un très grand soin. Il contient, en outre, un grand nombre d'indications d'une utilité toute pratique.

L'intention de l'auteur en le publiant a été d'offrir aux personnes qui s'occupent de chimie agricole un guide renfermant la description des méthodes les plus simples à suivre dans l'analyse des divers composés naturels ou artificiels qui sont du domaine de l'agriculture. Désireux de mettre son livre à la portée de tout le monde, l'auteur a toujours eu le soin, dans l'exposé de ses méthodes, d'établir deux catégories d'essais. Les unes essentiellement pratiques et accessibles à tous, et les autres plus exactes et qui exigent une plus grande habitude des manipulations chimiques.

CHOIX D'UNE CARRIÈRE (*Le*), par MORTIMER D'OCAGNE. 1 vol. — **En préparation.** —

CODE DES BRIS ET NAUFRAGES (Voir Bris et Naufrages, page 20).

COLLODION SEC (*Manuel pratique de*) au tanin et de tirage économique des épreuves positives, suivi d'une étude sur la rectitude et le parallélisme des lignes en photographie, par le comte Ludovico de COURTEN, photographe. 1 volume avec figures dans le texte et une très belle photographie. . . . . 4 fr.

CONFÉRENCES AGRICOLES (*Guide pratique des*), accompagné d'un appendice comprenant des notes et des instructions pratiques puisées dans les Annales du Génie civil, par L. GOSSIN, cultivateur, professeur d'agriculture dans l'Oise. 1 volume. . . . . 1 fr.

(Ouvrage recommandé officiellement pour les écoles normales, etc.)

Dans les grandes villes, on tient des conférences ; M. Gossin a rêvé les conférences au village, des conversations intimes, familières, fructueuses. Dévoué depuis de longues années à l'enseignement rural, M. Gossin possède de plus l'art de la démonstration facile, et sa parole sympathique est écoutée avec plaisir et par conséquent avec fruit.

CONSEILLERS GÉNÉRAUX (*Manuel des*). Loi organique des conseillers généraux, avec les commentaires officiels, par J. ALBIOT. (*Code départemental.*) 1 volume. 4 fr.

Cet ouvrage peut être considéré comme un aide-mémoire à l'aide duquel les personnes notables appelées, en qualité de conseillers généraux, à discuter les intérêts de leur département, trouveront de nombreux renseignements relatifs à la législation qu'ils auront à appliquer.

CONSEILLERS COMMUNAUX (*Manuel des*). 1 vol. — En préparation. —

CONSTRUCTEUR (✳ *Guide pratique du*). Dictionnaire des mots techniques employés dans la construction, à l'usage des architectes, propriétaires, entrepreneurs de maçonnerie, charpente, serrurerie, couverture, etc., renfermant les termes d'architecture civile, l'analyse des lois de voirie, des bâtiments, etc., par L.-P. PERNOT, officier de la Légion d'honneur, architecte-vérificateur des travaux publics. Nouvelle édition, corrigée, augmentée et entièrement refondue, par C. TRONQUOY, ingénieur civil, et Ch. BAYE. 1 volume . . . . 4 fr.

CONSTRUCTEUR (Voir Maçonnerie, page 43).

CONSTRUCTIONS A LA MER (*Études et notions sur les*), par BOUNICEAU, ingénieur en chef des ponts et chaussées. 1 volume avec atlas de 44 planches in-4°, dont plusieurs doubles. . . . . 18 fr.

Cet ouvrage est le résumé d'études longues et consciencieuses d'un des ingénieurs en chef les plus distingués du corps national des ponts et chaussées. M. Bouniceau a attaché son nom à des travaux d'une haute importance. Son travail devra être médité par tous ceux qu'intéressent les nouveaux développements que doivent prendre les constructions conçues en vue d'améliorer les ports de mer et les ouvrages nécessaires à la préservation des côtes. L'atlas qui accompagne ces études est remarquable sous le rapport du choix des planches et de leur exécution.

Définitions et préliminaires. — Avant-ports. Bassins. Darses. — *Môles ou brise-lames.* — Môles à claire-voies. Môles anciens. Môles modernes. — *Jetées.* Ports à marée. Chenaux. Dragues. Musoirs. Remorquage à vapeur dans les chenaux. — *Ports d'échouage :* Epaisseur des quais. Ecluses. Portes d'èbe et de flot. Manœuvre des portes. Pose des portes. Ponts sur les écluses. *Bassins à flot :* leur forme, leur largeur, leur superficie. Valeur des places à quai. — *Nettoyage des ports.* — *Ouvrages pour la construction et le radoubage des na-*

vires : Cales de construction. Cales de débarquement. Machines élévatoires. — *Ports dans les rivières à marée.* — *Canaux maritimes.* — *Ouvrages à l'issue des ports de commerce.* Phares. Phares en fer sur pieux à vis. Phares flottants. Feux de port. Bouées, Balises. — *Matériaux de construction. Mortiers.* Pierres, sables, chaux et ciments. Fabrication des mortiers. Briques, bois. Fondations par épuisement. Fondations mixtes sur pilotis. Fondations en rade.

CORPS GRAS INDUSTRIELS (*Guide pratique de la connaissance et de l'exploitation des*), contenant l'histoire des provenances, des modes d'extraction, des propriétés physiques et chimiques, du commerce des corps gras, des altérations et des falsifications dont ils sont l'objet, et des moyens anciens et nouveaux de reconnaître ces sophistications. Ouvrage à l'usage des chimistes, des pharmaciens, des parfumeurs, des fabricants d'huiles, etc., des épurateurs, des fondeurs de suif, des fabricants de savon, de bougie. de chandelle, d'huile et de graisses pour machines, des entrepositaires de graines oléagineuses et de corps gras, etc., par Th. CHATEAU, chimiste, ex-préparateur au Muséum d'histoire naturelle. 2e édition, augmentée d'un appendice. 1 volume avec tableaux. . . . . 4 fr.

M. Chateau, en publiant la première édition de cet ouvrage, avait eu pour but de donner aux chimistes et aux manufacturiers une histoire aussi complète que possible des corps gras industriels employés tant en France qu'à l'étranger, et considérés au point de vue de leur provenance, de leur extraction, de leur composition, de leurs propriétés physiques et chimiques, de leur commerce et de leurs altérations spontanées ou frauduleuses.

Dans la nouvelle édition, M. Chateau a ajouté à sa monographie des corps gras un appendice renfermant quelques corrections indispensables et d'importantes additions.

COUPE et **CONFECTION** de vêtements de femmes et d'enfants (*Méthode de*). — Travaux à aiguille usuels. — Cours de couture en blanc. — Raccommodage. — Méthode de **TRICOT.** — Art de la coupe et de la confection en général, par Elisa HIRTZ. 1 volume avec 154 figures. . . . . 3 fr.

COTONNIER (*Guide pratique de la culture du*), par SICARD. 1 volume avec figures dans le texte. . . . . 2 fr.

La culture du cotonnier ne peut convenir qu'à de certaines contrées. M. Sicard, qui l'a expérimentée avec succès et pendant de longues années dans les provinces du Midi et en Algérie, a publié cet ouvrage pour faire profiter le public de l'expérience qu'il avait acquise dans la culture de cet arbrisseau.

L'ouvrage est enrichi de dessins exécutés d'après la photographie et d'une exactitude rigoureuse.

CUBAGE et **ESTIMATION DES BOIS** (Voir Bois, page 19).

CULTURES EXOTIQUES. Guide pratique de la culture de la **CANNE A SUCRE**, du **CAFIER**, du **CACAOYER**, suivi d'un traité de la **FABRICATION DU CHOCOLAT**, par Bourgoin d'Orli. 1 volume. . . . . 4 fr.

CULTURE MARAICHÈRE (✳ *Manuel pratique de*). 6ᵉ édit., augmentée d'un grand nombre de figures et de plusieurs articles nouveaux. Ouvrage couronné d'une médaille d'or par la Société centrale d'agriculture, d'une grande médaille de vermeil par la Société centrale d'horticulture, par Courtois-Gérard. 1 volume avec 89 figures dans le texte. . . . . 4 fr.

Figure spécimen du *Guide de culture maraîchère.*

Outre les récompenses honorifiques qui viennent d'être mentionnées, l'auteur de ce manuel a obtenu une attestation qui garantit la valeur de son travail aux yeux du public, en même temps qu'elle constate l'exactitude de ses recherches et l'utilité des notions renfermées dans son ouvrage. Cette attestation émane de vingt-cinq jardiniers maraîchers de la ville de Paris qui, après avoir entendu la lecture du travail de M. Courtois-Gérard, déclarent qu'ils lui donnent toute leur approbation, comme étant conforme aux bonnes méthodes de culture en usage parmi eux, et autorisent l'auteur à le publier sous leur patronage.

Cet ouvrage est officiellement recommandé pour les écoles normales, etc. Cette nouvelle édition a été augmentée d'un chapitre sur la culture des porte-graines et d'un vocabulaire maraîcher.

Table des principaux chapitres :

Marais pour culture de pleine terre. — Marais pour culture de primeurs. — Analyse des terres. — De l'établissement d'un jardin maraîcher. — Engrais et pailles. — Outillage. — Diverses opérations. — La culture des porte-graines. — Destruction des insectes. — Des maladies des plantes. — Calendrier du maraîcher ou travaux manuels. — Vocabulaire du maraîcher.

D

DESSINATEUR (✳ *Comment on devient un*), par
Viollet-le-Duc. 1 volume, orné de 110 dessins par l'auteur
et d'un portrait de Viollet-le-Duc. 11° édition . . . .   4 fr.

Extrait de la table des matières. — Notables découvertes. — Comment il
est reconnu que la géométrie s'applique à plusieurs choses. — Autres découvertes touchant la lumière et la géométrie descriptive. — Où on commence
à voir. — Une leçon d'Anatomie comparée. — Opérations sur le terrain. —
Cinq ans après. — Où une vocation se dessine.. — Douze jours dans les Alpes.
— Conclusion.

DESSIN LINÉAIRE (*Guide pratique pour l'étude
du*) et de son application aux professions industrielles, par
A. Ortolan, mécanicien chef de la marine de l'Etat, et
J. Mesta, mécanicien principal. 1 volume avec un atlas
de 41 planches doubles. Le volume, 4 fr.; l'atlas, 2 fr. —
L'ouvrage complet . . . .   6 fr.

Cet ouvrage recommandable est aujourd'hui adopté dans plusieurs écoles industrielles; on le trouve dans tous les ateliers. Un dictionnaire des termes techniques lui sert d'introduction, ce qui a permis aux auteurs de donner dans le
cours de leur travail des indications sur les détails, sans obliger l'élève à recourir au texte des premières leçons. C'est donc par la nomenclature des instruments indispensables à l'étude du dessin que les auteurs ont débuté, puis arrivant à l'application, ils donnent la définition des lignes géométriques : le
point, la ligne droite, brisée, courbe ; arc de cercle, rayon ; les angles. — Tracé
des parallèles et des perpendiculaires. — Construction des angles. — Figures
géométriques. — Des triangles. — Des quadrilatères. — Tangentes et sécantes à
la circonférence. — Angles inscrits et circonscrits à la circonférence. — Poly-
gones réguliers, figures inscrites et circonscrites. — Définition et construction.
— Mesure et divisions des lignes. — Mesure des angles. — Rapporteurs. — Des
solides. — Du plan horizontal et du plan vertical, des projections, des croquis,
de la vis. — Exécution d'un dessin d'après un croquis coté et sur une échelle de
convention. — Exécution d'un dessin d'ensemble avec projection de coupe. — Des
engrenages ou roues dentées. — De quelques courbes et de leur tracé. — Rédaction et copie d'un dessin. — Dessins ombrés au tire-ligne, du lavis, etc., etc.

DICTIONNAIRE DES FALSIFICATIONS
(Voir Falsifications, page 34).

DICTIONNAIRE DU CONSTRUCTEUR (Voir
Constructeur, page 26).

**DICTIONNAIRE DES TERMES TECH-
NIQUES** (Voir Termes techniques, page 58).

DICTIONNAIRE DES COSMÉTIQUES ET PARFUMS (Voir Parfumeur, page 50).

DOUANE (*Recueil abrégé des lois et règlements sur la*), son organisation, son personnel et ses brigades, par Eugène LELAY, capitaine des douanes. 1 volume.   4 fr.

TABLE DES MATIÈRES. — *Des Douanes et de leur organisation.* — *Attributions du personnel.* — *Service actif ou des brigades.* — *Lois générales relatives au personnel.*

DRAINAGE (*Guide pratique de*); résultats d'observations et d'expériences pratiques, traduit pour l'usage des agriculteurs français par C. Hombourg, par C.-E. KIELMANN, directeur de l'École agricole de Haasenfelde. 1 volume avec figures dans le texte . . . . 2 fr.

La plupart des ouvrages publiés sur le drainage sont le résultat d'études théoriques que l'expérience n'a pas encore sanctionnées. M. Kielmann est entré dans une autre voie : il n'a eu recours à la théorie qu'autant que cela était nécessaire pour expliquer certains phénomènes. Comme il le dit dans sa préface, il voulait offrir à ceux qui commencent à s'occuper du drainage, et même au plus petit cultivateur, un livre à la lecture facile et surtout compréhensible.

Extrait de la table des matières. — Quels sont les terrains qui ont besoin d'être drainés. — De la fabrication des tuyaux, leur longueur, largeur et épaisseur. — Préparation d'une bonne matière pour la confection des tuyaux. — Machine à étirer les tuyaux, préparation de l'argile. — De la cuisson des tuyaux, des travaux préparatoires, nivellement des tranchées, circulation de l'air à travers les tuyaux. — De la quantité d'eau qui s'écoule par les drains, etc.

DROIT MARITIME INTERNATIONAL ET COMMERCIAL (*Notions pratiques de*), par Alph. DONEAUD, professeur à l'École navale. *Aide-mémoire de l'officier de marine*, marine militaire et marine marchande. 1 volume. . . . . 3 fr.

Les derniers traités de commerce ont augmenté dans des proportions considérables les relations internationales. Cet ouvrage de M. Doneaud devient donc d'une grande utilité pratique. Nous ajouterons que ce livre commence une série de volumes dont l'ensemble formera, dans notre bibliothèque, l'*Aide-mémoire* de l'officier de marine.

Extrait de la table des matières. — De la mer et des fleuves. — Droit international en temps de paix. — Droit commercial. — Droit maritime international en temps de guerre. — Documents officiels. — Bibliographie des principaux ouvrages à consulter pour le droit des gens en général, le droit international maritime et le droit commercial.

DYNAMITE et AGENTS EXPLOSIFS. 1 volume. — En préparation. —

E

ÉCOLES DE FRANCE (*Les grandes*). Écoles militaires, Écoles civiles, par MORTIMER D'OCAGNE. 3° édit. 1 volume. . . . . 3 fr.

ÉCONOMIE DOMESTIQUE (*Guide pratique d'*), publié sous forme de dictionnaire, contenant des notions d'une *application journalière* : chauffage, éclairage, blanchissage, dégraissage, préparation et conservation des substances alimentaires, boissons, liqueurs de toutes sortes, cosmétiques, hygiène, par le docteur B. LUNEL. 1 vol. 2 fr.

ÉCURIES et **ÉTABLES** (Voir Habitations des animaux, page 37).

ÉLECTRICIEN (*L'Ingénieur*). Guide pratique de la construction et du montage de tous les appareils électriques à l'usage des amateurs, ouvriers et contremaîtres électriciens, par H. de GRAFFIGNY. 1 vol. illust. de 109 fig. 4 fr.

Extrait de la table des matières. — Première partie. — Histoire de l'électricité. — Producteurs chimiques d'électricité. — Piles. — Accumulateurs. — Producteurs mécaniques d'électricité. — Machines électriques. — Unités et mesures, appareils et étalons électriques. — Moteurs pour la production de l'électricité. — Câbles et conducteurs.

Deuxième partie. — Histoire de la lumière électrique. — Constructions et installations de lampes électriques. — Force motrice, sonneries et allumoirs électriques. — Electro-chimie et électro-métallurgie. — Télégraphie électrique. — La téléphonie.

Troisième partie. — Récréations électriques. — La maison d'un électricien. — Applications domestiques. — Procédés et recettes utiles, secrets d'atelier. — Revue générale et conclusion.

ÉLECTRICIEN (*Guide pratique de l'ouvrier*). 1 volume. — En préparation. —

ÉLECTRICITÉ (*Leçons élémentaires d'*) ou exposition concise des principes généraux de l'ÉLECTRICITÉ ET DE SES APPLICATIONS, par SNOW-HARRIS, annotées et traduites par E. GARNAULT, professeur de physique à l'École navale. 1 volume avec 72 figures dans le texte . . . . 3 fr.

Les leçons de M. Snow-Harris ont eu un grand succès en Angleterre. L'auteur s'est surtout attaché à donner des idées saines, pratiques et théoriques sur les principes généraux de l'électricité et les faits les plus simples qu'il démontre à l'aide d'expériences faciles à répéter.

Le traducteur, qui est lui-même un professeur distingué, a ajouté à l'ouvrage anglais des notes dans lesquelles il donne surtout des aperçus sur les principales applications de l'électricité dans l'industrie.

ENGRENAGES (*Traité pratique du tracé et de la construction des*), de la vis sans fin et des cames, par F.-G. Dinée, mécanicien de la marine, ex-élève de l'Ecole des arts et métiers de Châlons-sur-Marne. 1 vol. et 17 pl.   3 50

Ce livre répond à un besoin, car depuis longtemps il manquait à toute bibliothèque industrielle ; c'est une œuvre de mécanique véritablement pratique.

Il se divise en trois chapitres :

1º Des courbes en usage dans la construction des engrenages ; 2º dimensions des détails et de l'ensemble des engrenages ; 3º tracé des engrenages, des vis sans fin, des cames.

ENTOMOLOGIE AGRICOLE (*Guide pratique d'*), et petit traité de la destruction des insectes nuisibles, par H. Gobin. 1 volume orné de 42 figures, 2º édit.   4 fr.

Figure spécimen du *Guide d'entomologie agricole.*

Ce traité, d'une lecture attrayante, possède un grand fonds de science. Il se compose de lettres familières adressées à un nouveau propriétaire rural. Tous les insectes qui s'attaquent aux champs et à leurs produits et aux animaux y sont passés en revue, et, ce qui est mieux encore, l'auteur a indiqué le moyen de se débarrasser de cette engeance envahissante. Le livre est terminé par des nomenclatures scientifiques avec les noms français.

ENTREPRISES COMMERCIALES (*Manuel des*). 1 volume. — En préparation. —

ÉPICERIE (*Guide pratique de l'*), ou Dictionnaire des denrées indigènes et exotiques, comprenant : l'étude, la description des objets consommables; les moyens de constater leurs qualités, leur nature, leur valeur réelle; les procédés de préparation, d'amélioration et de conservation des denrées, etc.; contenant, en outre, la fabrication des liqueurs, le collage des vins, et enfin les procédés de fabrication d'une foule de produits que l'on peut ajouter au commerce de l'épicerie, par le docteur B. LUNEL. 1 volume 3 fr.

Le commerce de l'épicerie et des denrées indigènes et exotiques d'un usage journalier est l'un des plus importants et des plus utiles pour la société. Il était regrettable que cette branche si étendue du commerce n'ait pas encore son livre spécial. Sans doute on trouve dans nombre d'ouvrages l'histoire des denrées indigènes et exotiques. Réunir sous forme de dictionnaire toutes ces données éparses, afin de faciliter les renseignements, tel a été le but que s'est proposé le docteur Lunel en publiant son livre sur l'épicerie.

ETHNOGRAPHIE (✳ *Manuel pratique d'*), ou description des races humaines; les différents peuples, leurs caractères naturels, leurs caractères sociaux; divisions et subdivisions des différentes races humaines, par J. D'OMALLIUS D'HALLOY. 5ᵉ édition. 1 volume avec une planche représentant les principaux types....... 4 fr.

Extrait de la table des matières. — De l'ethnographie en général. — De la race blanche. — Du rameau européen, du rameau arménien, du rameau scytique. — De la race brune, du rameau éthiopien, du rameau indou, du rameau indochinois, du rameau malais. — De la race rouge, du rameau hyperboréen, du rameau mongol, du rameau sinique. — De la race noire. — Des hybrides. — Tableaux de la division du genre humain en races, rameaux, familles et peuples.

EXPROPRIÉS POUR CAUSE D'UTILITÉ PUBLIQUE (*Manuel pratique et juridique des*), suivi de deux tableaux donnant le chiffre de la valeur du mètre de terrain dans Paris, et faisant connaître les principales indemnités accordées aux industriels, négociants et commerçants expropriés, par Victor EMION, avocat à la Cour de Paris, ancien sous-préfet. 1 volume .... 1 fr.

F

FALSIFICATIONS (*Guide pratique pour reconnaître les*), ou Dictionnaire des falsifications des substances alimentaires (aliments et boissons), contenant : la description de *l'état naturel ou normal des substances alimentaires* et leur *composition chimique*, les moyens de constater leur nature, leur valeur réelle ; les altérations spontanées, accidentelles, qu'elles peuvent subir, et les moyens de les prévenir ; les altérations et falsifications qui les dénaturent, c'est-à-dire qui en modifient l'aspect, la saveur, les propriétés nutritives, et qui les rendent souvent dangereuses ; enfin les moyens chimiques de rendre sensibles les altérations, falsifications et contrefaçons des diverses substances alimentaires, par le docteur LUNEL. 2ᵉ édit. 1 volume.   4 fr.

FÉCULIER et de l'**AMIDONNIER** (*Guide pratique du*), suivi de la conversion de la fécule et de l'amidon en dextrine sèche et liquide, en sirop de glucose, sirop de froment, sirop impondérable ; en sucre de raisin, sucre massé, sucre granulé et cassonade, en vin, bière, cidre, alcool et vinaigre, ainsi que leur application dans beaucoup d'autres industries, par L.-F. DUBIEF. 3ᵉ édition. 1 volume avec gravures dans le texte . . . . 4 fr.

Extrait de la table des matières. — Première partie. — Aperçu historique. — Des substances qui contiennent la fécule. — Composition et conservation de la pomme de terre. — Extraction de la fécule. — Lavage, râpage, tamisage, épuration, séchage, blutage. — Des résidus de la pomme de terre. — Du blanchiment de la fécule. — Rendement de la pomme de terre en fécule. — Conservation, vente et falsification. — Caractères et propriétés de la fécule.

Dans la deuxième partie, l'auteur donne la description des procédés à suivre pour fabriquer les amidons.

La troisième et dernière partie vient compléter les deux premières par les renseignements les plus récents.

Dans cet ouvrage, l'auteur s'est appliqué à dégager son texte de toute gêne scientifique ; il a été clair et précis pour mettre son enseignement à la portée de toutes les instructions. Pour chaque sujet, il est entré dans des développements minutieux en indiquant souvent ces tours de mains si indispensables, et que seule, la pratique ordinairement peut apprendre.

FER (*Le*). *Guide pratique du métallurgiste*, son histoire, ses propriétés et ses différents procédés de fabrication, par William FAIRBAIRN, ingénieur civil, membre de la Société royale de Londres, correspondant de l'Institut de France, etc., ouvrage traduit de l'anglais, avec l'approbation de l'auteur, et augmenté de notes et d'un appendice, par M. Gustave MAURICE, ingénieur civil des mines. 1 volume avec 68 figures dans le texte . . . . 4 fr.

Depuis longtemps, le nom de M. Fairbairn fait autorité dans l'industrie du fer. Après avoir tracé l'histoire des progrès de la fabrication du fer, l'auteur donne les analyses des minerais et des combustibles dans leurs rapports avec les résultats des différents procédés de fabrication. M. Maurice a complété sa traduction par des notes et un appendice. Il a éliminé tout ce que le texte original pouvait présenter de trop exclusivement rédigé en vue de la métallurgie anglaise.

Extrait de la table des matières. — Histoire de la fabrication du fer. — Les minerais des différentes parties du monde. — Les combustibles : charbon de bois, tourbe, coke, houille. — Production des combustibles dans le monde entier. — Réduction des minerais. — Transformation de la fonte en fer. — Des machines employées pour forger le fer. — La forge. — Le procédé Bessemer. — Fabrication de l'acier. — Trempe et recuite de l'acier. — De la résistance et des autres propriétés mécaniques de la fonte, du fer et de l'acier. — Composition chimique de la fonte. — Statistique de l'industrie sidérurgique, etc.

FERMENTS ET FERMENTATIONS. *Travailleurs et malfaiteurs microscopiques*, par I.-A. REY. 1 volume avec figures . . . . 4 fr.

Microbes de l'eau

Extrait de la table des matières. — Fermentation alcoolique. — Saccharomyces. — Le vin, la bière, le pain, l'alcool de grain, boissons fermentées. — Ferments des maladies du vin. — Fermentations par oxydation, lactique, caséique, putrides, butyrique. — Microbes des maladies contagieuses. — Microbes coloristes.

G

GÉOGRAPHIE (*Traité de*) physique, ethnographique et historique à l'usage des artistes, des écoles d'architecture et des gens du monde, par O. LESCURE, professeur à l'École centrale d'architecture. 1 volume. 5 fr.

Ce traité est le développement du programme de géographie sur lequel sont interrogés les candidats à l'Ecole spéciale d'architecture.

GÉOLOGUE (*Manuel du*), par DANA, traduit et adapté de l'anglais par W. HOUTLET. 1 volume avec 363 figures. 2e édition. . . . . 4 fr.

TABLE DES MATIÈRES. — *Introduction.* — *Géologie physiographique.* — Traits généraux de la surface terrestre. — Système des formes terrestres. — *Géologie lithologique.* — Constitution des roches. — Condition et structure des masses rocheuses. — Règne animal. — Règne végétal. — *Géologie historique.* — Age archéen. — Temps paléozoïque. — Temps mésozoïque. — Temps cénozoïque — Ere de l'intelligence. — *Observations générales sur l'histoire géologique.* — Durée des temps géologiques. — Progrès de la vie. — *Géologie dynamique.* — Vie. — Atmosphère. — Eau. — Chaleur. — Mouvements dans la croûte terrestre et leurs conséquences. — *Appendice.* — Instruments de géologie. — Échantillons.

Gravure spécimen du *Manuel du Géologue.*

GÉOMÈTRE ARPENTEUR (*Guide pratique du*), comprenant l'arpentage, le nivellement, le levé des plans et le partage des propriétés agricoles, avec un appendice sur le calcul des solides ; 3e édition, entièrement refondue, par P.-G. GUY, ancien élève de l'Ecole polytechnique, officier d'artillerie. 1 volume avec 183 figures. . . . 4 fr.

L'auteur, en publiant cet ouvrage, a eu pour intention d'en faire un *vade-mecum* utile aux ingénieurs, aux conducteurs des ponts et chaussées, aux agents voyers, géomètres, arpenteurs, etc. Son format portatif permet de pouvoir le consulter sur le terrain ; il est un abrégé d'un grand nombre d'ouvrages encombrants, dont il présente toutes les données nécessaires pour connaître et vérifier la contenance des pièces de terre et pour en construire un plan exact.

GÉOMÉTRIE ÉLÉMENTAIRE (*Leçons de*), par Ch. Rozan, professeur de mathématiques. 1 volume avec un atlas de 31 planches doubles. Le volume, 4 fr.; l'atlas, 2 fr.; l'ouvrage complet. . . . . 6 fr.

En résumant les principes essentiels de la géométrie élémentaire, ceux qui conduisent directement à la mesure des lignes, des surfaces et des corps, l'auteur s'est attaché surtout à faire sentir la liaison qui existe entre ces principes, la manière dont ils découlent les uns des autres par un enchaînement continuel de déductions et de conséquences. Il s'est donc attaché à couper le discours aussi peu que possible, et à dire d'une seule traite tout ce qui se rattache à un même ordre de questions. Il le dit très brièvement, pour ne pas fatiguer l'attention ou faire perdre de vue le point de départ ; cette rapidité des démonstrations n'a cependant rien ôté à leur clarté.

H

HABITATIONS DES ANIMAUX (✳ *Guide pratique pour le bon aménagement des*), par E. Gayot, membre de la Société centrale d'Agriculture de France. Cet ouvrage se compose de 2 parties.

1re partie : ✳ les **ÉCURIES ET LES ÉTABLES**. 1 volume avec 63 figures. . . . . 3 fr.

2e partie : ✳ les **BERGERIES ET LES PORCHERIES**, les habitations des animaux de la basse-cour, clapiers, oiselleries et colombiers. 1 volume avec 65 figures . . . 3 fr.

Aucun animal ne saurait être développé dans ses facultés natives, dans ses aptitudes propres, et produire activement dans le sens de ces dernières, si on ne le place dans les meilleures conditions d'alimentation, de logement, de multiplication. M. Gayot, avec l'autorité d'une longue expérience, a réuni dans ces deux volumes les conditions générales d'établissements et les dispositions particulières aux diverses espèces d'animaux.

1re PARTIE. — **Écuries et Étables.** *Extrait de la table des matières.* — Le sujet à vol d'oiseau. — Des effets de l'air pur et de l'air vicié sur l'économie animale. — L'aération : les portes et fenêtres, barbacanes et ventilateurs. *Dispositions particulières aux diverses espèces* : les dimensions intérieures, encore les portes et fenêtres, de l'aire des écuries, le plancher supérieur des écuries, arrangement intérieur et ameublement des écuries, les séparations, les boxes, établissements spéciaux, la température des écuries. *Les étables de l'espèce bovine* : l'aération, l'aire des étables, les dimensions et l'aménagement intérieurs, les boxes, règle d'hygiène générale, établissements spéciaux.

2e PARTIE. — **Les Bergeries** : de l'habitation en plein air, le parc des champs, le parc domestique, les abris brise-vent. — DE L'HABITATION COUVERTE : conditions particulières à l'établissement des bergeries, les portes et fenêtres, l'aération, les bâtiments, les aménagements intérieurs, auges et râteliers. — LA PORCHERIE : les conditions spéciales, la construction, les portes et fenêtres, les aménagements essentiels, les auges, dispositions particulières de l'ensemble. — *Les habitations de la basse-cour* : l'habitation du dindon, l'habitation de l'oie, la demeure du canard, le colombier et la volière, la faisanderie, etc., etc.

HERBORISEUR (✳ *Manuel de l'*). Comment on devient botaniste. — Clefs analytiques. — Description des genres et des espèces, suivie d'un vocabulaire. par E GRIMARD. 6ᵉ édition. 1 volume . . . . 4 fr

HYDRAULIQUE ET D'HYDROLOGIE souterraine et superficielle (*Guide pratique d'*), ou traité de la science des sources, de la création des fontaines, de la captation et de l'aménagement des eaux pour tous les besoins agricoles et industriels, par LAFFINEUR. 1 volume avec figures . . . . 3 fr. 5C

HYDRAULIQUE URBAINE ET AGRICOLE (*Guide pratique d'*). LAFFINEUR, ingénieur civil. 1 volume. — Epuisé. —

HYGIÈNE ET DE MÉDECINE USUELLE (*Guide pratique d'*), complété par le traitement du *choléra épidémique*, par Victor LUNEL. 1 volume . . . . . . 2 fr.

Ce livre ne s'adresse à aucune spécialité de lecteurs et convient à tout le monde. Il se subdivise en hygiène privée et en hygiène publique.

Figure spécimen de *Habitations des animaux*. (Voir page 37.)

I

INGÉNIEUR AGRICOLE (*Guide pratique de l'*). Hydraulique, dessèchement, drainage, irrigation, etc.; suivi d'un appendice contenant les lois, décrets, règlements et instructions ministérielles qui régissent ces matières, etc., par Jules LAFFINEUR, ingénieur civil et agronome, membre de plusieurs sociétés savantes. 1 volume avec figures et 3 planches. . . . . 3 fr.

Extrait de la table. — Classification des terrains. — Travaux de dessèchement, évaporation, infiltration. — Jaugeage des sources, des ruisseaux et rivières. — Tracé des canaux. — Description des procédés de dessèchement, colmatage, limonage, du drainage. — Irrigation, établissement d'un système d'irrigation. — Murs de soutènement des canaux, revêtements, radiers, déversoirs, barrage, siphon. — Des diverses méthodes d'arrosage. — Mise en culture des terrains à grandes pentes. — Jurisprudence rurale.

INGÉNIEUR ÉLECTRICIEN (Voir Électricien, page 31).

INTRODUCTION A L'ÉTUDE DES BEAUX-ARTS, par CARTERON. 1 volume. — En préparation.

EXTRAIT DE LA TABLE DES MATIÈRES : *La Peinture.* — Étude pratique et raisonnée du dessin.

Genres différents de la Peinture. — Peinture d'histoire et peinture religieuse. — Peinture de genre. — Portrait. — Paysage.

Histoire de la Peinture et aperçu des différentes écoles. — *Sculpture e statuaire.* — *Histoire de la sculpture.* — *L'Architecture.* — *Les Artistes.*

INTRODUCTION A L'ÉTUDE DE LA CHIMIE (Voir Chimie, page 23).

INTRODUCTION A L'ÉTUDE DE LA PHYSIQUE (Voir Physique, page 51).

INVENTEURS en France et à l'Étranger (*Les droits des*). Conseils généraux. — Brevets d'invention. — Péremption. — Vente. — Licences. — Exploitation. — Géographie industrielle. — Marques de fabrique. — Dessins. — Objets d'utilité. par H. DUFRENÉ, ingénieur civil, ancien élève de l'Ecole des arts et manufactures. 1 volume. . . . . 3 fr.

J

JARDINAGE (✳ *Manuel pratique de*), contenant la manière de cultiver soi-même un jardin ou d'en diriger la culture. 9° édition, par COURTOIS-GÉRARD, marchand grainier, horticulteur. 1 volume avec 1 planche et de nombreuses figures dans le texte . . . . 4 fr.

Gravure spécimen du *Manuel de jardinage.*

Nous renvoyons à la note accompagnant le *Manuel de culture maraîchère,* pour les titres de M. Courtois-Gérard, à la confiance publique. Dans le *Manuel du jardinier,* les jardiniers de profession trouveront des conseils, des détails nouveaux et des renseignements pratiques qu'ils peuvent ignorer ; le propriétaire et l'amateur de jardin y puiseront des instructions précises et claires qui leur éviteront toute espèce de méprises et d'erreurs.

Sommaire des principaux chapitres :

Dispositions générales d'un jardin potager. — Calendrier. — Travaux de chaque mois. — Les outils. — Les défoncements. — Les fumiers. — Les arrosements. — Les couches. — Semis. — Repiquages. — Marcottes. — Boutures. — De la greffe. — De la conservation des plantes. — Les maladies des plantes potagères. — La culture des arbres fruitiers. — La culture des arbres d'agrément. — Destruction des animaux nuisibles, etc.

JOAILLIER (*Guide pratique du*), ou Traité complet des pierres précieuses, leur étude chimique et minéralogique, les moyens de les reconnaître sûrement, leur valeur approximative et raisonnée, leur emploi, la description des plus extraordinaires des chefs-d'œuvre anciens et modernes auxquels elles ont concouru, par CH. BARBOT, ancien joaillier, inventeur du procédé de décoloration du diamant brut, membre de plusieurs sociétés savantes. 1 vol. avec 3 planches renfermant 178 figures représentant les diamants les plus célèbres de l'Inde, du Brésil et de l'Europe, bruts et taillés, et les dimensions exactes des brillants et roses en rapport avec leur poids, depuis un carat jusqu'à cent carats. Nouvelle édition, revue, corrigée et annotée par CH. BAYE. 1 vol. . . . 4 fr.

L

LAINE peignée, cardée, peignée et cardée (*Traité pratique de la*), contenant : 1re *partie*, mécanique pratique, formules et calculs appliqués à la filature : 2e *partie*, filature de la laine peignée, cardée peignée, sur la Mull-Jenny ; 3e *partie*, filage anglais et français sur continu ; 4e *partie*, laine cardée, par Charles LEROUX, ingénieur mécanicien, directeur de filature. 1 volume avec 32 figures dans le texte et 4 planches. . . . . 15 fr.

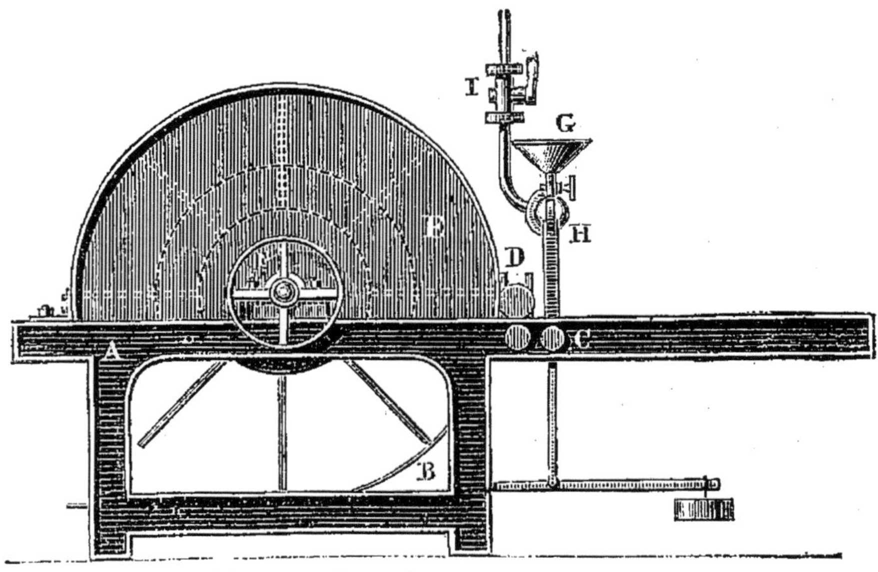

Figure spécimen du *Traité de la Laine.*

Extrait de la table des matières. — Choix d'un moteur. — Transmissions. — Arbres de couche. — Courroies. — Poulies. — Engrenages. — Frottements. — Force des moteurs. — Leviers. — Fabrication. — Triage des laines. — Caractères des laines. — Main-d'œuvre du triage. — Battage. — Nettoyage des laines. — Dessuintage. — Dégraissage. — Graissage des laines. — Disposition mécanique d'un assortiment de cardes. — Aiguisement des garnitures. — Bourrage des garnitures. — Cardages. — Passage au Gill-Box. — Lissage et dégraissage des rubans. — Peignage des laines. — Préparation des laines pour filage français. — Les différents passages. — Filage français sur Mull-Jenny.

LAPINS (✳ *Guide pratique de l'éducation des*), ou Traité de la race cuniculine, suivi de l'Art de mégisser leurs peaux et d'en confectionner des fourrures, par MARIOT-DIDIEUX. 3e édition. 1 volume . . . . 2 fr. 50

L'industrie de l'éducation de la race cuniculine est créée et elle marche vers le progrès. C'est dans le but de la voir se propager dans les campagnes que l'auteur a publié cette nouvelle édition de son *Guide pratique* en l'enrichissant d'un grand nombre de données nouvelles. En résumé l'auteur démontre qu'aucune viande ne peut être produite à aussi bon marche que celle du lapin. En terminant sa préface, il adjure les habitants des campagnes de se livrer à l'éducation des lapins, parce qu'ils y trouveront, sans beaucoup de soins, une source abondante de bien-être.

LÉGISLATION PRATIQUE (✳ *Premiers principes de*), appliquée au Commerce, à l'Industrie et à l'Agriculture, par Maurice BLOCK. 2ᵉ édit. 1 volume . . . 4 fr.

LIQUEURS (*Traité de la fabrication des*) françaises et étrangères, sans distillation. 6ᵉ édition, augmentée de développements plus étendus, de nouvelles recettes pour la fabrication des liqueurs, du kirsch, du rhum, du bitter, la préparation et la bonification des eaux-de-vie et l'imitation de celles de Cognac, de différentes provenances, de la fabrication des sirops, etc., etc., par L.-F. DUBIEF, chimiste œnologue. 1 volume. . . . . 4 fr

Ce traité est formulé en termes clairs et familiers ; la personne la moins expérimentée dans l'art du distillateur, qui en lira attentivement les préceptes pourra, sans aucun guide, devenir un bon fabricant après quelques essais.

Sommaire de quelques chapitres : — De la composition des liqueurs. — Quantités d'alcool, de sucre et d'eau, pour les différentes classes de liqueurs.— Des teintures aromatiques. — Des infusions. — De la coloration des liqueurs — Du mélange. — Du perfectionnement des liqueurs par le tranchage. — Du collage des liqueurs. — De la filtration. — De la conservation des liqueurs. — Règle générale pour bien opérer la fabrication des liqueurs. — Considérations à observer. — Des spiritueux aromatiques non sucrés. — Emploi des écumes et des eaux provenant du lavage des filtres. — Formules et préparations des sirops. — De l'alcool. — Du coupage ou mouillage des alcools. — Des eaux-de-vie. — Opérations d'eaux-de-vie. à tous les titres avec les alcools c'industrie. — Résumé pour les liqueurs, les eaux-de-vie et les alcools. — Appendice. — L'auteur termine cet ouvrage par une liste des principaux marchés des eaux-de-vie, esprits, etc.

LIQUORISTE DES DAMES (*Le*), ou l'art de préparer en quelques instants toutes sortes de liqueurs de table et des parfums de toilette avec toutes les fleurs cultivées dans les jardins, suivi de procédés très simples et expérimentés pour mettre les fruits à l'eau-de-vie, faire des liqueurs et des ratafias, des vins de dessert, mousseux et non mousseux, des sirops rafraîchissants, etc., par L.-F. DUBIEF. 1 volume avec figures dans le texte. 3 fr

Ce que nous avons dit des autres ouvrages de M. Dubief nous dispense de nous étendre sur celui-ci. C'est aux dames qu'il est adressé, et l'accueil qu'il a obtenu prouve suffisamment combien il est utile dans toute bibliothèque de ménage.

M

✳ MAÇONNERIE — Guide pratique du Constructeur
— par A. Demanet, lieutenant-colonel honoraire du génie,
membre de l'Académie royale de Belgique, etc. 1 volume
avec tableaux, accompagné de 20 planches doubles renfermant 137 figures gravées sur acier. . . . . 5 fr.

Extrait de la table des matières. — Des tracés. — Des mortiers et mastics.
— Des appareils. — De l'exécution des maçonneries. — Echafaudages et cintres.
— Outils et appareils. — Décintrements, charges, jointoiement. — Des épais-
sours à donner aux maçonneries. — Évaluations des travaux de maçonnerie.
— Travaux divers. — Travaux d'entretien et de restauration. — De l'organisation
des chantiers, etc.

MAISON (✳* *Comment on construit une*), par Viollet-
le-Duc. 1 volume avec 62 dessins par l'auteur. 5e édition. . . . . 4 fr.

Gravure spécimen de *Comment on construit une maison.* (Voir page 43.)

Extrait de la table des matières. — Plantations de la maison et opérations
sur le terrain. — La construction en élévation. — La visite au chantier. —
— L'étude des escaliers. — Ce que c'est que l'architecture. — Etudes théoriques. — La charpente. — La fumisterie. — La menuiserie. — La couverture
et la plomberie. — L'inauguration de la maison.

MANGANÈSES (Voir Potasses, page 54).

MARCHANDISES (*La liberté et le courtage des*), par V. EMION. Commentaire pratique de la loi du 18 juillet 1866. — Épuisé. —

MARCHANDISES (Voir Exploitation des chemins de fer, page 23).

MARÉCHALERIE-FERRURE. 1 volume. — En préparation. —

MATIÈRES INDUSTRIELLES (*Guide pratique pour l'essai des*), d'un emploi courant dans les usines, les chemins de fer, les bâtiments, la marine, etc., à l'usage des ingénieurs, manufacturiers, architectes, officiers de marine, etc., par Jules GAUDRY, chef du laboratoire des essais au chemin de fer de l'Est. 1 volume avec 37 figures et nombreux tableaux. 4 fr.

SOMMAIRE DES PRINCIPAUX CHAPITRES : PREMIÈRE PARTIE. — *Principes généraux de l'essai chimique.* — I. Composition et décomposition des corps. — II. Principes fondamentaux de l'analyse. — III. Manipulations chimiques. — IV. Marche de l'analyse. — DEUXIÈME PARTIE. — *Méthode d'essai des principales substances d'emploi courant.* — TROISIÈME PARTIE. *Tableaux* : Tableau A. Des principaux corps simples. — B. Division des bases en cinq groupes. — C. Division des acides en trois groupes. — D. Décomposition de l'eau par les métaux. — E. Analyse de l'eau. — F. États des incinérations. — G. Degré oléométrique des huiles. — H. Tableau comparatif des principaux métaux industriels. — Appareils divers pour les essais.

MÉCANICIEN (✻ *Guide pratique de l'ouvrier*), ou la MÉCANIQUE DE L'ATELIER, par MM. Bonnefoy, Cochez, Dinée, Gibert, Guipont, Juhel et Ortolan, mécaniciens en chef et mécaniciens principaux de la marine de l'État. 3 volumes avec de nombreuses figures dans le texte et 53 planches. 3ᵉ édition revue, corrigée et considérablement augmentée par A. Ortolan. Chaque volume, 4 fr.; l'ouvrage complet. . . . . 12 fr.

Extrait de la Préface. — L'*Ouvrier mécanicien* est un recueil de faits réunis sous la forme de calculs arithmétiques accessibles à toutes les personnes qui savent faire les quatre premières règles. Nous ne saurions trop recommander aux ouvriers qui ne sont plus familiarisés avec les signes et les annotations mathématiques élémentaires, de ne pas croire qu'il y a pour eux quelque difficulté à comprendre les formules écrites dans ce livre et à s'en servir. Les calculs qu'elles résument sous la forme la plus simple sont suivis d'un ou de plusieurs exemples d'application.

Les parties du texte imprimées en caractères plus forts contiennent les indications simples et précises sur le plus grand nombre de cas d'application de la mécanique aux professions industrielles. Ces indications proviennent de l'expérience des ingénieurs et des constructeurs en renom et de celle des auteurs du livre.

Les parties du texte imprimées en petits caractères traitent le côté plus théorique que pratique des questions. On peut se dispenser de les étudier, si on ne veut trouver dans l'*Ouvrier mécanicien* que le secours d'un formulaire pour l'application immédiate.

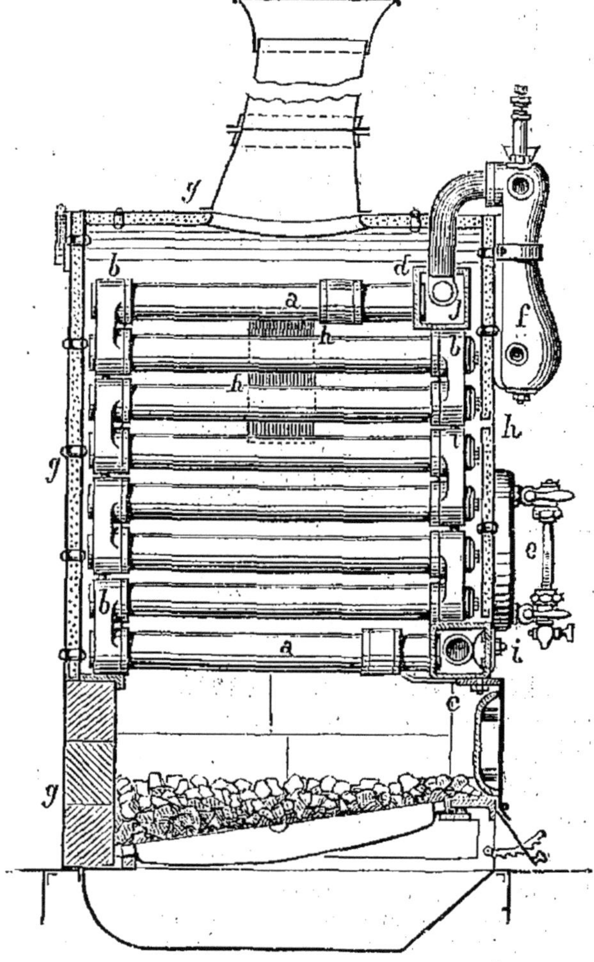

Figure spécimen du *Guide pratique de l'Ouvrier mécanicien*.

Principales divisions de l'ouvrage : Arithmétique. — Algèbre pratique. — Géométrie pratique. — Mécanique élémentaire, forces, transformation des mouvements, résistance des matériaux. — Machines motrices à air, pompes, machines hydrauliques. — Machines à vapeur; de la chaleur, de la vapeur, condensateur, chaudières, données et renseignements divers.

Vingt-cinq tables numériques complètent les données pratiques sur les questions d'application.

MÉCANIQUE (*Introduction à l'étude de la*), par Louis Du Temple, capitaine de frégate en retraite. 1 volume. — **En préparation.** —

MÉDECINE USUELLE (Voir Hygiène et Médecine usuelle, page 38).

MÉTALLURGIE (*Guide pratique de*), ou exposition détaillée des divers procédés employés pour obtenir des métaux utiles, précédé du Dictionnaire des mots techniques employés en métallurgie et de l'essai de la préparation des minerais, par D. L., 1 volume avec 8 planches in-4 gravées sur cuivre comprenant plus de 100 figures . 4 fr.

Extrait de la table des matières : Définition et aperçu de l'histoire de la métallurgie. — Vocabulaire des mots techniques métallurgiques. — Première partie. — *De l'essai des minerais.* — Des essais mécaniques par la voie sèche, la voie humide, d'or, d'argent, de platine, de fer, de cuivre, de zinc, d'étain, de plomb, de plomb argentifère par la coupellation, de mercure, d'antimoine, d'arsenic, de bismuth. — Deuxième partie. — *De la préparation et du traitement des minerais.* — I. De la préparation des minerais ; triage, criblage, bocardage, lavage, grillage. — II. Traitement métallurgique des minerais d'or, d'argent, de platine, de fer, de cuivre, de zinc, d'étain, de plomb, de mercure, antimoine, arsenic, bismuth, etc. — Préparation mécanique. — Amalgamation, etc., etc.

MÉTAUX ALCALINS (Voir Aluminium et Métaux alcalins, page 15).

MÉTÉOROLOGIE AGRICOLE (*Manuel de*) appliquée aux travaux des champs, à la physiologie végétale et à la prévision du temps, par F. Canu, météorologiste-publiciste et Albert Larbalétrier, diplomé de l'Ecole de Grignon, sous-directeur à la ferme-école de la Pilletière, 1 volume avec 3 figures et de nombreux tableaux. . 2 fr.

Extrait de la table des matières : *Notions préliminaires.* — *Chaleur :* Action de la chaleur sur le sol, échauffement, dessèchement, action de la chaleur sur la plante, évolution, action physique. — *Lumière :* Production de la chlorophylle, assimilation, transpiration, lumière du sol. — *Humidité de l'air.* — *Brouillard et rosée.* — *Pluie.* — *Froid.* — *Gelées.* — *La neige.* — *Vents.* — *Électricité.* — *Grêle.* — *Les éléments de l'air et le sédiment.* — *Instructions météorologiques.* — *Prévision du temps :* Prévision à longue et à courte échéance, prévisions des gelées nocturnes. — *Tableaux divers.*

MÉTIERS MANUELS (*Le livre des*), répertoire des procédés industriels, tours de main et ficelles d'atelier, recettes nouvelles et inédites, méthodes abréviatives de travail recueillies en vue de permettre aux amateurs, manufacturiers, ouvriers des petites villes et des campagnes d'exécuter aussi bien que les ouvriers spécialistes de Paris tous les travaux usuels d'une utilité journalière, par J.-P. HOUZÉ. 1 volume avec 5 planches hors texte comprenant de nombreux dessins techniques . . . . . . 4 fr.

MINÉRALOGIE USUELLE (*Guide pratique de*). Exposition succincte et méthodique des minéraux, de leurs caractères, de leur composition chimique, de leurs gisements, de leur application aux arts et à l'industrie, par M. DRAPIEZ. 1 volume . . . . 3 fr.

A la lucidité des définitions et à la simplicité de la méthode d'exposition, ce guide joint un mérite qui n'échappera pas aux hommes pratiques ; il contient la description des 1,500 espèces minérales dont il analyse les caractères distinctifs, la forme régulière et la forme irrégulière, les propriétés particulières, les compositions chimiques et les synonymies, les gisements, les applications dans les arts, dans l'industrie, etc.

MINÉRALOGIE APPLIQUÉE (*Guide pratique de*), histoire naturelle inorganique ou connaissance des combustibles minéraux, des pierres précieuses, des matériaux de construction, des argiles céramiques, des minerais manufacturiers et des laboratoires, des minerais de fer, de cuivre, de zinc, de plomb, d'étain, de mercure, d'argent, d'antimoine, d'or, de platine, etc., par A.-F. NOGUÈS, professeur de sciences physiques et naturelles. 2 vol. avec 248 figures. Chaque volume, 4 fr.; l'ouvrage complet. 8 fr.

Cet ouvrage a été écrit principalement pour les personnes qui désirent acquérir des notions justes, pratiques et usuelles sur les minerais métallifères et les minéraux employés dans les arts et l'industrie. Les étudiants qui suivent les cours des Facultés, les élèves des Écoles spéciales et industrielles, les ingénieurs, les élèves des Écoles des mines, les mineurs, les agriculteurs, les directeurs d'exploitations minières, les gardes-mines, les amateurs et les gens du monde qui voudront acquérir des connaissances pratiques en minéralogie, le consulteront avec fruit.

Ce guide a été conçu dans un esprit essentiellement pratique et industriel. M. Noguès, en publiant cet ouvrage, a voulu offrir au public le cours de minéralogie qu'il professe avec tant de succès à l'École centrale des arts et manufactures de Lyon. — Nous ne donnons pas ici la table des matières contenues dans l'œuvre de M. Noguès, elle est trop considérable, mais nous indiquerons le titre des chapitres.

I. Définitions des termes et généralités. — II. Caractères géométriques des minéraux ou cristallogie. — Cristallogie comparée ou morphologie minérale. — Cristallogénie. — Caractères physiques, chimiques et géologiques des minéraux. — Classification des minéraux. — Description des espèces minérales. — Appendice au carbone. — Organolithes. — Classifications.

N

NATURALISTE (*Manuel du*). —Zoologie, par Agassiz et Gould. Traduit par Élisée Reclus. 1 volume. — **En préparation.** —

O

OCTROIS (*Nouveau manuel des*), par E. Laffolay, inspecteur de l'octroi en retraite. 1 volume avec tableaux . . . . 4 fr.

Observations concernant la rédaction des procès-verbaux. — Formulaire pour la rédaction des procès-verbaux les plus usuels en matière d'octroi, en matière de contributions indirectes et d'octroi et en matière de contributions indirectes inclusivement.

OIES et **CANARDS** (*Guide pratique de l'éducation lucrative des*), par Mariot-Didieux, vétérinaire. 1 volume. . . . . 2 fr. 50

Les ouvrages de M. Mariot-Didieux sont au premier rang parmi ceux qui enrichissent notre bibliothèque. Aussi voulons-nous, pour en mieux faire ressortir le mérite, donner ici le sommaire des principaux chapitres.

1o *L'oie*. — Histoire naturelle. — Races françaises, petite race, grosse race et leurs variétés au nombre de cinq. Races étrangères; elles sont au nombre de douze.— Produits de l'oie, du plumage, de la multiplication, des accouplements, de la ponte, de l'incubation. — Éclosion, nourriture des oisons, nourriture ordinaire des oies. — Logement. — Engraissement. — Foies gras. — Manière de tuer les oies. — Commerce, vente, mégissage des peaux d'oies pour fourrures, — Maladies, hygiène.

2o *Du Canard*. — Histoire naturelle, mœurs. — Races françaises; elles sont au nombre de quatre. — Races étrangères ; on en compte onze principales. — De la ponte. Manière d'augmenter la ponte. — De l'incubation naturelle. — Des canards mulets. — Nourriture et élevage des canetons, engraissement. — Vente des canetons. — Comment on doit tuer le canard. — Du plumage. — Habitation. — Maladies. — Hygiène, etc.

OSTRÉICULTEUR (*Guide pratique de l'*), ou Culture des huîtres et procédés d'élevage et de multiplication des races marines comestibles, histoire naturelle des mollusques et des crustacés. — Causes du dépeuplement progressif des bancs d'huîtres. — Industrie et procédés actuels. — Construction des claires, parcs, viviers, etc. — Exploitation des claires. — Culture des moules. — Élevage des homards, langoustes, etc., par Félix FRAICHE, professeur de sciences mathématiques et naturelles. 1 volume avec figures dans le texte . . . . 3 fr.

Les chemins de fer et la navigation, en diminuant les distances, ont créé pour les races marines comestibles des débouchés qui leur avaient manqué jusqu'alors. De là et d'autres causes que M. Fraiche indique, l'appauvrissement des bancs d'huîtres. L'auteur, qui s'est inspiré des travaux de M. Coste, démontre que l'ostréiculture est une industrie facile à créer et à développer, et qui donne des résultats rémunérateurs à ceux qui savent l'exploiter.

Figure spécimen du *Guide de l'Ostréiculteur*.

P

PAPIER et du **CARTON** (*Guide pratique de la fabrication du*), par A. Prouteaux, ingénieur civil, ancien élève de l'École centrale des arts et manufactures, ancien directeur de papeterie. Nouvelle édit. 1 volume avec 8 planches.   4 fr.

Extrait de la table des matières. — Historique. — Matières premières. — Fabrication : triage, délissage, blutage, lavage et lessivage, défilage, égouttage, blanchiment, raffinage, collage, matières colorantes, travail de la machine à papier, de l'apprêt. — Fabrication du papier à la cuve ou à la main. — Classification des papiers. — Diverses substances propres à la fabrication du papier. — Papier de paille, papier de bois, papier d'alfa. — Papiers spéciaux. — Analyse chimique des matières employées en papeterie. — Matériel d'une papeterie. — Prix de revient, personnel, administration d'une papeterie. — Fabrication du carton. — Fabrication du papier en Chine et au Japon. — Considérations économiques. — Principaux brevets d'invention français relatifs à l'industrie du papier. — Prix des appareils et des principales matières employées en papeterie.

PARFUMEUR (*Guide pratique du*), dictionnaire raisonné des **cosmétiques et parfums**, contenant : la description des substances employées en parfumerie, les altérations ou falsifications qui peuvent les dénaturer, etc., les formules de plus de 500 préparations cosmétiques, huiles parfumées, poudres dentifrices dilatoires, eaux diverses, extraits, eaux distillées, essences, teintures, infusions, esprits aromatiques, vinaigres et savons de toilette, pastilles, crèmes, etc., par le docteur B. Lunel. 1 volume rédigé sous forme de dictionnaire avec un appendice.......... ... 4 fr.

La parfumerie est une industrie qui, bien comprise et loyalement faite, se rattache d'un côté à l'hygiène et de l'autre est destinée à satisfaire des goûts et des sensations commandées par le luxe et une civilisation plus ou moins avancée.

M. Lunel divise la fabrication en trois classes : fabrique de parfumerie à bon marché, fabrique dont les produits sont coûteux, et enfin les fabriques mixtes, dans les vastes magasins desquelles ont trouve aussi bien les produits ordinaires que les produits extra-fins.

M. Lunel donne des renseignements précieux sur toutes ces préparations, et son livre a cela de précieux qu'il donne toutes les formules et les secrets de la fabrication.

PERSPECTIVE (*Théorie pratique de la*). Étude à l'usage des artistes peintres, des élèves des Écoles des beaux-arts, des Écoles industrielles, etc., par V. Pellegrin, peintre. 1 volume avec 42 figures et 1 planche de 16 figures. .... 4 fr.

PHYSIQUE (* *Introduction à l'étude de la*), par Louis Du Temple, capitaine de frégate en retraite. 1 volume avec 146 figures, 2ᵉ édition . . . . 4 fr.

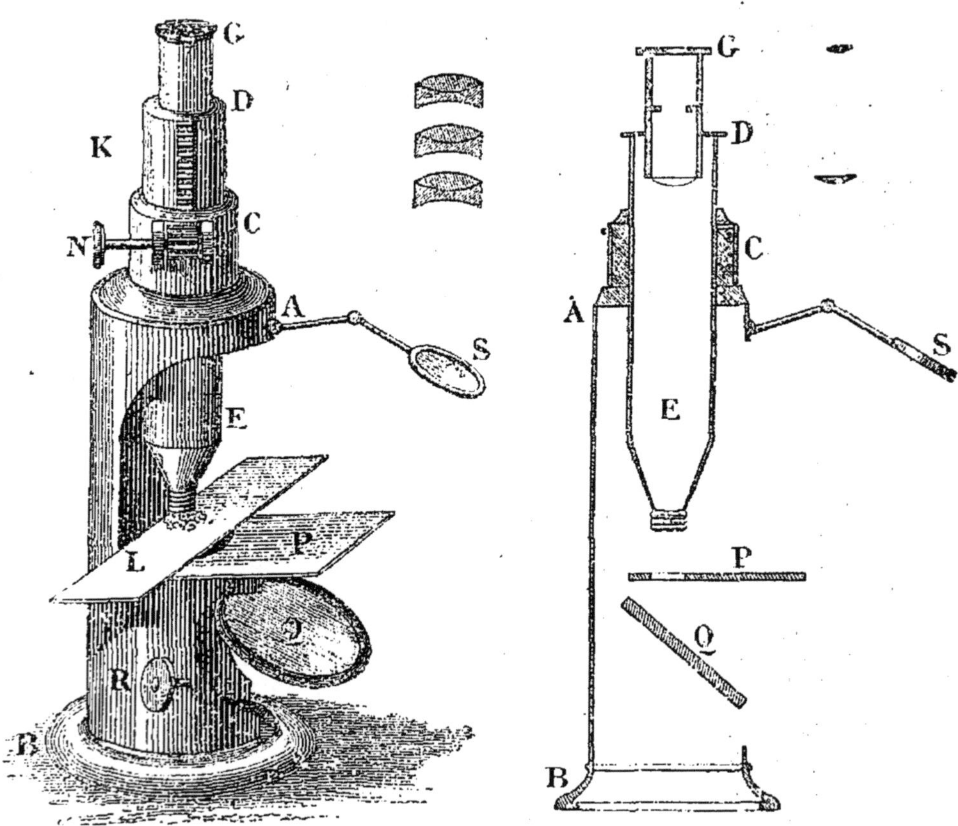

Figure spécimen de l'*Introduction à l'Étude de la physique.*

Sommaire des principaux chapitres : *Quelques définitions de chimie* : Éléments qui entrent dans la composition des corps. — Nomenclature chimique. — *Introduction. — La Force* : Pesanteur. — Actions moléculaires. — *Calorique et Chaleur :* Température. — Mode de propagation de la chaleur. — Changement d'état des corps par la chaleur. — *Lumière.* — Réflexion de la lumière. — Réfraction. — Décomposition et recomposition de la lumière. — Applications diverses des phénomènes de la lumière. — Lunettes. — *Sons.* — Propagation. — Réflexion. — Vibration. — *Électricité.* — *Électro-Magnétisme.* — *Electro-Chimie.*

PHOTOGRAPHE (*L'étudiant*), traité pratique de photographie à l'usage des amateurs, avec les procédés de

MM. Civiale, Bacot, Cavelier, Robert, par A. CHEVALIER.
1 volume avec 68 figures . . . . 3 fr.

Ce livre est un manuel simplifié de photographie. Il sera utile à tous ceux
qui voudront s'occuper des moyens de reproduire la nature à l'aide de la lumière. Comme son titre l'indique, c'est le livre de l'étudiant, et certes nous
n'avons, en le livrant à la publicité, qu'un seul désir, celui d'être utile. Nous
sommes sûrs des procédés indiqués, car nous avons dû expérimenter nous-
mêmes celui relatif au collodion humide.

PIERRES PRÉCIEUSES (Voir Joaillier, page 40).

PISCICULTURE et AQUICULTURE FLUVIALES

(*Manuel de*), appliqué au repeuplement des
cours d'eau et à l'élevage en eaux fermées, par Albert
LARBALÉTRIER, diplômé de l'École d'agriculture de Grignon, ancien élève libre de l'Institut national agrono-
mique, ex-professeur de pisciculture, etc., 1 volume avec
figures et tableaux. . . . . 4 fr.

EXTRAIT DE LA TABLE DES MATIÈRES. — *Pisciculture d'eau douce.* — Notions
préliminaires. — PREMIÈRE PARTIE : *Les Poissons.* — Considérations générales.
— Organisation des poissons. — Classification des poissons. — Description des
ordres de poissons. — Nature des eaux douces. — Description, mœurs et genre
de vie des principales espèces de poissons. — DEUXIÈME PARTIE : *Les procédés
de multiplication et d'élevage.* — La Pisciculture naturelle : les Étangs, a mé-
nagement des cours d'eau. — La Pisciculture artificielle : Acclimatation des
poissons, Fécondations artificielles, Incubation et éclosion, Alevinage et élevage, transport des œufs et des poissons, Frayères artificielles, Ennemis des
Poissons. — TROISIÈME PARTIE : *Pêche en eau douce et législation.* — Pêche à
la ligne, Pêche au filet. — Législation : Lois et règlements, Historique et considérations générales. — QUATRIÈME PARTIE : *Culture spéciale des Crustacés et
Annélides d'eau douce.* — Écrevisse, Sangsues.

PLANTES FOURRAGÈRES (*Guide pratique pour
la culture des*), par A. GOBIN, ancien élève de l'École de
Grand-Jouan, ancien directeur de la colonie pénitentiaire
du Val-d'Yèvres (Cher). 1 volume avec de nombreuses
figures. . . . . 4 fr.

Première partie. — PRAIRIES NATURELLES, PATU-
RAGES.

Figure spécimen du *Guide pratique pour la culture des Plantes fourragères.*

Deuxième partie.—**PRAIRIES ARTIFICIELLES, PLANTES, RACINES.**

Figure spécimen du *Guide pratique pour la culture des Plantes fourragères.*

Les fourrages sont la base de toute culture, et il est admis aujourd'hui, par tous les agriculteurs intelligents, que pour avoir du blé il faut faire des prés. M. Gobin, guidé par sa grande expérience, a voulu rédiger un guide tout pratique indiquant tout ce qui doit être observé pour obtenir les meilleurs résultats et éviter les dépenses inutiles : mais, comme il le dit dans sa préface, si le titre même de son livre lui a fait une loi de se restreindre à la culture des plantes fourragères et de s'abstenir de considérations scientifiques inutiles au but qu'il poursuit, il ne s'est pas interdit les applications pratiques des sciences, en tant qu'elles se rapportent à l'explication des phénomènes ou à l'amélioration des méthodes de culture. « C'est là, en effet, dit-il, ce que nous entendons par la pratique, et non point seulement la routine manuelle, qui consiste à savoir tenir les mancherons de la charrue, charger une voiture de gerbes ou manier la faux, celle-ci suffit à un ouvrier, celle-là est nécessaire au moindre cultivateur intelligent. »

Ce guide peut être considéré comme le résumé des leçons professées avec tant de succès par M. Gobin à l'*Ecole de Grignon.*

PONTS ET CHAUSSÉES et de l'Agent voyer (*Guide pratique du Conducteur des*). Principes de l'art de l'ingénieur, comprenant : plans et nivellements, routes et chemins, ponts et aqueducs, travaux de construction en général et devis, par F. BIROT, ingénieur civil, ancien conducteur des ponts et chaussées. 4º édition, revue et augmentée.

Première partie. — **ROUTES.** — 1 vol. accompagné de 12 planches doubles, contenant 99 figures. . . . . . . 4 fr.

Deuxième partie. — **PONTS.** — 1 vol. accompagné de 8 planches doubles, contenant 44 figures. . . . . 4 fr.

Nous allons donner un extrait de la table des matières de ces volumes, devenus le *vade-mecum* des agents des ponts et chaussées.

Première partie. — *Chap. Ier.* — Tracé et mesure des lignes. Arpentage proprement dit. Mesure des angles. Levé à l'échelle. Instruments. — *Chap. II.*

Objets du nivellement. Niveaux de différents systèmes. Stadia. — *Chap. III.*
Classification des routes. Projets. De la forme générale des routes. Tracé des
courbes. Tables diverses. — *Chap. IV.* Construction des chaussées. Entretien
des routes. Déblais et remblais.
  Deuxième partie. — *Chap. I.* Ponts et aqueducs. Ponceaux. Murs de soutènement. Parapets. Voûtes biaises. Sondages. Pieux. Pilotis. Palplanches. Enro-
chements. — *Chap. II.* Des cintres et des ponts en charpente. — *Chap. III.*
Études des matériaux employés dans les constructions. — *Chap. IV.* Du mé-
trage et du devis. Avant-métré d'un aqueduc, d'un ponceau, etc.
  L'auteur a terminé par le programme d'admission pour l'emploi de conducteur.

PORCHERIES (Voir Habitations des animaux,
page 37).

POTASSES (*Guide pratique pour reconnaître et pour déterminer le titre véritable et la valeur commerciale des*), des
SOUDES, des **CENDRES**, des **ACIDES** et des **MANGANÈSES**,
avec neuf tables de déterminations, traduit de l'allemand par
le docteur G.-W. BICHON, ancien élève de M. Liebig.
Nouvelle édition, augmentée de notes, tables et documents
par R. FRÉSÉNIUS et le Dr WILL. 1 vol. avec figures. 2 fr.
  Le livre de MM. Frésénius et Will est le résultat des recherches de ces deux
savants chimistes étrangers; c'est avec beaucoup de succès qu'ils sont parvenus
à perfectionner les méthodes d'essais relatifs aux potasses, soudes, acides et
manganèses.

POUDRES ET SALPÊTRES (*Guide pratique de
la fabrication des*), avec un appendice par le major STEERE
sur les *feux d'artifice*, par M. SPILT. 1 volume. . . . 4 fr.

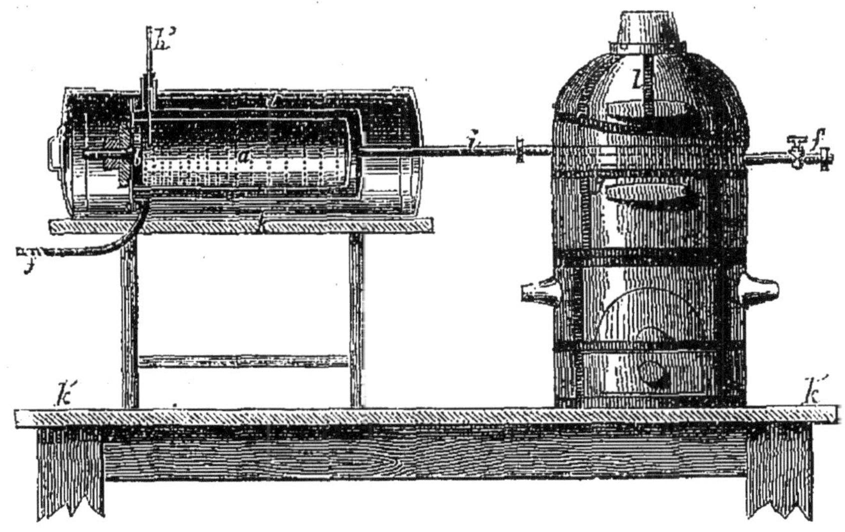

Figure spécimen du *Guide de la fabrication des poudres et salpêtres.*

Dès les premières lignes de ce livre, on s'aperçoit que l'auteur est un homme compétent dans la matière qu'il traite, et qu'à l'étude dans le laboratoire, le major Steerk a joint l'expérience en grand. Dans ses données, tout est rigoureusement exact, et on peut accepter l'auteur comme guide, sans craindre de se tromper.

L'appendice sur les feux d'artifice résume en quelques pages les notions nécessaires pour la confection de ces feux.

Sommaire des chapîtres. — *Première partie :* Soufre, salpêtre, bois. — Charbon : carbonisation par distillation, par vapeur, analyses des charbons. — Poudres : poudres de guerre, poudres de mine, poudres du commerce extérieur et poudres de chasse. — Epreuves. — Combustion des poudres, dosages, anaysés.

Deuxième partie : Feux d'artifice. — Historique, matières premières, produits chimiques, outils, cartonnages, cartouches, feux qui produisent leur effet sur le sol, feux qui le produisent dans l'air, sur l'eau, etc., feux de salon, feux de théâtre. Confection des principales pièces d'artifice.

POULES (*Éducation lucrative des*), ou traité raisonné de gallinoculture, par MARIOT-DIDIEUX, vétérinaire en premier aux remontes de l'armée, membre et lauréat de plusieurs sociétés savantes. Nouvelle édition. 1 vol. 4 fr.

L'éducation, la multiplication et l'amélioration des animaux qui peuplent les basses-cours ont fait depuis une quinzaine d'années de notables progrès. Répondant à un besoin de l'économie domestique, l'auteur de ce guide pratique a voulu faire un traité complet de gallinoculture dans lequel, après des considérations historiques, anatomiques et physiologiques sur les poules, il décrit les caractères physiques et moraux de quarante-deux races, apprend à faire un choix parmi ces races si diverses et indique les moyens de conservation et de multiplication des individus. Des chapitres spéciaux sont consacrés aux maladies, à la pharmacie gallinée, à la statistique des poules et des œufs de la France, etc.

Les ouvrages de M. Mariot-Didieux sont au premier rang parmi ceux qui enrichissent notre bibliothèque. Aussi voulons-nous, pour en mieux faire ressortir le mérite, donner ici le sommaire des principaux chapitres :

Gallinoculture. — De la poule, son antiquité, son utilité, expositions, concours, anatomie, considérations physiologiques, des sensations, voix du coq, voix de la poule. — Choix des races. — Signes extérieurs de la ponte. — Considérations sur les races de poules. — Races françaises, hollandaises, belges, anglaises, espagnoles, italiennes, prussiennes. — Races asiatiques, indiennes, japonaises, indo-chinoises. — Races syriennes, africaines, américaines. — Races de l'Océanie. — Du croisement des races. — Dépenses et produits de la poule. — Du poulailler, de la cour, des œufs. Moyens de reculer, d'augmenter ou d'avancer la ponte. — Fécondation du coq. — Castration ou chaponnage des coqs. — De l'incubation. — Elevage des poulets. — Maladies des poules. — De la saignée. — Pharmacie. — Vente des produits, etc.

R

ROSEAU (Voir Saule, même page).

ROUES HYDRAULIQUES (*Traité de la construction des*), contenant tous les systèmes de roues en usage, les renseignements pratiques sur les dimensions à adopter pour les arbres tournants, les tourillons, les bras de roues hydrauliques, etc., etc., par Jules LAFFINEUR. 1 volume avec de nombreux tableaux et 8 planches. . . . . 3 fr. 50

L'auteur démontre dans sa préface que le perfectionnement des machines motrices des usines est à la fois une nécessité d'intérêt général et privé. Dans son ouvrage, il recherche et il définit les principales conditions à remplir sous ce rapport, et il donne ensuite tous les détails relatifs à la construction des roues hydrauliques dans les meilleures conditions possibles.

Fidèle à la méthode qui lui est propre, M. Laffineur s'est surtout attaché à se faire comprendre par la simplicité des termes employés et par les nombreux exemples qu'il donne.

Les planches sont d'une grande netteté ; elles représentent tous les systèmes de roues en usage, roues à palettes, roues pendantes, roues en dessous et à aubes courbes, roues à augets, roues horizontales, roues à niveau constant, frein dynamométrique, etc.

ROUTES (Voir Ponts et Chaussées, page 53).

S

SALPÊTRES (Voir Poudres, page 54).

SAULE (*Guide pratique de la culture du*) et de son emploi en agriculture, notamment dans la création des oseraies et des saussaies, avec un appendice sur la culture du roseau, par M.-J. KOLTZ, chevalier de l'ordre R. G. D. de la Couronne de chêne, agent des eaux et forêts, etc. 1 volume avec 35 figures dans le texte . . . . 2 fr.

Ce travail a pour objet de faire ressortir les avantages que procure la culture du saule dans les terrains qui lui conviennent, et qui, le plus souvent, ne peuvent être rendus productifs qu'à l'aide de cette essence ; M. Koltz donne donc le moyen de mettre en produit des terrains vagues. Dans certains parages, le roseau commun forme le complément obligé de l'osier ; l'appendice que M. Koltz a consacré à cette plante renferme des détails intéressants, surtout pour les propriétaires de terrains aujourd'hui tout à fait improductifs.

SCIENCES PHYSIQUES (*Éléments des*), appliquées à l'agriculture; ouvrage divisé en deux parties, par A.-F. POURIAU, docteur ès sciences, ancien élève de l'Ecole centrale, professeur à l'École d'agriculture de Grignon.

Chaque partie se vend séparément.

Première partie. **CHIMIE INORGANIQUE**, suivie de l'étude des marnes, des eaux, et d'une méthode générale pour reconnaître la nature d'un des composés minéraux intéressant l'agriculture ou la médecine vétérinaire. 1 volume avec 153 figures dans le texte et tableaux. . . 7 fr.

Deuxième partie. **CHIMIE ORGANIQUE**, comprenant l'étude des éléments constitutifs des végétaux et des animaux, des notions de physiologie végétale et animale, l'alimentation du bétail, la production du fumier. 1 volume avec 65 figures dans le texte et tableaux. . . . . . . 7 fr.

Figure spécimen des *Éléments des sciences physiques.*

M. Pouriau, aujourd'hui professeur et sous-directeur à l'École d'agriculture de Grignon, a été nommé secrétaire général de la Société d'agriculture de Lyon, à l'élection. Voilà quelques-uns des titres du savant professeur; quant à ses ouvrages, ils sont promptement devenus classiques et ils sont en même temps consultés avec fruit par tous les agriculteurs, les propriétaires, les gentils-hommes-fermiers et par tous les gens d'étude et les gens du monde. Pour cette dernière classe de lecteurs, nous citerons le passage de la préface qui indique que cet ouvrage a été en partie rédigé à leur intention :

« Mais, d'autre part, je conseille aux gens du monde, que de semblables détails ne peuvent que médiocrement intéresser, de laisser de côté ces paragraphes, pour reporter leur attention sur les autres chapitres.

« Enfin, toujours guidé par le désir de satisfaire aux besoins de chaque classe de lecteurs, j'ai indiqué, *en note et séparément*, la préparation des principaux corps étudiés, parce que cette branche du cours ne saurait être utile qu'à ceux en position de faire quelques manipulations.

« Si les amis de la science agricole me prouvent, par un accueil bienveillant fait à mon livre, que j'ai suivi la bonne voie, je leur en témoignerai ma reconnaissance en leur offrant successivement les autres parties de mon enseignement. »

SERRURERIE (*Nouveaux Barèmes de*), par E. ROULAND, 1 volume . . . . 4 fr.

EXTRAIT DE LA TABLE DES MATIÈRES. — *Balcons* en barreaux de fer rond avec ou sans ornements, en barreaux de fer plats, en barreaux de fer carré. — *Grilles fixes* en barreaux de fer rond avec ou sans petits barreaux, avec ou sans ornements.— *Grilles ouvrantes* à deux vantaux avec ou sans petits barreaux, avec ou sans ornements. — *Portes* à un vantail et à deux vantaux en fer à T avec panneaux tôle. — *Poids des fers*, fers plats, carrés, ronds, T et cornières double T. — *Poids des tôles*.

SOUDES (Voir Potasses, page 54).

SUCRES (*Guide pour l'essai et l'analyse des*), indigènes et exotiques, à l'usage des fabricants de sucre. Résultats de 200 analyses de sucres classés d'après leur nuance, par E. MONIER, ingénieur chimiste, ancien élève de l'École centrale des arts et manufactures. 1 volume avec figures dans le texte et tableaux . . . . 3 fr.

L'auteur, après avoir rappelé les propriétés générales des substances saccharifères, donne les méthodes les plus simples qui permettent de doser avec précision ces mêmes substances. Quelques notes sur l'altération et le rendement des sucres soumis au raffinage terminent le travail de M. Monier, dont M. Payen a fait un éloge mérité devant l'Académie des sciences.

T

TEINTURIER (*Guide du*), manuel complet des connaissances chimiques indispensables à la pratique de la teinture, par Frédéric FOL, chimiste. Nouvelle édition. 1 volume avec 91 figures dans le texte. . . . . 4 fr.

En publiant cet ouvrage, l'auteur s'est proposé de répandre dans la population ouvrière qui s'occupe des travaux de teinture, les connaissances nécessaires des sciences sur lesquelles est basée cette industrie.

TÉLÉGRAPHIE ÉLECTRIQUE (*Guide pratique de*), ou *Vade-mecum* pratique à l'usage des employés des lignes télégraphiques, suivi du programme des connaissances exigées pour être admis au surnumérariat dans l'administration des lignes télégraphiques, par B. MIÉGE, directeur de lignes télégraphiques. 1 volume avec 45 figures dans le texte. . . . . 2 fr.

TERMES TECHNIQUES (⁂ *Dictionnaire des*) de la science, de l'industrie, des lettres et des sciences, par A. SOUVIRON, professeur de technologie et d'histoire naturelle à l'Association polytechnique. 1 volume . 6 fr.

TISSUS (*Manuel du commerce des*). *Vade-mecum* du **Marchand de Nouveautés**, par Edm. BOURDAIN. 1 vol. 3 fr.

SOMMAIRE DES CHAPITRES : Introduction. — Visite au magasin. — Tableau par rayon de tous les articles composant un magasin de nouveautés. — Table des villes de fabrique et des genres où elles excellent. — Tissus employés pour confectionner les divers vêtements et quantités employées. — Soins à donner aux étoffes. — Tissus étrangers. — L'Escompte. — Commission. — Teinture et couleurs. — Vêtements sur mesures. — Fourrures. — Termes techniques. — Conseils pour les achats. — Voyage d'achat. — Tableau des tissages mécaniques de France. — Représentants de fabrique. — Cravates et confections. — Comptabilité. — Monnaies et mesures étrangères. — Conseils aux employés de commerce.

⁂ TRANSMISSIONS DE LA PENSÉE ET DE LA VOIX, par Louis DU TEMPLE, capitaine de frégate en retraite. 2ᵉ édit. 1 volume avec 62 figures. . . . . 4 fr.

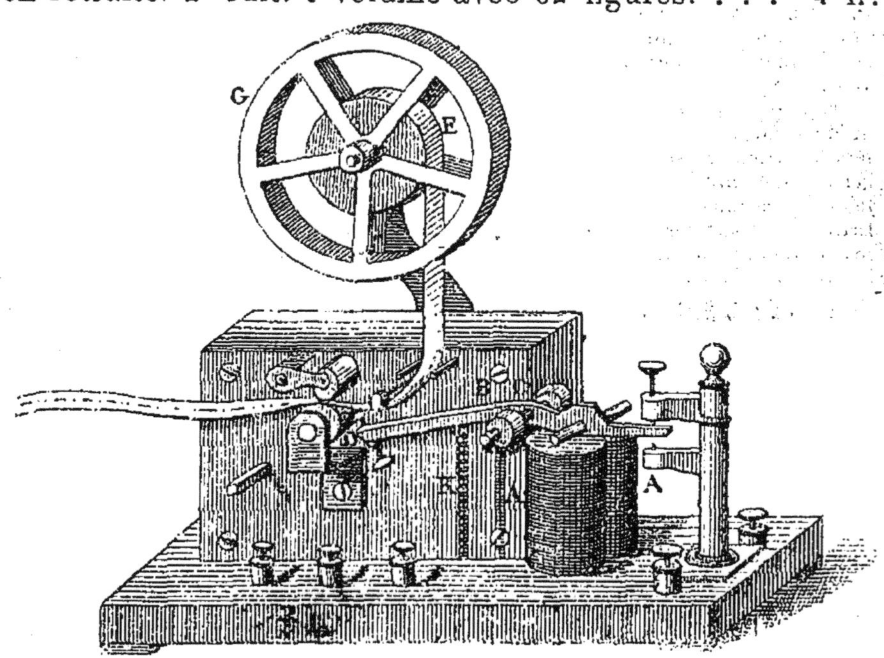

Figure spécimen de *Transmissions de la pensée et de la voix.*

SOMMAIRE DES PRINCIPAUX CHAPITRES : *Organe de la vue et moyens employés pour la corriger.* — Structure de l'œil. — Marche des rayons lumineux dans l'œil. — *Organe de la voix.* — *Organe de l'ouïe.* — Oreille. — Comment l'homme peut diminuer les imperfections de l'ouïe. — *Langage.* — Définition. — Langage écrit. — *Papier.* — Historique. — Fabrication du papier. — Différentes espèces de papier. — *Imprimerie ou Typographie.* — Historique. — Gravure. — Lithographie. — Presses typographiques. — Clichage. — Gravure en creux. — Gravure en relief. — *Photographie.* — Historique. — Procédés. — *Électro-Métallurgie.* — Galvanoplastie. — Appareils galvanoplastiques. — Applications de la galvanoplastie. — *Télégraphes aériens, pneumatiques, électriques.* — *Téléphone.* — *Phonographe.* — *Aérophone.* — *Postes.*

V

VACHE LAITIÈRE (*Guide pratique pour le choix de la*), par Ernest DUBOS, vétérinaire de l'arrondissement de Beauvais, professeur de zootechnie à l'Institut agricole de la même ville. 1 volume avec 7 planches. 2e édition. 2 fr. 50

Les diverses méthodes pour le choix des vaches laitières sont résumées dans ce livre. Les agriculteurs et les eleveurs y trouveront l'indication des signes qui peuvent les guider pour la conservation et l'acquisition des animaux qui conviennent le mieux à leurs exploitations. — Les figures représentant les diverses races de vaches laitières qui sont remarquables.

Dans le chapitre premier, l'auteur s'occupe de la stabulation, de l'alimentation et du rendement. — Le chapitre deuxième est consacré à l'étude du lait, ses modifications et ses altérations. — Dans les autres chapitres, l'auteur donne des renseignements pour reconnaître les propriétés du lait, le moyen de reconnaîtce les falsifications, les qualités exigées de la servante de ferme et la manière de traire. — Dans les chapitres sixième et septième, il indique les caractères et les méthodes qui peuvent guider dans le choix des meilleures vaches laitières.

VERNIS (*Guide pratique de la Fabrication des*), nouvelle édition, revue, corrigée et complètement refondue,

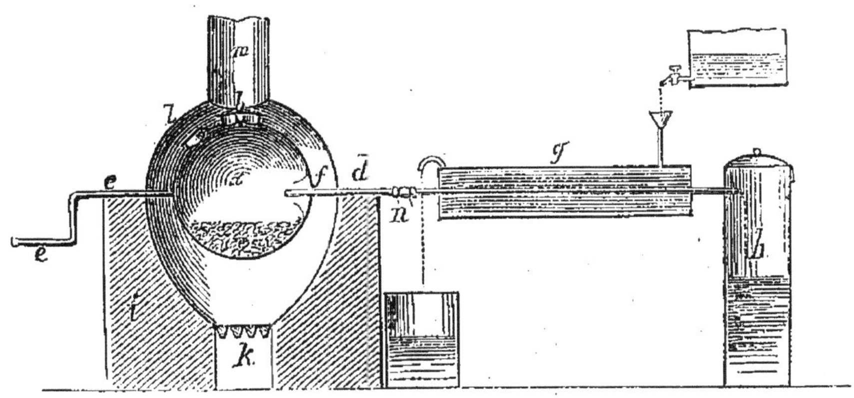

Figure spécimen de la *Fabrication des Vernis.*

de l'ouvrage de M. TRIPIER-DEVAUX, par H. VIOLETTE, ancien élève de l'Ecole polytechnique, commissaire des poudres et salpêtres, membre de plusieurs sociétés savantes. 1 volume avec figures dans le texte . . . . . . 6 fr.

Extrait de la préface. — Les vernis ne sont autres que des solutions de résines dans certains liquides. Ces liquides, qui sont ordinairement l'*éther*, l'*alcool*, l'*essence de térébenthine* et les *huiles*, donnent aux vernis qui en résultent des propriétés caractéristiques qui en déterminent l'usage. Cette désignation des liquides nous permet de diviser les vernis en quatre classes. — Vernis à l'éther. — Vernis à l'alcool. — Vernis à l'essence. — Vernis gras.

Cette division sera celle des quatre chapitres composant notre ouvrage : nous examinerons chaque classe successivement ; cet examen comprendra : 1o les propriétés physiques et chimiques, ainsi que la préparation du liquide employé à dissoudre les résines de cette classe ; 2o les propriétés physiques et chimiques, ainsi que l'origine des résines employées dans cette catégorie ; 3o la fabrication proprement dite des vernis, par le mélange des résines et liquides précédemment étudiés.

VIDANGE AGRICOLE (*Guide pratique de la*); à l'usage des agronomes, propriétaires et fermiers. Richesse de l'agriculture. Description de moyens faciles, économiques, salubres et pratiques, de recueillir, de désinfecter et d'employer utilement en agriculture l'engrais humain, par J.-H. Touchet, chef de service à la compagnie Richer. 2e édition, 1 volume avec figures. . . . . 1 fr.

Ce Guide, en ce qui concerne les vidanges et les différentes manières d'employer l'engrais humain, est le résumé des meilleures méthodes pratiquées actuellement. Les fermiers y trouveront tous des indications utiles. M. Touchet enseigne aux agronomes de la grande et de la petite culture des moyens simples et peu coûteux de se procurer de riches fumiers, richesses trop souvent négligées et perdues pour l'agriculture.

VIGNE (*La*) et ses maladies, contenant les causes et effets morbides depuis l'origine de sa culture jusqu'à nos jours, avec les moyens à employer pour les prévenir et les combattre. Précédé d'une description historique et botanique de cette plante précieuse, ainsi que d'une causerie sur l'oïdium et le phylloxera, par Serigne (de Narbonne), membre de plusieurs sociétés savantes. 1 volume. . 3 fr.

Sommaire des principaux chapitres. — Description historique. — Description botanique. — L'oïdium et le phylloxera. — Description historique de l'oïdium. — Maladies de l'oïdium. — Concours pour la guérison de l'oïdium. — Opinions émises sur l'oïdium. — L'oïdium est-il la cause de la maladie? — Remède adopté contre la maladie. — Effets du soufrage. — Causes réelles de la maladie. — Températures favorables ou nuisibles. — Influence des saisons et des météores. — Blessures ou plaies, blanquet ou pourridie, coulure, carniure, chancre vitifère, clavelée, chlorose ou hydroémie, décrépitude, flottage, grapillure, nielle, geule, stérilité. — Maladie des feuilles. — Pyrales. — Destruction de la pyrale à l'état de papillon, à l'état de larve ou chenille. — Moyens préventifs et moyens curatifs. — Destruction de la pyrale à l'état d'œuf, etc.

VIGNERONS (*L'immense Tresor des*) et des **Marchands de Vin**, indiquant des moyens inédits pour vieillir instantanément les vins, leur enlever les mauvais goûts, même celui de terroir, colorer les vins blancs en rouge Narbonne, même d'une manière hygiénique et sans aucun coupage, éviter leur dégénérescence, partant, plus de vins aigres, amers, gras ou poussés; découverte d'un agent supérieur à l'alcool pour le maintien, la conservation et l'expédition lointaine des vins, par L.-F. DUBIEF, 5e édition revue, corrigée et considérablement augmentée. 1 volume. 3 fr.

Extrait de la table des matières. — De la connaissance des vins. — Appréciation et dégustation. — De la distinction. — Du mélange ou du coupage.— Du vinage. — Amélioration des vins. — De l'imitation des vins. — De la confection des vins mousseux. — Du vin muet et de ses avantages. — Des vins de liqueurs et de leurs imitations.—Recettes et opérations des vins de liqueurs. — *Méthode du Midi*.— *Méthode de Paris*. — De la conservation des vins en fûts pleins et en vidange. — Du soufrage ou méchage.— Du collage pour la clarification. — Aromo, sève, bouquet et goût de terroir. — Du gouvernement et de la conservation des vins. — De la mise en bouteilles. — Des altérations. — Moyen de les prévenir et de les corriger. — Des altérations accidentelles et moyen de les guérir. — Disposition et conservation des tonneaux. — Contenance des fûts. — L'auteur termine son livre par une série de renseignements très utiles.

VIGNERON (⚹*Guide pratique du*), culture, vendange et vinification, par FLEURY-LACOSTE, président de la Société centrale d'agriculture du département de la Savoie, membre de plusieurs Sociétés savantes. 1 volume. . 3 fr.

Dans la première partie, l'auteur donne les principes généraux pour la culture de la vigne basse : culture en ligne, orientation, la taille, le pinçage, les engrais, choix des cépages, 1re, 2e, 3e et 4e années. La seconde partie, intitulée *Calendrier du Vigneron*, lui indique les travaux qu'il a à faire mensuellement. La culture des hautains sur treillages élevés dans les champs, remplit la troisième partie. — Quatrième partie : Nouvelles observations pratiques sur les phénomènes de la végétation de la vigne. — Cinquième partie : De la vendange et de la vinification : degré de maturité. — Du ban des vendanges. — Personnel. — Le nettoyage et l'écrasement des graines. — La cuve. — Le décuvage. — Enfin l'auteur termine en indiquant les soins à donner aux vins nouveaux et vieux.

VIN (*Guide pratique pour reconnaître et corriger les fraudes et maladies du*), suivi d'un traité **d'analyse chimique** de tous les vins, 2e édit., par Jacques BRUN, vice-président de la Société suisse des pharmaciens. 1 volume, avec de nombreux tableaux. . . . . 3 fr.

L'art de falsifier les vins a fait ces dernières années de rapides progrès. La chimie ne doit pas se laisser devancer par la fraude : elle doit lui tenir tête et pouvoir toujours montrer du doigt la substance étrangère. Cette tâche, dit M. Brun, incombe surtout aux pharmaciens. Son livre est le résumé des différents traitements qu'il a trouvés réellement utiles, et qui, dans sa longue pratique, lui ont le mieux réussi pour l'examen chimique des vins suspects.

VINS FACTICES (*Guide pratique de la fabrication des*) et des boissons vineuses en général, ou manière de fabriquer soi-même les vins, cidres, poirés, bières, hydromels, piquettes et toutes sortes de boissons vineuses, par des procédés faciles, économiques et des plus hygiéniques, par L.-F. DUBIEF. 3ᵉ édition, 1 volume . . . . 2 fr.

M. Dubief a publié ce petit ouvrage, non seulement pour venir en aide aux personnes économes, mais encore, et plus, pour celles dont l'économie est une nécessité. Si elles suivent les prescriptions qui y sont indiquées, elles peuvent être assurées de bien fabriquer elles-mêmes et avec facilité toutes sortes de vins, bières, cidres, etc. Ainsi, il traite la cuvée des vins de raisin fabriqués avec le marc, avec sirop de sucre, de fécule. — Vin rouge de sucre. — Vin mousseux, de fruits, cerises, prunes, groseilles, etc., etc. — Vins de grains, céréales, etc. — Toutes les formules et les procédés indiqués par l'auteur sont simples et faciles, et il suffit de les avoir lus pour les mettre en pratique.

VINIFICATION (*Traité complet de*) ou art de faire du vin avec toutes les substances fermentescibles, en tout temps et sous tous les climats, par L.-F. DUBIEF. 4ᵉ édit. 1 volume . . . . 4 fr.

Volume contenant : Les moyens de remédier à l'intempérie des saisons relativement à la maturité du raisin. Le tableau des phénomènes de la fermentation et le meilleur moyen de la produire et de la diriger; les moyens particuliers de faire fermenter les marcs provenant de l'égrapillage du raisin et refermenter ceux qui ont déjà été fermentés; de procurer au vin plus de qualité par une seconde fermentation; de le vieillir sans faire de coupage, par des procédés simples et faciles; de lui enlever le goût de terroir, comme aussi d'obtenir des marcs de raisin, de l'alcool, de l'huile, de l'acide tartrique, etc. ; *et suivi* : des procédés de fabrication des vins mousseux, des vins de liqueurs, vins de fruits et vins factices, les soins qu'exigent leur gouvernement et leur conservation, les principes pour la dégustation et l'analyse des vins, etc., etc.

VOYAGEURS ET BAGAGES (Voir Exploitation des chemins de fer, page 23).

Le cartonnage toile de chaque volume se paye 0,50 c. en plus des prix indiqués.

TABLE DES NOMS D'AUTEURS
PAR ORDRE ALPHABÉTIQUE

Imprimeries réunies. C. rue du Four, 54 bis, Paris — 5973.

J. HETZEL et Cie, Éditeurs, 18, rue Jacob, Paris.

BIBLIOTHÈQUE DES PROFESSIONS
INDUSTRIELLES, COMMERCIALES ET AGRICOLES

Acier (*Emploi*), par J.-B. Dessoye. 4 »
Acier (*Traité*), par Landrin. 4 »
Algèbre (*Principes*), par Leprince. 4 »
Alliages métalliques, par Guettier. 3 »
Aluminium, métaux alcalins. 3 »
Animaux domestiques, Dr Lunel. 3 »
Architecture navale, p. Bousquet. 2 »
Bergeries, Porcheries, par Gayot. 3 »
Betterave, par Basset. 3 »
Bijoutier (*Guide*), par Moreau. 2 »
Bois (*Carbonisation*), par Dromart. 4 »
Bois (*Cubage, estimation*), p. Frochot. 4 »
Botanique appliquée, par Lerolle. 4 »
Brasseur (*Guide*), par Mulder. 4 »
Bris et naufrages (*Code des*), par Tartara. 4 »
Calculs et comptes faits, par Lenoir et Vinot. 4 »
Calligraphie, par Louis Baude. 4 »
Chaleur (*Théor. méc.*), Clausius, 2 vol. 8 »
Charcuterie pratique, Berthoud. 4 »
Charpentier (*Manuel*), par Merly. 4 »
Chasseur médecin, Mariot-Didieux. 2 »
Chauffeur (*Manuel*), par Jaunez. 2 »
Chemins de fer (*Album*), par Cornet. 10 »
Chemins de fer (*Exploitation des*), par Emion. *Voyageurs*. 4 »
Chemins de fer (*Exploitation des*), par Emion. *Marchandises*. 4 »
Chimie minérale, par le Dr Sacc. 3 »
Chimie organique, par le Dr Sacc. 3 »
Chimie (*Introduction à l'étude de la*), par Liebig. 3 »
Chimie (*Génér. élém.*), par Hétet, 2 vol. 12 »
Chimiste agriculteur, par Pouriau. 6 »
Collodion sec au tannin, Courten. 4 »
Conférences agricoles, p. Gossin. 1 »
Conseillers généraux (*Manuel*), par Albiot. 4 »
Constructeur (*Guide*), par Pernot. 4 »
Construction à la mer, *avec atlas*, par Bouniceau. 18 »
Corps gras industriels, Chateau. 4 »
Cotonnier (*Culture*), par Sicard. 2 »
Culture maraîchère, par Courtois-Gérard. 4 »
Cultures exotiques (*Cafier, Cacaoyer, Canne à sucre*). 4 »
Dessinateur (*Comment on devient un*), par Viollet-le-Duc. 4 »
Dessin linéaire, *avec atlas*, Ortolan. 6 »
Douane (*Lois et Règlements*) E. Lelay. 4 »
Drainage, par Kielmann. 2 »
Droit maritime, par Doneaud. 3 »
Économie domestique, Dr Lunel. 2 »
Écuries et Étables, par Gayot. 3 »
Électricien (*Ingénieur*), Graffigny. 4 »
Électricité (*Leçons*), p. Snow-Harris. 3 »
Engrenage, par Dinée. 3 50
Entomologie agricole, p. H. Gobin. 3 »
Épicerie (*Guide*), par le Dr Lunel. 3 »
Ethnographie, d'Omalius d'Halloy. 4 »
Expropriés (*Manuel*), par Emion. 1 »
Falsifications, par le Dr Lunel. 5 »
Féculier, amidonnier par Dubief. 4 »
Fer (*Métallurgie*), par Fairbairn. 4 »
Ferments et fermentations, A. Rey. 4 »
Géographie (*Traité*), par Lescure. 3 »

Géologie (*Manuel*), par Dana. 4 »
Géomètre arpenteur, par Guy. 4 »
Géométrie, *avec atlas*, par Rozan. 6 »
Grandes Écoles de France, par Mortimer d'Ocagne. 3 »
Herboriseur, par Ed. Grimard. 4 »
Hydraulique et hydrologie, par Laffineur. 3 »
Hygiène et Médecine, p. le Dr Lunel. 2 »
Ingénieur agricole, par Laffineur. 3 »
Introduction à l'étude de la Physique, par L. Du Temple. 4 »
Inventeurs (*Droits*), par Dufréné. 3 »
Jardinage, par Courtois-Gérard. 4 »
Joaillier (*Guide*) par Barbot. 4 »
Laine (*Filature*), par Leroux. 15 »
Lapins (*Education*), Mariot-Didieux. 2 »
Législation pratique, par Block. 4 »
Liqueurs (*Fabrication*), par Dubief. 4 »
Liquoriste des Dames, par Dubief. 3 »
Maçonnerie, par Demanet. 5 »
Maison (*Comment on construit une*). 4 »
Matières industrielles, p. Gaudry. 4 »
Mécanicien, par Ortolan, 3 vol. 12 »
Métallurgie pratique, par D.-L. 4 »
Météorologie agricole par Canu et Larbalétrier. 2 »
Métiers manuels (*Livre des*) Houzé. 4 »
Minéralogie appliquée, Noguez, 2 v. 8 »
Minéralogie usuelle, par Drapiez. 3 »
Octrois (*Nouveau Manuel*), Laffolay. 4 »
Oies, canards, par Mariot-Didieux. »
Olivier (*Culture*), par Reynaud. »
Ostréiculteur, par Fraîche. 3 »
Parfumeur, par le Dr Lunel. 4 »
Perspective, par Pellegrin. 4 »
Photographie, par Chevalier. 3 »
Pisciculture, par Larbalétrier. 4 »
Plantes fourragères, par A. Gobin. 6 »
Ponts et Chaussées, Birot, (2 vol. à 4) 8 »
Potasses, soudes, par Frésésius. 2 »
Poudres et salpêtres, par Steerk. 4 »
Poules, par Mariot-Didieux. 4 »
Roues hydrauliques, par Laffineur. 3 50
Saule et Roseau, par Koltz. 2 »
Sciences physiques *appliquées à l'Agriculture*, par Pouriau, 2 vol. 14 »
Serrurerie (*Nouveaux barèmes*), par E. Rouland. 4 »
Sucres (*Essai, analyse*), par Monier. 3 »
Teinturier (*Manuel*), par Fol. 4 »
Télégraphie électrique, par Miège. 2 »
Termes techniques (*Dictionnaire des*), par A. Souviron. 6 »
Tissus (*commerce des*) Ed. Bourdain. 3 »
Transmissions de la pensée et de la voix, par L. Du Temple. 4 »
Vache laitière (*Choix*), par Dubos. 2 »
Vernis (*Fabrication*), par Violette. 6 »
Vêtements de femmes et d'enfants par Elisa Hirtz. 3 »
Vidange agricole, par Touchet. 1 »
Vigne (*ses maladies*), par Serigne. 3 »
Vigneron, par Fleury-Lacoste. 3 »
Vignerons (*Trésor des*), par Dubief. 3 »
Vins, (*Fraudes et maladies*), p. Brun. 3 »
Vins factices, par Dubief. 2 »
Vinification, par Dubief. 4 »

Paris. — Imp. Gauthier-Villars.

MANUEL

D'ARBORICULTURE

ET DE VITICULTURE

TOULOUSE, IMP. PRADEL, VIGUIER ET BOÉ,

RUE DES GESTÈS, 6.

MANUEL

D'ARBORICULTURE

ET DE VITICULTURE

THÉORIQUE & PRATIQUE

Approprié aux départements du Sud-Ouest

PAR

Louis MARIEZ

Arboriculteur à Auch (Gers).

AUCH

EN VENTE CHEZ TOUS LES LIBRAIRES

ET CHEZ L'AUTEUR, RUE SAINT-PIERRE.

—

1872

AVANT-PROPOS

Fils d'un arboriculteur distingué, je me suis livré à la culture des arbres fruitiers depuis l'âge de 15 ans. Depuis je n'ai cessé de chercher à perfectionner mes connaissances dans cet art. J'ai étudié dans divers établissements de pépiniéristes, d'arboriculteurs et d'horticulteurs. En outre, afin d'acquérir des connaissances plus profondes, j'ai suivi pendant longtemps et avec assiduité les cours des professeurs d'arboriculture et de botanique de la Capitale ; je suis porteur d'attestations les plus honorables délivrées par ces Messieurs, entre autres par M. Dubreuil, le célèbre professeur d'ar-

boriculture au Conservatoire des Arts-et-
Métiers, ainsi que par M. Alexis le père,
praticien renommé pour la taille du pêcher.

Toutes ces attestations ont été déposées
par moi à la préfecture du Gers, en 1867 et
1868, et c'est après en avoir pris connaissance que M. le préfet du département a
daigné m'honorer d'une autorisation spéciale pour faire des cours publics et particuliers d'arboriculture théorique et pratique
dans toute l'étendue du département. Le
Conseil général du Gers, dans sa séance du
26 août 1868, a bien voulu confirmer
l'autorisation accordée par M. le préfet.

Cédant au désir qu'ont bien voulu m'exprimer à plusieurs reprises les nombreux
amateurs qui ont honoré de leur présence
les cours que j'ai professés sur divers points
du département du Gers, je viens de
résumer les matières que j'ai enseignées
dans un opuscule que j'offre au public.

Cet ouvrage d'arboriculture et de viticulture pratiques, basé toutefois sur la théorie que j'ai pu acquérir, est fait sous la forme d'un entretien familier entre un arboriculteur et un amateur, afin qu'il soit facilement compris de tout le monde.

J'ai désiré être utile à tous ceux qui s'occupent d'arboriculture. Si j'ai réussi, c'est tout ce que j'ai ambitionné. Mes explications sont accompagnées de figures, au nombre de 98. J'ai ajouté à la fin du volume, pour faciliter les recherches, une table analytique des matières par ordre alphabétique.

Ce livre, sous forme de dialogue, convient aux jeunes gens des écoles et à tous les hommes du monde ou agriculteurs qui désirent apprendre l'Arboriculture.

DIALOGUE

ENTRE UN

AMATEUR D'ARBORICULTURE

ET UN

JARDINIER ARBORICULTEUR

L'AMATEUR

Je me suis passionné pour l'arboriculture dans le but d'apprendre à cultiver et à tailler les arbres fruitiers. Je viens, en conséquence, vous prier de me donner l'instruction nécessaire pour arriver à ce but. Parlez! Je suis prêt à vous suivre dans l'exposé de vos préceptes.

LE JARDINIER

Je vous remercie de la confiance que vous voulez bien me témoigner. Je m'empresse, en conséquence, de vous faire part de mes principes, en joignant la pratique à la théorie, car elles sont l'une et l'autre indispensables quand on veut arriver à de bons et d'utiles résultats.

L'AMATEUR

Je suis reconnaissant du dévouement dont vous voulez bien faire preuve en me promettant si gracieusement de m'enseigner à soigner mes arbres. Vous me dites que l'on doit connaître et approfondir la théorie avant de se livrer à la pratique. Permettez-moi de vous assurer qu'à cet égard je partage entièrement votre opinion. Sans une théorie bien approfondie, on ne saurait espérer ni de bons résultats, ni un succès réel.

LE JARDINIER

Nous allons débuter par l'examen des graines dicotylédonées.

GRAINES DICOTYLÉDONÉES

(Semences à deux lobes ou Cotylédons.)

Les *Dicotylédonées* forment la famille des *Rosacées*, qui comprend, elle, les arbres fruitiers, dont nous allons nous entretenir pour le moment. On doit se rendre compte de ce fait important de la physiologie végétale, et ne jamais le perdre de vue, à savoir : Que toutes graines, quelle que soit leur nature, sont placées chacune de façon à propager son espèce particulière; que, par leur nature, toutes graines sont aptes à développer un arbre, toutes les fois qu'elles auront acquis, elles-mêmes, leur parfait développement et seront parfaitement établies. Elles n'auront atteint cette perfectibilité propagatrice que lorsqu'elles auront été dûment fécondées. C'est alors que ces graines commenceront à prendre du volume dans l'intérieur du fruit. Tous les organes conservateurs concourent, chacun en sa partie, à la formation des graines. (Fig. 1.)

Il est facile de reconnaître quand les graines sont arrivées à leur formation complète. Lorsque les fruits sont parvenus à maturité parfaite, on voit les graines attachées (1°) à un premier *Placenta axillaire*. La partie qui sépare la graine de ce premier placenta s'appelle (2°) *Funicule*. Le funicule communique au (3°) *Micropyle*; puis, on aperçoit le (4°) *Sac Embryonnaire* et (5°) l'*Embryon*, c'est-à-dire la partie farineuse qui, dans la plupart des graines, est désignée sous le nom de (6°) *Nucelle*. Les deux cotylédons sont tenus rapprochés l'un de l'autre par l'*Axille*. Cette nomenclature est, du reste, celle qu'a adoptée M. de Jussieu dans son ouvrage.

Lorsque les graines sont détachées de leurs fruits, elles n'ont plus besoin du secours des parties déjà énumérées. Ces graines doivent subsister d'elles-mêmes. Voici comment s'opère la conservation de celles de leurs parties qui doivent participer à la production de l'arbre ou de la plante, suivant l'espèce. C'est la partie que l'on nomme micropyle qui reçoit l'air pour l'entretien des graines. Cet air servira à conserver l'embryon dans son état normal, afin de prévenir le desséchement de celui-ci jusqu'au moment précis où les graines devront être confiées à la terre pour donner naissance à des plantes ou à des arbres identiques avec celles ou ceux qui les auront produites.

L'AMATEUR

Les explications que vous venez de me donner concernant les graines m'ont fait parfaitement comprendre la nature de leurs diverses parties constituantes, qui permettent à ces mêmes graines de parvenir à leur complète formation. Je me demandais par quel procédé ou travail de la nature les graines pouvaient se conserver lorsqu'elles se trouvaient séparées de leur placenta, jusqu'au moment où on les confie à la terre pour qu'elles reproduisent à leur tour des plantes ou des arbres identiques avec ceux qui les ont produites.

Maintenant, veuillez me renseigner sur la germination.

GERMINATION

LE JARDINIER

Avant de vous entretenir de la *Germination*, il faut que je vous familiarise avec la nature des travaux qu'il importe d'appliquer aux terrains divers, avant de leur confier la semence qui doit donner le premier développement au produit. Ainsi, pour arriver à un résultat heureux, il est indispensable de faire subir un certain travail au terrain avant de lui confier la semence, et cela, pour bonifier ce terrain par l'air et les gelées qui le divisent, ou, pour mieux dire, qui le réduisent en poussière. Ce faisant, vous donnerez à votre terrain les bienfaits de l'air qui lui sont si nécessaires pour la vivification des plantes. Vous savez que la terre a besoin de recevoir la lumière, c'est-à-dire les rayons solaires. Il faut que la terre soit bien meuble, pour que les graines puissent prendre leur développement sans entraves. Il est urgent également de la bien préparer par un nivellement complet. De plus, il n'y a aucun inconvénient à répandre une légère couche de fumier sur la semence, pour que l'arrosement n'ait pas pour effet de resserrer cette terre, de façon à y former une croûte compacte, qui apporterait un obstacle, qui gênerait la tigelle ou l'empêcherait de surgir, et, par suite, d'étaler sa luxuriante végétation à l'air. Il importe, aussi, de ne recouvrir les graines, surtout les premières, de guère plus de $0^m 04$. Les graines de poiriers n'ont besoin d'être recouvertes que de $0^m 02$, comme celles de pommiers. La température la plus favorable pour cette opération doit être assez élevée. Je vous indiquerai, du reste, le degré de cette température atmosphérique lorsque j'aurai à vous entretenir des trois éléments indispensables à la végétation. Quant aux graines des fruits à noyaux, on peut les enfouir dans le sable pour en préparer la germination, puis les semer en mars. Pour les graines des fruits à pépins, il n'est pas besoin d'opérer de même. Il suffira de les semer, sans qu'il soit absolument nécessaire d'avoir recours à un enfouissement préalable dans le sable. On peut les semer aussi en mars, comme on est obligé de faire pour celles des fruits à noyaux.

L'AMATEUR

J'ai parfaitement saisi et approfondi toutes les explications que vous venez de me donner. Dites-moi, je vous prie, si les plants deviendront assez forts dès la première année pour être mis en place?

LE JARDINIER

Ceci dépendra uniquement des soins que vous aurez su y apporter. Cependant, j'ajouterai que

vous pourrez toujours en planter un bon nombre.
Faites, toutefois, choix des plus beaux sujets que
vous arracherez avec la main; puis, la deuxième
année, vous pourrez planter le reste. Si le
semis était trop dru, vous devrez en extraire
une certaine partie pour avantager ce qui restera.

L'AMATEUR

Je comprends, d'après votre réponse si explicative, comment je devrai opérer. Il ne me reste
plus qu'à vous demander de quelle façon je devrai
procéder pour la mise en place des sujets dont
j'aurai fait choix.

LE JARDINIER

La réponse à la question que vous me faites ne
sera pas longue.

Supposons que vous ayez à utiliser les plants que
vous aurez précédemment cultivés, il vous sera
facile de les planter aux distances espacées que je
vous indiquerai, quand je vous parlerai des distances à observer pour les arbres plantés à
demeure. Ils exigent les mêmes soins. Je vous
engage à planter deux plants à chaque endroit,
dans la prévision que si l'un venait à manquer, vous ayez la ressource de l'autre. Si les deux
venaient à réussir, vous pourrez supprimer le plus
faible. Si votre intention est de former une
pépinière, il vous faudra les distancer de cin-

quante centimètres sur la ligne, puis distancer les
lignes les unes des autres à quatre-vingts centimètres.

L'AMATEUR

Je me conformerai très-exactement à vos conseils pour ce qui concerne les premiers aussi
bien que les seconds. N'avez-vous pas d'autres
explications à me donner au sujet des semis?

LE JARDINIER

Pardon! j'ai à vous recommander d'arroser les
plants lorsque le besoin s'en fera sentir, afin qu'ils
arrivent à une certaine grosseur pour supporter
la greffe. (Voir à l'article *Greffe*.)

L'AMATEUR

J'ai eu beaucoup de plaisir à vous suivre dans
la démonstration que vous venez de me faire des
semis des dicotylédons. Je vous prie maintenant
de me parler de la germination.

LE JARDINIER

Volontiers. La *germination* (fig. 2) nous offre
plusieurs séries de phénomènes différents qu'il
est utile de connaître. Nous avons des graines qui
germent au bout de deux jours ou dans l'espace de
deux jours, tandis qu'il y en a d'autres auxquelles
il ne faut pas moins de dix-huit mois et même deux
années. A l'aubépine, dix-huit mois; au cresson,

deux jours ; aux graminées, sept jours ; aux poiriers, aux pommiers, quinze jours. Pour que la germination s'opère, trois éléments sont indispensables : 1° l'humidité ; 2° la température ; 3° la lumière.

Le premier élément, l'humidité, pénètre dans l'intérieur pour en faire développer toutes les parties. L'eau pénètre dans la graine en passant par le micropyle, petite ouverture par où glissait l'air quand la graine se détachait du placenta.

C'est cette eau qui fait grossir le sac embryonnaire, et, par suite, l'embryon lui-même. Ce dernier commence dès lors à développer (fig. 2, n° 1) la *radicule* qui doit pénétrer dans l'intérieur du sol et donner de nouvelles racines. Nous examinerons d'une manière plus étendue ce phénomène dans un entretien spécial. Lorsque la radicule a commencé à puiser dans la terre une partie de sa sustentation, celle qui est propre à la végétation des arbres et des plantes, le grossissement continue dans la graine. Ce sont les deux cotylédons (fig. 2, n° 2) qui se dilatent, pour laisser passer la tigelle (fig. 2, n° 3), cette partie qui doit se diriger vers le ciel pour y puiser les parties qui sont contenues dans l'air, parties indispensables à la vitalité des végétaux.

L'AMATEUR

Enfin, me voilà très-complétement renseigné sur la germination par la démonstration que

vous avez bien voulu me donner. Il me reste
à vous questionner sur le deuxième élément
auquel vous avez fait allusion, je veux dire
la température.

LE JARDINIER

Je vais vous citer un exemple de la températu-
ture, ce deuxième élément qui est indispensable à
la germination , puisqu'il apporte son concours
en communiquant une chaleur qui permet aux
graines de végéter. Lorsqu'on sème, sous une
température atmosphérique peu élevée, ou enfin s'il
y a manque de chaleur, on ne réussit pas à obtenir de végétation, puisque le deuxième élément
fait défaut. La germination, vous l'obtiendrez
toutes les fois que la température atmosphérique
aura atteint un degré assez élevé pour réchauffer
le sol. La haute température est donc indispensable si l'on a des graines à semer ; quelle que soit
leur provenance, jamais en faisant le semis en
l'absence de chaleur atmosphérique on ne pourra
arriver à un bon résultat.

L'AMATEUR

J'approfondis et comprends parfaitement les
excellents principes que vous émettez. Je vous en
remercie bien sincèrement. Maintenant, je vous
prie de continuer en me faisant connaître le troisième élément, qui, m'avez-vous dit, est la
lumière.

LE JARDINIER

La lumière est aussi indispensable à la végétation que le sont les deux premiers éléments que je vous ai indiqués. Elle est d'autant plus indispensable, dis-je, que, sans elle, il ne peut y avoir qu'une végétation très-imparfaite et très languissante. Sans lumière et en l'absence du soleil cette végétation s'étiole. On peut même ajouter, en toute sûreté, que sans ces éléments importants, la lumière et le soleil, ou la chaleur atmosphérique, les plantes n'auront jamais qu'une végétation excessivement restreinte, quant à la durée. Puis encore on ne voit pas les arbres qui ont manqué de ces éléments essentiels atteindre leur couleur normale, ni avoir la durée nécessaire pour que leur bois durcisse. Leur tige et leur feuillage n'ont jamais, non plus, cette belle et resplendissante verdure qui leur est naturelle.

Autre exemple, encore plus patent et plus simplement précis, qu'on a fréquemment occasion d'observer. Laissez des plantes, quelles qu'elles soient, croître et languir dans un lieu où il ne pénètre pas assez de lumière, et vous verrez ces mêmes plantes dégénérer au point de devenir très-frêles, puis, leur tige et leur feuillage blanchir. Il n'est pas rare non plus de voir des arbres rechercher et même courtiser la lumière. Lorsque des arbres se trouvent privés

de lumière, ne les voit-on pas diriger leurs
branches, leurs rameaux, vers le point de l'horizon d'où cette lumière peut leur arriver? ou
du moins vers un point de l'horizon plus éclairé?
Toutefois, ils s'éloignent de tous les obstacles qui
peuvent leur cacher ou obscurcir ce bienfaisant
élément. Si l'on veut, par exemple, faire blanchir
du céleri, que fait-on? On le couvre de terre, et
la partie de la plante qui, de cette façon, se trouve
privée de lumière, se met aussitôt à blanchir;
tandis qu'au contraire les parties exposées à
l'action de l'air atmosphérique conservent, elles,
toute leur plus fraîche et leur plus pure verdure.

L'AMATEUR

J'apprends avec grand plaisir ce qui m'est si
utile de connaître pour donner une sage direction
à la culture de mes arbres. Ce qui me prouve
que la lumière, sinon indispensable, est au moins
nécessaire, ce sont les quelques exemples que
vous venez de me citer. J'ose espérer que, maintenant, vous allez, en voulant bien continuer, me
donner quelques utiles renseignements encore, en
m'entretenant des racines.

LE JARDINIER

Les racines des arbres fruitiers font partie de
la classe des *racines ligneuses*, c'est-à-dire de celles

qui sont formées de bois dur. Les racines sont les premiers éléments de la végétation (fig. 3). Elles ont pour fonctions de puiser dans la terre l'humidité que celle-ci renferme dans son sein, aussi bien que les autres parties qui s'y trouvent également enfouies et que nous examinerons plus tard. Les racines sont destinées et servent à faire passer les parties contenues dans la terre, afin de les faire communiquer à tout l'intérieur de l'arbre. Une autre de leurs importantes fonctions consiste à consolider l'arbre dans le sol et à l'y maintenir et ainsi empêcher que les grands vents ne l'ébranlent et l'abattent. Ces racines sont de plusieurs sortes dans le règne végétal. Pour le moment, nous n'avons à nous occuper que des racines ligneuses de la famille des rosacées. Les racines sont composées (fig. 3) ainsi :

1° *Premières racines*, ou *racines pivotantes*, celles qui sont le prolongement des radicules. Elles tendent à pénétrer dans le sol. Les racines, comme les tiges, se garnissent de ramifications dans l'intérieur de la terre, tandis que les tiges se garnissent à l'extérieur sur les racines pivotantes.

2° D'elles naissent d'autres racines qui sont appelées *rameuses* ou *secondaires*. Elles suivent parfois la ligne verticale, mais pas souvent. Elles la suivent quand les premières viennent à manquer.

3° Sur ces racines rameuses naissent les *radi-celles* ou *chevelues*.

4° Aux extrémités de ces diverses racines se trouvent les *spongioles* , parce qu'elles absorbent l'humidité qui est contenue dans la terre.

Les racines en général sont composées de deux parties : 1° de *bois* ; 2° d'*écorce*. De même que dans la tige, dans les racines il n'y a point de moelle, à l'exception de celles du marronnier et du noyer. Ces derniers en contiennent, au contraire, une certaine quantité. Les racines n'ont jamais la couleur verte qu'a la tige. Elles sont généralement jaunes en partie. Les racines n'ont pas d'obstacles qui s'opposent à ce qu'elles aillent se procurer et absorber l'humidité qui les entoure. Il leur arrive assez souvent de renverser même des murailles. J'ai eu occasion de voir des conduites d'eau garnies de racines au point d'être complétement obstruées par elles et ne pouvoir donner passage au liquide.

L'AMATEUR

Je suis d'autant plus heureux des explications que vous me donnez sur les racines ligneuses, que vous m'avez dit que toutes les racines étaient ligneuses. Par cette raison, il importe essentiellement que vous vous donniez la peine de me parler des autres. Je serai également très-content si vous voulez bien me dire quelques mots sur les trois espèces de racines dont vous ne m'avez parlé qu'en passant, c'est-à-dire :

1° Les racines adventives.

2° Les racines aériennes.

3° Les racines alimentaires.

LE JARDINIER

Je crois qu'il importe peu à l'arboriculteur de connaître les trois sortes de racines que vous venez d'énumérer. Cependant, je consens à vous en donner une idée superficielle, puisque vous paraissez le désirer.

1° La *racine adventive*, donc, est celle que produisent les branches qu'on enfonce en terre, pour leur faire prendre racine, et à laquelle on donne le nom de *bouture*.

2° La *racine aérienne* ne se trouve que sur les plantes grasses et encore sur quelques espèces de celles-ci seulement.

3° *Racine alimentaire*. C'est celle de la *bette-rave*, de la *rutabaga*, du *navet* et de toutes les plantes alimentaires.

L'AMATEUR

Je vous remercie. C'est tout ce que je voulais savoir sur ces trois sortes de racines. Maintenant, veuillez me faire connaître la nature et la structure de la tige.

NATURE ET STRUCTURE DE LA TIGE

LE JARDINIER

Il y a trois sortes de tiges principales (fig. 4).
La première est celle qui nous préoccupe en ce
moment. En effet, c'est dans celle-là que sont
rangés les arbres fruitiers dont nous avons à
nous entretenir.

La *tige* proprement dite est appelée *tronc*. La
tige où le tronc de l'arbre en est la partie qui
doit se prolonger dans l'atmosphère pour développer les *feuilles*, qui constituent le deuxième
organe conservateur, et les *bourgeons*, qui
prennent naissance à l'aisselle des feuilles. Enfin,
la tige est appelée à donner naissance aux *branches*, puis aux *fleurs*, et, en dernier lieu, aux
fruits.

La partie qui sépare la tige de la racine s'appelle *collet*. Plusieurs botanistes distingués la
désignent sous le nom de *nœud vital*; M. Carian,
entre autres, l'appelle *mésophyte*. Mais la première de ces appellations est sans contredit la
plus usitée.

La tige se compose des parties suivantes (fig. 4) :

1° La *moelle*, qui occupe le centre de la tige et
environ la moitié de cette tige, lorsque celle-ci
est jeune. La moelle disparaît pour faire place au

bois parfait. Il est facile de se rendre compte de ce fait. En coupant un grand arbre, on ne trouvera de la moelle que dans les parties molles ou jeunes de cet arbre, et pas un vestige de la matière en question dans les parties un peu âgées du sujet.

2° Le *bois parfait*, qui se trouve côte à côte avec la moelle. Il se durcit au fur et à mesure que la tige augmente de volume et que les zones concentriques viennent l'envelopper, c'est-à-dire que les couches génératrices se réunissent, pour former une nouvelle zone. C'est au moyen de ces zones qu'il est facile de constater le nombre d'années de croissance que porte l'arbre. L'arbre est âgé d'autant d'années que son tronc marque ou contient de zones.

3° *L'aubier*. C'est la partie la plus rapprochée de l'écorce.

L'aubier devient dur dès qu'une nouvelle couche vient l'envelopper, et, dès lors, ce même aubier devient bois parfait et augmente l'épaisseur de ce dernier.

Il n'est pas difficile de reconnaître l'aubier, par cela qu'il est moins dur que ne l'est le bois parfait, qui lui, se trouve plus avant dans l'intérieur de l'arbre. Il est surtout visible dans les peupliers et dans les saules.

4° Les *fibres ligneuses*. Ce sont celles qui se

trouvent placées le plus près de l'écorce de l'arbre. C'est par le canal de ces fibres ligneuses que passe la *séve ascendante* ou montante.

5° Le *cambium*, ainsi appelé par de Jussieu, dans son *Traité de botanique*. Decaisne, dans le sien, le désigne sous le nom de *couche génératrice*. Le cambium est cette partie de l'arbre qui sépare le bois de l'écorce. Il se réunit au *liber*, ou couche génératrice, pour former une nouvelle zone, qui grossira la tige et augmentera le diamètre du tronc. C'est la réunion des deux couches génératrices qui permet à l'observateur de compter sans difficulté le nombre d'années que l'arbre aura atteint.

Donc, chaque année successivement le bois parfait s'éloignera ou s'écartera du centre, pour augmenter son épaisseur.

6° Le *liber*. C'est cette partie constituante de l'arbre qui est séparée du cambium et se trouve placée du côté de l'écorce. On l'appelle aussi la couche génératrice, parce que tous les ans il vient se réunir au cambium, pour former une nouvelle couche de bois.

7° *Fibres corticales.* Ce sont celles qui se tiennent le plus près du *liber*.

8° *Vaisseaux lactifères*. Ils sont droits et longitudinaux. Ils servent au transport des *sucs nourriciers* que l'on appelle *séve*. Ils sont réunis aux sdes nourriciers par un assemblage de lames délicates.

9° *L'épiderme.* — C'est une membrane mince et criblée de pores qui enveloppe tout le végétal. Il n'est pas rare de voir l'épiderme se détacher de l'arbre par lambeaux. Seulement, dès le moment où un arbre, par exemple un bouleau ou un platane, a acquis un grand développement, l'épiderme se détache très facilement.

10° *Lenticelles.* — On nomme ainsi de petites taches blanchâtres qui sont disséminées sur l'écorce de branches ordinairement très jeunes de tige. La forme des lenticelles est très variée, mais très souvent, et même presque toujours, allongée en suivant l'axe de la tige.

En résumé, la tige se compose de trois parties : 1° la moelle ; 2° le bois ; 3° l'écorce ; puis 1° les fibres corticales ; 2° les vaisseaux latifères ; 3° les lenticelles.

L'AMATEUR

Je vous réitère mes remerciements bien sincères. Vous venez de m'expliquer d'une manière très lucide la conformation et les fonctions de toutes les diverses parties de la tige ou du tronc. Vous m'avez dit que, puisque je ne voulais m'instruire que sur la culture des arbres fruitiers, il était superflu de m'inquiéter des deux autres sortes de tiges. Je vous prierai donc, maintenant, de me faire connaître les phénomènes de la circulation de la séve.

LE JARDINIER

Avant de traiter de la séve, je devrais vous entretenir du sol; mais afin de terminer ce que j'ai à vous dire sur la physiologie végétale, je ne veux pas encore causer du sol avec vous, ni vous parler des qualités des terrains. Ce sera la première matière dont nous aurons à nous occuper.

L'AMATEUR

Vous avez raison, je le conçois fort bien. Peut-être auriez-vous dû me parler des terrains avant la séve, parce que la séve ne peut se produire avant la plantation de l'arbre dans le sol. C'est tout naturel. Mais, d'un autre côté, je comprends très-bien que vous teniez à m'initier à la connaissance de la physiologie végétale. Veuillez donc m'expliquer, d'abord, ce que c'est que la séve.

CIRCULATION DE LA SÉVE

LE JARDINIER

Dans les diverses parties de l'arbre, la circulation de la séve a pour but et pour fonction de lui donner la vie nutritive, la nutrition enfin. La séve

remplit pour les arbres le même rôle que le sang
pour les animaux. Le premier mouvement de la
séve commence lorsque la température atmosphérique est assez élevée pour mettre en mouvement
les diverses parties des arbres et de certaines
plantes qui nécessitent pour cela une température
plus élevée, mais qui n'ont qu'une existence éphé-
mère.

Séve ascendante (fig. 5, nº 1). — Le premier
mouvement part des racines les plus éloignées,
appelées spongioles. C'est de leur extrémité que
commence la circulation de la séve. Je dois ajouter
que la séve ne se met en mouvement que lorsque
les racines ont puisé dans le sol tout ce qui leur
est utile. Pour la transmission de la séve dans
l'intérieur du végétal, vous savez que l'eau est
indispensable. Sans eau, point de végétation. Donc,
la séve a déjà pris les premiers éléments qui sont
indispensables à son existence.

L'*endosmose*, décrite par M. Dutrochet, a pour
fonction de transmettre les liquides qui se trouvent, l'un à l'intérieur, l'autre à l'extérieur. Celui
qui est à l'extérieur tend à se diriger à l'intérieur,
celui qui est à l'intérieur tend à passer à l'extérieur,
pour tous deux équilibrer leurs forces respectives
pour imprimer le mouvement ascensionnel. La
séve commence son départ des spongioles et prend
l'eau qui se trouve aux abords de celles-ci, pour la

transmettre d'utricules en utricules, qu'elle garnit sur son passage ascensionnel, et suit les fibres ligneuses qui sont les plus rapprochées du cambium. Plus la séve monte, moins liquide elle devient, perdant toujours de sa force en route. L'endosmose et la capillarité sont indispensables à la séve dans son mouvement ascensionnel. Sans l'une ou sans l'autre, elle ne pourrait jamais monter jusqu'au haut de l'arbre, parcourir tout l'espace compris entre l'extrémité des racines jusqu'au sommet de l'arbre. Cette séve manquerait de force pour faire développer sur son passage tous les bourgeons. Il lui faut en outre un auxiliaire, un aide, pour qu'elle descende. Alors on lui donne le nom de *séve descendante*.

Séve descendante (n° 2). — Elle commence son parcours dès que la séve ascendante est parvenue au sommet de l'arbre. Alors, il s'effectue une évaporation pour donner à la séve la force nécessaire pour sa descente.

Ce sont les *premiers bourgeons terminaux* qui se dilatent pour laisser prolonger ces bourgeons et faire développer les feuilles. Ces dernières puisent dans l'air une partie de la vie de l'arbre. Lorsque les feuilles ont acquis un certain développement, la séve descendante commence son mouvement par faire développer tous les yeux qui se trouvent sur son passage. Cette séve descendante passe par le *liber*, et c'est pour cela que l'écorce se détache du bois. Ce qui prouve que la sève passe par le *liber*, c'est que si l'on fait une strangulation à une branche, on ne tarde pas à voir qu'il se forme un *bourrelet* (n° 3) à la partie supérieure ; tandis que la partie inférieure conserve son épaisseur sans qu'il s'y forme de bourrelet. Voilà donc la preuve que la sève descendante passe par l'écorce de la tige, puis par l'écorce qui recouvre les racines, pour de là se porter aux points extrêmes de ces racines. Il s'ensuit que les deux sèves se trouvent réunies, et alors recommence le mouvement de rotation de bas en haut et de haut en bas.

La sève du mois d'août n'est autre qu'une reprise de sève arrêtée par une trop grande chaleur pendant la saison d'été. La nature a fait, depuis le printemps jusqu'au mois d'août, tout ce qui est utile pour la vie proprement dite de chaque branche, de chaque bourgeon, de chaque fruit. La sève du mois d'août est attribuée à des pluies qui viennent ranimer l'arbre après avoir primitivement ranimé les racines dans toutes leurs parties. C'est alors, et par suite, que l'on voit une nouvelle et seconde végétation se produire.

Pour se former une idée du passage des fibres ligneuses qui sont rapprochées du cambium, il n'est besoin que d'examiner les saules. Ils n'ont, ceux-ci, qu'une bien faible partie de bois et le

milieu de ces arbres est creux, mais on n'en
voit pas moins de belles végétations. J'ai eu occasion de voir un chêne âgé de plus de deux cents
ans. Cet arbre n'a qu'une bien minime portion de
bois. L'intérieur est complétement creux. Il y a
un côté de l'arbre qui forme toute une ouverture.
On dirait que la nature a voulu pratiquer une
porte dans cet arbre. L'intérieur forme comme
une chambre. On comprend facilement par l'examen le passage et la transmission de la séve
ascendante. Ceci prouve que le bois parfait
ne contribue nullement au passage de la séve
ascendante.

L'AMATEUR

Je vous rends grâce. J'ai saisi votre démonstration, si claire et si précise. Je vous demanderai maintenant ce que sont les feuilles pour les
arbres?

LES FEUILLES

(Fig. 6.)

LE JARDINIER

Ce sont les derniers organes conservateurs
des arbres et des plantes. Dans les arbres,
les feuilles remplissent les fonctions des pou-
mons dans le corps des animaux. Ces organes conservateurs se composent de trois parties :

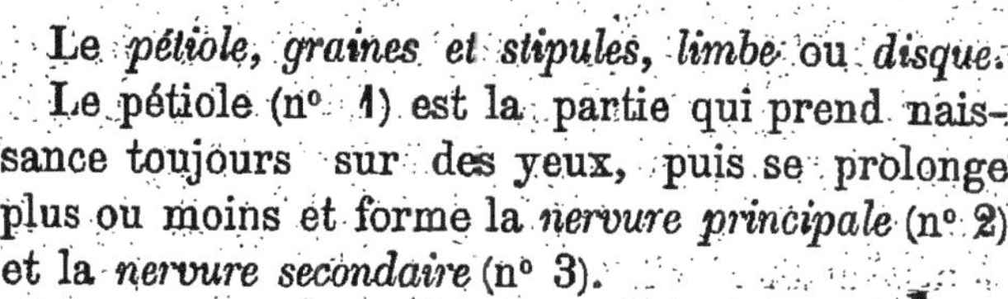

Le *pétiole, graines et stipules, limbe* ou *disque.*

Le pétiole (n° 1) est la partie qui prend naissance toujours sur des yeux, puis se prolonge plus ou moins et forme la *nervure principale* (n° 2) et la *nervure secondaire* (n° 3).

Limbe (n° 4). C'est la partie étalée de la feuille qui, pour mieux dire, forme la surface de la feuille. Les feuilles sont presque toujours disposées horizontalement.

STRUCTURE DES FEUILLES

1° *Faisceaux vasculaires;* 2° *Parenchyme;* 3° *Epiderme.*

Le faisceau vasculaire est pour la feuille ce qu'il est pour la tige.

Le faisceau communique à la tige par le pétiole.

Parenchyme (n° 5). — Il est composé de substances spongieuses qui remplissent les intervalles qui existent entre les fibres si abondantes qui sont contenues dans les feuilles. Le parenchyme constitue le tronc de la feuille, soit entière, soit composée.

Epiderme (n° 6). — C'est une couche membraneuse et mince qui est transparente. Elle est presque toujours de couleur verte. Comme position, elle couvre toute la surface de la feuille, la surface supérieure aussi bien que la surface inférieure. La surface inférieure de la feuille diffère de la surface supérieure en ce que la couleur en est moins verte.

La partie supérieure de la feuille aspire, tandis que la partie inférieure respire. La première est beaucoup plus lisse, tandis que la seconde est plus velue. La nature a encore été très-prévoyante ici, et voici pourquoi : La surface est destinée à recevoir l'humidité qui provient de la terre. Cette partie des feuilles doit donc conserver plus long-temps l'humidité, afin de pourvoir à l'entretien de l'arbre ou de la plante, et aussi afin qu'elle puisse supporter la chaleur du jour.

Stomates (n° 7). — Ce sont de petites cavités pratiquées dans l'intérieur des feuilles entre les nervures secondaires et les méats. C'est par les stomates que les plantes puisent dans l'air les parties nutritives qui les composent. Les plantes puisent dans l'air : 1° *l'azote ;* 2° *l'oxygène ;* 3° *la vapeur d'eau ;* 4° *l'acide carbonique.*

C'est par les stomates que la composition de l'air est prise. Ces stomates se trouvent à la partie supérieure des feuilles dans les dicotylédonées.

Dans les plantes aquatiques, les stomates sont plus nombreux à la surface inférieure qu'à la par-

tie supérieure des feuilles. Dans les feuilles qui
flottent à la surface de l'eau, l'on ne trouve des
stomates que sur la surface inférieure, c'est-à-
dire sur la partie de la feuille qui se trouve en
contact avec l'eau. Il se trouve beaucoup de lacu-
nes et de parenchyme sur ces feuilles, si elles sont
privées de lumière, et, en ce cas, elles blan-
chissent de suite. Mais dès qu'on les ramène aux
rayons de la lumière, elles reprennent leur éclatante couleur verte.

DE LA RESPIRATION DES PLANTES

Les plantes respirent par leurs feuilles qui
sont placées sur elles de différentes manières.
Sur les arbres, de même. Mais elles sont néanmoins toutes placées de façon à pouvoir puiser
dans l'air les parties utiles à leur vie, indispensables à leur sustentation.

Les feuilles sont donc de la plus grande utilité
pour la respiration des plantes. Elles sont percées
d'innombrables stomates, qui font communiquer
la vapeur d'eau par elles à l'arbre ou aux plantes pour leur propre nutrition. Les feuilles ne
prennent que la quantité d'eau qui leur est nécessaire. Elles rejettent le surplus. La transpiration
s'effectue par la partie supérieure; cette dernière
la transmet à la partie inférieure, partie qui
regarde la terre. Les feuilles, je le répète, sont

pour le règne végétal ce que le poumon est pour le règne animal. C'est par les feuilles que la respiration se communique depuis les stomates et passe dans les nervures secondaires, par le pétiole, et enfin à l'écorce, et de là, dans tout l'intérieur de l'arbre. Les feuilles prennent dans l'air, sous l'influence de la lumière, l'acide carbonique qui doit durcir le bois.

Pendant la nuit, les plantes exhalent l'oxygène. C'est pour cela qu'au matin nous respirons un air bien plus pur, parce que les plantes nous ont pris l'acide carbonique, qui est si nuisible à tous les individus qui constituent le règne animal.

L'AMATEUR

Je vois que vous avez à cœur de me faire approfondir toute la physiologie végétale. J'en suis très-heureux, et j'apprécie vos explications. Si je ne me trompe, il ne vous reste plus, maintenant, pour que mon instruction soit complète, qu'à me parler des bourgeons.

LES BOURGEONS

LE JARDINIER

On entend par *bourgeons*, le rudiment des tiges, des branches ensuite, puis celui des rameaux, qui sont les organes de la végétation. C'est par les bourgeons que les plantes sortent chaque printémps de leur léthargie, ou que de nombreux boutons viennent remplacer, chaque année, les feuilles que l'hiver a détruites. Les boutons, proprement dits, sont, en partie, de petits corps, qui ont toujours la forme conique. Ils sont toujours enveloppés d'écailles pour la préservation des bourgeons des intempéries des hivers plus ou moins froids. Ces écailles servent donc à protéger les yeux destinés à donner une nouvelle branche au printemps, dès que la température atmosphérique devient assez élevée pour mettre les organes conservateurs à même de remplir le rôle que la nature leur a imposé. Alors les écailles se dilatent pour laisser surgir les bourgeons, qui doivent prolonger la tige, qui prend le nom de *bouton germinal*.

Les boutons sont de trois sortes :

1° *Les boutons à bois* (fig. 7). — Ce sont ceux qui servent à prolonger les arbres dans leurs différentes directions, soit verticales, soit obliques, ou enfin horizontales, suivant les positions qu'occupent ces boutons. Ils sont toujours très-aplatis sur les branches et ordinairement pointus.

2° *Boutons à feuilles* (fig. 8). — Ceux-ci se trouvent fixés sur des rameaux qui ont été taillés très-longs, ou sur des rameaux qui n'auront subi aucun autre soin que celui que leur aura donné la nature. Alors, ces boutons seront devenus plus gros que les premiers et seront garnis d'un nombre plus considérable d'écailles. Ils sont accompagnés de cinq feuilles pour les poiriers et pour les pommiers. Ils se préparent pour devenir boutons à fruits. Leur forme commence alors à devenir un peu moins allongée, et ils s'arrondissent. La troisième sorte de boutons sont ceux que l'on désigne sous le nom de *boutons à fleurs*.

Boutons à fleurs (fig. 9). — Ceux-ci sont beaucoup plus courts, plus gros et plus renflés. Ils se trouvent plus particulièrement sur des parties moins vigoureuses, c'est-à-dire sur des branches très-épaisses et ridées. Ils sont presque ronds dans la plupart des espèces de poiriers ou de pommiers. Cependant, il s'en trouve qui n'ont pas une rotondité aussi prononcée. Ces boutons sont arrondis parce qu'ils contiennent dans leur intérieur les fleurs, au nombre de sept. J'aurai à revenir sur les boutons lorsque nous serons arrivés à nous occuper de la taille.

L'AMATEUR

Je saisis parfaitement tout ce que vous venez de me décrire sur les bourgeons, les yeux et les boutons de poiriers et de pommiers. Ne serait-ce pas le moment, dès maintenant, de me parler des boutons des arbres fruitiers à noyaux? Puis, vous voudrez bien, n'est-ce pas, me donner quelques explications sur le choix d'un emplacement pour faire un jardin fruitier et un jardin potager?

LE JARDINIER

Certainement. Je vais vous les communiquer.

CHOIX D'UN EMPLACEMENT

Pour établir un jardin fruitier et potager.

Il faut de préférence faire choix d'un lieu qui ne soit pas privé d'eau, d'un endroit où l'air puisse arriver. Il convient de choisir un lieu bien aéré, pas trop élevé, parce que les grands vents pourraient abattre les fleurs. Evitez un bas-fond exposé aux brouillards et où les fleurs pourraient être exposées à l'action d'une continuelle humidité, et, de plus, où les froids toujours plus excessifs que sur un point plus élevé pourraient être très-préjudiciables. La trop grande humidité est nuisible au développement des arbres.

Choisissez donc un emplacement qui ne soit ni dans la première catégorie, ni dans la deuxième. Un endroit entre les deux — un juste milieu — à savoir : qui ne soit pas trop exposé à l'action des grands vents, ni à celle d'une grande humidité. Vous ferez bien de fixer votre choix sur un lieu peu élevé, et surtout ayant de l'eau. C'est le principal que d'avoir de l'eau à portée dans un jardin fruitier. Il est vrai que l'eau pour un jardin fruitier est moins indispensable que pour un potager. Mais souvent, cependant, on peut avoir besoin d'arroser les arbres, si, par exemple, il survient un été très-chaud. Le versant d'un coteau est bon ; un coteau un peu en pente, sans l'être trop néanmoins, parce qu'alors les eaux s'écouleraient et la terre ne les absorberait point. Pour protéger les arbres contre l'action fatale des grands vents, on peut au besoin établir des brise-vents au moyen de plusieurs espèces d'arbres verts.

L'AMATEUR

Pour ce qui est d'un emplacement pour mon jardin fruitier et mon potager, je suis bien de votre avis. Il faudra donc éviter :

1° Les endroits trop élevés, à cause des grands vents.

2° Les bas-fonds, à cause de la trop grande humidité.

Donc, ceci est incontestable, il faut faire choix d'un emplacement qui offre un juste milieu entre les deux. Maintenant, veuillez me fixer sur le choix des terrains.

LE JARDINIER

Je vais essayer de vous guider dans le choix que vous aurez à faire d'un terrain, et vous parlerai en même temps de la qualité du sol.

QUALITÉ DU SOL

La terre argileuse, ou très-forte, offre un certain inconvénient. C'est celui, notamment, d'empêcher l'infiltration de l'eau dans son sein. Mais quand une terre est bien imbibée, elle conserve longtemps son humidité et sa fraîcheur. Les fortes chaleurs de l'été la font durcir, et elle se fend. Il en résulte que les fentes, ainsi produites, peuvent mettre à nu les grosses racines et, en même temps, briser les petites. Sous un climat ardent, il faut avoir soin de travailler cette terre, pourvu, toutefois, qu'elle ne soit pas trop compacte. Il faut, dis-je, la travailler, mais cependant à une petite profondeur, ceci pour favoriser la végétation et pour qu'il ne s'y fasse pas de gerçures.

Les racines s'y conservent parfaitement. Quant aux fruits, ils y deviennent très-gros, mais se conservent mal dans les fruiteries. Les arbres à racines pivotantes n'y prospèrent pas aussi bien que les arbres à racines traçantes, parce que cette terre est à la fois peu perméable aux racines, ainsi qu'à l'air qui favorise leur développement.

L'amélioration de cette terre s'obtient par le mélange d'une certaine quantité de sable de mine, terre légère, ou toute autre espèce de terre ou marne, qui aura pour effet de la rendre meuble, pour laisser pénétrer dans son intérieur les racines des arbres qu'elle doit faire végéter et fructifier.

L'AMATEUR

Je comprends qu'une terre argileuse ait certains inconvénients. Par exemple, une terre argileuse de cette nature ne facilite pas, et loin de là, la pénétration des racines. Puis, elle se durcit sous l'ardeur du soleil. Je suivrai donc vos conseils. Veuillez, à présent, me donner quelques renseignements sur les autres espèces de terrains.

LE JARDINIER

Il y a la terre siliceuse. Celle-ci, comme la terre légère, sablonneuse, a l'inconvénient d'être très-ardente. Ensuite, elle présente des inconvénients très-opposés à ceux qu'offrent les terres argileuses. Elle est trop perméable. Elle absorbe l'eau très-rapidement, l'eau qui provient des pluies, ou celle des arrosements. Elle s'échauffe très-vite à l'ardeur du soleil. Elle redoute la sécheresse. Les racines y cessent leur fonctions par suite du manque d'humidité. Ces racines noircissent et finissent par se dessécher. Il en résulte que les arbres sont d'une courte durée. Ils deviennent chétifs, malingres et languissent. Ils se mettent tous à fruits, et alors on ne peut plus en faire ce que l'on avait projeté, c'est-à-dire leur donner la forme que l'on aurait désirée. L'arbre qui, faute de nutrition, se met à fruits, ne produit que des fruits plus petits et toujours précoces.

Les arbres à racines pivotantes souffrent moins que ceux à racines traçantes. Les racines des premiers pénètrent plus facilement dans l'intérieur du sol pour y aller puiser l'humidité qui se trouve à une profondeur plus grande. Je n'ai pas besoin de revenir aux racines. J'ai dit, et je le répète, qu'elles tendent toujours à chercher l'humidité. Les climats très-chauds et secs exigent, en général, un terrain un peu humide. Les climats froids et humides, au contraire, préfèrent une terre un peu légère. La terre de consistance moyenne, ni trop compacte, ni trop siliceuse, ne présente aucun des inconvénients des deux qualités de terre que je vous ai signalées. Les arbres y végètent avec force. La terre siliceuse peut se bonifier par le mélange d'autres terres, d'engrais. Du reste, j'aurai occasion de revenir sur la question des engrais. En attendant, je vous dirai que l'épaisseur de la couche arable est d'une grande importance. Plus cette épaisseur est profonde, plus vous assurerez le succès de votre plantation. La moyenne de cette épaisseur doit être de 0ᵐ 60 à 0ᵐ 90 de profondeur. Plus la terre sera travaillée, plus les racines pénètreront facilement.

Une bonne terre à blé doit avoir une consistance moyenne, être substantielle et profonde, et surtout avoir un sous-sol perméable.

L'AMATEUR

Vous venez de me parler de terre siliceuse. Je vois qu'elle n'offre pas moins de difficultés que la terre argileuse. Je ne sais, alors, à laquelle de ces deux qualités je dois donner la préférence. Veuillez me tirer d'embarras et me donner votre avis à ce sujet.

LE JARDINIER

Mon avis est que si l'on améliore, soit la terre argileuse, soit la terre siliceuse, on peut obtenir de l'une comme de l'autre de belles végétations. Comme l'amélioration ne portera que sur une superficie restreinte, celle où se trouveront plantés les arbres, s'il vous était possible de vous procurer de la marne et de la mélanger à la terre dans la superficie de votre jardin potager, vous auriez de bons résultats. La marne est bonne pour la première des deux. Pour la seconde, employez la marne, ou au besoin, le terreau ou le fumier. Ce mélange vous sera peu dispendieux. Vous n'avez pas besoin d'améliorer sur une très-grande superficie. S'il s'agissait de changer une grande étendue de terrain, je comprends que cela pourrait devenir coûteux.

L'AMATEUR

Me voici un peu rassuré. Vous venez de m'indiquer le moyen d'amender les terrains. Je suivrai votre avis en ceci. Maintenant, je vous prie de me fournir quelques données sur les expositions.

EXPOSITIONS

LE JARDINIER

L'exposition au nord est, bien entendu, la plus froide, avec elle vous n'avez pas de fruits précoces. Les fruits à pépins y pourront prospérer mieux. La floraison des arbres qui produisent ceux-ci est moins précoce et, pour cela, sont moins exposés à souffrir de la gelée. Il y aura une différence pour l'époque de la maturité : elle sera plus tardive ; les fruits seront moins colorés. L'exposition à l'est est un peu plus chaude. Elle convient mieux aux arbres, sous tous les rapports. Elle sera moins exposée aux gelées, car elle sera abritée du vent du nord. Sous cette exposition, on peut planter des arbres fruitiers à noyaux, comme ceux à pépins. Il en est de même d'une exposition en plein vent.

L'exposition du midi est, sans contredit, la meilleure, ou tout au moins une des meilleures, à cause des avantages que lui procurent les rayons du soleil qui viennent ranimer tous les arbres. Les fruits de ceux-ci sont, sous cette exposition,

2.

plus colorés. A cette exposition, on peut planter les arbres fruitiers à noyaux et à pépins ; mais donnez toujours la préférence aux fruits à pépins.

L'AMATEUR

Vous m'étonnez, je vous assure, en m'expliquant les expositions qu'il convient de choisir. Toutes, d'après ce que je vois, présentent plus ou moins d'inconvénients. Enfin, nous ne pouvons qu'y apporter quelques améliorations, quelquefois très-partielles. Je crois avoir trouvé un terrain qui pourra m'offrir des qualités suffisantes, et nécessitera peu de déboursés pour être bonifié. Je demanderai vos conseils pour la disposition de mon jardin fruitier et potager. La superficie de mon terrain est de 6,000 mètres carrés.

LE JARDINIER

Commencez par faire le tracé de votre jardin pour bien distinguer la place que devront occuper vos arbres, puis la partie que vous destinerez à votre potager.

Avec cela, nous procéderons plus vite dans nos travaux. De plus, nous n'en ferons pas d'inutiles.

L'AMATEUR

Je vous comprends, et je suis enchanté de votre idée. Veuillez continuer.

PLAN D'UN JARDIN FRUITIER

LE JARDINIER

Ce plan est plus long que large, car cette disposition est plus agréable à la vue. Il est tracé à l'échelle de 0ᵐ 002 par mètre.

L'AMATEUR

Je vois avec plaisir que j'aurai un très-vaste jardin fruitier, et qu'il contiendra, sans doute, un grand nombre d'arbres. Veuillez continuer à m'expliquer le plan

LE JARDINIER

Comme je vous l'ai dit, c'est en général l'exposition du midi qu'il convient de choisir. Mais, si l'on ne pouvait trouver cette exposition, on pourra prendre celle du levant.

1º Entrée faisant face à la grande allée.

2º Première allée, sa largeur est de 3 mètres; deuxième allée, toujours 3 mètres ; troisième allée, celle qui fait le tour, 2 mètres.

3º Puits au fond de la grande allée.

4º Plates-bandes, largeur 2 mètres.

J'ai donné une largeur suffisante au passage d'une charrette, si le cas l'exigeait.

L'AMATEUR

Je ne trouve pas trop de largeur aux allées, à celle du milieu surtout. Par exemple, je trouve les plates-bandes de 2 mètres trop larges. Je vous assure que dans aucun jardin je ne les ai vues si larges. Veuillez me dire pourquoi vous leur avez assigné cette largeur dans votre plan.

LE JARDINIER

Voici pourquoi j'ai dû assigner la largeur de 2 mètres à mes plates-bandes. Lorsqu'on plante des arbres en pyramide dans des plates-bandes n'ayant que la largeur de 1 mètre, l'arbre qui se trouve au milieu de la plate-bande, n'est donc plus qu'à $0^m 50$ de l'allée. Or, au bout de deux ans, ce même arbre, quelque peu qu'il vienne à se développer, arrive à obstruer le passage de l'allée. C'est, du reste, ce que j'ai toujours vu arriver dans les jardins de nos contrées. La largeur de 2 mètres pour planter en pyramide est insuffisante. Lorsqu'on ne peut disposer que d'un espace rétréci, on doit préférer d'autres formes de plantation, celles qui n'exigent pas une grande étendue.

L'AMATEUR

Je suis heureux d'entendre vos réponses toujours accompagnées de bonnes raisons. Je suis de votre avis, lorsque vous affirmez qu'il ne faut pas planter des pyramides, ainsi que cela se voit dans la plupart des jardins, pour ne pas dire dans tous indistinctement. Continuez, je vous en prie, vos explications du plan.

LE JARDINIER

Je vous dirai que je ne perds pas d'espace. Cette largeur première ne sera pas perdue, nous pourrons bien l'utiliser.

L'AMATEUR

Vos explications m'intéressent de plus en plus. J'ai à vous demander, maintenant, quelle est l'époque la plus favorable à la préparation du sol ?

LE JARDINIER

L'époque la plus favorable est sans contredit le mois d'octobre, parce que c'est pendant ce mois-là que les terres ne sont pas encore très-humides, ce qui fait qu'elles sont plus faciles à ensemencer. Avec cela, les parties contenues dans la terre se dilatent bien mieux. Si sous l'influence des agents atmosphériques on exécute les travaux convenablement, on obtiendra un bon résultat. Pour cela, il importe de ne rien négliger ; si le terrain n'était pas bien de niveau, il faudrait l'y mettre. Ceci est la première chose à faire. Ensuite, on devra se mettre à tracer le jardin en plaçant des piquets aux angles des allées, puis on pourra commencer le travail de défoncement. Il faut défoncer à une profondeur de $0^m 60$ à $0^m 80$.

L'AMATEUR

Vous me dites qu'il faut niveler le terrain d'abord, placer les piquets ensuite pour tracer les allées. Je trouve que la profondeur d'un mètre pour le défoncement est excessive. Voyez si vous ne pourriez pas m'économiser un peu de dépense.

LE JARDINIER

Si j'ai indiqué un mètre de profondeur, c'est que cette profondeur est indispensable pour bien réussir, au moins en ce qui concerne les arbres destinés à prendre un grand développement.

D'ailleurs, si l'été est très-sec, les arbres souffriront moins de la sécheresse, parce que leurs racines auront une plus abondante humidité provenant du sous-sol.

Pour les pommiers greffés sur paradis, une aussi grande profondeur n'est pas nécessaire. Ils exigeront un travail moins dispendieux, puisqu'il sera un peu abrégé. On n'aura qu'à faire des tranchées aux endroits où on se propose de planter les arbres. On pourra laisser les allées sans les défoncer. Cependant on fera bien de les travailler à une profondeur de 0^m 25, afin de mélanger cette terre avec la terre provenant des tranchées. On remplacera la terre tirée des allées par la mauvaise terre que l'on aura extraite des tranchées. Toutes les plates-bandes devront être travaillées à 1 mètre. Là où l'on voudra planter des arbres en plein vent, il faudra espacer à 5 mètres. On pourra pratiquer alors une tranchée d'un mètre 25 centim. de largeur sur 1 mètre de profondeur.

L'intervalle d'une ligne à l'autre n'aura pas besoin d'une si grande profondeur, soit 0^m 60 environ. Il va sans dire que l'on mettra la bonne terre extraite de chaque tranchée avec la mauvaise terre extraite de l'autre. Si l'on se trouvait dans un terrain humide, il faudrait y jeter des pierres pour faciliter l'écoulement des eaux. Si l'on avait à traverser une allée, on pourra y placer des tuyaux de drainage.

L'AMATEUR

Vous me dites qu'il faut aussi travailler les allées pour pouvoir utiliser la terre de la surface. C'est là une très-bonne idée et une économie en même temps. Continuez à me donner vos avis, si vous en avez encore à me communiquer.

LE JARDINIER

J'ai à vous dire, en ce qui concerne la différence qu'il peut y avoir, qu'elle n'est pas bien grande. Dans les carrés il vaut mieux défoncer à 1 mètre. On pourra laisser l'allée du milieu, et les allées latérales également. On doit commencer d'un côté des deux grands carrés et terminer à l'autre extrémité, en traversant ainsi l'allée du milieu, pour ne pas faire une nouvelle ouverture.

L'AMATEUR

Je suis d'avis, comme vous, qu'il ne faut pas regarder à une petite dépense de plus. Maintenant j'ai besoin de connaître les arbres, afin d'en savoir faire le choix.

LE JARDINIER

On doit faire de bien bonne heure le choix de ses arbres. Vers la fin de septembre, on doit visiter les pépinières. Il est de la plus grande importance de choisir, pour planter, des arbres qui ne soient pas chétifs, et de préférence des arbres n'ayant qu'une année de greffe; que cette greffe soit bien prise, c'est-à-dire que cette greffe ne forme pas avec le sujet un bourrelet, et surtout que le sujet soit petit. Ces greffes doivent avoir au moins 1^m 20 de hauteur; leur grosseur doit être proportionnelle à leur hauteur. Cette hauteur peut servir de base, parce qu'elle annonce un arbre bien portant. Si vous voyez des greffes d'un an qui n'ont que 0^m 60 environ, vous pourrez dire que ces arbres ne seront jamais jolis. Ce choix peut servir pour les pyramides et les formes en espalier et cordons. Pour les plein vent, on cherchera des arbres de deux ans qui aient le commencement de leur charpente, c'est-à-dire qui aient 1^m 75 de hauteur et leur bouquet commencé sur trois branches.

L'AMATEUR

Je conclus donc que vous voulez me faire planter des arbres très-jeunes. Alors je ne pourrai pas en jouir de longtemps? J'attends votre réponse.

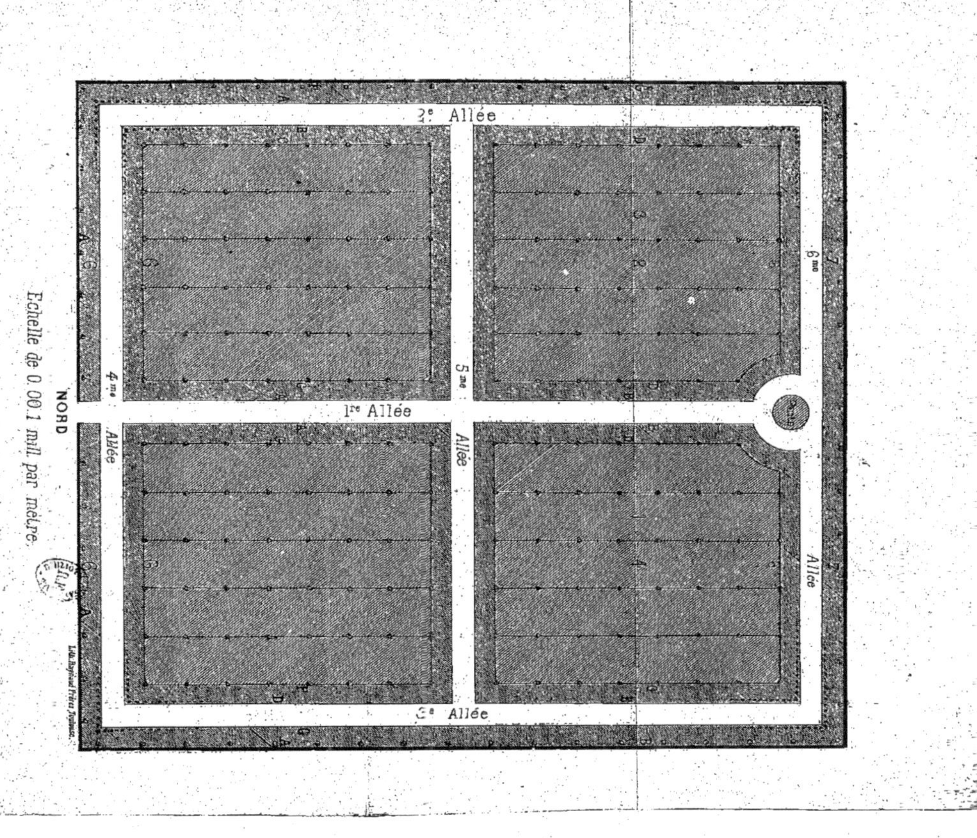
NORD
Echelle de 0.001 mil. par mètre.
2e Allée
1re Allée
3e Allée
4me Allée
5me Allée
6me
Allée
Lith. Raphaël Frères, Joyeuse.

LE JARDINIER

Les arbres jeunes ont un double avantage :

1° Ils ont tous les yeux sur la tige qui n'est pas encore développée. Vous pouvez, en ce cas, avoir des branches à la hauteur que vous voudrez pour faire différentes formes ;

2° Ces arbres n'auront pas encore pris un grand développement, par conséquent ils n'auront pas de grosses racines. Ils seront plus faciles à déraciner, ayant une grande quantité de radicelles. Ces dernières concourent à la reprise de l'arbre ;

3° Si l'on plante des arbres qui ont plus de deux ans, ces arbres auront acquis un développement bien plus grand. Les racines seront, par conséquent, plus espacées et plus grosses. En les déplantant, vous n'aurez pas la même facilité qu'avec des arbres jeunes, à cause de la grosseur de leurs racines. Alors vous ne pourrez pas avoir les extrémités des racines, et en ce cas il manquera le plus essentiel, les radicelles ou chevelus, puis, par suite, les spongioles, qui absorbent l'humidité contenue dans la terre, premier élément de végétation ;

4° Les arbres vieux ont encore un inconvénient très-préjudiciable : ils sont dépourvus d'yeux à la base. C'est encore un inconvénient de ne pas trouver des yeux. On peut en avoir besoin, si l'on veut établir des étages, avec des formes en espalier. Si l'on peut trouver des arbres qui ont déjà un étage de formé à 0ᵐ 30 au-dessus du sol, ce serait préférable.

L'AMATEUR

Je saisis vos explications. Je ne manquerai pas de mettre vos préceptes en pratique. N'avez-vous pas d'autres conseils à me donner pour le choix des arbres?

LE JARDINIER

L'époque la plus convenable pour choisir les arbres dans les carrés de la pépinière est celle qui précède l'hiver, au mois d'octobre, avant la chute des feuilles.

PREMIER CAS. — Donnez toujours la préférence aux arbres qui ont perdu leurs feuilles de la base avant celles des extrémités, parce que les dernières venues ne sont pas les premières tombées. Il s'en suit alors que l'on peut dire que ces arbres sont sains.

2ᵉ CAS. — Ne prenez pas des arbres dont les feuilles sont jaunes; c'est là un indice de quelque maladie.

3ᵉ CAS. — Ne prenez pas non plus des arbres qui auraient des feuilles tachées; cela indique aussi des traces de maladie.

L'AMATEUR

Me voilà bien fixé sur la manière de choisir les

arbres fruitiers. Maintenant je voudrais que vous m'indiquiez la distribution des arbres dans mon jardin.

LE JARDINIER

Je vais préciser l'emplacement qu'il convient de donner à chaque genre d'arbres fruitiers.

Espaliers et Cordons.
1. Poiriers, formes diverses.
2. Pommiers.
3. Pruniers.
4. Vignes.
5. Pêchers.
6. Abricotiers.
7. Groseillers.

Plein vent. . . . .
1. Poiriers.
2. Pommiers.
3. Pruniers.
4. Pêchers.
5. Vignes.
6. Cerisiers.
7. Amandiers.

L'AMATEUR

Maintenant que j'ai appris à connaître l'emplacement des arbres, veuillez m'indiquer les formes de chaque espèce d'arbre.

LE JARDINIER

Je vais vous faire connaître les différentes formes dont nous aurons à nous occuper.

PREMIÈRE ALLÉE

Elle sera plantée sur les deux bords en pommiers

nains, greffés sur paradis, à 30 centimètres du bord.
J'indique par lettre alphabétique :

A. Pommiers, cordon horizontal, à deux étages, distance
1 mètre.
B. Pommiers, cordon à branches croisées, distance 1 m.
C. Poiriers, forme verrier, distance 5 mètres.
D. Poiriers, palmette simple, distance 5 mètres.

DEUXIÈME ALLÉE

A. Cordons de vigne, deux étages, distance 1 mètre.
B. Pommiers, cordon horizontal, distance 1 mètre.
C. Poiriers greffés sur coignassier, cordon vertical, dis-
tance 85 centimètres.
D. Poiriers greffés sur coignassier, cordon oblique, dis-
tance 85 centimètres.
E. Pommiers greffés sur doucin, cordons, branches croi-
sées, distance 1 mètre.
F. Pommiers, palmette simple, branches verticales, dis-
tance 2 mèt. 50 cent.
G. Pommiers greffés sur franc, palmette double, distance
2 mèt. 50 cent.

TROISIÈME ALLÉE

A. Pêchers, forme carrée, greffés sur amandier, distance
5 mètres.
B. Pêchers, forme verrier, greffés sur amandier, distance
5 mètres.
C. Vignes, cordons horizontaux, distance 1 mètre.
D. Pommiers, cordons horizontaux, 2 étages, greffés sur
doucin, distance 1 mètre.
E. Pommiers, cordons obliques bifurqués, greffés sur
doucin, distance 1 mètre.
F. Pêchers greffés sur amandier, palmette simple, distance 5 mètres.

G. Pêchers greffés sur amandier, forme verrier, distance
5 mètres.

QUATRIÈME ALLÉE

A. Abricotiers greffés sur prunier, forme carrée, distance 5 mètres

B. Vigne greffée sur prunier, forme horizontale, distance
1 mètre.

CINQUIÈME ALLÉE

A. Cerisiers, forme en colonne, greffés sur Sainte-Lucie.
B. Poiriers, forme en colonne, sur franc.

SIXIÈME ALLÉE

A. Poiriers, forme palmette, greffés sur franc.
B. Groseillers.

CARRÉ DES ARBRES PLEIN VENT

1o Poiriers, forme en vase, plein vent, distance 5 mètres.
2o Pommiers, forme en vase, plein vent, distance 5 mèt.
3o Pruniers, forme en vase, plein vent, distance 5 mètres.
4o Pêchers, forme en vase, plein vent.
5o Vignes, forme en cordon vertical.
6o Pyramides greffées sur franc.

Je crois vous avoir indiqué les formes et les
distances qu'il convient d'observer.

L'AMATEUR

Je suis bien aise d'avoir dans mon jardin plusieurs formes d'arbres et plusieurs espèces. Maintenant veuillez me donner des renseignements pour
mon jardin potager, afin que je sache en diriger
les planches.

LE JARDINIER

J'ai choisi pour le jardin potager les deux carrés qui se trouvent en entrant, sur la droite et sur la gauche. Ces deux carrés seront partagés en plusieurs planches pour ne pas avoir une si grande longueur. Une allée transversale peut diviser la longueur.

Les planches auront la largeur de 1^m 50 et 0^m 35 de distance l'une de l'autre.

L'AMATEUR

Je comprends votre manière de disposer mon jardin. Cela paraît convenable; mais il me semble que vous me faites faire mes planches trop étroites. Pourquoi ne les faites-vous pas plus larges ?

LE JARDINIER

Les planches ne doivent pas être trop larges, parce que pour la plupart des plantes que l'on peut leur confier, elles ont besoin d'être soignées avec une grande minutie. Si les distances sont trop grandes, on ne le peut pas. Pour le moment, je ne peux pas vous donner d'autres explications pour le jardin potager.

L'AMATEUR

Je comprends. Alors revenons à nos arbres fruitiers. Indiquez-moi, s'il vous plaît, les variétés de fruits que je dois avoir dans mon jardin.

LE JARDINIER

Je ne peux pas vous indiquer les variétés. Nous n'aurons à en donner la nomenclature qu'à la fin de chaque espèce. Il faut terminer notre dialogue avant qu'il me soit possible de vous la donner, et vous faire connaître d'une manière très-claire les variétés de fruits que votre jardin aura.

L'AMATEUR

Je conçois vos idées sur les variétés que vous promettez de m'indiquer à la suite de chaque espèce d'arbres. Dites-moi alors, en attendant, à quelle époque de l'année on peut planter.

PLANTATION DES ARBRES

LE JARDINIER

L'époque la plus propice pour la plantation est en novembre et décembre. Il faut éviter de planter par un temps froid; vous risqueriez de faire périr les radicelles indispensables pour la reprise de l'arbre. A cette époque-là, nous n'avons pas de froids excessifs. Il en résulte que les arbres que l'on veut transporter au loin sont moins sujets à souffrir. On peut planter dans des terrains secs, c'est-à-dire ceux qui ne sont pas susceptibles d'humidité. Dans ce dernier cas on ne doit faire la plantation que vers le mois de février, parce

que si l'on plantait en novembre les racines seraient exposées à une trop grande humidité pendant quatre mois. Les radicelles tendent à souffrir
de cette humidité trop prolongée, et le plus souvent même elles pourrissent.

L'AMATEUR

Je comprends ces deux époques différentes pour
la plantation, l'avantage qu'offre la première et
le désavantage de la seconde. Je suivrai en tous
points vos conseils. N'avez-vous pas d'autres avis
à me donner?

LE JARDINIER

J'ai à vous dire ceci : Quand vous aurez reçu
les arbres que vous aurez choisis, s'ils viennent de
loin, déballez-les avec soin, mettez-les de suite
en terre pour procurer aux racines une certaine
humidité, qui aura pour effet de ranimer les premiers organes conservateurs.

L'AMATEUR

Je n'y manquerai pas, et la raison de cette
précaution est évidente. Maintenant dites-moi s'il
faut planter les arbres de suite, aussitôt qu'ils me
seront parvenus?

LE JARDINIER

Il est bien plus facile de mettre ces arbres l'un
à côté de l'autre, afin de leur donner de l'eau. Au
bout de quatre jours, environ, vous pourrez les

planter définitivement, car alors leurs pores seront
ouverts pour laisser passer l'humidité de l'atmosphère. Pour avoir un bon résultat, il faut que
ces arbres soient très-jeunes et bien fournis de
racines surtout; de là dépend toute la réussite.

L'AMATEUR

Vous venez de me dire que des racines dépend
la réussite des arbres; veuillez me dire comment.

LE JARDINIER

Vous vous rappelez que je vous ai parlé des organes conservateurs. Ces organes conservateurs
sont : 1° les racines; 2° les bourgeons; 3° les
feuilles. Les racines sont donc les premiers organes qui doivent donner la vitalité à l'arbre,
parce que les deux autres organes ne remplissent
le rôle que leur a donné la nature qu'après que
les premiers, les racines, auront rempli le leur.
Donc c'est un avantage d'avoir le plus d'arbres
possible bien fournis de racines. Il est inutile de
vous donner de plus longs détails à ce sujet; il me
semble m'être étendu là-dessus suffisamment quand
je vous ai entretenu des racines. Je me bornerai
à vous citer un fait qui se reproduit lorsqu'on
plante des arbres vieux. On n'a pas alors des arbres ayant beaucoup de racines, parce qu'on ne
peut avoir que de grosses racines qui sont in-
capables, par elles-mêmes, de donner la vie à
l'arbre.

2..

PREMIER CAS. — Les grosses racines ne puisent pas dans l'intérieur de la terre l'humidité qui est indispensable à la vie de l'arbre, ces racines ne servent qu'à donner naissance à de nouvelles racines et à soutenir l'arbre; elles servent encore de conduits aux parties nutritives prises par les racines. C'est par elles que la séve montera pour passer dans la tige.

2ᵉ CAS. — Les racines appelées radicelles sont donc celles qui donnent la vie aux arbres. C'est sur ces racines que se trouvent les spongioles, ces petites ouvertures par où passe l'humidité pour se distribuer dans tout l'intérieur de l'arbre. Je ne reviendrai pas sur la séve parce que, ce me semble, je vous ai bien clairement démontré son rôle à l'article *Séve*. J'ajouterai que si l'on privait les radicelles de l'humidité, on n'aurait pas de végétation vigoureuse et que l'arbre ne tarderait pas à périr. Quand même les grandes racines seraient dans l'eau, la végétation serait toujours languissante.

3ᵉ CAS. — Privez les radicelles de l'humidité et donnez de l'humidité aux grosses racines, vous verrez que vous n'aurez pas de végétation. Du reste, je reviendrai sur ce sujet en vous entretenant des arrosements et des engrais.

L'AMATEUR

Je mettrai en pratique tout ce que vous venez

de me faire observer à l'égard des racines. J'en
conçois toute l'utilité et toute l'importance. Dites-
moi, à présent, je vous prie, pourquoi les arbres
meurent au mois d'août?

LE JARDINIER

Pourquoi les arbres meurent au mois d'août?
la raison en est bien simple. Les premiers organes
n'ont pas eu de secours des autres organes conservateurs aériens. Ces derniers n'ont pas eu assez
de force pour résister à l'ardeur du soleil brûlant.
Les feuilles ont jauni et n'ont plus cette couleur
verte et fraîche de leur état normal. Elles sont
devenues à l'état de parchemin. Les parties des
feuilles qui doivent puiser dans l'air ont disparu.
Il y a eu diminution de vitalité. Les pores ou petites ouvertures n'ont pas pu, non plus, résister à
la trop grande chaleur du soleil. L'arbre alors a
fini par périr. Arrachez un de ces arbres, et vous
verrez que les grosses racines n'ont pas fait développer de radicelles. Cet arbre aura vécu de la
quantité de séve contenue dans son intérieur et
dans son extérieur. Par exemple, lorsqu'on coupe
des peupliers ou autres arbres et qu'on les laisse
exposés à l'air, on voit toujours ces arbres faire
des pousses, lesquelles cependant ne durent pas
longtemps. On comprend donc que c'est la séve
qui était contenue dans l'intérieur de l'arbre qui
a fait germer ces nouveaux bourgeons.

L'AMATEUR

Vous m'avez fait connaître, d'une manière claire et précise, les inconvénients qui peuvent résulter de la plantation d'arbres vieux. Je ne manquerai pas de suivre vos principes. Je me souviendrai également de la réponse que vous m'avez faite relativement aux arbres qui périssent. Elle est juste. Continuez à m'instruire sur les distances à réserver entre voisins.

LE JARDINIER

Je vais vous donner très-volontiers les distances que l'on doit réserver entre voisins, d'après la loi.

Aux termes des art. 671, 672, 673 du Code civil, il n'est permis de planter des arbres de haute tige qu'à la distance prescrite par le règlement particulier actuellement en vigueur, ou par les usages constants et reconnus; et, à défaut de règlement et d'usage, qu'à la distance de 2 mètres de la ligne de séparation des deux héritages pour les arbres à haute tige, et à la distance de 0^m 50 pour les autres arbres et haies vives.

Pour éviter tout désagrément, nous engageons les voisins à planter les arbres à haute tige à la distance de 2 mètres de la ligne de séparation; et pour les arbres à basse tige, à 0^m 50 de la ligne de séparation.

Par ce moyen on ne sera jamais obligé de les

arracher. Tous les arbres qui ont plus de trente ans, qui ont de grosses branches se jetant sur les propriétés riveraines, le propriétaire intéressé ne doit pas attendre et se laisser appeler en justice, mais les couper immédiatement, afin d'éviter les dépenses d'une vacation de juge de paix; d'autant que le voisin a le droit de les couper lui-même, ainsi que d'arracher les grosses racines des gros arbres.

Les arbres qui se trouveront dans une haie mitoyenne sont mitoyens comme la haie elle-même. Chacun des riverains peut exiger qu'ils soient abattus.

Quant aux haies mortes, elles se plantent sur la ligne et sans distances, par la raison que cette petite haie ne porte préjudice à personne, et que nul voisin ne peut s'opposer à ce que le voisin se clôture chez lui.

L'AMATEUR

Je vous remercie beaucoup de m'avoir indiqué la distance que l'on doit réserver, entre voisins, pour la plantation des arbres. Je vous assure que je ne manquerai pas d'observer les articles que vous m'avez indiqués.

Veuillez me faire connaître les principes qu'il faut pratiquer pour opérer la plantation des arbres.

2...

Avant de planter, il est essentiel de faire subir une préparation convenable à l'emplacement que doit occuper l'arbre. Voici ce que je fais :

Je remets la terre que j'ai extraite des trous ou tranchées, en la mélangeant, afin d'arriver au niveau où les arbres doivent être placés. J'ai toujours soin de mettre la bonne terre, et la plus mauvaise je la laisse de côté. J'ai soin aussi de mettre un peu de bon terreau là où doivent être placées les racines. Je remplis les trous ou tranchées préparés pour recevoir l'arbre jusqu'à la hauteur où il doit se trouver, en calculant le tassement de la terre, qui est de 0ᵐ 10 par mètre.

Lorsque j'ai des gazons décomposés, j'en mets au fond des trous ou tranchées.

Avant de planter un arbre, il faut procéder à son *habillage*; c'est-à-dire il faut raccourcir toutes ses racines avec la serpette, de façon à supprimer toutes les parties qui ont été meurtries par les instruments aratoires dont on se sera servi pour effectuer la déplantation. Il faut rafraîchir les extrémités du chevelu qui auront été desséchées afin de faciliter le développement des nouvelles, qui devront concourir à la reprise. Ces coupes devront toujours être faites en dessous, afin que cette coupe, faite au biseau, soit tournée vers la terre.

Ceci a pour but de favoriser le développement des nouvelles racines qui se forment mieux aux extrémités.

L'AMATEUR

Je suis très-content d'avoir appris qu'il faut toujours raccourcir toutes les racines. J'en comprends toute l'utilité. Je vous demande de m'indiquer la meilleure méthode qu'il convient de suivre pour bien planter les arbres.

LE JARDINIER

Avant de vous fixer sur la méthode à employer, j'ai à vous faire comprendre les principes qu'il vous faudra adopter.

1° Choisissez toujours un beau temps bien sec; vous aurez une terre plus meuble pour répandre sur les racines.

2° Désignez la place (figure 10) où doit être planté le premier arbre, et ainsi de suite pour les suivants. Je vous ai indiqué les distances pour chaque espèce d'arbres. Servez-vous, pour cette dernière opération, d'un cordeau; cela vous offrira plus de facilité. Je vous ai dit qu'il convient de combler presque les trous ou les tranchées. Vous n'aurez plus alors qu'à faire un trou, ce qui ne vous sera nullement difficile.

3° Tournez la coupe de l'arbre, c'est-à-dire de façon à ce que la greffe se trouve tournée au nord, pour ne pas être exposée, au midi, aux rayons ardents du soleil.

4° En plaçant les arbres en terre, mettez-les à 0ᵐ 10 au-dessus du niveau du sol, afin qu'ils ne soient pas trop enfoncés. C'est ce qui arriverait, si on n'observait pas cette élévation, par suite du tassement de la terre qui a lieu pendant l'hiver.

5° Avoir soin de disposer les racines, de façon à ne pas être entassées les unes sur les autres; de cette façon, toutes les racines pourront puiser dans la terre ce qui est essentiel à la vitalité du plant.

Cette précaution prise, on peut recouvrir les racines de terre, en ayant soin de laisser couler de la terre dans les vides qui pourraient se produire. Ce travail se fait avec la main ou à l'aide d'un morceau de bois, pourvu que les racines ne soient pas à nu. Vous pourrez vous servir aussi de terreau mélangé avec la terre qui doit recouvrir les racines, puis achever avec ce qui reste de la terre.

6° Quand vous plantez ayez toujours soin de ne pas enfouir la greffe trop profondément, sans quoi elle ne pourrait prendre racine au-dessus (fig. 12). Si des racines venaient à se développer, elles pousseraient trop et alors l'arbre deviendrait trop vigoureux.

Il est indispensable de suivre ces six grands principes d'arboriculture si l'on veut arriver au moindre succès, quels que soient d'ailleurs les arbres que l'on veuille faire prospérer, quelles qu'en soient les formes, même pour les espaliers. Il faut toujours que la greffe, pour ces derniers, soit tournée de façon à ce qu'elle soit légèrement inclinée pour faire face au mur. Gardez-vous bien aussi de remuer l'arbre une fois qu'il est en place. Evitez surtout de le tirer, en vous disant que c'est afin de faire passer la terre entre les racines ; c'est là une grande erreur : vous ne ferez que les déplacer. Si vous voulez réussir, ne trépignez pas non plus la terre au pied de l'arbre pour la faire tasser. Par là vous empêcheriez l'humidité de parvenir à la terre qui doit entourer les racines, comme également vous intercepteriez le passage de l'air dans l'intérieur du sol, si utile au développement des racines.

L'AMATEUR

Me voilà fixé pour ce qui regarde les soins à apporter dans la plantation. Maintenant je voudrais savoir s'il n'est pas utile de mettre du fumier autour des arbres et de les arroser.

LE JARDINIER

Votre question est opportune tant pour le fumier que pour l'arrosement ; mais nous aurons à nous entretenir sur ce point quand nous parlerons des travaux et des soins à prodiguer pendant la saison d'été.

L'AMATEUR

C'est bien, je vous remercie. Je ne manquerai pas de vous le rappeler quand le moment sera venu. Maintenant donnez-moi, je vous prie, quelques explications sur les treillages. Faites-moi part de vos idées là-dessus.

TREILLAGES

LE JARDINIER

Pour les treillages on doit prendre du fil de fer n° 14 ou 15; mais de préférence le n° 14 pour les cordons verticaux.

1° Il faut planter à chaque extrémité des lignes un premier piquet ou fort tuteur, fiché dans une pierre, pour soutenir le fil de fer qui sera placé à un mètre de hauteur de la surface du sol. Vous placerez un deuxième piquet à deux mètres. Seulement vous saurez que le second piquet est superflu pendant la première année, parce que les arbres n'auront pas atteint une assez grande hauteur. Il faut avec cela un raidisseur ou tendeur Collignon; avec ce tendeur et sa clef, le fil de fer peut être tendu à cent mètres de long.

2° Treillage pour cordon oblique. Même système.

3° Treillage pour cordons horizontaux. Le premier fil de fer se met à 0ᵐ 35 au-dessus du sol;

le deuxième fil de fer se met à 0ᵐ 25 au-dessus
du premier.

4° Treillage pour espalier. 1ʳᵉ ligne, 0ᵐ 35 au-
dessus du sol; 2ᵉ ligne, 0ᵐ 20 plus haut; 3ᵉ ligne,
0ᵐ 20 plus haut; 4ᵉ ligne, 0ᵐ 20 plus haut; 5ᵉ ligne, 0ᵐ 20 plus haut, et ainsi de suite.

Il faut que ces lignes soient tirées de distance
en distance. Si ce treillage est placé sur un mur,
on pourra le soutenir par des tringles en fer percées à l'extrémité pour donner passage au fil
de fer. Ces tringles devront avoir 0ᵐ 20 en
saillie du mur pour que les arbres ne se trouvent
pas palissés tout à fait contre le mur. Avec cette
distance on aura la facilité de voir l'arbre entier.
Il y a deux avantages à établir les treillages à
cette distance : le premier, de permettre à l'air
de circuler entre le mur et l'arbre, et le second,
d'empêcher les insectes de se cacher.

Si ce treillage doit servir pour des contre-espaliers, il sera nécessaire d'établir des tuteurs, de
distance en distance, pour soutenir le fil de fer
dans sa ligne horizontale.

L'AMATEUR

Je mettrai ces principes en pratique, je vous le
promets. Vous ne me parlez pas du treillage en
bois; veuillez avoir la bonté de m'en dire quelques
mots.

LE JARDINIER

Pour ce qui est du treillage en bois, je ne vous en ai pas parlé en effet; en voici la raison : c'est qu'il est beaucoup plus long à établir, d'abord, et ensuite il coûte bien plus cher.

L'AMATEUR

Je suis de votre avis, pour ce qui concerne le treillage en fil de fer; il est beaucoup plus facile à établir, et, de plus, bien moins cher que le bois.

MULTIPLICATION DES ARBRES FRUITIERS

LE JARDINIER

Le semis est, sans contredit, le plus ancien moyen. C'est par lui que la nature l'accomplit d'elle-même. Les arbres fruitiers, venus de graines, sont toujours très-vigoureux; mais il faut un temps très-long pour obtenir des fruits, surtout du semis de poirier et de pommier ; c'est la greffe qui donne des fruits le plus tôt. Quant au semis, si vous voulez obtenir des espèces nouvelles, vous pouvez avoir recours à ce moyen de multiplication. Il coûte beaucoup de temps, et cela, pour obtenir quelquefois une variété sur cent mille plants. Vous n'ignorez pas que lors même que vous sèmeriez de la graine de très-gros fruits, vous ne serez pas sûr d'obtenir de pareils fruits.

L'AMATEUR

Je ne me déciderai pas à adopter ce mode de propagation, puisqu'il exige un temps si considérable et des soins infinis. Veuillez me démontrer les greffes.

LE JARDINIER

Avant de vous parler des greffes, je dois vous indiquer les instruments qui sont les plus convenables pour pratiquer les opérations des différentes greffes.

Le premier de tous les instruments est certainement le *greffoir* : c'est avec lui que l'on fait le plus de travail, soit pour couper les greffes sur les pieds où l'on voudra les prendre, soit pour enlever les yeux sur les branches pour les greffes à œil dormant ou à œil poussant ; c'est encore avec lui que l'on prépare les greffons des différentes greffes en fente.

Le greffoir (figure 13) doit être très-tranchant; il doit être d'une bonne matière.

On a encore besoin d'une *serpette* (figure 14) qui doit servir à faire les grandes coupes, ce que le greffoir ne pourrait faire, n'étant pas assez fort. La serpette sert aussi à enlever les bavures que fait la scie, afin que ces coupes soient plus unies et qu'elles se cicatrisent mieux, et que la séve puisse mieux garnir ces coupes.

Il est indispensable d'avoir une *scie* (figure 15)

à main, assez forte pour la tenir droite; on s'en sert pour couper les gros sujets que l'on doit greffer.

On doit passer la serpette sur la coupe de la scie. Cette scie doit avoir les dents larges, afin d'avoir un plus grand passage, vu que l'on coupe toujours du bois vert.

On peut avoir un autre *greffoir à coin* (fig. 16) comme celui indiqué par M. Dubreuil dans son grand ouvrage d'arboriculture. Celui que la figure représente ne diffère du sien que de très-peu de chose : il est muni, à son extrémité, d'une petite proéminence qui peut servir à l'enlever lorsqu'il est dans le bois.

On se sert encore d'un *coin* en bois dur pour tenir les fentes ouvertes, afin d'avoir la facilité de pouvoir introduire les greffons.

L'AMATEUR

Vous m'avez fait bien plaisir en me faisant connaître les instruments qui servent à pratiquer les différentes greffes.

DE LA PROPAGATION PAR GREFFES

LE JARDINIER

La *greffe* est une opération par laquelle on applique une portion de branche que l'on veut multiplier. Pour cela il faut greffer sur des sujets de même espèce, ou qui aient une analogie suffisante de végétation, afin que le mouvement de la séve puisse concorder pendant la végétation.

On appelle *sujet* l'arbre qui reçoit la greffe; on le nomme aussi *sauvageon*. Par la greffe on avance de beaucoup la fructification des espèces que l'on greffe. On est toujours sûr d'obtenir de beaux fruits et des fruits qui aient plus de parfum, plus succulents encore que ceux que l'on pourrait obtenir de semis. Laissons donc le semis aux amateurs qui seraient avides de nouveautés.

DE L'ÉPOQUE CONVENABLE POUR LA GREFFE

On pratique ce mode de propagation à deux époques différentes de l'année : l'une est le printemps, l'autre est l'été. Pour les premières greffes du printemps, il faut que le sujet soit en séve. Pour les greffes du mois d'août, il faut attendre la diminution de la séve, sans pour cela attendre que cette séve ne soit plus assez abondante pour qu'il soit possible de passer l'œil. Il est urgent de bien faire attention à ceci, si l'on désire arriver à de bons résultats.

Je vais maintenant vous désigner les sujets dont il convient de faire choix pour recevoir les greffes en fente et les greffes en écusson.

Poiriers. — Les poiriers se greffent sur poiriers francs. Nous entendons par poiriers francs ceux qu'on obtient de semis. En greffant sur ces sujets on obtient une plus grande végétation, une plus grande durée, mais aussi une mise à fruits plus lente. Les arbres greffés sur sujets francs sont bons pour donner des arbres à haute tige en plein vent, et aussi pour donner aux arbres des formes qui exigent un développement considérable.

COIGNASSIERS. — Les poiriers greffés sur coignassiers ne sont pas aussi vigoureux; mais ils se mettent bien plus vite à fruits.

On greffe encore sur aubépines blanches.

POMMIERS. — Le pommier se greffe sur pommier franc. C'est le pommier franc qui est le plus vigoureux pour le plein vent, et la haute tige doucin, bien moins vigoureux que le précédent, convient pour faire des formes ayant besoin d'une vigueur plus restreinte.

Paradis. — Celui-ci ne pousse pas beaucoup, mais il se met à fruits bien facilement.

On fait des formes en *gobelet* qui ne prennent pas un grand développement. On fait encore des *cordons.*

PÊCHERS. — Sujets pour pêchers : les pruniers, les myrobolans.

Les pruniers réussissent mieux dans les terres humides et fortes. Sur l'amandier et sur le pêcher de semis, ces deux espèces résistent mieux aux terrains chauds.

ABRICOTIERS. — L'abricotier se greffe sur prunier et amandier, et encore sur abricotier de semis.

CERISIERS. — Ils se greffent sur Sainte-Lucie et sur cerisier de semis.

PRUNIERS. — On les greffe sur pruniers de semis et sur myrobolans.

AMANDIERS. — On se sert de sujets provenant d'amandiers de semis.

GREFFE EN ÉCUSSON

La greffe en écusson est, sans contredit, la plus simple et la plus facile à pratiquer. On peut greffer par heure soixante sujets et les lier.

Pour opérer, il faut suivre divers principes que je vais vous détailler. Ces principes sont indispensables pour obtenir bonne réussite.

Attendre que la séve de vos sujets se soit un tant soit peu ralentie; cependant ne pas retarder jusqu'à ce que cette séve ait complétement disparu. On ne peut fixer l'époque d'une manière précise. Cette époque dépend du degré de température atmosphérique qui peut subir des variations à l'infini. Une chaleur trop élevée fait resserrer les pores des sujets et, de plus, il y a diminution de l'absorption de l'air par les feuilles. Pour notre région, c'est l'époque de fin août ou du commencement de septembre qui est préférable.

Examiner de temps en temps si la séve diminue. Si elle tend à diminuer, commencer à greffer sans tarder. Pour favoriser un peu la séve, vous ne ferez pas mal de donner un léger binage à votre carré de pépinière ou autre endroit où vous aurez vos sujets. Ce travail fait remonter la séve en circulation.

On prépare les sujets en supprimant les bourgeons qui sont en nombre, pour ne laisser que celui qui est destiné à recevoir la greffe.

CHOIX DES GREFFES

Apportez une grande attention dans le choix des branches que vous voulez greffer. Choisissez des arbres bien vigoureux et non ceux qui seront chétifs. Prenez les branches droites autant que possible, et celles qui sont garnies de bons yeux. Ne les prenez que sur les branches à bois principalement; ne les prenez jamais sur les branches gourmandes, les yeux de celles-ci ne sont pas bien constitués. Evitez aussi de prendre des branches convergentes. Quand vous aurez coupé ces branches convenablement, supprimez-en les feuilles ou supprimez toutefois la moitié du pétiole, 0^{m}02 environ, de manière à laisser un peu de substance

pour conserver l'œil qui doit donner un arbre nouveau et identique à celui qui l'aura produit.

Si vous avez besoin de transporter vos greffes,
ayez soin de les emballer dans de la mousse ou
toute autre matière, afin d'y maintenir une humidité convenable. On peut les enfoncer dans des
pommes de terre au besoin, ou dans des melons,
ou bien dans des citrouilles. Je me borne à indiquer ces trois ou quatre moyens de préserver les
greffes.

OPÉRATION DE LA GREFFE

Si vous avez un grand nombre de greffes à faire,
on ne doit tenir que trois ou quatre branches au
plus, quand on a l'habitude de l'opération. Si la
chaleur était trop élevée, il n'en faut pas prendre
autant, parce qu'elles se dessèchent facilement
dans la main.

CHOIX DES YEUX

Évitez de prendre sur la branche les yeux de la
base qui manquent de développement, aussi bien
que ceux qui se trouvent à l'extrémité. Celles-ci
ne sont pas assez aoutées.

MANIÈRE D'ENLEVER LES YEUX

Placez la lame du greffoir à 0ᵐ 01 au-dessus de
l'œil, en pénétrant un peu dans l'intérieur du bois.
Faites descendre la lame jusqu'à 0ᵐ 01 au-dessous
de l'œil. Faites bien attention à ce que l'œil se
trouve exactement au milieu des deux écorces. Au
moment d'abaisser la lame de l'instrument, tenez
le pouce sur l'œil pour le tenir solidement. Une
fois que vous aurez détaché cet œil de sa branche,
saisissez-le de la main gauche, en le tenant solidement ; puis passez la pointe de la lame de votre
greffoir entre le liber et l'aubier, pour supprimer
la petite partie de bois qui reste. Dès que vous
aurez enlevé cette lanière de bois, voyez si l'œil
est garni de bois ; il est alors propre à être placé.
Si l'œil se trouvait creux, dégarni de son bois, il
ne vaut rien pour être placé. En enlevant le bois,
prenez bien garde de ne pas enlever le liber ou
couché génératrice de l'écorce, qui doit s'unir
avec la couche génératrice du côté du bois. Une
fois que vous aurez levé l'écusson, vous devrez
procéder à la mise en place de cet œil. Vous pratiquez sur le sujet une fente de 0ᵐ 02 environ, en
opérant sur une partie lisse de ce sujet. Vous devez faire cette fente en forme de T, faire ouvrir
les deux parties supérieures avec la spatule du
greffoir, afin de pouvoir faire passer la greffe. Évitez

de trop râcler dans la fente, pour ne pas enlever la couche génératrice qui se trouve du côté du bois, appelée *cambium*.

Pour faire descendre la greffe dans cette fente, tenez-la de la main droite par le pétiole sans trop presser dessus. Vous pouvez aussi vous servir du greffoir pour la faire descendre, pourvu que vous ne pressiez pas trop dessus.

Pressez avec le pouce et l'index les écorces pour les resserrer. Faites alors la ligature en serrant le dessus de l'œil, et le dessous pour que l'œil se trouve en contact avec la couche génératrice du bois, et pour qu'il ne se fasse pas de vide entre l'œil et le bois. Servez-vous, pour opérer votre ligature, de paille de maïs, de laine ou de feuilles de macette. Attachez-vous aussi à ne pas couvrir l'œil; laissez-le bien découvert, au contraire. Le pétiole, ainsi que nous l'avons vu, sert à le garantir. Puis on a la facilité de voir, quand la greffe sera prise, s'il tombe. La greffe est bien prise si elle reste verte.

Fig. 17. — 1. Sujet.
      2. Œil détaché de sa branche.
      3. Œil vu de face pour faire voir l'intérieur du bois.
      4. Greffe placée et ligaturée.

3.

CAS PARTICULIERS DES GREFFES

PREMIER CAS. — On doit faire en sorte que les yeux puissent facilement se détacher de la branche. Lorsque ces yeux ne pourront pas être détachés, on pourra, au besoin, les plonger complétement dans l'eau. Il vaudrait mieux encore les descendre pendant deux heures dans un puits; alors on pourra enlever les yeux facilement.

DEUXIÈME CAS. — Quand on aura des branches où la séve est tellement abondante, qu'en enlevant le bois qu'on doit détacher de la branche, ce bois vient à emmener avec lui le bois qui doit rester avec l'œil, il faut exposer les branches au soleil pour faire resserrer les pores et diminuer la séve, sans cependant les laisser trop longtemps.

On appelle cette greffe à œil dormant, parce qu'elle ne pousse qu'au printemps. Alors on coupe à 0ᵐ 05 environ au-dessus de la greffe. Ce faisant, on aura d'abord un premier avantage, celui d'avoir des yeux d'appel, et deuxième avantage, du bois pouvant servir à soutenir la greffe. Dès que l'on voit que la greffe commence à prendre du développement, on supprime les bourgeons que donne le sujet pour en favoriser la greffe. Les greffes à œil poussant se font au printemps. Il faut ramasser les greffes auparavant et les enterrer.

GREFFES DES BOUTONS A FRUITS

Pour les greffes des boutons à fruits, on procède d'après les mêmes principes. Seulement, on prend des boutons à fleurs. Celles-ci se font au mois d'août.

Fig. 17 *bis*. — 1. Sujet.
2. Greffes pour les premières greffes.
3. Greffes placées pour les secondes greffes.

GREFFE EN FENTE ORDINAIRE

La greffe en fente ordinaire se fait au moment où la séve du printemps commence, suivant la température plus ou moins avancée, en mars ou avril.

Il faut, pour opérer, que le sujet soit bien en séve. On coupe le sujet que l'on veut greffer à la hauteur désignée, soit $0^m 06$ au niveau du sol, ou à une hauteur indéterminée; on fend avec un instrument tranchant l'arbre ou la branche, pour pouvoir placer la greffe ou les greffes, s'il s'en trouve plusieurs. On aura soin d'observer les mêmes précautions qu'on aura prises pour les greffes à œil dormant. Pour ce qui concerne le choix des branches, comme il faut ici un bourgeon, on devra choisir des branches qui aient des yeux bien établis; puis ensuite on préparera les greffes. Cette greffe devra avoir une longueur de 0^m 12 à 0^m 14 environ. Tailler de façon à enlever entre le bois et l'écorce du sujet. On devra l'entailler peu profondément à la partie supérieure, afin qu'elle s'applique mieux sur le sujet. Placer cette greffe entre l'écorce et le bois; recouvrir avec la cire à greffer; recouper les greffes si elles sont trop longues.

Fig. 18. — 1. Sujet.
2. Greffe préparée pour être mise en place.
3. Greffe placée.

GREFFE EN FENTE DE COTÉ

Elle se fait d'après les mêmes principes que la greffe en fente; mais seulement il ne faut pas fendre par le milieu du sujet, comme pour celle-ci. Ne pratiquez l'entaille que d'un côté, celui où vous voulez établir la greffe ou les greffes. Il ne faut pas de mutilation du sujet comme pour les greffes en fente. Quand le sujet n'est pas bien gros, on n'établit qu'une seule greffe. Toutes les fois que vous ferez une coupe avec la scie, ne négligez pas de passer la serpette sur cette coupe. La greffe n'en réussira que beaucoup mieux.

Fig. 19. — 1. Sujet.
2. Greffons.

GREFFE DE CÔTÉ TRIANGULAIRE

Elle se pratique, comme les précédentes, au printemps. Je n'ai pas besoin de répéter que les greffes devront être recueillies à l'avance.

On supprime un peu d'écorce et de bois de chaque côté. Longueur, 0ᵐ 04 à 0ᵐ 05. Il faut laisser la partie la plus épaisse du côté extérieur plutôt que du côté intérieur. Il faut un peu d'écorce à l'intérieur également.

Fig. 20. — 1. Sujet.
           2. Greffon.
           3. Entaille.

PLACEMENT DES GREFFES

On doit tenir les fentes ouvertes au moyen de coins; placer la greffe de façon à ce qu'elle se trouve un peu dans l'intérieur de l'écorce, parce que celle-ci est un peu plus mince que celle du sujet qui se trouve toujours beaucoup plus forte : de sorte que les deux couches génératrices se trouveront par ce moyen en contact et pourront, par suite, se souder; puis les zones viendront les envelopper. Ligaturer ces greffes et les couvrir avec le mastic à froid.

GREFFE A COURONNE

Cette greffe se pratique au printemps, de même que les greffes en fente. On doit avoir recueilli les greffes dans le courant de l'hiver, et, de plus, elles doivent avoir été mises en terre, afin de prévenir la pousse au moment où la séve commence à se mettre en mouvement. Quelques jours seulement suffiront pour pratiquer cette espèce de greffe.

Couper le sujet à greffer et au moyen d'un coin introduit entre le bois et l'écorce, faire écarter cette dernière afin d'y ficher la greffe. La greffe doit être taillée d'un côté seulement, en forme de coin, pour qu'elle puisse passer.

Couper le sujet au point où vous voulez ficher votre greffe; pratiquer une entaille triangulaire proportionnée à la grosseur du rameau que l'on veut greffer; tailler la greffe de façon à ce qu'elle forme la coupe triangulaire et qu'elle garnisse parfaitement l'entaille faite au sujet. On pourra placer plusieurs greffes sur le même sujet.

Fig. 21. — 1. Sujet.
2. Greffon.
3. Greffes placées.
4. Surface plane.

GREFFE PERFECTIONNÉE

De M. Dubreuil.

Pour faire la greffe perfectionnée, couper le sujet en biseau ; placer la greffe sur la fente qu'on aura pratiquée sur le sujet, sur la partie du biseau. Même préparation que pour les greffes en fen'e.

Fig. 22. — 1. Sujet.
2. Greffon.

GREFFE DE COTÉ RICHARD

Faire une incision cans l'arbre comme pour faire une greffe en écusson ; introduire la branche que l'on aura préparée de même que pour les greffes en fente ; faire toujours la ligature. Ce genre de greffe se fait au printemps. Recouvrir avec la cire à greffer.

Fig. 24. — 1. Sujet.
2. Greffon.

GREFFES EN APPROCHE

Elles consistent à choisir les sujets à greffer toujours un peu plus gros que les greffes elles-mêmes. On doit les faire tenir rapprochés solidement, afin de ne pas être ballotés par la violence du vent. Une fois que l'on voit qu'ils sont parfaitement consolidés on peut y pratiquer la greffe.

On devra supprimer de la greffe une portion de son écorce et aussi une portion de son aubier, sans cependant atteindre jusqu'à la moelle.

Même opération sur le sujet que sur la greffe. Avant de faire subir ces opérations, soit à la greffe, soit au sujet, on devra faire coïncider les deux parties pour obtenir la certitude que les deux peuvent être en contact, afin d'assurer la parfaite reprise. Une fois la greffe faite, on devra faire la ligature, afin d'en tenir les parties rapprochées l'une de l'autre, et par là assurer la parfaite adhésion. La ligature se recouvre avec la cire dont la composition est donnée à la page 90. Cette greffe est très usitée pour les arbres fruitiers, pour en garnir les vides.

Fig. 25. — 1. Sujet.
2. Greffe.

GREFFE EN PLACAGE

Elle diffère des premières en ce qu'elle se détache de l'arbre pour être transportée sur un autre arbre. On fait une entaille sur le sujet, ainsi que l'indique la figure 26, n° 1 sujet, n° 2 greffe. Par cette greffe, on peut garnir un vide dans une branche d'arbre. Une fois la greffe placée, ligaturer, puis enduire avec la cire le dessus de la greffe, sans cependant couvrir l'œil.

L'AMATEUR

Me voilà renseigné sur les différentes greffes des arbres fruitiers. Je voudrais vous demander si vous ne pourriez pas me décrire encore quelque autre greffe.

LE JARDINIER

J'aurais à vous en décrire encore quelques-unes, mais qui ne sont pas aussi avantageuses que celles dont je viens de vous donner la description. Je vous ai fait connaître les plus avantageuses et les plus faciles à opérer.

L'AMATEUR

Vous m'avez fait connaître les différentes sortes de greffe qui sont, me dites-vous, celles qui offrent le plus d'avantages pour la facilité du travail, et dont la réussite est la plus assurée.

Dans vos greffes en fente, vous me dites qu'il faut enduire les greffes avec la cire à greffer. Seriez-vous assez bon pour m'en faire connaître la composition, afin que je puisse moi-même connaître la manière de la faire, dans le cas où je n'aurais pas la facilité de m'en procurer.

LE JARDINIER

Il me sera facile de vous faire connaître quelques manières de faire la cire à greffer, soit celle qui doit être employée à chaud, ou celle qui est employée à froid. Il y a plusieurs recettes pour faire la cire à greffer. Je vais vous donner le détail de quelques compositions les plus faciles et les plus économiques et, de plus, les plus avantageuses à employer par la facilité qu'en présente l'usage.

CIRE A GREFFER

Le mastic-ou cire à greffer sert pour deux usages.

Pour ce qui est du premier, son nom l'indique suffisamment, il est employé pour greffer.

Pour le deuxième, il sert pour faire cicatriser les plaies ou autres accidents auxquels sont exposés plus ou moins tous les végétaux. Il a pour avantage de prévenir l'introduction de l'air et les effets désastreux que cet élément produit, ainsi que les effets produits par les intempéries atmosphériques sur les parties vitales des sujets qu'elles atteignent.

Il y a trois sortes de mastics :

L'onguent dit de saint Fiacre, ce bon patron des horticulteurs ;

Le mastic employé à chaud ;

Le mastic employé à froid.

Nous allons décrire la composition de ces trois mastics, la manière de les confectionner et enfin leurs qualités et leurs défauts.

Onguent de saint Fiacre. — L'onguent de saint Fiacre est le premier dont on se soit servi et à peu près le seul dont on se serve encore aujourd'hui dans nos campagnes. On l'emploie surtout pour les gros sujets, tels que cerisiers et autres essences qui reprennent facilement Il se compose de moitié bouse de vache et moitié terre ordinaire très-fine, délayée dans l'eau.

MASTIC A GREFFER A CHAUD. — Celui-ci est d'une composition que l'on peut varier sans en altérer beaucoup la qualité. Voici les ingrédients, à quelque chose près, qui entrent dans sa confection :

Poix noire, poix blanche de Bourgogne, cire jaune, résine, suif, mastic de fontaine, cendres tamisées ou poussière.

Pour en diminuer le prix et pour lui donner de la consistance, on y ajoute une partie de cendres tamisées très-fines ou de la poussière de cendres. Généralement ces ingrédients ne se pèsent point; mais voici en quelles proportions ils entrent dans la formation de cet excellent mastic :

```
Poix noire............     60 gr.
Poix blanche de Bourgogne..    50
Résine...............    50
Suif................    50
Mastic de fontaine, cendres ou
    poussière...........    50
```

Si la composition est trop épaisse à la suite de cet amalgame, on peut y ajouter une partie de suif. Au cas contraire, on y ajoute un corps ou une matière offrant plus de consistance, soit la résine ou le mastic de fontaine, ou bien encore tout simplement de la poussière.

Pour la fusion du mélange, on se sert de marmite ou casserole que l'on laisse sur le feu jusqu'à liquéfaction parfaite.

Le meilleur moyen de se servir de ce mastic, c'est au moyen de la lampe portative à greffer.

Cette lampe vous offre l'avantage d'avoir le mastic régulièrement chaud.

Observation essentielle. — Il ne faut pas employer ce mastic bouillant. On risquerait de brûler les tissus des sujets.

Mastic a froid de M. Lefort, inventeur, à Belleville près Paris. — A première vue, ce mastic paraît très-satisfaisant, parce qu'il est très-commode. Il ne l'est pas pourtant et c'est fort regrettable. Outre qu'il est très-dur à employer (et par cela il a l'inconvénient de faire changer de position la greffe), il a aussi le défaut de n'avoir pas le mordant du mastic à chaud et de devenir trop mou par une température chaude. Rien n'est parfait ici-bas; tout a son côté défectueux. Quoi qu'il en soit, ce mastic ne laisse pas que d'être très-commode quand on n'a qu'un très-petit nombre de greffes à faire.

Nous ne pouvons donner la composition de ce mastic; il est la propriété exclusive de son inventeur.

Voici la recette pour faire un mastic liquide que l'on peut employer également à froid :

Poix de Bourgogne. . . . .   20 gr.
Saindoux.   40
Essence de térébenthine.   60

Faire fondre la poix et le saindoux seuls ; puis mêler avec la térébenthine.

Dépôt dans la plupart des villes de France, en boîtes de 50 cent., 1 fr. et au-dessus.

Pour employer ce mastic, se servir d'un morceau de bois de la grosseur du pouce, aplani aux deux bouts en forme de spatule, et non d'un pinceau. Bien garnir avec la cire tous les interstices du sujet, de la greffe, ainsi que la coupe de son sommet.

SOINS A DONNER PENDANT LA SAISON D'ÉTÉ

Il est très-utile d'apprécier les soins que réclament les arbres fruitiers dans cette saison. On ne doit pas abandonner les arbres lorsqu'ils sont plantés. Ce n'est pas tout que de planter, de tailler, il y a d'autres soins auxquels il faut recourir. Ces soins sont indispensables à la santé des arbres. Pour les tenir dans un état de santé convenable aux arbres fruitiers, il y a plusieurs remarques à faire : 1° la régularité de leur végétation ; 2° la quantité de fruits qu'ils produisent ; 3° voir si le sol manque de consistance; 4° enfin examiner s'il manque quelque chose aux arbres.

L'AMATEUR

Vous me dites qu'il y a des soins assidus que les arbres réclament. Je vois qu'ils exigent de grandes précautions. Voulez-vous m'indiquer celles qui leur sont le plus indispensables.

LE JARDINIER.

1° *Travail d'hiver.* — Ce travail indispensable consiste à remuer les plates-bandes dans lesquelles les arbres sont plantés. Elles doivent être travaillées avec des bêches fourchues et non en forme de pelle plate. Avec cette dernière, on risquerait de briser les racines. C'est à la première qu'il conviendra de donner la préférence, si votre sol est argileux. On formera des sillons avec la terre qu'on réunira, pour donner à cette terre la facilité de se décomposer par les gelées, et se laisser pénétrer par l'air atmosphérique, ainsi que par l'eau qui s'infiltrera jusque dans son intérieur.

2° *Travail de printemps.* — Au printemps, faire subir un labour pour aplanir la terre. Ce travail se fait en mars pour les terrains légers. Il n'y a qu'un seul travail à faire, parce qu'il n'est pas besoin de faire décomposer la terre, comme pour le sol argileux. Dans la saison d'été on fait deux binages pour entretenir la terre toujours meuble, de façon à ce que l'air puisse mieux y passer et pour que l'humidité puisse s'y infiltrer plus librement jusque dans l'intérieur du sol.

3° *Travail d'été.* — Vers la Saint-Jean et au commencement de juillet, les binages offrent l'avantage de ne pas laisser croître les herbes qui épuisent le sol et servent de refuge aux insectes. Pour le binage d'été il n'est pas besoin de pénétrer à fond dans l'intérieur du sol. Par suite de ces divers binages, il est permis au sol d'imbiber les rosées nocturnes qui servent à maintenir la terre dans un état de fraîcheur convenable, fraîcheur qui aidera à donner de la vigueur à l'arbre.

L'AMATEUR.

Je ne manquerai pas d'exécuter les travaux de binage et autres que vous venez de me détailler. Dites-moi si je dois fumer mes arbres?

LE JARDINIER.

Vous devrez certainement fumer vos arbres; mais rien que ceux qui manquent de vigueur ou qui n'ont pas assez de séve pour faire grossir les fruits. On peut venir en aide à ces arbres-là en les fumant comme suit : Fumier de cheval ou d'autres animaux bien décomposé et mélangé de débris de jardins pour en faciliter l'emploi. Autre mélange excellent : débris de jardins, feuilles de chêne, toutes les feuilles en général, toutes espè-

ces de fumier, toutes les matières susceptibles
de décomposition ou contenant des parties d'azote.
Entasser ce mélange en un même tas afin d'obtenir une prompte décomposition. Ces compositions
doivent être remuées deux fois au moins. Quand
on veut fumer les arbres, on doit toujours attendre la décomposition des matières, sans cependant
que la composition ait perdu de sa force. Faire
subir un mélange comme il est dit ci-dessus. Si on
a à fumer un terrain froid, il faut employer un
fumier chaud, pour rendre à cette terre la chaleur
qui lui fait défaut. Si au contraire, le terrain que
l'on veut fumer est chaud, il faut employer un
fumier froid, pour en diminuer la chaleur trop
excessive.

L'AMATEUR.

Je suis content de savoir que toutes les matières susceptibles de décomposition sont bonnes pour
engrais solide. Veuillez me dire s'il n'y a pas d'engrais liquide à faire ?

LE JARDINIER.

Voici la composition des divers engrais liquides :

1re *composition*. —Les ingrédients consistent en
excréments humains mélangés avec une partie
d'eau pour en diminuer la force.

2e *composition*. — Guano, un des plus riches engrais connus.

3e composition. — La colombine de pigeons, poules et autres volatiles.

4e composition. — Crottes de mouton et autres quadrupèdes.

Pour employer ces divers engrais, il faut les décomposer avec une plus ou moins grande partie d'eau. L'arrosement avec ces engrais liquides devrait toujours n'être pratiqué que sur des arbres peu vigoureux. On doit pratiquer un trou à l'entour de l'arbre, ces trous plus ou moins éloignés du tronc, suivant la grosseur de l'arbre. Vous ne devez pas ignorer que ce sont les radicelles et les spongioles qui absorbent l'humidité indispensable à la croissance de l'arbre. En arrosant, on doit faire en sorte que les racines puissent recevoir cet arrosement.

L'AMATEUR.

Vous venez de me dire que l'on peut faire un engrais liquide avec différentes matières. Je partage votre opinion ; indiquez-moi, s'il vous plaît, s'il faut employer ces engrais de suite.

LE JARDINIER.

Il faut donner le temps nécessaire pour que la décomposition se fasse avant d'arroser, afin que ces différentes compositions puissen être dissoutes.

J'ai seulement besoin de dire qu'il ne faut arro-

3..

ser que le soir, afin que la rosée de la nuit vienne se confondre avec l'arrosement.

Ne pas oublier de recouvrir l'ouverture que vous aurez faite à chaque arbre, bien entendu, avec la terre que vous en aurez sortie, et de plus mettre de la paille dessus ou toute autre chose pour empêcher les rayons du soleil de dessécher la terre trop précipitamment.

L'AMATEUR.

Je suis de votre avis en ce qui concerne les engrais que vous venez de me détailler. Mais voyez si vous n'avez pas autre chose à m'indiquer ?

LE JARDINIER.

J'ai seulement à vous recommander d'arroser deux ou trois fois par an, suivant la température plus ou moins élevée de l'atmosphère. Vous pouvez utiliser sans distinction tout ce qui est susceptible de se décomposer, et pour en hâter la décomposition, vous pouvez humecter avec de l'eau mêlée d'une partie de sulfate de fer.

L'AMATEUR.

Vous me dites que l'on peut arroser deux ou trois fois. Si j'arrosais cinq ou six fois, qu'en adviendrait-il ?

LE JARDINIER.

Si vous arrosiez six fois vous pourriez brûler les racines, parce que ces arrosements servent aussi d'engrais. Une trop grande quantité pourrait occasionner la perte des arbres. Vous pourrez arroser vos arbres simplement avec de l'eau pure.

L'AMATEUR.

Je ne manquerai pas de suivre vos principes, en ce qui concerne les arrosements, aussi bien que quant aux engrais. Revenons maintenant à ce que vous m'avez dit lorsque vous m'avez parlé de la plantation des arbres. Je vous ai demandé si l'on pouvait mettre du fumier à chaque arbre nouvellement planté Vous m'avez dit que vous me renseigneriez en parlant des soins que l'on doit donner pendant l'été. J'attends votre réponse.

LE JARDINIER.

Dans une ville qu'il n'est pas utile de nommer, je ne sais qui fut chargé de mettre du fumier au pied des ormeaux qui avaient 6 ou 7 ans de plantation. Ces arbres étaient d'une végétation extraordinaire ; je ne sais ce que l'on voulait de plus de ces arbres si beaux.

On pratiqua une ouverture autour de ces arbres, ce qui était contre tous les principes de la physiologie végétale, vu que l'on aurait dû faire ces ouvertures à une distance plus éloignée du pied de l'arbre

Enfin, on y mit une certaine quantité de fumier de cheval très-chaud ; puis on recouvrit ce fumier.

Dans quelques jours on vit peu à peu les rameaux de ces arbres perdre leur vigueur et, dans le courant de l'année, ils moururent presque tous.

En voici la raison, qui n'est pas sans importance : on avait mis ce fumier trop chaud, et contenant une grande quantité d'azote, qui brûla l'épiderme des racines, qui ne tardèrent pas à cesser de remplir les fonctions que la nature leur a assignées.

Je vous signale ce fait pour vous faire remarquer l'effet qu'a produit le fumier sur ces ormeaux. J'ai à vous dire que l'on peut mettre du fumier lorsque l'on plante les arbres, mais il faut remarquer qu'il est urgent de recouvrir les racines avec de la terre préparée comme il a été dit plus haut.

On peut mettre le fumier sur la terre qui aura recouvert les racines ; ce fumier ne pourra pas toucher aux racines. Ces dernières n'auront que la décomposition qui se fera par les arrosages, ou les pluies qui pourront tomber. La dissolution que fera subir l'eau ne pourra que faire du bien aux nouvelles racines. Je ne reviens pas sur ce que j'ai déjà dit, qu'il est toujours bon d'arroser les arbres nouvellement plantés. Le fumier mis dessus les préservera des rayons brûlants du soleil.

L'AMATEUR.

Je ne puis m'empêcher de vous dire que cette

remarque que vous m'avez signalée m'a tout à fait rassuré et détourné de l'envie que j'aurais pu avoir de pratiquer les mêmes moyens. Je suivrai vos conseils pour ne pas faire comme ceux qui ont opéré sur les ormeaux.

Veuillez me dire à quelle époque on peut le plus convenablement pratiquer les opérations que nécessite la taille des arbres fruitiers.

TAILLE DES ARBRES FRUITIERS

LE JARDINIER.

La taille peut être pratiquée sans inconvénient, à deux époques différentes.

La première de ces époques est du quinze octobre jusqu'au quinze février approximativement, toutefois pour les arbres qui sont d'une bien faible végétation, afin de ne pas leur faire perdre de leur séve.

La deuxième de ces époques est du quinze février au quinze avril inclusivement, pour les arbres très-vigoureux, afin de leur laisser le premier mouvement de séve, et de leur en laisser perdre un peu, si cette séve était par trop abondante.

En effet, vous savez bien que les arbres qui ont trop de vigueur ne donnent que peu de fruits, et, plus souvent même, leur rendement devient nul quand ils ont trop de vigueur.

3...

Je vous ai déjà entretenu de ce fait à propos de la première période des arbres. En taillant très-tard, une partie de la séve se perd, parce qu'en coupant les branches pour tailler, on supprime la partie de séve qui se trouve contenue dans ces mêmes branches, pour en faire profiter les branches fruitières ainsi que les yeux, qui se prépareront à fruit plus facilement pour les années suivantes.

L'AMATEUR.

Je comprends l'explication que vous venez de me donner à propos des deux différentes époques où il convient de pratiquer la taille des arbres fruitiers. Maintenant, veuillez me dire si je puis tailler dans le moment de la nouvelle lune, ou dans celui de la vieille lune.

LE JARDINIER.

Je vous dirai qu'il n'y a nul besoin de vous préoccuper de l'époque lunaire, quand vous aurez l'intention de tailler vos arbres fruitiers. Je puis l'assurer, j'ai fait plusieurs expériences à ce sujet. J'ai taillé sous la nouvelle comme sous la vieille lune, et je n'ai pas trouvé de différence.

Afin de mieux rassurer un jardinier qui croyait à l'influence de la nouvelle lune, je taillai un grand nombre d'arbres fruitiers plantés en lignes. Nous travaillâmes pendant les deux premiers jours de la nouvelle lune; puis pendant les derniers jours de la même lune. Pour mieux convaincre mon confrère, je lui fis observer que nous ne taillerions qu'un arbre sur deux dans la même ligne, afin de laisser le second arbre pour la taille que je me proposais de faire pendant la vieille lune. La même opération a été continuée sur toutes les lignes successivement. Il va sans dire que j'eus soin de faire une marque sur chaque arbre que nous taillions dans chaque ligne pendant la nouvelle lune, pour ne pas les confondre avec ceux que nous devions tailler ensuite à la fin de la lune, et aussi pour confirmer mon dire et pour qu'il n'eût aucun doute de son côté.

Dans le courant de l'été je lui fis voir ceux des arbres que nous avions taillés avec la vieille lune; grand fut son étonnement de ne pas trouver de différence. Dès ce moment il fut rassuré pour ce qui est du fait de l'époque lunaire. Il fut bien satisfait de ce résultat; et il résolut, dès lors, de procéder de la même manière pour les ensemencements qu'il devait pratiquer dans ses travaux de jardinage.

Pour mon compte, je vous déclare que j'ai fait de nombreuses expériences de ce genre et jamais je n'ai pu constater de différence, tant pour l'arboriculture que pour l'horticulture et même pour le jardinage. Jamais de pareilles superstitions ne m'ont arrêté, soit pour tailler, soit pour ensemencer. C'est un défaut que l'on rencontre fréquemment chez certaines personnes, même chez des amateurs qui n'ont jamais fait d'expériences. Je ne puis m'abstenir de vous signaler à ce propos quelques mots de La Quintinie, un des plus habiles jardiniers du xviie siècle. Il est mort vers l'an 1716.

Il recommande spécialement de n'attacher aucune importance soit au croissant soit au déclin de la lune. Il ajoute que les observations qu'il a faites pendant plus de trente ans ne lui ont donné aucune différence. Il se plaît à constater aussi que ce sont là de vieux dires de quelques habitants des campagnes, mal fondés dans leurs idées. Je partage l'avis de ce savant auteur ainsi que celui de tous ceux qui auront remarqué qu'il n'y a aucune différence dans les travaux exécutés avec la nouvelle lune et ceux effectués pendant l'époque de la vieille lune. L'expérience que j'ai acquise depuis l'âge de 16 ans ne m'a donné, pendant 25 années de pratique, que de semblables résultats.

L'AMATEUR

Je suis très-content d'avoir pu être assuré par vous qu'il n'existe aucune différence pour les arbres taillés pendant la nouvelle ou la vieille lune. J'ai vu avec plaisir également que le célèbre La Quintinie avait fait la même remarque vers l'année 1700. Je vois que je ne dois donc pas me laisser influencer par ces superstitions, et je vous assure que je n'y attacherai aucune importance.

LE JARDINIER

Avant de vouloir tailler les arbres fruitiers, il faut connaître quels sont les instruments dont il convient de se servir pour procéder à cette opération délicate.

DE LA SERPETTE (Fig. 14.)

C'est sans contredit cet instrument qui est préférable à tout autre. Avec la serpette on fait une taille qui plaît davantage à l'œil, mais ce qui la rend surtout supérieure aux autres instruments tranchants, c'est que la coupe qu'on pratique avec elle se cicatrise mieux.

Voici la manière de s'en servir : Vous la tenez fortement affermie de la main droite. Vous placez la lame de l'instrument de façon à ce qu'elle se trouve vers le milieu de la branche. De la main gauche, vous devez tenir la branche que vous voulez couper. Vous placez le pouce sur la branche à l'endroit où vous voulez pratiquer la coupe, et c'est sur l'index que doit reposer la serpette. Vous tenez du grand doigt la branche solidement, afin que cette branche puisse soutenir la secousse que doit nécessairement donner la serpette. Si la coupe n'était pas soutenue de la sorte elle ne

se pourrait faire convenablement. La serpette est
un très-ancien instrument.

La serpette est sans contredit le premier instrument de ce genre qui ait servi à faire les
opérations de la taille des arbres fruitiers. Avec
elle, on fait les coupes très-unies, sans aucune
meurtrissure aux branches que l'on coupe. C'est
un grand avantage, d'abord pour le premier œil
qui est le résultat de la taille, ensuite pour l'œil
qui doit faire le prolongement des branches à
bois. Peu importe les formes que l'on voudra
faire, c'est surtout du premier œil que dépend la
forme, et s'il arrive un accident à ce premier
œil, on en trouve très-difficilement un autre pour
faire le prolongement, sans faire subir une ligne
disgracieuse à la forme que l'on se propose de
faire suivre.

La serpette offre l'avantage de faire arriver
la séve sur la coupe bien plus facilement, les fibres
ne sont pas déchirées ; c'est pour cette raison
que l'on voit les coupes cicatrisées par la séve
dès la première année.

De plus, on n'a pas à voir d'onglets, toujours
disgracieux à la vue. Je dois vous dire que la
serpette n'est pas aussi dangereuse que quelques personnes le pensent, on n'a besoin que d'un
peu d'habitude et d'attention pour s'en servir
avec facilité et sans s'exposer à aucun danger.

L'AMATEUR

Je saisis fort bien ce que vous venez de me raconter concernant la serpette; cependant il me semble que l'instrument que l'on appelle *sécateur* est préférable pour tailler plus expéditivement. Cet instrument d'ailleurs me paraît plus commode.

LE JARDINIER

Sous le rapport de l'expédition, vous avez raison, avec le sécateur vous pouvez être plus expéditif qu'avec la serpette. Un habile praticien muni d'une serpette ne fera pas autant d'ouvrage qu'avec le sécateur. Pour ce qui est de la facilité qu'offre le sécateur, elle est incontestablement plus grande, et cet instrument offre bien moins de danger que la serpette; mais quand on en a l'habitude, on manie sans difficulté la serpette. Je vous dirai que j'ai vu le jardinier de M. X..., et plusieurs autres tailleurs d'arbres, tailler presque sans faire attention à ce qu'ils tranchent, et tailler sans presque jamais tenir la branche. Or donc, si ces jardiniers devaient se servir d'une serpette, ils ne tarderaient pas à s'estropier.

Un mot encore sur le sécateur : il faut que je vous indique la manière de vous en servir. Lorsque l'on veut couper une branche, on doit toujours tenir la lame du sécateur tournée du côté de la partie restante, c'est-à-dire que la pièce du sécateur appelée support soit tournée du côté de la partie de la branche qui doit être supprimée.

Je croirais manquer à mon devoir en ne vous disant pas où on fabrique *très-bien* les sécateurs, serpettes et greffoirs, c'est chez M. Cournet, rue du Pouy, à Auch (Gers). Je n'ai pas cependant la prétention de dire qu'il n'y a pas d'autres fabricants ailleurs. Il est toujours bon d'avoir de bons instruments pour opérer facilement et très-bien.

Fig. 30. — Sécateur.

L'AMATEUR

Me voilà fixé sur l'emploi de la serpette et du sécateur. Mais, dites-moi, je vous prie, n'a-t-on pas besoin d'autres instruments encore pour tailler les arbres?

LE JARDINIER

Pardon. On a besoin encore d'une scie à main qu'on appelle *égohine* (fig. 15), et dont on doit se servir pour couper les grosses branches qui ne peuvent être abattues avec la serpette ni avec le sécateur.

L'AMATEUR

Je n'ai plus rien à vous demander pour le choix des instruments dont on doit se servir pour tailler les arbres ; mais je vous prierai de me renseigner sur la coupe du bois.

LE JARDINIER

1° Pour couper efficacement le bois, il faut tenir la serpette sur la branche que vous voulez abattre. Autant que possible il faut que la coupe soit en *biseau*, c'est-à-dire qu'elle ait une extrémité ou un bord taillé en biais, et qu'elle soit opposée à l'œil, de façon qu'elle n'ait son commencement que juste vis-à-vis l'œil, en considérant la ligne horizontale. Ce genre de coupe se cicatrise très-facilement.

2° Une coupe qui n'est pas faite d'après les principes que je viens d'indiquer présente des inconvénients. Si vous coupez à deux centimètres au-dessus de l'œil, vous aurez une partie de bois qui se desséchera promptement et de plus elle laissera un chicot qui fait très-mauvais effet et qui d'ailleurs ne laisse pas que d'être nuisible en même temps à l'arbre. Puis encore cette trop grande quantité de bois est un obstacle à la cicatrisation de cette partie.

3° Evitez aussi de pratiquer la coupe bien au-dessous de l'œil. Il ne faut pas que cet œil se trouve à l'extrémité du biseau, afin qu'il ne puisse pas avoir assez de bois en dessous de lui, car il ne saura pousser suivant ses besoins. Il sera éventé Choisissez donc de préférence le système que je vous ai exposé dans le n° 1. Celui-là est préférable comme ne présentant aucun des inconvénients que je viens de signaler.

4

L'AMATEUR

Je comprends maintenant comment je dois m'y prendre pour la coupe du branchage. Maintenant j'espère que vous allez continuer en me démontrant la taille des poiriers.

DU POIRIER

LE JARDINIER

Les poiriers appartiennent à la 12me classe de Linnée (*Icosandrie*), famille des *Rosacées*, première division, *Pomacées*. Le poirier est originaire de l'Europe ; il remonte à l'antiquité la plus reculée. Homère, qui vivait 884 ans avant Jésus-Christ, le cite, ainsi que Pline le naturaliste. Les Romains en possédaient plusieurs variétés fort estimées. Virgile en connaissait également un grand nombre d'espèces.

Le poirier se trouve aujourd'hui à l'état sauvage dans nos contrées. De cette circonstance, il résulte que cet arbre fruitier si estimé est moins rebelle à la culture. De là, sont venues un grand nombre de variétés qu'il serait même difficile d'énumérer ; cependant je peux dire qu'elles se trouvent dans les catalogues du plus grand pépiniériste d'Europe, qui ne recule devant aucune dépense pour introduire toutes les espèces nouvelles de France et de l'étranger ; je veux parler

de M. André Leroy. Son catalogue donne l'énumération de 583 variétés.

Ce sont les poires qui offrent le plus de variétés des arbres fruitiers qui viennent embellir
nos tables. Ces fruits, qui sont des plus succulents,
peuvent, de plus, donner de grands produits et
des revenus considérables par leur facilité d'ex-
portation.

L'AMATEUR

Je suis bien aise d'avoir appris l'origine
du poirier. Veuillez m'indiquer maintenant les
principes de la première taille, afin que je sois
capable de savoir tailler mes arbres moi-même.

TAILLES ET FORMES DIVERSES

LE JARDINIER

Avant de commencer à tailler, il faut savoir
pourquoi on taille les arbres. On les taille, afin
qu'ils aient une plus longue durée, parce que par
l'opération de la taille, on arrive à la suppression
des branches qui sont inutiles à la formation des
arbres, en ne laissant que celles qui doivent donner
des fruits en proportion de la vigueur du sujet.
Ces branches doivent toujours être disposées de
façon à ce qu'elles soient symétriquement espacées, afin que la sève puisse s'écouler dans toutes
les parties de l'arbre.

L'AMATEUR

Je comprends. Je voudrais bien que vous me disiez ce qui arriverait si l'on ne faisait pas de taille.

LE JARDINIER.

Voici ce que je répondrai à la question que vous venez de me faire : Si l'on ne taillait pas les arbres, on les aurait bientôt perdus. Sachez donc bien, ainsi que vous avez pu en faire la remarque, que les arbres dans leur jeunesse tendent à produire du bois plutôt que des fruits. L'homme en continuant en quelque sorte l'œuvre du Créateur, et avec l'aide de la nature, est parvenu à faire produire des fruits à ces arbres, destinés par la nature, dans le principe, à ne produire que du bois. Plus tard, nous aurons à nous occuper spécialement des procédés que l'on emploie pour faire de ces arbres des arbres à fruit. Donc la première période de la croissance de l'arbre ne donne qu'une grande et luxueuse végétation, improductive quant aux fruits.

L'AMATEUR

J'apprends, avec votre explication, que dans leur jeunesse les arbres ne produisent que du bois. Voyons maintenant la deuxième période de leur croissance.

LE JARDINIER

La deuxième période des arbres fruitiers ne commence qu'à l'époque à laquelle les arbres arrivent à leur décadence. C'est alors qu'on les voit se revêtir d'un grand nombre de boutons qui se mettent à fruit. Ces nombreux boutons ne peuvent obtenir assez de séve pour se développer en bois. A cette période donc tous les arbres se trouvent en état de produire des fruits. Il est nécessaire dès lors qu'ils n'en produisent pas une quantité excessive, parce que, s'il en était ainsi, si les fruits étaient en trop grand nombre, ils n'arriveraient pas à leur parfait et entier développement. Dans cette période de l'arbre, il est utile que l'homme intervienne encore pour régulariser le nombre des fruits et pour en obtenir de beaux. Vous n'êtes pas sans savoir que les fruits sont pour les arbres un signe précurseur de décrépitude, parce que les fruits absorbent une très-grande proportion de séve et par conséquent ne contribuent en rien à la vie des arbres.

L'AMATEUR

J'ignorais que les fruits épuisaient les arbres de cette façon, et ne concouraient qu'à l'affaiblissement des arbres et non à leur conservation.

LE JARDINIER

Je vous dirai qu'il importe de donner une forme

très-régulière aux arbres. On ne doit pas avoir des arbres de forme irrégulière. Les branches seront espacées pour laisser circuler librement l'air et le soleil, ces deux agents si utiles à la végétation et à la fructification. Si une forme en vase est donnée à l'arbre, il faut qu'il soit bien arrondi pour que les rayons du soleil puissent pénétrer dans l'intérieur, pour permettre aux organes reproducteurs de remplir le rôle que leur a confié la nature. Lorsque vous voyez des arbres laissés à l'abandon et livrés à la nature, ces arbres ne présentent qu'un simple buisson, forme habituelle des arbres fruitiers de nos contrées. Point de fruits à la partie intérieure, on n'en constate qu'à l'extérieur. Cet exemple démontre la grande utilité de la lumière, qui est indispensable à la fécondation. J'aurai à vous parler des fleurs et des fruits dans un entretien spécial.

L'AMATEUR

Je ne saurais vous exprimer combien je suis heureux d'écouter les conseils que vous me donnez et de suivre les exemples que vous me citez à l'appui de vos raisonnements, qui sont si clairs et si précis. Vous avez promis de m'expliquer les fleurs des arbres et leurs fruits, je ne manquerai pas de vous rappeler votre promesse en temps et lieu.

LE JARDINIER

Les arbres taillés produisent de plus beaux fruits que ceux que l'on ne taille pas, et la raison en est bien simple : les arbres non taillés sont obligés de nourrir des branches inutiles et des feuilles aussi qui ne concourent qu'à une portion de la séve et au détriment encore des fruits. Donc les arbres taillés ont un double avantage. Pour favoriser le développement par la taille, on supprime les branches qui sont inutiles et qui ne font qu'épuiser l'arbre.

L'AMATEUR

Je vous remercie pour les bons principes que vous venez de me donner en m'indiquant les raisons pour lesquelles il est urgent de tailler les arbres. Continuez à m'expliquer la taille.

LE JARDINIER

Avant de vous enseigner la taille, je dois d'abord vous faire le détail des branches, parce qu'elles constituent la partie la plus utile de toutes. Sans les bien connaître, il est impossible de bien savoir tailler les arbres.

Tronc. — Le tronc ou tige est cette partie de l'arbre qui doit s'élever verticalement depuis le point qui sépare cet arbre de ses racines. C'est sur cette même tige que doit être établie toute la charpente de l'arbre, quelle que soit la forme de

cet arbre. Toutes les différentes formes qu'on
a imaginé de donner aux arbres sont fort nombreuses (fig. 31, n° 1).

Branches à bois. — Ce sont les branches qui
forment les arbres : arbres en pyramide, arbres
en vase, ou enfin arbres en palmette. Ce sont
elles qui établissent la pyramide d'où elles prennent naissance sur la tige verticale pour aller,
en s'allongeant, suivre la ligne oblique à la première taille que l'on fait subir à un bourgeon qui
se sera développé dans le courant de la deuxième
année, c'est-à-dire si les yeux ne se sont pas
développés. S'ils s'étaient développés, alors ils
seraient taillés et les bourgeons qui auront été
taillés donneront un nouveau bourgeon. C'est ce
nouveau bourgeon qui prend le nom de branche
à bois. Tous les ans on taille ces branches à une
certaine longueur, selon leur direction et la forme
dans laquelle elles doivent se prolonger. Ces branches sont toujours lisses et bien unies. Elles sont
très-faciles à reconnaître (fig. 32, n°. 2).

Branches secondaires. — Ce sont celles qui se
trouvent en dessous de l'œil à bois, c'est-à-dire
de celui qui doit prolonger la forme de l'arbre ;
bien souvent elles prennent un développement assez
considérable au détriment du premier (fig. 33, n° 3).

Brindilles naturelles. — Ces brindilles prennent
naissance sur les rameaux qui proviennent de la

taille de l'année. Elles se trouvent au-dessous des branches qui se sont développées sur les branches à bois. Ces branches s'appellent branches secondaires. Elles sont assez souvent aussi grosses que les branches à bois même. Les brindilles sont plus courtes que celles que je viens de décrire, les yeux sont beaucoup plus rapprochés les uns des autres et plus gros. En général, ils suivent la ligne oblique. Ils sont plus petits. parce que ces branches sont plus frêles que celles qui se mettent à fleurs (fig. 34, n° 4).

Dards. — Les dards prennent naissance au-dessous des brindilles. Ils ne sont pas difficiles à reconnaître par la position qu'ils occupent toujours sur la ligne horizontale. Ils sont d'une longueur de 0^m20 environ, 0^m002 de plus ou de moins. Les dards ont à leur extrémité un œil pointu, le plus souvent cet œil se convertit en bouton à fleurs. Les dards ont le bois très-dur (fig. 35, n° 5).

Rosettes. — Les rosettes prennent naissance au-dessous des dards. Elles sont très-faciles à reconnaître. Je n'ai pas besoin de vous dire qu'elles suivent la ligne horizontale. Leur longueur n'est que de $0^m,002$. Elles se mettent très-aisément à fruits (fig. 36, n° 6).

Yeux latents. — Les yeux latents sont ceux qui sont presque complétement cachés : de là leur

4.

nom. Ils proviennent des premières feuilles qui se développent sur les branches les plus rapprochées du point, ou pour mieux dire de la coupe faite à la taille d'hiver.

Ces feuilles tombent avant que ces yeux soient assez établis. Aussi les voit-on toujours en grand nombre, très-rapprochés les uns des autres. Ils sont plus éloignés lorsque les branches peuvent s'allonger et prendre un plus grand développement. Dans ce dernier cas, les yeux de la base sont abandonnés, et c'est pour cela que ces yeux restent cachés.

La distance qui sépare les yeux les uns des autres s'appelle *mérithalle*. J'aurai à revenir sur les yeux latents (fig. 37, n° 7).

Branches de faux bois. — Les branches de faux bois sont aussi très-faciles à distinguer, elles ne se trouvent que sur les vieilles branches et sur les grosses. Leur longueur varie. Leur direction est tantôt oblique, tantôt convergente. Elles sont très-minces. Les yeux en sont éloignés les uns des autres, très-aplatis sur la branche (fig. 38, n° 8).

Branches gourmandes. — Pour reconnaître ces branches, on n'a qu'à constater leur naissance toujours sur les grosses branches qu'on appelle branches mères ou branches membres. Les branches gourmandes, au surplus, suivent toujours la ligne verticale et elles sont droites. L'écorce en est très-serrée et très-lisse. Les yeux en sont éloignés les uns des autres, très-aplatis sur la branche; leur empâtement est très-large, c'est par cette grande largeur que la séve se trouve arrêtée et que son développement devient plus considérable (fig. 39, n° 9).

Branches anticipées. — Ce sont celles qui se développent dans le courant de l'année de la première pousse. Cela arrive assez fréquemment dans les greffes d'un an; on leur donne le nom de branches anticipées, parce qu'elles n'étaient destinées par la nature à ne faire leur évolution qu'un an plus tard. C'est pour cette raison qu'elles sont faibles et n'ont même une consistance plus grande que si leurs yeux étaient restés sans se développer jusqu'au printemps suivant. Elles sont plus petites que les autres, elles ne sont pas bien constituées (Bourgeons anticipés, fig. 40, n° 10).

Boutons. — J'en ai parlé dans la physiologie végétale (p. 36). On ne peut pas donner un principe invariable parce cu'ils se développent à fleurs la première année qui suit leur naissance.

Il y a des boutons qui mettent trois ans pour se mettre à fruits, et d'autres deux ans seulement.

1re Année. — Le bourgeon qui n'a fait que commencer son développement, n'est accompagné que d'une feuille unique (fig. 41).

2ᵉ ANNÉE. — Le bourgeon a pris un peu plus de grosseur. Il est accompagné de cinq feuilles (fig. 42).

3ᵉ ANNÉE. — Le bourgeon est arrivé à l'état de pouvoir fournir fleurs et fruits. Il se trouve garni de six et sept feuilles. Il arrive assez fréquemment que lorsqu'on pronostique qu'un bouton va produire fruit, il se développe en bois seulement (fig. 43).

Bourses. — Les bourses (fig. 44) ne sont que cette partie spongieuse que laissent les boutons à la suite de leur floraison ou de leur fructification. Cette agglomération se multiplie à l'infini.

Lambourdes. — Les lambourdes (fig. 45 et 46) prennent naissance sur les bourses. Elles sont de longueurs différentes suivant que ces bourses auront été avancées. Si les bourses n'ont fait que fleurir et que les fleurs en soient tombées, elles pourront se développer avec une vigueur qui leur donnera une longueur variant de 0^m004 jusqu'à 0^m030 (fig. 46), pourvu toutefois que les fruits soient venus et qu'ils aient absorbé la séve. Alors les sous-yeux ne se seront pas développés et seront restés très-courts.

Branches mères. — Les branches mères sont celles qui donnent naissance à toutes les autres. On les appelle branches de charpente ou membres. Il est très-facile de les reconnaître. Lorsqu'on a taillé une branche deux ans, la partie qui résulte de l'œil de taille se nomme branche à bois. En dessous de la branche à bois se trouve la branche mère. Au fur et à mesure que la branche à bois s'éloigne de la tige, la branche mère s'en éloigne également (fig. 31, lettre *a*).

L'AMATEUR

Combien vous m'avez étonné par tout ce que vous venez de me détailler sur toutes les branches, et surtout quand vous m'avez indiqué par quoi on peut les distinguer, en me démontrant aussi sur quelle partie de l'arbre toutes ces diverses branches se trouvent situées. Je vous assure que vous venez de me faire un plaisir sensible. Je me sens capable dès maintenant de pouvoir tailler mes arbres moi-même. Mais il vous reste à m'expliquer la taille de toutes ces diverses branches.

LE JARDINIER

Je vois avec plaisir, de mon côté, que vous commencez à vous sentir capable de tailler vos arbres. Je vais continuer à vous expliquer les trois sortes de lignes et comment chacune des trois lignes doit être taillée. Je suppose que la longueur des trois branches est de 1 mètre pour chacune.

La 1re ligne, soit la ligne verticale, devra être taillée au tiers de sa longueur, soit 0m 33 (fig. 47).

La 2e ligne, soit la ligne oblique, devra être taillée à la moitié de sa longueur, soit 0m 50 (fig. 47).

La 3e ligne, soit l'horizontale, devra être taillée aux trois quarts de sa longueur, soit 0m 75 (fig. 47).

J'ai donné une longueur d'un mètre, mais je n'ai pas entendu que cette longueur fût invariable ; elle peut être d'un mètre, plus ou moins, mais on sera mieux fixé en prenant 1/3 pour la 1re ligne, 1/2 pour la 2e ligne, et 3/4 pour la 3e et dernière. Cette démonstration est applicable aux prolongements des branches à bois, celles enfin qui allongent l'arbre (fig. 32).

Je vais maintenant vous expliquer les trois différentes lignes :

1re ligne : Vous savez que c'est la ligne verticale ; que la séve se dirige toujours, comme je vous l'ai déjà dit, plutôt sur la ligne verticale que sur les autres. Voici pourquoi : Les fibres sont plus directes d'abord, puis les bourgeons de l'extrémité sont toujours plus vigoureux : la base de la branche sera dénudée, les yeux ne se développeront pas, ils resteront latents, ainsi que je l'indique page 117.

2e ligne : C'est la ligne oblique. Dans cette ligne les extrémités ne se développeront pas aussi vigoureusement que celles de la ligne verticale. La raison de ceci, c'est que la direction n'est pas

aussi facile pour donner passage à la séve, parce
que celle-ci est obligée de parcourir une ligne
oblique. Sur cette ligne, il y a diminution de vigueur pour les yeux de l'extrémité de cette branche; et il y a augmentation du développement
des yeux sur la base de la branche.

3e ligne : C'est la ligne horizontale. Celle-ci
nous offre un affaiblissement notable des yeux qui
se trouvent à l'extrémité de la branche. La séve
rencontre une difficulté pour se transmettre. Elle
est contrainte à suivre une ligne qui forme un
angle horizontal. Par conséquent, il y a affaiblissement des bourgeons de l'extrémité et augmentation des yeux de la base de la branche.

Ces trois diverses lignes offrent chacune une
différence, comme vous le voyez. La première a
une végétation vigoureuse à l'extrémité, au détriment de celle de la base, où un grand nombre
d'yeux restent abandonnés par la séve.

L'AMATEUR

Me voilà tout étonné de voir ces différentes
lignes offrir ces variations de végétation. Je vous
promets que je ne manquerai pas de mettre tous
ces principes en pratique. Veuillez m'indiquer
quelle est la taille que doit subir chaque branche.

LE JARDINIER

Je suis heureux d'avoir à vous enseigner la
manière de tailler chacune des branches des .

arbres. J'ai peu à vous dire sur le tronc. La partie qui s'élève sur le tronc se nomme la tige. On ne peut vous indiquer pour la tige une longueur uniforme, parce que toutes les tiges ne sont pas destinées à suivre la même ligne. Vous aurez donc à suivre les trois lignes différentes décrites plus haut.

Branches à bois. — Les branches à bois (fig. 32, n° 2) doivent être taillées suivant la forme qu'on veut leur imprimer : soit la forme en *pyramide,* soit la forme en *vase,* soit enfin les formes en *palmettes, cordons verticaux* ou *cordons obliques,* ainsi que je vous l'ai expliqué ci-dessus pour les trois lignes, à savoir :

1re ligne verticale, 1/3 de sa longueur ;

2e ligne oblique, 1/2 de sa longueur ;

3e ligne horizontale, 3/4 de sa longueur.

Ce sont ces branches à bois que l'on doit savoir bien diriger pour avoir de beaux arbres et de bons produits fruitiers.

On doit toujours avoir soin de tailler ces branches sur des yeux tournés du côté de l'extérieur de l'arbre, en supposant que l'on taille des arbres en forme de vase ou en forme de pyramide, et cela afin de donner de l'élargissement à l'arbre. Vous savez que les arbres se dégarnissent surtout par le centre, pour que le soleil puisse pénétrer jusque dans l'intérieur des formes en vase ou en pyramide.

Branches secondaires. — Ce sont celles (fig. 33, n° 3) qui se trouvent en dessous de l'œil à bois, c'est-à-dire de celui qui doit prolonger la forme de l'arbre, bien souvent elles prennent un développement considérable au détriment de cet œil.

On doit pratiquer les pincements, et à la taille d'hiver on pourra tailler sur empâtement ou à l'épaisseur d'un écu pour faire développer les deux sous-yeux qui se trouvent à la base des branches ; ces yeux sont appelés aussi stipulaires (fig. 31, première série, lettre *a*).

On pourra choisir les moins vigoureux pour en obtenir plus facilement des fruits.

Brindilles. — Les branches dites *brindilles* (fig. 34, n° 4) doivent être taillées sur les quatre yeux pour rapprocher les yeux à fruits le plus possible des branches mères, afin que ces yeux aient plus de séve. Par ce moyen elles donneront une plus grande abondance de fruits. Si les brindilles n'étaient pas taillées et qu'elles fussent d'une longueur de 0^m35, il faudrait les raccourcir. Comme je l'ai déjà dit, on n'a pas besoin de faire attention à leur coupe, comme à celle des branches à bois. Si on leur laissait toute leur longueur, les yeux de l'extrémité se développeraient et ceux de la base resteraient anéantis. De plus ces branches ne pourraient supporter le poids de leurs fruits. Elles pourront, du reste, au besoin, être utilisées pour faire des branches à bois. Il suffira de pratiquer une incision à la partie supérieure.

Dards. — Les branches dites *dards* (fig. 35, n° 5) doivent être taillées à trois yeux pour les rapprocher le plus possible des branches mères ou membres, afin qu'elles puissent recevoir une quantité plus abondante de séve, et aussi pour que ces mêmes branches deviennent assez fortes pour supporter le poids des fruits qu'elles sont destinées à produire. Il arriverait, si on s'abstenait de raccourcir les dards, qu'on aurait un œil terminal qui se mettrait à fruit et que ceux qui se trouveraient en dessous ne se développeraient point. Ils manqueraient de séve et resteraient anéantis. Il y a donc avantage à raccourcir les branches dites dards, afin qu'elles produisent fruit. Dans le cas où l'on aurait besoin d'une branche à bois, on pourrait conserver un dard pour en faire une, quand bien même ce dard ne serait pas d'une grande vigueur. Une incision doit alors être faite dans la partie supérieure en forme de A, afin que ce dard prenne de la vigueur; puis on doit tailler sur un œil bien établi.

Rosettes. — Les branches dites *rosettes* sont très-faciles à mettre à fruit. On n'a qu'à faire une incision sur la partie supérieure pour en amener le prolongement et le mettre à fruit (fig. 36).

Branches de faux bois. — On doit supprimer entièrement ces branches (fig. 38) sur un arbre bien conduit. Dans le cas où l'on voudrait les conserver, on pourrait les tailler à huit yeux ou leur faire subir une torsure ou bien un cassement partiel.

Branches gourmandes. — On doit se garder de laisser les branches dites *gourmandes* sur un arbre, parce que ces branches ont un empâtement considérable et, par conséquent, une très-grande vigueur. Cette vigueur est nulle aux branches à bois ainsi qu'aux branches à fruit. On doit au contraire les laisser si elles doivent être utiles pour la forme à donner à cet arbre. Il convient donc de pratiquer une incision ou une entaille à la base de l'empâtement pour diminuer la vigueur; on les fait ainsi mettre à fruit.

Branches anticipées. — Il faut tailler ces branches (fig. 40) sur le quatrième œil pour les faire mettre à fruits, dans le cas où on n'en aurait pas besoin pour constituer des branches à charpente ; car, dans ce cas, il faudrait les tailler sur le deuxième œil bien établi et faire une incision sur la partie supérieure de ce dernier.

Bourses. — Je n'ai rien à ajouter sur la taille des bourses (fig. 44).

Lambourdes. — Lorsque les branches dites *lambourdes* (fig. 45 et 46) sont trop longues, il convient de les raccourcir pour les rapprocher le plus possible des branches dites branches mères, afin qu'elles ne s'éloignent pas trop et abandonnent les yeux de la base pour favoriser ceux de l'extrémité. Lorsque les lambourdes seront trop multipliées, on pourra en supprimer une partie, afin de faire développer celles qu'on se sera décidé à laisser, qui, dès lors, se mettront à fruits.

Branches mères. — Les branches mères (fig. 34, lettre *a*) doivent être garnies sur toute leur longueur. Si ces branches sont palissées près d'un mur, on ne doit avoir des branches que sur les deux parties de la branche : la partie supérieure et la partie inférieure. Si toutefois ces branches venaient à se dégarnir de leurs parties fruitières, il faudrait pratiquer la greffe par approche.

L'AMATEUR

Enfin me voici au courant des différentes manières de couper les branches, toutefois pour ce qui concerne les poiriers. Je vous prie maintenant d'avoir la bonté de me donner quelques détails sur quelques formes que vous m'avez indiquées pour mon jardin.

LE JARDINIER

Très-volontiers. Je vais vous donner les rensei-

gnements que j'ai pu recueillir depuis l'âge de
15 ans. Je commence par la forme dite pyramide.

DE LA PYRAMIDE (fig. 48)

Il faut avoir des arbres jeunes pour obtenir de
bons résultats. Je dis des arbres *jeunes*, et voici
pourquoi : c'est que les arbres jeunes se trouveront avoir des yeux à la base qui n'auront pas
été anéantis. Avec ces branches-là le succès
est assuré. Quelques professeurs ont, il est vrai.
prétendu qu'il ne faut jamais tailler les arbres la
première année de leur plantation, parce que,
prétendent-ils, ces arbres demandent plus de
feuillage pour venir en aide aux racines. En
cela, je partage l'opinion de ces messieurs. Je
n'ai pas besoin de revenir sur les explications que
je vous ai détaillées concernant ces deuxièmes
organes conservateurs auxquels on donne le
nom de *feuilles*. Je vous en ai fait comprendre
toute l'utilité. Il y a donc avantage à avoir tout
le feuillage. Comprenez, à l'appui de ce que
j'avance, ceci : la séve que contient l'intérieur
de l'arbre fait croître les bourgeons des parties
supérieures au détriment de ceux de la base, qui
restent anéantis. Lorsque, l'année suivante, il
s'agit de tailler ces arbres, on est obligé de raccourcir de 0^m 60 pour faire développer les yeux

qui se trouvent à 0ᵐ 35 au-dessus du sol, pour, de
là, établir les premières branches de la charpente;
et ainsi de suite des autres yeux jusqu'à concurrence de la hauteur de 0ᵐ 60, hauteur à laquelle
on a à rabattre l'arbre. Il arrive le plus souvent
alors que ces yeux se sont perdus parce que
la séve les a abandonnés pour aller favoriser ceux
de la partie supérieure. Le plus souvent, on ne
peut obtenir des branches à la base, quelquefois
on n'en obtient que d'un seul côté, et l'autre
côté n'en a pas une seule. J'ai été plus d'une fois
témoin de cet embarras. D'autres en ont vu
des exemples aussi bien que moi. Voici comme
je procède et comme j'ai toujours procédé :

Lorsque je choisis mes arbres, je préfère toujours ceux d'un an de greffe ou de deux ans au
plus pour obtenir des yeux à la base. Les arbres
d'un an seulement de greffe sont même préférables.

J'ai donc tous les yeux sur cette tige simple,
yeux qui ne se sont pas développés; et, par
conséquent, je les aurai tous. Je pourrai en faire
le choix pour mes branches de charpente : premier
avantage.

En choisissant de jeunes arbres j'ai un autre
avantage, savoir : celui d'avoir des racines très-
jeunes. Alors, j'ai la reprise de l'arbre plus
assurée.

Plus un arbre est vieux, plus les racines sont

en rapport et plus il y a de difficulté dans la formation des nouvelles racines. Je vous ai parlé du choix des arbres et je vous engage à donner la préférence aux arbres jeunes.

Manière de faire réussir les arbres nouvelle-ment plantés : Au lieu de couper la flèche ou tige verticale à 0ᵐ 60 de hauteur, je m'abstiens de la couper au moment de la taille, je préfère la laisser telle qu'elle est.

Figure 48 : Sujet d'un an de greffe remplissant les conditions de végétation qu'un arbre doit avoir, c'est-à-dire 1ᵐ 20 de hauteur environ.

Je vous ai dit, à l'article *Choix des arbres*, comment on doit les choisir.

Je pratique des incisions au-dessus des yeux où j'ai besoin d'avoir des branches : 1ʳᵉ incision, faite en *a*, 2ᵉ en *b*, 3ᵉ en *c*, 4ᵉ en *d*. Les yeux qui sont au-dessus de ceux que je viens de marquer, indiqués par les lettres *e f g h*, ne seront pas incisés ; ces branches doivent être espacées de 0ᵐ 10 les unes des autres (lorsque ces yeux se seront développés et auront atteint 0ᵐ 12 environ). Dès lors, je coupe la tige en *g*, les yeux qui sont en dessous auront assez de sève pour se développer. On pratique cette coupe vers la fin de mai environ, dès que l'on verra que les yeux se seront développés, afin que ces pousses aient quelques feuilles qui puissent remplacer celles que l'on aura retranchées. Lorsque on coupe la tige ou flèche, on voit se renouveler les organes conservateurs, les feuilles, qui se trouvent sur ces nouvelles branches; ces nouveaux organes viendront eux aussi puiser dans l'air une partie de leur vitalité ou nutrition. Un arbre ainsi traité à la première année de plantation sera garni des premières branches, qui formeront le commencement de la pyramide.

A la vérité, on n'aura pas des pousses très-longues, mais aussi on les aura où elles seront utiles, pour établir la forme avec régularité.

L'AMATEUR

Je conçois parfaitement ce que vous venez de me dire concernant les opérations que vous m'avez indiquées, cependant j'aurai à vous demander à me faire connaître comment se pratiquent les incisions et la manière de les faire.

LE JARDINIER

Il me sera facile de vous faire connaître comment se font les incisions. Voici la manière de les faire : On doit pratiquer une entaille en dessus de l'œil que l'on se propose de faire développer; cette incision ne devra pas trop pénétrer dans l'intérieur de la tige, suivant que la tige sera plus ou moins grosse. Premièrement, pour les incisions que l'on doit faire sur un scion d'un an, il faut que l'incision pénètre jusqu'aux fibres du bois, pour en arrêter la séve ascendante au profit de l'œil qui se trouve en dessous de l'incision. Je ne reviens pas vous parler des fibres du bois, nous les avons étudiées à l'article *Structure de la tige*.

Pour opérer les incisions, on se sert de la serpette ou de la scie, le premier instrument est préférable. Il y a des instruments spécialement consacrés à cette opération.

L'AMATEUR

Vous m'avez fait comprendre la manière de faire les incisions, je suis de votre avis, pour cela. Vous me dites qu'il faut pénétrer un peu dans les fibres du bois, afin d'arrêter la séve ascendante. Je reconnais parfaitement que je dois pénétrer plus ou moins profondément dans une branche qui sera plus ou moins grosse. Soyez assez bon pour continuer à m'expliquer la taille de la première année.

LE JARDINIER

Il me sera très-facile de vous faire comprendre en quelques mots seulement ce que l'on peut obtenir en suivant la manière que je vous ai indiquée, vous n'aurez qu'à voir le résultat de la taille de la première année de plantation, je pense que vous serez satisfait.

La figure 49 représente la tige garnie de ses

4.

sept branches, résultat des incisions et taille faite pendant l'été.

1° lettre *a*, résultat de la première incision ; 2° lettre *b*, de la deuxième incision ; 3° lettre *c*, troisième incision ; 4° lettre *d*, quatrième incision ; les lettres *e f*, sont les deux pousses qui se sont développées après que l'on a coupé la flèche ; la lettre *g*, indique la pousse qui est le résultat de la taille que l'on a fait subir au scion dans le courant de l'été, c'est-à-dire en mai. Cette dernière pousse est destinée à prolonger la pyramide en suivant la ligne verticale ; en taillant cette branche, on doit faire attention à tourner la coupe, de façon à ce qu'elle puisse rétablir la ligne à plomb avec la base de l'arbre, car la greffe fait toujours un coude avec le sujet, ce qui serait très-disgracieux si on ne taillait pas comme l'indique la coupe qui a été faite sur l'œil, lettre *g*.

Cet œil ainsi que les deux autres qui sont en dessous se développeront assez pour atteindre une certaine longueur, afin de pouvoir établir la taille l'hiver suivant.

Quand nous serons à la deuxième taille je vous indiquerai la manière d'opérer pour chacune des branches plus haut décrites.

L'AMATEUR

Je conçois parfaitement votre manière d'opérer, j'apprécie bien l'avantage de faire comme vous me l'avez fait comprendre. J'aurais une observation à vous faire qui, j'ose l'espérer, trouvera sa réponse : je veux parler des arbres qui auront deux ou trois ans de greffe. J'attends votre réponse à ce sujet.

LE JARDINIER

Il me sera facile de vous renseigner sur votre demande : je suppose que vous ayez un arbre qui a deux ou trois ans de greffe, ayant une certaine quantité de branches, mais non des pousses pour établir la pyramide convenablement. Vous devez alors tailler les branches qui sont bien placées; et quant à celles qui ne le seront pas, vous les laisserez de côté sans les tailler. Vous ne les taillerez que lorsque vous verrez les nouvelles pousses, alors vous aurez la faculté de supprimer celles que vous jugerez inutiles, et qui n'auront servi que pour faire mieux réussir la reprise de votre arbre. Vous raccourcissez aussi la tige; si vous avez besoin d'une branche, et que sur cette branche vous n'ayez qu'un œil, vous pouvez pratiquer une incision pour avoir un bourgeon. Dans le courant de l'été ces diverses branches auront atteint une longueur assez considérable pour que l'on puisse pratiquer la taille l'hiver suivant.

LE JARDINIER.

Deuxième taille. — La figure 49 représente l'arbre qui a été dirigé pendant l'été. J'ai à pratiquer à la deuxième taille une opération bien différente : j'ai sept branches, résultat des premiers soins donnés pendant la première taille. Je vais vous indiquer pour la deuxième taille comme j'ai fait pour la première, c'est-à-dire, je vais suivre les mêmes numéros et les mêmes lettres pour vous indiquer plus facilement, afin que vous puissiez opérer plus vite la taille.

Première branche indiquée par le n° 1, lettre *a*, sera taillée au point marqué par un trait ;

N° 2, lettre *b*, sera taillée aussi au point indiqué par un trait ;

N° 3, lettre *c*, sera taillée comme les autres au point marqué par un trait ;

N° 4, lettre *d*, sera taillée de même que les autres au point désigné par le trait ;

N° 5, lettre *e*, sera taillée de même que les autres et au même trait ;

N° 6, lettre *f*, sera taillée de même manière que les autres, au même trait ;

N° 7, lettre *g*, ne sera pas taillée comme les autres, vu que c'est la flèche qui doit prolonger la forme et donner naissance à la nouvelle série de nouvelles branches pour augmenter la hauteur de la pyramide. Il faut suivre ce que j'ai dit en parlant des trois lignes.

La flèche doit être taillée de la même manière que l'année précédente, ou pour mieux dire, on doit la laisser sans la tailler ; il faut attendre que la séve soit en mouvement et alors on peut pratiquer sur les yeux de la base des incisions pour en obtenir des branches pour établir la charpente de la pyramide, en suivant exactement les mêmes principes que l'année précédente.

Lorsque les yeux auront reçu des incisions et qu'ils auront atteint la longueur de 0^m 12 environ, on pourra couper la tige toujours au tiers de sa longueur.

A la deuxième pousse, on devra pincer les bourgeons s'il y en avait qui devinssent trop longs, parce qu'il s'en trouve alors d'autres qui n'auraient pas assez de longueur.

Mais il ne faut pratiquer ce pincement que lorsque l'on voit une longueur assez déterminée. Cette longueur sera toujours proportionnée à la végétation. Ces branches ne seront pas pincées si elles n'ont pas des yeux bien oblitérés. On doit les pincer de préférence aux bourgeons qui sont le plus rapprochés de l'œil de taille, c'est-à-dire ceux qui doivent prolonger la charpente et la forme de l'arbre, qui ne seront pincés que lorsqu'ils auront une tendance à prendre trop de vigueur et que les bourgeons voisins n'auront pas un avantage égal,

4...

Dans ce cas, on doit les pincer mais avec une longueur assez considérable pour pouvoir établir la taille de l'année suivante. On doit pratiquer le pincement sur les bourgeons au-dessous des premiers, parce que ceux-ci ne sont destinés qu'à donner des fruits. On doit les pincer lorsqu'ils auront atteint une longueur de 0^m 10 environ. Ne pincer que sur trois bons yeux. Ce pincement devra être répété une seconde fois si le premier œil venait à se développer, alors ne pincez qu'à deux yeux seulement. Si l'on voit que les yeux de la base ne se développent pas, on pratiquera des incisions pour en obtenir de petits rameaux. Ces petits rameaux seront beaucoup plus faciles à mettre à fruit, et il faut qu'ils soient tous bien disposés pour recevoir la lumière. Je vous ferai connaître quelques branches au moyen de figures.

L'AMATEUR

Enfin me voilà fixé sur la deuxième taille. Je vous prie de m'enseigner la troisième. Vos explications claires et nettes m'étonnent de plus en plus. Je comprends que vous ayez les bourgeons aux endroits où ils doivent vous être le plus utiles pour former votre charpente.

LE JARDINIER

Troisième taille. — Pour pratiquer la troisième taille des arbres fruitiers, il faut suivre exacte-

ment les mêmes principes que j'ai émis pour la
deuxième taille. Pratiquez les mêmes principes
sur la tige ou flèche, ainsi que sur les branches
de prolongement, c'est-à-dire sur les branches à
bois. Je commence par supposer que vous ayez à
tailler une branche à la longueur de 0^m 30. Le
premier œil de taille se sera développé pour prolonger la charpente de l'arbre, et avec une vigueur d'autant plus forte, que la deuxième année
les racines commencent à donner un peu plus de
séve. Le deuxième œil ne sera pas développé
autant que le premier, surtout si on a pratiqué
les opérations du pincement ; si, par suite, on
avait un bourgeon très-fort, il faudra pratiquer
la taille sur empâtement ou à l'épaisseur d'un
écu ou encore sur couronne (ces trois mots
sont synonymes) pour faire développer les sous-
yeux qui sont à la base des branches, appelés
stipulaires. Ces stipulaires n'auront pas un si grand
développement. Le plus souvent ils se développent tous deux. On en supprime un et on fait
subir à l'autre l'opération du pincement. On peut
opérer sur la branche qui se trouve en dessous.
Les brindilles se trouveront à la suite de ces
deux branches ainsi marquées. On pratique sur la
brindille la taille sur le troisième œil. Si l'on a
une deuxième brindille on la taille sur le troisième œil. Les dards viennent après les brindilles. Je ne reviendrai pas sur la description des

brindilles, vous les connaissez par mes explications antérieures. J'ajouterai seulement, que si
elles dépassent 0ᵐ 10 à 0ᵐ 12, ilfaut les raccourcir.
S'il se trouvait quelque œil qui ne se soit pas développé, vous y pratiquerez alors une incision
pour en faciliter l'évolution, si toutefois vous
n'aviez pas fait suivre les opérations de l'été. Ce
que je viens de vous détailler ne se rapporte
qu'aux arbres qui n'auront reçu aucun soin pendant la saison d'été.

Pour les arbres qui auront subi l'opération du
pincement sur toutes les branches qui tendaient à
devenir trop longues, vous n'aurez qu'à faire subir
la taille d'hiver, couper sur rides, c'est-à-dire la
partie qui se trouve à la base de la branche que
vous aurez pincée, qui est l'empâtement de cette
pousse qui se sera développée à la suite du pincement. Si on taillait plus rapproché que sur ride,
on risquerait d'atteindre le prolongement de l'œil
qui doit se convertir à fruit.

Si vous avez pratiqué le cassement, vous pourrez supprimer une partie de ce cassement, comme
pour la branche qui a subi le pincement. Par ces
opérations de taille vous convertirez ces diverses
branches en branches à fruits; et, de plus, vous
favoriserez le développement de la branche à bois
par la taille sur empâtement de ces grosses branches qui se développeront au détriment des branches à bois (fig. 50).

L'AMATEUR

Je suis tout étonné encore des démonstrations que vous m'avez faites sur la troisième taille. Veuillez maintenant continuer et m'expliquer la quatrième taille.

LE JARDINIER

Quatrième taille. — Je ne veux pas revenir sur les principes que j'ai émis pour la deuxième et troisième année. Il faut se conformer aux mêmes principes pour la flèche que pour les branches à bois, car ces deux sortes de branches sont les principales : la première pour l'établissement de la forme que vous voudrez donner à l'arbre, tandis que la deuxième régularisera la production fruitière.

L'AMATEUR

Je comprends la grande utilité qu'il y a de bien diriger la tige verticale aussi bien que les branches à bois. Je vous prie de me donner quelques détails sur la cinquième taille.

LE JARDINIER

Avant de vous faire connaître la cinquième taille, je dois vous donner un système bien simple pour tailler les branches à bois, ainsi que la flèche. Voici en quoi consiste la taille de ces branches déjà désignées : vous savez qu'il faut toujours couper les branches à bois, ainsi que la tige, de manière à ce que l'œil qui doit pousser pour continuer le prolongement et pour former les branches mères suive une ligne qui ne soit pas trop disgracieuse.

On est le plus souvent obligé de placer des roseaux ou autres objets semblables pour tenir les branches dans la direction qui leur est convenable ou que l'on veut leur donner. Comme cet œil, lorsqu'il pousse à l'extrémité de la branche, n'a pas toujours assez de consistance pour pouvoir se tenir comme il le faudrait, par rapport à la ligne qu'il doit suivre, qui est ordinairement oblique, voici un moyen qui est bien simple : il suffit de tailler la branche 0^m03 au-dessus, afin de pouvoir attacher les nouveaux bourgeons, produits par celui qui a été choisi. Ces 0^m03 qui seront au-dessus n'auront pas d'yeux, on doit les supprimer, soit avec la pointe de la serpette ou du sécateur. Ce petit crochet devra à la taille de l'année suivante être supprimé, vu qu'il n'est plus utile. Il n'aura pas un assez grand empâtement pour que la séve ne puisse pas cicatriser très facilement la coupe.

L'AMATEUR

Vous m'avez fait bien plaisir en me faisant connaître cette manière bien simple, mais qui est très-utile et très-économique en même temps.

Ne pourriez-vous pas me donner une figure explicative pour que je puisse me guider ?

LE JARDINIER

Très-volontiers. Je vais vous indiquer une figure pour que vous puissiez être encore plus satisfait. Voyez figure 50, branche n° 2. La lettre *a* indique l'œil qui est destiné à prolonger la branche à bois; celui-ci doit aussi former la deuxième série de branches mères. La lettre *b* indique la coupe faite au-dessus de l'œil désigné par la lettre *a*. La lettre *c*, l'œil qui doit être supprimé. La lettre *d* indique où devra être coupé le chicot, résultat de la coupe déjà mentionnée.

L'AMATEUR

Je suis satisfait de votre démonstration. Revenons maintenant à la cinquième taille.

LE JARDINIER

Cinquième taille. — Je n'ai qu'à vous recommander de suivre toujours pour la cinquième taille les mêmes principes que je vous ai exposés, pour les autres, tant en ce qui a rapport à la taille de la tige ou *flèche* que pour tout ce qui a rapport aux branches à bois. Suivez donc les mêmes préceptes que pour les années précédentes.

J'ajouterai cependant que les pincements que l'on aura pratiqués sur les branches, pincements ou cassements, donneront pour cette cinquième année des boutons à fleurs, soit qu'ils résultent des opérations du pincement, ou du cassement, ainsi que des dards, sans oublier les rosettes. Une fois que l'on peut avoir des fleurs, on aura des lambourdes à l'infini, parce que des sous-yeux résultent des fleurs et des pédoncules des fruits ; on n'a qu'à pratiquer leur suppression dès qu'ils seront trop multipliés. Il n'en faut laisser que quatre au plus.

L'AMATEUR

Votre démonstration me suffit sur les cinq tailles. Je vous promets que je ne manquerai pas de suivre vos préceptes. Voyez si vous croyez utile de me démontrer la sixième taille.

LE JARDINIER

Sixième taille. — Je n'ai qu'à vous engager à suivre toujours les mêmes principes que pour les cinq autres années, et de ne pas laisser venir les branches fruitières trop longues. Au besoin, si elles le devenaient, il faut les raccourcir, afin que ces branches ne garnissent pas trop l'arbre et empêchent l'air de pénétrer dans l'intérieur.

Je ne vous ai pas parlé de l'équilibre des branches. Vous n'avez qu'à suivre ce que je vous en dirai à son article spécial, de même que du pincement, du cassement et de la torsure.

L'AMATEUR

Je vois que vous voulez m'indiquer à fond
la marche que je dois suivre pour bien diriger
mes pyramides. Veuillez me dire quelques mots
des formes dites en palmettes.

PALMETTE SIMPLE

LE JARDINIER

On doit avoir un scion d'un an. Vous avez les
distances des arbres désignées ainsi que la plantation. Je n'ai plus qu'à vous indiquer la première
taille.

Première taille. — La figure 51 indique un
arbre planté d'un an de greffe. Cet arbre ne sera
pas taillé au moment de la plantation, on doit le
laisser libre, lorsque la séve est bien en mouvement, alors on pratique une incision sur les deux
yeux qui se trouvent placés à 0^m 35 du sol.
Premier œil, lettre *a*, deuxième œil, lettre *b*.
Lorsque ces yeux se sont développés de 0^m 12 environ, je pratique la coupe de la tige qui doit prolonger la charpente de l'arbre. On peut pratiquer
cette coupe sur le deuxième œil, indiqué par la troisième lettre *c*, de crainte d'accident, ce qui pourrait
survenir si je taillais sur le premier œil au-dessus des deux yeux qui doivent établir le premier
étage, car, s'il survenait quelque accident à l'œil

5

que l'on aurait taillé pour prolonger la tige verticale, on serait embarrassé pour prolonger la ligne verticale. On voit donc la grande utilité d'avoir deux yeux, car s'il survient quelque accident on a recours au deuxième.

Dans le cas où tous les deux auraient très-bien poussé, on n'aura qu'à pincer celui qui ne sera pas utile, c'est-à-dire le deuxième, qui sera pincé sur le troisième œil.

Quant au premier bourgeon qui doit prolonger la charpente, on pourra lui laisser prendre un plus grand développement, afin qu'il puisse avoir les yeux plus constitués, c'est-à-dire mieux formés. On pourra le pincer s'il venait à prendre un trop grand développement, pour que les deux yeux indiqués *a* et *b* puissent devenir plus longs afin de pouvoir établir la taille de l'année suivante.

L'AMATEUR

Je suis heureux de ce que vous m'apprenez quant aux incisions que l'on doit pratiquer sur les yeux pour en obtenir l'évolution.

Vous m'avez fait bien plaisir aussi en m'indiquant à tailler sur le deuxième œil, j'en ai parfaitement compris l'utilité, je ne manquerai pas de suivre vos premiers principes. Maintenant indiquez-moi la deuxième taille.

LE JARDINIER

Deuxième taille. — Vous n'aurez pas une végétation très-longue du résultat de la deuxième taille, parce que les racines n'auront pas pris un grand développement dans l'intérieur de la terre pour pouvoir donner une grande végétation, mais au moins aurez-vous les bourgeons aux distances nécessaires pour établir votre premier étage!

La figure 52 indique l'arbre, après les premiers soins donnés ; cet arbre en palmette sera taillé sur les deux yeux, indiqués par un trait, n° 4, lettre *d*. Ces deux yeux prendront un développement plus fort, vu que les racines commenceront à prendre, elles aussi, dans la terre, leur développement, comme pourront le faire les feuilles de la partie aérienne qui puiseront dans l'air une partie de la nutrition.

On doit prolonger l'arbre pour donner de nouveaux étages ou le tailler très-court, seulement pour l'avoir lorsqu'il sera utile. Ce sera bien plus avantageux si on peut avoir des arbres qui ont des branches aux distances telles que je viens d'indiquer. Mais il y a un inconvénient qui fait que l'on ne doit pas donner la préférence à ces arbres, c'est que, si l'on se trouve obligé de les transporter loin on pourrait, avant d'arriver au bout du transport, trouver des branches brisées. Figure 52, la branche première sera taillée au point *a*; le nº 2 au point *b*, même manière pour la tige qui doit prolonger la forme ; les nºˢ 3 et 4 en *c* et *d* ; nº 5 en *e*.

L'AMATEUR

Je suis toujours satisfait de vos explications. Elles sont toujours appuyées par l'expérience. Continuez, je vous prie, à me donner quelques notions sur la troisième taille.

LE JARDINIER

Troisième taille. — A la troisième taille, on doit tailler les branches à bois toujours comme je l'ai indiqué pour les pyramides. Vous savez que je vous ai indiqué les trois lignes, je n'ai donc pas besoin d'y revenir. Pour les soins à donner, vous suivrez les mêmes principes que je vous ai démontrés en vous parlant des pyramides.

Je vous ferai seulement observer qu'il ne faut de branches sur les lignes horizontales que la deuxième année. Vous devrez les tenir dans la direction oblique pour faciliter leur végétation. Vous pourrez former un deuxième étage toujours en vous conformant aux mêmes prescriptions. Vous pourrez même former un étage chaque année, suivant la hauteur qu'il s'agit de garnir. Les étages doivent être espacés les uns des autres de 0ᵐ 22 environ, afin que l'air puisse circuler, pour en favoriser la floraison et la fécondation, indispensable à la réussite des fruits.

La figure 53 indique une palmette ayant sept branches ; les six premières seront taillées au point indiqué par un trait, tandis que la septième sera dirigée comme il a été dit pour la première année, en suivant très-exactement les mêmes principes.

L'AMATEUR

Je vous rends grâces pour m'avoir indiqué la manière de diriger une palmette simple. Je suivrai vos conseils. Vous m'engagez à me conformer à ce que vous m'avez dit au sujet des pyramides, je n'y manquerai pas. Maintenant je voudrais que vous me disiez comment se forme une palmette double.

PALMETTE DOUBLE

LE JARDINIER

Je vais faire en sorte de vous indiquer, pour la palmette double, comme j'ai fait pour la simple. On doit avoir des scions d'un an, comme pour les pyramides. On pourra suivre les mêmes principes. Pour la première année de plantation, on ne doit pas tailler la tige ; il faut la laisser sans la tailler, jusqu'à ce que la séve ait commencé à circuler dans la tige et que les feuilles soient développées.

Figure 54 : un scion d'un an, indiqué par le

nº 1, lettre *a*. Sur ce scion, on pratiquera deux incisions, l'une à droite, l'autre à gauche. Nº 2, lettre *b*; nº 3, lettre *c*. Lorsque ces deux bourgeons seront d'une longueur de 0ᵐ 12 environ, on pourra supprimer la tige *a* au point nº 4, lettre *d*.

Deuxième taille. — Figure 55. A la deuxième taille, on taillera les deux branches (lettre *a*, lettre *b*). On doit tailler très-court, afin d'avoir des bourgeons pour pouvoir établir la forme indiquée par la figure 55, ou l'on doit faire choix des quatre branches indiquées par les nᵒˢ 1, 2, 3, 4. Il faut suivre les mêmes principes que pour les pyramides, en suivant très-exactement, pour pouvoir obtenir une belle végétation ainsi que la régularité.

Figure 56. On doit suivre les mêmes principes que pour les deux autres figures précédentes. On doit toujours observer les distances de 22 centim. environ. Il faut tailler sur les branches indiquées par les nᵒˢ 1 lettre *a*, 2 *b b*, 3 *b c*, 4 *b d*, 5 *b e*, 6 *f*.

Troisième taille. — Figure 56 *bis*. Mêmes principes que pour la précédente. On n'aura qu'un étage de plus qui sera placé aux mêmes distances que les autres. Cet arbre aura atteint cette forme à la troisième taille.

Agir pour la quatrième taille comme pour la

troisième, ainsi de suite pour toutes les autres
tailles.

L'AMATEUR

Vous m'avez fait comprendre parfaitement la
manière de conduire une palmette double. N'auriez-vous pas d'autres formes à me faire connaître?
Je vous suivrai dans vos démonstrations.

LE JARDINIER

Pardon, j'ai à vous faire connaître une forme
qui, j'ose croire, vous conviendra. Je veux vous
parler de la palmette Verrier, décrite dans l'ouvrage du célèbre professeur M. Dubreuil.

PALMETTE VERRIER

La figure 57 indique un arbre planté d'un an
de greffe. Cet arbre ne sera pas taillé au moment de la plantation; on doit le laisser libre.
Lorsque la séve est bien en mouvement, alors on
pratique une incision sur les deux yeux qui se
trouvent placés à 0^m 35 au-dessus du sol (fig. 57,
n° 1, lettre *a*; n° 2, lettre *b*), lorsque ces yeux se
sont développés de 0^m 12 environ.

Je pratique la coupe de la tige qui doit prolonger la charpente de l'arbre. On peut faire
cette coupe sur le deuxième œil indiqué par le
n° 3, lettre *c*, de crainte d'accident; ce qui pour-

rait survenir si je taillais sur le premier œil au-dessus des deux yeux qui doivent établir le premier étage, car si je taillais sur le premier œil au-dessus des deux qui sont destinés à former le premier étage, s'il survenait quelque accident à l'œil que l'on aurait taillé pour prolonger la tige verticale, on serait embarrassé pour la prolonger. On voit donc la grande utilité d'avoir deux yeux, car s'il survient quelque accident, on a recours au deuxième, soit celui qui se trouve le plus haut ou le plus bas. On prendra celui qui n'aura pas éprouvé d'accident. Dans le cas où tous les deux auraient très-bien poussé, on n'aura qu'à pincer celui qui ne sera pas utile, c'est-à-dire le second, qui sera pincé sur le troisième œil.

Quant au premier bourgeon qui doit prolonger la charpente, on pourra lui laisser prendre un plus grand développement, afin qu'il puisse avoir les yeux plus constitués, c'est-à-dire mieux formés. On pourra pincer ce bourgeon, s'il venait à prendre un trop grand développement, pour que les deux bourgeons indiqués (*a* et *b*) puissent devenir plus longs, afin de pouvoir établir la taille de l'année suivante. On n'aura pas une grande végétation, mais au moins on aura des branches où on en aura besoin.

L'AMATEUR

Vous m'avez fait plaisir de me démontrer cette

manière bien simple, mais qui est bonne à mettre
en pratique; aussi je ne manquerai pas de suivre vos indications très-exactement. Soyez assez
bon pour me guider dans la deuxième taille.

LE JARDINIER

Deuxième taille. — Vous n'aurez pas une végétation très-longue du résultat de la première
taille, parce que les racines n'auront pas pris un
grand développement dans l'intérieur de la terre
pour pouvoir donner une grande végétation; mais
au moins vous aurez les bourgeons aux distances
nécessaires pour établir votre premier étage.

La figure 58 représente le résultat de la première taille. On devra tailler sur le bourgeon
n° 1 au point *a*, le n° 2 au point *b* et le n° 3 au
point *c*, c'est-à-dire à 0^{m}22 au-dessus du n° 1 et
du n° 2.

Il faut suivre les mêmes principes pour former
le deuxième étage que pour le premier. Il en sera
de même pour les étages supérieurs.

Pour les n°s 1 et 2, on les taillera aux points
a et *b*. On doit leur laisser prendre un plus long
développement, vu qu'ils ont une plus longue distance à suivre. C'est pour cette raison que l'on
devra donner une longueur restreinte au deuxième
étage pour en favoriser le premier, c'est-à-dire
les n°s 1 et 2.

5.

La figure 59 représente l'arbre formé avec ses douze branches.

Le premier étage, 0^m 35 au-dessus du sol, n°s 1 et 2.

Le second étage, 0^m 20 au-dessus du premier, n°s 3 et 4.

Le troisième étage, 0^m 20 au-dessus du second, n°s 5 et 6.

Le quatrième étage, 0^m 20 au-dessus du troisième, n°s 7 et 8.

Le cinquième étage, 0^m 20 au-dessus du quatrième, n°s 9 et 10.

Le sixième étage, 0^m 20 au-dessus du cinquième, n°s 11 et 12.

On pourra former les deux derniers étages dans la même année.

Cette forme *Verrier* peut parfaitement se faire pour les pêchers aussi bien que pour les poiriers et pommiers, à la seule différence qu'il faut laisser 0^m 34 à 0^m 35 de distance entre chaque étage.

Cette forme est très-jolie et offre une très-grande facilité pour l'établir.

L'AMATEUR

J'ai parfaitement compris vos explications de la forme *Verrier*. N'avez-vous pas d'autres formes à me faire connaître?

LE JARDINIER

J'ai à vous indiquer des formes simples de

M. Dubreuil, le célèbre professeur aux Arts-et-
Métiers de Paris ; ce sont les formes cordon simple et cordon double.

CORDONS

Pour la distance, j'ai fait plusieurs plantations
où j'avais laissé la distance de 0^m 41 à 0^m 50. Je
n'ai pas obtenu un grand résultat. Je vous engage
à prendre pour base 0^m 75 à 1 mètre pour avoir
l'air et l'espace entre les racines. Ces distances
sont celles que l'on peut prendre pour arriver à
des résultats satisfaisants. Il faut prendre des arbres d'un an de greffe sur coignassier et des espèces très-fertiles pour avoir plus tôt des fruits.
Je vous indiquerai les espèces. Il faut choisir des
arbres d'un an de greffe ou deux au plus ; les derniers devront être garnis de branches. Les arbres
en cordon devront être garnis de branches fruitières sur toute la distance. Il ne faut pas cepen-
nant les laisser devenir trop longues, parce que la
distance des arbres n'est pas bien grande.

Il convient de laisser un certain espace entre ces
arbres pour la libre circulation de l'air. Vous agi-
rez pour la flèche comme je vous l'ai dit pour la
pyramide. La taille doit toujours être proportionnée à la vigueur de l'arbre.

La figure 60 indique un poirier en cordon vertical, d'un an de greffe. Il faut suivre les mêmes

principes que ceux indiqués pour la pyramide; incisions là où elles seront utiles.

La figure 61 indique un poirier, après les premiers soins qu'on lui aura donnés pendant l'été. A la taille d'hiver on lui fera subir l'opération suivante :

Il faut couper les branches qui ne sont pas bien longues assez rapprochées pour en obtenir des pousses un peu plus fortes. On peut les tailler comme il est indiqué au n° 1. Le trait indique la coupe. Il en sera de même pour les n°s 2, 3, 4, 5, 6, 7, 8. Le n° 9 ne sera pas taillé comme les branches indiquées par les huit numéros. Cette branche sera taillée comme il est indiqué pour la pyramide. On doit tenir ces branches assez courtes, vu que l'espace n'est pas grand. Dans le courant de l'été on devra pratiquer les opérations du pincement ainsi que du cassement.

Les arbres en cordons verticaux, de trois ans, doivent commencer à se garnir de branches à fruits.

La figure 62 indique un arbre de trois ans. Il faut qu'il ne prenne pas un trop grand développement. Ses branches doivent être d'une longueur de 0^m 45 de chaque côté; par conséquent il y aura un espace de 0^m 10 d'intervalle entre les branches de chaque arbre.

Quant à la flèche ou tige, mêmes principes que pour la première année.

L'AMATEUR

Très-bien, je suis renseigné sur les cordons verticaux. Maintenant pourriez-vous me donner quelques détails sur les cordons obliques?

LE JARDINIER

Il me sera facile de vous renseigner sur les cordons obliques, d'après M. Dubreuil, le célèbre professeur d'arboriculture, dont le nom est devenu européen.

Avec ces formes on obtient des fruits la première année de plantation, et le *maximum* les sixième et septième années.

Le cordon oblique est préférable au cordon vertical, par la raison qu'il suit la ligne oblique, et que cette ligne offre une difficulté au passage de la séve; c'est pour cela qu'il est plus facile à se mettre à fruits.

La figure 63 indique un scion d'un an de greffe qui sera taillé comme pour le cordon vertical. On en suivra les mêmes principes.

On pourra faire des incisions au-dessus des yeux qui sont indiqués par les n°s 1, 2, 3, 4, 5, tandis que les n°s 6, 7, 8, 9 ne seront pas incisés. Le n° 10 est l'œil qui doit prolonger la tige. Pour les soins qu'il faut donner aux cordons obliques, il sera utile de suivre les principes qui sont dits en parlant des pyramides, et ce qui est dit en parlant des trois lignes.

Figure 64. L'arbre, après la première année, sera taillé comme l'indiquent les n°ˢ 1, 2, 3, 4, 5, 6, 7 et 8. Quant à la flèche, elle sera taillée comme l'indique la figure précédente, c'est-à-dire la figure oblique.

Il en sera fait de même pour les années suivantes; toujours les mêmes principes. Pour la tige et pour les branches secondaires, on ne leur laissera pas prendre un trop grand développement.

L'AMATEUR

J'ai parfaitement compris les explications que vous avez bien voulu me fournir, concernant la forme oblique, où j'ai remarqué que vous me dites qu'elle est plus avantageuse pour obtenir des fruits plus tôt et bien plus faciles à diriger. Il ne me reste plus qu'à vous demander de m'indiquer les espèces auxquelles je dois donner la préférence.

LE JARDINIER

Pour les espèces que vous devez choisir pour cordons verticaux ou obliques, vous n'aurez qu'à suivre le tableau qui se trouve à la fin de l'ouvrage où sont indiquées les espèces qui sont fertiles et qui poussent peu en bois. Vous en avez pour chaque mois de l'année.

L'AMATEUR

Soyez sûr que je me guiderai d'après le choix

que vous avez fait. Maintenant il me reste à vous demander quelques détails sur les pommiers.

DU POMMIER

LE JARDINIER

Le pommier appartient à la 12e classe de Linnée (*Icosandrie*), famille des *Rosacées*, 1re division, *Pomacées*.

La patrie du pommier n'est pas certaine. Il est douteux qu'il soit réellement indigène d'Europe. Il croît dans le nord de la France et dans les autres contrées septentrionales de l'Europe, en Angleterre, en Allemagne et aux Etats-Unis, qui produisent les meilleures variétés de fruits.

Le pommier pousse de la même manière que le poirier. Les pommiers nous offrent un nombre considérable de variétés. Le nombre n'en est pas aussi grand cependant que dans les poiriers. Néanmoins, M. André Leroy, pépiniériste, donne, dans son catalogue général, le nombre de 314 espèces.

Le fruit du pommier n'est pas aussi estimé que celui du poirier; mais il n'en est pas moins digne d'être cultivé comme le poirier. Malgré qu'il n'ait pas le même goût et que ses fruits ne soient pas si juteux que les poires, on doit en avoir un nombre assez considérable dans un jardin fruitier. Vous n'aurez qu'à voir le tableau qui se trouve à la suite de celui des poiriers, où vous verrez les variétés arrangées de la même manière, c'est-à-dire mois par mois, afin d'avoir des fruits toute l'année.

Je ne vous ai indiqué qu'un bien petit nombre de variétés. Je n'ai fait choix que des variétés de premier mérite, soit en bonté, soit en fertilité, quoique dans l'établissement de M. André Leroy on en cultive 314 variétés.

Dans d'autres établissements on en cultive un nombre également très-considérable, où il se trouve des variétés qui n'ont que peu de mérite; c'est pour cela que j'en ai restreint l'énumération.

L'AMATEUR

Vous m'avez fait connaître l'origine du pommier et sa famille; vous me dites que le nombre des variétés de pommiers n'est pas aussi grand que celui des poiriers, mais que le pommier mérite, lui aussi, d'être cultivé dans un jardin fruitier. Je suis de votre avis sur ce point. Maintenant soyez assez bon pour me dire un mot de sa culture.

LE JARDINIER

Il me sera facile de vous faire connaître la culture du pommier.

Je vous ai donné, à l'article *Multiplication des*

arbres, les sujets que l'on emploie le plus généralement pour greffer les pommiers. Quant à sa culture, on peut lui faire subir les mêmes soins qu'au poirier, à la seule différence que le pommier aime un terrain plus humide. Dans un terrain sec il pourrait pâtir et ne donner que des produits très-restreints.

L'AMATEUR

Je vois que vous me dites de suivre les mêmes soins que pour les poiriers. Soyez assez bon pour me faire connaître la taille des pommiers.

LE JARDINIER

Le pommier végète de la même manière que le poirier, c'est-à-dire qu'il s'y trouve les mêmes branches.

Vous n'avez qu'à suivre mes indications sur les noms des branches ainsi que sur la taille de chacune d'elles.

La différence qu'il y a, c'est que le pommier pousse plus vigoureusement. C'est pour cela qu'il est urgent de lui faire subir une taille un peu plus longue.

Les yeux qui avoisinent la branche à bois ou le prolongement de la charpente, n'importe la forme, ces seconds yeux prennent bien souvent un développement presque aussi grand que le premier bourgeon lui-même, tandis que ceux qui se trouvent en dessous n'ont qu'une bien faible végétation, et ceux de la base ne se développent pas du tout.

Voyez les principes déjà indiqués en parlant des trois lignes ; suivez ce qui y est indiqué.

L'AMATEUR

Vous me dites que le pommier pousse comme le poirier, et que je n'ai qu'à suivre ce qui a été dit pour les noms des branches du poirier. Je suivrai les mêmes indications ainsi que pour les trois sortes de lignes que vous me dites de suivre pour pouvoir maîtriser les branches des pommiers. Pourriez-vous me dire quelques mots des formes auxquelles je dois donner la préférence ?

LE JARDINIER

Les formes que l'on doit faire principalement sont les formes en vase ou gobelet. Pour faire ces formes on prend des arbres greffés sur paradis. Ces arbres n'auront qu'un an de greffe pour avoir les yeux là où l'on en aura besoin. Suivez toujours les mêmes principes pour la première taille que j'ai indiqués en parlant des pyramides. Pratiquez des incisions au-dessus des yeux qui seront choisis pour former l'arbre. Les premières branches doivent être à 0ᵐ 35 au-dessus du sol pour que l'air puisse y pénétrer et faciliter les travaux du sol.

Figure 65, arbre planté : nº 1, première incision ; nº 2, incision ; nº 3, incision ; nº 4, branche verticale supprimée.

Figure 66, arbre après les premiers soins de l'été. Taille d'hiver, première année après la plantation : n° 1 première taille en *a*; n° 2, comme la première en *e*: n° 3, de même que les deux autres, *d*.

Figure 67, représente un arbre avec ses trois bifurcations, ainsi que quelques dards : la première bifurcation sera taillée en *a*; la deuxième sera taillée en *b*; la troisième sera taillée en *c*.

On suivra les mêmes principes que ceux que je viens d'indiquer pour les autres tailles qui doivent être faites.

Lorsque l'on aura un espace qui deviendrait trop grand, on pratiquera de nouvelles bifurcations toutes les fois que la distance des branches dépassera 0^m 25. Ces branches seront tenues éloignées les unes des autres de 0^m 25, afin que l'air puisse pénétrer et, de plus, pour que les fruits, eux aussi, reçoivent le bienfait des rayons solaires indispensables à la fécondation et à la fructification. Ces branches doivent s'éloigner du centre afin de former le vase, de sorte que les rayons du soleil puissent bien y pénétrer.

L'AMATEUR

Je suis satisfait maintenant de la démonstration de la forme en vase que vous m'avez indiquée par de vrais principes. Soyez assez bon pour me renseigner sur d'autres formes.

LE JARDINIER

Je vais vous parler des formes en plein vent. Pour les formes en plein vent, il faut avoir des sujets plus vigoureux. Pour les arbres en plein vent, on prend les pommiers greffés sur franc.

On doit choisir des arbres qui soient bien jolis. (Voir l'article *Choix des arbres*.)

La figure 68 représente un arbre planté de première année. Cet arbre doit avoir $1^m 20$ au-dessus du sol, où les premières branches doivent prendre naissance.

N° 1. Tige; hauteur, $1^m 20$. Première branche, deuxième branche, troisième branche. Vous n'avez qu'à suivre les mêmes principes que pour la forme en vase pour le début de la formation, ainsi que je vous les ai donnés pour les pommiers nains; seulement vous taillerez vos branches un peu plus longues, parce que la végétation est plus vigoureuse.

Vous suivrez pour la taille des branches qui prolongent la figure des arbres les principes que j'ai expliqués pour les différentes lignes. Lorsque vos arbres auront acquis un certain développement (ils peuvent l'avoir acquis à la cinquième année de plantation), vous pourrez les abandonner à eux-mêmes; cependant vous devez les visiter chaque année pour voir s'il ne s'y trouve pas quelques branches inutiles. Si vous en voyez, vous les supprimerez. Voyez au nom des branches celles qui sont nuisibles à l'arbre, afin de les supprimer pour en favoriser les autres, c'est-à-dire les bonnes, ainsi que les fruits eux-mêmes.

Je vous conseille de suivre le tableau qui se trouve à la fin de l'ouvrage, dans lequel vous trouverez, à la cinquième colonne, les espèces qui sont préférables pour être plantées en plein vent.

L'AMATEUR

Vos explications me font comprendre parfaitement les vrais principes qui sont indispensables pour obtenir de bons résultats. N'auriez-vous pas quelque autre forme à me faire connaître?

LE JARDINIER

Pardon; il me reste à vous faire connaître une forme qu'il vous sera agréable de savoir conduire, et en même temps très-utile, parce qu'elle n'occupe pas un grand espace; je veux parler des formes en cordon horizontal, à deux lignes.

Il faut avoir des sujets greffés sur paradis et d'un an de greffe. Ils doivent être plantés à la distance de 1 mètre l'un de l'autre pour faire le cordon à deux étages, tandis que si vous ne le vouliez qu'à un seul, vous pourriez les espacer à 2 mètres.

Figure 69 : premier arbre qui doit former le premier étage, à 0ᵐ 30 au-dessus du sol. Il devra parcourir 2ᵐ 30 de distance, vu qu'il doit se redresser verticalement pour ne pas laisser de vide, et de plus pour servir d'appel à la séve par cette ligne redressée. Vous savez que la ligne verticale est celle qui attire le plus la séve.

Même figure : le deuxième arbre qui doit former le deuxième étage sera au-dessus du premier de 0ᵐ 30, et suivra la ligne indiquée au premier étage.

Première année de plantation. — Les pommiers seront tenus verticalement jusqu'au mois de juillet.

C'est à cette époque-là que vous pourrez courber vos arbres pour commencer à leur faire prendre la ligne horizontale qu'ils doivent suivre, sans toutefois tenir l'extrémité horizontalement; elle devra être tenue dans une direction verticale. Quant à la taille, vous pourrez suivre ce qui est dit en parlant des trois lignes (page 121) et les principes qui sont indiqués pour la troisième ligne.

L'AMATEUR.

Vous m'avez rendu très-satisfait en me faisant connaître la manière de former les cordons horizontaux. N'avez-vous pas d'autres formes à me faire connaître ?

LE JARDINIER

J'ai à vous parler du cordon vertical qu'il est très-avantageux de savoir conduire. Cette forme offre un grand avantage sur les autres, par la facilité qu'on a de l'établir. (Voir *Tailles diverses.*)

L'AMATEUR

Les explications sur les différentes formes que vous m'avez données m'ont fait un grand plaisir, surtout parce que vous m'indiquez la manière de les tailler. Il ne me reste maintenant qu'à vous demander ce qui arriverait si je taillais très-court les arbres vigoureux, n'importe les formes.

LE JARDINIER.

Il y a une réponse fort simple à faire à votre question et la voici.

Si vous taillez vos arbres très-court, vous n'aurez sur cette taille que trois ou quatre yeux, lesquels se développeront tous à bois, et, de plus, vous formerez une réunion de bourgeons qui auront l'air d'une tête de saule.

M. Philibert Baron, professeur d'arboriculture à Paris, la désigne sous le nom de *toque.*

Il vous suffira de cette réponse pour vous faire comprendre que ce genre de taille est loin d'être celui qu'il faut pratiquer pour obtenir de bons résultats. Vous n'avez qu'à vous conformer aux principes que je vous ai indiqués lorsque je vous ai parlé des trois sortes de lignes, et suivre les

indications que je vous ai démontrées pour chacune d'elles.

La figure 70 indique une des branches taillées
court (*a*). La taille faite en hiver (*b*) indique le résultat de cette taille avec ses cinq branches; (*c*)
indique la coupe que l'on devra opérer, c'est-à-
dire sur l'empâtement, pour faire développer les
yeux endormis, dans le cas où on aura besoin
d'avoir une branche utile soit à la charpente, soit
à la fructification; si dans le premier cas ou dans
le second on ne peut pas l'utiliser, on la suppri-
mera.

L'AMATEUR

Me voilà bien renseigné sur les résultats de la
taille courte; vous pouvez croire que je ne manquerai pas de suivre vos conseils à cet égard.

Veuillez me dire un mot du pêcher. J'attends
votre démonstration à ce sujet.

DU PÊCHER

LE JARDINIER

Le pêcher appartient à la famille des Rosacées,
douzième classe, deuxième division, fruits à
noyaux.

Je vais vous donner les indications sur le pêcher telles que je les ai recueillies par mon

expérience dans ma spécialité. Je vous renseigne-
rai sur la culture et sur la taille de cet important arbre fruitier.

Le pêcher est originaire de la Perse. Il a
été transplanté en Italie sous le règne de l'em-
pereur Claude, 150 ans après Jésus-Christ. Plus
tard, il a été introduit en France, et surtout
dans le Midi de notre belle patrie, où, pour certaines contrées, son beau fruit fait l'objet d'un
important commerce, par exemple à Cazères (Haute-
Garonne), Buzet (Tarn), Mazères (Ariége). Tout le
monde connaît aussi les belles pêches de Montreuil.
Cet arbre mérite d'être cultivé à cause de ses
superbes et succulents fruits, si variés et si nombreux. Les pêches sont rangées et classées
en quatre grandes divisions que je me réserve
de passer en revue lorsque je serai à vous désigner
les variétés bonnes à cultiver.

L'AMATEUR

J'ai été très-content de connaître les détails que
vous avez bien voulu me donner au sujet du
pêcher, je n'en connaissais pas l'origine. Maintenant veuillez me renseigner sur la culture de cet
arbre.

LE JARDINIER

Voici le résultat des observations que j'ai faites
à ce sujet : Le pêcher exige un terrain sablon-

neux et terreux, laissant passer facilement les eaux. C'est ce genre de terre qui convient le mieux à cet arbre, tant pour ce qui a rapport à sa vigueur qu'en ce qui concerne la qualité de son produit. Dans un terrain argileux et compacte les racines ne pourront pénétrer ; de plus, cette qualité de terre est très-sèche. Or, les pêchers se complaisant dans l'humidité, dans cette qualité de terre. ils ne pourront donner que de petits arbres, n'ayant qu'une existence de peu de durée.

On peut améliorer ces terrains en y ajoutant un mélange de terre sablonneuse pour donner à ce sol chargé d'argile la facilité d'acquérir les qualités essentielles à la végétation des pêchers. Il est superflu de revenir sur la manière de faire le mélange lorsqu'on cherche à apporter une amélioration à une terre. Je vous l'ai indiquée quand j'ai eu occasion de vous parler de la manière de pratiquer les tranchées. Voyez à la page 66.

L'AMATEUR

Je me rappelle en effet ce que vous m'avez dit au sujet des tranchées ou des trous. Veuillez me renseigner sur le choix des arbres, ainsi que sur les espèces auxquelles il convient de donner la préférence, pour avoir, comme je le désire, des fruits pendant toute la saison.

LE JARDINIER

Je n'ai donc pas besoin de vous reparler ni des tranchées ni des trous. Quant au choix des arbres, c'est différent. Il convient de donner toujours la préférence à ceux qui n'ont qu'un an de greffe, afin de pouvoir établir les formes que l'on désire, surtout les formes pour espaliers ou contre-espaliers. Enfin ces arbres devront avoir à leur base les yeux dont on aura besoin pour faire des formes en plein vent, c'est-à-dire des formes évasées. Pour former des arbres ayant la hauteur de 1^m 50, c'est très-rare. Dans ce dernier cas, on devra prendre des greffes de deux ans ; s'il était possible d'en trouver qui eussent déjà le vase formé, c'est-à-dire trois branches à la hauteur de 1^m 50, ce serait préférable.

Je vous dirai que les fruits à noyaux n'ont pas de sous-yeux, comme les fruits à pépins ; c'est pour cette raison qu'on ne peut pas avoir si facilement des yeux à la base pour établir les différentes formes qui exigent des branches pour les former. Quant aux espèces, je vous en donnerai la nomenclature à la fin des démonstrations.

L'AMATEUR

Je suis toujours étonné de vos explications, car vraiment elles me permettent de bien com-

prendre ce que je dois savoir pour diriger mes
arbres. Continuez, je vous prie, ces explications en
m'indiquant comment je dois procéder pour planter mes pêchers.

LE JARDINIER

Inutile de vous dire, concernant la plantation
des pêchers, quelles sont les formes à établir. Je
suppose que vous ayez choisi un pêcher d'un an
de greffe, bien joli, et remplissant les conditions
voulues pour donner un bel arbre. Cet arbre
devra être planté auprès d'un mur pour prendre
son développement. Il devra être plus ou moins
grand, suivant la forme que vous voudrez lui
faire prendre. Cette forme devra être bien calculée
à l'avance : 1° soit la distance d'un arbre à
l'autre ; 2° soit la distance qui doit exister d'un
étage à l'autre, pour pouvoir établir les fils de fer
qui devront être placés à 0ᵐ20 en avant du mur,
pour avoir les feuilles un peu en avant, afin
qu'elles puissent plus facilement absorber l'air
atmosphérique, si indispensable à la vie des plantes. Je vous ferai comprendre quelle en est
l'utilité.

L'AMATEUR

Vos réponses sont bien faciles à comprendre.
Vous me dites qu'il faut choisir des arbres
n'ayant qu'un an de greffe. A cet égard, je partage
votre opinion. Veuillez me dire quelques mots
sur la plantation.

LE JARDINIER

Je suppose que vous ayez votre arbre prêt à planter, vos plans bien arrêtés, au moyen d'un piquet ou tout autre objet. Alors vous pourrez commencer aussitôt la plantation de vos arbres. (Voir à l'article *Plantation*.)

L'AMATEUR

Je vois que vous ne me désignez qu'un seul arbre pour me servir de modèle de plantation. Je voudrais vous en demander la raison, et quel est votre but ?

LE JARDINIER

Si je ne vous ai indiqué qu'un seul arbre à planter, c'est uniquement pour avoir le sujet pour la démonstration de la taille, parce que nous aurons de plus les formes qui doivent occuper notre sujet.

L'AMATEUR

Je ne puis que vous exprimer mes remerciements pour les utiles renseignements que vous me fournirez pour me mettre à même de diriger mes pêchers. Je vois que vous suivez le même système que pour les poiriers et les pommiers, en m'indiquant les variétés que je devrai cultiver de préférence dans mon jardin, à la suite de ce qui concerne les pêchers. Veuillez continuer par la taille, si vous le jugez à propos.

5...

LE JARDINIER

Avant de vous faire prendre les instruments pour pratiquer la taille de vos pêchers, il faut que je vous fasse connaître le mode de végétation de ces arbres, aussi bien que les différentes sortes de pousses qui se trouvent sur les pêchers.

L'AMATEUR

Il me paraît juste que je connaisse les différentes sortes de branches qui se trouvent sur les pêchers. Dans l'explication que vous allez me donner sur ce point important, je suis persuadé que vos renseignements seront très-satisfaisants. Je suis prêt à vous écouter; veuillez commencer.

LE JARDINIER

Vous n'êtes pas sans savoir que les arbres fruitiers à noyaux ont une grande différence de végétation avec celle des arbres fruitiers à pépins. Je vais vous indiquer le nom des branches qui se trouvent sur le pêcher.

1° *Tronc* (fig. 71). — Le tronc est cette partie qui sépare la racine de la tige. Dans la démonstration de la tige et de la racine, je vous ai indiqué trois noms pour désigner la séparation de la tige d'avec la racine (page 24).

2° *Branches à bois* (fig. 72). — Les branches à bois sont celles qui doivent prolonger, chaque année, les formes qu'on aura déjà désignées à l'avance. Ces branches à bois sont le résultat d'une taille que l'on aura fait subir à un bourgeon qui aura pris naissance sur la tige qui sera destinée à une branche mère ou à un membre. Je suppose que l'on aura taillé cette branche à une longueur plus ou moins grande; le premier œil qui est le résultat de la taille aura fait son prolongement; on l'appelle branche à bois. On ne peut pas se méprendre pour reconnaître ces branches à bois.

C'est sur ces dernières que repose toute la taille de ces arbres; ce sont elles qui dirigent les formes si variées. De plus, elles entretiennent l'équilibre de la végétation. Nous aurons à nous en entretenir dans un chapitre spécial.

Enfin ces branches règlent encore la fructification.

3° *Branches à fruits* (fig. 73). — Les branches à fruits prennent naissance sur les branches mères. Elles sont plus petites que les branches à bois. Les yeux en sont gros. Elles sont d'une grosseur moyenne. On trouve ces branches sur les branches mères. Elles n'ont pas de ramification à la partie supérieure. Les branches à fruits ont trois yeux; deux à fleurs, l'un à droite, l'autre à gauche de l'œil à bois qui en occupe le centre.

4° *Branches chiffonnes* (fig. 74). — On reconnaît ces branches à leurs formes qui sont très-différentes de celles des autres branches. Celles-ci ne portent sur toute la longueur que des boutons à fruits, comme on les trouve dans les branches à fruits. On ne trouve qu'un bouton à bois à la base près de l'empâtement; ce dernier bouton pourra nous être utile pour le remplacement de cette branche qui sera dégarnie après la fructification.

5° *Branches gourmandes* (fig. 75). — Ces branches sont faciles à reconnaître. Elles prennent naissance sur les branches mères, et toujours sur la partie supérieure de ces dernières. Leur direction est verticale. Les yeux sont très-éloignés les uns des autres et aplatis sur la branche. L'écorce est très-mince et lisse; son empâtement est large. Les branches gourmandes ont des tendances à devenir très-grosses à leurs extrémités; elles se garnissent de bourgeons anticipés. J'ai lieu de croire que vous ne pouvez vous tromper pour reconnaître les branches gourmandes.

6° *Branches anticipées* (fig. 76). — Ces bourgeons sont faciles à reconnaître; il ne suffit que de voir un arbre. On les distingue de loin; ils ne se trouvent que sur les branches à bois ou sur les branches gourmandes. On les appelle branches anticipées, parce qu'elles se développent avant le temps, ne devant faire leur évolution que dans le courant du printemps suivant. Aussi les voit-on beaucoup moindres que les autres bourgeons, et les mérithalles sont plus éloignés et le plus souvent dépourvus d'yeux à leur base, ce qui fait qu'il est difficile d'avoir une branche mère, si cette dernière était nécessaire.

7° *Bouquet de mai* (fig. 77). — Les bouquets de mai sont d'une longueur de 7 à 9 centimètres. Ils sont garnis de plusieurs yeux très-rapprochés qui forment, comme le nom l'indique, un bouquet de fleurs. Cette quantité de fleurs est accompagnée d'un œil qui est au centre, et qui prolonge la branche en y attirant la séve. On les appelle aussi dards. Pour les branches mères ou membres, mêmes principes que pour les poiriers.

L'AMATEUR.

Enfin je connais maintenant les noms des branches qui se trouvent sur les pêchers. Veuillez me dire comment ces branches se taillent.

LE JARDINIER.

Je vais vous indiquer la taille de chaque branche de la même façon que je vous ai indiqué ces branches.

1° *Tronc* (fig. 71). — Vous savez que c'est sur le tronc que commence la végétation, et que la tige qui pointe vers le ciel devra être taillée plus ou moins longue, selon la forme à laquelle vous voudrez élever votre arbre. Nous aurons à préciser la longueur à donner à cette tige.

2° *Branches à bois* (fig. 72). — Les branches à

bois sont taillées à une longueur qui varie suivant la direction qu'elles doivent suivre. Si elles suivent la ligne oblique, elles devront être taillées à la moitié de leur longueur. Cette longueur sera suffisante pour faire développer les yeux qui sont à la base de cette branche; cette taille suffira pour faire développer tous ces yeux. Si vous avez à tailler une branche à bois qui doive suivre la ligne horizontale, vous devrez la tailler aux trois quarts de sa longueur, parce que cette direction gêne le passage de la séve, et alors les yeux de la partie supérieure de la branche sont moins vigoureux, et cette vigueur se distribuera dans la partie basse de cette branche en faisant développer les yeux de la base.

Pour la direction verticale, je vous en dirai un mot lorsque j'aurai à vous entretenir de la pyramide.

3° *Branches à fruits* (fig. 73). — Ces branches ne doivent avoir qu'une longueur de 10 à 11 centimètres environ, c'est-à-dire de façon à n'avoir que trois yeux à fruits. Cette longueur suffira pour avoir assez de fruit sur un arbre, et ces branches pourront en supporter le poids.

En réglant cette longueur-là, vous ferez développer les yeux qui se trouvent à la base de chaque branche pour avoir un bourgeon de remplacement; parce que les branches fruitières ne donnent du fruit qu'une fois et se dégarnissent de la base pour porter leur vigueur sur la partie supérieure, au détriment de la base.

Si les fleurs venaient à tomber, par quelque accident que ce soit, on devra tailler sur les premiers yeux qui se trouveront à la base pour les faire développer. Nous aurons à nous en entretenir.

4° *Branches chiffonnes* (fig. 74). — Les branches chiffonnes seront taillées de façon à ne laisser que trois boutons à fruits, de même que pour les branches fruitières, afin d'obtenir les mêmes résultats des bourgeons de la base, qui serviront de branches de remplacement.

5° *Branches gourmandes* (fig. 75). — Ces branches seront supprimées, à moins qu'elles ne soient utiles à la formation de l'arbre. Dans ce dernier cas on doit les laisser après les avoir taillées à la moitié de leur longueur, en leur faisant subir une entaille à leur empâtement pour en diminuer la vigueur, parce que ces branches ont la facilité d'attirer la séve plus que les autres, parce que celles-ci ont un grand empâtement. On devra leur faire subir le pincement; c'est ce dont nous aurons à nous entretenir plus tard.

6° *Branches anticipées* (fig. 76). — Elles doivent être taillées sur les yeux les plus rapprochés de

la branche, pour avoir des fruits, si on n'en avait
pas dans les autres parties de l'arbre.

J'aurai à vous enseigner un système au moyen
duquel vous n'aurez pas de branches anticipées.

7° *Bouquet de mai* (fig. 77). — On n'a rien à y
faire jusqu'au moment où on pourra voir si les
fruits sont restés; alors il n'y aura aucune taille à
faire. Dans le cas contraire, on devra pincer le
bourgeon qui se trouve au centre de ce bouquet et
qui sert à attirer la séve.

Branches coursonnes (fig. 78). — Elles sont le
résultat du pincement pratiqué sur différentes
branches, où elles donneront, à leur tour, des
fruits et des branches. On en laisse une ou deux
pour donner des fruits; l'autre sera taillée très-
court pour donner une nouvelle pousse.

L'AMATEUR

Je suis très-content de votre indication sur la
taille des branches. Vous me l'avez parfaitement
apprise. N'avez-vous pas quelque autre chose à
m'expliquer à l'égard des pêchers ? Je n'ai pas bien
compris ce que vous avez voulu dire par le mot
remplacement. Veuillez me l'expliquer.

LE JARDINIER.

Dans les arbres fruitiers à noyaux on a toujours besoin d'avoir des branches de rempla-

cement, pour cette raison que les branches qui ont donné leur fruit une fois n'en donnent pas une seconde fois. Elles se dénudent de leur base pour porter leur séve sur les parties supérieures. Au bout de très-peu de temps ces branches se trouvent toutes dénudées et forment de grands vides. Les branches de remplacement, alors, servent à remplacer ces branches qui ont donné leur fruit et à tenir les parties des branches mères garnies.

Il y a une grande différence entre la végétation des poiriers et celle des pêchers. Ces derniers peuvent donner pendant plusieurs années des fruits sur les parties qui en auront déjà donné sans trop s'allonger.

L'AMATEUR

Je suis satisfait de votre explication sur la signification du mot *remplacement*. Je suis content aussi que vous m'ayez fait connaître la différence entre les arbres fruitiers à noyaux et ceux à pépins. J'ai à vous demander maintenant de m'expliquer les formes des pêchers, ainsi que la première taille de chaque forme.

LE JARDINIER

Je vais vous donner de très-utiles indications pour la formation de la palmette Verrier, ainsi appelée d'après le nom de son inventeur.

6

Il faut planter un pêcher d'un an de greffe, bien garni d'yeux à sa base, afin d'y trouver les yeux qui seront nécessaires à la formation de sa charpente.

Avoir donc deux yeux, l'un à droite et l'autre à gauche, pour former un premier étage. Cet étage doit être de 0^m40 au-dessus du sol afin de donner la facilité de manier la terre en dessous, et de plus, pour aider à la circulation de l'air, si utile à la végétation.

Première taille que doit subir un pêcher nouvellement planté. — Quelques professeurs engagent à tailler les pêchers dès la première année de plantation, en disant que si l'on ne taillait pas, les yeux de la base seraient anéantis l'année suivante. En cela je suis de leur avis. Quant aux poiriers et aux pommiers, ces messieurs prétendent qu'il faut se garder de les tailler, parce que ces arbres ont besoin des parties aériennes pour pouvoir s'étendre plus rapidement. Ils ont raison. Quant à moi, je suis plus qu'étonné de voir tailler les pêchers et enfin les arbres fruitiers à noyaux en général, et non les arbres fruitiers à pépins. Les uns autant que les autres ont besoin des parties aériennes. J'ai déjà dit qu'il fallait tailler les pêchers ; je suis du même avis pour ceux-là.

L'AMATEUR

Je m'étonne d'apprendre pourquoi on taille les.

pêchers dès la première année de plantation et
non les poiriers et les pommiers. Je vois que vous
n'êtes pas de cet avis : vous devez avoir fait quelques expériences. Veuillez me les faire connaître,
je tâcherai de me guider sur elles.

LE JARDINIER.

Je vous dirai seulement que l'on doit tailler les
arbres la première année de plantation, mais
d'après des principes que je vais vous expliquer.
Pour les poiriers et pommiers, je vous en parlerai
lorsque je vous aurai expliqué la taille
que l'on doit leur faire subir la première année.
Je continue à suivre le pêcher.

Première taille. — Voici un principe que j'ai
appliqué, soit pour les poiriers et les pommiers,
soit pour les pêchers. Au lieu de couper, à la
plantation, à 0ᵐ 35 au-dessus du sol pour en
obtenir les branches pour établir le premier étage,
je laissais mettre la sève ascendante et descendante en circulation. Puis je pratiquais une petite
incision au-dessus de chaque œil qui était nécessaire à la formation de mon arbre. Les incisions
se faisaient l'une à droite, l'autre à gauche; lorsque les deux yeux avaient la longueur de 3 ou 4
centimètres, je taillais au-dessus pour en obtenir
le bourgeon terminal qui doit prolonger l'arbre.
Par ce moyen j'ai la certitude d'avoir les bourgeons à la distance dont j'ai besoin. Comme cette

coupe n'est faite que sur un seul bourgeon au-dessus des deux yeux où j'ai fait l'incision, je taille sur deux yeux au-dessus ; s'il arrive quelque accident au premier, on a toujours le second pour ressource. Je conserve le plus de feuilles possible pour aider à la reprise des racines ; je coupe la partie supérieure lorsque j'ai les yeux où j'ai fait les incisions un peu développés.

Figure 79, représentant l'arbre après la taille.
La lettre A indique le tronc.
B Bourgeon terminal.
C. Les deux yeux à droite et à gauche.

L'AMATEUR

Me voilà content de vos explications sur la première taille que vous avez fait subir au pêcher. Continuez par la seconde taille.

LE JARDINIER

Deuxième taille du pêcher. — Avant de vous indiquer la deuxième taille d'hiver, je dois vous dire qu'il y a plusieurs opérations indispensables à pratiquer préalablement. Il s'agit du pincement dont j'ai eu l'occasion de vous parler déjà, et de l'équilibre de la végétation. Le travail de la taille d'hiver peut se commencer dès la chute des feuilles. Les jeunes pêchers n'ont pas donné une grande vigueur dès la première année, parce qu'ils ont eu leurs racines à former. On doit

tailler les deux branches à une longueur variable
suivant la ligne qu'ils ont à parcourir. On peut
suivre les mêmes principes que j'ai précédemment
indiqués en parlant des trois lignes. Comme nous
parlons de la forme dite en espalier et que les
branches pour cette forme doivent suivre la ligne
horizontale, il convient de tailler un peu plus
long. On aura toujours plus de facilité pour faire
développer les yeux de la base, ainsi que je l'ai
démontré en parlant des poiriers. Comme le
pêcher tend toujours à porter la sève vers
les yeux de l'extrémité en abandonnant ceux de
la base, on doit toujours surveiller ces branches,
dans le cours de leur végétation, en leur faisant
subir les opérations d'été; quant au bourgeon qui
doit prolonger la ligne verticale, on doit le tailler
au-dessus du premier étage, à 0^m 45, et se conformer aux mêmes principes que ceux que l'on
aura suivis pour la première année. On ne devra
pas laisser prendre à ces derniers bourgeons un
développement trop considérable, par la raison
que la sève aurait bientôt abandonné les branches
de la base. Il sera alors indispensable d'opérer
le pincement de ces branches pour en arrêter le
prolongement. Il va sans dire qu'il faut laisser
arriver les bourgeons à une longueur suffisante
pour pouvoir établir la taille l'année suivante.

Troisième taille. — Mêmes principes que pour
la deuxième année, ainsi que pour les branches

verticales qui doivent prolonger la hauteur et donner de l'aisance aux étages qui viendront se former sur elle. Il ne faut jamais baisser les branches trop précipitamment, afin de ne pas en gêner le développement. On les inclinera insensiblement pour les laisser arriver sur leurs lignes, que celles-ci soient obliques ou horizontales.

L'AMATEUR

Me voici satisfait en ce qui concerne cette forme. Veuillez me renseigner sur quelques autres.

LE JARDINIER

On peut faire des formes à l'infini, le nombre en est trop grand pour qu'il soit possible de vous les indiquer toutes. Il vous suffit de savoir que l'on peut donner au pêcher la forme en lignes obliques ou horizontales, par la raison que le pêcher venant à se dénuder très-facilement en taillant pour ces deux lignes, il se dégarnira moins facilement que si on lui faisait suivre la ligne verticale. Je pourrais vous indiquer aussi la forme à haute tige ou plein vent ; pour cette formation, vous pourriez suivre le même système que pour la forme dite en vase ou branches croisées que j'ai indiquée pour les arbres fruitiers à pépins, avec cette différence seulement que l'on devra donner plus d'espace aux branches.

On peut faire les formes suivantes : palmettes simples et doubles, cordons obliques et formes en éventail; mêmes moyens que pour les formes des poiriers, il faut seulement espacer les lignes un peu plus, c'est-à-dire à 0ᵐ 35 l'une de l'autre. Il en sera de même pour toutes les formes que l'on pourra faire des pêchers; inutile de revenir dire ce que je vous ai déjà dit en parlant des formes des poiriers.

L'AMATEUR

Vous m'avez étonné en me disant que vous ne m'indiquiez que quelques formes mais qu'au besoin je pourrais en faire un grand nombre; j'en induis que l'on peut tailler les arbres fruitiers à l'infini. Veuillez m'indiquer les diverses variétés auxquelles je dois donner la préférence.

LE JARDINIER

Vous trouverez les noms des espèces auxquelles vous pourrez donner votre choix à la fin de l'ouvrage.

L'AMATEUR

Je ne manquerai pas d'en faire le choix.
Veuillez me donner quelques détails sur l'équilibre de la végétation, afin d'avoir mes formes régulières.

ÉQUILIBRE DE LA VÉGÉTATION

LE JARDINIER

Lorsque la branche d'un arbre, à la suite de la taille qu'on aura pratiquée, sera devenue plus faible d'un côté que de l'autre, il en résultera diverses opérations :

Affaiblissement de la branche forte. — 1° On devra tailler cette branche très-court et sur un œil qui ne soit pas trop bien établi, car alors elle se développe avec moins de vigueur.

2° Pratiquer encore sur cette branche, à la base de son empâtement, une entaille qu'on appelle *cran*. Par là, on en diminue d'une manière positive la vigueur, qui sera dès lors considérablement amoindrie. En pratiquant cette entaille, on arrêtera le passage de la séve qui suit cette ligne et, alors, la séve se trouvant arrêtée, doit prendre une autre direction sur quelque autre partie de l'arbre.

3° Opérer sur une branche qui, parce qu'elle est trop forte, dépasse de beaucoup celle qui se trouve à l'opposé. Faire subir l'arqûre, la faire tenir au moyen d'un lien, dans la forme qu'on veut lui imprimer, celle d'une demi-circonférence, par exemple. Cette direction n'est pas naturelle, et cette branche se trouve dès lors dans une position fausse que la diminution de vigueur lui aura donnée. De plus, les feuilles, organes conservateurs, ne se trouvent plus placées de façon à pouvoir absorber dans l'air les parties que prennent les feuilles. Ces dernières se trouvent tournées la partie supérieure vers le sol, tandis qu'elle doit au contraire être tournée vers le ciel.

4° Rapprocher la branche du mur, si l'arbre est adossé à un mur, ou s'il est placé en espalier, faire tenir cette branche très-serrée. Ainsi comprimée, elle aura moins d'air, et, par suite, moins de vigueur.

5° Pincer la branche forte pour en arrêter la vigueur. Cette opération aura pour effet d'amoindrir sensiblement cette vigueur. La séve qui affluait abondamment sur cette branche sera distribuée dans d'autres parties de l'arbre et favorisera les parties plus faibles.

6° Pour diminuer la vigueur d'une branche, il y a encore un autre moyen. Il consiste à supprimer une partie des feuilles, organes conservateurs des arbres; mais il ne faut pas supprimer toute la feuille. Il suffira de ne laisser qu'une partie du limbe. Il ne faut dans aucun cas supprimer le pétiole.

L'AMATEUR

Je saisis les moyens qu'il faut employer pour arriver à faire diminuer une branche qui est trop

6.

forte. Je ne manquerai pas à l'occasion d'avoir recours à ces moyens. Maintenant, je vous prierai de me faire connaître en quoi consiste les moyens à employer pour augmenter la vigueur de la branche faible ?

LE JARDINIER

Premier principe. — Vous devez tailler très-long la branche faible, de façon à lui donner un plus grand nombre d'yeux et par conséquent plus de feuilles, organes conservateurs de la végétation. Alors vous aurez une plus grande vigueur, parce que les feuilles attireront la séve et puiseront dans l'air une partie de leur propre vie.

Faire une incision qui pénétrera jusqu'aux fibres du bois pour arrêter la séve ascendante au profit de l'œil qui se trouve au-dessous de cette incision. Si l'incision que vous devrez pratiquer ne pénétrait pas jusqu'aux fibres, c'est-à-dire ne dépassait pas l'écorce, vous n'arrêteriez que la séve descendante et pas du tout la séve ascendante. Dans le premier cas, vous obtiendrez une branche assez forte, tout en ne faisant pas, cependant, une incision trop profonde, car il ne faut pas passer d'une extrémité à l'autre. Vous devrez pénétrer un peu dans le liber.

L'AMATEUR

N'avez-vous plus rien à me dire au sujet des

incisions? Si vous avez quelque autre observation, veuillez m'en faire part, je vous prie.

LE JARDINIER

J'ai à vous faire, à propos d'incisions, une observation qui, je pense, pourra vous être utile. Voici ce dont il s'agit :

1° Je suppose que vous ayez besoin d'une branche pour la charpente de votre arbre, n'importe laquelle ; vous devrez, en ce cas, faire l'incision au moment de la taille d'hiver, parce que c'est en ce moment-là que la séve n'a pas encore pris sa direction vers d'autres branches ; en outre, elle n'a encore rien perdu de sa vigueur.

2° Ensuite, si vous faites cette même incision au mois de mai, par exemple, vers le 8 de ce mois, il ne faudra pas opérer sur une branche aussi forte que la première. A cette époque-là, une partie de la végétation aura été effectuée, il s'ensuivra alors ceci, c'est que vous aurez moins de vigueur dans les branches sur lesquelles vous aurez pratiqué vos incisions.

3° Si vous faites votre incision vers le 8 juin, soit un mois plus tard, vous aurez une vigueur encore moins grande, parce qu'à ce moment-là la séve aura donné presque toute sa force. Il en reste une partie bien moins grande, et cette partie ne pourra que faire développer un dard et rien de plus. Vous remarquerez donc que vous avez trois époques différentes pour pratiquer les incisions, vous pourrez choisir l'une des trois, afin d'avoir les branches qui vous seront utiles.

L'AMATEUR

Je ne manquerai pas de tenir compte des trois époques que vous venez de m'indiquer pour mes incisions. Continuez, je vous prie, à m'indiquer les principes que vous croirez devoir m'être utiles, je serai toujours prêt à les mettre en pratique.

LE JARDINIER

Deuxième principe. Branche faible. — Tenir cette branche dans une direction verticale, afin qu'elle puisse, premièrement, se trouver en communication directe avec les fibres des racines. Vous savez que je vous ai parlé des trois sortes de lignes que l'on fait suivre aux arbres. La ligne verticale est celle qui fait végéter avec le plus de vigueur. C'est pour cela que je vous conseille de donner la ligne verticale à votre branche, pour qu'en effet, cette branche puisse acquérir le plus de vigueur possible. Puis, d'ailleurs, cette branche se trouve en harmonie avec l'air, et les feuilles se trouvent toutes placées de façon à pouvoir absorber dans l'air les parties qui y sont contenues.

Troisième principe. Branche faible. — Amener cette branche à l'avant du mur pour qu'elle puisse recevoir l'air et que les feuilles soient placées de manière à ce qu'elles puissent absorber cet air si indispensable à la vitalité des plantes.

L'AMATEUR

Maintenant que j'ai appris d'une manière parfaite ce que vous venez de me développer, veuillez me démontrer ce qu'il faudrait faire à un arbre qui serait très-vigoureux d'un côté et très-faible de l'autre. Je crois que vous aurez une explication à me donner à ce sujet.

LE JARDINIER

Comme en vous parlant de l'équilibre des branches, je vous ai expliqué quels en étaient les principes, je n'aurai pas besoin d'être aussi long en vous entretenant de la partie d'un arbre, bien qu'il y ait une certaine différence entre un arbre et les branches de cet arbre.

Premier principe. — D'abord, je vous dirai qu'il faut tailler la partie trop vigoureuse de l'arbre très-court et toujours sur des yeux qui ne seront pas bien établis, afin qu'ils soient moins aptes à la végétation, n'ayant pas autant de vigueur que si l'on taillait sur un œil bien oblitéré.

Deuxième principe. Partie faible. — Cette partie se taille très-long afin d'avoir un grand nombre de feuilles, pour qu'elles aient en peu de temps absorbé une partie de la végétation au profit de la partie faible où elles se trouvent placées, car vous savez que les feuilles sont les organes conservateurs, et qu'elles ont pour fonction de puiser dans l'air. Dès lors, on voit de suite qu'en taillant long la partie faible, il en résulte un prolongement satisfaisant tant pour la longueur que pour la grosseur.

Troisième principe. — Rapprocher du mur la partie forte de l'arbre pour en empêcher la vigueur. Ce système a pour but de gêner cette partie de l'arbre pour en diminuer la vigueur. Pour les arbres en espalier, suivre le même système, bien que cela ne fasse pas le même effet, parce qu'en ce dernier cas, les feuilles sont encore placées de façon à remplir leur fonction. Nous aurons un autre moyen pour les arbres en espalier.

Quatrième principe. Arqûre. — L'arqûre fait quitter aux branches leur position naturelle. Les feuilles ne se trouvent plus en harmonie avec l'air pour pouvoir absorber ce qu'il contient d'utile à la vitalité des plantes; alors les feuilles ne sont pas placées comme la nature l'ordonne sur les branches pour recevoir les parties qui sont contenues dans l'espace, c'est-à-dire l'air.

Cinquième principe. — Pincer les parties des extrémités des bourgeons qui tendent à devenir trop longues. Les bourgeons pincés sont arrêtés par la suppression des feuilles de l'extrémité. Le pincement a donc, comme vous voyez, pour fonction d'arrêter le prolongement de la branche pincée au profit des branches voisines, et alors ces dernières deviennent beaucoup plus longues et plus grosses.

Sixième principe. — Il consiste à supprimer sur la partie faible de l'arbre les bourgeons à fleurs qui peuvent être en grand nombre, tandis que sur la partie forte il convient de les y laisser tous, parce que, comme vous le savez, les fruits épuisent beaucoup les arbres, et par conséquent on voit des arbres ne produire qu'une minime portion de pousses. C'est donc un bon moyen de laisser les fruits pour épuiser la séve.

Septième principe. — On peut effectuer la suppression de quelques racines, sans toutefois en enlever beaucoup, surtout celles qui sont vigoureuses.

Partie faible. — Au lieu de supprimer des racines, en favoriser la vigueur à cause de leur faiblesse; si elles étaient malades, on pourrait pratiquer ainsi que nous l'avons expliqué quand il s'est agi des maladies des arbres. De plus, on pourra leur appliquer un engrais.

Huitième principe. — On peut procéder à la suppression des feuilles sur la partie forte pour en diminuer la vigueur. Il ne faut pas les supprimer toutes sur une partie, ni même toutes celles qui se trouvent sur une même branche. On ne doit pas, non plus, enlever toute la partie de la feuille. On peut en laisser une certaine portion. Cette petite portion de feuille conservera l'œil qui, s'il en était autrement, se trouverait dépourvu de sa partie nutritive. Du moins, il faut toujours laisser le pétiole de la feuille pour conserver et préserver l'œil.

Neuvième principe. — Pour affaiblir une partie d'un arbre, il est besoin de priver cette partie de la lumière atmosphérique. Le manque d'air nuit au développement de l'arbre ; mais il ne faut pas que cette partie soit trop longtemps couverte, parce qu'elle s'étiolerait et les feuilles tendraient à jaunir, et elles ne pourraient plus remplir le rôle que leur a assigné la nature.

L'AMATEUR

Je vois que vous m'avez développé plusieurs principes, d'après lesquels on peut affaiblir la partie trop vigoureuse d'un arbre pour en renforcer d'autant sa partie faible, et ainsi établir l'harmonie de cet arbre. Je suis beaucoup plus satisfait que je ne m'attendais à l'être. Je vous rappellerai maintenant la promesse que vous m'avez faite de me parler de la disposition des feuilles sur les branches.

LE JARDINIER

Je dois vous indiquer la disposition des feuilles

sur les arbres fruitiers de la famille des Rosacées, soit les espèces suivantes : Poiriers, Pommiers, Pêchers, Pruniers, Cerisiers, et enfin, Amandiers, Abricotiers, Coignassiers. Ces espèces d'arbres ont la même manière de symétrie des feuilles sur leurs branches, placées régulièrement. L'observateur ne peut que s'étonner de cette remarque.

Voici comment ces feuilles sont placées sur l'arbre ou ses branches, de façon à ne pas être gênées pour absorber les parties contenues dans l'air.

Elles sont disposées comme il suit : la première feuille placée, la deuxième se trouve à côté de la première, à droite, au-dessus, sans cependant couvrir la première. La troisième se trouve placée de manière à ne pas couvrir la deuxième ; la quatrième se trouve à côté de la troisième, sans la couvrir, ni les autres non plus. La cinquième ne couvre pas non plus la quatrième, ni les autres ; la sixième vient se placer vis-à-vis de la première, mais à une hauteur qui n'empêche pas celle-ci de recevoir l'air utile à la végétation. Les autres feuilles seront placées sur le restant de la branche en suivant le même ordre que je viens de signaler.

Je ne dois pas manquer de vous faire remarquer que les feuilles sont placées horizontalement, afin de pouvoir plus facilement recevoir la nutrition aérienne. La nature est si prévoyante en toutes choses que l'homme ne peut que l'admirer, en réfléchissant à cette disposition. Je vais vous indiquer par une figure cet arrangement des feuilles sur les arbres.

Figure 79, montre la manière dont les feuilles sont placées, indiquées par les numéros 1, 2, 3, 4, 5, 6; A avec les feuilles, B sans feuilles.

L'AMATEUR

Je suis très-content que vous ayez eu l'heureuse idée de me donner connaissance de l'arrangement des feuilles sur les arbres fruitiers dont je m'occupe.

J'ai à vous prier de me donner quelques renseignements sur les fleurs des arbres fruitiers.

FLEURS DES DICOTYLÉDONÉES

FAMILLE DES ROSACÉES

FRUITS A PÉPINS ET A NOYAUX

DES FLEURS

LE JARDINIER

Les fleurs sont les organes reproducteurs des arbres. Nous avons à nous occuper des fleurs de la famille des Rosacées, fruits à pépins et à noyaux.

COMPOSITION DE LA FLEUR (Figure 80).

Première partie. — Le calice, qui est cette partie verte qui se trouve placée à l'extérieur de la fleur, dont on voit les cinq divisions appelées folioles du calice.

Deuxième partie. — La corolle. C'est cette partie de la fleur qui est la plus apparente. Elle est colorée blanc et rosé dans les arbres fruitiers. Elle se divise en cinq pétales.

Troisième partie. — Les étamines ou organes mâles. Elles se trouvent placées un peu plus avant dans l'intérieur des pétales. Ces étamines sont au nombre de vingt ou plus.

Quatrième partie. — Le pistil. Il se trouve placé au centre de la fleur et constitue l'organe femelle. Il est souvent formé de plusieurs styles ou stigmates.

L'AMATEUR

Ce que vous venez de me dire me paraît très-utile à connaître. Continuez, je vous prie, et dites-moi ce que deviendra cette fleur.

LE JARDINIER

Lorsque ces quatre organes reproducteurs sont arrivés à leur parfait développement, les deux derniers opèrent la fécondation, tandis que les deux premiers ne servent qu'à garantir les deux derniers contre les intempéries de l'air atmosphérique. Lorsque les deux organes, mâle et femelle (organe mâle : étamine; organe femelle : pistil) grossissent à l'intérieur et arrivent à leur parfait développement, les deux premiers organes se dilatent pour donner la facilité aux deux derniers d'arriver à la lumière, à l'influence des rayons solaires, si utiles à la fécondation.

L'AMATEUR

Continuez, je vous prie, à m'expliquer le phénomène de la fécondation des fleurs. Je vous assure que ceci est pour moi du plus grand intérêt.

DE LA FÉCONDATION

LE JARDINIER

Je ne vous reparlerai que des deux organes appelés étamine et pistil.

Les étamines portent la poussière fécondante renfermée dans la partie supérieure de celles-ci. Cette partie supérieure des étamines s'appelle loges. C'est de ces loges que doit surgir le pollen ou poussière fécondante, ainsi nommé par M. de Jussieu, et par Bernardin de Saint-Pierre. Ce pollen se dégage de ses loges pour aller retomber sur la fleur femelle nommée pistil, qui est en forme d'entonnoir vers sa partie supérieure, pour mieux retenir la poussière fécondante. Cette poussière passe dans l'intérieur du pistil pour arriver au fond des ovaires, et de là engendrer les graines.

La fécondation ne se produit que sous l'influence de la lumière et de la chaleur solaires, qui sont indispensables à la dilatation de la poussière fécondante. Cette poussière peut aller retomber plus ou moins loin. Pas de fécondation, pas de fructification, cela se conçoit.

L'AMATEUR

Je ne peux qu'être surpris de ce que vous venez de m'apprendre sur la fleur et sa féconda-tion. Je vous demanderai, si vous le permettez, pourquoi très-souvent les fleurs tombent aus-sitôt leur floraison?

LE JARDINIER

En voici tout simplement la raison : c'est que ces fleurs n'ont pas été fécondées, soit parce que la chaleur leur a fait défaut, soit parce qu'elles auront ressenti une trop grande humidité qui aura retenu le dégagement de la poussière fécondante dans les loges.

L'AMATEUR

Maintenant, lorsque je verrai tomber les fleurs de mes arbres, je pourrai certainement me rendre compte et je saurai à quoi attribuer leur chute. J'aurais bien d'autres questions à vous faire à ce sujet, mais j'ai lieu de croire qu'une occasion plus opportune se présentera. Je me bornerai mainte-nant à vous demander ce que deviennent les organes reproducteurs.

LE JARDINIER

Je vais vous dire ce que deviennent les organes reproducteurs après la fécondation. Ils tombent et se flétrissent dès que la fécondation est achevée; cependant, dans les arbres fruitiers à pépins, le calice reste dans la fleur seulement. Les pétales, le pistil et les étamines tombent, tandis que dans les cognassiers, aussi bien que dans les fleurs des pommiers et dans celles des poiriers, le calice reste.

L'AMATEUR

N'avez-vous pas autre chose à me dire relativement à la fructification? Vous me ferez bien plaisir si vous voulez bien m'expliquer tout ce que vous jugerez devoir m'être utile.

LE JARDINIER

J'ai à vous faire connaître quelque chose qu'il vous sera agréable de connaître. Les fruits des poiriers offrent une différence très-grande dans leur fructification comparée à celle des fruits à noyaux. Pour les poiriers et les pommiers, le grossissement des fruits provient de ce que les fruits sont le prolongement du pédoncule de ces fruits, qui grossissent selon qu'ils se trouvent sur une lambourde ou un dard, ou sur une brindille plus ou moins forte. Plus une branche sera forte, plus il arrivera de séve à sa poire, et, par suite, cette poire deviendra en proportion plus grosse. C'est ce qui fait que vous constatez souvent la grande différence de grosseur entre poires et pommes, et c'est encore la raison de la difformité que l'on voit souvent dans les fruits à pépins.

Dans les fruits à noyaux, il n'en est pas de même;
on ne voit pas cette difformité, parce que la fructification ne s'effectue pas de la même façon par
le prolongement du pédoncule. Leur fructification
s'opère par l'enveloppe de la feuille capillaire
qui enveloppe la graine, et non par le prolongement du pédoncule, comme dans les fruits à
pépins.

L'AMATEUR

Je puis vous assurer que jamais je ne me serais douté qu'il existât une pareille différence; je
vous remercie de me l'avoir signalée.

Voulez-vous me dire s'il n'y a pas d'autres différences qu'il me soit utile de savoir?

LE JARDINIER

Je vous dirai que, par la démonstration que je
viens de vous faire pour la fleur et pour le
fruit :

1º Celle de la fleur doit vous faire voir qu'il
importe d'avoir toujours des arbres bien exposés
à la lumière, afin qu'ils en reçoivent assez pour
que la fécondation ait lieu;

2º Celle du fruit doit vous faire connaître que
vous devez toujours avoir des branches fruitières
très-rapprochées des autres branches, afin que
celles-ci reçoivent une plus grande quantité de
séve au profit du fruit.

L'AMATEUR

Je vous suis reconnaissant de m'avoir signalé toutes ces particularités qui devront m'être si utiles. Maintenant veuillez me démontrer la taille d'été; je vous en serai également reconnaissant.

TAILLE EN VERT

LE JARDINIER

J'ai à vous répondre quelques mots concernant les opérations de la taille en vert.

1º La taille en vert a pour but de supprimer les diverses pousses qui seront le résultat de quelques yeux latents qui souvent se développent, soit en branches gourmandes, soit en branches de faux bois. Je n'ai nullement besoin de revenir sur ces deux branches, parce qu'elles vous ont été déjà démontrées.

2º Par la taille d'été on établit la régularité dans les branches, soit en longueur ou en grosseur. Je n'ai rien à ajouter à ce qui a été dit sur l'équilibre de la végétation (voir à cet article).

3º Les diverses opérations de la taille en vert ont pour but de favoriser les bonnes branches qui donnent les différentes formes auxquelles les arbres sont soumis, au détriment des mauvaises branches.

4º En supprimant ces branches inutiles, avant

6..

leur entier développement, on fera diriger la
séve sur les bonnes branches, soit à bois, soit à
fruits, ainsi que sur les fruits eux-mêmes qui deviendront plus gros par cette plus grande quantité
de séve.

L'AMATEUR

Enfin me voici fixé sur l'utilité de la taille en
vert; je suis content d'avoir appris à l'apprécier.
Il me reste à vous demander à quelle époque on
peut pratiquer cette taille.

LE JARDINIER

Cette taille peut être pratiquée à différentes
époques : la première au mois de mai, c'est-à-dire
au moment de la végétation, qui peut varier suivant le degré de température de l'atmosphère; au
printemps on pratique une seconde opération,
soit quinze jours après la première; puis une troisième encore dans le même laps de temps; enfin
une quatrième qui se fait comme les trois premières.

L'AMATEUR

Je suis étonné d'apprendre qu'il faille quatre
opérations différentes; il me semble qu'il suffirait
d'une seule.

LE JARDINIER

Si je vous ai indiqué ces quatre différentes opérations réitérées, c'est que le plus souvent, au

premier mouvement ascensionnel de la séve, il se développe quelques branches inutiles, et très-souvent ces branches se montrent quelques jours plus tard.

Si donc on n'avait recours qu'à une seule et unique opération de taille, on ne pourrait pas supprimer les branches qui seront survenues subséquemment. Ces dernières opérations doivent être effectuées assez rapidement, afin de ne pas exiger un travail de main-d'œuvre trop considérable.

L'AMATEUR

Je me conformerai exactement à vos avis en exécutant ces différentes opérations. J'en conçois en effet l'utilité d'après les réponses que vous venez de me donner.

LE PINCEMENT

LE JARDINIER

J'ai quelques mots à vous dire du pincement. Le *pincement* n'est pas une opération toute nouvelle, comme il a été dit par plusieurs personnes; M. de la Quintinie l'a mis le premier en usage vers 1685.

Le pincement doit se faire sur des branches qui ne sont pas utiles pour la forme de l'arbre. On ne doit pincer que les branches placées pour donner des fruits.

On pratique le pincement avec les doigts, en supprimant l'extrémité des bourgeons pincés. On peut pincer les bourgeons lorsqu'ils ont 0ᵐ 10 environ. Cette opération fera grossir les yeux qui seront au-dessous du pincement pour les faire mettre à fruits. Ce pincement se fait au mois de mai; et subsidiairement lorsqu'un bourgeon aura été pincé et que l'œil terminal se sera développé, on le pincera de nouveau. On ne pince que les bourgeons de la partie supérieure des branches, parce que ce sont elles qui prennent un grand développement. Les bourgeons de dessous les branches ont rarement besoin d'être pincés. On ne doit jamais pincer que les bourgeons qui seront placés pour donner des fruits.

Le pincement des poiriers et des pommiers se fait sur le troisième œil bien établi. En supposant que le bourgeon supérieur se développe, on aura encore les deux autres de la base, qui grossiront pour se mettre à fruits.

Le pincement a encore un autre avantage : il fait distribuer la séve sur les bourgeons qui doivent former la charpente de l'arbre.

Nous aurons à pincer une branche qui sera une branche de charpente. Si c'était une branche qui prît trop de développement, on pincerait cette branche pour en arrêter le prolongement et pour en favoriser une autre qui serait plus faible, afin qu'elle devienne de même largeur et de même grosseur.

La figure 81 indique la manière d'opérer le pincement.

L'AMATEUR

Je suis satisfait d'apprendre que le pincement n'est pas nouveau. Vous m'avez, en outre, fait comprendre et bien saisir l'utilité de cette opération. Veuillez continuer par l'ébourgeonnement.

LE JARDINIER

L'*ébourgeonnement* se fait pour parvenir à la suppression des bourgeons qui ne sont pas utiles à la fructification ni à la charpente de l'arbre. Cette suppression des bourgeons inutiles favorise ceux qui sont utiles. Elle doit être effectuée assez de bonne heure, afin que la séve absorbée par ces bourgeons inutiles soit avantageuse à ceux qui sont bons.

Cassement. — Le cassement s'effectue sur les branches qui n'auront pas été pincées en temps et lieu et lorsque ces dernières seront à l'état ligneux, par conséquent lorsqu'elles auront dépassé la longueur du pincement.

En pratique, le cassement partiel se nomme le cassement complet; ce dernier fait développer bien facilement les premiers bourgeons.

En pratiquant le cassement partiel, la séve est

6...

arrêtée par ce cassement. Il fait grossir les trois yeux à fruits qui se trouvent placés en dessous et les prépare pour l'avenir. Une autre partie de séve va alors finir de se perdre sur le restant du cassement (fig. 82).

La torsion. — Cette opération doit être pratiquée sur des arbres très-vigoureux. On prend des branches qui aient une longueur plus ou moins considérable; on leur fait subir une torsion. Par cette torsion on arrête la circulation de la séve. Les yeux, par suite, se prépareront pour se mettre plus tard à fruits (fig. 83).

L'incision. — Elle se fait sur les yeux que l'on désire développer pour en obtenir des branches utiles à la formation de l'arbre.

L'incision transversale se fait au-dessus de l'œil que l'on veut développer (fig. 84, n° 1).

L'incision longitudinale ne se pratique que sur des arbres d'une grande vigueur pour faciliter le grossissement des branches ou de l'arbre lui-même. On fait ces incisions avec la pointe de la serpette, sans pénétrer trop avant dans l'aubier (fig. 84, n° 2).

L'incision annulaire consiste à enlever une partie de l'écorce avec la serpette ou quelque instrument spécial. Cette incision ne doit pas être d'une largeur plus grande qu'un centimètre, afin que la plaie puisse être refermée l'année suivante. En pratiquant cette incision, on avance la mise à fruits de la partie supérieure et la mise à bois de la partie inférieure. Ces incisions doivent être faites au printemps, afin qu'elles aient le temps de se fermer (fig. 84, n° 3).

L'arqûre. — Elle consiste à courber les branches d'un arbre pour en diminuer la végétation, afin que cette diminution de vigueur vienne favoriser la mise à fruits des branches qu'on aura arquées. Tenues par des liens, on fait décrire à ces branches un demi-cercle. Dès lors, elles feront développer des dards, des brindilles et par suite on aura immédiatement un arbre garni de fruits. L'arqûre ne se pratique que sur des arbres très-vigoureux ou des branches très-vigoureuses. L'arbre se trouve bientôt épuisé par l'arqûre ; mais une fois que l'on sera parvenu à faire mettre l'arbre à fruits, l'arqûre devient totalement inutile (fig. 85).

L'effeuillage. — On pratique la suppression des feuilles sur un arbre non sans beaucoup de précautions. On ne doit la pratiquer que sur des arbres dont les fruits sont recouverts par les feuilles. On ne doit procéder à l'effeuillage que par un temps sombre pour ne pas exposer les fruits à être grillés par le soleil. L'effeuillage donne de la couleur aux fruits, les fait mûrir plus vite. L'opération ne doit se faire que lorsque les fruits sont arrivés à leur grosseur naturelle. Les feuilles ne doivent pas être arrachées; il ne faut que les couper et leur laisser le pétiole, parce que cet œil pourra être très-utile à l'arbre au moment où il devra subir la taille.

L'AMATEUR

Il me semble que vous m'avez dit qu'il ne fallait supprimer les feuilles qu'autant que les feuilles soient arrivées à leur grosseur naturelle. Qu'arriverait-il si on n'attendait pas jusqu'à ce moment-là?

LE JARDINIER

Si on pratiquait l'effeuillage avant que les fruits eussent atteint leur parfaite grosseur, ils pourraient jaunir et finir par tomber.

L'AMATEUR

Me voilà fixé sur l'effeuillage et l'époque à laquelle il doit être fait. Veuillez me donner tels autres renseignements que vous croirez utiles.

LE JARDINIER

Je dois vous faire connaître les rides.

On entend par rides la partie qui se trouve sur l'arbre après qu'on lui aura fait subir le premier pincement. Comme il arrive très-souvent que le premier œil qui se trouve pincé vient à prendre un certain développement, c'est sur la base de ce bourgeon que l'on doit tailler à l'opération d'hiver. Cette opération est très-utile faite sur rides, parce que si vous taillez sur un œil qui soit bien formé, vous obtiendrez une pousse plus forte qui sera au désavantage des yeux qui sont destinés par le pincement à se former à fruits. Il en résulte donc qu'il est bien avantageux de tailler sur rides, parce qu'en taillant de cette façon on n'aura pas de pousse, la séve sera arrêtée par cette réunion des yeux qui forme toujours l'empâtement d'une nouvelle branche.

Fig. 81 *bis*. La lettre *a* indique la ride et le n° 1 indique où on doit tailler ; les n°s 2 et 3 sont les yeux qui résultent du pincement et qui se mettent à fruits ; le n° 4, œil qui n'est pas encore converti à fruit.

L'AMATEUR

Vous m'avez fait comprendre la manière dont on doit tailler les rides ; je vous assure que je ne manquerai pas de suivre vos conseils. Pourriez-vous me donner quelques détails pour ce qui concerne la manière de gouverner les cerisiers?

DU CERISIER

LE JARDINIER

Le cerisier appartient à la 12e classe de Linnée (*Icosandrie*), famille des *Rosacées* (*Amygdalées*).

Le cerisier est originaire de Cerasante, ville du Pont en Asie. Ce fut Lucullus qui l'introduisit en

Europe vers le commencement de notre ère. Cet arbre fruitier pousse comme le pêcher. Il s'y trouve les mêmes branches (voir les noms des branches du pêcher); ce sont les mêmes soins que pour le pêcher. Il ne faut pas tailler les branches de prolongement trop longues pour ne pas voir dépérir les yeux de la base. Les yeux de l'extrémité se développent avec plus de vigueur; et plus on descend vers la base, plus la diminution est grande.

On pratique le pincement des branches qui doivent donner des fruits. Ce pincement a aussi pour but de faire développer les yeux de la base pour servir de remplacement, parce que les branches qui auront donné des fruits se dénuderont; on devra donc remplacer celles-ci au moyen de celles qu'on aura fait développer. On doit pincer très-court de 0ᵐ 06 à 0ᵐ 08 pour donner la facilité aux yeux de la base de se réveiller.

L'AMATEUR

Je vous remercie beaucoup de vos indications sur le cerisier. Permettez-moi de vous dire qu'il me semble que vous avez été un peu laconique. N'auriez-vous pas autre chose à me dire à ce sujet?

LE JARDINIER

Je me bornerai à ajouter qu'il vous faudra suivre pour le cerisier les mêmes principes que pour le pêcher, et votre réussite sera aussi satisfaisante. Toutefois, je vous conseillerai de vous procurer des espèces qui ne se dénudent pas, parce qu'il y a des espèces qui se dégarnissent plus facilement les unes que les autres. Vous n'aurez qu'à suivre le tableau qui se trouve à la fin de l'ouvrage où sont indiquées les diverses espèces de fruits.

L'AMATEUR

Je ne manquerai pas de suivre vos principes soit pour les espèces qui se dénudent le moins, soit pour les autres. Veuillez m'indiquer les formes que je pourrai faire suivre aux cerisiers.

LE JARDINIER

Les formes qu'il convient de donner aux cerisiers sont celles en éventail, ainsi que les palmettes simples, en vase, en cordon vertical ou oblique, en pyramide; et pour les espèces qui sont destinées à devenir de grands arbres, on n'a qu'à leur donner, les premières années de plantation, la direction verticale, car c'est celle-là qui convient le mieux. On fait encore les formes en plein vent comme on les fait pour les abricotiers et pêchers.

L'AMATEUR

Il me sera facile de suivre les indications que vous m'avez données pour les formes. Maintenant renseignez-moi un peu sur le prunier.

LE PRUNIER

LE JARDINIER

Le prunier appartient à la 12e classe de Linnée (*Icosandrie*), famille des *Rosacées* (*Amygdalées*).

Le prunier est originaire de la Grèce et de l'Asie. Il était connu dès l'époque de Pline le naturaliste. On le rencontre dans les environs de Damas, ville de Syrie, où il a été découvert et d'où on l'a introduit en Europe vers le commencement de notre ère.

Le prunier réussit à peu près dans tous les terrains, mais il lui faut de la profondeur et surtout de l'humidité.

Comme climat, il préfère le midi et l'ouest de la France.

On le cultive le plus généralement en plein vent, très-rarement en espalier. Il n'y a pas d'inconvénient de le cultiver en espalier, en suivant les mêmes principes que pour le cerisier et en adoptant les mêmes distances que pour le pêcher. Pour le plein vent, il doit être taillé ordinairement en vase, et d'après les mêmes principes que le pêcher, dont il a la même végétation et réclame les mêmes soins, c'est-à-dire les opérations du pincement qui doivent être faites pendant l'été. Pour les arbres qui sont en plein vent, suivre les mêmes soins que pour les pommiers.

L'AMATEUR

Je vous demanderai si l'on ne peut pas le tailler en d'autres formes, surtout celle dite en cordon.

LE JARDINIER

On pourra planter les pruniers en cordon oblique, parce que la végétation, comme celle du pêcher, tend toujours à se diriger vers l'extrémité et à abandonner les yeux de la base.

L'AMATEUR

Indiquez-moi, je vous prie, les diverses variétés de prunes que je dois cultiver dans mon jardin afin d'avoir les variétés qui sont les plus avantageuses, et de plus celles qui donnent le plus facilement des fruits.

LE JARDINIER

Je vous indiquerai les espèces que l'on cultive le plus communément, à la fin de l'ouvrage, au tableau synoptique des variétés de fruits.

L'AMATEUR

Je voudrais vous prier maintenant de me renseigner un peu sur l'amandier.

DE L'AMANDIER

LE JARDINIER

L'amandier appartient à la 12ᵐᵉ classe de Linnée (*Icosandrie*), famille des *Rosacées* (*Amygdalées*).

7

L'amandier est originaire du Levant, de la Grèce ancienne et de l'Arabie ; d'autres disent de l'Asie. Il a été acclimaté dans le Midi de la France vers l'année 1548.

Il n'est pas difficile, il s'accommode fort bien de tous les terrains, pourvu qu'ils soient profonds, chauds et pas trop compactes. Dans le Midi, cet arbre ne se cultive qu'en plein vent. Il réussit très-bien dans ces régions.

Pour la formation de cet arbre en plein vent, il n'y a qu'à suivre les mêmes principes que pour les pêchers et les pruniers.

On lui fait suivre principalement la forme en vase. C'est celle qui lui convient le plus.

J'ai vu un amandier en espalier, au jardin du Luxembourg (Paris), qui était très-beau et régulier. Je n'en ai jamais vu ailleurs.

L'AMATEUR

Il ne me reste plus qu'à vous demander les espèces que je dois cultiver, soit dans mon jardin ou ailleurs.

LE JARDINIER

Je dois vous dire que vous trouverez à la fin de l'ouvrage la liste des espèces que vous pouvez cultiver dans votre jardin fruitier et dans votre propriété. Je dois vous faire observer que dans votre jardin fruitier vous ne pourrez pas en planter une grande quantité, vu que l'espace en est très-restreint; mais vous pourrez en avoir seulement pour la consommation en vert dont peut avoir besoin une maison bourgeoise. Comme vous savez, cet arbre prend un si grand développement qu'il pourrait nuire aux autres arbres qui seraient ses voisins.

L'AMATEUR

Vous m'avez fait bien plaisir en me disant que je ne dois pas planter un grand nombre d'amandiers dans mon jardin. Je suis de votre avis pour cela et je ne manquerai pas de suivre vos indications.

Maintenant je voudrais vous prier de me donner quelques détails sur les abricotiers.

DE L'ABRICOTIER

LE JARDINIER

L'abricotier appartient à la 12me classe de Linnée (*Icosandrie*), famille des *Rosacées* (*Amygdalées*).

L'abricotier est originaire de l'Arménie. Cet arbre pousse comme le pêcher, avec cette remarque qu'il pousse bien plus vigoureusement dans sa jeunesse que le pêcher. Il se dégarnit très-facilement de la base des branches. A mesure qu'il prend son développement et qu'il vieillit, ses branches se dénudent très-facilement. Il importe de suivre attentivement sa végétation pour ne pas laisser perdre la séve au préjudice des yeux de la base pour favoriser ceux de l'extrémité. L'abricotier porte ses fruits sur les branches de l'année précédente, comme le pêcher. On trouve les mêmes branches que sur le pêcher (voir à l'article *Pêcher* les noms des branches).

L'AMATEUR

Vous m'avez fait bien plaisir en m'indiquant l'origine de l'abricotier. Vous me dites que l'abricotier pousse comme le pêcher, et que je n'ai qu'à suivre les mêmes principes que pour le pêcher. Vous me dites aussi que les mêmes branches s'y trouvent avec les mêmes noms, seulement vous me dites qu'il pousse plus vigoureusement que le pêcher, lorsqu'il est jeune. Pourriez-vous me dire quelles sont les formes que l'on fait principalement suivre aux abricotiers ?

LE JARDINIER

Les formes que l'on fait généralement sont les formes en éventail, palmette simple, et la forme en plein vent, qui est celle qui est généralement la plus usitée dans l'Ouest de la France.

Pour former les plein vent, il faut avoir des arbres ayant 1ᵐ 20 de tige, comme pour les poiriers et les pommiers. C'est à cette hauteur que l'on commence à former le vase sur trois branches, et une fois qu'ils auront atteint un développement qui donnerait des branches trop éloignées les unes des autres, on pourra leur faire former trois bifurcations, comme on a fait pour les pommiers.

Je vais vous donner une idée de la forme à demi-tige, c'est-à-dire qu'au lieu que la tige ait 1ᵐ 20, elle ne doit avoir que 0ᵐ 90. Cette hauteur est bien préférable à celle de 1ᵐ 20 pour deux raisons : la première parce que les vents froids du printemps ne viennent pas atteindre les fleurs, ainsi que les gelées; le deuxième avantage est celui d'avoir les arbres un peu plus bas, plus faciles ainsi pour pratiquer les opérations de la taille d'hiver, ainsi que celles de printemps et d'été, c'est-à-dire les opérations de la taille en vert, plus faciles encore pour cueillir les fruits. Ces formes à demi-tige ne sont pas pratiquées, on les a abandonnées depuis quelque temps; on n'en voit presque pas, malgré leur avantage.

L'AMATEUR

Je vois que l'on peut faire des formes, soit en éventail, palmette, soit en plein vent, et les formes à demi-tige que je trouve très-avantageuses, par les raisons que vous m'avez énumérées.

Je vous demanderai si je ne pourrais pas planter près d'un mur, à l'exposition du midi. J'attends votre réponse.

LE JARDINIER

Pardon, on peut parfaitement planter près d'un mur à l'exposition du midi et de l'est. Il faut suivre les mêmes principes que pour le pêcher, soit pour les distances des branches de charpente, soit pour la distance du mur, qui doit être de $0^m 20$, pour faciliter la circulation de l'air, si utile à la vie des arbres. Un deuxième avantage est celui de ne pas offrir de refuge aux insectes, par cet éloignement de $0^m 20$ en avant du mur.

L'AMATEUR

Vous m'avez fait bien plaisir en me renseignant, soit pour les distances des branches mères, ainsi que pour l'éloignement du mur. Je ne manquerai pas de suivre vos indications pour le choix des espèces.

J'aurais à vous prier de me donner quelques détails sur le cognassier.

LE COGNASSIER

LE JARDINIER

Le Cognassier, de la famille des Rosacées, douzième classe (Icosandrie) de Linnée, est originaire de Cydon, ville de Crète. Cet arbre mérite d'avoir une place dans un jardin fruitier par l'utilité de ses fruits qui servent à plusieurs usages dans une maison bourgeoise. Cet arbre produit au printemps un bel

effet par ses belles fleurs d'un blanc rosé ; il donne
encore en automne ses beaux fruits. On n'en
cultive que deux espèces, que l'on greffe sur le
cognassier commun, celui qui sert pour greffer
les poiriers : 1re espèce, cognassier du Portugal ;
2me, celui de Chine, qui diffère du précédent par sa
forme plus allongée, mais n'est pas si productif que
le premier. La forme qu'il convient de lui faire
prendre est la forme en vase à demi-tige, c'est-à-
dire que le commencement du vase doit être
à la hauteur de 1m 25. La taille qu'il faut lui
donner est comme pour les arbres à fruits et
à noyaux, le pêcher principalement. Il faut le
tenir toujours bien dégarni du centre, afin que le
soleil puisse pénétrer dans l'intérieur pour que
la fécondation puisse se faire facilement. On
doit pincer les branches qui sont destinées à
donner des fruits qui prennent naissance sur les
branches mères, mais on doit toujours faire
attention qu'elles ne viennent pas trop longues.
A cet effet, on pourra pratiquer les opérations
du pincement, pour rapprocher les nouvelles
branches fruitières des branches mères, par la
raison bien simple qu'elles ne pourraient pas
soutenir le fruit, qui est toujours solitaire.

Vous savez ce qui a été dit au sujet des poiriers et
des pommiers ; vous savez que les branches trop
longues ne reçoivent pas une si grande quantité de
sève et par conséquent on n'a jamais d'aussi beaux

fruits que ceux qui sont sur des branches rapprochées des branches mères. Les branches qui donnent les fruits sont le résultat des bourgeons de
l'année précédente.

L'AMATEUR

Vous m'avez fait bien plaisir en me renseignant
sur ces arbres si utiles. Je suivrai vos conseils.
Je voudrais vous prier de me dire quelques mots
sur le groseiller.

DU GROSEILLER

LE JARDINIER

Famille des Groseillers, 5me classe de Linnée.
Les groseillers doivent trouver leur place dans
un jardin fruitier, à cause des grands avantages
que l'on peut en tirer, soit pour la confection des
confitures, soit pour celle des sirops, même pour
la spéculation, si on veut en exploiter la vente,
toujours d'ailleurs facile, parce que ses fruits sont
vivement recherchés par les consommateurs.

Les groseillers demandent un sol un peu
humide, profond et éminemment siliceux. Il
est utile même de former aux trous des groseillers une espèce de bassin pour amener les
eaux pluviales ou autres jusqu'aux racines des
plants. Ce travail n'est pas difficile à opérer. Il
n'y a qu'un trou à creuser au moyen d'une simple

bêche. Les groseillers se multiplient par boutures faites en automne, c'est-à-dire dans la saison où la séve est en repos, soit de novembre à mars.

On peut aussi les multiplier par drageons, mais ce mode de propagation n'offre pas les mêmes avantages que le premier, auquel je vous engage à donner la préférence. Les boutures se prennent sur des branches jeunes d'un an, qu'il faut placer en pépinière, à la distance de douze centimètres les unes des autres et dans un terrain siliceux expressément préparé. Plantation : la distance que l'on doit réserver est de 1^m 80 à 2 mètres lorsqu'ils sont placés en carré. On peut aussi les planter entre les arbres à grande distance, surtout les arbres en plein vent, en attendant toutefois que ces arbres aient atteint un fort développement. Formes : on donne principalement la forme en vase ou en gobelet. On peut aussi les planter en cordon vertical, à la distance de 0^m 25. C'est le célèbre professeur Dubreuil qui a le premier planté en cordons verticaux.

Soins à donner pendant l'été : les mêmes que pour les autres arbres. Taille : on doit tailler les groseillers pour leur donner la forme régulière afin d'en régulariser la fructification. Pour la forme en vase, il faut qu'ils soient bien dégarnis du centre pour que les rayons du soleil puissent y pénétrer, d'abord pour que les fleurs reçoivent la chaleur, puis afin que la fécondation puisse s'opérer facilement.   7.

La fructification sera d'ailleurs bien plus
assurée. Il importe de tenir les branches assez
espacées pour éviter la confusion, ainsi que
cela se voit habituellement : dix branches et souvent plus. Il faut toujours raccourcir les branches
pour en obtenir de nouvelles. Les bourgeons à
fleurs se développent sur les branches de l'année
précédente, c'est ce qui fait qu'il est très-utile de
raccourcir les branches pour avoir des fruits sur
une longueur proportionnée à la vigueur. Sur la
taille que l'on a, le nombre des branches que l'on
doit laisser à la forme en vase ne sera que trois,
quatre ou cinq au plus. Sur la taille qui en sera
faite il se développera de nouveaux bourgeons
qui seront taillés de la même manière que ceux
de l'année précédente. A la troisième taille, la
sève commence déjà à abandonner les yeux de la
base pour faire développer ceux des parties supérieures, avec bien moins de vigueur cependant.
La nature si prévoyante a obvié au rajeunisse-
ment de cet arbuste en lui faisant surgir à la
base de nouvelles pousses pour établir la nouvelle
fructification, pour remplacer les branches qui ont
donné des fruits pendant trois ou quatre années.
C'est par ces nouvelles branches que l'on doit
toujours renouveler les anciennes, pour avoir les
mêmes produits. Il faut supprimer les vieilles
branches parce qu'elles nuisent aux nouvelles
productions; supprimer aussi les branches mortes

pour que les arbustes soient toujours dans un état convenable de propreté. Lorsqu'on supprime ces vieilles branches, on doit les couper à trois ou quatre centimètres au-dessus du sol, pour obtenir de nouvelles pousses.

L'AMATEUR

Vous m'avez indiqué d'une manière fort nette et claire tout ce qui concerne la culture du groseiller. Vous m'avez fait un sensible plaisir, je vous l'assure, en m'instruisant ainsi sur cet arbuste, dont les fruits sont si utiles à la consommation. Il me reste à vous demander des détails sur les variétés auxquelles je dois donner la préférence.

LE JARDINIER

Les noms des variétés sont détaillés au tableau des espèces, à la fin de l'ouvrage.

L'AMATEUR

Maintenant pourriez-vous me donner quelques détails sur la manière de gouverner les fruits sur les arbres ?

SOINS A DONNER AUX FRUITS SUR LES ARBRES

LE JARDINIER

On ne doit laisser sur les arbres que la quantité de fruits que la séve peut nourrir; on ne pratique la suppression des fruits que pour certaines espèces de poires, notamment sur celles d'automne et d'hiver.

Cette suppression pourra se faire au mois de mai et commencement de juin. On peut donc choisir les plus beaux, les mieux formés. On ne doit pas laisser plusieurs poires sur le même crochet. Une seule grosse est préférable à plusieurs petites. Pour faire la suppression des fruits, en enlevant avec la main le fruit que vous aurez désigné, on fait une plaie occasionnée par l'arrachement du pédoncule du fruit. Cette plaie fait une cicatrice, et donnerait de l'air à la sève. On doit supprimer ces fruits avec les ciseaux et laisser la moitié du pédoncule.

L'AMATEUR

J'ai un renseignement à vous demander. Faut-il enlever des fruits sur tous les arbres fruitiers sans distinction, ou exercer cette suppression sur les Poiriers, les Pommiers, les Pêchers et les Abricotiers seulement?

LE JARDINIER

J'ai à vous répondre, à cet égard, que l'on doit supprimer les fruits sur les poiriers d'automne et d'hiver. Quant aux fruits d'été, il faut les laisser, parce que leurs arbres font arriver les fruits à parfaite maturité.

L'AMATEUR

N'avez-vous pas quelques autres avis à me donner sur les fruits? Il me reste à vous demander pourquoi les fruits sont plutôt mûrs dans une année de sécheresse.

LE JARDINIER

Je dois vous dire que c'est pendant les années de grande sécheresse que les fruits arrivent le plutôt à l'état de maturité. La raison en est qu'ils manquent d'humidité pour que les organes conservateurs puissent donner la substance que réclament les organes reproducteurs. Vous savez que l'on entend par organes reproducteurs les fleurs, les fruits et les graines. On peut attribuer la maturité plus ou moins hâtive des fruits, d'abord à ce manque d'humidité, puis à la trop grande intensité du calorique provenant de l'astre solaire.

L'AMATEUR

Je suis satisfait. Vous venez de me dire une vérité incontestable. Il me reste à vous demander pourquoi les fruits qui sont véreux mûrissent plutôt que les fruits sains. Veuillez me donner une réponse à ce sujet.

LE JARDINIER

Je n'aurai pas de peine à vous satisfaire sur ce point.

Les insectes qui sont logés dans l'intérieur des fruits, ceux des pommiers ou des poiriers, par exemple, au moment de la floraison de ces arbres, ont grossi. Ils ont coupé, pour se nicher plus à l'aise et pour se nourrir, une grande partie des vaisseaux qui renferment la séve. Il s'ensuit que les fruits ont été privés d'une certaine quantité de sucs qui leur auraient été nécessaires pour mûrir plutôt. On pourra remarquer, du reste, que les fruits véreux sont généralement difformes. Il vous sera facile de suivre le passage de ces insectes. Ils se dirigent toujours du calice vers le centre. Lorsqu'ils ont acquis une certaine grosseur, ils pratiquent toujours une ouverture pour l'évacuation de leurs excréments et pour la réception de l'air respirable.

L'AMATEUR

J'ai parfaitement compris le sens de votre réponse, soit pour ce qui concerne la maturité, soit pour ce qui a rapport aux insectes fructivores. Maintenant, expliquez-moi, je vous prie, comment il se fait que les fruits placés à la cime de l'arbre mûrissent plutôt que les autres. Vous aurez la bonté de me dire aussi quels sont les fruits que l'on peut cueillir avant leur parfaite maturité.

LE JARDINIER

Il sera facile de comprendre que ce sont ceux qui sont les plus exposés à l'action du soleil.

Cet excès de chaleur, par son action, tend à macérer et, par contre, à digérer plus rapidement les sucs. Puis aussi, ces fruits se trouvent plus éloignés des racines. Il en résulte qu'ils ont bien moins de suc grossier à macérer, et, par suite, la maturité est acquise plus rapidement. Pour ce qui est des fruits qui auront été cueillis avant la parfaite maturité, ces fruits auront été privés des sucs qui leur auraient été nécessaires à digérer sur l'arbre. Alors la maturité, pour ce fait, se trouve prématurée. Seulement, ils perdent un peu de leur saveur et de leur bouquet.

L'AMATEUR

Ces réponses sont satisfaisantes, elles me font connaître des particularités que j'ignorais complétement. Veuillez, maintenant, continuer en m'expliquant la différence entre les terrains sablonneux et les terrains secs pour la maturité des fruits dans des terres humides.

LE JARDINIER

Dans un terrain sec et sablonneux les fruits ont moins de suc à digérer, parce qu'ils ont plus de chaleur pour faciliter la digestion de ce suc qu'ils n'en ont dans les terres humides. Le contraire a lieu pour les fruits produits dans des endroits humides, parce qu'alors l'abondance de séve retarde la maturité. Ceci vous engagera tout naturellement à bien appliquer les préceptes que je vous ai donnés en détail, lorsque je vous ai parlé de la plantation. Vous vous rappelez que je vous ai recommandé de ne pas enterrer vos arbres trop avant quand vous avez une terre humide et froide, parce qu'alors les fruits sont moins abondants et plus tardifs.

L'AMATEUR

Vous m'étonnez en me disant que les fruits que donnent les arbres plantés dans des terres froides et humides sont moins abondants et moins précoces. Expliquez-m'en la raison, je vous prie.

LE JARDINIER

C'est tout simple. C'est que la séve étant trop refroidie, et par suite trop crue, elle ne peut avoir assez de mouvement ascensionnel, ou pour mieux dire, être assez efficace pour faire surgir les boutons qui doivent donner les fleurs productives des fruits, et cela parce qu'elle est de sa nature trop peu épurée pour qu'elle puisse s'insinuer dans le germe du fruit pour le faire développer et amener la fructification. Elle fait plutôt développer les premiers boutons pour produire du bois que pour donner du fruit. Comprenez-vous ?

L'AMATEUR

Je comprends parfaitement la différence entre une terre sèche et une terre humide. Maintenant, dites-moi, je vous prie, si je peux supprimer les feuilles des arbres pour en faire mûrir les fruits. Voilà ce que je voudrais bien savoir.

LE JARDINIER

A ce sujet, je ne puis que vous répéter ce que je vous ai déjà dit à propos du feuillage. Veuillez vous reporter à cette partie de notre entretien, où j'ai traité spécialement des feuilles. Ces feuilles, vous ai-je dit, concourent à la formation des organes reproducteurs en aspirant les sucs aériens qui doivent contribuer essentiellement à la nutrition des fruits, surtout lorsque ces feuilles sont encore jeunes. D'ailleurs, les feuilles ont un double but. Elles garantissent les fruits, lorsque ceux-ci sont encore jeunes, contre les funestes atteintes des vents froids du printemps, aussi bien que contre l'ardeur excessive des rayons solaires. Pour s'assurer de l'utilité du feuillage, on n'a qu'à examiner attentivement un bouton à fruit. Ce bouton, on le verra, est toujours accompagné de six ou sept feuilles au moins. Ces feuilles servent d'abord à attirer la séve, ainsi qu'à concentrer les éléments que renferme l'atmosphère pour l'augmentation de la fructification.

L'AMATEUR

Je conçois, maintenant, l'utilité du feuillage. Il constitue, me dites-vous, l'organe protecteur et conservateur des fruits. N'est-il jamais possible de supprimer des feuilles pour hâter la maturité des fruits? Veuillez me donner une solution sur ce point.

LE JARDINIER

Il va sans dire qu'il n'y a pas d'inconvénient à supprimer des feuilles toutes les fois que les fruits auront atteint leur grosseur normale. Dans ce cas, on peut se débarrasser de celles qui ne sont pas indispensables, parce que les fruits auront acquis plus de consistance et seront, pour ainsi dire, moins sensibles aux atteintes, soit du froid, soit de la chaleur. Par cette suppression, on expose les fruits à un degré de chaleur plus intense, qui les fera arriver plus vite à leur maturité.

L'AMATEUR

Très-bien! Il me reste encore une observation à vous faire sur les fruits, la voici : il n'est pas rare de voir des fruits qui, quoique exposés à toute l'ardeur des rayons solaires, n'arrivent pas à parfaite maturité.

LE JARDINIER

C'est vrai, ce que vous dites. Il me suffira de vous rappeler que ces mêmes fruits ont toujours été exposés aux rayons solaires depuis leur naissance. Il s'ensuit, dès lors, que la chaleur intense cesse de leur être nuisible.

L'AMATEUR

N'avez-vous pas quelque autre chose à me faire connaître? Je serai toujours prêt à suivre vos conseils.

LE JARDINIER

Je dois vous faire connaître le motif pour lequel les fruits tombent en été. C'est parce que les arbres manquent d'humidité au moment où ils en auraient le plus besoin. Les racines ne peuvent donc pas avoir d'humidité en quantité suffisante, et dans ce cas il y a pour l'arbre diminution de vie. Les feuilles n'ont plus cette vigueur qu'elles avaient quelque temps auparavant; elles sont devenues à peu près à l'état de parchemin; par conséquent, diminution d'absorption atmosphérique. Le soleil brûlant de la journée aura bientôt absorbé l'humidité prise par les feuilles et par tout l'arbre en général, y compris même les fruits. L'arbre alors se trouve privé de ses organes conservateurs, qui ne peuvent pas remplir leurs fonctions naturelles pour faire arriver les fruits à leur parfaite grosseur, ou même encore pour la plupart à leur parfaite maturité.

L'AMATEUR

La démonstration que vous venez de me faire m'a tout à fait surpris, car je l'ignorais totalement; mais maintenant je puis me rendre compte des faits qui occasionnent la chute des fruits pendant un été très-sec. Vous m'en avez fait comprendre les motifs qui se rattachent à la physiologie végétale, que j'étais loin de croire si utile. Maintenant je reconnais qu'il est très-nécessaire de savoir les principes de la physiologie végétale. Indiquez-moi pourquoi les fleurs des arbres fruitiers tombent.

LE JARDINIER

Je dois vous dire que dans les arbres qui se mettent bien à fleurs, elles tombent quand elles devraient au contraire se consolider; tandis que sur les autres arbres qui ne sont pas si vigoureux, elles se conservent parfaitement. En voici la raison.

Lorsque les fleurs sont toutes développées, les feuilles qui les accompagnent sont épanouies. Dans ce cas, elles absorbent une plus grande partie de la vie dans l'air et viennent donner de la force aux racines. Il y a une trop grande quantité de séve, et cette séve passe dans les yeux à bois en abandonnant les fruits qui ne peuvent pas recevoir toute cette séve.

MOYENS D'OBTENIR DES FRUITS EN ABONDANCE.

Il faut tailler très-tard, lorsque la séve a donné un peu dans les branches, afin qu'il y en ait une partie qui se perde.

Ouvrir un trou autour de l'arbre pour qu'il soit exposé à l'ardeur du soleil.

Faire une incision annulaire pour en arrêter la séve descendante. Il faut que cette incision ait une profondeur de $0^m 03$ environ afin que les deux écorces puissent se réunir.

Je vous citerai un fait assez remarquable. Mon père, jardinier comme moi, fit une opération à un poirier qui avait vingt ans, à l'aide d'un hacheron, pour indiquer que plus tard il était destiné à être arraché, parce que cet arbre se trouvait planté au milieu d'une pelouse, de cette façon convertie en jardin d'agrément tandis que c'était un jardin potager. L'arbre en question diminua de vigueur dans le courant de l'année et fut abandonné à lui-même.

L'année suivante, l'arbre qui n'avait jamais donné que quelques petits fruits, en donna plus d'un hectolitre, et il en fut de même pendant plusieurs années consécutives.

Il y a donc là une preuve que la séve descendante avait été arrêtée par la suppression de l'écorce et du bois; c'est là un signe qui indique la mise à fruits d'un arbre vigoureux. Je ne vous engage pas à opérer avec un hacheron, ni à pratiquer ces principes. Je ne vous ai cité cette opération qu'à l'appui de ce que je vous ai dit ci-dessus.

L'AMATEUR

Me voilà fixé sur les effets des arbres qui se mettent à fleurs, et quand ces dernières tombent quelques jours après. N'avez-vous pas encore quelque chose à me faire connaître ?

LE JARDINIER

Pardon, j'ai à vous faire part de quelques expériences que j'ai faites pour faire grossir les fruits, soit poires ou pommes.

Je me borne à vous faire part de la manière dont on doit opérer pour arriver à de bons résultats. Voici celle que M. Gressent, arboriculteur distingué, pratique, extraite de l'ouvrage qu'il a publié :

Vous savez que le sulfate de fer, dissous dans l'eau dans la proportion de deux grammes par litre, stimule la végétation. Mouillez les fruits avec cette dissolution une première fois lorsqu'ils ont atteint le quart de leur volume, une deuxième fois à la moitié de leur grosseur, et enfin une troisième fois aux trois quarts de leur développement. L'expérience a prouvé que les fruits traités ainsi acquéraient un tiers de plus de volume.

Cette opération n'est ni longue ni difficile ; mais elle demande à être faite avec discernement pour être couronnée de succès. Il faut opérer le soir seulement, après le coucher du soleil ; quand il y a un peu de rosée, cela n'en vaut que mieux. Il ne faut faire la dissolution qu'au moment de l'employer et en très-petite quantité, un demi-litre, parce que le sulfate de fer se décompose dans l'eau et forme de l'oxyde de fer; dans cet état il n'agit plus. Il faut jeter le liquide dès qu'il prend une teinte de rouille. On doit employer de l'eau très-pure, sinon de l'eau distillée. On emplit à moitié un verre sans pied avec la dissolution; on passe le vase sous les fruits, et en le haussant un peu, le fruit tout entier est immergé; quatre ou cinq secondes suffisent. En une heure on peut tremper plusieurs centaines de fruits. On doit peser le sulfate de fer avec des balances très-sensibles, afin de n'en mettre que le poids indiqué. Voilà ce que dit M. Gressent dans son ouvrage (page 123).

Je dois vous dire qu'il n'est pas toujours facile de se servir du vase, comme l'indique M. Gressent; en voici la raison :

Vous ne devez pas ignorer que les fruits à pépins sont placés obliquement et quelques-uns verticalement; ainsi on ne peut pas opérer avec le verre comme il est dit plus haut. Dans ce cas on pourra se servir d'un pinceau très-souple pour pouvoir assez facilement imbiber les fruits sans inconvénient. Vous aurez le liquide dans un verre et vous vous en servirez lorsque l'occasion en sera facile, c'est-à-dire lorsque les fruits seront placés perpendiculairement.

L'AMATEUR

Vos explications m'ont parfaitement fait comprendre qu'il n'est pas toujours facile d'opérer comme l'indique M. Gressent. Je suivrai votre procédé. Veuillez continuer par d'autres explications.

LE JARDINIER

Pardon; j'ai à vous faire ressouvenir de ce qui a été dit en parlant des fleurs et des fruits. Je vous ai fait connaître les dispositions que prennent les fruits après la floraison et principalement après la fécondation; voici la différence qu'il y a entre les fruits à noyaux et les fruits à pépins.

Dans les fruits à noyaux on voit disparaître et tomber les quatre organes reproducteurs, savoir : 1er organe, le calice; 2e, les pétales; 3e, les étamines; 4e, le pistil. Il ne reste que le carpelle qui n'est qu'une feuille repliée ou contournée sur elle-même, dont les bords se sont soudés ensemble, comme on peut le voir dans les fèves de marais. On peut voir cette soudure plus apparente dans les fruits : abricots, pêches, prunes, amandes et cerises; il n'est pas difficile de voir les soudures dorsale et ventrale.

C'est par cette disposition que l'on voit les fruits toujours réguliers, ils ne sont jamais déformés; il n'en est pas de même dans les fruits à pépins.

Je n'ai que peu de chose à dire des fruits à pépins; seulement je dois vous faire connaître une remarque qui vous sera utile.

Dans les fruits à pépins les organes qui constituent la reproduction sont au nombre de quatre : 1° le calice; 2° les pétales; 3° les étamines; 4° le pistil. C'est le calice seul qui reste, garni de ses cinq sépales, tandis que les trois autres parties de la fleur tombent. Ces fruits, tels que poires, pommes ou coings, sont le plus souvent difformes et ne sont pas comme les fruits à noyaux. C'est le prolongement du pédoncule qui fait grossir le fruit, suivant qu'il se trouve placé pour recevoir la séve.

Voici encore un moyen pour avoir de beaux fruits. Il consiste à suspendre les fruits, de manière qu'ils se trouvent placés presque verticalement; dans ce cas le pédoncule du fruit n'aura pas de coude à subir, et par conséquent la séve arrivera plus facilement au fruit, qui deviendra beaucoup plus gros. Vous pourrez vous servir de petites ficelles pour suspendre les fruits, en les attachant aux branches les plus proches.

L'AMATEUR

Vous m'avez fait bien plaisir en me faisant connaître le deuxième moyen, qui est très-bon à savoir. Enseignez-moi la manière de conserver les fruits?

CONSERVATION DES FRUITS

LE JARDINIER

Il est très-essentiel de bien connaître la manière de conserver les fruits. Je vais vous faire part des observations que j'ai faites à ce sujet.

Pour conserver les fruits, il faut avoir un appartement qui ne soit pas trop aéré et qui ait une température assez régulière; il faut, autant que possible, que ce soit un endroit très-sec. Je vous signale la chambre où sont enfermés les fruits chez Mme la comtesse de Verbeau, dans la commune de Barran (Gers), localité où j'ai séjourné pendant plusieurs années, chargé des soins à apporter aux arbres fruitiers ainsi qu'aux fleurs.

Fruiterie. — Le local qu'on avait approprié aux fruits était situé au deuxième étage, exposé au midi. La superficie de ce local était de 10^m 25 de long sur 6^m 50 de large; hauteur, 4 mètres. C'est dans l'intérieur de ce local que je conservais les fruits. Je laissais la croisée ouverte pour que l'air y fût plus pur. Lorsque les fruits y étaient renfermés, je la laissais ouverte cinq jours, puis je fermais très-hermétiquement de façon à ne point laisser pénétrer l'air dans l'intérieur. Je faisais en sorte de ne pas laisser d'issue par où le froid pût pénétrer. Lorsque le thermomètre constatait une température trop basse au-dessous de zéro, j'appliquais des couvertures contre les croisées. Cette chambre offrait des conditions de bon résultat approximativement, et surtout comme premier avantage, une parfaite sécheresse. M. Philibert Baron, professeur d'arboriculture à Paris, prétend que l'on a décrit et que l'on a donné une infinité de plans pour un fruitier, avec des formes plus ou moins élégantes, mais qu'il a trouvé, lui, un endroit pour établir une fruiterie beaucoup plus facile que partout ailleurs, dans une cave, où, bien entendu, il n'y ait pas d'humidité, avec une température de 4 à 5 degrés au moins au-dessus de zéro. Voilà un endroit très-propice pour un fruitier, j'en conviens, aussi suis-je de son avis.

L'AMATEUR

Je ne sais lequel des deux je dois choisir; j'éprouve l'embarras du choix entre les deux locaux que vous me désignez; l'un et l'autre me sourient également.

LE JARDINIER

Je vous dirai qu'il faut établir des tablettes en bois dur pour éviter l'humidité; ces tablettes devront être espacées à 0^m28 ou 0^m30 l'une de l'autre. Leur largeur ne devra pas dépasser de 0^m55 à 0^m65, afin qu'il soit possible d'arriver avec la main aux fruits qui se trouvent placés à l'arrière de ces tablettes. Il conviendra d'incliner un tant soit peu ces étagères afin de permettre la vue des fruits, sans que besoin soit d'y toucher. Je ne saurai vous fixer quant aux dimensions. Vous devrez vous guider sur la quantité de fruits que vous aurez à y déposer.

L'AMATEUR

Veuillez m'indiquer de quelle façon les caisses doivent être faites. Dois-je donner la préférence au bois dur?

LE JARDINIER

Pour les caisses, il faut prendre la hauteur des poires et des pommes les plus grosses, afin d'avoir une hauteur convenable. On établit dans une caisse plusieurs compartiments, chacun de ces comparti-ments devra pouvoir contenir vingt-cinq poires au moins.

L'AMATEUR

Je suivrai votre avis pour la caisse, et plus tard je pourrai en faire façonner d'autres. Veuil-lez, maintenant, continuer et me dire à quel moment on peut cueillir les fruits.

LE JARDINIER

Il n'y a aucune règle pour fixer l'époque de la cueillette des fruits. L'époque peut varier selon le degré plus ou moins élevé de la température. Les fruits d'hiver peuvent être cueillis vers le 8 octo-

bre ; les fruits d'automne vers la fin de septembre.
Il convient de toujours choisir un temps sec, et
ne commencer à cueillir vos fruits que lorsque le
soleil aura absorbé l'humidité de la nuit, pour
que ces fruits n'en soient pas imbibés. La rosée
disparaît vers 10 heures du matin ; à cette heure,
vous pourrez commencer à cueillir, soit sur les
espaliers, soit sur les autres formes.

On doit avoir des paniers faits exprès
pour ramasser les fruits et mettre au fond
de ces paniers une certaine quantité de foin ou
de fougère, pour que les fruits ne reposent pas sur
les osiers qui pourraient les meurtrir. On commence par ramasser les fruits en les prenant bien
légèrement entre les doigts sans trop les presser
de crainte, si on les serrait, d'enlever une partie
du duvet dont ils sont recouverts. Avoir soin,
aussi, de n'enlever que les fruits qui auront acquis
leur volume normal, ceux dont la peau aura une
teinte jaune, très-lisse, à tel point qu'on la dirait
glacée. Les fruits d'été devront toujours être
cueillis deux jours au moins à l'avance, surtout
si on a l'intention de les expédier au loin. En
faisant la cueillette, toujours prendre le fruit par
le pédoncule (ou queue). Les placer bien doucement dans les paniers sans y en entasser un
nombre trop considérable, et surtout se bien
garder de les superposer ; puis étendre ces fruits
dans une chambre bien sèche, afin qu'ils perdent

7...

toute leur humidité. De là, les transporter dans
la fruiterie par ordre, c'est-à-dire mois par mois,
et les y déposer sur des planches, lesquelles planches devront être recouvertes de paille ou de
fougère, pour ne pas les meurtrir. Une fois que
tous les fruits seront placés, laisser la pièce où ils
se trouvent déposés ouverte pendant trois ou
quatre jours, afin de laisser circuler l'air dans
l'intérieur.

La température de ce local devra être au moins
de 4 degrés au-dessus de zéro.

Visiter de temps en temps la fruiterie pour
examiner s'il ne s'y trouve pas des fruits dété-
riorés ou gâtés. S'il s'en trouve, avoir soin de les
enlever, parce qu'ils gâteraient tous ceux qui sont
auprès d'eux. En pénétrant dans la fruiterie
avoir, autant que possible, soin de n'y point
laisser entrer l'air du dehors, le moins possible
en tous les cas. L'air de l'extérieur aurait l'inconvénient de faire rider les fruits qui, dès lors,
auraient le désagrément de n'être pas agréables à
la vue ni au palais.

L'AMATEUR

Vos observations me paraissent fort judicieuses;
je profiterai de vos bons avis. Vous m'assurez
qu'il importe que les fruits ne soient pas meur-
tris, ou trop du moins, parce que la moindre
lésion dans un fruit pourrait corrompre ou faire

gâter les autres fruits qui se trouvent rangés auprès de celui-là.

N'auriez-vous pas d'autres précautions à me signaler sous le rapport de la conservation des fruits?

LE JARDINIER

Je vous dirai seulement que lorsque la température extérieure commence à baisser, il importe de faire en sorte de prévenir la gelée dans le local où vous aurez serré votre fruit. Par mesure de précaution, et pour le garantir contre la gelée, et surtout pour vous assurer qu'il n'y gèle pas, posez des petits godets en terre remplis d'eau. On verra par cette eau s'il gèle dans l'appartement; si l'on remarque que l'eau tend à geler, alors il faudra veiller à ce que la pièce soit mieux et plus hermétiquement close. Même on fera bien, en ce cas, de recouvrir les fruits de toiles. Il ne faut pas faire du feu dans la fruiterie, parce que la température s'élèverait et pourrait faire rider les fruits.

L'AMATEUR

Je ne manquerai pas de mettre en pratique vos principes. Vous devriez bien, maintenant, m'enseigner le moyen de conserver le raisin.

LE JARDINIER

Volontiers. Pour conserver le raisin, il faut

le cueillir deux ou trois jours avant la maturité; cueillez pendant la chaleur; laissez passer la rosée avant de couper le raisin; prenez la grappe par le pédoncule et placez-le dans un panier garni avec des feuilles de vigne. Evitez d'entasser les grappes les unes sur les autres, pour éviter qu'elles se meurtrissent mutuellement, et pour que le duvet qui recouvre les grains ne soit pas détruit; déposez votre raisin sur la paille.

Pour la conservation du raisin, choisir de préférence les grappes dont les grains ne sont pas très-serrés. Toutefois, si les grains étaient trop serrés, on devra les éclaircir avec les ciseaux. Par ce moyen, on obtiendra un résultat satisfaisant.

Voici le procédé qu'indique M. Dubreuil à la page 838 de son ouvrage : Au moyen d'un crochet en S appliqué sur la grappe, la prendre du côté de la pointe. Avec ce système, la grappe ainsi disposée, les grains auront plus d'espace et par conséquent se conserveront plus longtemps. Les grappes devront être placées sur des cerceaux, celles du moins qui pourront y tenir; ces cerceaux devront être suspendus au plafond de la fruiterie au moyen de poulies, afin d'en faciliter la descente.

L'AMATEUR

Je suis satisfait de vos explications sur les soins

à donner à la conservation des fruits. Maintenant, veuillez bien me donner quelques renseignements sur certaines maladies qui, généralement, attaquent les arbres fruitiers.

MALADIES DES ARBRES FRUITIERS

LE JARDINIER

Je vais passer en revue les principales maladies auxquelles les arbres fruitiers sont sujets. Il y en a de plusieurs sortes qui les atteignent avec plus ou moins de gravité.

La Cloque. — On ne la remarque principalement que sur le pêcher. Elle est produite par la transition rapide de la température atmosphérique, d'un temps pluvieux à un temps refroidi. Quand à la pluie vient succéder des coups de soleil, on voit les feuilles se retourner et former des espèces de boursouflures. Or, vous savez que les feuilles forment les troisièmes organes conservateurs des arbres; donc, si ces troisièmes organes viennent à faire défaut, les arbres perdent sensiblement de leur vigueur. Pour obvier à cet état de maladie, à cette végétation affaiblie, vous n'avez qu'à supprimer au moyen de ciseaux ou tout autre instrument tranchant, au moyen du greffoir, voire même avec les doigts, toutes les feuilles envahies ou attaquées, en laissant toutefois les parties des feuilles qui n'auront pas été atteintes. Les parties du disque des feuilles non atteintes aideront la végétation ; si toutes les feuilles étaient atteintes, alors on ne laisserait que le pétiole.

La Gomme. — Celle-ci n'attaque que les arbres fruitiers à noyaux principalement. La gomme est produite par une meurtrissure ou par une surabondance de séve ; cette séve s'agglomère entre l'écorce et le bois, et passe à l'extérieur, soit par extravasion ou par déchirure.

Quand on aperçoit de la gomme sur un arbre, il importe de la faire disparaître sans retard. Une fois qu'elle est sortie, on doit nettoyer la plaie avec l'instrument tranchant, puis appliquer l'onguent de saint Fiacre ou la cire à greffer.

Le Blanc ou Meunier. — Le blanc attaque plus particulièrement le pêcher. C'est comme une poussière blanchâtre qui se répand sur les feuilles, les bourgeons et les fruits. Répandu sur les feuilles, il empêche ces organes de remplir leur rôle que leur a donné la nature. On attribue cette maladie à une espèce de champignon. Le blanc empêche l'arbre de grossir. Pour le combattre, saupoudrer l'arbre avec la fleur de soufre.

La Jaunisse. — Cette maladie est due à un manque de fertilité dans le sol, ou bien encore à

une surabondance d'humidité ajoutée à une sécheresse trop prolongée.

Remède pour rétablir les arbres atteints de la
jaunisse :

1er Cas. — On doit voir dans le premier cas
l'épuisement du sol. On peut remédier à celui-là
en mettant des engrais aux pieds des arbres. Il
va sans dire qu'on devra supprimer un peu de
terre afin de donner plus de facilité aux racines
pour absorber les sucs des engrais qu'on leur
aura appliqués.

2me Cas. — Examiner si c'est l'excès d'humidité qui a pu occasionner la maladie. Alors
on devra assainir la terre par un drainage.

3me Cas. — La maladie est-elle l'effet de la
sécheresse? Alors il y a absence d'humidité. Il
faudra donc rétablir la végétation. Ceci ne sera
pas difficile. Un fait patent se présente ici : c'est
que pendant les étés très-secs, on voit les arbres
jaunir plus facilement et en plus grand nombre.
Je ne vous répèterai pas qu'il est urgent de faire
choix d'arbres jeunes. C'est donc une utilité très-
grande. Mais je ne pourrai trop vous recommander de choisir des arbres bien sains, atteints
d'aucune maladie. Je vous ai tout expliqué sur ce
point quand je vous ai entretenu du choix de vos
arbres.

La Rouille. — La rouille se produit surtout sur les poiriers et les pommiers. Ce sont quelques taches rousses qui apparaissent sur les feuilles ainsi que sur les bourgeons. Les feuilles atteintes de rouille tombent presque aussitôt. Cela ne fait pas de mal aux autres; cela ne fait qu'occasionner le développement de quelques bourgeons, et voilà tout.

Les Chancres. — Les chancres n'atteignent ni poiriers ni pommiers. Ils proviennent de la coupe des grosses branches, qui auront été laissées sans recouvrir les plaies que, de cette façon, on aura exposées aux ardeurs du soleil et aux intempéries de l'air.

Ils peuvent encore être l'effet de la déchirure de l'écorce ou des meurtrissures qu'on doit avoir soin de couvrir, autrement l'arbre en sera bientôt atteint tout entier. Pour arrêter le mal, il faut se servir de la composition suivante, dont on forme un emplâtre qu'on applique, ayant préalablement nettoyé les parties atteintes au moyen de l'instrument tranchant.

Cette composition est donnée dans l'ouvrage de M. Pictet-Malet, de Genève, page 13.

Prenez :

Un boisseau bouse de vache.

Demi-boisseau débris de vieux bâtiments, de préférence débris de plafonds.

Demi-boisseau cendres de bois.

Un seizième de boisseau sable de rivière.

Tamisez les trois derniers ingrédients avant de mélanger; remuez le tout avec une spatule de bois, jusqu'à ce que la pâte devienne parfaitement unie. On peut l'employer en guise de mortier ou sous la forme d'emplâtre; mais il est préférable de s'en servir dans un état plus liquide, parce qu'elle adhère plus fortement à l'arbre et permet mieux à l'écorce de croître. Il sera donc utile de la liquéfier davantage. Elle se liquéfie par l'addition d'urine ou d'eau de savon, jusqu'à consistance de peinture un peu épaisse.

Avant d'appliquer cette composition sur les blessures, il faut bien les aplanir au moyen d'un instrument tranchant en amincissant la coupe le plus possible; enduire avec un pinceau; cela fait, prendre une certaine quantité de poudre sèche, composée de cendre de bois mélangée de un seizième de cendres d'or brûlées; introduire ces deux poudres dans une boîte percée de trous pour livrer passage de l'intérieur; agiter sur la surface de la composition jusqu'à ce qu'elle soit couverte de la poudre. Ceci a pour effet de donner une plus grande compacité à la pâte. Répéter l'application de la poudre jusqu'à ce que l'emplâtre présente une surface sèche et unie.

Quand on aura fini de se servir de la composition, s'il en reste, on pourra la conserver en la mettant dans un vase et en y ajoutant une certaine quantité d'urine, de façon que cette urine en recouvre entièrement la surface; autrement l'atmosphère en diminuerait considérablement l'efficacité.

Si chaque année on ne pouvait se procurer facilement des plâtras de vieux bâtiments, on pourrait y substituer de la craie pilée ou de la chaux commune, éteinte au moins depuis un mois. Cette composition pourra être utilisée pour les coupes qu'on aura à pratiquer, de quelle nature qu'elles soient. J'en ai fait l'expérience et je m'en suis bien trouvé à plusieurs reprises.

Plantes parasites. — Les plantes parasites sont nombreuses. On les voit sur tous les arbres, quels qu'ils soient. Ces plantes s'attachent à l'écorce de l'arbre et empêchent l'arbre de recueillir une partie de ce qui constitue son existence.

Il me semble que je vous ai parlé des pores que contient l'écorce des arbres. Ces pores sont couverts par ces plantes parasites, soit mousses, soit lichens. Les mousses sont toutes nuisibles aux arbres, parce qu'elles envahissent toute la surface, surtout la partie un peu vieillie; il n'y a que les parties jeunes des arbres qu'elles n'attaquent pas. Les lichens en font autant.

Le meilleur remède à employer contre ces parasites, c'est de les extirper, soit au moyen du couteau, soit au moyen d'une brosse de chiendent faite exprès; les Anglais les savonnent avec un savon liquide dit savon noir. L'opération d'extirpation doit être pratiquée de préférence par un temps humide; elle s'effectuera plus facilement; les arbres seront plus nettement débarrassés de leur ennemi.

L'AMATEUR

Je suis content d'avoir entendu vos explications sur ce qui a rapport aux maladies auxquelles sont exposés les arbres à fruits. Je suis étonné qu'il y ait un si grand nombre de ces maladies.

Maintenant je vous serais bien reconnaissant si vous vouliez me dire quels sont les animaux qui attaquent ces mêmes arbres et leurs fruits.

DES INSECTES

LE JARDINIER

Les chenilles. — Les chenilles font un grand ravage lorsqu'elles envahissent les arbres fruitiers ainsi que les pins (arbres verts).

Elles dévorent les feuilles, et l'arbre, venant dès lors à manquer de feuilles, ses principaux organes conservateurs, est forcé de périr.

Pour remédier à ce désastre, le seul remède certain est de détruire ces insectes ravageurs, et voici le moyen d'y arriver le plus tôt : c'est de leur faire la chasse très-souvent.

Il y a aussi un moyen d'en détruire quelques-uns : c'est de supprimer les feuilles qui leur servent de pâture, celles que l'on aperçoit roulées. On peut être certain que ces feuilles ainsi roulées renferment les œufs et même les larves des chenilles. Il faut bien faire attention lorsque l'on fait la taille d'hiver; il est bien facile alors de découvrir quelques nids de chenilles. Ces nids sont attachés aux branches et forment comme un anneau. Cet anneau contiendra indubitablement un grand nombre de chenilles, que l'on se hâte de brûler; c'est le seul moyen infaillible.

Les lisettes sont très-petites et noires; elles coupent les bourgeons en les piquant. On peut être assuré que les bourgeons qui auront été ainsi attaqués ne pousseront plus. On ne tardera pas à voir que la partie piquée commence à s'étioler et à se dessécher. Il n'y a alors autre chose à faire qu'à tailler les bourgeons ainsi piqués; alors l'œil qui se trouve en dessous de la piqûre se développera extraordinairement pour continuer le prolongement.

En faisant cette simple opération, on réussira à détruire une quantité considérable d'insectes nuisibles; puis, en grattant avec un instrument en bois, sans meurtrir l'écorce, on peut passer avec un un pinceau, sur la tige, une couche d'eau de savon imprégnée d'urine à laquelle on aura ajouté quelques gouttes d'huile et une petite quantité de chaux.

Le puceron. — Cet insecte ne se trouve que sur les pommiers. Il débute toujours en se plaçant sur la partie inférieure des branches; puis il finit par envahir très-rapidement toutes les parties de ces mêmes branches et même les racines de l'arbre. Alors on ne tarde pas à voir se former des tumeurs qu'on appelle exostoses. Ces exostoses deviennent chaque année plus volumineuses, au point enfin d'arrêter la circulation de la séve.

Voici les moyens à employer pour détruire ce genre d'insectes :

Bien nettoyer les parties atteintes avec la brosse à poils très-doux, ou bien encore avec la brosse de chiendent, afin de les mieux écraser; ensuite faire disparaître les exostoses ou tumeurs avec l'instrument tranchant. Une fois ces opérations achevées, passer sur les plaies une couche d'eau de savon mélangée d'urine.

Autre moyen. — Prendre de petites poignées de paille allumée, les promener au-dessous des branches sans cependant rester trop longtemps au même endroit, de crainte d'incendier les branches; de cette façon, les insectes se trouvent brûlés. M. Dubreuil décrit cette manière de procéder dans son ouvrage d'arboriculture, page 131.

Des pucerons. — Ils s'attachent aux feuilles dont ils dévorent l'épiderme; dès lors ces organes conservateurs ne peuvent plus remplir leurs fonctions, par suite il y a diminution de vigueur de l'arbre. Les pucerons se fixent en dessous des feuilles. Sur ces parties on ne tardera pas à voir arriver les fourmis qui viennent se repaître du liquide que les pucerons rejettent par l'anus.

Pour détruire ces pucerons, arroser avec l'eau de chaux au moyen d'une pompe. Cet arrosage doit se faire le soir, lorsque le soleil a fini de darder ses rayons. Diriger le jet de la pompe chargée d'eau de chaux de façon, autant que faire se peut, que ce jet atteigne principalement le dessous des feuilles, qui est la partie où séjournent les pucerons.

Des fourmis. — Les fourmis font un grand dégât; elles ravagent les fruits arrivés à leur maturité. Pour les détruire, il s'agit de découvrir leur gîte sur les arbres, et alors appliquer sur ce gîte un morceau de chaux (de chaux vive, bien entendu); puis jeter de l'eau sur cette chaux pour la décomposer. Par ce moyen les fourmis ne tarderont pas à périr. Alors avoir soin de boucher et bien clore l'ouverture qu'elles auront faite dans l'arbre, pour donner encore plus de force à l'action de la chaux.

Voici un autre procédé auquel on pourra avoir recours au besoin :

Mettre de l'eau mélangée ou coupée de miel dans un ou plusieurs vases quelconques; frotter le bois avec cette eau pour y attirer les fourmis, ou encore mieux poser et laisser les vases à terre au pied de l'arbre. Si la fourmilière provient du haut d'un mur, apposer des bouteilles d'eau miellée; bien enduire de cette eau le tour du goulot pour mieux attirer les insectes. Les bouteilles ne doivent pas être remplies. Il va sans dire que lorsque une certaine quantité de fourmis se seront introduites dans les bouteilles, il faudra les en faire sortir, puis remettre ces bouteilles à la même place.

Rats-mulots. — Ces petits animaux mangent les fruits et occasionnent de grandes pertes. Pour les prendre, il faut placer des vases enduits de vernis à moitié. Cette moitié vernie empêchera les rats-mulots de sortir et de s'échapper des vases une fois qu'ils s'y seront laissé choir. Ces vases devront être remplis d'eau à moitié, afin qu'une fois tombés ils ne puissent plus en sortir. Il faut que les vases soient placés au niveau du sol; alors quand les mulots iront pour manger les fruits, ils donneront dans le piége. Ce moyen est très-simple et d'une grande efficacité.

Un autre système consiste à employer des cloches à melons en verre, telles que celles dont se servent les maraîchers pour la culture de leurs melons, ou les jardiniers pour recouvrir leurs boutures. Les cloches sont même préférables aux vases. On emploie aussi quelquefois la noix vomique. On fait de petites boules de cette substance, que l'on place dans les endroits où l'on trouve des traces du passage des mulots.

L'AMATEUR

Je suis très-content d'avoir appris les moyens que vous venez de m'indiquer pour la destruction des insectes et des mulots. Veuillez maintenant, je vous prie, me donner d'autres moyens de détruire les insectes, si vous en connaissez quelqu'un.

LE JARDINIER

Je crois devoir vous indiquer une composition imaginée par M. Baron, professeur d'arboriculture à Paris, pour la destruction des mousses, des lichens, des insectes, du kermès, etc. Ces plantes parasites, lorsqu'elles attaquent les arbres, finissent par envahir une grande partie de leur surface. A la longue, ces cryptogames empêchent l'air et l'eau de pénétrer pour conserver la vitalité de l'arbre. Ces arbres ainsi atteints exigent un soin tout particulier de la part de l'arboriculteur, qui doit s'attacher surtout à délivrer l'arbre des dangers auxquels il est exposé. M. Baron, recommande de badigeonner les arbres atteints avec la composition suivante :

Eau, 5 litres.

Chaux vive, 2 kilos.

Mine de plomb, 1 kilo.

Esprit de sel, demi-litre.

Faire dissoudre la mine de plomb dans l'esprit de sel ; ajouter la chaux ; liquéfier au moyen de l'eau ; y verser demi-litre d'essence de térébenthine. J'ai suivi cette recette et je m'en suis bien trouvé.

L'AMATEUR

Je suis de votre avis pour ce que vous venez de m'indiquer. N'avez-vous pas quelque autre explication à me fournir ?

LE JARDINIER

Pardon, j'ai quelques mots à vous dire encore que vous trouverez, j'espère, bons à mettre en pratique ; je veux parler de l'expérience que fit le savant M. de Lapeyrouse en 1822. Il fit enlever aux ormeaux qui se trouvaient sur les promenades publiques de la ville de Toulouse une partie des premières écorces qui se trouvent à l'extérieur, c'est-à-dire l'épiderme. Vous savez que nous avons parlé des parties qui constituent l'écorce des arbres en traitant de la tige.

Il avait pour but de mettre les insectes qui se trouvaient contenus dans les cavités de l'écorce au contact de l'air, et de détruire en même temps les insectes qui pourraient encore rester dans l'écorce, car on ne doit pas la supprimer totalement; il ne faut qu'arriver aux fibres corticalés et non au liber ou couche génératrice. Ces travaux se firent avec des instruments tranchants qui étaient un peu courbés, afin de donner plus de facilité pour suivre les contours que fait la tige des arbres.

Il parvint à détruire les insectes, et les arbres reprirent leur vigueur. Après cette opération, il y fit passer une couche de terre glaise, mélangée avec de la bouse de vache, et on badigeonna les tiges et les branches les plus grosses.

Je vous engage à suivre cette méthode, car elle offre un grand avantage pour la santé des arbres fruitiers et autres. Moi je l'ai mise en pratique, et je m'en suis toujours bien trouvé.

L'AMATEUR

Vous m'étonnez en me disant que ces arbres ont repris leur vigueur, et que vous en avez obtenu les mêmes résultats. Soyez bien persuadé que je mettrai vos indications en pratique, telles que vous me les avez décrites.

Il me reste à vous demander de me donner quelques renseignements sur la restauration des arbres fruitiers.

RESTAURATION DES ARBRES FRUITIERS

LE JARDINIER

Vous savez que dans les arbres qui arrivent à un certain âge, la séve trouve des difficultés pour pouvoir passer par toutes les sinuosités, afin d'arriver aux extrémités de l'arbre ; il s'ensuit une grande diminution de vigueur, puis les fruits ne reçoivent pas assez de séve pour leur développement, ils sont plus chétifs, et ne sont plus de bonne qualité. D'ailleurs, les arbres dans ces conditions n'ont qu'une bien faible végétation.

Il importe de pratiquer sur ces arbres le recépage ; on doit le pratiquer sur les grosses branches, soit des arbres formés en espalier ou en vase, ou toute autre forme. J'ai opéré sur des arbres en espalier qui, certainement, n'étaient pas bien réguliers, mais cependant d'une grandeur assez raisonnable ; ils avaient 6 mètres de haut et 18 mètres de surface ; il y en avait qui dépassaient cette surface. Ces arbres étaient tous greffés sur franc, c'est-à-dire venus de graines. J'ai pratiqué le recépage sur des arbres qui n'avaient pas moins de quatre-vingts ans ; je m'en suis rendu compte en comptant les couches génératrices qui se trouvaient sur ces arbres. J'y trouvai le nombre de quatre-vingts couches génératrices. Je fis cette opération en 1851, chez moi, à Caraman (Haute-Garonne).

Voici la méthode que j'ai employée pour pratiquer le recépage de ces grands arbres, qui ne donnaient aucun fruit : J'ai commencé à scier les branches mères, ou membres, à une distance de 0^{m}30, ainsi que celle qui formait la tige verticale, pour en obtenir des bourgeons pour le rétablissement de ces espaliers. On ne doit pas oublier de passer un instrument tranchant sur la coupe faite avec la scie, pour enlever la bavure que laisse la scie.

On doit toujours faire en sorte que ces coupes soient tournées vers le nord, autant que possible, et en biseau, pour donner plus de facilité à la séve de cicatriser ces plaies. On doit les recouvrir avec de la cire à greffer ou avec le mastic que j'ai décrit, ou l'onguent dit de saint Fiacre.

J'ai pratiqué aussi l'opération suivante : j'ai supprimé une partie du vieux épiderme, sans cependant arriver au *liber*; cette suppression d'écorce n'a pour but que de faciliter la sortie des nouveaux bourgeons qui doivent sortir sur ces branches coupées à trente centimètres de distance les unes des autres.

Une fois que ces opérations seront terminées, on doit attendre le moment où la température atmosphérique viendra faire développer les yeux qui sont à l'état de léthargie depuis plusieurs années.

Il faudra choisir les plus beaux et les mieux placés, pour établir les formes nouvelles, en palmettes, simples ou doubles, ou la forme Verrier, ou toute autre ; on doit tracer d'avance les formes que l'on désire avoir, pour ne pas se tromper, et pour faire suivre aux nouveaux bourgeons les lignes qui leur sont désignées d'avance. (Figure 86, nos 1, 2, 3, 4, 5.) On peut pratiquer le même système pour les grands arbres, c'est-à-dire les pyramides, plein vent et les formes en vases et à demi-tige. On peut pratiquer les opérations du recépage, soit de novembre en mars. Quant à la durée des arbres, je n'ai qu'à vous dire que j'ai pratiqué le recépage en 1851, sous la surveillance et avec le concours de mon père, jardinier arboriculteur comme moi. Depuis lors, les arbres sur lesquels nous avons opéré sont encore très-vigoureux et portent beaucoup de fruits.

L'AMATEUR

Je suis tout à fait satisfait de votre démonstration qui m'a parfaitement fait connaître l'époque à laquelle on peut le plus convenablement pratiquer les opérations du recépage. Je ne manquerai pas de suivre vos avis à ce sujet.

Pourriez-vous me dire quelle sera la durée des arbres après le recépage ? Soyez assez bon pour me faire connaître l'époque à laquelle ces arbres pousseront.

LE JARDINIER

Vous avez vu à la page précédente ce que je vous ai dit de la durée des arbres que j'avais recépés en 1851. Ils sont très-beaux et donnent de beaux fruits et une belle végétation.

Quant à votre deuxième observation, il me sera facile de vous répondre. Vous savez que pour que la végétation puisse s'opérer, il faut une température qui soit à un degré assez élevé, pour que la sève puisse se mettre en circulation dans tout l'arbre. Il n'y a pas de règle fixe, ça peut varier suivant que la température atmosphérique sera plus ou moins précoce, et suivant les positions, car il y a des versants de coteaux qui sont plus chauds les uns que les autres, malgré qu'ils soient placés sous le même degré de latitude, et de plus, le sol est plus ou moins chaud. Vous n'avez qu'à voir ce qui a été dit à l'article *Sève*.

L'AMATEUR

Vos explications m'ont parfaitement rassuré, et je vous assure que j'ai bien apprécié votre raisonnement. Maintenant, pourriez-vous me dire ce que deviendront les racines ?

LE JARDINIER

Voici ce qu'elles deviennent lorsqu'elles n'ont

plus de branches à alimenter : elles prennent un plus grand développement, et il se forme un plus grand nombre de radicelles.

Je dois vous faire observer que ces arbres recépés ne poussent pas aussi vite que les autres ; la raison en est que la séve ne trouve pas libre passage comme avant le recépage ; la séve est obstruée par la raison bien simple qu'elle a besoin de faire développer des yeux qui se trouvent sur les grosses branches mères. L'écorce en est très-épaisse et, par conséquent, il faut quelques jours de plus pour que ces yeux endormis depuis quelques années puissent percer l'écorce, tandis que les racines prennent un certain accroissement par suite de ce retard de végétation aérienne.

La figure 87 indique les branches dont on pourra faire choix, désignées par les nos 1, 2, 3, 4, 5.

L'AMATEUR

Je vous remercie de m'avoir expliqué si clairement ce retard que peut éprouver la végétation. J'ai, je crois, parfaitement compris vos explications. Curieux de ma nature, vous me permettrez néanmoins de vous faire cette question, et excuserez mon importunité. Est-il possible de pratiquer le recépage sur tous les arbres fruitiers ? Et dites-moi, en même temps, quelle peut être la durée de ces arbres, à la suite de ce recépage ?

LE JARDINIER

Vous ne m'importunez en aucune façon. Il est bon que vous sachiez tout, et sous ce rapport je suis heureux de vous voir curieux. Quant à votre première question, je vous dirai : oui, on peut sans aucun inconvénient pratiquer le recépage sur tous les arbres ; mais principalement sur les poiriers, surtout ceux qui auront été greffés sur cognassiers ou encore ceux qui sont greffés sur franc, sur les amandiers greffés également sur franc ou sur pêcher, ou sur prunier, les pommiers greffés sur doucin ou sur franc indistinctement ; les pruniers peuvent aussi subir le recépage ; les cerisiers aussi, ainsi que les abricotiers. Quant aux pêchers, ils ne se prêtent pas aussi bien au recépage. Il arrive le plus souvent que les pêchers ne poussent plus du tout après avoir subi l'opération, aussi sont-ce les plus rebelles. Tous les arbres, au contraire, poussent très-bien, par exemple : les Poiriers, les Pommiers, les Amandiers, les Pruniers, les Abricotiers ; cependant ces derniers sont un peu rebelles parfois. Quant à la seconde partie de votre question, — la durée des arbres après avoir subi l'opération, — je vous dirai que j'ai pratiqué le recépage il y a vingt-cinq ans, sous la surveillance et avec le concours de mon père, jardinier arboriculteur comme moi ; depuis lors, les arbres sur lesquels nous avons opéré sont encore très-vigoureux et portent beaucoup de fruit.

Me voilà renseigné sur la durée des arbres qui auront été recépés, et aussi sur les différentes espèces d'arbres auxquels on peut faire subir les opérations du recépage. Il ne me reste, maintenant, qu'à vous demander de me donner quelques détails sur la vigne, et j'espère que vous serez assez bon pour me faire part de ce que vous connaissez sur ces arbres si utiles.

DE LA VIGNE

La vigne appartient à la famille des *Ampélidées*, 5ᵉ classe de Linnée. Elle se trouve en Afrique, en Amérique et en Europe. Elle est indigène de ces trois parties de notre globe. Du reste, on la rencontre dans toutes les parties du monde.

C'est une plante sarmenteuse, qui contient une grande abondance de moelle très-spongieuse. Elle n'a pas une consistance assez ligneuse, c'est-à-dire qu'elle est privée d'une assez grande quantité de bois parfait pour pouvoir soutenir ses branches droites, comme la plupart des arbres ligneux, à cause de la surabondance de moelle qu'elle renferme; de plus, ses branches sont garnies d'une quantité de grandes feuilles très-spongieuses qui surchargent ces branches d'un poids excessif, ce qui les empêche de se tenir perpendiculairement. C'est pour cette raison que la nature, si prévoyante en toutes choses, lui a donné des aides auxquels les naturalistes ont donné le nom de *vrilles*. Au moyen de ces auxiliaires, la vigne s'accroche à tout ce qui l'environne pour soutenir ses branches.

L'AMATEUR

Je suis content d'avoir appris l'origine de la vigne. Je vois, en effet, que cet arbrisseau se trouve dans toutes les contrées tempérées de notre globe Indiquez-moi approximativement quelle peut être la durée d'un plant de vigne? Veuillez me donner aussi quelques notions sur ses feuilles qui sont, m'avez-vous dit, spongieuses.

LE JARDINIER

Voici les réponses que j'ai à donner aux questions que vous venez de m'adresser.

A propos de la première de ces deux questions, je vous citerai quelques mots que je trouve dans la *Pomone française*, à la page 11 :

« On prétend que les portes de la cathédrale de Ravenne, à Rome, sont en bois de vigne. Les planches ont plus de 4 mètres de haut sur 0^{m}25 à 0^{m}28 de large. »

ouvrage que vous citez. Je vois de là que la vigne n'est jamais vieille.

LE JARDINIER

On voit des vignes qui ont plus de 250 ans. J'ajouterai que si l'on pratiquait le recépage de ces mêmes vignes, elles dureraient plus longtemps encore. Je ne prétends pas affirmer que leur volume deviendra aussi considérable que dans leur pays natal. On ne doit jamais espérer de si beaux sujets; cependant on en peut trouver de fort beaux.

J'arrive maintenant à la deuxième question que vous m'avez posée; je n'ai pas à revenir, je pense, sur ce que je vous ai dit précédemment, relativement aux feuilles qui se trouvent placées de façon à puiser dans l'air les parties qu'il contient, et qui sont indispensables à la vie et au développement du règne végétal et animal.

Vous m'avez demandé pourquoi les feuilles de la vigne ont plus d'épaisseur que celles de divers autres arbres?

Voici : plus les feuilles sont grandes et épaisses surtout, plus elles auront de facilité à absorber dans l'air une partie de la nutrition que cet élément est appelé à leur fournir.

Ces feuilles sont très-découpées et toujours placées alternativement sur les branches avec une vrille opposée à la feuille. A l'aisselle de chaque feuille surgit un œil, qui, à son tour, donne de nouvelles pousses, suivant qu'il est plus ou moins rapproché de la base de la branche.

L'AMATEUR

J'ai à vous demander quelques indications sur la culture de la vigne. Je pense que vous voudrez bien me donner quelques détails sur cette plante ou cet arbuste, qui est si important, sous bien des rapports.

LE JARDINIER

Je ne m'attendais pas à avoir à vous entretenir de la culture de la vigne; je ne croyais avoir à vous indiquer que les soins que réclame la vigne pour produire les raisins de table qui se cultivent ordinairement en treille. Enfin je vais néanmoins faire tout mon possible pour vous indiquer les principes qui sont, sinon indispensables, au moins utiles pour se livrer à la culture de la vigne dans les vignobles, de quelque grandeur qu'ils soient.

L'AMATEUR

Je vous témoigne toute ma reconnaissance encore une fois. Je serai toujours à même de suivre les principes que vous voudrez bien me communiquer, persuadé comme je le suis que je vais apprendre de vous à conduire une vigne selon les règles de l'art et pour arriver à de bons résultats.

coltes sont extraordinaires. J'aurai, au surplus, à vous reparler de ces importantes exploitations vinicoles, ainsi que de leurs zélés cultivateurs.

Enfin, dans une des contrées les plus fertiles
du département de la Haute-Garonne, dont je
suis natif, on voit des vignes plantées dans des
terres argileuses et siliceuses dont la végétation
est magnifique et le produit surprenant. Je ne
finirais pas si je vous signalais toutes les régions
ou les contrées où j'ai pu voir et apprécier la
réussite des vignes dans des conditions analogues.
J'aurai à vous parler aussi de Marciac et de ses
environs, pour les beaux vignobles qui s'y trouvent en exploitation.

Les terres humides ne conviennent pas à la
culture de la vigne, parce que les racines ne
peuvent supporter l'humidité à laquelle elles
seraient continuellement exposées. Elles pourri-
raient rapidement. J'en ai dit assez, je suppose,
pour vous guider dans le choix du terrain.

L'AMATEUR

Je goûte les diverses explications que vous
venez de me donner sur le choix du terrain.
Veuillez, maintenant, me donner quelques indications relatives à l'exposition.

8..

LE JARDINIER

J'ai peu à vous dire à ce sujet. La vigne fructifie, à ce que j'ai pu constater, à peu près dans toutes les expositions, dans le midi et l'ouest de la France.

L'AMATEUR

Je vous suis reconnaissant de m'avoir assuré que l'on ne fait pas une grande différence, surtout dans les régions méridionales de la France. Dites-moi, je vous prie, à quelle profondeur il est nécessaire de travailler et ouvrir la terre pour la plantation de la vigne?

LE JARDINIER

Avant de commencer à défoncer, il faut niveler le terrain ou l'établir en pente, selon sa nature et sa disposition. A la suite de ce travail, on devra procéder au défoncement qui devra être pratiqué à une profondeur de 0m 60 à 0m 70 au moins, et même plus si c'est possible. Ces travaux devront toujours être effectués avant la plantation; ceci est important, pour qu'en remuant les terres, celles du sous-sol soient ramenées à la surface, et celles qui se trouvent au fond de la tranchée soient mises tout à fait au-dessus, pour qu'elles soient soumises à l'action atmosphérique, c'est-à-dire qu'elles reçoivent l'effet des rayons solaires, ainsi

que les gelées; de cette façon les gelées pulvéri-
seront les parties plus ou moins volumineuses et,
dès lors, l'azote et les sels s'en dégageront. Un
autre avantage qui en résultera, c'est que les
terres une fois réduites à l'état de poussière donneront entrée à l'eau jusqu'aux racines, ainsi
qu'aux boutures.

L'AMATEUR

J'aurai soin de procéder comme vous me le dites.
Je conçois combien il sera utile de ne rien négliger de vos instructions. Maintenant, il me reste
à vous demander à quelle époque je dois planter
et quels sont les sujets que je dois planter. Veuillez me guider sur ce point important de la
culture de la vigne.

LE JARDINIER

Les mois où il convient surtout de procéder à
la plantation, sont mars ou avril. Ayez soin de
choisir un temps sec pour avoir la terre en poussière, et par là, opérer très-promptement. De là
dépendent les bons résultats en grande partie.
La distance d'une ligne à l'autre devra être
de 1^m 50, et la distance sur les lignes mêmes de
un mètre.

L'AMATEUR

Je partage votre opinion pour ce qui concerne
l'époque de la plantation ainsi que le choix du

temps pour ce travail. Veuillez, maintenant, me donner votre avis sur le choix des plants, et me dire quels sont ceux auxquels je dois donner la préférence.

PROPAGATION DE LA VIGNE

LE JARDINIER

Je m'empresse de vous indiquer les différentes manières de procéder pour obtenir la propagation de la vigne :

1° On la multiplie par boutures simples ;

2° Par boutures enracinées ;

3° Par marcottes ou provins ;

4° Enfin par greffes, auxquelles on n'a recours que lorsqu'on veut changer un cépage ou rajeunir les souches.

L'AMATEUR

Je vois qu'il y a plusieurs moyens à employer pour obtenir la propagation de la vigne. J'ose espérer que vous allez m'indiquer aussi les détails de ces diverses manières de procéder.

LE JARDINIER

Je commence par vous dire que c'est la première manière qui est la plus facile, et aussi de beaucoup la plus économique. Je veux parler de la bouture simple. Pour pratiquer ce genre de bouture, commencez par faire choix d'un bon cépage, de bonne qualité et d'une grande fertilité. Observez bien ces précautions essentielles : choisissez, d'abord, des ceps bien garnis d'yeux avec des mérithalles bien rapprochés de manière à avoir le plus d'yeux possible sur la longueur du cep. Or, si l'on avait une plus grande quantité d'yeux sur la longueur qui doit se trouver enfouie en terre, on aurait une quantité plus considérable de racines placées à la base de chacun de ces yeux. Taillez vos boutures en biseau et au-dessus de l'œil de la base, pour pénétrer plus facilement dans le trou que vous aurez creusé pour la réception de votre bouture.

L'AMATEUR

Je suis satisfait de votre premier mode de multiplication. Je suivrai exactement les préceptes que vous venez de m'indiquer, soit quand il s'agira du cépage, soit quand il s'agira de me guider dans le choix des boutures.

Maintenant, j'ai à vous demander à quelle époque on peut faire choix de ces boutures.

LE JARDINIER

On peut choisir les boutures depuis l'époque de la chute des feuilles jusqu'à celle du mouvement de la végétation, soit du 15 octobre à mars ou commencement d'avril, selon que la végétation

8...

sera plus ou moins précoce, que la température atmosphérique sera plus ou moins avancée. Une fois que l'on aura choisi la quantité de boutures dont on a besoin, il faudra les mettre en terre si elles ont été recueillies avant la plantation, afin qu'elles ne perdent pas de leur substance, que l'air atmosphérique pourrait leur enlever. On peut les poser en terre par rangées en pente et par 100 à chacune, afin d'avoir plus de facilité pour les placer dans les petites fosses où l'on devra les déposer. Il faut les recouvrir de terre afin d'en conserver l'épiderme à son état normal, pour qu'elles ne soient pas endommagées par les intempéries de l'air et des nuits froides qui en feraient resserrer l'épiderme et les pores.

L'AMATEUR

Je ne manquerai pas de suivre exactement les préceptes que vous venez de m'expliquer et donc je reconnais la grande utilité.

Soyez assez bon pour m'indiquer le second mode de propagation de la vigne.

LE JARDINIER

Avant de vous démontrer ce second mode, je dois vous donner la description d'un second et même d'un troisième genre de boutures.

C'est celle que l'on connaît sous le nom de *bouture à crossette*. Cette bouture-ci diffère de la première en ce qu'elle se trouve garnie à sa base d'une petite quantité de bois de l'année précédente, sur une longueur de $0^m 02$ en dessus, et de $0^m 02$ en dessous. Ceci a pour objet d'avoir la bouture garnie tant par haut que par bas d'une certaine partie de bois qui donnera facilité à l'empattement, en lui donnant un aide qui lui servira de soutien pour le développement des racines qui prendront naissance sur la base de cet empattement où se trouve la réunion de plusieurs yeux. Vous savez que c'est à la base de chaque œil que se développent les nouvelles racines ; par conséquent, plus on aura d'yeux, plus on aura de racines, et par suite plus de belles pousses fructifiantes. La base devra être taillée en biseau et en pointe, telle que l'indique la figure 88.

L'AMATEUR

J'apprends avec plaisir ce deuxième mode qu'il convient d'adopter pour la propagation de la vigne, il me paraît avoir son avantage comme vous me l'avez démontré. Toutefois, il me semble qu'il y a quelque inconvénient pour ce qui est de la mise en place.

LE JARDINIER

Je n'ai qu'un seul mot à ajouter concernant la mise en place de ces boutures à crossette.

Lorsque vous aurez le terrain travaillé à une profondeur moyenne de 0ᵐ 80, il ne vous sera aucunement difficile de mettre en terre les crossettes qu'il vous semble si peu facile à enfouir. Ce vous sera facile avec tous les instruments, même avec celui dont on se sert habituellement, le pelle-versoir, ou même le plantoir, mais un plantoir plus grand que celui dont on fait usage pour la plantation des boutures simples. Vous pourrez bien facilement introduire vos crossettes qui n'auront que 0ᵐ 03 de diamètre environ et qui suivent la ligne presque verticale, ce qui rend plus facile l'introduction dans l'intérieur des trous.

Pour bien opérer, il serait essentiellement utile de se munir de deux plantoirs, l'un d'un diamètre de 0ᵐ 05 et l'autre de 0ᵐ 06, pour agrandir avec celui-ci le trou que le premier aura fait.

L'AMATEUR

Je suis bien content que vous m'ayez indiqué un moyen pour introduire les crossettes dans l'intérieur du sol. Je ne vous demanderai pas une seconde fois l'avantage qu'offre la plantation de crossettes, puisque vous m'avez dit que plus il y a d'yeux à la base d'une bouture, plus on est assuré d'une grande quantité de racines.

J'aurais bien une observation à faire ; j'ose espérer que vous ne voudrez pas refuser d'y répondre. Il me semble donc que ces boutures ne pourront pas arriver au fond du trou à cause de leur diamètre.

LE JARDINIER

Il me suffira de vous dire que l'on ne peut jamais arriver au fond des trous ni avec les boutures simples ni avec les boutures crossettes. Voici maintenant la manière d'opérer : lorsque l'on fait un trou avec une barre de fer d'une grosseur de $0^m 05$ pour le premier et de $0^m 06$ pour le second, elle doit être pointue, afin de pénétrer plus facilement en terre. Ces barres ou plantoirs, devront avoir $1^m 10$ de long ; à $0^m 40$ ou $0^m 50$ de distance, il y aura une traverse ou marchepied, qui servira à l'ouvrier à poser le pied pour faciliter l'enfoncement en terre. Sa partie supérieure doit avoir une traverse qui sert à deux fins, d'abord pour faciliter l'appui des deux mains pour enfoncer l'instrument en terre, puis ensuite pour faciliter la déplantation.

Le marchepied devra être placé à $0^m 60$ pour les terrains profonds, et à $0^m 50$ pour ceux qui le sont moins. Il est facile d'en changer la hauteur, au moyen de deux traverses adaptées au plantoir. De plus il servira de guide pour la profondeur des trous.

Pour la mise en place des crossettes, comme vous savez que les trous sont moins larges à leur base, on peut pénétrer jusqu'à la profondeur nécessaire ; et le vide qui restera sera comblé par de la terre tamisée, ou bien encore avec un sable mélangé de cendres qui auront déjà été employées pour une lessive. Vous enfouirez ce mélange dans les trous pour en bien combler le vide. Pour en faciliter la descente jusqu'au fond, vous devrez arroser chaque trou, et même mieux vous pourrez introduire une petite quantité du mélange dans le trou avant d'y placer la crossette, afin qu'il ne reste aucun vide.

L'AMATEUR

Je suis rassuré. Je comprends parfaitement le procédé à suivre pour la mise en terre des boutures à crossette. Continuez, je vous prie, vos explications, en m'indiquant, s'il y a lieu, quelques autres manières de multiplication, s'il vous en reste à m'enseigner. Je suis tout prêt à suivre vos préceptes qui sont basés sur une si grande simplicité.

LE JARDINIER

En effet, il y a une troisième bouture qu'il est essentiel de vous faire connaître ; je ne dois pas l'oublier. Elle diffère des deux premières dont je vous ai parlé jusqu'ici. Pour réussir, il faut prendre des sarments ; on l'appelle à cause de cela *bouture à talon*. Il importe de veiller à ce que les sarments que vous choisirez aient à la base leur

empattement, c'est-à-dire qu'ils devront être munis
de toute leur longueur pour avoir tous les yeux
rudimentaires qui se trouvent le plus près de
l'empattement. Ces boutures sont sans contredit les
meilleures pour la propagation de la vigne.

Je vous dirai du reste, que c'est ce genre de
boutures que l'on pratique pour effectuer la multiplication de la plupart des arbustes et aussi des
fleurs, soit en serre chaude, soit en serre tem-
pérée.

Deux raisons sont à signaler pour vous en convaincre. La première, c'est que ces boutures ont
une grande quantité d'yeux à leur base, et vous
savez la maxime : Plus on a d'yeux, plus on a
de racines.

La deuxième raison que je vous citerai à l'appui
de ce que j'avance, c'est que l'empattement, par le
fait, se trouve beaucoup plus dur, et cette dureté
empêche l'humidité de pénétrer dans l'intérieur du
sujet, et par là, prévient la perte des boutures.
J'ai constaté l'avantage qu'offre ce genre de boutures, j'en ai fait l'expérience, et je m'en suis
parfaitement trouvé. Aussi je donne la préférence
aux boutures à talon.

Pour les boutures à talon il y a les mêmes soins
à apporter que pour celles qui sont simples, tant
pour le choix que pour la mise en terre.

Il importe de se servir toujours d'un instrument
tranchant pour recouper la base des boutures,

ainsi que pour rendre la coupure plus unie et, par suite, pour que les fibres soient, elles aussi, parfaitement unies, de manière à faciliter la naissance des racines (fig. 90).

L'AMATEUR

Je ne soupçonnais pas le mérite de cette troisième espèce de bouture. Maintenant j'en apprécie l'utilité. Vous m'avez fait sentir tous les avantages qui en résultent ; d'ailleurs vous la préférez aux autres et l'expérience vous a démontré son mérite. Je partage donc pleinement votre opinion et je ne manquerai pas d'y aroir recours à l'occasion.

N'avez-vous pas autre chose à me communiquer au sujet des boutures ?

LE JARDINIER

Je vous dirai que lorsque vous aurez à planter une vigne, quelle qu'en soit la superficie, vous devrez faire un carré dans quelque endroit que vous reconnaîtrez propice à la plantation. Vous ferez un certain nombre de boutures à talon d'après les principes que je vous ai indiqués ; vous les préparerez et les placerez en pépinière, en les espaçant de $0^m 10$ à $0^m 25$ approximativement entre les lignes. Ces boutures pourront vous servir à remplacer celles qui viendront à manquer dans la plantation de votre vigne au jardin. Vous vous servirez alors des secondes boutures faites comme je viens de vous l'indiquer pour la pépinière pour faire de grandes plantations dans les vignes entières.

La figure 91 indique une bouture plantée, avec ses trois yeux au-dessus du sol, pour en obtenir de nouveaux bourgeons.

L'AMATEUR

Je suis très satisfait de cette idée; elle ne peut qu'être excellente à mettre à exécution. Quant à moi, je vous promets bien que je ne manquerai pas de la mettre en pratique dès que j'en aurai l'occasion.

N'avez-vous pas quelques autres procédés de multiplication à m'indiquer?

LE JARDINIER

Pardon. Je vous dirai que l'on plante des vignes entières avec des boutures faites à l'avance, ainsi que je viens de l'expliquer pour la pépinière.

Voici comment il faut procéder pour la préparation avant la plantation.

Vous pratiquez l'habillement comme pour les arbres fruitiers. Lorsqu'il s'agira d'arracher les boutures pour les transplanter, il faudra avoir bien soin, en les déplaçant, d'ôter toutes les racines afin d'en assurer la réussite. Ne pas faire comme la plupart, qui n'en ont pas soin en les déracinant, et qui laissent ainsi... elle repousse qu'ils arrachent avec une petite partie de ces raci-

nes, tandis qu'ils en laissent une bien plus
grande dans le sol ; et ce sont, sans contredit, les
meilleures, celles-là, parce que ce sont les spongioles et qu'en restant elles nuisent à la reprise
des boutures. J'ai vu plus d'une fois des planteurs
de boutures enracinées enlever, en les coupant,
toutes les racines jusqu'à leur naissance, de manière à ne laisser que $0^m 03$ ou $0^m 04$ de racines
et ne conserver qu'un nœud un peu enraciné.

En plantant des boutures ou plants enracinés,
tels que je viens de vous les décrire, vous n'aurez
qu'une bien faible et mesquine végétation. La
raison de ceci est bien simple : c'est qu'en
procédant de la sorte on prive ces plants d'une
partie de leurs suçoirs, ou mieux encore de leurs
spongioles, qui sont, comme vous le savez, destinées à puiser et à attirer à elles les sucs que renferme l'intérieur du sol. Les plants finissent par
devenir languissants et ne donnent que des pousses
très-chétives pendant quelque temps, et cela jusqu'à ce que la nature vienne réparer le dommage
qu'ils ont éprouvé ; ou bien encore ils ne profitent
qu'à mesure que leurs racines se reproduisent.

J'ai plus d'une fois eu occasion d'entendre dire
que l'on coupait les racines pour en faire pousser
d'autres en leur lieu et place, et de beaucoup meilleures. C'est là une grande erreur dans laquelle
tombent les gens qui pensent ainsi. Ils ignorent,
ces gens-là, que ce n'est pas l'arbre ou la partie

aérienne qui nourrit les racines, mais que ce sont,
au contraire, les racines qui font vivre les arbres
ou les plantes et aident au développement extérieur des plantes, qui augmentent au fur et à mesure que les racines augmentent dans l'intérieur
du sol. On conçoit sans peine que plus une plante
sera munie de racines, plus elle aura de végétation.

Un mot encore pour vous convaincre que ces
gens-là n'agissent pas avec connaissance de cause
et se méprennent étrangement lorsqu'ils s'engagent dans cette voie qui, certes, est loin d'être la
bonne.

Il est hors de doute et incontestable que
les arbres ou plants de vignes bien garnis et
fournis de racines produisent, dès la première
année de plantation, de belles pousses en
prenant un accroissement étonnant et qui offre
une très-longue durée. Maintenant confrontez
ceux-ci avec ceux dont on a raccourci ou aminci
les racines, ainsi que je viens de le décrire, et
vous verrez que ces derniers, au contraire, ne
profitent que peu et à la longue finissent même
par mourir. En tout cas ils ne produisent, s'ils ne
dépérissent pas avant, que bien tardivement. Au
surplus, on ne doit couper les racines qui sont endommagées, ou cassées, ou malades, que jusqu'à
la partie saine, et cela avec soin. Avec de telles
précautions, on obtiendra le succès et au bout de

trois ans ce succès sera d'autant plus avantageux
qu'on aura une récolte assez abondante.

L'AMATEUR

Je suis encore étonné de votre démonstration ;
elle m'a complétement fait comprendre l'importance de la coupe des racines, et je me propose
bien certainement de ne pas suivre la routine des
gens ignorants, tels que ceux dont vous me si-
gnalez l'incurie et l'incapacité. Je suivrai donc en
tous points les indications précieuses que vous me
donnez quand j'aurai à m'occuper de la plantation
des boutures enracinées. Je conçois combien il
importe que cette opération soit faite dans les
règles et surtout avec intelligence.

LE JARDINIER

J'ai à vous dire encore que, pour planter les
boutures, il faut pratiquer des trous de 0^m 50 de
profondeur, ou bien mieux encore, des tranchées
de la même profondeur pour la réception de ces
boutures. Alors ces mêmes boutures végèteront
bien certainement dès la première année de leur
plantation ; elles vous donneront de belles pousses,
surtout si vous avez soin de mettre en terre une
partie du bois de la pousse qui aura pris développement à la suite du raccornissement, c'est-à-dire
la tige de l'année.

L'AMATEUR

Vous me faites grand plaisir en m'enseignant à fond les soins qu'exigent ces boutures. Il me reste à vous importuner encore, en vous priant de m'expliquer pourquoi ou doit mettre en terre une partie du bois de l'année pour favoriser le développement des racines; puis, je vous demanderai de me dire comment les racines se forment dans la terre.

LE JARDINIER

Vous ne m'importunez nullement, d'autant plus qu'il m'est facile de répondre à ce que vous me demandez.

Supposons pour un moment que lorsqu'on fait une bouture quelconque, ce soit une branche garnie d'yeux destinés à faire développer des branches plus ou moins vigoureuses suivant leur position. Alors, lorsque les yeux qu'on aura laissés sur la bouture pour en avoir les deux tiers entiers et le troisième tiers environ au-dessus du sol, pour que ces derniers yeux puissent développer des tiges pour ceux qui sont en terre, ceux-là seront privés des effets de l'air pour le développement des branches, et ne pourront plus croître ni se former. Dès lors ces yeux ne pourront donner que des racines lorsqu'ils seront privés des effets susdits de l'air; et

puisqu'ils ne pourront pas percer le sol, il faut
que la séve qui passe jusqu'à eux fasse éclore des
racines plutôt que des bourgeons, par la raison
bien simple qu'ils seront imprégnés seulement de
l'humidité qui se trouve contenue dans la terre.
Cette même séve qui se trouve contenue dans la
branche dont il s'agit ou dans une partie seulement
de cette même branche, sera privée partiellement
d'air; alors aussi les yeux ne pourront faire développer que des racines, et cela par suite du
manque de lumière atmosphérique. C'est précisément ce manque absolu de lumière qui fait prendre
racine.

L'AMATEUR

Enfin, je conçois maintenant comment les racines se forment dans le sous-sol. Veuillez donc,
d'après cela, me donner quelques renseignements
sur le troisième mode de multiplication de la vigne.

LE JARDINIER

Ce troisième mode est le marcottage, qui
peut se faire dans le mois de décembre et pendant
tout l'hiver jusqu'à l'époque de la végétation.

Voici la manière de procéder pour *marcotter*.

On entend par *marcotter* coucher en terre une
branche pour lui faire prendre racine (fig. 91).

Choisir un sarment qui ne peut être utilisé pour
la taille. Pratiquer une ouverture de 0^{m}17 à 0^{m}19

sur 0ᵐ 35 de profondeur. Cette profondeur sera suffisante pour se trouver au-dessous du point de contact des charrues ou des instruments aratoires en usage pour les travaux de la vigne. Placer au fond de l'ouverture une petite couche de terreau aussitôt que les tranchées seront achevées, puis opérer la mise en place du sarment. Ce sarment suivra l'ouverture pour aller ressortir à l'endroit qui lui est destiné pour remplacer une souche manquante.

L'AMATEUR

Je vous remercie. Je me rends compte parfaitement du marcottage. Seulement, je vous demanderai, maintenant, s'il n'est pas possible de faire ou d'établir plusieurs marcottes sur une seule et même souche. Puis je désire savoir comment l'on doit préparer le sarment dans la tranchée.

LE JARDINIER

On peut établir deux marcottes et même trois sur une seule et même souche, seulement je vous dirai qu'en le faisant, vous épuiserez la souche considérablement. Quant à la préparation du cep pour la mise en terre, voici comment vous devez procéder : Vous laisserez tous les yeux qui doivent se trouver en terre aussi bien que ceux de l'extrémité. Ces derniers doivent être placés en dessus du sol pour former les nouvelles tiges.

Vous aurez soin de supprimer les yeux qui se trouvent les plus rapprochés de la souche. Ceux-ci ne doivent pas être mis en terre ; je vous en ai donné une ample explication quand je vous ai parlé des boutures.

L'AMATEUR

Vous me dites de supprimer les yeux les plus rapprochés de la souche et de laisser ceux qui doivent être mis en terre. Veuillez me dire pourquoi cette différence ?

LE JARDINIER

Il suffira de quelques mots pour vous faire comprendre que lorsqu'il s'agit de faire une marcotte, c'est, comme je vous l'ai dit plus haut, pour faire naître des racines. Donc, on doit supprimer les yeux qui se trouvent près de la souche, parce que comme ceux-là ne produisent pas des racines, et des branches encore moins, on n'en a que faire, et cela d'autant plus que ce ne sont que les yeux qui se trouvent à l'extrémité qui produisent soit racines, soit branches.

L'AMATEUR

Fort bien ; je comprends la différence. Veuillez, maintenant, me renseigner quelque peu sur le provignage.

LE JARDINIER

Le provignage est cette opération qui consiste

à coucher en terre les jeunes pousses d'une vigne ou d'un arbre, afin qu'elles prennent racine. Voici de quelle façon cette opération se pratique. Coucher un sarment en terre, ce sarment ne doit que suivre la ligne des souches, sans en traverser les lignes, parce que ce sarment n'est placé là que momentanément pour prendre racine, et être enlevé et placé ailleurs au bout d'une année. Ne le séparer de la souche que lorsqu'on se sera assuré qu'il y a des racines, soit à l'expiration d'une année. Le provignage ne diffère du marcottage que par la seule différence que celui-ci reste en place, tandis que le premier est enlevé pour être planté ailleurs.

L'AMATEUR

Je suis au fait, maintenant, du troisième mode de multiplication de la vigne. Parlez-moi, maintenant, du quatrième moyen pour multiplier cette importante plante, que vous m'avez désigné sous l'appellation de greffes.

DES GREFFES DE LA VIGNE

LE JARDINIER

Je vais vous indiquer quelques greffes qui, j'ose le croire, vous seront très-utiles à connaître (figure 27).

Première greffe. — C'est celle qui est la plus

9.

ancienne et que l'on appelle la greffe ordinaire.
Voici la manière d'opérer : choisissez toujours les
meilleures espèces; il est inutile, je pense, de vous
recommander d'une manière spéciale de préférer
les meilleures espèces, soit pour la qualité du
vin, soit pour la quantité productive. Vous devez
mettre en terre les sarments dans un endroit pas
trop humide ni trop sec, pour qu'ils puissent y
attendre, sans accident ni inconvénient quelconque, le moment propice pour les opérations de la
greffe. Ce moment pourra varier selon que la
température atmosphérique pourra être plus ou
moins précoce pour donner à la séve son premier
mouvement de circulation. C'est, année moyenne,
aux mois de mars et avril, l'époque à laquelle on
peut procéder aux opérations des greffes.

L'AMATEUR

Je vous demanderai si, pourtant, l'on ne pourrait pas greffer à d'autres époques de l'année,
pendant le mois de janvier ou de février, de mai
ou de juin, par exemple? Veuillez me donner votre
avis à ce sujet.

LE JARDINIER

Je vous répondrai que, pour greffer en janvier
et en février, il faudrait ce que ces mois n'ont
pas, c'est-à-dire une température assez élevée
pour que la séve soit en circulation. Donc, on ne

serait pas sûr de réussir avec les greffes. Quant
à votre seconde observation, qui est juste, en effet,
j'ai à répondre ceci : c'est que si l'on greffait dans
le mois de mai et juin, on aurait perdu une partie
de la séve, ce qui pourrait faire manquer la réussite ultérieure des greffes.

L'AMATEUR

Bien. Maintenant que vous m'avez fait connaître l'époque propice pour greffer, me voilà fixé et
je vous prie de me détailler ce qui concerne la
greffe ordinaire.

LE JARDINIER

Voici la manière de procéder pour la greffe
ordinaire (figure 27). Premièrement, dégagez les
souches, sciez à 0^m 30 au-dessous du sol pour que
les instruments aratoires ne puissent pas les
atteindre. Après avoir scié horizontalement, si
c'est une première souche qui a 0^m 04 de diamètre au maximum, de façon à pouvoir y planter de
deux à quatre greffes, pratiquez une fente vers le
milieu en ligne droite, c'est-à-dire qui suivra une
ligne droite pour que la souche soit partagée par
le milieu. Ayez soin, bien entendu, d'opérer sur
une partie verte, ensuite n'oubliez pas de passer
un instrument tranchant, une serpe ou une serpette, par exemple, pour faire disparaître les
bavures que la scie aura infailliblement laissées.

Pour préparer la greffe, prenez le sarment que vous destinez à la greffe, coupez à 0ᵐ 01 au-dessus d'un nœud pour laisser libre la distance de l'un à l'autre. Afin d'avoir cette partie très-unie, vous supprimerez sur la base de ce sarment et enlèverez une portion de bois sur les deux faces de cette partie de la greffe, en laissant la portion la plus large du côté qui doit être placé en dehors, c'est-à-dire qui se trouvera à l'extérieur. Le côté qui se trouve à l'intérieur, au contraire, devra être bien moins large. Vous aurez soin de ne pas pénétrer tout à fait jusqu'à la moelle à la partie basse, qui doit être seulement un peu plus mince pour donner la facilité de pénétrer dans la fente destinée à la recevoir. Il ne faut pas négliger de tourner l'œil du côté de la partie la plus large de la greffe. En plaçant la greffe dans la fente que vous aurez pratiquée sur le sujet, vous aurez soin de faire en sorte que la greffe se trouve en dedans, afin que les *cambium* se trouvent en face et pour que vous arriviez à une complète réussite. Puis, vous devez opérer de la même façon pour en insérer une deuxième; si on le juge à propos, on pourra enlever les coins en bois qui servent à tenir la fente assez écartée pour faciliter l'insertion des greffes ou en laisser un seulement pour garantir les greffes contre la pression qu'exercent naturellement les parois de la fente, pression qui pourrait, si elle était trop forte, écraser complétement ces greffes.

Les greffes se recouvrent avec l'onguent de saint Fiacre. (Voir l'article *Greffe*.)

Enfin, il faut finir de combler jusqu'au niveau du sol et couper la greffe à deux yeux au-dessus du sol.

L'AMATEUR

Je comprends bien votre démonstration pour cette greffe, mais dois-je suivre le même système lorsque le sujet sera de moindre grosseur?

LE JARDINIER

Opérez d'après le même principe exactement, je n'ai que cela à vous dire. Seulement, au lieu de scier la souche horizontalement, vous couperez en biseau oblique et placerez la greffe sur la partie la plus élevée. Vous ferez une ligature, parce que le sujet ne serait pas assez fort pour serrer et maintenir la greffe.

L'AMATEUR

Je conçois, maintenant, ce qu'il y a de différent entre un sujet grand et un autre petit. Sauriez-vous me dire s'il y a longtemps que l'on connaît la greffe de la vigne?

LE JARDINIER

Je ne saurais vous préciser l'époque à laquelle on a commencé à pratiquer les greffes sur la vigne, mais il y a certes bien longtemps.

Je vais vous indiquer un autre système de greffe pour la vigne.

Je crois important de vous donner la description de la greffe bouture. Elle n'est, du reste, autre chose que la greffe bouturée, décrite par M. Dubreuil, le célèbre professeur d'arboriculture. (Voir la figure 28.)

On peut l'employer avec grand avantage par la raison que l'on fait simultanément une greffe et une bouture, que cette partie se trouve placée en déssous de la partie introduite dans la partie de la souche, où on devra la placer comme pour les autres greffes, de façon à avoir le *cambium* en face, afin que les zones viennent les envelopper les années suivantes, ceci pour que les greffes reçoivent toute la séve donnée par la souche. Le restant de la branche, ou pour mieux dire la greffe, pourra prendre racine et, dès lors, les racines viendront donner grand secours à la greffe et amener infailliblement sa réussite. Pour arriver au but, il importe de faire choix de greffes munies de leur empattement.

Pour opérer la greffe utilement, il faut couper la souche en biseau très-allongé, pour faciliter la mise en place de la greffe; même opération pour pratiquer la fente.

Quant à la greffe, il faut prendre entre le mérithalle ou entre-nœud une petite lanière qui ne devra avoir que le quart du diamètre du sarment de bas en haut. Avoir bien soin de faire en sorte que la bouture se trouve sur la même ligne que le sillon et non en travers, afin qu'elle ne soit pas exposée à être endommagée par la charrue. De même que pour les autres greffes, ligature si le sujet est trop petit, mettre un coin si, au contraire, il est trop fort, pour ne pas qu'il écrase la greffe. Ce genre de greffe est beaucoup en usage, et je l'ai toujours bien réussi.

L'AMATEUR

J'ai parfaitement saisi l'importance de cette greffe et je ne manquerai pas de la mettre en pratique toutes les fois que je le pourrai, d'autant plus qu'en effet j'y trouve un grand avantage.

LE JARDINIER

Il y a encore d'autres greffes différentes de celles que je vous ai décrites, mais que je n'ai pas trouvé utile de vous faire connaître. Je me suis borné aux principales et aux plus sûres.

L'AMATEUR

Je suis très-satisfait de toutes les explications que vous avez bien voulu me donner sur les opérations de la greffe. Mais n'avez-vous pas quelque chose à ajouter?

LE JARDINIER

Pardon, j'ai encore à vous entretenir de certains autres genres de greffe pour la vigne; par exemple la greffe triangulaire (fig. 29). Celle-ci est très-pratiquée par un éminent propriétaire qui habite auprès d'Auch. Il a renouvelé avec beaucoup de succès, par cette greffe, des vignes entières et fort étendues qui n'avaient pas moins de deux cents ans.

Voici le système que j'ai pratiqué depuis de longues années dans diverses localités, et notamment chez moi, à Caraman, dans la Haute-Garonne, et dans toute l'étendue du département du Gers.

Pour opérer plus facilement je me sers d'une scie à main, ayant la forme d'un grand couteau. Je vous répète que l'emploi de cet instrument facilite beaucoup la coupe de la souche, aussi bien que la greffe ordinaire et l'incision à pratiquer sur la partie la plus saine de la coupe de la souche. Je scie à $0^m 06$ ou $0^m 07$ en suivant la ligne verticale, en pénétrant jusque sur la partie la plus élevée de la souche, de façon à faciliter l'élargissement de l'ouverture. J'opère avec un instrument tranchant pour élargir l'ouverture, ainsi que pour faire disparaître les bavures que laisse la scie, et pour que l'on puisse avoir la coupe bien nette, afin que les parties soient bien unies pour faciliter le contact de la greffe qui doit être posée de manière à avoir le cambium ou couche génératrice en face de celui du sujet, pour assurer la complète réussite.

Même manière de préparation de la greffe que pour les greffes ordinaires. Il y a cette différence cependant qu'au lieu de fendre la souche par le milieu, on ne doit lui faire qu'une petite entaille qui ne puisse pas l'endommager, ce qui arriverait si on fendait par le milieu. Puis en se servant de la scie on a plus de facilité, parce qu'elle suit la ligne droite, tandis qu'en fendant on ne peut pas avoir de ligne droite, vu que les fibres de la souche ne le sont pas. Il arrive souvent, d'ailleurs, qu'on ne peut pas placer la greffe facilement.

Je vous donne maintenant une idée du résultat que j'ai obtenu moi-même, et que plusieurs autres praticiens, qui ont imité mon procédé, ont obtenu également.

J'ai pu avoir des greffes d'un an qui avaient des sarments d'une longueur de 1^m 50 et plus. A la troisième année, j'ai eu six branches d'une longueur de plus de 2 mètres, et la greffe mesurant 0^m 08 de circonférence, on avait une souche déjà faite et donnant abondance de fruit; on eût dit vraiment qu'elle avait dix à douze ans. Je préfère de beaucoup celle-ci aux autres greffes. Je vous engage fort à l'employer.

L'AMATEUR

Je vous assure que je trouve cette greffe très-avantageuse et beaucoup plus expéditive, mais il me semble qu'elle doit être très-dispendieuse quant à la main-d'œuvre.

LE JARDINIER

Pour ce qui est des travaux, les souches en couvrent bien les frais, si l'on sait s'y prendre, en vendant les souches.

L'AMATEUR

Le travail pour un nombre considérable de greffes doit exiger beaucoup de temps, ce me semble. Je voudrais que vous eussiez la bonté de m'indiquer le nombre de greffes que peut effectuer un bon ouvrier.

LE JARDINIER

Un ouvrier expérimenté peut facilement faire dix greffes par heure.

L'AMATEUR

Si vous n'avez plus rien à ajouter au sujet des greffes, je vous serai infiniment reconnaissant si vous vouliez bien me renseigner sur les soins que réclament les greffes de la vigne.

LE JARDINIER

On doit les surveiller pour éviter que les limaçons viennent les détruire.

L'AMATEUR

Pourriez-vous me dire pourquoi la vigne est si

abondante en séve au premier mouvement du printemps, c'est-à-dire lorsque la température atmosphérique est un peu élevée?

LE JARDINIER

Il m'est très-facile de répondre à votre question. Je n'ai pas besoin de vous dire que lorsque la température atmosphérique est tant soit peu élevée, elle est indispensable à la végétation. Je ne reviendrai pas sur ce que je vous ai déjà dit relativement aux trois éléments essentiels à la nutrition des plantes. Je vous ai décrit en détail tout ce qui s'y rapporte dans nos premiers entretiens. Je crois devoir vous dire cependant que la vigne renferme une très-grande quantité de séve, et même beaucoup plus que les arbustes de la même famille. Cette séve, du reste, n'est ainsi abondante que pendant quelques jours ; voici pourquoi : c'est que cette même séve ne trouve pas de petits rameaux garnis de feuilles pour absorber cette grande quantité ; mais lorsque les bourgeons commencent à avoir des feuilles et qu'ils ont pris un certain accroissement, la transpiration diminue l'excès de la séve. Aussi, dès que les feuilles ont pris assez d'expansion pour transpirer abondamment, la plante ne pleure plus. Enfin, on peut dire que c'est alors que les feuilles sont assez développées pour transpirer toute la séve donnée par les premiers organes conservateurs des racines.

Il suit de là une luxuriante végétation dans peu de jours, qui est presque apparente avec un instrument qui grossit les objets.

L'AMATEUR

J'aurai à vous demander de me préciser à quelle époque il est le plus avantageux de procéder à la taille de la vigne.

LE JARDINIER

On peut commencer sans inconvénient dès que la vendange sera achevée, quand bien même les ceps seraient garnis de leur feuillage.

Vous savez que les feuilles sont les organes conservateurs des arbres et des plantes. Vous ne devez pas ignorer non plus que les feuilles ne cessent leurs fonctions que lorsque la maturité des raisins ou autres fruits est parvenue à son apogée. Il y aura avantage à tailler à cette époque. D'abord il reste encore un peu de séve renfermée dans les ceps, parce que les feuilles n'auront pas cessé toute fonction. Elles absorbent encore dans l'air une petite quantité des éléments qui y sont contenus. Il va sans dire que les feuilles ne peuvent pas absorber les éléments de l'air comme quand elles ont leur brillante verdure.

Aussitôt les vendanges faites, les feuilles de la vigne commencent à jaunir et n'ont plus la même faculté d'absorber ; elles n'absorbent plus que par tiellement. Les feuilles cessent donc ou suspendent leurs fonctions aériennes. En taillant à cette époque-là, on aura la minime quantité de séve qui reste contenue dans les ceps. Les coupes qu'on aura fait subir aux ceps seront bientôt cicatrisées par cette séve. J'ai fait à diverses reprises cette expérience, je n'ai pas trouvé une seule coupe qui ne fût cicatrisée. Toutes sont devenues très-dures, et le froid n'avait pu pénétrer pour endommager les yeux, ceux, veux-je dire, qui se trouvent les plus rapprochés du point de section, parce que l'intempérie de la saison d'hiver ne peut pénétrer même à 1 millimètre de profondeur.

Ce système de taille précoce est dû à M. Fornay, professeur d'arboriculture à l'Ecole de médecine de Paris.

M. Roussel, docteur en médecine à Auch, a adopté et suivi le système imaginé par M. Fornay. Il a pratiqué la taille de ses vignes aussitôt après la vendange. Il a trouvé le même résultat que moi. Il croirait manquer s'il ne taillait à cette époque-là, attendu le grand avantage qu'il y a trouvé.

Un second avantage, c'est qu'en taillant à cette époque on aura la quantité de séve qui se trouve dans les ceps et dans toute la souche. Cette séve se dirigera sur les yeux résultant de la taille. Ces yeux prendront plus de grosseur et par suite donneront de plus belles pousses et des grappes plus belles et plus larges.

L'AMATEUR

Je ne négligerai pas les avis que vous me donnez au sujet de la taille précoce. Je vous demanderai si je peux tailler avec la nouvelle lune, comme vous me l'avez indiqué pour les arbres fruitiers.

LE JARDINIER

Suivez pour la taille de la vigne bien exactement tous les préceptes que je vous ai donnés pour celle des arbres fruitiers, et vous ne pourrez mieux faire.

L'AMATEUR

Je ne manquerai pas de suivre les mêmes époques pour les opérations de la taille de la vigne que celles qn'il faut prendre pour la taille des arbres fruitiers.

Maintenant j'ai à vous demander de m'indiquer la taille de la vigne.

LE JARDINIER

Avant de vous entretenir des diverses opérations en usage pour la taille de la vigne, je crois devoir vous dire quelques mots sur la végétation.

La séve dans cet arbuste est en si grande abondance qu'elle produit des pousses d'une longueur surprenante. Elle fait toujours développer les yeux des extrémités préférablement à ceux de la base. C'est précisément pour cette raison-là

qu'il importe au vigneron de connaître à fond les
principes qui régissent la végétation aussi bien
que la fructification de l'mportant arbrisseau,
surtout, d'ailleurs, si l'on veut arriver rapidement à d'heureux résultats. Or, vous n'ignorez
pas que son fruit se produit sur les branches de
l'année même de sa naissance.

L'AMATEUR

Je suis satisfait de la manière dont vous paraissez vouloir m'indiquer la végétation de la vigne,
aussi serai-je toujours prêt à suivre vos principes
à la lettre et tels exactement que vous voudrez
bien me les donner.

LE JARDINIER

Eh bien, voici les quelques principes sans lesquels vous ne sauriez réussir :

Premier principe. — Retranchez toujours tout
le bois mort indistinctement; ce bois mort nuit
essentiellement à la végétation parce qu'il gêne le
passage de la séve pour parvenir aux parties
supérieures.

Deuxième principe. — Retranchez toutes les
branches inutiles, c'est-à-dire toutes celles qui ne
sont pas nécessaires pour établir la taille de l'année présente ainsi que celle des années consécutives. Cette suppression tendra à favoriser la
croissance des bourgeons et des yeux qui devront

sortir de cette taille. Par suite, la séve n'aura qu'à faire développer les yeux utiles ; car, bien entendu, plus une souche est garnie de branches, plus elle sera garnie d'yeux. La conséquence serait, dès lors, que la souche ne pouvant plus fournir une assez abondante quantité de séve pour tous, la plus grande partie manquerait de cet élément essentiel pour prendre assez de volume pour qu'il soit possible d'établir la taille des années suivantes. La suppression de ces bourgeons n'offre donc aucun inconvénient.

Troisième principe. — Avoir toujours soin, en taillant, de laisser au moins $0^m 02$ à $0^m 03$ au-dessus de l'œil du haut. Cette longueur est indispensable pour assurer la solidité de la pousse qui doit surgir du premier œil qui se trouve immédiatement au-dessous de cette coupe. Vous savez que les pousses, si fragiles au commencement de leur développement, ne sont pas solides comme dans la plupart des autres arbres, et que le moindre coup de vent pourrait les abattre, aussi cette longueur donnera-t-elle une grande sécurité à ces pousses.

Quatrième principe. — Tailler en talus, bien entendu à l'opposé de l'œil pour éviter que cet œil soit endommagé ; voici la raison, du reste. Vous n'ignorez pas que la vigne, lorsqu'elle est en séve, en distribue une quantité considérable ; cette

grande quantité de séve pourrait être préjudicia-
ble à cet œil si le talus se trouvait tourné du côté
de l'œil, car alors elle y entretiendrait une humidité très-grande. Or, il survient pendant le mois
d'avril, très-souvent, et même aussi pendant le
mois de mai, des gelées tardives qui occasionnent
un préjudice incalculable aux bourgeons naissants
de la vigne ; ce préjudice serait encore plus à
redouter si les yeux étaient soumis à une certaine
humidité à cause de l'abondance de la séve résultant de la taille. Donc, il n'est pas difficile de
concevoir qu'il ne laisse pas que d'être très-utile
de faire la coupe du côté opposé à l'œil pour le
préserver contre les effets dangereux de l'humidité.

Cinquième principe. — Tailler à des longueurs
souvent très-variables, selon la vigueur de la végétation. On ne saurait, au surplus, préciser cette
longueur, il est même impossible de la déterminer
approximativement, parce qu'il se trouve un grand
nombre de souches qui sont certes loin d'avoir
une longueur identique.

L'AMATEUR

Je suis content d'avoir appris les principes que
vous venez de m'expliquer. J'attends maintenant
les détails que vous pourrez avoir à me donner
sur les différentes branches que possède cet ar-

buste si utile. J'attends votre réponse pour être guidé à ce sujet.

LE JARDINIER

Je me rends très-volontiers à vos désirs. Je vais vous donner les noms des branches qui se trouvent sur la vigne. Ces branches sont les suivantes :

1° Branche à bois ;
2° Branche à fruit ;
3° Branche coursonne ;
4° Branche gourmande ;
5° Branche de faux bois.

Je vais suivre pour la vigne le même ordre que j'ai suivi pour les arbres fruitiers.

1° *Branches à bois* (figure 104, n°1). — Toutes celles qui forment la charpente de la souche, quelle que soit la forme, forme en ligne droite ou autre, ligne oblique, ligne horizontale ; enfin, c'est sur elles qu'on obtient tout, c'est-à-dire du bois et du fruit. Ces branches se taillent suivant leur vigueur et aussi suivant les formes qu'on aura l'intention de leur donner. Ces branches ont les yeux éloignés les uns des autres

2° *Branches à fruit* (planche VI, fig. 104, n° 2). — Celles-ci ne diffèrent des branches à bois que par la position qu'elles occupent en dessous des premières. Leurs yeux sont plus rapprochés que ceux des branches à bois, et ils sont surtout plus gros et aussi plus arrondis. C'est pour cela qu'ils donnent plus de fruits.

3° *Branches coursonnes* (planche VI, fig. 104, n° 3). — Ce sont celles qui proviennent des tailles faites sur la première branche à bois. Ces yeux se sont développés dans le courant de l'année. C'est sur elles que l'on opère la nouvelle taille. Elles servent à tenir les souches assez basses; elles ne deviennent, du reste, jamais trop hautes ou assez élevées, pour gêner le passage des animaux, si la vigne qu'on a taillée doit être travaillée par des bêtes de somme.

4° *Branches gourmandes* (planche VI, fig. 104, n° 4). — Ces branches sont faciles à reconnaître. Elles prennent naissance sur la tige à des hauteurs qui varient; elles ont toujours une direction verticale. Leur empattement est très-large; les yeux sont beaucoup plus éloignés les uns des autres, beaucoup plus aplatis sur les branches et plus petits. Elles ne peuvent servir qu'à abaisser la souche dans le cas où celle-ci serait trop élevée; elles peuvent parfaitement être conservées, pour le remplacement des coursonnes, pour les années suivantes; en un mot, pour le rétablissement de la nouvelle charpente.

Dans le cas où elles deviendraient superflues, pour les raisons que je viens de vous expliquer,

on peut fort bien les supprimer, parce qu'elles
n'attireront qu'une grande quantité de séve, soit
par leur ligne verticale ou leur empattement.
Ces branches, la première année, ne donneront
que du bois et non des fruits; elles ne produi-
ront des fruits que la deuxième année de leur
naissance. Ces branches proviennent des sous-
yeux que produit la base des coupes faites sur des
empattements obtenus à des époques plus ou moins
éloignées.

5° *Branches appelées faux bourgeons* (planche VI,
fig. 101, n° 5). — Celles-ci sont également faciles à
reconnaître par la position qu'elles occupent sur
la tige, qui est plus ou moins élevée. Ces bourgeons sont inutiles sur une souche. D'abord ils
sont très-chétifs et ne peuvent concourir à aucune fonction utile, soit pour la production des
fruits, soit pour celle du bois. Les yeux n'en sont
qu'imparfaitement établis, par la raison qu'ils ne
perçoivent pas une assez grande quantité de séve
pour leur formation. Il n'y a donc aucun inconvénient à les supprimer. On pourrait, au besoin, les
supprimer, s'il était possible d'en tirer parti
pour rajeunir la partie supérieure. Il faudrait
alors tailler sur le deuxième œil, afin d'obtenir
une plus grande végétation.

L'AMATEUR

Je suis très-bien au fait, maintenant, des différentes sortes de branches. Par ce que vous m'avez expliqué, je sens que je saurai bien les reconnaître quand l'occasion se présentera.

Maintenant veuillez m'expliquer les différentes tailles. Je suis curieux d'apprécier vos avis à ce sujet.

LE JARDINIER

J'aurais quelques observations à vous communiquer concernant les cordons horizontaux; mais je les comprendrai dans celles que j'aurai à vous donner en vous entretenant de la taille des vignes, afin de ne pas vous fatiguer par des répétitions.

L'AMATEUR

Je suis content d'avoir appris les noms des branches dont vous venez de me donner la désignation.

J'attends maintenant les détails que vous pourrez avoir à me donner sur les différentes tailles, soit pour mon vignoble, soit pour mon jardin. Tous vos principes, je me plais à le reconnaître, sont très-bons à mettre en pratique.

LE JARDINIER

Comme vous savez que vous devez avoir dans votre jardin deux cordons de vigne pour raisins de table, je dois vous indiquer les moyens de les conduire.

9...

Ces cordons horizontaux devront être plantés dans la deuxième allée, lettre *a*, et dans la troisième allée, lettre *c*. Pour établir ces cordons, vous devez les placer à une distance d'un mètre sur la ligne et à 0ᵐ 30 du bord de l'allée. Si vous plantiez en bouture, vous n'auriez qu'à suivre ce qui a été dit par moi à l'article *Multiplication de la vigne*. Vous pourrez faire choix de boutures enracinées ou de provins, à votre guise. Voyez ce que j'ai dit sur chacun des moyens de multiplication.

Je suppose que vous aurez choisi les boutures quelles qu'elles soient; dans ce cas voici ce que j'aurai à vous marquer.

TAILLE DE LA VIGNE

Première taille. — Après plantation, soit des boutures, soit des marcottes ou provins, taillez sur le deuxième œil au-dessus du sol. De cette façon vous serez sûr d'avoir un de ces yeux pour établir la taille des années suivantes. Dans le cas où vous ne laisseriez qu'un œil unique, et qu'il survînt à cet œil un accident quelconque, il ne vous resterait plus rien; c'est donc par prévoyance que vous procéderez ainsi. Vous pourrez choisir le plus beau et supprimer le plus petit.

Deuxième année. — Taillez le sarment à 0ᵐ 25 environ au-dessus du sol pour former le premier étage ou première ligne horizontale, qûe vous établirez à 0ᵐ 30 au-dessus du sol. Alors les sarments suivront cette ligne, qui servira pour chacun. Longueur de 0ᵐ 95 pour chaque bras. Sur cette longueur établissez des coursonnes (fig. 94, nº 1) espacées de 0ᵐ 28 l'une de l'autre, celle de droite aussi bien que celle de gauche. Vous devrez obtenir des coursonnes chaque année pour avoir le cordon garni; ceci ne formera pas un obstacle à la végétation ni à la production.

Lorsque vous aurez rapproché ces deux bras, vous devrez les arrêter avant qu'ils se touchent, c'est-à-dire 0ᵐ 10 avant. Vous devrez, bien entendu, faire suivre les deux membres à la fois, parce que si vous ne le faisiez que pour un seul, la séve se dirigerait avec moins de facilité, par la simple raison que son issue serait d'un seul côté (fig. 93).

Troisième année. — Vous aurez au moins deux coursonnes de chaque côté où vous pourrez établir la taille, et en même temps laisser un sarment pour prolonger la ligne horizontale, afin de pouvoir établir une seconde coursonné de la même manière que la première (fig. 94, nº 2).

Quatrième année. — De même que pour la troisième année, établir une coursonne de chaque côté afin de pouvoir établir la base de la taille sur chaque coursonne, que l'on taillera à deux ou trois yeux afin d'avoir du fruit et du bois pour la taille de l'année suivante. Raccourcissez sur la coursonne, c'est-à-dire le sarment, le plus bas possible pour avoir la coursonne très-rapprochée de son point d'insertion, c'est-à-dire de la branche-mère.

Mêmes principes pour le deuxième cordon que pour le premier.

Hauteur au-dessus du premier cordon, 0m 50 (fig. 94).

L'AMATEUR

Je vous demanderai pour quelle raison vous taillez à trois yeux les grosses branches et surtout celles qui sont le mieux placées, lorsque pour les petites vous ne taillez qu'à deux yeux.

LE JARDINIER

Rien de plus simple. Dans la taille vous avez deux points essentiels à suivre : le premier est celui d'avoir des raisins et le plus possible, et le deuxième du bois pour la conservation des souches.

Vous ne devez pas ignorer qu'il est de toute utilité de diriger la taille selon la vigueur. S'il s'agit d'opérer sur un sujet très-frêle, vous devrez tailler très-court, c'est-à-dire sur un seul œil, sans comprendre, bien entendu, celui de la base, à l'empattement, parce que c'est celui-là qui doit donner le bois pour la taille de l'année suivante

L'AMATEUR

Vous me demandez si je comprends bien que je dois tailler très-court, lorsque j'ai une souche de peu de vigueur. Expliquez-moi, je vous prie, quelle différence il y a entre une taille longue et une taille courte.

LE JARDINIER

La voici, cette différence ; elle est bien facile à faire.

Je suppose que j'aie à tailler une souche très-vigoureuse. Je n'ai pas besoin de dire, dès lors, que cette souche est dans un état parfaitement normal de santé, et que, par conséquent, tous les organes conservateurs remplissent parfaitement le rôle que la nature leur a assigné. Donc, il en résulte qu'il n'y a pas d'inconvénient à tailler à plus long bois, et j'aurai par suite, une bien plus grande production fruitière et abondance de bois simultanément.

L'AMATEUR

Je vois que votre réponse est basée sur des faits. Maintenant donnez-moi la réponse à la deuxième partie de la question que je vous ai prié de résoudre : la taille d'une souche peu vigoureuse.

LE JARDINIER

Il me sera aussi aisé de répondre à la seconde partie de votre question qu'à la première.

Quand vous aurez une souche ou plusieurs souches dont les pousses seront peu vigoureuses, il va sans dire que les organes conservateurs ne fonctionnent pas comme ceux des souches vigoureuses; alors donc vous devez tailler très-court, afin que la séve n'ait qu'un nombre d'yeux très-restreint à alimenter et à faire développer; puis vous verrez bientôt surgir une végétation bien plus luxuriante. Vous ne ferez pas mal de répandre quelques engrais au pied de ces souches pour aider au rétablissement de la vigueur qu'elles auront perdue par suite du manque d'organes conservateurs.

L'AMATEUR

Votre seconde réponse éclaircit tous les doutes que j'entretenais dans mon esprit sur la différence qui existe entre les deux végétations distinctes. J'aurai soin de suivre bien exactement vos préceptes.

Maintenant veuillez me donner une idée sur la manière d'établir cette forme dans mon jardin.

LE JARDINIER

Appréciez les détails qui suivent; ils sont indispensables si vous voulez réussir d'une manière complète.

J'opère, par supposition, sur une vigne qui a une année de plantation, soit de boutures simples ou enracinées, soit de marcottes ou provins.

Première taille. — J'aurai une seule tige; je pratiquerai sur cette même tige ma première taille; je l'établirai sur le deuxième ou sur le troisième œil, suivant la longueur que cette tige aura atteinte. Ces yeux prendront dès lors un développement plus ou moins grand pour donner plus de facilité pour l'établissement de la taille de l'année suivante (fig. 92).

Deuxième taille. — J'aurai deux branches provenant des yeux de la première taille. Comme il s'agit de faire arriver la souche à une plus grande hauteur, il importe de laisser à cette taille une hauteur pouvant varier suivant sa vigueur.

Suivez les mêmes principes que pour la première taille (fig. 93).

Troisième taille. — A cette troisième année la vigne commence à prendre un peu de force; par conséquent il n'y a pas d'inconvénient à tailler sur deux yeux pour arriver à une élévation qui peut varier de $0^m\,50$ à $0^m\,60$ au-dessus du sol; parce que cette élévation est celle que doit avoir la vigne au commencement quand on doit établir les tailles des années suivantes, c'est-à-dire quand il s'agit d'établir les tailles à des hauteurs plus élevées (fig. 94 *bis*).

Quatrième taille. — Une vigne de quatre ans doit être d'une vigueur qui permette de lui laisser deux yeux et trois de taille sur deux fortes cour-

sonnes. Si cette vigne est dans un terrain peu fertile, il faudra éviter de tailler à long bois. On
peut mettre un peu à fruits (fig. 95).

Cinquième taille. — Une vigne arrivée à sa
cinquième année doit être traitée de même façon
que celle qui n'a que quatre ans de croissance;
seulement il sera utile de lui donner un peu plus
de bois pour arriver à un résultat plus productif.

L'AMATEUR

N'avez-vous pas encore d'autres tailles à me
démontrer?

LE JARDINIER

Pardon, j'ai à vous décrire une autre manière
de tailler. Je l'ai pratiquée et d'autres comme moi
l'ont essayée sur divers points du département.

Voici la manière de procéder, telle que je l'ai
pratiquée.

Toutes les souches sont munies d'un tuteur de
la hauteur d'un mètre; chaque souche se trouve
liée à ce tuteur.

Planche VI. La figure 96 indique la souche et la disposition :
a la souche, b le tuteur, c les sarments liés l'un à
l'autre, l'un à droite et l'autre à gauche. Il est bien
entendu que celui de droite doit aller suivre la ligne
horizontale gauche et celui de gauche la ligne droite,
au point de jonction, en face du tuteur d. On liera
très-solidement au moyen d'un osier. On devra faire
le tour du tuteur avec cet osier, aussi bien que le

tour des deux ceps (deux fois) afin que cette ligature soit rendue plus solide ; *e* ligature, *f* les deux sarments qui suivent la ligne qui leur est assignée.

Pour cela, il faut toujours choisir des sarments provenant d'une taille faite sur une coursonne, afin d'avoir plus de sûreté dans les produits. Ne pas manquer de tailler à deux yeux un autre sarment qui sera, bien entendu, en dessous de ceux qui seront palissés, pour obtenir, l'année suivante, deux branches dont une sera destinée à être palissée, tandis que l'autre sera taillée pour former une nouvelle coursonne. Il en sera fait de même des deux côtés.

La longueur que l'on doit laisser aux sarments qui sont palissés varie suivant la vigueur de ces sarments. On ne doit laisser que $0^m 30$ à $0^m 35$ de longueur sur la ligne horizontale. On pourra prolonger cette longueur du sarment, mais donner la facilité de joindre les deux sarments, afin de ne pas être obligé d'en prolonger un troisième pour former la ligne horizontale.

Si l'on opte pour le système de laisser une longueur plus grande que celle que je viens de signaler, on devra supprimer les yeux qui dépasseront cette longueur ; voici pourquoi :

Vous savez que la séve tend toujours à monter aux extrémités des sarments pour abandonner la base, et alors deux raisons obligent à ne laisser qu'une longueur proportionnée. Les nos 1, 2, 3,

10

4, 5, 6 donneront des sarments garnis de fruits.

La première de ces raisons c'est celle-ci : plus on laissera d'yeux éloignés, moins ils seront bien établis. N'étant pas aussi formés, on aura dès lors une fructification bien inférieure. Il est donc facile de concevoir qu'il y a un grand avantage à raccourcir sur des yeux bien établis et mieux encore sur des yeux courts. Les n°s 7, 8, 9, 10 seront supprimés. Cette partie du sarment ne servira que pour attacher le sarment de la souche voisine, comme l'indique la figure 97.

La deuxième raison, c'est qu'en laissant les sarments si longs on envoie toute la séve sur les yeux. Cela donne alors un grand poids occasionné soit par les branches, soit par les fruits. Il en résulte que le plus souvent le poids provenant des branches ou des fruits fait baisser la ligne horizontale. Par suite, les fruits ne peuvent jamais recevoir les bienfaits de l'air ni ceux que doivent leur donner les rayons du soleil.

L'AMATEUR

Vous m'étonnez grandement, je ne puis que vous le répéter sans cesse, par tout ce que vous m'expliquez et surtout maintenant par tout ce que vous m'indiquez sur la manière de diriger une vigne. Maintenant permettez-moi de vous prier de traiter les deux questions suivantes : la première, la ligature ; la deuxième, la suppression des yeux.

LE JARDINIER

Rien de plus facile. Pour la ligature, il va sans dire que si vous serrez fortement vous gênez le passage et la circulation de la séve. Alors cette séve ne pouvant monter se répand dans la base qui a toute sa faveur. Puis vous comprendrez sans peine que vous aurez toujours un grand avantage à rapprocher vers les yeux bien formés pour obtenir de beaux produits en fait de raisins. Vous n'avez pas besoin, je pense, de me demander de revenir vous expliquer pourquoi on fait suivre la ligne horizontale. Vous n'oublierez pas ce que j'ai dit au sujet des trois différentes lignes.

La figure 98, planche VI, indique la végétation avec ses six branches.

L'AMATEUR

Bien ! je comprends très-bien. Mais il me semble que vous devez avoir encore d'autres détails à me communiquer à propos de la vigne.

LE JARDINIER

En effet. Je vous parlerai d'une vigne que j'ai dirigée, et pour la taille de laquelle j'ai toujours considéré la ligne qui suit le sillon, afin de livrer plus de passage aux animaux. J'ai cherché autant que possible à fonder le système de la taille suivant la nature du plant que j'ai eu à tailler. J'ai suivi aussi très-exactement tous les préceptes que je vous ai démontrés à son article spécial. J'ai laissé plusieurs coursonnes, et en même temps des branches taillées à deux yeux pour avoir des branches de remplacement. Ces dernières branches doivent toujours être les plus basses, afin de ne pas avoir une trop grande hauteur, et vous savez qu'il faut toujours supprimer les branches qui ont donné des fruits.

J'ai eu occasion de voir, à plusieurs reprises, des sarments pris à des souches différentes pour être courbés, c'est-à-dire auxquels il a fallu faire suivre une ligne courbe, plus ou moins régulière, allant s'attacher presqu'au bas de la souche. Ces sarments avaient une longueur qui variait de 0^m 60 à 0^m 90. Ce système n'est pas à dédaigner; on le nomme courroie, en langage vulgaire.

La seule chose qu'il y ait à observer, c'est de ne pas laisser tous les yeux sur les sarments qui se trouvent à l'extrémité, parce que ces yeux attirent à eux la séve.

La première raison à alléguer pour qu'il ne faille pas une si grande longueur, c'est que les souches toucheraient terre et ne seraient plus dans une position qui leur permettrait de jouir de la bienfaisante influence de l'air aussi bien que de celle du soleil. On peut pratiquer pour cette taille de la même façon que pour celle des vignes à branches horizontales, et aussi supprimer les yeux de l'extrémité afin de ne laisser que la branche dénudée d'yeux pour faciliter la courbe et mieux l'attacher au pied de la souche.

Planche VI, figure 99 : *a* souche, *b* coursonne, *c* branches de remplacement, *d* branche arquée.

Planche VI, figure 100 : mêmes lettres que la précédente figure, à la différence de la branche *d* qui suit la ligne oblique.

L'AMATEUR

Je comprends votre manière de pratiquer la suppression des yeux pour rapprocher la végétation plus près de la souche ainsi que des yeux mieux formés. Vous recommandez de laisser le plus de coursonnes possible. Veuillez me dire si en agissant de la sorte je ne perdrai pas la vigne plus tôt.

LE JARDINIER

Il est facile de vous rassurer parfaitement à cet égard.

Vous savez ce que l'on entend par *organes conservateurs* des plantes ; j'en ai fait le sujet de mes premiers entretiens avec vous. Eh bien ! en taillant plus long bois, c'est-à-dire en laissant un nombre plus considérable d'yeux et de coursonnes, on aura une plus grande abondance de fruits, car les organes conservateurs ne sont autres que les racines. Au lieu donc de faire développer de

longs ceps, ils feront développer du raisin en plus
grande abondance.

Il y a un propriétaire près d'Auch qui récolte
550 barriques de vin. Il taille toujours ses vignes
à trois yeux et quatre coursonnes et plus. Il obtient
des produits extraordinaires, et ses vignes sont
d'une vigueur luxuriante.

L'AMATEUR

N'avez-vous pas autre chose à me dire sur la
taille d'hiver? Veuillez, en tous cas, me renseigner quelque peu sur les soins à prodiguer à la
vigne pendant l'été.

LE JARDINIER

Il me reste à vous démontrer et à vous faire comprendre l'ébourgeonnement de la vigne. Cet ébourgeonnement se pratique pour la vigne de même
que pour les autres arbres fruitiers. Il est impossible de déterminer au juste à quelle saison il doit
être fait. La saison peut être plus ou moins
avancée. L'ébourgeonnement a pour but de supprimer les bourgeons qui sont superflus, c'est-à-
dire ceux qui ne portent pas de grappes et qui
ne sont pas utiles pour établir la taille de l'année
suivante. Cette opération qui ne laisse pas que
d'avoir son importance, doit être pratiquée seulement lorsqu'on a constaté que les bourgeons ont
atteint une longueur de 0^{m}25 environ, pou-

qu'on puisse choisir les bourgeons de remplacement. On peut sans crainte faire disparaître alors tous les bourgeons qui se trouveront éclos en dessous de la charpente de la souche, parce que ces bourgeons ne sont d'aucune utilité. Il n'est pas besoin d'attendre que ces bourgeons aient atteint la longueur de $0^m 25$. Ils ne font que nuire à la fructification, ainsi qu'au développement des branches qui doivent établir la charpente de l'année suivante.

La figure 99, planche VI, n°ˢ 1 et 2, indique des bourgeons qui sont inutiles à la souche; c'est pour cela que l'on doit les supprimer.

Je suis d'avis d'abord que l'ébourgeonnement doit se faire non en cassant, ainsi que le pratiquent la majeure partie de ceux qui le font. En agissant de cette façon on fait toujours une plaie qui nuit sensiblement au passage de la séve et de plus cette plaie se cicatrise difficilement, parce que les lambeaux qui se trouvent aux abords de la plaie sont à découvert et mettent à nu les fibres.

Il est préférable donc d'opérer avec la serpette excessivement tranchante, facile à manier. Avec cet instrument on fait des plaies très-nettes et très-unies. Ces plaies ne tardent pas à se garnir et à se cicatriser au moyen de la séve, et le recouvrement se fait promptement.

Il faut ensuite avoir soin de conserver d'abord les bourgeons fructueux où se trouvent les grappes. S'il s'en trouve toutefois un trop grand nombre, alors il n'y a pas d'inconvénient à en supprimer quelques-uns pour favoriser les autres.

L'AMATEUR

Je comprends combien l'ébourgeonnement est utile. Il ne peut donner que de bons et prompts résultats. Il me reste cependant à vous faire cette question : Pourquoi me dites-vous que l'on doit attendre que les nouvelles pousses aient atteint 0^m 25 de longueur? Veuillez me donner la réponse.

LE JARDINIER

Voici la raison : C'est qu'alors on peut bien choisir les pousses à conserver pour la taille de l'année suivante et encore on laisse par là prendre une certaine consistance ou une consistance plus forte, en tous cas, pour résister aux coups de vent qui pourraient les détruire. C'est donc une importante précaution que je vous recommande de prendre. Surtout il est bien entendu que cette précaution ne s'exerce pas sur la partie supérieure de la souche; la taille y est déjà établie. Il n'est donc pas besoin d'attendre que les bourgeons se soient développés jusqu'à la

longueur de 0ᵐ 25 pour ceux qui se trouvent
en dessous de la taille, c'est-à-dire ceux qui sont
développés à travers la tige, parce que ces bourgeons ne sont d'aucune utilité, ou toutefois parce
que l'on peut baisser la hauteur de la souche qui
est trop grande. Dans ce cas on pourra laisser
un seul bourgeon, à moins qu'on ait besoin d'avoir
un cep pour faire un provin destiné à remplacer
une souche manquante. Si cette utilité n'est pas
urgente, il faut avoir recours à la suppression.

L'AMATEUR

Je vous ai suivi attentivement et avec intérêt
dans la dernière explication. Je trouve que votre
système est basé sur les bons principes. Je vous
prie de continuer en me renseignant sur le pincement.

LE JARDINIER

Le pincement de la vigne a pour but de compléter l'ébourgeonnement. Il ne tend qu'à faire
arriver plus de séve sur les bonnes branches et
enfin vers les fruits. Voici le système et les principes qu'il vous faudra mettre en pratique, si
vous tenez à réussir sûrement. Il faut pincer les
ceps, mais seulement les ceps où sont les grappes,
sur le deuxième œil en dessus, c'est-à dire laisser
deux yeux pour d'abord attirer la séve aux

10.

grappes, puis pour que les feuilles puissent les protéger contre les rayons solaires.

Ce travail doit se faire avant le grand développement des branches, car dans ce cas l'opération ne produit pas son effet. On doit la pratiquer au moment de la végétation, c'est-à-dire lorsque les pousses sont encore jeunes. Avant de faire le pincement, on doit choisir les jeunes ceps destinés à la taille de l'année suivante, afin que ceux-ci puissent prendre un développement convenable, c'est-à-dire qu'il faut que ces ceps soient bien constitués, car alors il sera possible d'établir une bonne taille et par conséquent d'obtenir de beaux produits. Une fois que le choix de ces branches sera fait, on pourra sans inconvénient faire le pincement sur les branches qui auront des grappes, et pincer comme je viens de le dire. Le pincement doit se faire avec deux doigts, l'indicateur et le pouce, pour effectuer une meurtrissure qui laisse les fibres un peu mutilées et afin que la sève trouve des difficultés pour faire développer l'œil qui résulte du pincement.

Par le pincement on favorise : 1° les grappes, qui prendront un développement plus considérable et qui seront par conséquent plus productives; 2° les branches, qui sont destinées à la taille de l'année suivante et qui donneront de plus belles pousses, puis de plus belles grappes.

Voir planche VI, figure 100, la lettre *b*, qui indique les bourgeons pincés.

L'AMATEUR

J'apprends avec plaisir que le pincement est d'une grande utilité, mais il me semble, d'un autre côté, que ce travail doit exiger beaucoup de temps lorsque l'on opère dans un grand vignoble. Je vous prie de me dire si en pratiquant le pincement on ne nuit pas à la fructification, en exposant les raisins aux rayons solaires.

LE JARDINIER

J'ai un exemple à vous citer : Lorsqu'une vigne est plantée sur un terrain exposé au midi, où le soleil darde ses rayons toute la journée, et de plus sur des terrains très-pauvres, où la vigne ne fait que de très-petites pousses, n'ayant parfois pas plus de 0^m 50 de longueur, on voit de très-petits raisins, mais ces raisins sont beaucoup plus agréables au goût et, en outre, contiennent une plus abondante quantité d'alcool. Donc il y a un grand avantage à pratiquer le pincement pour avoir, d'abord de plus belles grappes, et ensuite des raisins d'une qualité supérieure. Il ne faut pas pincer les vignes malades, ni les ceps; ces derniers, au contraire, ont besoin de tous leurs organes conservateurs.

L'AMATEUR

Ce que vous venez de me dire m'a fort étonné.

Je ne manquerai pas de faire le pincement avec précaution. Je vous demanderai s'il faut tout pincer à la fois?

LE JARDINIER

Il ne faut pas tout pincer à la fois pour ne pas faire subir un trop grand changement à la végétation, parce que les organes conservateurs ou aériens, les feuilles, doivent être pincés à différentes fois. Pour pratiquer le pincement, on doit toujours le faire en deux fois et même trois fois, au besoin avec les doigts, pour faire une meurtrissure, afin d'empêcher le développement de l'œil terminal. Dans le cas où le bourgeon se développerait, on doit le pincer une seconde fois.

L'AMATEUR

Je n'ai plus rien à vous demander, si ce n'est de me dire pourquoi vous m'avez dit de supprimer des grappes.

LE JARDINIER

J'ai dit qu'il fallait supprimer les petites grappes, mais j'ai voulu dire pour les espèces cultivées dans un jardin seulement, car il faudrait trop de temps pour un vignoble. Une personne m'a répondu, lorsque je lui parlais de pincement, que cette opération serait nuisible et que l'on n'aurait pas de sarments. Voici la réponse que je lui ai faite : Il faut une grande quantité de sarments pour faire une somme de 40 francs, et vous aurez une bien plus grande valeur en vin pour compenser la perte d'une minime partie de sarments.

L'AMATEUR

Je suis de votre avis, le pincement devra nécessairement donner plus de bénéfice en vin. N'auriez-vous pas d'autres avis à me donner au sujet du pincement?

LE JARDINIER

Pardon; j'ai à vous citer un cultivateur qui pratique avec précaution le pincement sur toute sa vigne. Il né manque pas de le faire trois fois à des intervalles différents, c'est-à-dire au moment de la végétation : ce cultivateur a toujours le double de vendange de plus que les cultivateurs qui sont voisins de sa vigne. Ces derniers ne pratiquent aucun pincement ni ébourgeonnement.

L'AMATEUR

Je vois avec plaisir le résultat qu'obtient ce zélé viticulteur. J'ai eu occasion d'entendre parler des incisions, ne pourriez-vous pas m'en dire quelques mots et me dire si les incisions sont connues depuis longtemps?

LE JARDINIER

Quant à l'époque précise, je vais vous faire

part de ce que j'ai pu recueillir au sujet des incisions. Voici quelques renseignements, savoir :
M. de La Quintinie en a parlé dans son ouvrage
en 1657; M. de La Fauconnerie en a dit quelques mots en 1675; M. de Buffon en 1733;
M. Rosier-Scabold en 1774; M. Duhamel en
1758; M. Conte-Lelieur en 1816. Je n'en cite pas
un grand nombre d'autres qui ont fait les incisions, ce serait trop long de vous en énumérer
les noms. J'ajoute que presque tous les auteurs
modernes en parlent.

J'ai fait comme plusieurs autres, je n'ai pas
voulu rester sans faire quelques expériences
dont je vais vous faire part. J'ai opéré dans
diverses vignes et sur diverses variétés de raisins,
soit dans les vignes ou dans les jardins, sur les
variétés de table. Voici la manière de faire les
incisions annulaires : il faut faire cette incision
au-dessus de la dernière grappe, au milieu du
mérithalle, c'est-à-dire entre la grappe et l'œil
supérieur; cette incision pourra être faite avec
des instruments exprès. M. Dubreuil, le savant
arboriculteur, a fait fabriquer des instruments
appelés inciseurs; il y en a plusieurs autres qui
ont fait des instruments pour les mêmes opérations : je peux citer M. Dumas, qui a fait un
instrument fort commode en vente à Lectoure
(Gers). Je n'ai pas voulu rester en arrière. J'ai
fait un instrument bien commode pour prati-

quer les incisions avec une grande célérité. Les incisions peuvent être pratiquées avec trois ongles. (Figure 102.)

L'avantage qu'il présente c'est de pouvoir inciser facilement par la pression le nouveau bourgeon qui n'est pas à l'état ligneux. Aussi, est-ce pour cela qu'on ne doit pas trop presser sur l'instrument pour ne pas occasionner la rupture du bourgeon.

Voici la manière d'opérer : il faut que l'incision ne fasse que déchirer la partie de l'écorce sans pénétrer plus avant dans l'intérieur. Le but est d'arrêter la séve descendante sur son passage pour en éviter le mouvement de rotation, c'est pour cela que les grappes prendront un plus grand développement. Moi, je ne pratiquais ces incisions principalement que sur les coursonnes, qui doivent être supprimées à la taille suivante. C'est pour éviter d'arrêter la végétation des ceps que l'on doit établir la taille de l'hiver suivant.

En opérant de cette manière, jai obtenu un résultat satisfaisant, soit : 1° comme produit; 2° comme maturité; 3° enfin, comme bonne conservation des souches. J'ajouterai qu'il est possible de suivre une grande quantité de vignes dans le courant d'une journée; le travail est peu pénible et ne demande qu'un peu d'application seulement. L'avantage serait très-important si on pratiquait ce travail dans les grands vignobles.

L'AMATEUR

Vous venez de me faire grand plaisir en me donnant ces indications, j'en ferai mon profit, je vous l'assure bien. Soyez assez bon pour me dire à quelle époque il convient de faire l'opération en question.

LE JARDINIER

Ces incisions se font avant la floraison. Cette époque peut donc varier selon l'élévation et la précocité de la température. Elles ne peuvent varier que de quelques jours ; l'opération devra être répétée deux fois. (Voir planche VI, figure 95, lettre *a*.)

L'incision sera faite, comme je vous l'ai indiqué, entre les deux mérithalles.

L'AMATEUR

Je suis fixé sur les incisions, je suivrai vos indications. Il me reste à vous demander quelques indications sur les engrais.

ENGRAIS DE LA VIGNE

LE JARDINIER

Les engrais propres à la vigne sont de toutes sortes, pourvu qu'ils soient de nature à se décomposer. On emploie, généralement, les transports de terre, on peut y ajouter le marc de raisin avec un mélange de terreau ; on emploie les vieux chiffons, les débris de cornes provenant des ateliers de maréchalerie. Il y a un comte, propriétaire près de la ville d'Auch, qui fait fumer ses vignes avec ce dernier engrais, dont il obtient depuis plusieurs années de bons résultats, des récoltes abondantes et de belles végétations C'est donc là une preuve que cet engrais est bon pour la vigne ; ce comte n'en met qu'une pelletée à chaque souche et il ne la met qu'après qu'il a fait le premier labour ; lorsqu'il fait le deuxième labour, il couvre cet engrais. Ce propriétaire s'en trouve bien satisfait.

On doit le répandre entre les souches et non au pied.

L'AMATEUR

Je vois par vos explications sur les engrais que tout est bon et propre à cet usage. Dites-moi de quelle manière on doit employer le fumier proprement dit ?

LE JARDINIER

Pour faire usage du fumier, il faut préalablement qu'il ne soit pas trop chaud, afin qu'il ne puisse endommager les racines ; s'il était trop chaud, il pourrait en brûler l'épiderme ; de là résulterait une grande diminution de vigueur, et peut-être même la mort du sujet. On peut faire

usage du fumier lorsqu'il n'est pas bien chaud et
qu'il est bien décomposé. Employé dans ces conditions, il amène d'excellents résultats. Pour que
le fumier soit profitable, il faut qu'il soit enfoui
de façon à atteindre les radicelles, c'est-à-dire
les racines qui absorbent les parties essentielles à
la nutrition du végétal.

Je suppose que l'on ait à fumer une vigne
de trente ans d'existence, il faudra s'éloigner
du pied même de la souche pour trouver les
radicelles ou chercher où se trouvent les spongioles, la partie où les liquides sont pris pour
être distribués dans tout l'intérieur de l'arbuste
ou de la plante. Il en résulte donc qu'il faut
répandre le fumier à une distance qui peut
varier suivant l'âge. Il est bon de le répandre dans
les sillons et entre les deux souches.

Lorsqu'on met le fumier au pied des souches,
on ne tarde pas à voir un grand nombre de radicelles surgir du pied des souches. Ces nouvelles
radicelles viendront absorber l'engrais qui se
trouvera enfoui auprès d'elles, tandis que les
radicelles qui se trouveront les plus éloignées,
cesseront leurs fonctions faute de substance alimentaire.

La deuxième année, pendant laquelle on revient
travailler les souches fumées, on supprime les
extrémités des racines développées pendant la
première année et qui ne devront avoir servi que

pendant une année. Ce sont les radicelles les plus éloignées qui devront reprendre leurs fonctions primitives.

Il est à conclure de là qu'il y a plus d'avantages à répandre le fumier un peu loin, comme je viens de vous l'indiquer. Il est urgent de mélanger le fumier avec d'autres engrais faciles à se décomposer.

J'ai à appeler votre attention sur l'engrais humain, à savoir les excréments contenus dans les fosses d'aisance. Il y a un certain viticulteur fort zélé qui fait de grandes dépenses pour se procurer cette nature d'engrais qui, en effet, est des plus fertilisants. Cet habile agronome dépose cet engrais, plus ou moins à l'état liquide, dans des réservoirs spéciaux pour en faire une grande provision. Il ne l'emploie ensuite que pendant la saison du printemps et de l'été, et alors il en arrose les souches de ses vignes; il en arrose aussi les terres qu'il destine à transporter dans ses vignes. De cet arrosement, ces terres recueillent une forte partie d'azote.

Je vais en terminant, vous désigner encore un autre engrais, qui n'est pas non plus sans mérite, lorsqu'on sait s'en servir; c'est celui des tourteaux, et qui provient des graines oléagineuses, dont on a extrait l'huile. On désigne vulgairement cet engrais sous le nom de *nougat*. Il est facile de s'en procurer chez les presseurs d'huile, et à des prix assez modérés. On peut l'employer en poudre, qui se vend aussi chez ces mêmes presseurs d'huile. Il se répand aussi un peu loin du pied des souches, afin que les radicelles puissent en absorber facilement la décomposition. Il peut être employé également à l'état liquide.

Pour cet usage, il convient de le mettre dans des tinettes ou tout autre vase. Il est urgent d'y mélanger un dixième d'eau et de laisser le tout séjourner pendant l'espace d'un mois. A l'expiration de ce délai, on peut en faire usage après y avoir ajouté une forte quantité d'eau, afin d'en rendre l'emploi plus facile. On peut mettre cent litres de ce liquide dans deux cents litres d'eau ; même procédé que pour l'engrais en poudre. J'ai fait usage de cet engrais sur des vignes très-chétives, et j'en ai obtenu des résultats très-satisfaisants.

L'AMATEUR

Je ne manquerai pas de suivre vos indications pour employer ces engrais. Maintenant, ne vous serait-il pas possible de m'énumérer les variétés de fruits ?

NOMENCLATURE

DES

ARBRES FRUITIERS PAR ESPÈCES

	NOMS DES VARIÉTÉS	Grosseur.	Maturité.	Plein vent.	Pyramide.	Espalier.	Cordon.
	Abricotiers.						
1	Commun.	Gros.	Juill^et	P. V.		Esp.	
2	Pêche.	id.	id.	id.		id.	
3	Précoce.	id.	id.	id.		id.	
4	Du Commerce.	id.	id.	id.		id.	
	Amandiers.						
1	De Dame.	Gros.	Juill^et	P. V.			
2	Gosse sultane.	id.	id.	id.			
3	Longue à coque tendre.	id.	id.	id.			
	Cerisiers.						
1	Bigarreau Elton.	Gros.	Juin	P. V.			
2	id. Napoléon.	id.	id.	id.	Pyr.	Esp.	
3	id. Gros fruit.	id.	id.	id.			
4	Cerise belle de Choisy	id.	id.	id.			
5	Cœur de Poule.	id.	id.	id.			
6	— de Mezel.	id.	id.	id.			
7	Merveille d'Angleterre	id.	id.	id.	Pyr.	Esp.	
8	Cerise royale hâtive.	id.	Juill^t	id.	id.	id.	Cord.
9	Reine Hortense.	id.	id.	id.	id.	id.	
10	Royale tardive.	id.	id.	id.	id.	id.	

	NOMS DES VARIÉTÉS	Grosseur.	Maturité.	Plein vent.	Pyramide	Espalier.	Cordon.
	Pêchers.						
1	Mans, pêche jaune.	Gros.	Août.	P.V.			
2	Belle Beauce.	id.	id.	id.		Esp.	
3	Grosse Mignonne.	id.	id.	id.		id.	
4	id. hâtive.	id.	id.	id.			
5	Galande.	id.	id.	id.		Esp.	
6	Chevreuse hâtive.	id.	id.	id.			
7	Admirable jaune.	id.	id.	id.			
8	Belle de Vitry.	id.	Sept.	id.		Esp.	
9	Chevreuse tardive.	id.	id.	id.		id.	
10	Téton de Vénus.	id.	id.	id.			
11	Madeleine de Courson.	id.	id.	id.		Esp.	
12	Pavie de Cazères.	id.	id.	id.			
13	Pavie jaune.	id.	id.	id.			
14	Brugnon jaune.	id.	id.	id.			
15	Brugnon rouge.	id.	id.	id.			
	Poiriers.						
1	Petit blanquet.	Petit.	Juin.	P.V.			
2	Doyenné Giffard.	Moy.	id.	id.		Esp.	Cord.
3	id. Guillet.	id.	Juillet	id.			
4	Madeleine.	id.		id.			
5	id. panachée.	id.		id.			
6	Blanquet gros.	id.		id.			
7	Beurré d'Amaulis.	Gros.	Août.		Pyr.	Esp.	Cord.
8	id. panaché.	id.			id.	id.	id.
9	Bergamotte d'été.	Moy.		P.V.			
10	Belle de Bruaille.	Gros.			Pyr.	Esp.	
11	Beurré blanc.	id.			id.	id.	
12	Beurré superfin.	id.			id.	id.	
13	Bon chrétien d'été.	id.	Sept.		id.	id.	
14	Beurré Goubauld.	Moy.		P.V.		id.	
15	Doyenné blanc.	id.		id.	Pyr.	id.	

	NOMS DES VARIÉTÉS	Grosseur.	Maturité.	Plein vent.	Pyramide.	Espalier.	Cordon.
16	Fondante des bois.	Gros.	Sept.		Pyr.	Esp.	Cord.
17	Jalousie de Fontenay.	id.	id.		id.	id.	id.
18	Bon chrétien William.	id.					id.
19	Beurré Diel.	id.	Octo.		Pyr.	Esp.	id.
20	id. Gris.	id.			id.	id.	
21	Louise d'Avranches.	Moy.		P.V.			
22	Beurré Napoléon.	id.		id.			Cord.
23	Colmard d'Arenberg.	id.					id.
24	Beurré Clairgeau.	id.	Nov.				
25	id. d'Arenberg.	id.			Pyr.	Esp.	
26	Soldat laboureur.	id.	Nov.				Cord.
27	Beurré Bachelier.	Gros.			Pyr.	Esp.	id.
28	Duchesse d'Angoulême	T. G.			id.	id.	
29	id. Panachée.	id.			id.	id.	
30	Fondante de Malines.	Moy.		P.V.	id.	id.	
31	Beurré Langelier.	Gros.	Déc.		id.	id.	
32	Colmard d'hiver.	id.			id.	id.	
33	Comte de Flandres.	id.			id.	id.	
34	Doyenné de Comice.	id.			id.	id.	
35	Triomphe de Jodaigne.	id.		P.V.	id.		
36	Bon chrétien d'Auch, sans pépins.	T. G.	Janv.		id.	Esp.	
37	Calebasse Bosc.	id.			id.	id.	
38	Joséphine de Malines.	Moy.		P.V.			
39	Jaminesse.	id.		id.			
40	Mansuete.	T. G.			Pyr.	Esp.	
41	Bergamotte de Pâques.	Gros.	Févr.		id.	id.	Cord.
42	Belle Angevine.	T. G.			id.	id.	id.
43	Callebasse Tougard.	id.			id.	id.	id.
44	Beurré Sterckmans.	Moy.		P.V.			
45	Callebasse Bavay.	Gros.				Esp.	Cord.
46	Tardive de Toulouse.	id.	Mars.		Pyr.	id.	id.
47	Bergamotte Esperen.	id.			id.	id.	id.
48	Bon chrétien d'Espagne	T. G.			id.	id.	
49	Doyenné d'hiver.	Gros.			id.	id.	

	NOMS DES VARIÉTÉS	Grosseur.	Maturité.	Plein vent.	Pyramide.	Espalier.	Cordon.
50	Doyenné Goubauld.	Gros.					Cord.
51	Bézi des vétérans.	id.	Avril.		Pyr	Esp.	
52	Louise Bonne	Moy.			id.	id.	
53	Madame Millet.	Gros.			id.	id.	Cord.
54	Abbé Mongin.	id.			id.	id.	
55	Catillac.	T. G.			id.	id.	
56	Léon Lecler.	Gros.	Mai.		id.	id.	Cord.
57	Tarquin.	id		P. V.	id.	id.	
58	Suzette de Bavay.	Moy.			id.		
59	Taverny de Boulogne.	id.			id.		
60	Colmard Van Mons.	Gros.				Esp.	Cord.

Pommiers.

	NOMS DES VARIÉTÉS	Grosseur.	Maturité.	Plein vent.	Pyramide.	Espalier.	Cordon.
1	Passe pomme rouge.	Moy.	Juillet	P. V.		Esp.	
2	Madeleine d'été.		Août.	id.		id.	
3	Rambourg d'été.			id.		id.	
4	Reinette de Hollande.		Sept.	id.		id.	
5	Belle d'Angers.			id.		id.	Cord.
6	Reinette d'Espagne.		Oct.	id.		id.	
7	Calville blanc.			id		id.	
8	Belle des bois.		Nov.	id.		id.	Cord.
9	Reinette dorée.			id.		id.	
10	id. d'Angleterre.		Déc.	id.		id.	Cord.
11	id. d'Amérique.			id.		id.	
12	id. de Caux.		Janv.	id.		id.	Cord.
13	Belle de Douai.	Moy.		id.			
14	Belle-Fille Normande.	T. G.	Févr.			Esp.	Cord.
15	Belle Joséphine.	Moy		P. V.		id.	
16	Reinette d'Allemagne.	T. G.				id.	Cord.
17	Reinette du Canada.	id.				id.	id.
18	Apion jaune.	Petit.	Mai.	P. V.			
19	Grosse merveille.	Gros.		id.			
20	Reinette Ontz.	T. G.				Esp.	Cord.
21	id. de Grouville.	Gros.				id.	

	NOMS DES VARIÉTÉS	Grosseur.	Maturité.	Plein vent.	Pyra-mide.	Espa-lier.	Cordon.
22	Reinette grise de Champagne.	Gros.	Avril.			Esp.	
23	id. Franche.	Moy.		P. V.			
24	id. Grise.	id.		id.			
25	id. Glace.	id.		id.			
26	Calville rouge.	T. G.	Mai.			Esp.	Cord
27	id. Saint-Sauveur.	id.				id.	id.
28	Merveille grosse.	Gros		P. V.			
29	Pomme-Poire.	id.		id.			
30	Reine des reinettes.	id.				Esp	Cord.

Pruniers.

1	Reine Claude.	Gros.	Juillet	P. V.		Esp.	
2	Royale de Tours.	Moy.		id.			
3	Impériale.	id.		id.		Esp.	
4	Monsieur, hâtif.	Gros.		id.			
5	Damas de Mongeron.	id.	Août.	id.			
6	Damas de Tours.	id.		id.			
7	Damas de Monfort.	id.		id.		Esp.	
8	Dame Aubert.	id.		id.		id.	
9	Reine Claude Doullens.	id.		id.			
10	Mirabelle double.	Moy.		id.			
11	Datte d'Agen.	Gros.		id.			
12	Datte Waterloo.	id.		id.		Esp.	
13	Damas de Sep.	Moy.		id.			
14	Reine Claude de Bavay	Gros		id.			
15	Reine Claude de Montauban.	id.		id.			
16	Drap d'or d'Espéren.	id.		id.		Esp.	

Vigne.

RAISINS DE TABLE

1	Chasselas rose.		Juillet				
2	Chasselas de Fontainebleau.						
3	Chasselas Napoléon.		Août.				
4	Muscat d'Alexandrie.						

L'AMATEUR

Je ne saurais vous exprimer combien je suis satisfait des explications si faciles à comprendre que vous m'avez données. D'abord, vous m'avez donné en détail les noms de toutes les variétés de fruits qu'il est possible de cultiver dans un jardin, en indiquant leur grosseur respective, ainsi que les diverses époques auxquelles elles parviennent à leur maturité, et les diverses formes qu'on peut leur imprimer. Sur ce dernier point, j'ai besoin de quelques renseignements encore. Je ne comprends pas bien pourquoi toutes les variétés de fruits ne peuvent pas suivre les mêmes formes.

LE JARDINIER

Je vous répondrai, à ce propos, que je vous ai indiqué les variétés des fruits pour chaque forme différente. Ainsi, par exemple, pour la première forme qui est celle du plein vent, je n'ai indiqué que les fruits d'été, principalement, et quelques-uns de toutes les saisons, mais toujours de petites variétés et jamais de grosses, surtout pour les poiriers et les pommiers, car, si l'on plante par exemple des belles angevines ou d'autres variétés de grosseur énorme en plein vent, on ne peut jamais s'attendre à voir ces variétés de fruits arriver à leur maturité normale, et cela à cause de leur poids.

Il est donc préférable de réserver ces grosses variétés pour les autres formes, et cela pour deux raisons spéciales : d'abord pour qu'ils ne soient pas sujets à endurer les forts vents auxquels ces arbres sont exposés, et ensuite parce qu'on ne peut pas facilement aller poser des tuteurs sous les fruits pour les soutenir, afin de favoriser le développement de leur volume. On réservera donc ces grosses variétés de préférence pour les formes en espalier et pyramide.

Quant à la quatrième forme (cordon vertical ou oblique), on ne doit choisir que les variétés très-fertiles, c'est-à-dire celles qui ne poussent que peu en bois. Et, en effet, comme pour ces deux formes on n'a pas besoin de bois, c'est une raison pour ne planter que des variétés fertiles.

Pour les abricotiers, je n'ai désigné que deux formes : l'une plein vent et l'autre espalier; pour les amandiers, une seule forme; pour les cerisiers, trois; pour les pêchers, deux.

Les espèces qui sont désignées pour toutes les diverses formes indistinctement de l'espalier, sont celles qui se dénudent le moins et celles des pêchers qui se cultivent à Montreuil-Paris.

Pour les poiriers, j'ai désigné quatre formes : 1° plein vent; 2° pyramide; 3° espalier en formes variées; 4° cordon vertical ou oblique.

Pour les pommiers, trois formes : 1° plein vent; 2° espalier formes variées; 4° cordon horizontal.

Pour les pruniers, deux formes : 1° plein vent; 2° espalier formes variées.

J'ai indiqué, mois par mois, les meilleures variétés de fruits qui doivent être cultivées dans un jardin fruitier, afin d'avoir des fruits en toute saison, pour ce qui est des poiriers et des pommiers, qui sont les deux espèces qui peuvent avoir une plus longue durée.

Quant aux autres espèces d'arbres fruitiers, j'ai suivi la même marche, mais seulement avec un temps bien plus restreint. En effet, il est impossible de prolonger guère au-delà de deux mois la maturité des abricots, par exemple, aussi bien que des cerises; celle des pêches et des prunes, au-delà de trois mois environ.

L'AMATEUR

Je suis complétement renseigné sur les différentes questions que je vous ai adressées. Je partage votre opinion sur l'opportunité de ne donner le plein vent, comme forme, qu'aux variétés que vous m'avez désignées dans votre nomenclature des diverses variétés de fruits.

Je ne manquerai pas de suivre vos principes à la lettre, car je les trouve très-avantageux.

J'agirai de même pour les autres formes, soit la forme en pyramide, en espalier ou en cordon.

LE JARDINIER

Ici doivent se terminer pour le moment les divers entretiens auxquels nous nous sommes livrés. Je suis sans ambition aucune. Loin de moi donc la pensée de prétendre que tout ce que j'ai pu vous démontrer dans nos conversations intimes soit complet ou parfait. Je vous ai donné cependant, j'ose m'en vanter, d'une manière aussi détaillée que le permet un résumé clair, net, précis et succinct, tout ce dont il vous importe d'avoir connaissance, en théorie toutefois, pour devenir un arboriculteur habile, intelligent et actif, versé enfin dans un art auquel il a été donné depuis quelque temps un développement si prodigieux dans notre beau et fertile pays de France, aussi bien que dans presque tous les autres pays civilisés du globe.

Quant à la pratique de l'arboriculture, dont je viens de vous expliquer succinctement la théorie, il vous sera facile de l'acquérir en appliquant cette même théorie. Je dis facilement, parce qu'il n'y a rien dont l'homme aujourd'hui ne puisse se rendre maître avec un peu de peine, une intelligence ordinaire, la persévérance et le courage.

Je me rappelle qu'un des bons et modestes instituteurs à la science desquels j'ai puisé le peu d'instruction que je possède, me répétait souvent ces paroles d'un écrivain de l'antiquité : Les paroles s'envolent, mais les écrits restent Aussi ai-je voulu, pour vous remettre sur la voie, si la mémoire venait à vous faire défaut, publier *in extenso* toutes nos conversations. J'ai ajouté à mon modeste travail des planches gravées avec le plus grand

10...

soin par un artiste habile, d'après les dessins que j'ai tracés moi-même d'après nature. Pour vous guider enfin dans vos recherches, si vous avez besoin de recourir au texte de nos entretiens, j'ai composé une table analytique par ordre alphabétique.

Si je réussis, je m'estimerai très-heureux; et, en concluant, je fais un appel pressant et sincère aux lumières et à l'expérience de tous mes collaborateurs, en les priant instamment de vouloir bien m'aider de leurs conseils pour une future édition de mon ouvrage, s'il y a lieu. Le concours de tous (nul, quelque modeste qu'il soit, n'est de trop) est nécessaire pour arriver, sinon à la perfection, du moins à la hauteur du progrès de l'art de l'arboriculture. Je vous souhaite donc, cher confrère et collaborateur, tout le succès que vous pouvez désirer dans les cultures auxquelles vous vous livrerez, et vous prie de compter sur l'empressement désintéressé avec lequel je me hâterai d'accourir à votre aide toutes les fois que vous voudrez bien me consulter sur les difficultés que vous pourrez avoir à surmonter.

Bon succès donc et bon courage! et au besoin au revoir! à vous et à quiconque s'occupe d'arboriculture et qui voudra daigner jeter un coup-d'œil impartial sur mon ouvrage.

TABLE DES MATIÈRES

TABLE ANALYTIQUE

TABLE ANALYTIQUE

H

Habillement (arbres)	66
Humidité (élément)	17

I

Incisions	210
Insectes	255

J

Jardin (fruitier)	55
Jardin (potager)	58

K

Kermès (insectes)	227

L

Lambourdes (branches)	220
Lacunes (feuilles)	35
Lenticelles (tige)	27
Lignes	221
Lichen (plante)	254
Lumière (2ᵉ élément)	19
Limbe	33

M

Marcotte (vigne)	294
Maladies (arbres)	249
Manière de gouverner les fruits	236
Méats (feuilles)	24
Mérithalles (branches)	118
Membres (arbres)	220
Multiplication (arbres)	72
Micropyle (graine)	17
Moelle (tige)	24

N

Nervures (feuilles)	33
Nutrition	28

O

Onglet (coupe)	106
Ovaires (graines)	201

P

Paradis (sujets)	76
Parenchyme (feuilles)	33
Pédoncule (fruits)	203
Pétales (fleurs)	199
Pétiole (feuilles)	33
Pêcher (arbres)	168
Plantation (arbres)	59
Palmette (formes)	145
Placenta (graines)	11
Poirier	110
Pommier	159
Prunier	216
Pistil (fleur)	199
Pollen (fleur)	201
Pivotante (racine)	21

R

Racines ligneuses (arbre)	20
Radicule (graine)	17
Radicelles (racines)	22

S

Scion (jeune tige)	129
Séve	28
Sécateur (instrument)	108
Serpette (instrument)	73
Scie (instrument)	73
Stigmates (fleur)	200
Spongioles (racines)	22
Stomates (feuilles)	34

T

Taille d'hiver	101
Taille d'été	205
Taille courte	168
Tronc (arbre)	115
Torsion (branche)	110
Tige (arbre)	24
Tracé (jardin)	47

V

Vigne (sa famille)	269
— (ses branches)	314
Vaisseau (tige)	25

Au moment où je termine mon ouvrage j'apprends que M. Cézéra, coutelier, rue du Pouy, 18, à Auch, vient d'être breveté pour un nouveau sécateur à double charnière et lame de rechange.

Cet instrument ayant la lame toute en acier fondu, coupe, avec moitié pression, des branches plus fortes que le sécateur connu jusqu'à nos jours.

En outre, il a l'énorme avantage de pouvoir se réparer sans avoir besoin du fabricant, puisque on fait toutes les pièces de rechange, et au prix du sécateur ordinaire.

La fig. 104 n° 1 représente le sécateur monté et prêt à fonctionner.

La fig. 104 n° 2 représente le sécateur démonté.

N° 4, la lame en acier fondu qui s'ajuste au porte-lame n° 5, qui, à son tour, rentre dans la charnière n° 8 et se trouve réuni au support n° 3 par le boulon n° 6.

Les n°s 7, 7, représentent les branches sur lesquelles s'exerce la pression pour couper la branche d'arbre.

ERRATA

Page 49, 14ᵐᵉ ligne, lisez *remuer* au lieu de *ensemencer*.

Page 57, 6ᵐᵉ ligne, supprimez les mots *greffée sur prunier*.

Page 212, 7ᵐᵉ ligne, lisez *fruits* au lieu de *feuilles*.

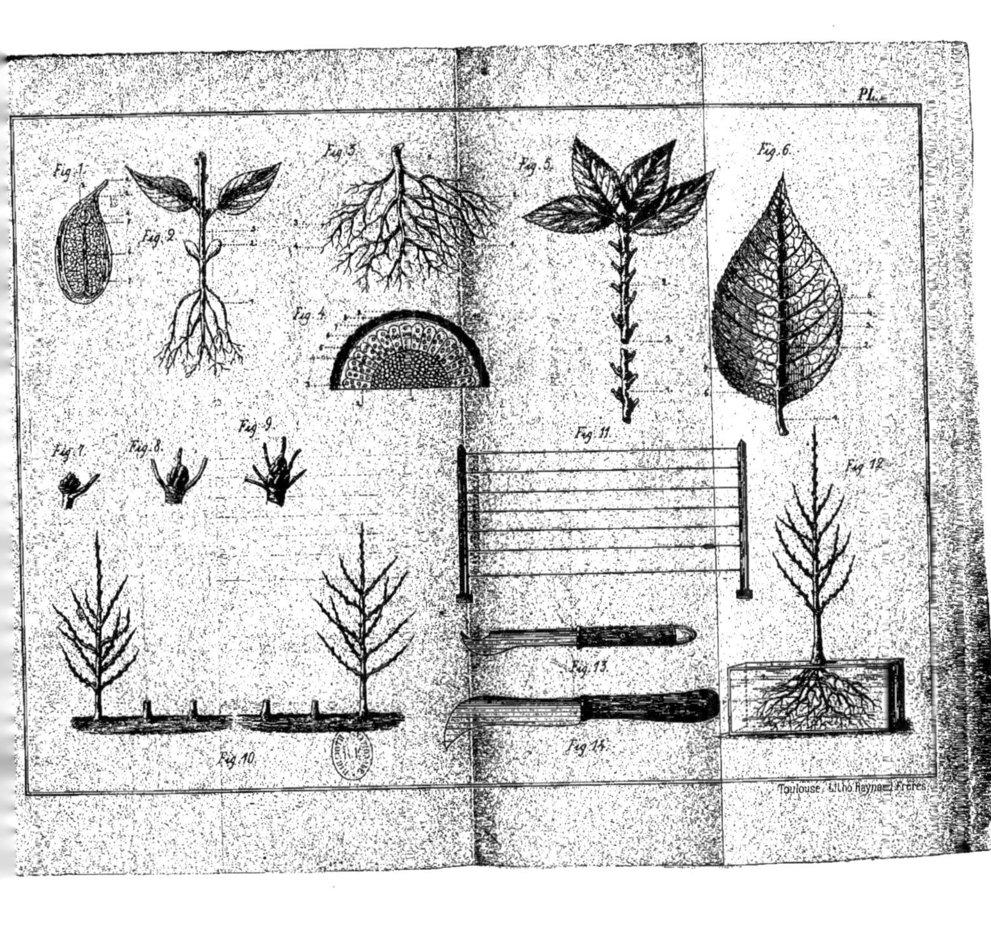

Pl.
Fig. 1.
Fig. 2.
Fig. 3.
Fig. 4.
Fig. 5.
Fig. 6.
Fig. 7.
Fig. 8.
Fig. 9.
Fig. 10.
Fig. 11.
Fig. 12.
Fig. 13.
Fig. 14.
Toulouse, Litho Hayne Frères

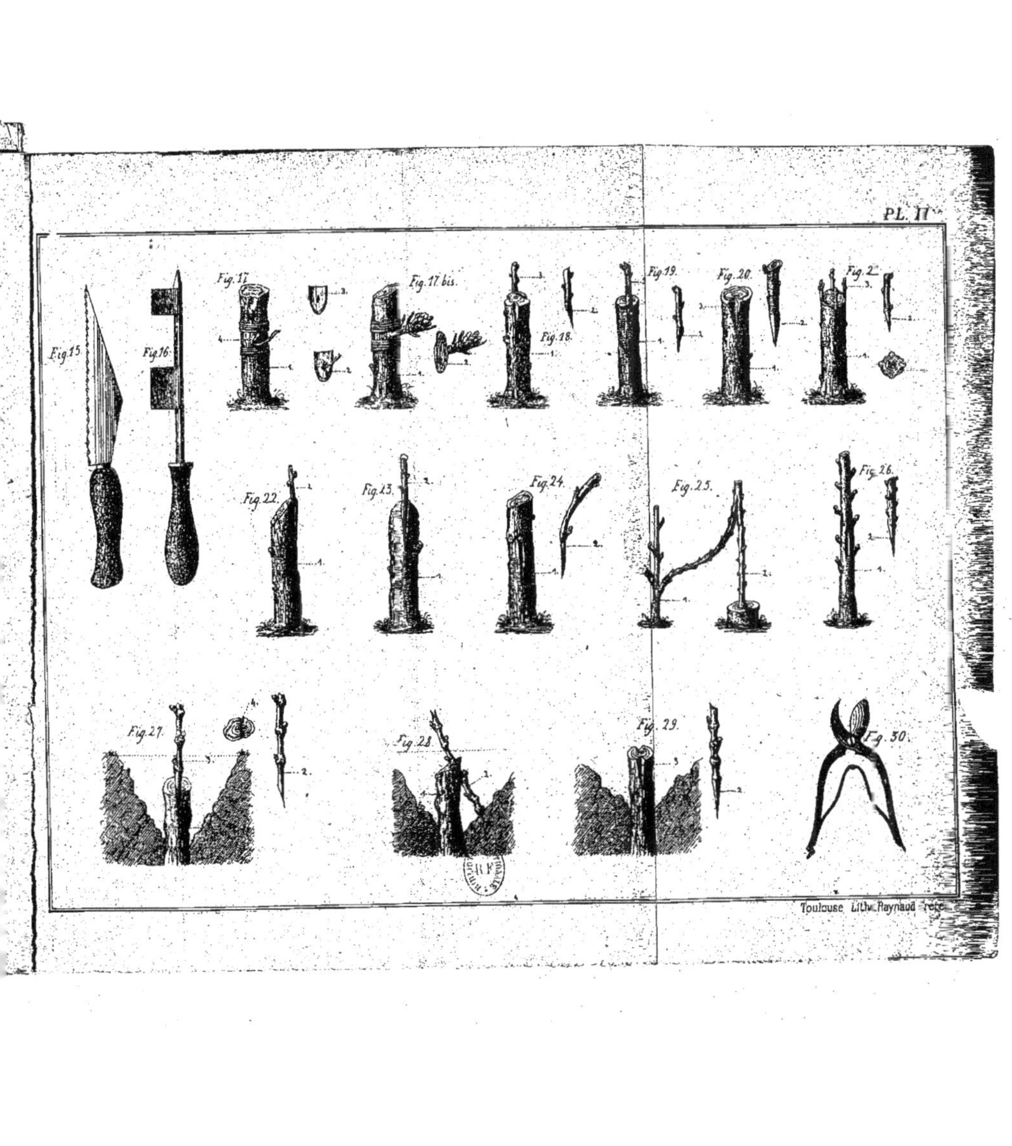

PL. II
Fig. 15
Fig. 16
Fig. 17
Fig. 17 bis.
Fig. 18.
Fig. 19
Fig. 20.
Fig. 21
Fig. 22
Fig. 23.
Fig. 24.
Fig. 25.
Fig. 26.
Fig. 27
Fig. 28
Fig. 29
Fig. 30.
Toulouse. Lith. Raynaud frere.

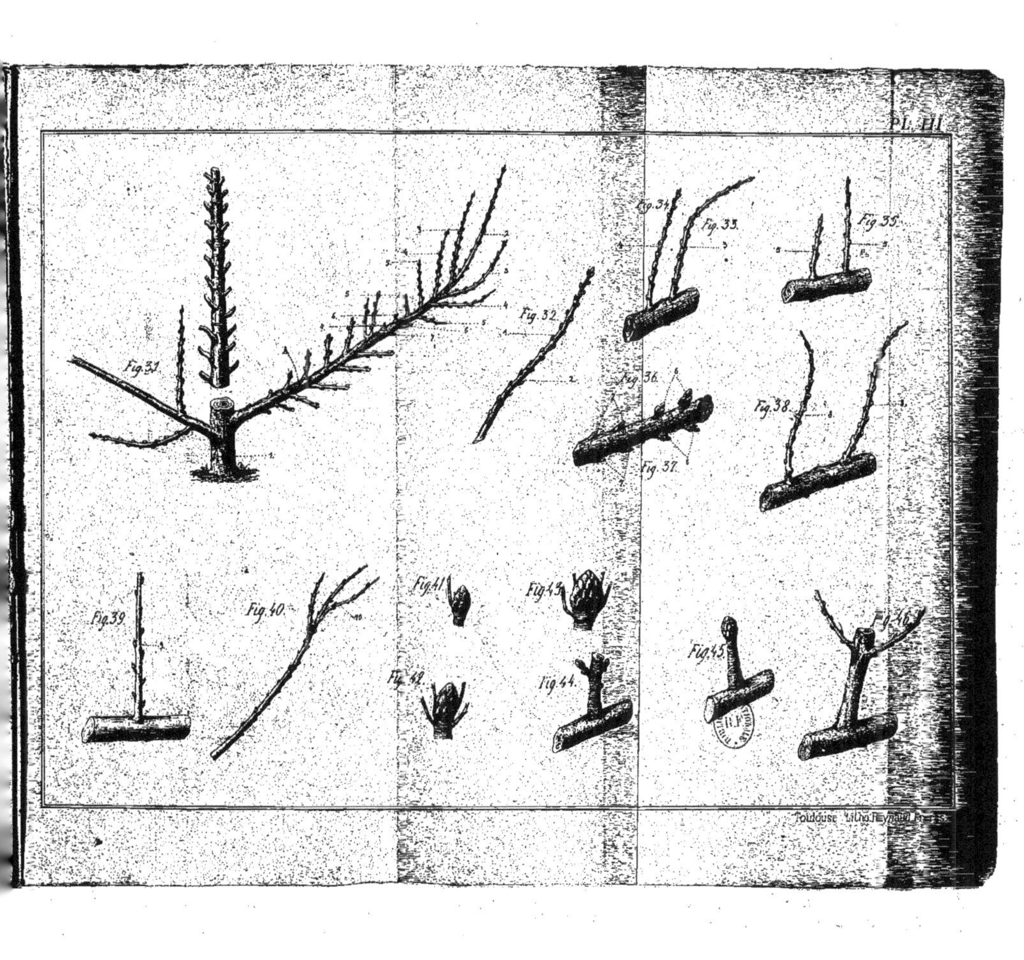
Pl. III.
Fig.31.
Fig.32.
Fig.33.
Fig.34.
Fig.35.
Fig.36.
Fig.37.
Fig.38.
Fig.39.
Fig.40.
Fig.41.
Fig.42.
Fig.43.
Fig.44.
Fig.45.
Fig.46.
Toulouse. Litho. Reynaud Fr.

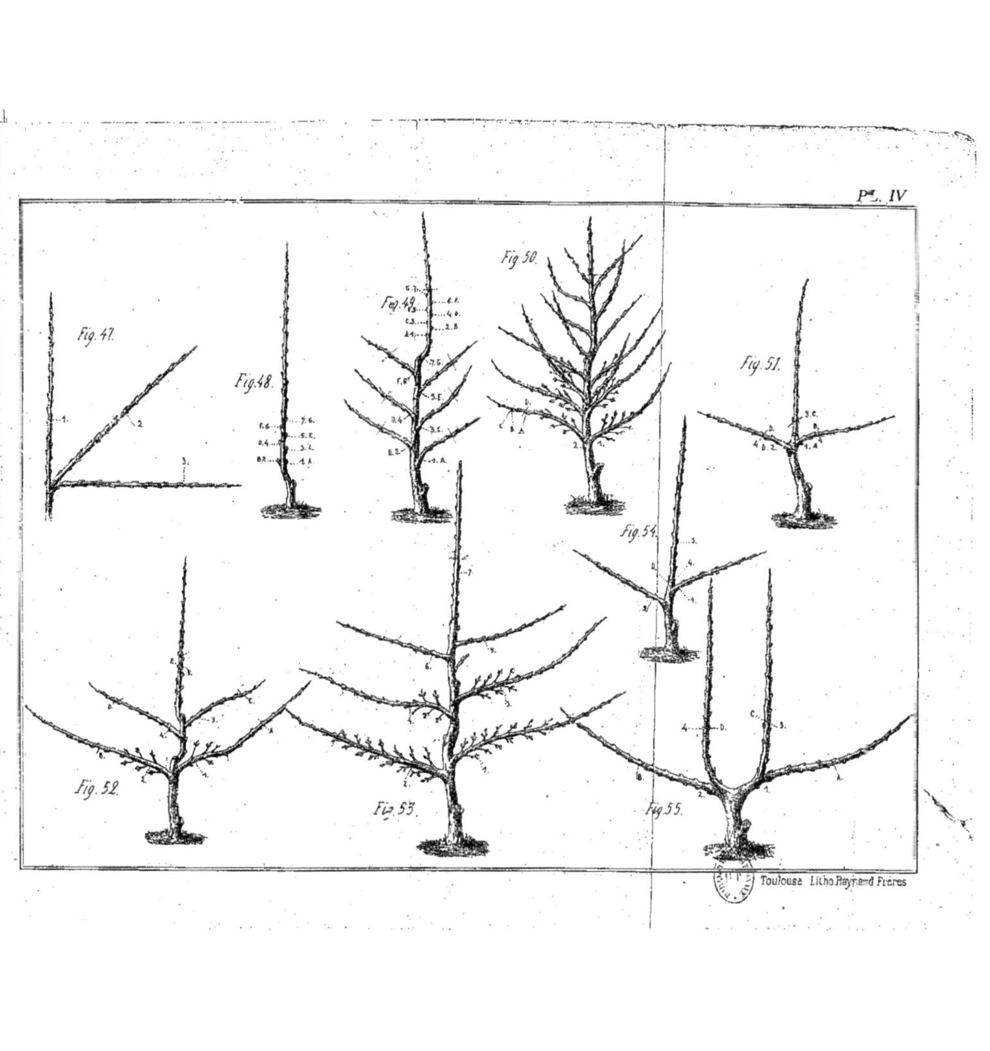

Fig. 47.
Fig. 48.
Fig. 49.
Fig. 50.
Fig. 51.
Fig. 52.
Fig. 53.
Fig. 54.
Fig. 55.
Toulouse Litho.Rayn=d Frères

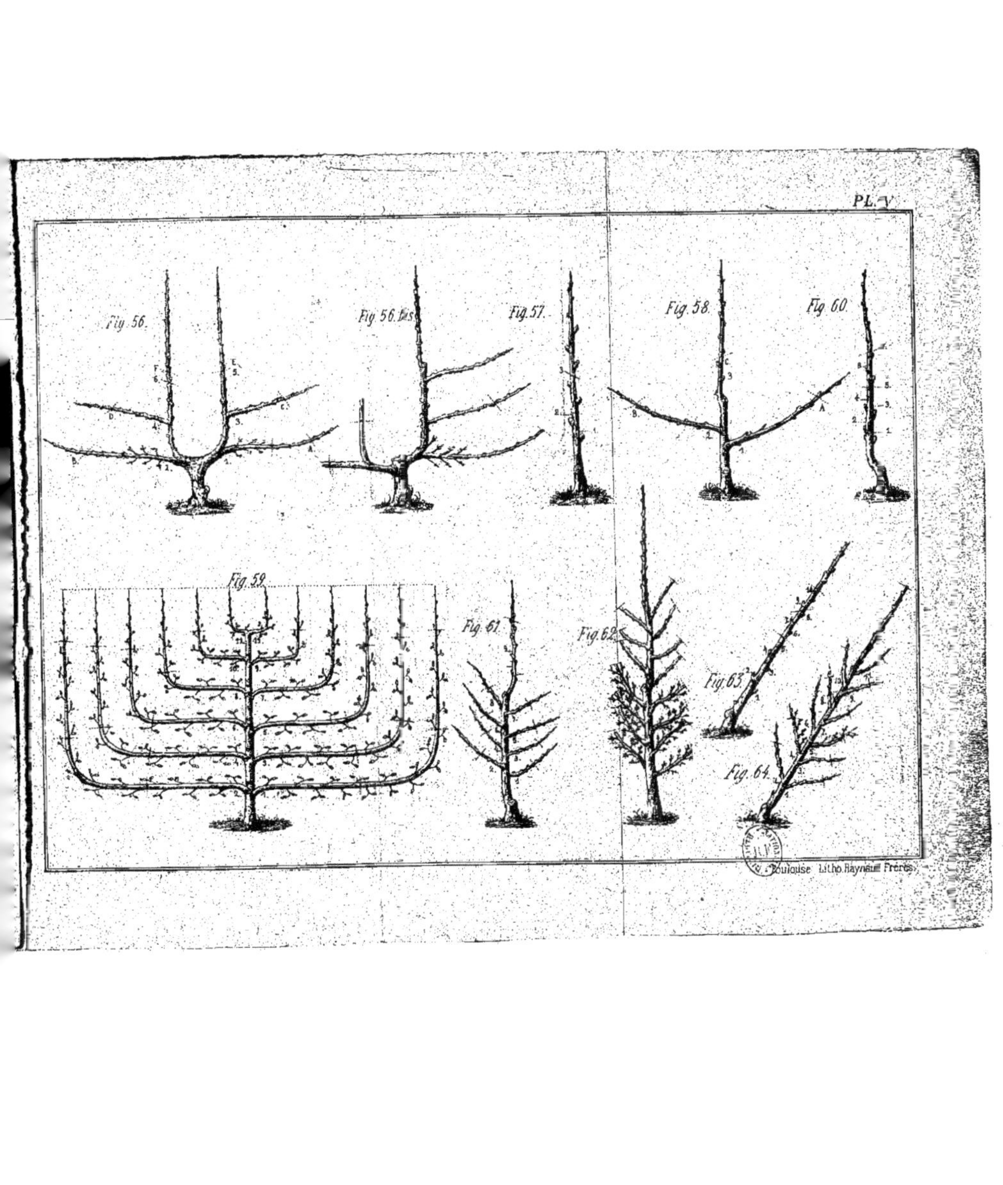

PL. V
Fig. 56.
Fig. 56. bis.
Fig. 57.
Fig. 58.
Fig. 60.
Fig. 59.
Fig. 61.
Fig. 62.
Fig. 63.
Fig. 64.
Toulouse. Litho. Raynaud Frères.

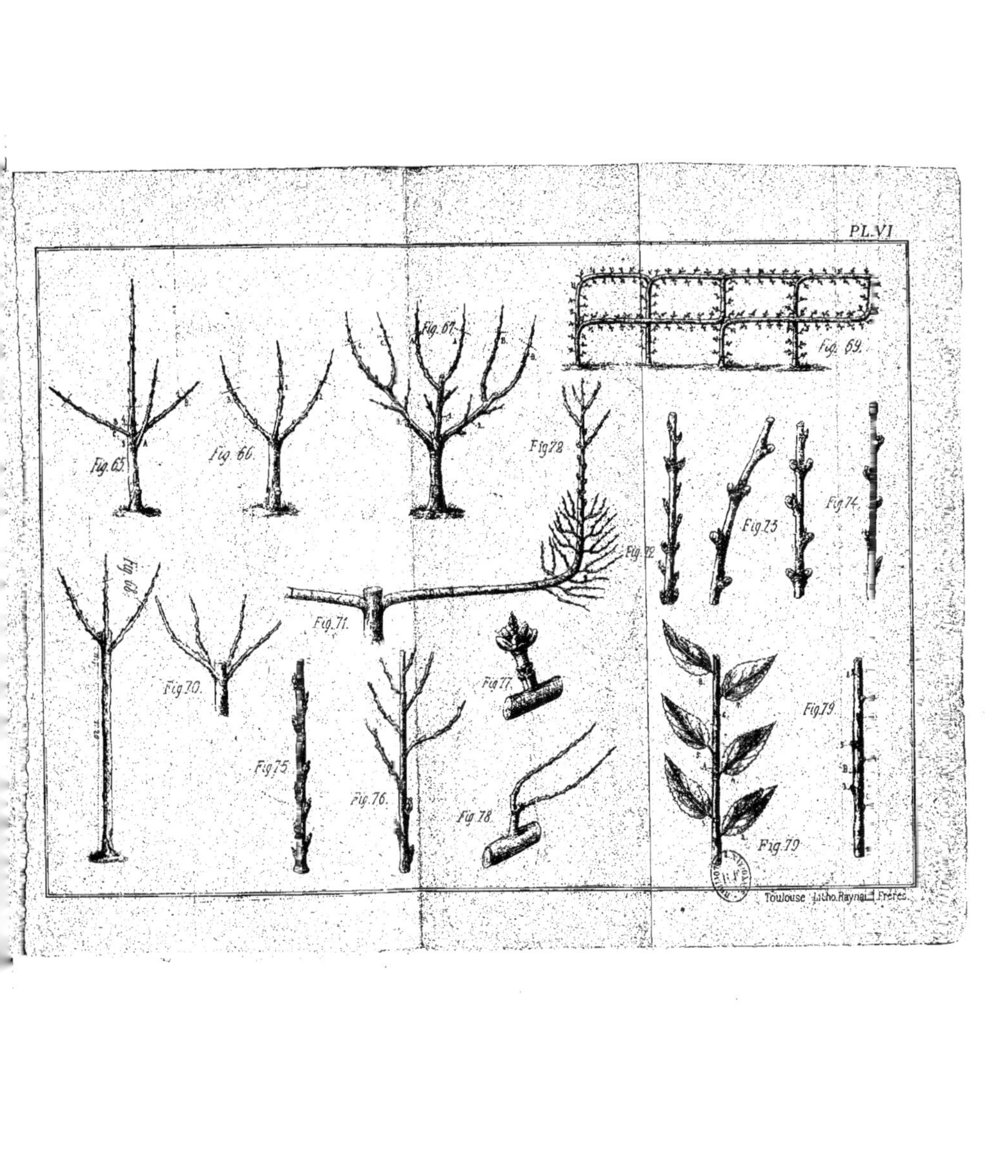

Toulouse Litho. Raynal Frères.

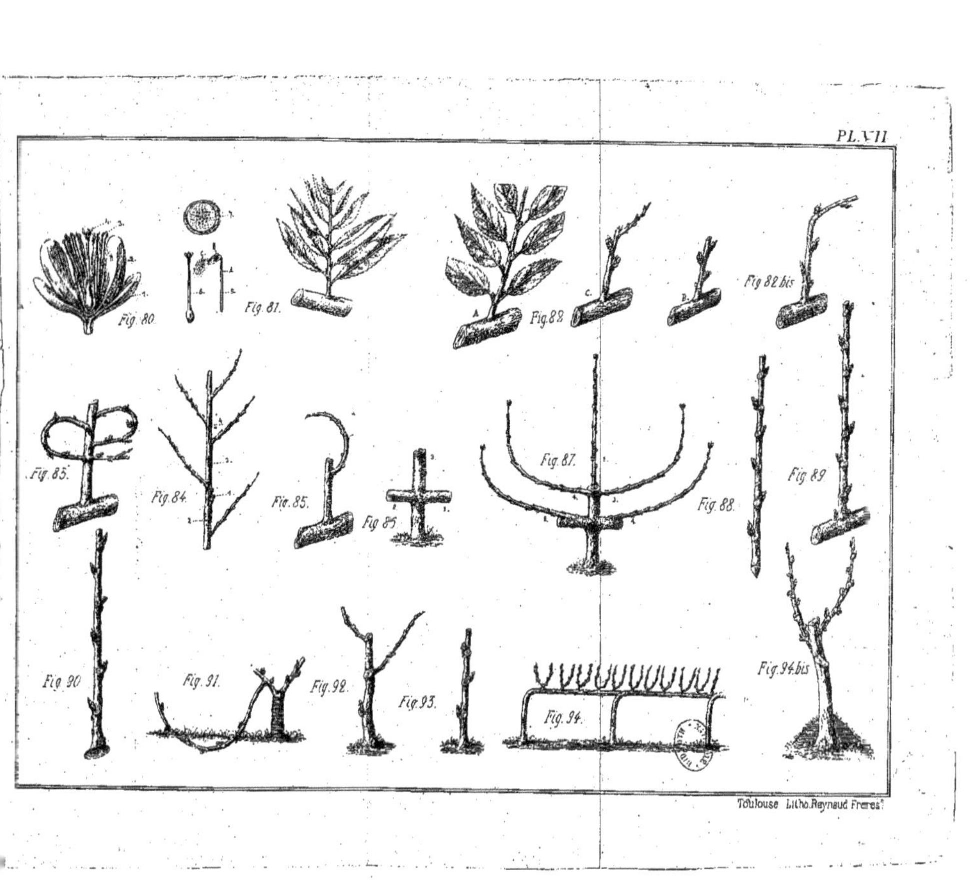

Fig. 80.
Fig. 81.
Fig. 82.
Fig 82. bis
Fig. 83.
Fig. 84.
Fig. 85.
Fig. 85.
Fig. 85.
Fig. 87.
Fig. 88.
Fig. 89.
Fig. 90.
Fig. 91.
Fig. 92.
Fig. 93.
Fig. 94.
Fig. 94. bis

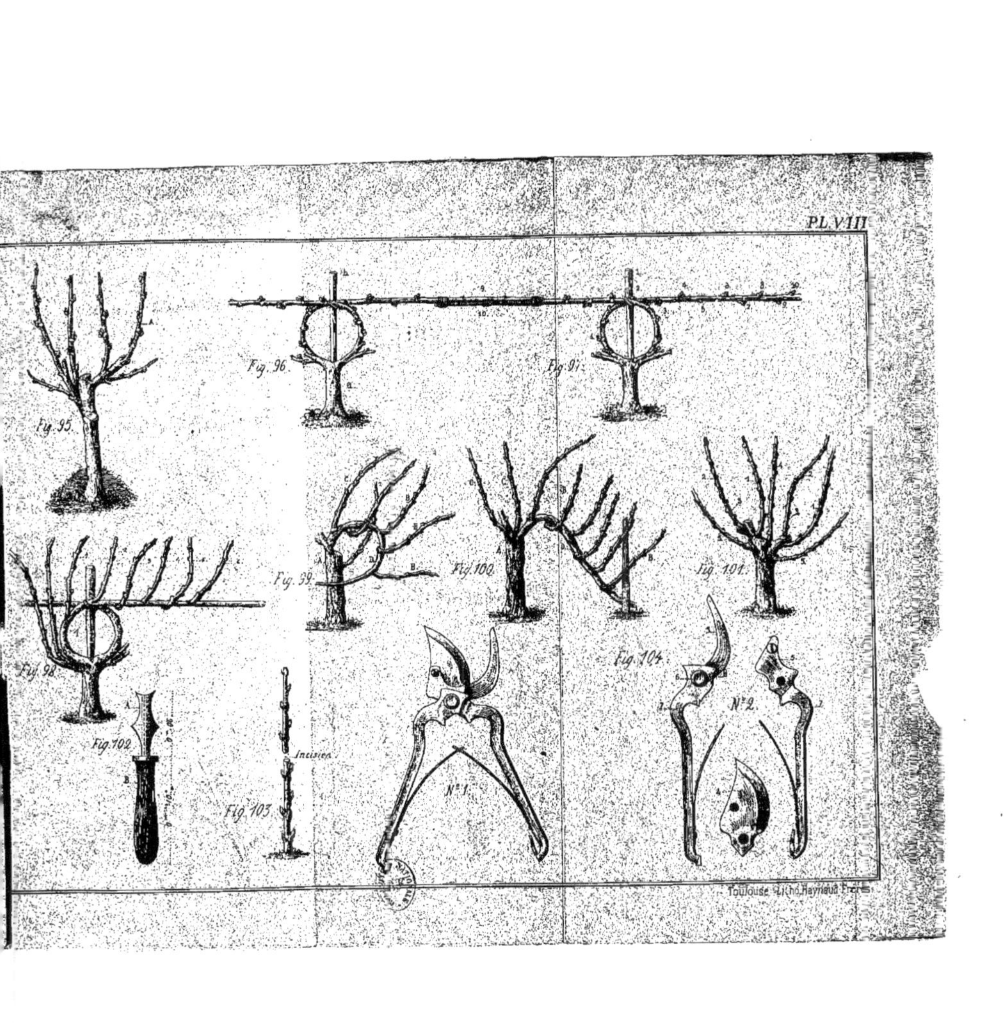
Fig. 95.
Fig. 96.
Fig. 97.
Fig. 98.
Fig. 99.
Fig. 100.
Fig. 101.
Fig. 102.
Fig. 103.
Incision
Fig. 104.
N° 1.
N° 2.
Toulouse. Lith. Raynaud Frères.

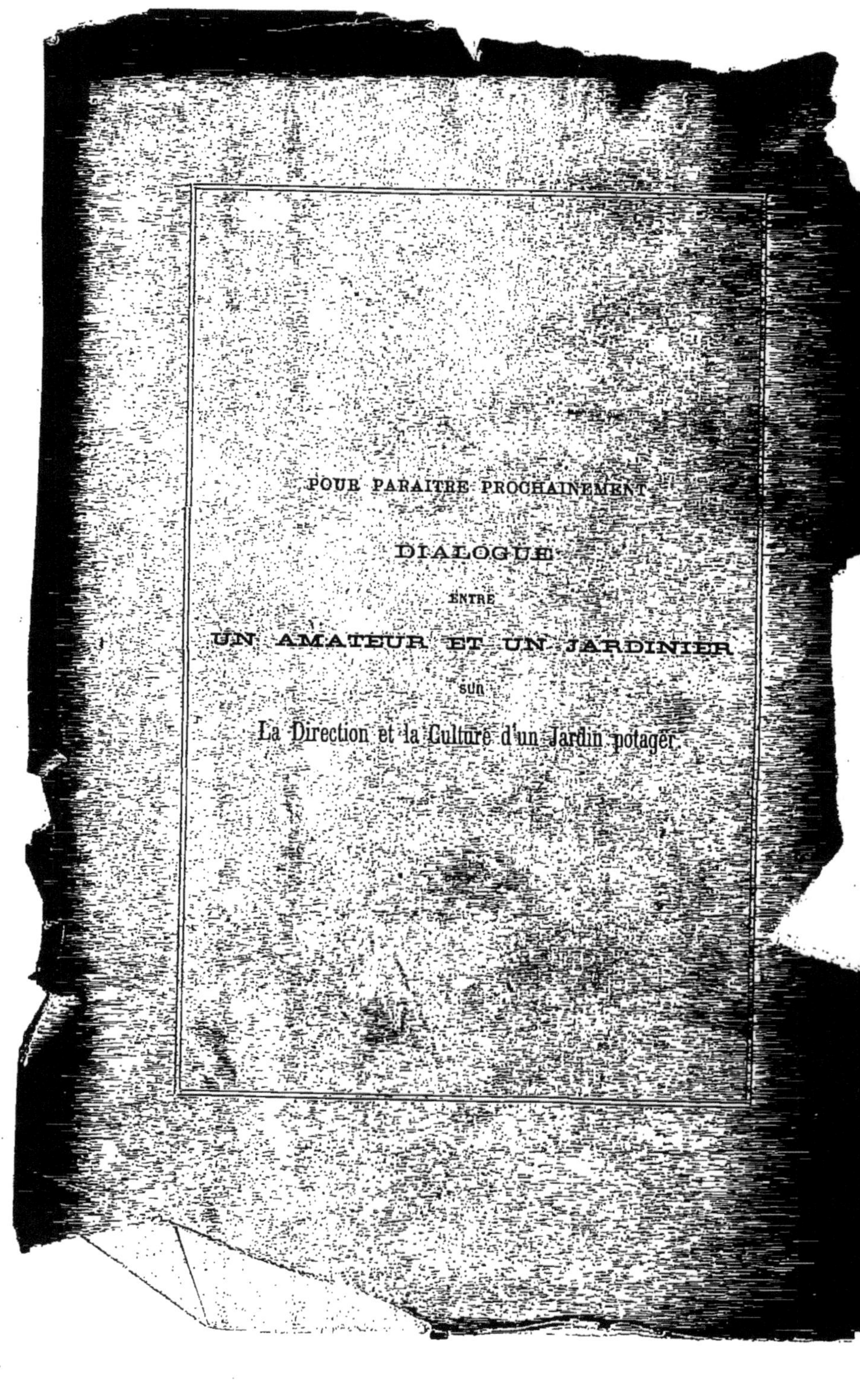

POUR PARAITRE PROCHAINEMENT

DIALOGUE

ENTRE

UN AMATEUR ET UN JARDINIER

sur

La Direction et la Culture d'un Jardin potager